터널공학시리즈 **4**

TBM 터널 이론과 실무

Advanced TBM Tunnelling - Theory and Practice

터널공학시리즈 **4**

TBM 터널 이론과 실무

Advanced TBM Tunnelling - Theory and Practice

KTA 터널공학시리즈 발간위원회 저

사단
법인 **한국터널지하공간학회**
Korean Tunnelling and Underground Space Association

발간사

최근 건설업계의 급격한 변화 속에 이제는 새로운 건설 패러다임을 준비해야 하는 중요한 분기점에 서 있습니다. 오늘날은 각자의 전문 분야를 바탕으로 타 분야와의 적극적인 협력을 통하여 새로운 건설시장을 만들어가야 하는 융복합 스마트 기술이 무엇보다 절실한 시대라 할 수 있습니다. 이러한 의미에서 우리학회는 터널공학과 관련된 보다 다양하고 폭넓은 기술 분야의 활발한 참여와 기여를 더욱더 활성화하고자 노력하고 있습니다. 특히 국토의 효율적 활용을 위하여 지하교통인프라와 지하공간개발에 대한 관심과 노력이 증가함에 따라 지하터널공사에서 기계굴착 및 안전시공은 중요한 이슈가 되고 있습니다.

우리학회에서는 이러한 추세에 맞추어 1992년 창립 이후 학회 내에 전문분야에 대한 기술위원회를 신설하고, 학회를 중심으로 터널과 지하공간 분야에서의 기술 포럼과 기술 교육활동을 지속적으로 수행하여 터널 및 지하공간의 기술발전에 기여해왔습니다. 최근에는 보다 새로운 기술에 대한 니즈를 반영하여 기술세미나와 기술서적 발간 등을 적극적으로 지원하고 있습니다.

특히 TBM 등과 같은 기계굴착 분야는 터널기술자들이 해결해야 할 기술 분야로서 기계 및 장비 기술자와 함께 공동의 작업을 통하여 효율적이고 실제적인 응용기술을 터널 현장에 제공할 수 있도록 다양한 국제 기술교류 및 국책 연구개발 활동을 수행하고 관련 전문가들과 교류하고 있습니다. 우리학회는 지난 30년 동안 여러 회장님들의 노력으로 기술포럼 및 특별 세미나 개최, 현장답사 및 현장견학 그리고 다양한 기술서적 발간 등을 꾸준히 진행해왔습니다. 또한 현안이 되는 기술 이슈와 기술적으로 고민이 되는 특별주제에 대한 학습과 교류의 장을 형성함으로써 지질, 암반, 터널 등 다양한 분야의 기술자들이 함께할 수 있는 뜻깊은 자리를 활성화하는 등 학회 내 활동을 지속적으로 수행해왔습니다.

지금까지의 터널공학 분야에서의 TBM 기계굴착 등에 관한 연구내용을 수정·보완하고, 기술적 성과를 하나로 묶어 터널기술자들에게 TBM 기계굴착 분야를 소개하고 관련 업무에 활용할 수 있도록 TBM 터널에 대한 기술도서로서『TBM 터널 – 이론과 실무』를 발간하게 되었습니다. 본 책자는 지난 2008년 발간된『터널 기계화시공 – 설계편』에 이어 TBM 터널 관련 두 번째 시리즈로서, 우리학회와 우리학회 소속의 전문가들의 열정적인 노력의 결과라고 할 수 있습니다. 앞으로 터널공학을 전문으로 하는 많은 엔지니어 및 모든 우리학회 회원들에게 매우 중요한 참고자료로서 TBM 설계 및 시공현장에서 활용될 수 있을 것입니다.

　　끝으로 본 책자의 발간에 많은 노력을 기울여주신 발간위원회 위원장 김영근 박사를 비롯한 집필위원과 바쁘신 와중에도 검토를 해주신 검토위원들의 노고에 깊은 감사의 말씀을 드립니다. 그리고 도서 발간에 모든 협조를 아끼지 않으신 씨아이알 김성배 사장께도 고맙다는 말씀을 전합니다.

2022년 3월
(사)한국터널지하공간학회
회장 **이 석 원**

KTA 터널공학시리즈 그리고 TBM

■ Why - 왜 TBM 터널인가?

전통적으로 터널 굴착에 주로 사용되어 왔던 발파공법은 가장 효율적인 방법으로 적용되어 왔지만 이제는 발파진동과 안전문제에 대한 민원으로 인하여 새로운 전환점을 맞이하게 되었다. 즉, 터널설계 및 시공 시 적극적인 기술적 대응을 통하여 민원과 안전 문제를 해결하여야 하고, 주요 이슈에 대한 공학적 솔루션을 제공하여야 하는 것이다. 특히 도심지 지하터널공사에서 핵심 기술적 해결책으로서 TBM 기계굴착이 활발히 적용되고 있다. 본 책은 TBM 터널의 이론과 실무에 대한 설계 및 시공기술에 대한 공학적 틀을 제공하고자 하였다.

■ What - 무엇을 담고 있는가?

도심지 지하터널공사에서는 지질 및 지반 특성과 주변 상황 및 환경 그리고 시공성 및 경제성을 고려한 최적의 굴착공법이 검토되어야 하며, 최대한 안전하고 민원발생이 없도록 터널공사가 수행되어야 한다. 또한 본 책에는 TBM 터널 개요, TBM 터널 계획 및 설계, 주요 TBM 공법 특성, 막장 안정성 및 굴진성능 평가, TBM 터널 시공 및 부대설비, 국내외 TBM 터널 설계 시공사례 및 트러블 사고사례, 최신 TBM 신기술 그리고 TBM 터널 유지관리 및 숫자로 보는 TBM 터널 등 TBM 터널에 대한 설계, 시공 및 유지관리 전반에 대한 전문적인 기술을 포함하고 있다.

■ Guideline - KTA 터널공학시리즈는 무엇이 다른가?

우리학회는 핵심 기술현안에 대한 기술내용을 중심으로 터널공학시리즈를 발간하여 왔다. 특히 터널 기계화시공기술과 관련하여 2008년『터널공학시리즈 3 터널 기계화시공-설계편』을 발간한 바 있다. 이번 터널공학시리즈 4는 최근 핫이슈로 관심이 많아진 TBM 터널에 대한 최신 이론과 현장 사례를 중심으로『TBM 터널-이론과 실무』라는 주제로 만들어졌다.

본 책자는 TBM 실무에 종사하는 중급기술자를 대상으로 하였으며, 기존『터널 기계화시공-설계편』을 기본으로 하여 설계 부분을 업그레이드하고, 시공 부분을 추가 보완하였다. 또한 국내외 TBM 터널 설계 시공사례 및 트러블 사고사례를 보강하고, 최신 TBM 신기술 및 유지관리 내용을 수록하였다.

구분	TBM 터널 - 이론과 실무	터널 기계화시공 - 설계편
발간 연도	2022년	2008년
시리즈	KTA 터널공학시리즈 4	KTA 터널공학시리즈 3
대상	중급기술자	초급기술자
	총 14장 + 부록	총 11장
구성	1 TBM 터널 개요 2 TBM 터널 계획 및 설계 3 TBM 장비 및 굴진성능 4 토압식 쉴드TBM 5 이수식 쉴드TBM 6 쉴드TBM 막장 안정성 7 암반용 TBM 8 TBM 터널 시공계획과 관리 9 TBM 터널 시공설비 10 국내 TBM 터널 설계 및 시공사례 11 해외 TBM 터널 설계 및 시공사례 12 쉴드TBM 터널 사고사례 13 최신 TBM 기술과 스마트 기술 14 TBM 터널 유지관리 A 숫자와 그림으로 보는 TBM 터널	1 TBM의 현황과 미래 전망 2 터널 기계화 시공법의 설계 및 유의 사항 3 TBM의 기계화 굴착 원리 4 TBM 터널 굴진면 안정성 및 주변 영향 평가 5 TBM 터널의 지반조사 6 TBM 커터헤드 설계 및 굴진성능 예측 7 쉴드TBM 터널의 발진 준비 및 초기굴진 8 Open TBM 지보 설계 9 세그먼트 라이닝 설계 10 설계기준해설 11 설계 및 시공사례
특징	• 설계 부분 업그레이드 • 시공 부분 추가 및 보완 • 현장 및 트러블 사례 보강 • 최신 TBM 기술 소개	• TBM 터널 입문서로서 활용 • 설계기준 및 가이드 중심 • 지반조사부터 시공사례까지 • 세그먼트 라이닝 설계 포함

■ How - 어떻게 만들어졌나?

터널공학은 다양한 분야의 전공이 서로 협업해야 하는 통합공학으로, 특히 TBM 터널은 지반(토사 및 암반)을 대상으로 TBM 장비를 이용하여 굴착하는 기술로 지반분야, 암반분야, 터널분야, 기계분야 등 다양한 전문지식과 경험이 요구된다. 본 책은 대학 교수, 국책 연구소 연구원, 설계 엔지니어 및 시공 엔지니어 등 산학연 전문가 23명이 모여 각각의 역할분담을 통하여 1년간의 노력 끝에 만들어졌다.

■ KTA 터널공학시리즈를 만들면서 - 감사함으로

우리학회 제14대를 시작하면서 추진된 중점과제가 바로 우리학회 회원들에 대한 기술서비스를 통해 기술적 공감대를 만드는 것이었다. 그 일환으로 지난 2008년 만들어진 터널기계화 시공에 대한 터널공학시리즈를 최신 TBM 기술발전에 맞게 개정하고, TBM 기술에 대한 터널엔지니어들의 니즈를 수용하고자 2021년 기술강좌를 거쳐 본 책자가 만들어졌다. 지난 1년 동안 고생해 준 집필위원들과 발간위원 그리고 검토위원들 모두에게 감사의 말씀을 전하는 바입니다. 끝으로 터널현장에서, 합사에서 터널을 설계하고 시공하면서 고생하는 모든 터널엔지니어들에게 이 한 권의 책이 도움이 되길 바랍니다.

2022년 3월
KTA터널공학시리즈 발간위원회 위원장
(사)한국터널지하공간학회 부회장 **김 영 근**

차 례

CHAPTER 01 TBM 터널 개요   2

1 서언   2

2 TBM 터널의 역사   4
  2.1 최초의 TBM   4
  2.2 TBM 터널의 발전   6

3 TBM 터널의 현재   8
  3.1 TBM의 분류 및 특징   8
  3.2 국내 TBM 시공 현황   13
  3.3 국외 TBM 터널 시공 현황   15

4 TBM 터널의 미래전망   17
  4.1 TBM 터널의 미래 수요 전망   17
  4.2 자동화에 대한 전망   18
  4.3 장대화에 대한 전망   21
  4.4 대심도화에 대한 전망   22
  4.5 고속 시공에 대한 전망   24
  4.6 순환경제 및 탄소중립에 대한 전망   25

5 결언   26

참고문헌   27

CHAPTER 02 TBM 터널 계획 및 설계   30

1 TBM 터널 설계를 위한 조사   30
  1.1 입지조건 조사   33
  1.2 지장물(연도변) 조사   34

    1.3 주변 환경조사   36

    1.4 시공실적 조사   38

    1.5 지반조사   38

2 TBM 터널 계획   40

    2.1 TBM 터널 평면선형 계획   40

    2.2 TBM 종단선형 계획   43

    2.3 TBM 단면계획   49

    2.4 공기 및 공사비   54

3 최적 장비형식 선정   60

    3.1 TBM 장비형식 분류   60

    3.2 TBM 장비형식별 주요 특성   61

    3.3 건설 지역조건(지층, 수압조건 및 시공성 등)에 따른 TBM 적용성 분석   64

4 시공 중 주요 관리항목을 고려한 설계 시 고려사항   68

    4.1 굴진 및 배토관리   69

    4.2 챔버압 관리   71

    4.3 뒤채움 주입재, 주입방법 및 주입압   74

    4.4 디스크커터 관리   77

    4.5 세그먼트 라이닝 관리   80

5 결언   90

참고문헌   91

CHAPTER 03 TBM 장비 및 굴진성능   94

1 TBM 커터헤드와 절삭도구   94

    1.1 TBM 커터헤드의 종류와 구조   94

    1.2 절삭도구 (1) – 디스크커터   97

    1.3 절삭도구 (2) – 커터비트   100

2 TBM 설계와 굴진율 예측을 위한 커터 작용력 산정방법   102

    2.1 커터 작용력의 개념   102

    2.2 커터 작용력에 기반한 TBM 핵심 제작사양의 산출   105

    2.3 디스크커터 작용력의 추정   113

3 TBM 굴진율 예측방법   115

    3.1 디스크커터의 관입깊이 추정 모델   115

3.2 TBM의 굴진율 예측 118

3.3 TBM 굴진율 향상 방안 121

4 TBM 커터헤드의 설계방법 131

4.1 커터헤드의 형상과 디스크커터의 배열설계방법 131

4.2 커터헤드의 스포크 및 개구율 설계와 커터비트 배열설계 방법 144

4.3 커터헤드의 균형 검토 방법 154

참고문헌 158

CHAPTER 04 토압식 쉴드TBM 162

1 토압식 쉴드TBM의 구성과 사양 162

1.1 토압식 쉴드TBM의 구성 개요 162

1.2 커터헤드 163

1.3 첨가제 주입 및 세척장치 164

1.4 교반장치 168

1.5 스크류컨베이어 169

1.6 굴착토 반출 설비 172

1.7 AFC 시스템 178

2 토압식 쉴드TBM 장비의 계획과 설계 179

2.1 토압식 쉴드TBM의 막장 안정 개요 180

2.2 막장 주입 첨가제 관리 183

2.3 토압식 쉴드TBM의 배토량 관리 개요 189

참고문헌 192

CHAPTER 05 이수식 쉴드TBM 194

1 이수식 쉴드TBM의 개요 194

1.1 이수식 쉴드TBM의 정의 194

1.2 이수식 쉴드TBM의 발전과정 195

1.3 이수식 쉴드TBM의 굴진면 안정원리 198

2 이수식 쉴드TBM 본체와 후방설비의 구성 202

2.1 본체의 구성 개요 203

2.2 후방설비의 구성 개요 205

3 이수식 쉴드TBM 계획 시 중점 고려사항   208

     3.1   커터헤드(Cutter head)   208

     3.2   크러셔(Crusher)와 그리드(Grid)   214

     3.3   디스크커터(Disc cutter)   215

     3.4   맨락(Man lock)과 머티리얼락(Material lock) 시스템   216

     3.5   테일실(Tail seal)   218

4 이수식 쉴드TBM의 시공설비   220

     4.1   시공설비의 개요   220

     4.2   이수처리설비(STP: Slurry Treatment Plant)   222

     4.3   이수유송설비(STS: Slurry Transport System)   233

5 이수의 관리   240

     5.1   개요   240

     5.2   이수의 기능 및 요구 성능   240

     5.3   이수의 제조 및 재료구성   242

     5.4   이수의 성과지수(KPI: Key Perfomance Index)   245

참고문헌   251

CHAPTER 06 쉴드TBM 막장 안정성   254

1 개요   254

2 막장압과 굴진면 안정성 검토   256

3 막장압 이론 및 산정   258

     3.1   막장 안정성을 위한 조건 및 막장압 계산의 목적   258

     3.2   터널 막장 지지 메커니즘   259

     3.3   막장 지지 재료에 대한 요구조건   262

     3.4   막장 안정 계산법에 대한 독일 DAUB 안전 관념   266

     3.5   소요 막장압 계산 방법   268

     3.6   수압으로 인한 소요 막장압 계산 방법   276

     3.7   실무에서의 막장압 계산 사례   278

     3.8   막장압 계산 시 추가 고려사항   290

4 막장압 관리방안   294

     4.1   단계별 막장압 관리   294

     4.2   대단면 터널 TBM 막장압 관리 사례   295

5 쉴드TBM 계측   298

    5.1 계측계획 수립 시 주요 고려사항   298

    5.2 계측항목 선정 및 이용방안 검토   301

    5.3 쉴드TBM 특성을 고려한 계측 중점 고려사항 검토   302

    5.4 계측계획 수립 및 계측기기 선정 시 주요 고려사항   305

    5.5 계측빈도 선정   306

    5.6 쉴드TBM 계측 관련 최신 발전동향   307

참고문헌   310

CHAPTER 07 암반용 TBM   312

1 개요   312

    1.1 정의 및 굴착원리   312

    1.2 개발역사   313

    1.3 종류   319

    1.4 구성요소   323

2 TBM의 기본 시스템   323

    2.1 굴착 시스템   323

    2.2 추력 및 측벽지지 시스템   326

    2.3 버력운반 시스템   328

    2.4 지보 시스템   331

3 후속 설비   334

4 지보 설계   335

    4.1 개방형 TBM 지보 설계법의 개요   336

    4.2 개방형 TBM 지보 설계   339

    4.3 표준지보패턴의 선정   341

참고문헌   355

CHAPTER 08 TBM 터널 시공계획과 관리   358

1 개요   358

2 TBM 터널의 시공개요   358
- 2.1 TBM 터널의 시공흐름   358
- 2.2 시공 시 발생할 수 있는 주요 문제   360

3 발진 준비와 초기 굴진   363
- 3.1 작업구 조성   364
- 3.2 발진 준비   369
- 3.3 초기 굴진   375
- 3.4 본 굴진 준비   376

4 본 굴진과 도달   377
- 4.1 선형관리   377
- 4.2 굴착관리   378
- 4.3 세그먼트 조립 및 설치   383
- 4.4 뒤채움 주입   386
- 4.5 커터의 교체   390
- 4.6 도달공   392

5 TBM 터널 시공관리 현장사례   396
- 5.1 공사개요   396
- 5.2 지층조건   397
- 5.3 작업구 시공   398
- 5.4 쉴드TBM 시공   399

참고문헌   406

CHAPTER 09 TBM 터널 시공설비   408

1 개요   408
- 1.1 시공설비의 계획   408
- 1.2 시공설비의 분류   410

2 터널 내(갱내) 설비   411
- 2.1 터널 내 설비의 선정과 계획   411
- 2.2 운반설비(궤도방식) 계획   412
- 2.3 작업 대차 계획   422

3 터널 외(지상) 설비   423

  3.1 터널 외 설비의 선정과 계획   423

  3.2 수직구 운반설비   424

  3.3 지상 버력처리 설비   428

  3.4 뒤채움 주입 설비   432

  3.5 오·폐수 처리 설비   438

  3.6 전력공급 설비(수·변전 설비)   446

  3.7 고화처리 설비   449

  3.8 지상 설비의 배치사례   454

4 부대 설비   457

  4.1 배관 설비(급·배수 설비)   457

  4.2 케이블 설비(전력선·조명·통신 설비)   460

  4.3 환기 설비   462

  4.4 압기 설비   464

  4.5 기타 설비   467

5 맺음말   468

참고문헌   470

CHAPTER 10 국내 TBM 터널 설계 및 시공사례   472

1 OO 주배관 O공구 건설공사   472

  1.1 현장개요   472

  1.2 현장지층   473

  1.3 TBM 설계   474

  1.4 TBM 장비 선정   475

  1.5 TBM 시공 이슈   480

2 OO 도수터널 건설공사   488

  2.1 공사개요   488

  2.2 현장지층 및 공법선정   489

  2.3 TBM 설계   490

  2.4 TBM 굴착계획   494

  2.5 TBM 시공 이슈   496

  2.6 TBM 디스크커터 마모분석   500

3 OO 복선전철 O공구 건설공사 502

 3.1 현장개요 502
 3.2 현장지층 502
 3.3 TBM 설계 504
 3.4 TBM 장비 선정 506
 3.5 TBM 시공 이슈 508
 3.6 혁신 기술 및 운영 사례 511

4 고속국도 제OOO호 건설공사 O공구 514

 4.1 현장개요 514
 4.2 현장지층 515
 4.3 TBM 설계 515
 4.4 TBM 장비 선정 517
 4.5 STP(Slurry Treatment Plant) 처리용량 결정 520

참고문헌 523

CHAPTER 11 해외 TBM 터널 설계 및 시공사례 526

1 들어가기에 앞서 526

2 싱가포르 지질, 발주처 그리고 TBM에 대한 소고 528

 2.1 개요 528
 2.2 싱가포르 지질과 발주처 529
 2.3 싱가포르 TBM 공법 사례 소개 534

3 터키 유라시아 터널 TBM 사례 543

 3.1 개요 543
 3.2 터널단면 및 TBM 형식 선정 545
 3.3 Mixed 쉴드TBM 장비 설계 547
 3.4 주요 TBM 콘크리트 구조물 559
 3.5 지진과 Seismic Joint 563
 3.6 TBM 주요 시공현황 567

4 TBM의 미래 트렌드 575

 4.1 삼위일체화(지질+장비+사람)와 교감 576
 4.2 연결/DT/AI 활성화와 시간단축 게임체인저의 등장 578
 4.3 탄소중립과 순환경제 580
 4.4 적층가공기술(3D프린팅) 581

5 결론		582
참고문헌		583

CHAPTER 12 쉴드TBM 터널 사고사례   586

1 개요   586

2 쉴드TBM 터널 막장면 붕괴 및 지하수 과다유출로 인한 사고사례   587
- 2.1 개요   587
- 2.2 사례 1-1 : 4th Elbe Highway Tunnel(독일, 1999)   589
- 2.3 사례 1-2 : 도호쿠 신칸센 오카치마치 터널(일본, 1993)   591
- 2.4 사례 1-3 : 교토 공동구 터널(일본, 2001)   591
- 2.5 사례 1-4 : South Bay Ocean Outfall(미국, 1998)   592
- 2.6 사례 1-5 : 치바현 후나바시시 토요 고속철도 터널(일본, 1994)   593
- 2.7 사례 1-6 : Storebaelt Tunnel(덴마크, 1991~1994)   594
- 2.8 사례 1-7 : OO 화력발전소 배수터널(대한민국)   595
- 2.9 사례 1-8 : OO구 전력구 터널(대한민국)   597
- 2.10 사례 1-9 : OO시 전력구 터널(대한민국, 2016)   598

3 쉴드TBM 터널 피난연락갱 굴착 중 사고사례   601
- 3.1 개요   601
- 3.2 사례 2-1 : Shanghai Metro(중국, 2003)   602
- 3.3 사례 2-2 : Kaohsiung Metro LUO09터널(대만, 2005)   609
- 3.4 사례 2-3 : Tianjin Metro Line 1(중국, 2016)   615
- 3.5 사례 2-4 : Perth Forrestfield-Airport Link 철도터널(Australia, 2018)   619

4 세그먼트 탈락에 의한 붕괴   624
- 4.1 사례 3-1 : 일본 전력구 터널(일본, 2001)   624
- 4.2 사례 3-2 : Mizushima Refinery Subsea Tunnel(일본, 2012)   625
- 4.3 사례 3-3 : Cairo Metro Tunnel(이집트, 2009)   626
- 4.4 사례 3-4 : OO 전력구(대한민국, 2009)   626
- 4.5 사례 3-5 : 오카야마현 고난 공동구 터널(일본, 1999)   627

참고문헌   628

CHAPTER 13 최신 TBM 기술과 스마트 기술   630

1 TBM 신기술의 필요성   630

2 최신 TBM 공법 및 기술   631

    2.1 혼합식 TBM(Convertible TBM)   631
    2.2 워터젯 결합 TBM(Waterjet-combined TBM)   634
    2.3 압입형 TBM(Pipe jacking TBM)   636
    2.4 비원형 형상 TBM(Non-cirbular shape TBM)   638
    2.5 급곡구간 시공기술   639
    2.6 병렬터널 연결용 TBM(Cross-passage TBM)   640
    2.7 수직구를 요구하지 않는 TBM(Prufrock)   642

3 TBM 굴착성능 증대를 위한 신기술   642

    3.1 고수압조건 접근 가능 커터헤드   642
    3.2 특수지반용 고성능 디스크커터   643
    3.3 배토효율 향상을 위한 워터 노즐   644
    3.4 연속 굴착 기술   646

4 TBM 전방지반 탐사기법   646

    4.1 TEPS(Tunnel Electrical resistivity Prospecting System) 기법   647
    4.2 전자기 탐사기법   650
    4.3 탄성파 탐사기법   652

5 TBM 스마트 기술   655

    5.1 TBM 상태평가 및 데이터 기반 최적화 기술   655
    5.2 TBM 운전/제어 시뮬레이터   664
    5.3 TBM 자동화 운영시스템(TBM automatic operation system)   666

6 기타 TBM 관련 기술   666

    6.1 친환경 굴착 기술   667
    6.2 TBM 장비 검수기준   668

7 결언   669

참고문헌   670

CHAPTER 14 TBM 터널 유지관리   674

    1 개요   674

       1.1 재래식터널 및 NATM 터널, TBM 터널 현황   675

       1.2 TBM 터널의 고려사항   676

    2 TBM 터널의 유지관리   678

       2.1 품질관리   678

       2.2 결함별 원인분석과 보수방법   681

    참고문헌   705

APPENDIX 숫자와 그림으로 보는 TBM 터널   708

    1 초단면화 – The Larger   712

    2 초장대화 – The Longer   717

    3 초굴진화 – The Faster   719

    4 대심도화 – The Deeper   721

    5 복합화 – More Complex   723

    6 TBM 터널의 미학 – Art Design of TBM Tunnel   725

    7 TBM 장비의 Naming   727

색인   729

집필진, 검토위원 및 발간위원회   733

대표 저자 소개   734

CHAPTER

1

TBM 터널 개요

01 TBM 터널 개요

1 서언

터널을 비롯한 지하공간은 지상공간의 하부에 공간을 확보함으로써 지상시설과의 간섭문제가 줄어들고 이용상 제약을 받지 않는다. 또한 지하공간은 지상공간과 비교하였을 때 항온, 항습, 내진성, 폐쇄성, 은폐성 및 격리성 등이 뛰어나므로 이를 활용한 특수구조물의 건설이 가능하며, 에너지절약, 비용절감 및 환경보존 그리고 도시공간을 효율적으로 이용할 수 있다는 장점이 있다.

인류는 오래전부터 주거용, 교통용 또는 수로용 터널을 건설하였으며, 인류 문명의 발전과 더불어 터널 건설기술이 발달하였다. 고대의 이집트 문명에서는 기원전 약 3000년에 이집트 피라미드 내부의 통로용 터널을 구축하기 위하여 사갱을 기반암 속까지 굴착하여 석실 분묘 통로를 연결하였다. 신성로마제국 시대에는 높이 3.3m, 폭 2m, 연장 5km의 터널을 11년에 걸쳐 건설한 바 있다. 하지만 이후 중세시대에는 수도원, 교회 등의 종교건물의 내부 비밀통로 등 소규모 터널만 건설되었다.

본격적인 터널 건설기술의 발전은 17세기 산업혁명 시대에 급증한 물류 수송 수요를 해결하는 목적으로 급격히 이루어졌다. 효율적인 물류 운송을 위하여 지하공간의 활용이 불가피하였고, 이에 따라 터널 건설의 수요가 증가하였다. 1681년 프랑스에서는 말파스 터널 공사를 위하여 최초로 화약이 사용되면서, 과거 인력에 의존하였던 터널 굴착기술이 산업혁명의 성과물을 통해 점차 진보하기 시작하였다.

1818년에 Brunel은 기계식 굴착장비인 쉴드공법을 최초로 고안하여 특허를 등록하였다. 이는 오늘날의 개방형 쉴드(Shield: 방패, 보호물, 방어물) TBM(Tunnel Boring Machine)의 원형이라고 할 수 있다. Brunel의 발명 이후에, 기계화시공 기술은 계속 발전하여 19세기 말부터 20세기 초반에는 철도, 도로 등의 많은 터널 공사에 TBM 공법이 계속 적용되었고, 기술향상으로 인해 블라인드 쉴드 등도 개발되기에 이르렀다. 20세기에는 기계공학 분야의 눈부신 발전으로 인해 터널 기계화시공 기술이 더욱 발전하여, 현재에는 도로, 철도, 지하철, 전력구, 통신구, 상하수도 터널 등 다양한 터널에 널리 적용되고 있다.

현재 TBM 공법은 발파 및 굴착(drilling and blasting)에 의한 재래식 터널공법(NATM 공법)에 비해 많은 장점을 가지고 있다는 점에서 터널 시공을 위한 대표 공법으로 이미 자리 잡았다(표 1.1 참조). 그러나 TBM 공법의 장점에도 불구하고 국내에서는 1985년에야 처음으로 TBM이 터널 시공에 도입되었으며, 현 2020년대는 90년대에 비해 괄목할 만하게 TBM 관련 기술의 발전과 관련 전문가들이 증가하였지만, 아직 독일, 미국, 일본 등 TBM 선진 국가에 비해 TBM 기술 수준과 기술자의 공급은 여전히 저조한 상황이다. 특히, 대한민국이 선진국의 반열에 들어간 오늘날에도 국내 TBM 관련 기술은 국외 기술 수준의 약 60~70% 수준으로

[표 1.1] NATM 공법과 TBM 공법의 비교

구분	NATM 공법	TBM 공법
특징	• 천공, 장약, 발파 → 버력처리 → 숏크리트 타설 → 록볼트 및 강지보 설치 • 주변 지반으로의 응력 전이 및 지반 자체의 강도 활용 • 발파에 의한 굴착 후, 록볼트, 숏크리트를 보조 지보공으로 사용	• TBM은 커터헤드(cutter head), 챔버(chamber), 격벽(bulkhead wall)으로 구성된 후드부(hood)부와 거더부(girder), 추진설비, 배토장치, 추진잭, 스킨플레이트(skin plate) 등으로 구성된 테일부(tail)로 이루어짐 • TBM의 추력과 커터헤드의 회전력으로 전진하며 전방 지반을 굴착 • 쉴드로 터널 주면의 붕괴를 방지하며, 밀폐형 TBM의 경우 터널 굴진면의 토압과 수압에 굴착토나 이수로 대응 • 개방형(open 및 non-shield) TBM : 그리퍼(gripper)에 의한 굴착벽면의 지지력으로 추진 • 밀폐형(closed 및 shield TBM) : 후방의 세그먼트 라이닝을 추진잭으로 밀어 추진
장점	• 공종이 비교적 단순 • 터널 연장이 짧을 경우 경제적 • 시공장비가 상대적으로 경량 • 분할굴착 적용이 용이하여 단면 변화가 많은 구간에 유리	• 소음·진동·분진이 적어 도심지 터널 굴착에 적합함 • 터널 연장이 길어질수록 경제적 • 발파를 사용하지 않으므로 친환경적 • 원지반 이완 및 여굴의 최소화 가능 • 기계작업 및 반복작업으로 소요 인력의 최소화 • 쉴드TBM을 사용할 경우 낙반사고 없음
단점	• 소음·진동·분진이 크므로 민원 및 인접 구조물, 자연환경에 대한 고려 필요 • 화약발파로 낙반사고 빈번 • 지반 불량구간 보강방안에 대한 별도의 대책이 필요	• 초기 비용이 비교적 고가 • TBM 외 부대시설이 복잡하고 지상 플랜트가 필요할 수 있음 • 토질 및 암질의 변화가 심한 곳에서는 시공성의 저하 • 선형의 제한이 크므로 선형 변경이 어려움 • 단면의 제한이 있음

평가된다. 국내에서 TBM 기술이 발전하지 못하는 이유는 TBM 관련 핵심기술의 대부분을 외국에 의존하고 있다는 점과 더불어 역설적으로 NATM 기술이 세계 최고 수준이기 때문이라는 시각이 있다. 예를 들어, 2021년 12월 1일에 개통된 보령과 태안을 잇는 보령해저터널은 연장 6.927km로 세계 5위에 해당하는 해저터널로 고수압 및 단층대의 매우 불리한 시공조건을 감안할 때, 국내 기술진 이외에는 누구도 NATM으로 공사를 마무리하리라 생각을 못했다. 혹자는 NATM과 TBM 기술을 각각 청동기시대와 철기시대 기술로 평가하기도 한다. 아무리 청동기 검이 날카롭고 단단해도 철제 칼에 질 수밖에 없는 것은 역사적 흐름이라는 견지에서 일맥상통한다.

안전하고 친환경적인 사회를 추구하고, 메가 터널(대단면, 초장대, 대심도)의 수요가 증가하고 있는 오늘날, 전 세계적으로 TBM의 적용은 이미 선택이 아닌 필수사항이 되었다. 이와 같은 상황에서 본 장에서는 TBM이 발전해 온 역사와 현재 TBM에 대한 현황, 그리고 TBM 기술의 미래 전망을 서술하고자 한다. 이를 통해 국내 TBM 핵심기술의 발전을 위한 미래 청사진을 그리는 데 첫걸음이 되고자 한다.

2 TBM 터널의 역사

2.1 최초의 TBM

1818년 영국 템스(Thames)강 하부를 통과하는 터널을 굴착하기 위해서 프랑스 출신 엔지니어인 Marc Isambard Brunel은 최초의 쉴드터널 개념을 도입하였다(그림 1.1 참조). 그는 배좀벌레조개가 목재 선박 표면에 굴을 파는 과정을 관찰하여 생체모방기술을 통해 TBM 기술에 대한 영감을 얻었으며, 자립성이 부족한 터널 막장의 붕괴 위험성을 감소시키기 위하여 지반을 직사각형 형태의 쉴드로 지지하는 공법에 대하여 특허를 획득하였다. Brunel이 발명한 공법은 오늘날의 쉴드TBM의 원형이 되는 기술이다.

19세기 초 런던에서는 템스강을 횡단하는 하저터널을 공사하는 데 있어 여러 번의 실패를 거듭하였다. Thames 터널은 1798년에 착공되었으나, 수직갱을 굴착하는 단계에서 분사 현상이 발생하여 공사가 중단되었으며, 1802년에는 하저부 선진갱도 굴착 도중 막장에서 강물이 유입되면서 갱내가 완전히 수몰되었다. 이를 해결하고자 나머지 터널 굴착 구간에 대하여 물막이를 시공하여 건설하는 계획이 제안되었으나 방치된 상태로 10년 이상 공사가 중단된 이후 Brunel의 쉴드 터널 굴착공법이 등장하게 되었다.

[그림 1.1] Brunel이 고안한 최초의 쉴드 공법(Michael Palin, 2006)

Brunel이 취득한 쉴드터널 굴착공법 특허는 총 중량 90ton, 총 단면적 80m^{2}의 쉴드를 스크류 잭을 이용하여 벽돌 터널 라이닝으로부터 반력을 얻어 굴진 방향으로 추진하도록 설계되었다. 터널 내부 작업을 위하여 증기 엔진으로 동력을 공급하고 36명의 광부가 Brunel 터널의 굴착 작업에 투입되었다. 1825년 쉴드 공법을 이용한 터널 굴착이 착공되었으나, 1827년에는 1차 침수사고가, 1828년에는 2차 침수사고(그림 1.2 참조)를 겪으며 7년간 공사가 중단되었다. 이후 1834년에 공사가 재개된 이후에도 추가 침수사고가 발생하였으나 1840년 11월에 하저부 터널이 완공되었다.

[그림 1.2] 1828년 1월 12일 시공 중 수몰된 Thames 터널(Michael Palin, 2006)

5

2.2 TBM 터널의 발전

　Brunel의 발명 이후, 19세기와 20세기 사이에 TBM 기술은 계속 발전하여 철도, 도로 등의 많은 터널 공사에 적용되었다. 1869년 템스강 횡단 지하철 터널인 Tower Subway 건설에는 J. H. Greathead가 고안한 원형 쉴드와 P. W. Balow가 고안한 최초의 주철제 세그먼트가 라이닝으로 사용되었고(그림 1.3) 쉴드와 지반 사이 테일보이드 공간을 채우기 위하여 최초로 뒤채움 그라우팅이 실시되었다. 이후 1886년 Greathead는 포화된 지반의 굴착을 용이하게 하기 위하여 South London Railway Project에서 최초로 압축공기(compressed air) 기법을 도입하였다. Greathead의 쉴드 형태는 이후 런던의 지하철 터널(런던 Underground) 건설에 폭넓게 사용되었다.

　1882년 영국과 프랑스를 잇는 해저 철도터널인 Channel 터널은 영불해협에서 가장 좁은 부분인 도버해협에 건설되어 총 50.45km 중 38km의 해저터널 구간을 싱글 쉴드TBM 공법으로 시공되었다. Channel 터널 굴착에 사용된 TBM은(그림 1.4) 초기의 TBM 형태로 교체 가능한 드릴비트를 장착한 면판을 회전시켜 지반을 굴착하였다. Channel 터널 프로젝트에서의 최대 하루 굴진율은 25m였다.

[그림 1.3] 1869년 완공된 최초의 세그먼트가 도입된 Tower subway

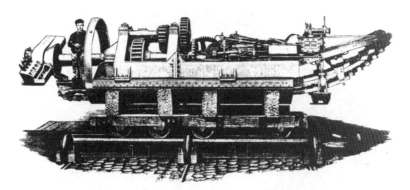

[그림 1.4] Channel 터널 굴착에 사용된 TBM(1882)

1931년도에는 Schmidt, Kranz사에서 석탄 채굴용 터널을 위해 gallery cutting 기계를 고안하였다. TBM의 지반 굴착속도의 향상, 그리고 터널의 장대화에 따라 굴착토를 효율적으로 배출할 수 있도록 그림 1.5와 같이 TBM 전방부의 기계굴착 시스템 뒤에 배토를 위한 케이블카 시스템이 추가되었다. 이러한 기술 발전을 바탕으로 1952년도에는 미국 Robbins사에서 최초로 상용 제작된 Open gripper TBM을 Oahe댐 수로터널 건설에 사용하게 되며, 쉴드TBM 시장을 개척하는 계기가 되었다(그림 1.6).

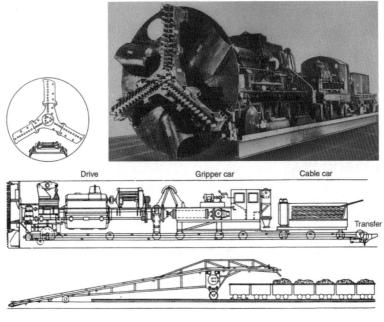

[그림 1.5] Gallery cutting machine(1931)

[그림 1.6] Oahe 댐 프로젝트에서 사용된 최초의 상업용 TBM

19세기의 TBM 기술 발전은 유럽과 미국에서 주도한 반면, 20세기에는 일본에서 다양한 TBM 공법들이 개발되었다. 일본국철은 1920년에 처음으로 쉴드TBM 공법을 도입하여 사용하기 시작하였는데, 1968년도에는 이수를 이용하여 굴착토를 배토하는 이수식 쉴드공법을 개발하였으며, 1974년에는 굴착토로 막장압을 지지하는 토압식(EPB: Earth Pressure Balanced) 쉴드공법을 개발하였다. 20세기에는 기계공학 분야의 눈부신 혁신적인 성장으로 인해 터널 기계화시공 기술이 더욱 발전하여, 도로, 철도, 지하철, 전력구, 통신구, 상하수도 터널 등 다양한 터널에 널리 적용되고 있다. 특히, 전 세계적으로 초장대 터널 프로젝트가 진행되면서 TBM 공법에 대한 수요 및 연구가 활발히 진행되어왔다.

3 TBM 터널의 현재

3.1 TBM의 분류 및 특징

앞 절에서 서술한 2세기에 걸친 짧고도 긴 TBM 기술 발전의 여정은 세계 각국의 터널 공학자들에게는 단순히 지나간 역사책 속의 한 단락이 아닌 현재에도 활발히 쓰여지고 있는 현재진행형인 교과서라고 할 수 있다. 기존의 TBM 설계 개념을 바탕으로 하루가 다르게 새로운 TBM 기술들이 소개되고 있으며, 기존의 고정관념을 벗어난 다양한 규모와 형상의 TBM 장비들이 등장하고 있다. 이처럼 다양한 종류의 TBM 기술이 터널 시공의 주류로 자리 잡은 현재에도 TBM 장비가 tailor made식으로 설계 및 제작되는 가장 큰 이유는 하나의 TBM이 여러 현장에 반복·교차 적용될 수 없다는 TBM 공법의 독특한 특성에 기인한다. 즉, TBM은 투입되는 현장의 조건(지질학적·수리적 특성, 지상부지 여부, 공사비 등)에 맞추어 주문 제작되어 현장에 적용된다. TBM의 설계를 우리 생활에 비유하자면 TBM은 기성복이 아닌 개인의 신체 조건을 고려해야 하는 맞춤 정장이라고 할 수 있다. 따라서 변화무쌍한 지반조건에 맞는 최적의 TBM을 선정하는 것은 터널 공학자의 필수 소양이며, TBM 프로젝트를 성공으로 이끄는 첫 단추이다. 따라서 TBM 터널 공학자는 대표적인 TBM의 분류법, 종류 및 특징을 숙지하는 것이 요구되며, 이러한 배경에서 본 절에서는 TBM의 선정과 현재 TBM 기술 발전의 기준이 되는 TBM의 분류법과 각 TBM의 종류별 특징에 대해 간략히 소개하고자 한다.

1) TBM의 분류 기준

전술한 바와 같이 TBM은 다양한 지반조건, 입지조건, 환경조건, 공사여건 등에 따라 다양하게 제작되고 적용된다. 그러나 무엇보다도 TBM을 선정하는 기준에 가장 큰 영향을 미치는 요소는 대상 현장의 지반조건이다. 직관적으로도 양질의 경암을 굴착하는 경우와 연약한 지반을 굴착할 때 투입되는 TBM의 특성은 명백하게 다를 수밖에 없다. 즉, 양질의 지반조건일수록 TBM 굴진에 필요한 지보재 기술들이 적어질 것이나, 그 반대의 경우 TBM에 지보 역할을 신중하게 고려해야 한다. 이러한 기본 설계 개념으로 현대에는 TBM을 크게 쉴드의 유무, 굴진면 개폐 여부, 추진력을 얻는 방법, 굴진면 지보 방법에 따라 구분한다.

(1) 쉴드의 유무에 따른 분류

쉴드는 TBM을 둘러싸고 있는 강철 외피 구조물을 의미한다. 쉴드의 유무에 따라 TBM은 무쉴드(non-shield)TBM과 쉴드TBM으로 대별된다. TBM 터널 단면은 원형이므로 쉴드의 형상은 일반적으로 원통형이다. 쉴드의 존재는 공학적으로 불안정한 지반에서 TBM 굴진면을 안정하게 한다. 이와는 반대로 충분한 자립성과 높은 등급을 가진 지반은 이러한 쉴드가 필요하지 않다. 원활한 굴진을 위해 쉴드의 외경은 TBM 굴착경보다 작으며, 이로써 지반과 쉴드 사이에 공극이 발생한다. 이를 테일보이드(tail void)라고 하며, 테일보이드에 굴진과 동시에 뒤채움재를 주입하여 굴착에 따른 지반의 체적 손실(volume loss)을 추가적으로 방지할 수 있다.

(2) 굴진면 개폐에 따른 분류

TBM 터널의 굴진면이 개방되어 있는가 또는 격벽(bulkhead)으로 밀폐되어 있는가에 따른 구분이다. 굴진면이 닫혀있지 않아 접근이 가능한 TBM을 개방형(open) TBM이라고 부르며 일반적으로 자립이 가능한 지반에 사용한다. 무쉴드TBM은 일반적으로 개방형 TBM이다. 이와 반대로 굴진면이 격벽으로 분리되어 커터헤드(cutter head)와 격벽 사이의 공간을 일컫는 챔버(chamber)가 있는 TBM은 밀폐형(closed) TBM으로 부른다. 밀폐형 TBM은 챔버 내에 재료를 충진하여 압력을 가함으로써 막장면의 토압과 수압에 대응한다. 개방형 TBM과는 다르게 밀폐형 TBM은 굴진면의 상태를 확인할 수 없다는 큰 단점을 가지고 있어 이를 보완하기 위한 다양한 첨단 기술들이 연구개발되고 있다.

(3) 추진력을 얻는 방법에 따른 분류

TBM을 전진시키기 위한 추진력을 얻는 방식에 따른 분류 기준이다. 추진을 위한 반력을 얻는 방법은 자중, 그리퍼(gripper), 추진잭에 의한 방식이 있으며 TBM 공법에서는 그리퍼와 추진잭을 주로 활용한다. 그리퍼는 터널 벽면을 지지하는 방식으로 반력을 얻으며 지반의 자립이 쉬운 개방형 TBM의 추진방법으로 사용된다. 쉴드TBM은 일반적으로 유압식 추진잭으로 시공된 세그먼트를 미는 방식으로 추진하며, 그리퍼와 추진잭을 모두 차용하는 방식을 더블 쉴드 TBM이라고 한다.

(4) 터널 굴진면 지보방법에 따른 분류

굴진면(막장) 지보방식에 따른 분류이다. 무쉴드TBM 또는 개방형 TBM은 자립 가능한 지반에 적용되는 TBM이므로 별도의 굴진면 지보 방안이 필요 없다. 그러나 밀폐형 TBM은 굴진면의 자립이 불가능하기 때문에 커터헤드 전방의 토압과 수압을 챔버에 채워진 재료에 압력을 형성시킴으로써 대응한다. 이때 굴착된 흙을 통해 대응하는 방식의 TBM을 토압식(EPB: Earth Pressure Balanced) 쉴드TBM이라고 하며, 이수(slurry) 충진을 통해 전방에 이막(membrane)을 형성시켜 굴진면 전방을 지지하는 방식을 채택하는 TBM을 이수식(slurry) 쉴드TBM이라고 부른다. 토압식 쉴드TBM과 이수식 쉴드TBM은 현대 토사지반 굴착 TBM 기술의 양대 산맥이라 할 수 있다.

2) TBM의 분류

이상 서술한 TBM의 분류기준에 따르면, 현대의 TBM은 그림 1.7과 같이 분류할 수 있으며 해당 분류방안은 모든 TBM 분류법의 기본이 된다.

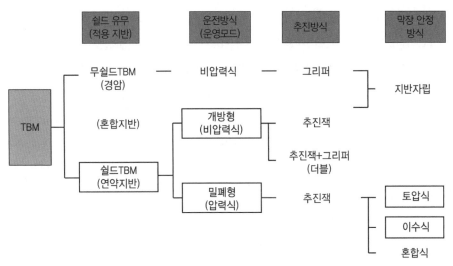

[그림 1.7] TBM의 분류(신종호, 2020)

3) TBM의 종류별 특징

그림 1.7의 분류에 따른 TBM의 종류별 특징에 대한 상세는 다음과 같다.

(1) 개방형 TBM

개방형(open) TBM은 자립이 가능한 양질의 암반 지반에서 대부분 활용되며, 최근에는 작업자의 작업공간과 안전 확보를 위해서 터널 주면 지지를 위한 쉴드가 존재하는 개방형 쉴드TBM 형식이 많이 활용되고 있다. 양질의 화강암이 주로 분포하고 있는 국내에서 많이 적용되었으며, 터널 굴진면 상태를 육안으로 확인할 수 있다는 장점을 가지고 있다. 커터헤드에 장착되는 굴착도구(cutting tool)는 디스크커터(disc cutter) 형식이 일반적이다. 쉴드가 없는 개방형 TBM의 추진은 그리퍼(gripper)에 의한 굴착벽면의 지지력으로 이루어지며, 지보 또한 세그먼트가 아닌 일반적인 NATM 공법의 지보인 숏크리트와 록볼트가 설치된다. 개방형 쉴드TBM은 추진잭을 통해 추진력을 얻으며 TBM 테일부(후방부) 지보는 이렉터(erector)에 의한 세그먼트 설치를 통해 이루어진다.

11

(2) 토압식 쉴드TBM

토압식 쉴드TBM은 챔버 내의 굴착한 흙(버력)을 TBM의 전진이나 배토의 조절을 통해 가압하여 굴진면 전방의 수압과 토압을 지보하며 터널을 굴착해 나가는 원리를 채택한 TBM이다. 현재 토사지반 굴착에 가장 많이 사용되는 형식의 TBM이며, 일반적으로 연약지반에 적용된다. 굴착도구는 커터비트(cutter bit)가 사용되는 것이 일반적이며, 터널 굴진면을 지보하는 챔버의 압력(막장압)은 TBM의 굴진속도와 스크류컨베이어의 회전속도나 스크류컨베이어 후방의 토사 배출구의 개폐 정도를 통해 조절된다. TBM의 굴진속도가 빠를수록, 스크류컨베이어 회전속도가 느릴수록 그리고 버력 배출구가 닫혀있을수록 챔버 내의 압력은 상승하게 된다. 반대의 경우에는 챔버 내부의 압력이 감소하게 된다. 적정 막장압은 일반적으로 Rankine의 주동토압과 정지토압 사이에서 조절되면 이상적이라고 알려져 있으나 굴진면 압력 형성의 메커니즘과 적정 압력 범위는 현재까지 뚜렷이 규명되지 않아 TBM 운전자의 판단에 의존하고 있으며 해당 부분에 있어 지속적인 연구가 필요하다.

적정 챔버압을 조절하기 위해 챔버 내 굴착토의 소성유동성을 확보하는 것은 균질한 압력의 굴진면에의 전달을 위해 필수적이다. 또한 과도한 지하수의 유입과 챔버 및 스크류컨베이어의 유로 생성을 막기 위해 굴착토는 적정 투수계수(10^{-3}cm/sec 이하)를 확보해야 한다. 하지만 굴착한 흙의 물성이 상기 조건들을 만족하기 쉽지 않으므로 커터헤드 전방, 챔버 또는 스크류컨베이어 내부에 첨가제를 투입하여 작업성(workability), 투수계수 등의 굴착토의 물성을 개량할 수 있다. 이러한 개량기술을 쏘일 컨디셔닝(soil conditioning)이라고 하며, 첨가제는 고밀도 벤토나이트, 폼(foam), 폴리머(polymer) 등이 일반적으로 활용된다. 최근에는 쏘일 컨디셔닝 기술의 발전 덕분에 기존 한정된 입도분포를 가진 지반에서만 활용될 수 있었던 토압식 TBM이 폐색(clogging) 위험이 높은 점토지반, 투수계수가 높고 자갈이 함유되어 있는 사립토 지반까지 확대 적용되고 있다.

(3) 이수식 쉴드TBM

사질토 지반 또는 자갈이 포함된 지반과 같은 지하수 아래에 투수성이 높은 토질의 굴착에 가장 적합한 이수식 쉴드(slurry shield)TBM은 이수를 관을 통해 순환시키며 챔버 내에서 가압하여 굴진면을 안정시킨다. 이수란 벤토나이트 등 점토광물이 물에 의해 희석된 점성이 높은 현탁액이다. 지상에서 이수를 송니펌프를 통해 굴진면 전방에 투입하면 굴진면 전방에서는 이수의 침투 또는 이수 이막(filter cake)의 형성에 의해 터널 전방의 수압과 토압에 대응한다. 굴착된 버력은 이수와 혼합되어 배니펌프와 배니관을 통해 지상으로 이송되고, 지상에서 이수

처리 플랜트에 의해 분리되어 처리된다.

이수식 쉴드TBM은 고수압이 작용하는 지반에 적용성이 뛰어나기 때문에 하저·해저터널 시공에 대부분 적용된다. 그러나 굴진면 안정에 이수를 활용하기 때문에 지상 이수의 공급과 처리를 위한 플랜트의 설치가 추가적으로 필요하다는 단점이 이수식 쉴드TBM을 고밀화된 도심지 하부 터널 시공에 적용하는 것을 어렵게 한다. 따라서 이러한 이수 관련 플랜트들의 효율을 증진시키고 규모를 축소시키는 기술을 개발하는 것이 이수식 쉴드TBM의 적용성을 확대하는 방안이 될 것이다. 이수식 TBM 공법은 이수와 버력을 송·배니관을 통해 유체 이송시키기 때문에 수송 효율 증가와 송·배니관의 마모량 예측에 대한 연구도 활발히 진행 중에 있다.

(4) 컨버터블(convertible) 쉴드TBM

개방형, 밀폐형(토압식, 이수식) TBM 굴진면 지지 방법을 모두 활용하는 형식의 TBM으로 때로는 하이브리드 쉴드(hybrid shield) 등으로 불리기도 하며, TBM 장비의 교체 없이 복합지반에 대응하고자 하는 TBM이다. 예를 들어 자립이 가능한 암반지반에서는 굴진면 전방을 개방하여 개방 모드(open mode)로 운전하고, 지반의 수리학적 조건에 따라 토압식 모드(EPB mode) 또는 이수식 모드(slurry mode)로 굴진면을 지지하는 방법을 변경해가며 운전할 수 있다. 최근 쉴드TBM의 복합지반에의 적용이 증가하며 발생하는 시공 리스크를 줄이기 위해 적극적으로 활용되는 유형의 TBM이다.

3.2 국내 TBM 시공 현황

1900년대 초반부터 TBM이 적용되기 시작한 국외와는 다르게 국내에서는 상대적으로 늦은 1980년대에 TBM이 처음으로 터널 프로젝트에 적용되었다. 기술의 도입이 지체되어 1990년대까지는 눈에 띌 만한 TBM 프로젝트 성과가 없었으나 2000년대 개통한 광주지하철 1호선 1공구, 부산지하철 230, 서울지하철 909공구, 인천공항철도 2-5B 과업을 시작으로 2010년대 분당선 3공구, 서울지하철 703, 704, 919, 920, 921공구, 원주-강릉 11-3공구, 인천공항 연결철도(T1-T2) 등이 TBM으로 성공적으로 준공되었으며 현재 부전-마산 복선전철, 대곡-소사 복선전철, 별내선 2공구 한강하저터널, 인천도시철도 검단선 1공구 등이 토압식 또는 이수식 쉴드TBM으로 시공 중에 있으며 2020년대 완공 예정에 있다. 이처럼 TBM 공법을 국내에 성공적으로 도입하기 위해 80년대부터 현재까지 이루어진 국내 터널공학자들의 각고의 노력 덕분에 현재 세계적 수준의 직경인 13.98m의 대구경 이수식 쉴드TBM이 제2외곽순환도로 김포-파주

2공구 한강하저 구간 공사에 투입되어 있다. 본 절에서는 최근 완료되었거나 진행 중인 국내 TBM 프로젝트들을 간략히 소개하고자 한다.

(1) 진해-거제 주배관 1공구 건설공사

본 현장은 진해시에서 거제시까지 천연가스 주배관을 연결하는 공사로 총 연장이 약 15.4km 이다. 그중 7.8km 구간은 소구경(굴착경 3.54m) TBM을 적용하였으며, 해수면 아래 해저터널 구간이다. 굴착심도는 최대 94.2m로 풍화암~경암까지 지반이 고루 분포하고 있다. 본 현장의 지반조건을 고려하여 최대 9bar의 고수압 지반을 굴착하기 때문에 Kawasaki사의 이수식 TBM이 선정되었다.

(2) 주암댐 도수터널 건설공사

주암댐 도수터널 공사는 기존 도수터널 노후화에 따라 전남권 지역의 용수공급 중단을 방지 하고자 신규 도수터널을 건설하는 공사이다. 신설되는 도수터널의 총 연장은 11.23km이며, 이 중 TBM 터널은 10.92km, NATM 터널이 0.31km로 계획되었다. 터널 직경은 외경 4.0m, 내경 3.3m로 계획되었다. 터널 시공은 유입부와 유출부에 설치된 수직구를 통해 TBM을 반입하여 양방향 굴착을 하고, 터널 중앙부 관통 후에는 장비를 후방으로 반출하여 터널시공을 완료하였 다. 또한 해당 터널에 적용된 개방형 TBM 특성에 따라, 터널 굴착 후 별도 라이닝 공사를 진행 하여 터널을 완공하였다.

(3) 대곡-소사 복선전철 2공구 건설공사

본 현장은 경의선과 서해선을 연결하는 남북방향의 복선전철을 신설하는 공사이다. 전체 사 업 연장 18.4km 중 한강하저 구간을 포함한 2공구는 고양시 덕양구와 강서구 방화동을 연결하 는 2.9km 구간으로 2.7km의 쉴드TBM 구간을 포함하고 있다. 대상 구간에 주로 분포하는 암 종은 흑운모호상편마암(한강 하저구간 이후)과 흑운모화강암(시점-한강 하저구간)이며, 토피 고는 GL(−)4~45m로 설계되었고 노선을 따라 퇴적 토사층부터 경암까지 다양한 지층으로 구 성되어 있다. 해당 구간은 단선병렬로 시공되었으며, 직경 8.0m급의 Herrenknecht사의 토압 식 쉴드TBM 2대가 투입되어 상선 및 하선에 각각 적용되었다.

(4) 제2외곽순환도로 김포-파주 한강하저 구간

본 현장은 수도권 제2외곽순환도로의 일부인 김포시~파주시를 연결하는 고속도로 현장으로 총 연장 25.36km 중 해당 공구는 6.74km이다. 터널 구간의 노선상 70%를 기반암이, 30%를 풍화암~토사 구간이 차지하고 있다. 한강 하저구간에는 직경 13.98m급 Herrenknecht사의 이수식 쉴드TBM을 사용한 폭 10.7m(2차로), 길이 2.86km의 쉴드TBM 구간이 계획되어 있다.

3.3 국외 TBM 터널 시공 현황

전술한 바와 같이 18세기 유럽에서 시작된 TBM 기술은 유럽 각국, 일본, 미국을 중심으로 세계 각지에 전파되어 발전하였으며, 현재는 기존의 drilling and blasting 공법을 거의 대부분 대체하고 있다. 또한 최근 TBM 장비는 기계공학과 토목공학의 발전에 힘입어 대단면화(직경 15m 이상), 초장대화(연장 50km 이상), 대심도화(심도 50m 이상), 초굴진화(직경 4m급: 월평균 1,000m 이상, 직경 10m급: 월평균 600m 이상)되어가고 있는 것이 특징이다. 특히 최근에는 막대한 자본과 터널 내수시장을 바탕으로 기존 유럽·일본·미국 중심으로 이루어졌던 TBM 기술발전이 중국으로 그 무게중심이 이동하고 있는 추세이다. 표 1.2에는 국외 대표 TBM 프로젝트들이 정리되어 있으며, 본 절에서는 최근 진행 중인 눈여겨볼 만한 TBM 프로젝트를 몇 가지 소개한다.

[표 1.2] 국외 대표 TBM 프로젝트

프로젝트명	국가	특징
TMCLK 도로 터널	홍콩	세계 최대 단면 17.6m
Gotthard Base 철도 터널	스위스	세계 최대 연장 57.5km, 최대심도 2,300m
시카고 TARP 수로 터널	미국	세계 최대 월굴진율 1,482m
La Cabrera 철도 터널	스페인	세계 최대 일굴진율 106m
케이블 유틸리티 터널	싱가포르	세계 도심지 최대심도 80m
East Side Access 철도 터널	미국	터널 간 초근접 이격거리 1m
베이징 Metro Line 101	중국	터널 간 초근접 이격거리 2.7m
브리즈번 터널	호주	도로+철도 복층 복합 터널
Sanyang 하저 터널	중국	도로+철도 복층 복합 터널
Chiltern 철도 터널	프랑스	TBM 로봇 기술 적용

15

1) 영국 Silvertown 터널 프로젝트

런던에 시공될 예정인 Silvertown 터널은 North Greenwich와 Silvertown을 연결하는 템스강 하부의 연장 1.4km 2차선 도로터널이다. Silvertown 터널 시공에 활용될 TBM은 영국 역사상 가장 큰 직경인 11.91m급 TBM으로 Herrenknecht사가 제작하였으며 2021년 12월 공장 승인 테스트를 통과했다. TBM의 길이는 약 82m, 무게는 1,800ton에 달하며 이 중 1,200ton이 쉴드만의 무게에 해당한다. 자국의 Crossrail 프로젝트(직경 7.1m), Northern 라인 연장(직경 6.03m) 및 Thames Tideway 프로젝트(직경 8.85m)에 사용된 TBM들과 비교할 때 Silvertown 터널 프로젝트의 규모를 가늠할 수 있다. 해당 TBM은 2022년 봄 현장에서 조립이 완료되어 발진될 예정이며, 2025년 Silvertown 터널이 완공되면 해당 터널은 30년 전에 Dartford Crossing이 건설된 이후 타워 브리지 동쪽을 가로지르는 최초의 도로터널이 될 것이다.

2) 중국 Pearl River Delta 터널 프로젝트

중국 Pearl River Delta 철도터널 프로젝트를 위해 중국 TBM 프로젝트 중 가장 큰 직경을 가진 Crossover(XRE) TBM은 2021년 3월 중국 광저우에서 조립되었다. Robbins사에서 제작한 직경 9.16m, 길이 170m의 TBM은 조립에만 5개월이 소요되었으며, 현재 계약업체인 Sichuan Jinshi Heavy Equipment Leasing Company와 CREC Bureau 2에서 발주하였다. 암반지반과 토사지반에 모두 활용 가능한 Crossover TBM은 2.5km 연장의 철도터널을 굴진할 예정이며, 20~31m의 토피고의 7bar 수압 조건의 하저구간을 통과하게 된다. 따라서 굴진면의 수압에 적절한 대응이 해당 프로젝트의 성패를 좌우한다. Crossover TBM은 Robbins Torque-Shift 시스템으로 알려진 2단 기어 감속기를 통해 빠르게 변화하는 지반에 대응할 수 있도록 설계되어 암반, 연약 지반, 혼합 지반 및 파쇄대에서 효율적인 굴진이 가능하다.

3) 오스트리아-이탈리아 Brenner Base 터널 프로젝트

오스트리아-이탈리아 BBT(Brenner Base Tunnel) SE가 수주하여 건설되는 64km 길이의 Brenner Base 터널은 알프스 하부를 통과하여 오스트리아 Innsbruck와 이탈리아의 Franzensfeste(Fortezza) 사이를 낮은 경사로 가로지르는 터널로 계획되었다. 계획된 64km의 터널은 세계에서 가장 긴 연장을 가진 터널이며, 본 프로젝트에서 사용된 TBM은 직경 7.9m, 길이 200m, 무게 1,800ton의 개방형(그리퍼 사용) TBM으로 Herrenknecht사에서 제작하였다.

4) 영국 HS2(High Speed 2) 철도 프로젝트

현재 유럽에서 가장 큰 규모의 철도 인프라 프로젝트인 HS2(High Speed 2)는 London과 Wigan을 잇는 영국의 고속철도 프로젝트이다. 본 프로젝트에 사용될 예정인 Herrenknecht사에서 제작한 Florence TBM은 총 103km 연장의 터널에 투입될 10개의 TBM 중 첫 번째 TBM에 해당한다. 직경 9.1m, 길이 170m, 무게 2,000ton의 규모의 Florence TBM은 일굴진율 15m의 굴진성능을 발휘할 것으로 기대하고 있으며 동일한 규격의 Cecilia TBM과 함께 2030년 HS2 프로젝트 완공을 위해 2021년 발진하였다.

4 TBM 터널의 미래전망

미래에 어떠한 일이 발생할지에 대한 예측은 거의 불가능하다. 2016년에는 구글의 인공지능 알파고와 이세돌의 바둑 대결이 인공지능 기술발전의 도화선이 되었고, 2020년에는 COVID-19의 확산으로 전 세계가 비대면 사회로 전환되면서 디지털 관련 기술이 급격히 발전되었다. 이와 동시에, 인간의 활동으로 인한 환경오염의 저감기술 개발도 활발히 진행 중이다. TBM 또한 전술하였듯이, 시대의 요구나 기술 수준에 따라 변화하고 발전해왔다. TBM 공법은 기존 NATM 공법에 비해 경제적이고 친환경적인 터널 시공 공법으로, 다가오는 글로벌화, 스마트화, 친환경화 시대에 대응하기 적합하므로, TBM 관련 기술발전은 앞으로도 계속 이루어질 것이다.

본 절에서는 TBM의 미래 수요 전망을 먼저 소개하고, 기계 및 IT 공학의 급격한 발전에 따른 TBM 터널의 고속 시공화(Rapid excavation), 자동화, 장대화, 대심도화 등의 기술 전망을 소개하며 이를 달성하기 위한 선행기술 개발들을 정리하였다.

4.1 TBM 터널의 미래 수요 전망

도심지 내 지상구조물의 포화, 환경 보호, 지가 상승 등으로 인해 지하공간 개발은 불가피하며, 따라서 TBM 터널의 수요는 미래에 더욱 증가할 것이다. 전 세계 TBM 장비의 시장규모가 매년 20%씩 고성장 중이며 특히 국외의 경우 도심지 교통터널에 TBM의 적용비율은 유럽 80%, 일본 60%, 미국 50%, 중국 50%에 달한다. 한편, 현존하는 전 세계 장대터널들은 산악터널 60% 이상, 도심터널 80% 이상, 해저터널 80% 이상이 TBM으로 시공되었으며, 현재 시공 중이거나 계획 중인 장대터널들은 대부분 TBM으로 설계 및 시공이 계획되어 있다. 특히, 도시의 지속 가능한 개발 및 국가 경쟁력 제고를 위해 사회 인프라 교통시설, 유틸리티 터널, 그리

고 공유 서비스 터널(CST: Common Services Tunnel) 등 지하시설물의 개발을 순차적으로
계획 및 시공하는 것이 필요조건이 되었다. 이상과 같이 도심지에서 친환경적으로 터널 시공이
가능하고, 지역 및 국가 간 교통 네트워크로서 장대터널의 경제적인 시공이 가능한 TBM의 미
래 수요는 더욱 증대될 전망이다.

국내의 경우, 공사 수주 실적을 기준으로 신규 터널 건설시장 규모는 '18년 12,384억 원에서
연평균 약 8%의 비율로 증가하여 '25년에는 33,998억 원 규모로 예상된다(그림 1.8). 현재 국
내 터널 중 TBM의 적용비율은 1% 수준으로, 국외 주요 경쟁국(평균 적용비율 약 52%)에 비해
매우 낮은 수준이나, 최근 국내 쉴드TBM 활성화를 위한 경제성 확보 방안을 위한 연구가 수행
되어 재제작 쉴드TBM이나 분리형 디스크커터의 활용 방안, 세그먼트 라이닝 철근보강 차등화
및 SFRC(Steel Fiber Reinforced Concrete) 세그먼트 활용, 그리고 쉴드TBM 내역체계 표준
화 등 다양한 측면에서 국내 TBM 적용 증대에 대한 방안들을 모색하고 있다. 또한, TBM 공법
의 안정성과 소음진동 최소화 및 비배수터널의 특성에 따른 지하수 보존 등 사회적 편익을 고
려할 때 국내 TBM의 수요가 급속히 증가될 것으로 전망된다.

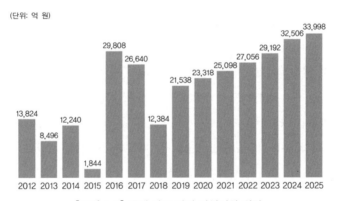

[그림 1.8] 국내 신규 터널 건설시장 전망

4.2 자동화에 대한 전망

인구구조의 변화(고령화 등)로 인한 생산가능 인구의 감소와 건설업의 열악한 근로환경에
의해 터널 건설현장에 청년층과 숙련된 노동자가 감소하고 있다. 이에 따라 건설 품질이 저하
되는 것은 물론 사고위험 또한 증가하고 있다. 이를 극복하기 위해 전 세계적으로 4차산업혁명
에 의한 디지털화 및 자동화 기술이 발전되고 있다. 특히 로봇, VR/AR, 인공지능 등의 미래기
술은 건설 전반에 획기적인 변화를 가져오고 생산가능 인구와 숙련 노동자가 감소한 미래의
새로운 성장동력이 될 것이다.

특히 터널 시공 방식은 주로 현장 작업자 의존성이 크고, 터널 시공 중 붕락 징후에 대한 평가가 신속히 이루어지지 못해 대체로 문제가 발생한 이후에 인지되므로 반복적인 피해를 일으킨다. 이에 TBM은 기계화 시공의 대표적인 장비로서 자동화에 적합한 건설장비 중 하나이며, 데이터에 근거한 머신러닝(Machine learning) 적용이 가능한 시공기법으로 노동자 부족을 해결하기 위한 기술적 대안이 될 수 있다.

1) TBM 장비 자동운전 기술

말레이시아 MMC-GAMUDA사는 실시간 기계데이터 모니터링과 AI 알고리즘을 이용하여 TBM 장비를 제어함으로써, TBM 오퍼레이터가 수동으로 개입해야 하는 작업에만 집중할 수 있도록 하였다. 특히 굴진율, 굴진속도, 이수 시스템과 같은 오퍼레이터의 운전 작업을 자동화하기 위해 AI기술을 이용하여 Autonomous TBM 모듈을 구성하였고 기계데이터를 모듈과 PLC로 연결하여 세계 최초로 TBM 자동운전을 수행하였다. TBM 굴진 중 계측되는 기계데이터를 수집하고, 구축된 데이터베이스를 모니터링하여 TBM 운용에 핵심인 굴진속도, 추력, 버력처리 등을 자동으로 제시하여 TBM 자동제어를 실시하였다(그림 1.9).

이는 TBM 자동화라는 세계적인 추세를 보여주는 일례이나, 기업의 자체기술로 기술에 대한 상세내용은 공유되지 않은 실정이라 적용기술의 한계를 파악하기 어려운 상황이다. 따라서 기존의 다양한 TBM 기계데이터를 AI기법으로 분석하는 TBM 장비 자동운전 기술의 국내에서의 연구개발이 시급하다.

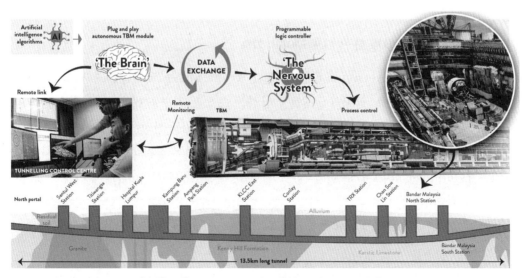

[그림 1.9] MMC-GAMUDA사의 Autonomous TBM

국토교통부의 스마트건설기술연구사업의 일부로 '도로구조물 원격·자동화 시공 기술 개발
(2020.04.01~2025.12.31)' 연구에서는 머신러닝 기반 터널 기계화 시공(TBM) 자동화 기술
개발을 진행하고 있다. TBM 굴진 중 기계데이터를 머신러닝 기법을 통해 분석하여 자동제어
를 목표로 하며, 위의 Autonomous TBM보다 향상된 기술로서 굴진 중 터널 전방예측 및 TBM
리스크 관리를 통해 안정성을 확보가 가능해진다(그림 1.10).

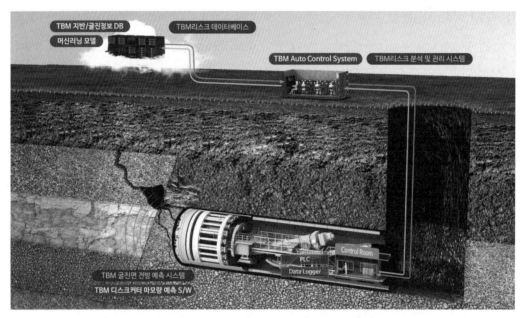

[그림 1.10] 머신러닝 기반 터널 기계화 시공(TBM) 자동화 기술 개발

2) TBM 커터헤드 설계자동화 및 시뮬레이터 기술

NTNU(Norwegian University of Science and Technology)는 TBM 굴진 중 디스크 커터의
마모 정도를 예측하여 TBM 장비의 굴진율을 산정할 수 있는 기술을 개발하였으며, 이는 커터
소모량을 설계자가 예측할 수 있게 하여 적절한 커터 교체주기를 산정할 수 있도록 한다. 코어
시료에 대한 시험으로 CLI(Cutter Life Index)지수를 산출하여 굴착대상 암반조건에서 TBM
용 디스크커터의 마모수명을 추정할 수 있으며, TBM 작동조건과 석영함유량에 따라 추정기술
의 수정이 이루어진다. 하지만 위의 기술은 TBM 설계단계에서 사용하기 위한 모델로써 마모
량 예측을 위해 코어시료가 필요하여 실제 굴착공정 중 시시각각 변하는 지반조건에 대한 대응
이 어렵다는 단점을 갖고 있다.

최근 국내에서 TBM 커터헤드 자동설계 시스템을 개발하여 지반조건을 입력하면 이에 적합

한 커터헤드를 자동으로 설계할 수 있는 기술을 개발하였다. 또한, 국내 연구진이 개발한 TBM 시뮬레이터는 TBM의 운전, 구동, 제어 등의 기본적인 작업과정을 사전에 테스트할 수 있고, 다양한 TBM 위험 상황 시나리오가 탑재되어 TBM 오퍼레이터의 교육을 체계적으로 진행할 수 있도록 하였다(그림 1.11).

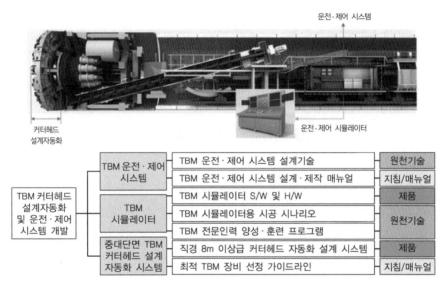

[그림 1.11] TBM 커터헤드 설계자동화 및 운전 시뮬레이터 기술

4.3 장대화에 대한 전망

　TBM 터널은 과거보다 점점 더 장대화되고 있으며, 이로 인해 공기 단축과 공사비용을 절감할 수 있는 TBM 장대화 시공에 대한 기술개발이 필요한 실정이다. 성공적인 TBM 장대터널 시공을 위한 기술로는 대표적으로 TBM 내구성, 다양한 굴진면에서의 안정성 확보, TBM 적용범위의 확대, 기자재 반송 및 굴착토사 반출 등 후방수송의 효율화, 측량 기술 및 방향 제어기술 등 시공 정밀도의 향상, 공사기간 단축을 위한 고속 시공 및 자동화 기술 등이 있다.

　특히 최근 글로벌 시대에 대응하여 대륙 및 국가 간을 연결하는 접근성 확보를 위해 초장대 해저터널 기술개발은 필수적이며, 현재에도 초장대 해저터널의 건설 및 계획은 계속 진행 중이다(그림 1.12). 교통터널 중 세계 최장 터널인 스위스 고타드 베이스 터널(연장 57.5km)을 능가하는 초장대 터널의 시공은, 미래에 대륙 간의 연결을 위해 필수적이며 이에 따른 초장대 터널 계획을 위한 최적 지질조사 기술, 시공 시 안정성 평가 기술, 그리고 화재 대응 및 유지관리 기술 등 연구가 필요하다.

[그림 1.12] 전 세계 초장대 해저터널 현황

국토교통부의 '고수압 초장대 해저터널 기술자립을 위한 핵심요소 기술개발' 연구단에서는 해저지반 지하에 건설되는 초장대(연장 50km 이상) 고수압(수압 20bar 이상) 조건의 해저터널 건설에 필요한 시공 단계에서의 TBM 리스크 관리 기술과 고수압의 대응에 적합한 급속 동결공법의 최적 설계안을 개발하였다(그림 1.13).

[그림 1.13] 고수압 초장대 해저터널 기술자립을 위한 핵심요소 기술개발

4.4 대심도화에 대한 전망

도시의 고도한 발전으로 인해, 지상구조물은 물론 중저심도 지하공간에 대한 수요 및 활용이

급격히 증가하고 있으므로, 새로운 터널의 대심도화는 필수적이다. 예를 들면, 대도심 지하의 저심도부는 이미 교통, 가스, 통신, 전력구, 상하수도 등 다양한 목적의 터널이 운영 중이므로 새로 시공될 터널의 대심도화는 불가피하다. 수도권 광역급행철도(GTX: Great Train eXpress) 공사, 여수-남해 해저터널 등 국내 대심도 터널 계획이 증가하고 있다. 또한 국외(일본, 중국, 스위스, 스페인 등)에서도 각종 하해저터널 프로젝트 등의 대심도 TBM 터널의 수요가 증가하고 있어, 가까운 미래에는 각종 해저터널 프로젝트와 같은 대심도 TBM 터널 수요가 증가할 것으로 예상된다. 대심도 TBM에서 가장 중요한 사항은 고지압, 고수압에 대한 대책과 지수에 대한 적절한 대책을 수립하는 것이며 TBM 터널의 대심도화에 대한 과제 및 대응방안을 표 1.3에 제시하였다.

[표 1.3] TBM의 대심도화를 위한 기술적 과제

항목	기술적 과제	기술 개발의 장래 전망
지반조사	• 3차원 대심도 지질구조 파악	• 전기검층, 속도검층, 방사능검층 및 캘리퍼검층 기술 고도화
	• 대심도 지반정수 평가	• 공내재하시험(Borehole Test) 활용
	• 표준관입시험 정밀도	• 심도에 따른 시추공 편향이 고려된 정밀분석
쉴드TBM	• 고수압, 고추력 대응	• 내마모성(ex. 고수압 대응) 실링 재료 개발 및 실링 쿨링기술 개발 • 충전재 주입 관리 및 교환법 개량 • 배토장치 내 배토압 유지기술 개발(2차 스크류, 압송펌프 등) • 지수성 높은 첨가제 활용법 개량
라이닝	• 라이닝 작용하중 증가	• 실측, 실험, 이론에 의한 라이닝 작용하중 평가기술 연구 • 강재 세그먼트 내 종방향 리브, 이음판, 중간보 등의 좌굴 평가기술 연구 • 큰 잭 추력, 뒤채움 주입압, 곡선부 쉴드TBM 테일과 세그먼트 접촉 등 터널 시공 시 작용 하중 대응법의 개량
라이닝	• 지수성 확보	• 2차 라이닝의 방수기술 적용 • 수밀성 높은 콘크리트 재료 개량 및 균열 발생 대응방안 마련 • 수팽창 실링 재료 활용 및 고수압용 수평형역류방지장치(역지변) 개량 • 세그먼트 이음부 없는 구조 개발
수직구 설비	• 작업 안정성 및 효율성 확보	• 고양정 배수설비, 2차 콘크리트 라이닝 투입 설비 적용 • 토사압송, 수직 컨베이어에 의한 버력반출(토압식 쉴드TBM)
발진도달	• 지반개량 품질 확보	• 동결공법 기술 적용 • 매립토, 수중도달이나 강제 도달실 내 도달 • 직접 가설벽 절삭방식 적용
	• 지수성 확보	• 발진 엔트런스 다단화로 지수성 향상 • 튜브식 도달 엔트런스 적용
기타	• 버력/굴착토 반출 장치의 지수성 확보 • 재료 수송의 효율성	• 보조공법의 검토 • 제어방법의 개발 • 가설비 및 반송방법의 개발

23

4.5 고속 시공에 대한 전망

초장대 터널 및 대심도 터널에서는 공기 단축이 요구되며, 4.1절에서 전술한 자동화 기술이나 고속 시공기술개발로 이를 해결할 수 있다. 기존 TBM 시공 시에 산출되는 기계데이터는 분석을 위해 오퍼레이터가 사무실에서 데이터를 수집하여 분석하고 피드백을 해야 한다. 하지만 연결/DT/AI 기술의 발달로 TBM과 함께 현장사무소, 사무실에서도 모든 활성 작업 데이터를 연결할 수 있어 스마트폰, PC 등을 통해 시공 성능을 실시간으로 확인하고 의사결정이 가능하다(그림 1.14).

[그림 1.14] TBM.CONNECTED 기술(Herrenknecht사)

TBM의 고속 시공을 위하여 연속 굴착(Continuous boring) 기술의 개발도 필수적이며, 이는 나선형 세그먼트를 개발하여 TBM 굴진과 동시에 세그먼트 라이닝을 설치할 수 있는 기술이다. 즉, 이렉터를 통해 새로운 세그먼트를 설치하고 추진잭의 반력을 유발하기 위한 TBM 굴착이 정지하는 시간을 없애고 TBM 굴착과 동시에 세그먼트를 설치하는 새로운 기술이다. 연속 굴착 시 나선형 세그먼트의 파손 방지를 위해 각 세그먼트 위치별로 적절한 반력을 가해야 하는데, 이에 인공지능 기술을 탑재한다면, 보다 신속하고 정확하게 반력을 가할 수 있을 것이다. 또한, 기존 유인 세그먼트 설치 시 링마다 40~60분이 소요되는 반면, 레이더나 카메라 센서를 활용하며 인공지능 기술을 탑재한 무인 세그먼트 설치기술이 개발되면 10분 이내로 세그먼트 설치가 가능할 것으로 예측된다(그림 1.15).

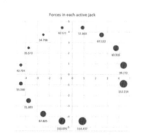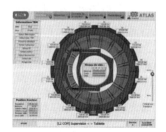

[그림 1.15] 나선형 세그먼트 및 무인 세그먼트 설치

4.6 순환경제 및 탄소중립에 대한 전망

전 세계의 급격한 기후변화로 인해, 탈탄소 추세가 일반화되어 기존 화석연료 중심에서 새롭고 다양한 신재생에너지의 증대가 필연적으로 대두되었다. 정부가 선정한 탄소중립 중점분야에는 철강, 석유화학, 시멘트, 반도체 산업군이 있으며, 자원순환이 공통된 목표이다. TBM 또한 장비제작 시, 강제를 많이 사용하기 때문에 TBM의 재보수/재제작(그림 1.16) 활성화 및 SFRC(Steel Fiber Reinforced Concrete) 세그먼트를 적극 활용하여 철근량을 줄이는 방안이 탄소중립 및 순환경제 차원에서 필수적이다.

국제터널학회(ITA)에서 2019년에 TBM의 재보수/재제작 가이드라인으로서 "ITAtech Guidelines on Rebuilds of Machinery for Mechanised Tunnel Excavation"을 출간하였으며, 메인베어링, 유압, 호수, 파이핑 등의 재보수 및 재제작 지침을 제공하였다(그림 1.17).

[그림 1.16] TBM의 재보수/재제작 과정

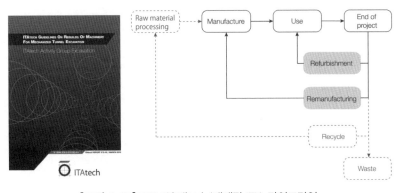

[그림 1.17] TBM의 재보수/재제작 ITA 가이드라인

25

5 결언

본 장에서는 TBM 터널의 역사적 배경부터 TBM 터널의 현재, 그리고 미래 발전 방향에 대하여 서술하였다. 본 장에서 서술한 TBM의 과거, 현재, 미래를 살펴보면 안전하고 경제적인 터널 인프라 구축을 위한 TBM 적용의 확대는 청동기시대가 저물고 철기시대가 번성했듯이 필연적인 역사의 흐름이라 할 수 있다. 유럽, 일본, 미국 등 전 세계적으로 메가 TBM 터널 프로젝트들이 계획되고 있고, 최근에는 세계 최대의 터널 시장인 중국에서 막대한 자본과 자체 수요를 바탕으로 TBM 터널의 기술이 급격히 발전하고 있다.

이에 비하여 대한민국의 TBM 터널 기술 수준은 1980년대 TBM 도입 초기에 비해 2020년대 많은 성장을 이루었으나, 2020년에 KISTEP이 수행한 기술 수준 분석결과에 따르면 TBM의 적용성이 높은 장대터널의 설계·시공 능력이 TBM 선진국인 유럽, 미국, 일본, 중국 등에 뒤떨어진 것으로 나타났다. 현재 국내 TBM 제작 수준과 수요를 감안할 때 TBM 장비의 자체 생산과 개발과 같은 hardware 측면에서는 단기간에 TBM 선진국을 따라 잡기가 어려울 수 있으나, TBM 자동운전, 고속시공 그리고 리스크관리와 같은 software 측면에서는 first mover가 될 수 있는 여지가 있다.

따라서 상대적으로 뒤처져 있는 국내 TBM 기술 수준을 제고하고 전 세계 TBM 시장에 진출할 수 있는 경쟁력을 확보하기 위해서는 국내 산학연 터널 기술자들의 TBM 공법에 대한 충분한 이해가 필수적으로 선행되어야 하며, 이러한 의미에서 본 서가 대한민국만의 독자적 TBM 기술을 발전시키는 데 도움을 줄 수 있기를 바란다.

참고문헌

1. (사)한국터널공학회(2008), 『터널공학시리즈 3 터널 기계화시공-설계편』, 씨아이알.
2. 일본 공익사단법인 지반공학회 저, 삼성물산(주) 건설부문 ENG센터/토목ENG팀 역(2015), 『쉴드TBM 공법』, 씨아이알.
3. 고성일(2017), 「강섬유 보강 쉴드 TBM 세그먼트의 역학적 특성 및 적용성에 대한 연구」 박사학위 논문.
4. 고성일, 신현강, 나유성, 정혁상(2020), 「축소모형실험을 통한 토피조건별 이수압식 쉴드 TBM의 챔버압 및 이수분출 가능성 평가」, 한국터널지하공간학회 논문집, 제22권 3호, pp. 277-291.
5. 문도영, 장수호, 배규진, 이규필(2012), 「TBM 터널 세그먼트용 강섬유보강 콘크리트의 인장특성 평가」, 한국터널지하공간학회논문집, 제14권 제3호, pp. 247-260.
6. 국토교통부(2005), "국유철도건설규칙."
7. 국토교통부(2015), "KDS 27 25 00 TBM 터널."
8. 국토교통부(2015), "KCS 27 25 00 TBM 터널."
9. 도시기반건설본부(2015), "서울시 도심지 지하철 쉴드 TBM 공사관리 제도개선 방안."
10. 포스코건설(2010), "세계의 TBM 터널".
11. A. A. BALKEMA(2000), "TBM Tunnelling in Jointed and Faulted Rock-Nick Barton."
12. A.F.T.E.S.(2000), Working Group No. 4, "New Recommendation on Choosing Mechanized Tunnelling", A.F.T.E.S. Recommendation 2000, Version 1-2000, pp. 1-25.
13. FIB Model Code(2010), "Model Code 2010-Final Draft, Fédération Internationale du Béton", Vol.1, p. 150.
14. International Tunnelling Association, Working Group No 14-Mechanized Tunnelling(2000), "Recommendations and Guidelines for Tunnel Boring Machine(TBMs)."
15. ITA(2015, 8), "Guidelines on Rebuilds of Machinery for Mechanized Tunnel Excavation."
16. Japan Society of Civil Engineering(2006), "Standard Specifications for Tunnelling-2006: Shield Tunnels."
17. Lee, K, M. and Rowe, R, K.,(1991), "An analysis of three-dimensional ground movements: the Thunder Bay Tunnel", Canadian Geotechnical Journal, 28, pp. 25-41.

CHAPTER

2

TBM 터널 계획 및 설계

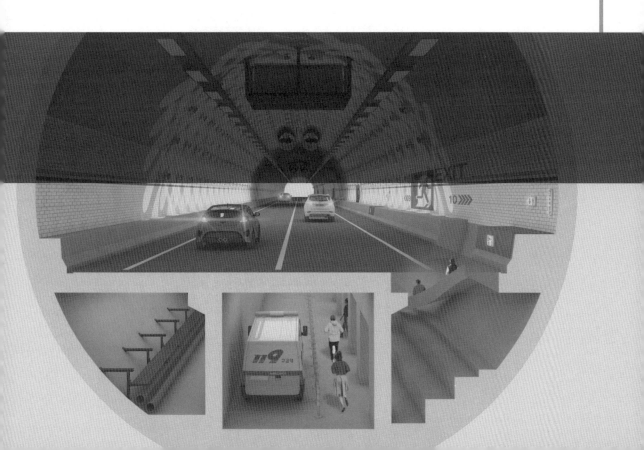

02 TBM 터널 계획 및 설계

1 TBM 터널 설계를 위한 조사

최적의 TBM 터널 설계를 위해서는 굴착되는 터널의 건설목적과 주변현황 및 TBM 장비형식에 따라 조사 및 계획을 달리하여야 한다. 본 절에서는 그림 2.1의 조사 및 계획 항목 중 설계계

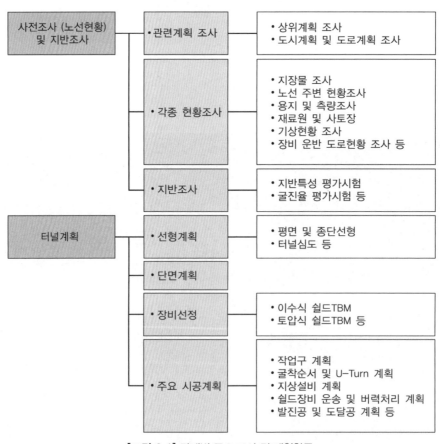

[그림 2.1] 단계별 주요 조사 및 계획항목

획과 밀접한 관련이 있는 기본적인 노선현황 조사 및 선형, 단면계획의 주요 내용을 위주로 단계별 계획 수립의 상세내용을 서술한다.

TBM 터널은 지반조건에 대응되는 적정 장비형식 선정에 초점을 맞추어 이수식, 토압식 등의 밀폐형 쉴드TBM으로부터 개방형 쉴드TBM까지 많은 기술적 발전을 해왔다. 이로인해 연약한 점성토, 느슨한 모래지반에서부터 자갈, 연·경암에 이르기까지 대부분의 지반에 터널굴착이 가능하게 되었으나, 지반조사를 포함하여 노선 주변 현황조사에 대한 내용도 충분히 조사되어야 한다.

국내 지하철 쉴드TBM 터널의 경우 도심지를 통과하는 천층터널 또는 한강, 부산 수영강 등의 하저터널 굴착공법으로 적용됨에 따라 쉴드TBM 터널 굴착 시의 주변 구조물에 대한 적정 방호대책 수립은 시공성 및 안정성 확보 차원에서 매우 주요한 사안이다.

그러나 쉴드TBM 터널 주변 구조물 기초 또는 대형구조물 시공을 위한 가시설 앵커체가 쉴드TBM 터널 계획노선과 간섭되어 시공 시 많은 어려움을 겪은 사례가 보고된 바가 있어 기본조사, 기본계획, 기본 및 실시설계 단계별 면밀한 조사계획 수립이 요구된다.

표 2.1은 TBM 적용성 검토 시 단계별 조사항목으로써, 본 표에서 제시된 각 항목별 주요 조사내용을 위주로 본 절에서는 서술한다.

[표 2.1] TBM 적용을 위한 단계별 조사항목

검토항목 / 조사항목	계획			설계						시공			
				기본설계		실시설계							
	노선선정	작업구 선정	적용성 판정 기계화 굴착	단면형상 설계	선형설계	장비형식 선정	장비 설계	라이닝 설계	설계 작업구	보조공법 설계	설비계획	작업구 구축	쉴드시공	환경보전	유지관리
I. 입지조건 조사 — 토지이용 및 권리관계	◎	◎			○				○		○	○		◎	
장래계획	◎	◎			◎			○	○					◎	○
도로종별과 노면교통상황	◎	◎	○		◎			○	○	○	◎	◎		◎	
공사용지확보의 난이도	◎	◎	○			○			○		◎	◎		○	
하천, 호수, 바다의 상황	◎	◎	○		◎	◎		○	○					◎	
공사용 전력 및 급배수 시설	○	◎	○						○		◎	○			○

[표 2.1] TBM 적용을 위한 단계별 조사항목(계속)

조사항목 \ 검토항목	계획			설계								시공				유지관리
	노선선정	작업구 선정	기계화 굴착	적용성 판정 (기본설계)	단면형상 설계 (기본설계)	선형설계	장비형식 선정 (실시설계)	장비 설계	라이닝 설계	설계 작업구	보조공법 설계	설비계획	작업구 구축	쉴드시공	환경보전	유지관리
II. 지장물(연도변) 조사 — 지상, 지하 구조물	◎	◎	○	○	◎	○	○	○	○	○	◎	○	○	◎	◎	○
매설물		○	○		◎	○	○				◎	○	○	◎	◎	○
우물 및 옛우물				○	◎						◎		○	◎	○	
노선주변 구조물, 가설공사	◎	◎	◎		◎	○	○				○		○	◎	◎	
기타(정밀기기가 있는 구조물)	◎	◎									○		○	◎	○	
III. 주변환경 조사 — 소음·진동		◎	○		◎	○			○	○	○		○		◎	
지반변형			○		◎	○	◎		○	○	○		◎		○	◎
약액주입에 의한 영향					○			○	○	◎	◎		◎		◎	○
건설폐기물		○	○		◎	○					○		○	◎	◎	
기타(문화재)	◎	◎	◎		◎				○		◎		◎		◎	
IV. 시공실적 조사 — 굴진관리			○		○	◎	◎					○		◎	○	
공정관리					○	○						○	◎	○	○	
안전위생관리					○						◎	◎	◎		○	
환경관리	◎	◎	○								◎		◎	◎	◎	◎
기타(사고사례)	○	○	○		○	◎	◎	◎	◎	◎	◎	◎	◎	◎	◎	○
V. 지형 및 토질 조사 — 지형	◎	◎	○		◎	○						○	○			
지층구성			○		◎	◎	◎	◎	◎	◎	◎	◎	○			
토질			◎		◎	◎	◎	◎	◎	◎	◎	○	○			
지하수			◎		◎	◎	◎	◎	◎	◎	◎	◎	◎	◎	◎	○
산소결핍, 유해가스의 유무	◎		◎		◎	◎	◎	◎	◎	◎	◎	◎	◎	◎	◎	◎
광역지반침하					○										○	◎

1.1 입지조건 조사

입지조건 조사는 표 2.2와 같이 터널 통과지역 부근의 환경을 조사하는 것으로서 선형선정, 장비형식 선정, 터널규모와 단면선정 등 계획에서부터 설계·시공·유지관리까지를 종합적으로 판단하기 위해 실시한다. 따라서 계획노선 주변의 토지이용 현황, 교통현황 및 공사용 전력 및 급배수 시설의 확보 용이성 유무 파악 등의 다각적인 내용이 포함된다.

[표 2.2] 입지조건 조사의 조사항목과 목적

조사항목	조사목적
토지이용 상황 및 권리관계	• 시가지, 농지, 산림, 하천, 바다 등 용도별 토지이용 현황 및 소음, 진동 규제값 등의 파악 • 공공용지와 사유지로 구분하여 실시하고 토지에 관한 각종 권리 파악 • 문화재, 천연기념물, 유적 등의 유무 파악
장래계획	• 장래 토지계획 및 그 외 제반시설 계획 등의 규모, 공기, 규제사항 등
도로종류와 노상 교통상황	• 도로 종류와 중요도 파악 / 노면 굴착 규제 등 파악 • 도로 교통상황 파악(기자재 반입·반출)
공사용지 확보의 난이도	• 수직구 부지 파악 / 가설용지(굴착토 가적치장 등) 파악 • 발생토 처리장, 운반경로 파악
하천, 호수, 바다 등의 상황	• 하천 등의 단면, 지반, 제방의 구조 등 파악 • 하천과 교량의 개보수 계획 파악 • 하천 등의 수문, 항해, 이수 상황 파악 • 하천 등의 유량, 계절 변동 등 파악
공사용 전력 및 급배수 시설	• 송배전선 계통, 용량, 전압, 수변전 상황 파악 • 예비전원 확보 • 취수 가능한 상수도 위치, 관경, 유량 파악 • 방류원(하수도, 하천, 바다 등), 방류 가능량, 수질기준 등 파악

노선선정 후에도 그림 2.2와 같이 쉴드TBM 지상설비 설치공간, 작업구 및 장비투입구 위치 및 공사 중 교통처리계획, 터널 내 버력처리 동선확보 계획 등의 시공계획 수립에 기초적인 조사내용이 된다.

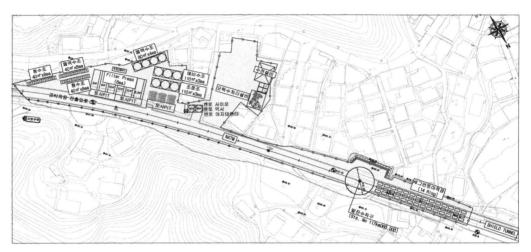

[그림 2.2] 지상설비 설치 예

1.2 지장물(연도변) 조사

1) 지장물 조사

지장물 조사는 노선선정에 앞서 직접적인 지장이 되는 구조물 또는 영향 범위 내에 있는 구조물에 대한 조사이다. 대표적인 지장물 조사항목은 표 2.3과 같다. 지장물의 유무 파악을 위한 조사는 시험굴착 등이 불가능한 경우가 많기 때문에 물리탐사가 많이 사용되고, 탄성파 탐사, GPR 탐사 및 전기비저항 탐사 등이 대표적인 물리탐사로 사용되며, 현장 여건에 따른 최적의 방법을 선정해야 한다.

[표 2.3] 지장물 조사의 조사항목과 목적

조사항목	조사목적
지상 및 지하 구조물	• 지상 구조물은 구조형식, 기초구조, 지하실 유무, 기초 근입 깊이 등 파악 • 지하 구조물은 구조형식, 구조물 하부 깊이 등 파악 • 구조물 용도와 공용상황 파악, 특히 정밀기기 등이 설치된 곳은 면밀한 조사 필요
매설물	• 매설물(상하수도, 전력구, 통신구, 가스관 등) 위치, 구조, 규모, 열화상태 파악
우물, 과거 우물 등	• 우물 및 과거 우물 위치, 깊이, 이용현황, 산소결핍 정도 등 파악 • 연간 수위변화와 수질파악
기존 구조물, 구조물과 가설 구조물	• 구조물과 가설 구조물 등 상황 파악 • 공사 이력과 공사상황 파악(토지 관리자, 도로관리자, 시공회사, 매설기업, 시공 담당자에게 확인) • 기존 구조물 파악(도로 직하부는 도로 관리대장 확인)
기타	• 구조물, 매설물 등 장래계획 파악 • 불발탄 등 잔존물 파악

과업노선 주변 기존에 설치된 지상, 지하 구조물 및 각종 관로(가스, 상·하수도, 통신 등) 등에 대한 조사를 포함하고 조사결과에 따라 노선 주변 건축물 등의 말뚝기초, 건축물 시공을 위한 가시설 앵커체 등의 저촉이 예상되는 경우 계획 노선 변경 또는 시공 중 쉴드TBM을 통한 절단(or 제거) 대책을 수립하여야 한다(그림 2.3 및 2.4 참조). 아울러 각종 관로의 저촉이 예상되는 경우 관계기관과의 협의를 거쳐 지장물 이설 가능 여부 타진 및 불가 시 보호대책을 수립하여야 한다(그림 2.5 참조).

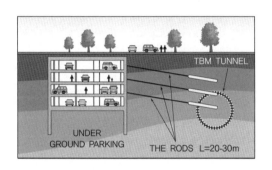
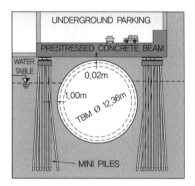

[그림 2.3] TBM 및 근접 구조물 간섭사례(스위스 Zimmerberg Tunnel, Kovari et al., 2004)

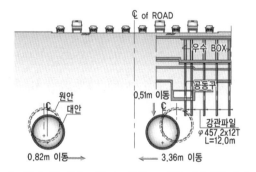

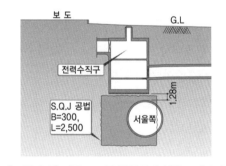

[그림 2.4] 기존 노선 구조물을 고려한 터널계획 사례   [그림 2.5] 기존 구조물 침하방지 위한 보강사례

2) 연도변 조사

연도변 조사라 함은 노선 주변 주택, 상가, 공장 등에 대한 건축물 조사로서, 지층특성 및 굴착조건을 고려한 공사 중 연도변 건물의 피해규모 예측, 보호대책, 유지관리 대책방안 수립 및 완공 후 사후 평가 시 기초자료로 활용하게 된다.

TBM 터널 중 쉴드TBM 터널은 타 공법에 비하여 주변환경에 아주 적은 영향을 미친다는 장점이 있으나, 쉴드TBM 터널 특성상 발생되는 필연적 지반변위가 있다(그림 2.6 참조). 쉴드

TBM 터널은 도심지 천층심도에서 적용되는 경우가 빈번하기 때문에 적은 지반변위라도 주변 구조물에 영향을 미칠 수 있어 상세한 연도변 조사는 설계단계에서의 대책방안 수립 및 사후 평가 시 매우 주요한 자료로 활용된다.

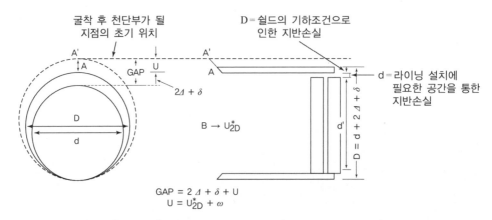

[그림 2.6] 갭(Gap) 파라미터 개념도(Lee & Rowe, 1991)

1.3 주변 환경조사

공사에 의한 자연환경, 생활환경상의 문제발생 여부 및 대책수립을 위한 조사내용이다. 공사 중 소음·진동, 지반변형, 지반보강을 위한 약액주입 시 지하수 오염, 건설폐기물 처리문제 등의 환경영향 요인은 필연적으로 발생하게 되며, 이에 대한 기상, 지형·지질, 동·식물상, 수리·수문 등의 자연환경 및 대기질, 수질, 토양, 폐기물, 소음·진동, 위락, 경관 등의 생활환경에 대한 사전 및 사후 환경현황 조사를 실시한다. 환경보전을 위한 주요 조사항목과 목적은 표 2.4와 같다.

[표 2.4] 환경보전을 위한 조사항목과 목적

조사항목	조사목적
소음 및 진동	• 소음규제법, 진동규제법, 각 지자체의 공해방지조례 등의 규제와 권고기준 파악 • 병원, 학교 등 정온을 요하는 시설 파악
지반변형	• 법령에 의한 규제 파악 • 지반침하 예측 • 가옥조사, 지반변형 등 계측실시
지하수	• 강우량과 지하수위 파악 • 유동저해 영향 파악

[표 2.4] 환경보전을 위한 조사항목과 목적(계속)

조사항목	조사목적
약액주입, 이수 및 뒤채움 주입 등에 의한 지하수 영향	• 영향 예측범위의 우물, 하천의 수질 파악 • 이수의 일니(逸泥)와 약액·뒤채움 주입의 누출에 의한 수질오염 감시와 영향 파악 • 분산 유무 감시와 영향 파악
건설 부산물의 처리방법 및 재이용	• 굴착토의 발생시기, 스톡 야드, 재자원화 시설, 최종 처리장 위치, 운반경로, 처리방법 등 파악 • 배수시설 위치, 양, 수질규제 등 파악 • 발생량 억제와 재이용 추진
토양오염	• 휘발성 유기화합물, 중금속 등 26종의 특정 유해물질 파악 • 토양오염 대책의 명확화
그 외	• 교통량 등의 주변환경 파악 • 공사용 차량의 주변환경에 대한 영향 정도 파악

TBM 굴착의 경우 무진동·무소음 공법으로 알려져 있으나, 기존의 실측사례(그림 2.7)에 의하면 장비와 30m 이격 시 0.08cm/sec(Open TBM), 20m 이격 시 0.022cm/sec로 측정된 사례가 있으며, 이러한 수치는 도심지 발파진동 규제치보다 매우 작은 값이나, 발파진동과는 달리 계속적인 진동발생으로 인한 인체피해 영향이 발생될 수 있다.

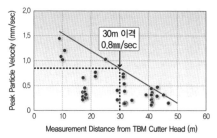

• 장비형식 : Rock TBM(국내)
• 토피고 : 8.0m
• 직경 : D = 8.0m
• 암종 : 흑운모 화강암(일축압축강도 65~135MPa)
• 측정결과 : 장비로부터 30m 이격 위치에서 0.08cm/sec의 진동치 측정

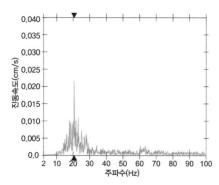

• 장비형식 : 토압식 쉴드TBM
• 측정국가 : 오스트리아 Brisbane
• 직경 : 12.4m
• 측정결과 : 장비로부터 20m 이격 위치에서 0.022cm/sec의 진동치 측정
• 관련문헌 : Tunnelling induced ground-borne noise modelling (Parsons Brinckerhoff Australia, 2009)

[그림 2.7] TBM 굴착면으로부터 거리변화에 따른 지반진동 실측 예

1.4 시공실적 조사

유사지역에서의 기존 쉴드TBM 터널 시공실적 조사는 쉴드TBM 장비형식 선정, 쉴드TBM 시공계획 수립을 위한 매우 중요한 조사내용이다. 즉, 쉴드TBM 굴착 시의 시공상 트러블 발생 여부, 시공 중 특이사항 발생여부, 성공적인 굴착 여부, 민원 발생 여부 및 주요 원인 등의 조사내용은 쉴드TBM 장비 및 보조공법의 설계, 환경보전대책을 수립하기 위한 참고자료가 될 수 있다. 그림 2.8은 90년대 들어서 시공된 쉴드TBM 터널 중 지하철(또는 철도)을 중심으로 총 19건의 설계·시공된 사례를 조사한 내용이다.

또한 쉴드TBM을 포함한 기계화 터널 시공은 초기투자비 규모가 고가의 장비투입으로 인하여 다른 공법에 비하여 과다하기 때문에 이러한 시공실적 조사를 통하여 공사 규모, 토질조건에 따른 경제적 쉴드장비의 선정, 운용 및 쉴드TBM 터널 계획, 설계, 시공 단계에서의 원가절감 방안, 터널단면 표준화에 따른 쉴드TBM 재활용 방안 등의 계획 수립으로 경제성을 확보하는 것이 필요하다.

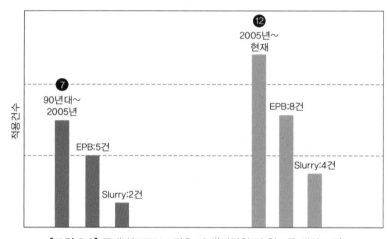

[그림 2.8] 국내 쉴드TBM 적용 사례(지하철 및 철도를 대상으로)

1.5 지반조사

기계화 시공은 고속의 안전한 터널 굴착을 할 수 있다는 장점을 가지고 있으나, 반면에 사전 및 시공 중의 지질 평가에 대해서는 발파굴착방식에 비해 세밀한 지반조사를 수행하는 것이 필요하다.

그 이유로는 막장 전방(또는 커터헤드 전면)의 지질상태를 파악하기 힘들고, 지반특성에 부합하는 설계단계에서의 장비선정으로 NATM과 같이 지반변화에 유연하게 대처하는 데 많은 제약이 따름에 따라(그림 2.9 참조) 시공 중 트러블을 확대시키는 원인이 된다는 점이다. 즉, 지반정보의 많은 취득은 시공 중 리스크 불확실성을 저감시킴과 동시에 건설비를 절감할 수 있다(그림 2.10 참조).

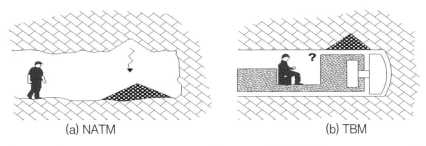

(a) NATM   (b) TBM

[그림 2.9] NATM 및 TBM 굴착 시 막장지반상태 평가 상황 개념도(Nick Barton, 2000)

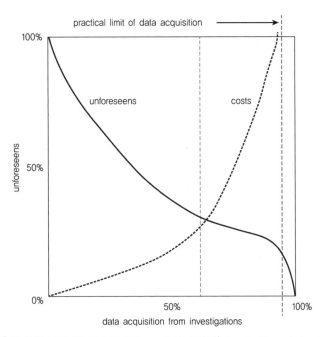

[그림 2.10] 지반정보 파악에 따른 리스크 vs. 공사비 관계(Massimiliano Bringiotti, 1996)

ITA Working Group(2000)에서 제시한 TBM 장비형식 선정 시 고려하여야 할 지반조건 요소로는 지반의 불연속성, 지하수 성분, 연약지반강도 등의 총 여섯 가지 요소를 제시한 결과는 표 2.5와 같다.

[표 2.5] TBM 장비형식 선정 시 고려해야 할 지반조건 요소(ITA Working Group 회의, 2000)

구분	Open TBM (무지보)	쉴드TBM					
		주면지보			전면지보		
		그리퍼 쉴드	세그먼트 쉴드	Mechanical Support 쉴드	압축공기 쉴드	이수식 쉴드	토압식 쉴드
지반불연속성	○	○	○	○	○	○	○
지하수 성분	×	×	×	×	△	△	△
연약지반강도	○	○	×	○	○	△	△
암반지반강도	○	△	△	△	△	△	△
침하 민감도	○	○	○	○	○	△	△
지반불균일성	△	△	△	△	○	△	△

○ : 중요하게 고려함, △ : 고려함, × : 고려하지 않음

2 TBM 터널 계획

2.1 TBM 터널 평면선형 계획

1) 평면선형 일반

쉴드TBM 터널의 평면선형은 가능한 한 직선으로 계획하도록 하며, 곡선으로 계획하는 경우에도 곡선반지름을 가능한 한 완만하게 해야 한다. 쉴드TBM 터널에 있어서 굴진 가능한 최소 곡선반지름은 지반의 조건, 굴착단면의 크기, 쉴드TBM의 길이, 시공방법, 쉴드TBM의 구조 및 세그먼트 등을 고려하여 선정하며, 현장 여건상 현저하게 작은 곡선반지름을 적용하는 경우에는 약액주입, 쉴드의 구조 및 세그먼트의 개량 또는 방향 전환 작업구나 지중 접합 등을 검토하여야 한다. 표 2.6은 일본지반공학회 및 ITA WG 2에서 제시한 쉴드TBM 직경별 최소 곡선반경을 나타낸 것으로 국내 지하철 또는 철도(단선병렬의 경우)에서 많이 적용되는 쉴드TBM 외경 7~10m에서의 최소 곡선반경은 160~165m 이상으로 제안하고 있으며, 더 큰 쉴드TBM

[표 2.6] 국외 쉴드TBM 직경 대비 최소 곡선반경 제안치

장비 운영 측면의 최소 곡선반경 (일본지반공학회 제시)	세그먼트 안정성 측면의 최소 곡선반경 (ITA WG 2 제시)
① 소구경(쉴드외경 4m 이하) : R = 80m ② 중구경(쉴드외경 4~7m) : R = 120m ③ 대구경(쉴드외경 7~10m) : R = 165m ※ 중절잭이 있는 경우 최소 곡선반경을 축소할 수 있음.	① 소구경(쉴드외경 6m 이하) : R = 80m ② 중구경(쉴드외경 6~12m) : R = 160m ③ 대구경(쉴드외경 12m 이상) : R = 300m ※ 세그먼트 테이퍼, 세그먼트 폭, 장비설계제원(중절잭 유무 등)에 따라 달리함.

외경이 적용되는 경우 최소 곡선반경을 크게 계획하여야 한다.

급곡선부 시공상의 대책방안 수립이 필요한 상황의 평면선형은 도심지의 터널 입지조건, 지장물 조건의 제약이 많은 도심지 지하철에서 계획될 수 있으며, 이러한 경우 쉴드 길이를 가능한 짧게 계획, 쉴드원통을 분리하고 중절잭 적용(그림 2.11), 테이퍼량이 작은 세그먼트 적용, 보조공법 적용 필요성(그림 2.12) 등의 시공성·안정성을 확보하기 위한 검토가 필요하다.

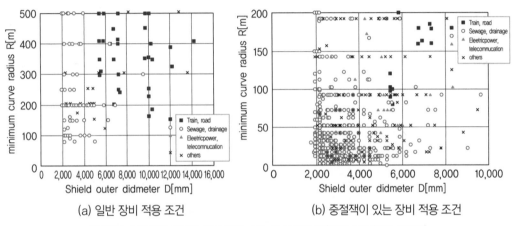

(a) 일반 장비 적용 조건   (b) 중절잭이 있는 장비 적용 조건

[그림 2.11] TBM 장비 직경 대비 최소 곡선반경 예(일본 토목학회, 2006)

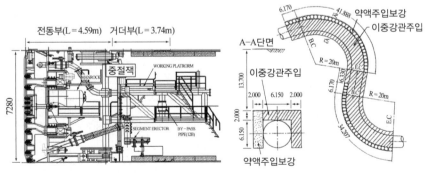

[그림 2.12] 중절잭 설치 쉴드TBM 및 최소 곡선반경 조건에서의 지반보강 터널 외측 지반보강 예

2) 병설터널 간 이격거리

터널을 2개 이상의 병설로 계획하는 경우, 터널 상호 간의 이격거리는 통과위치의 지반특성, 터널 외경, 쉴드TBM 장비형식 등에 의해 차이가 있으며, 후속 쉴드TBM의 굴진에 따라 일시적인 하중이나 단독터널과는 다른 토압이 작용하기 때문에 인접터널의 변형을 방지하고 후속터널의 시공을 안전하게 수행하기 위해 1.0D 이상을 확보하는 것이 일반적이며, KDS 27 2500(TBM)에서도 "터널의 순간격은 TBM 굴착외경 이상을 표준으로 하고, 그 이하로 근접계획할 경우에는 지반조건을 고려하여 적절한 대책방안을 수립하여야 한다"라고 명시하고 있다.

그러나 도심지 터널구간, 발진구에서의 발진 직후의 구간이나, 도로폭, 지장물 등 제약 때문에 이격을 1.0D 이상 확보할 수 없는 경우도 많으며, 일본의 경우 30cm의 이격거리(그림 2.13 참조)로 시공한 실적도 있다.

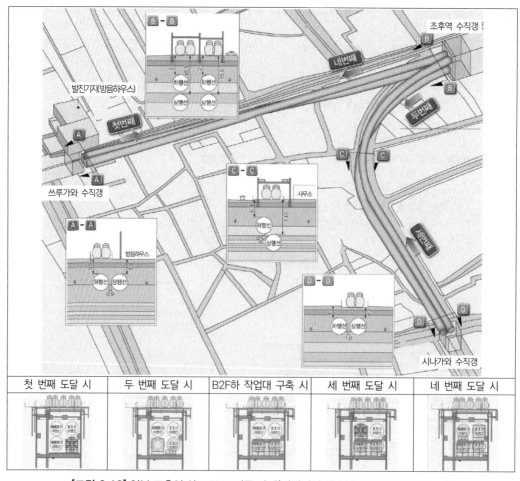

[그림 2.13] 일본 조후역 쉴드TBM 시공 사례(병설터널 간 최소 이격거리 약 30cm)

병설터널에서는 시공 시 영향에 의해 단독터널과는 다른 세그먼트 링의 변형과 응력이 발생하고, 상황에 따라서는 터널의 안전성에 영향을 미치는 경우도 있다. 병설터널에서 선형을 결정하는 경우에는 시공 시 안정성이나 완성 후 편리성을 확보하는 관점에서 이런 영향에 대해서도 충분히 검토하여야 한다(일본지반공학회, 2012).

2.2 TBM 종단선형 계획

1) 종단선형 일반

쉴드TBM 터널의 종단선형은 사용목적, 유지관리의 필요성 등을 고려하여 결정해야 한다. 종단경사 기준은 시공 중의 용수를 자연 유하시킬 수 있도록 0.3 % 이상으로 하는 것이 바람직하다. 또한 작업구 조건이나 지장물건의 제약으로 경사가 5%를 초과하는 경우에는 배수, 쉴드TBM의 추진, 시공 중의 광차에 의한 토사 및 재료의 운반 등 작업능률 저하와 안전을 고려해야 한다.

쉴드TBM 굴진을 하향으로 하는 경우에는 시공 중 강제배수가 필요하고, TBM 굴진능률이 저하되므로 가능한 한 상향굴착이 가능하도록 종단선형을 계획하는 것이 바람직하다(KDS 27 25 00 TBM).

2) 토피고 기준 및 최소 토피고

TBM 터널에서의 토피고는 안정성 측면을 고려한다면 가능한 한 깊게 계획하는 것이 바람직하나, 건설사업비, 시공 시 작업효율(ex. 굴착토사 및 재료 반출입, 작업원의 진출입 등), 운용 중 터널의 기능성(ex. 이용자 동선 축소 등)을 고려한다면 가능한 한 낮게 계획하는 것이 유리하기 때문에 지하 구조물의 현황, 지반조건, 굴착 단면적의 크기, 터널의 사용목적, 시공방법 등을 충분히 검토하여 결정해야 한다.

국내 토피고 기준을 살펴보면 KDS 27 25 00(TBM, 2016)에서는 다음과 같이 제시하고 있다.

① 터널의 토피는 굴착외경의 1.5배 이상이 되도록 선형을 계획하되, 지표와 지하 구조물의 현황, 지반조건, 굴착단면적의 크기, 터널의 사용 목적, 시공방법 등을 충분히 검토하여 결정하여야 한다.

② 터널의 토피가 굴착외경의 1.5배 미만인 경우에는 안정성 검토결과에 따라 필요한 대책을 수립하여야 한다.

일본 토목학회에서는 심각한 영향을 피하기 위한 최소 토피고는 일반적으로 1.0~1.5D이나, 1.0D 이하의 최소 토피고 조건에서 시공된 사례가 다수 있는점을 감안하여 터널이 굴진되는 대상 구간의 현황을 고려한 적절한 토피고를 선정하도록 하고 있다. 국내외 최소 토피고 사례를 살펴보면 다음과 같다(표 2.7, 표 2.8 참조).

[표 2.7] 최소토피고 사례(일본 토목학회, 2006)

연도	터널 종류	타입	지반조건	최소토피 (H, m)	터널직경 (D, m)	H/D
1996 / 3	철도	이수식	점토, 모래	0.45	9.60	0.47
1996 / 9	하수관	토압식	점토, 모래	0.82	3.93	0.21
1996 / 10	하수관	토압식	자갈	0.67	2.88	0.23
1999 / 1	하수관	토압식	자갈	2.50	5.14	0.49
2000 / 10	철도	토압식	점토, 모래	3.60	7.45	0.48
2001 / 3	도로	이수식	점토, 모래	4.30	10.82	0.40
2001 / 12	하수관	토압식	점토, 모래	0.54	2.75	0.20
2002 / 10	도로	이수식	점토, 모래	5.20	12.40	0.42
2003 / 3	다목적터널	토압식	경암반	2.00	4.88	0.41

[표 2.8] 국내외 최소 토피고 예

구분	사용 목적	터널명	국가	굴착경 (D, m)	하저구간 최소토피고(H, m)	H/D
해외	도로	Hamburg 4th Elbe River Highway Tunnel	독일	14.20	7.0	0.49
		Shantou Su'Ai Sub-sea Tunnel East	중국	14.96	8.0	0.53
		Nanjing Yangtze Tunnel	중국	14.93	9.2	0.62
		Eurasia Tunnel	터키	13.70	9.3	0.68
		Tokyo Wan Aqua Tunnel	일본	14.14	11.9	0.84
		SE-40 Highway Tunnel	스페인	14.00	18.9	1.35
	철도	Shiziyang Tunnel	홍콩	10.80	8.7	0.81
국내	철도	원주~강릉 11-3공구	한국	8.41	11.5	1.37
		대곡~소사 복선전철	한국	8.13	20.0	2.46
	지하철	서울지하철 909공구	한국	7.65	8.1	1.05
		부산지하철 230공구	한국	7.28	8.8	1.21
		분당선 3공구	한국	8.06	15.0	1.86
		별내선 2공구	한국	7.90	15.0	1.90

3) 최소 토피고 선정 시 주요 검토사항

터널이 완료된 후의 기능성 측면에서 본다면 터널은 가능한 한 낮게, 즉 천층으로 계획하는 것이 바람직하며, 특히 도로, 철도 등의 교통터널에서는 종단심도가 낮을수록 이용자 편의성, 유지관리성 등의 장점이 크지만 건설사업비 증가의 원인이 됨에 따라 심도있는 검토가 필요하다.

최근 TBM을 이용한 국내 터널 건설 프로젝트 설계 중에도 종단 최소 토피고를 작게 계획하기 위한 검토가 심도있게 이루어졌으며, 주요 검토항목으로 운영 중·시공 중 부력에 대한 안정성 확보와 시공 중 이수분출(이수식 쉴드TBM 적용의 경우)에 대한 안정성 확보로 나눌 수 있다.

이 중 부력에 대한 안정성 확보는 하·해저 구간을 통과하는 터널에서 시공·운영 중 안정성 확보 측면에서 주요한 사항이 되며, 이수식 쉴드TBM 적용 시의 이수분출에 대한 안정성 확보는 시공 중 안정성 및 환경피해 최소화와 연관된 사항이다.

(1) 부력에 대한 안정성 확보

터널을 굴착하기 전의 흙 또는 암반 무게(또는 하중)는 굴착후 터널의 무게보다 크기 때문에 터널 심도가 낮고 지하수위가 터널 상부에 위치한다면 부력안정성을 확보하기 위한 적정한 토피고가 확보되어야 한다(그림 2.14 참조).

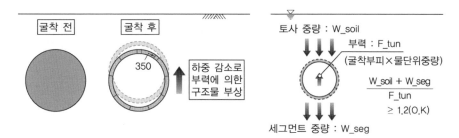

- 부력(F) = 굴착부피 × 물단위중량
- 저항력(W) = 세그먼트중량 + 토피중량
- 안전율(F.S) = 저항력(W) / 부력(F) > 1.2

여기서,
- 세그먼트중량 = 세그먼트면적 × 세그먼트단위중량
- 토피중량 = 지반면적 × 지반단위중량
- 시공 중 저항력 = TBM중량 + 토피중량

[그림 2.14] 부력에 대한 안정성 평가

부력에 대한 안정성이 기준안전율(F.S > 1.2) 이하이거나, 추가적인 적정 토피고 확보가 불가할 경우에는 적정한 대책을 수립하여야 한다. 대표적인 보강방법으로 터널의 무게를 늘려주는 방법 또는 지반보강을 통해 부력에 저항하기 위해 지반강도 증가를 통해 전단저항력을 증대시켜주는 방법이 대책 방안으로 검토될 수 있다.

(2) 이수분출에 대한 안정성 확보

이수분출에 대한 안정성 확보 여부 검토는 이수식 쉴드TBM이 적용된 경우에 해당된다. 이수식 쉴드TBM은 커터헤드 후면의 챔버 내에 이수압을 가압시켜 굴진면 붕괴를 제어하면서 굴착하게 된다. 이수는 송니관(Feed Line)을 통하여 챔버에 공급되며, 굴착토사는 이수와 함께 배니관(Discharge Line)을 통하여 배출하면서 굴진하게 된다.

이수식 쉴드TBM 공법의 막장 안정기구는 가압된 이수압력에 의해 막장의 토압, 수압에 저항하여 막장의 안정을 도모하면서 막장의 변형 및 지반침하를 억제하게 된다. 이를 위하여 막장에 저투수성 이수 침투에 따른 이막을 형성하여 이수압력을 유효하게 작용시킴과 동시에 막장면의 일정 범위에 침투하여 지반의 점착력을 증가시키게 되는데, 지층조건에 따라 이막 형상형태를 달리한다(그림 2.15 참조).

매우 미소한 두께의 이막이 형성된다면 굴진면 지지압력인 이수압의 효율은 크게 저하하게 되며, 지반에 이수가 과도하게 침투하면 이수압이 막장에 유효하게 작용하지 않을 뿐만 아니라, 지반 간극수압이 상승하여 유효응력의 저하를 초래하기 때문에 막장의 안정에 바람직하지 않다. 따라서 투수계수가 큰 사질토층, 사력층에서의 이막의 형성 환경을 향상시키기 위한 대처가 필요하다.

- Type-1(점성토층) : 이수의 침투가 거의 없고 이막만 형성
- Type-2(사력층) : 지반의 간극이 커서 이수는 침투할 뿐 이막 형성 없음
- Type-3(사질토층) : Type-1과 Type-2의 중간으로 이수가 침투해가면서 이막 형성

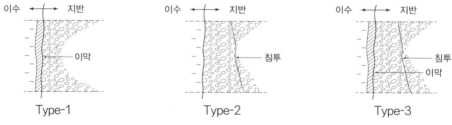

[그림 2.15] 막장의 여과형태(Müller; 1977)

만일 토피고가 부족한 조건에서 이수식 쉴드TBM을 굴진하는 경우 지반을 통한 이수의 상향 이동통로가 지반 내에 발생하여 이수가 지표로 분출하는 이수분출(blow out) 현상 발생이 발생될 수 있으며, 이는 챔버압 관리 불능 상태를 의미하기 때문에 공사 중 안정성에 심각한 영향을 미친다(표 2.9 참조).

이수분출(blow out)이 발생하는 압력은 ① TBM 천단부에서의 이수압이 토피 하중을 넘지 않고, ② TBM 천단부 이수압이 Open Path Pressure를 초과하지 않는 조건으로 판단하게 되는데, 투수성이 좋은 지반의 경우는 Open Path Pressure를 상한값으로 설정하고, 그 외에는 토피하중으로 설정하는 경우가 많다. Open Path Pressure를 구하는 방법으로 홍콩에서 발간된 GEO REPORT Series No. 249, "Ground Control for Slurry TBM Tunnelling(2009)"에서는 다음과 같이 이수의 지표로의 분발에 대한 압력을 제시하고 있다.

Open Path Pressure = 장비 천단부에서의 토피고 × 이수 단위중량

만일 쉴드TBM 굴진 구간의 임의 위치에서 굴진면 챔버압이 Open Path Pressure보다 클 경우 이수분출 가능성이 있는 상황이 될 수 있으므로 대책 방안을 수립하여야 한다.

[표 2.9] 이수분출(blow out) 개념도 및 검토조건

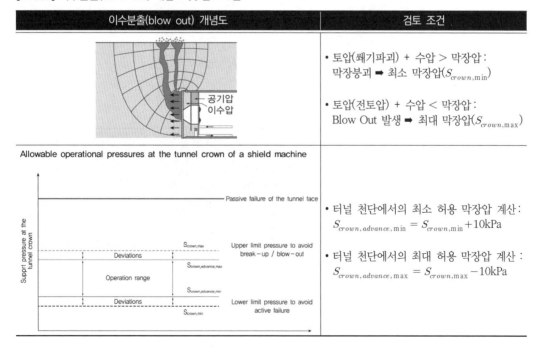

이수분출(blow out) 개념도	검토 조건
공기압 / 이수압	• 토압(쐐기파괴) + 수압 > 막장압 : 막장붕괴 ➡ 최소 막장압($S_{crown,min}$) • 토압(전토압) + 수압 < 막장압 : Blow Out 발생 ➡ 최대 막장압($S_{crown,max}$)
Allowable operational pressures at the tunnel crown of a shield machine	• 터널 천단에서의 최소 허용 막장압 계산 : $S_{crown,advance,min} = S_{crown,min} + 10\text{kPa}$ • 터널 천단에서의 최대 허용 막장압 계산 : $S_{crown,advance,max} = S_{crown,max} - 10\text{kPa}$

47

4) 굴진 용이성 확보를 위한 종단계획

　최근 국내 TBM 적용 사례가 증가됨에 따라 설계 및 시공기술력도 많이 향상되고 있으나, 시공 중 트러블 발생으로 어려움을 겪은 사례도 있다. 대표적인 예가 ○○지하철 심도가 복합지반을 통과함에 따라 겪은 어려움이다. 지하철의 경우 이용객 편의성을 위하여 얕게 계획하는 것이 좋으나, 지층변화에 대한 조건도 동시에 고려되어야 한다. 복합지반이란 TBM 굴진면에서 토사 및 암반이 동시에 조우되는 상황을 일컬으며, 이 경우 안정적인 챔버압 및 배토관리의 어려움, 디스크 커터의 비정상적인 편마모, 링 탈락 등의 많은 트러블 요인이 산재한다(그림 2.16, 표 2.10 참조).

　따라서 이용객의 동선 최소화, 방재피난동선 최소화, 정거장 건설사업비 절감을 위한 얕은 심도의 터널 계획을 고려함과 동시에 지반조사에 의한 암반층 출현 심도를 고려하여 가능한 한 균질한 지반을 굴진토록 하는 최적 종단심도를 검토할 필요가 있다(표 2.11 참조).

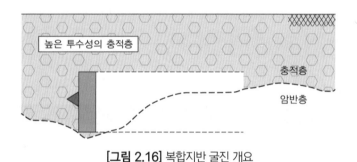

[그림 2.16] 복합지반 굴진 개요

[표 2.10] 복합지층에서의 디스크커터 비정상 마모

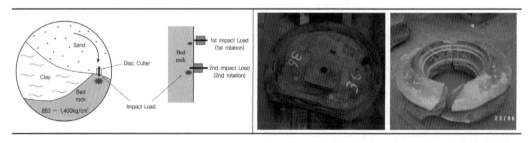

주) 토사 및 암반층을 동시에 굴착하는 경우, 암반층 굴착 시 디스크커터는 충격하중을 받게 되며, 이로 인하여 디스크커터 편마모율 증가, 링 탈락 등의 문제점이 발생함.

[표 2.11] 굴진 용이성 확보를 위한 종단계획 예

토사층 두께가 작은 도심지의 경우	토사층 두께가 두꺼운 도심지의 경우
균질한 암반층 통과를 위한 종단 하향 조정	토사층 통과를 위한 종단 심도 상향 조정

2.3 TBM 단면계획

터널 단면은 사용목적에 따라 ① 건축한계에 저촉이 되지 않고, ② 터널 내부의 각종 부속설비 설치 여유공간 등이 확보되고, ③ 지보 및 세그먼트 설치 공간이 확보될 수 있는 필요 내공 확보 및 ④ 시공상의 사행오차 등을 고려하여 선정하여야 하며, 이 중 ① 및 ②번 항목은 내공직경과 관련되어 있으며, ③ 및 ④번 항목은 외경과 관련되어 있는 항목으로, TBM 장비 계획 시 이러한 모든 항목을 포함하는 장비직경이 선정되어야 한다.

1) 시공여유에 대한 검토

시공여유는 사행(蛇行)오차와 보수여유로 나눌 수 있다. 이 중 사행오차는(뱀처럼 구불구불한 형태의 굴착조건을 고려한 여유) 쉴드TBM 터널 시공 시 발생되는 시공오차이며, 보수여유는 시공 후 보수관리에 필요한 여유를 말한다.

시공여유는 관련지침 또는 설계기준마다 차이가 있으며, 최소 50~최대 200mm 정도로 제시되어 있으며, 굴진대상 지반상태, 평면 및 종단선형, 시공 기술자의 숙련도 등에 따라 달라진다. 표 2.12는 국내 및 일본 관련 기준에서 제시하고 있는 시공여유 제시 범위이다.

부산지하철 230공구에서의 평면선형별 사행오차 발생량을 살펴보면(그림 2.17) 곡선부 시공 시 발생량이 크게 되며, 이는 곡선부 시공관리가 직선부보다 어렵다는 것을 보여주는 예이다. 따라서 시공여유를 작게 계획하는 경우 시공상 어려움이 따를 수 있으며, 관련지침(또는 기준) 및 적용사례를 참조하여 선정하여야 한다. 그림 2.18은 최근 국내 쉴드TBM 계획 시의 시공여유 산정 예이다.

49

[표 2.12] 시공여유 제시 기준

기관	시공여유 제시범위	비고
철도설계기준 노반편(2017)	100~200mm	• 시공여유 = 설계여유(사행오차 + 세그먼트 변형오차) + 보수여유 • 사행오차 : 쉴드TBM 터널 시공 시 발생되는 시공오차 (사행(蛇行) : 뱀처럼 구불구불한 형태) • 보수여유 : 시공 후 보수 관리에 필요한 여유
터널설계기준 (2016)	소요 내공단면을 확보할 수 있도록 상하좌우의 선형오차, 변형 및 침하 등에 의한 시공오차를 감안	
일본토목학회 (2006)	50~150mm	
일본 쉴드터널 설계지침(2009)	100mm 이상	

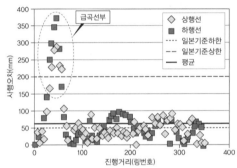

[그림 2.17] 평면선형별 사행오차 발생량 (부산지하철 230공구 사례)

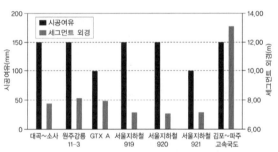

[그림 2.18] 최근 국내 쉴드TBM에서의 시공여유 적용사례

2) 철도터널 단면 계획

(1) 지하철 터널

내공직경 선정을 위한 설계내공치수는 서울, 부산, 광주, 대구 지하철 등에서 운용 중인 지하철 규모, 세그먼트 두께, 시공여유 등을 고려하여 전체 굴착직경을 결정한다. 최근 계획되어 시공 중인 별내선 구간의 내공치수 기준 및 내공단면 선정예는 표 2.13과 표 2.14와 같으며, 여기에 세그먼트 두께 및 시공오차를 고려한 단면계획을 수립하면 최종 단면이 된다.

[표 2.13] 별내선 단면설계 기준 및 내공단면 선정 예

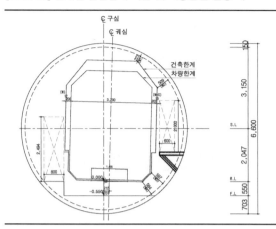

구분		적용 설계 기준
차량한계		3,200×4,250mm
건축한계		3,600×4,650mm
구축한계	어깨부	W1=227mm (내측보도) W1'=227mm (외측보도)
	측벽부	W2=509mm (내측보도) W2'=509mm (외측보도)
시공여유(내측)		150mm

주) 시공여유(내측)는 지하철 설계기준에서 제시하는 내공에 영향을 미치는 항목(ex. 세그먼트 조립단차 등)을 고려한 것으로 사행을 고려한 시공여유와는 다른 의미임.

[표 2.14] 별내선 세그먼트 두께 및 시공오차를 고려한 단면계획

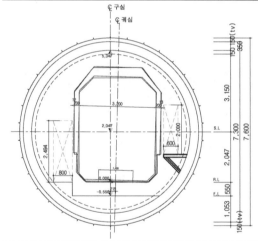

- 시공여유 : 150mm(사행여유 + 보수여유)
- 터널 외경 : 7,600mm
- 세그먼트 두께 : 350mm
- 터널 내경 : 6,600mm
- R.L~F.L 높이차 : 550mm
  (궤도 형식에 따라 높이차를 달리함)
- 보도폭을 양측에 설치하여 검사원 통로 연속성 유지

(2) 철도터널

철도터널 내공단면은 선로등급별 구축한계 및 선로중심간격 외에 궤도구조, 보수대피용 통로, 전차선 및 장력조절장치, 배수로, 신호, 통신 등의 제반설비에 필요한 공간을 확보할 수 있는 내공을 선정하고, 지하철 터널과 마찬가지로 여기에 세그먼트 두께, 시공여유을 고려한 전체 굴착직경을 결정하며, 국내 철도터널에서 표준 단면선정 예는 표 2.15와 같다.

이 외에도 철도터널의 경우 지하철터널과 다른 추가적인 고려사항이 있으며(ex. 터널 연장·열

차 속도에 따른 전차선 형식 및 공기역학적 측면에서의 최소 요구 단면적, 공동구, 각종 신호·통신 분야의 설비 설치공간 등), 이를 모두 만족하는 터널 단면이 선정되어야 한다. 열차속도에 따른 전차선 방식 예는 표 2.16과 같다.

[표 2.15] 철도 터널 단면(V=250km/hr) 선정 예

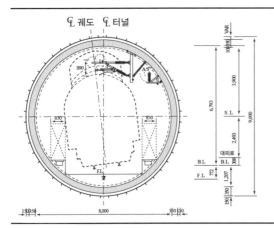

구분	적용 설계 기준
차량한계	3,400×6,000mm
건축한계	4,200×6,450mm
터널 내경	7,500mm
세그먼트 두께	350mm
시공여유	100mm
전차선	Cako250

[표 2.16] 열차 속도에 따른 전차선 형식 예

구분		고속철도	일반철도		
			200km/hr	250km/hr	270km/hr
개요도		가고 1,400mm	가고 710mm	가고 850mm	가고 1,250mm
가고 (mm)	표준	1,400	960	1,200	1,250
	축소	1,250(270km/hr)	710	850	1,250

주) 가고 : 조가선과 전차선의 수직중심간격

3) 도로터널

도로터널 단면의 경우 일반국도의 경우 '도로의 구조·시설기준에 관한 규칙', 고속도로의 경우 '한국도로공사'에서 제시하고 있는 건축 및 시설한계를 반영하여 계획한다. 도로터널의 경우 최근 김포~파주 한강터널(가칭)을 시공 중에 있으며, 김포~파주에 적용된 도로터널 단면계획은 다음 표 2.17과 같다.

[표 2.17] 김포~파주 한강터널(가칭) 단면 선정 예

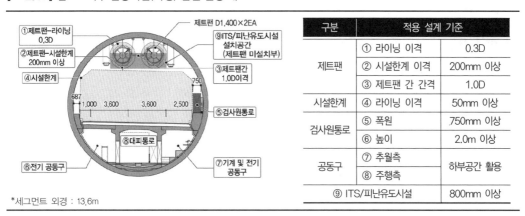

구분	적용 설계 기준	
제트팬	① 라이닝 이격	0.3D
	② 시설한계 이격	200mm 이상
	③ 제트팬 간 간격	1.0D
시설한계	④ 라이닝 이격	50mm 이상
검사원통로	⑤ 폭원	750mm 이상
	⑥ 높이	2.0m 이상
공동구	⑦ 추월측	하부공간 활용
	⑧ 주행측	
⑨ ITS/피난유도시설		800mm 이상

*세그먼트 외경 : 13.6m

　도로터널의 경우 일반적인 2차로 도로터널로 계획하더라도 건축한계 폭이 높이 대비 크기 때문에 약 14.0m의 대구경 쉴드TBM 장비가 적용되며, 이로 인해 하부공간 활용에 대한 검토가 필요하다. 따라서 국내·외적으로 하부공간을 활용한 예가 다수 있으며, 대표적인 예는 표 2.18과 같다.

[표 2.18] 도로터널에서의 하부공간 활용 예

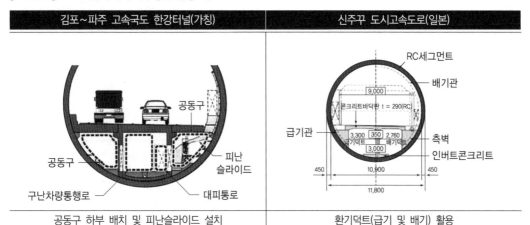

김포~파주 고속국도 한강터널(가칭)	신주꾸 도시고속도로(일본)
공동구 하부 배치 및 피난슬라이드 설치	환기덕트(급기 및 배기) 활용

　이 외에도 쉴드TBM 적용이 빈번한 전력·통신구의 경우에는 관련지침(또는 기준), 수로터널의 경우에는 요구 통수단면적 확보되는 내공단면 선정 이후, 세그먼트 두께 및 시공여유를 고려하여 단면을 선정한다.

53

2.4 공기 및 공사비

1) 공사기간

TBM 터널은 NATM 터널에 비하여 높은 굴진속도를 보인다. 반면, 높은 굴진속도는 설계단계에서 지층상태에 부합되는 적정 장비형식 선정, 시공단계에서의 높은 시공기술력이 부합되어야 최대의 성과를 기대할 수 있다.

TBM 터널에서의 주요 공정은 그림 2.19와 같이 장비 제작 및 운반, 가설공사(발진 및 도달구), 조립 및 시운전, 초기굴진, 본굴진, 장비 해체 및 반출 등의 공정으로 구분되어 지며, 각각의 공정에 대한 공사기간 산정방안에 대하여 서술한다.

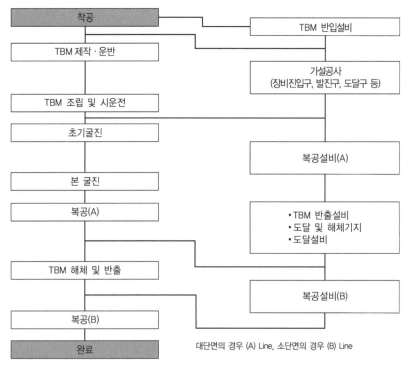

[그림 2.19] TBM 터널 시공 주요 공정

(1) TBM 제작·운반 및 조립·시운전

설계기간을 포함한 장비 제작 및 운반시간(반입시간 포함)은 신품장비 및 중고장비로 구분할 수 있다. 이외에도 장비제작 국가에 따라 운반시간이 별도로 고려되어야 한다.

TBM을 계획함에 있어 검토되어야 하는 항목 중 하나는 장비 제작방식이며, 제작방식은 중고(2nd Hand), 재보수(Refurbish), 재제작(Remanufacturing) 및 신장비(Brand New)로 나눌 수 있다. ITA에서는 신장비를 제외한 재활용 쉴드TBM 제작방식을 표 2.19와 같이 정의하고 있다.

[표 2.19] 재활용 쉴드TBM에 대한 종류 및 정의(Guidelines on Rebuilds of Machinery for Mechanized Tunnel Excavation, ITA, 2015)

재활용 종류	정의
중고(2nd, 3rd Hand) 쉴드TBM	• 사용이력이 있는 장비를 제원, 형식 변경없이 일부 보수 후 그대로 활용하는 TBM
재보수(Refurbishment) 쉴드TBM	• 사용이력이 있는(유압과 전기) 부품을 다른 프로젝트에서 원래의 구성상태나 작은 사양을 수정 후 사용하는 TBM
재제작(Remanufacturing) 쉴드TBM	• TBM 장비의 주요 시스템 혹은 하위 부품을 원본 상태 혹은 신규 프로젝트에서 완공할 수 있는 새로운 TBM 장비 사이클을 갖추도록 하는 TBM

[표 2.20] 재제작(Remanufacturing) 절차(ITA, 2015)

• 1단계 : 단일부품 단계까지 분해완료
  → 초기 TBM 조립 시 단일부품 수준으로 진행 및 분해 단계 시, 재활용 불가 부품 폐기, 재활용 가능 부품 분리
• 2단계 : 모든 부품의 청소 및 세정
  → 기름, 녹, 페인트 제거 과정 모두 포함
• 3단계 : 모든 부품의 검사 및 분류
  → 육안 검사를 포함한 균열검사, 전기검사, 압력손실, 누수검사
• 4단계 : 부품의 수리 또는 새 부품으로 교체
  → 부품의 개선을 포함, 재사용 불가한 부품은 새 부품으로 교체
• 5단계 : 재조립
  → 최초 조립과 동일한 절차로 재조립

표 2.20은 ITA가 제시한 재제작 절차를 나타내고 있다. 재제작 장비를 적용하는 경우 쉴드 TBM 장비가격 절감이 가능하다는 장점이 있으나, 대상 터널굴착 구간에 적합한 최적 장비로의 개보수임에 따라 다음과 같은 고려사항을 검토할 필요가 있다.

• 지반조건, 지상조건, 터널 단면 등 과업 구간 제반 특성의 상세한 검토
• 기존 기계적 성능과 구조에 대해 일부 보수 또는 무리한 개조로 리스크 대응 및 장비 효율 저하 우려에 대한 검토

- 최초 제작시기, 설계도면, 사용이력 및 사용 횟수, 운전기간, 조립/해체 이력, 트러블 발생이력에 대한 명확한 이력 확인
- 장비의 객관적 성능평가, 검수방법 및 승인절차 정립 필요
- 신규 장비(Brand new) 대비 재제작 쉴드TBM의 세부 사양 검토기준 필요 등

신규장비, 재활용장비 모두 장비 제작에 시간이 필요하며, 재활용 장비의 경우 장비 개보수 범위에 따라 제작 기간을 달리한다. 신규장비를 기준으로 일반적인 제작(운반시간 포함)은 일반적으로 다음 표 2.21과 같이 계획하며, 프로젝트별 제작 및 운반시간은 제작국가, 제작사마다 상이하므로 이에 대한 검토가 필요하다.

[표 2.21] 신규장비 제작 및 운반시간

직경	소요시간
소구경($\phi \leqq 3.5$m)	10개월 이내
중구경(3.5m$< \phi \leqq 7.0$m)	10~12개월
대구경($\phi > 7.0$m)	12개월 이상

(2) 장비 조립 및 시운전

장비 조립 및 시운전 기간은 장비 조립장소 위치, 조립방법, 굴착직경 등에 따라 달라지며, 개략적인 소요기간은 표 2.22와 같다.

[표 2.22] 장비 조립 및 시운전 소요기간

직경	조립(일)			시운전(일)
	터널 외	터널 내	발진구내	
소구경($\phi \leqq 3.5$m)	10~20	15~30	15~30	3~5
중구경(3.5m$< \phi \leqq 7.0$m)	25~50	30~60	30~60	5~7
대구경($\phi > 7.0$m)	45~	60~	50~	10~14

(3) 초기굴진

초기굴진이란 굴착 시작에서부터 후속설비가 갱내에 완비되고 본선굴착이 안전하게 시공될 때 까지의 시공과정을 말한다. 이 과정에서 장비추력, 커터토크 데이터, 지반변형 계측결과 등의 자료를 분석하여 TBM 운영 특성, 챔버 관리압, 뒤채움 주입압·주입량 등의 적정성을 평가함으로써 안전한 본굴진을 유도하는 데 기초자료로 활용하게 된다.

이 외에도 초기굴진 거리는 세그먼트와 지반 간의 마찰력이 쉴드TBM 장비의 굴진반력을 확보할 수 있는 거리를 확보하여야 하며, 다음의 식으로 산정한다.

$$L > \frac{F}{\pi \cdot D_o \cdot f} \tag{2.1}$$

여기서, L : 초기 굴진장(m)

F : 굴진에 필요한 쉴드TBM 추진잭 추력(kN)

D_o : 세그먼트 라이닝 외경(m)

f : 뒤채움 주입재를 고려한 세그먼트와 지반의 전단저항력(kN/m²)

초기굴진 시에는 후속설비 및 대차가 노상이나 수직구에 있기 때문에 유압호스, 전선 케이블 등을 연장하면서 굴진하게 되며, 가설 세그먼트의 개구가 작아 자재반입 시간을 요하므로 굴진속도가 매우 낮으며, 설계 단계에서는 본굴진 속도의 50% 정도로 설계하는 경우가 많다.

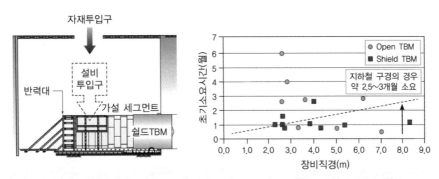

[그림 2.20] 초기 굴진 시 자재 반입구(가설세그먼트) 설치 예 및 장비 직경별 초기굴진 시간

(4) 본굴진

본굴진은 TBM 전체공기에 가장 큰 영향을 미치는 요소로 장비별 Down Time을 고려한 월 굴진속도와 밀접한 관련이 있는 공정이다. 쉴드TBM보다 양호한 지반상태에서의 적용성이 우수한 개방형 TBM의 굴진속도가 매우 빠르게 되며, 그림 2.21은 개방형 TBM의 직경별 굴진속도를 보이고 있다.

5.0m 이하 직경에서 최대 월 300m(12m/day)의 굴진속도를 보이는 것으로 제시되어 있으며, 최근의 철도터널 단면(직경 9.0m)에서도 Open TBM 제작 및 시공 기술의 발전으로 300m/월 수준으로 설계된 사례가 다수있다. 이는 매우 빠른 굴진속도에 해당되며 지반상태에 따른

트러블 발생요인에 따라 급격히 저감될 수 있는 내용임에 따라 설계 시 지반특성 결과분석에 세심한 주의가 필요하다.

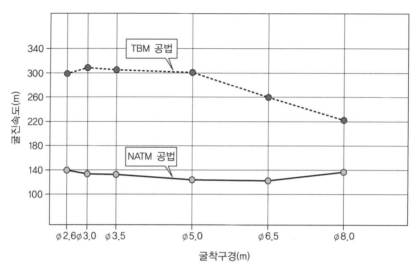

[그림 2.21] NATM 대비 Open TBM 월 굴진속도 비교

국내에서 시공된 쉴드TBM 굴진속도를 검토한 결과(표 2.23), 평균 일굴진속도가 1.4~6.8 m/day로 넓은 범위에 있다. 따라서 설계 단계에서는 장비 가동률을 고려한 적정 굴진속도 평가 결과에 따른 공기산정 과정이 필요하다.

[표 2.23] 최근 국내 쉴드TBM 시공 시의 굴진율 사례

구분	장비직경 (mm)	현황	지층	일굴진량(m/day): 세그먼트 폭
부산지하철 ○○○공구	7,280	수영강 하저	모래, 경암	1.4~5.2 (시공) : 1.2m
서울지하철 ○○○공구	7,650	샛강, 여의도	토사~경암	3.4~4.7 (시공) : 1.2m
원주~강릉 ○○공구	8,370	남대천 하저	토사~경암	4.76~6.8 (설계) : 1.5m
별내선 ○○공구	7,600	한강 하저	연암~경암	5.65 (설계) : 1.5m

(5) TBM 장비 해체 및 반출

장비 해체 및 반출시간도 장비 조립 및 시운전 항목과 마찬가지로 해체장소, 확보면적, 해체 방법, 굴착직경 등에 따라 크게 달라지며, 개략적인 소요시간은 표 2.24와 같다.

[표 2.24] 장비 해체 소요시간

직경	해체(일)		
	터널 외	터널 내	도달구내
소구경($\phi \leqq 3.5$m)	8~15	15~30	12~25
중구경(3.5m< $\phi \leqq 7.0$m)	20~40	30~60	25~50
대구경($\phi > 7.0$m)	30~	60~	40~

2) 공사비

TBM 계획 시 공사비 산정은 조달되는 장비가 설계에 반영될 지층상태, 공사비 산정 방법에 따라 설계자마다 차이를 보임에 따라 공사비 산정방법을 서술하는 것은 본 장에서 생략하였다.

다만, 쉴드TBM의 경우 토압식 및 이수식 쉴드TBM 간의 공사비 특성을 그림 2.22와 같이 분석하였다. 공사비 분석 자료는 최근 국내에서 건설된 직경 7.5m, 유사연장 조건의 토압식 및 이수식 쉴드TBM 공사비 자료를 이용하였다.

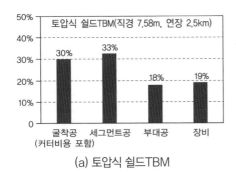

(a) 토압식 쉴드TBM

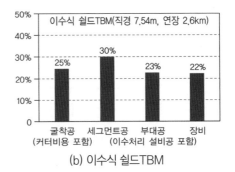

(b) 이수식 쉴드TBM

[그림 2.22] 장비 형식별 vs. 공종별 공사비 비율

그림 2.22에 의하면 토압식과 이수식에서 장비가 차지하는 비율은 크지 않으나, 굴착비용의 경우 토압식이 이수식에 비해 높은 비율을 차지하고, 부대공의 경우에는 토압식이 이수식에 비하여 작은 비율을 보이고 있다.

지층조건에 따라 굴착비 비율을 달리하게 되나, 굴착비에는 디스크커터 비용이 포함되어 있으며, 토압식이 이수식보다 커터마모율이 큰 부분도 공사비 비율 차이에 영향을 준다고 볼 수 있다.

아울러 부대공에는 이수식의 이수처리 설비 비용이 포함되어 있어 토압식 대비 많은 비율을 보이고 있다는 것이 토압식과 이수식 쉴드TBM 간의 공사비 특성이라 할 수 있다. 일반적으로 토압식 대비 이수식의 건설비가 높은 경향을 보이는데, 이는 시공 중 이수처리 설비 비용이 주된 원인이 된다.

국내 쉴드TBM 공사비는 공사비 산정을 위한 표준 내역기준이 없어 건설비 산정 결과가 설계자 마다의 차이가 있다는 점, 장비가의 경우 국내 제작사가 없어 해외 제작사로부터의 견적 의존도가 높다는 점, 세그먼트의 경우에도 설계된 세그먼트의 재료비에 따른 견적가가 제작사 마다 차이가 있는 점 등 공사비 산정에 변수가 많은 상황이므로 이를 종합적으로 판단한 공사비 산정이 필요하다.

3 최적 장비형식 선정

3.1 TBM 장비형식 분류

기계화 시공법의 한 종류인 TBM(Tunnel Boring Machine)은 소규모 굴착 장비나 발파 방법에 의하지 않고, 굴착에서 버력처리까지 기계화 및 시스템화 되어 있는 대규모 굴착기계를 말한다. 그림 2.23은 프랑스 터널협회에서 규정하고 있는 기계화 시공법의 분류(안)와 국내 기계화 시공법에 대하여 연구된 보고서에서 각국의 분류 기준을 종합하여 새롭게 제시하고 있는 분류기준(안)이다.

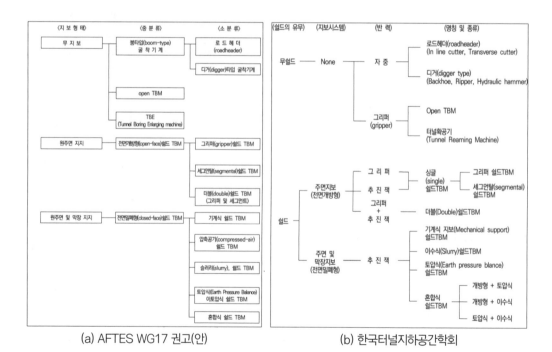

(a) AFTES WG17 권고(안)   (b) 한국터널지하공간학회

[그림 2.23] 터널 기계화 시공법 분류

그림 2.23 한국터널지하공간학회의 분류방법은 너무 복잡하지 않으면서 대표성을 잘 나타내고 있는 프랑스의 기준[AFTES WG17 권고(안)]을 모태로 하여 작성하였다. 특히, 국내에서는 적용된 바 없는 압축공기식(compressed air) 쉴드TBM은 분류 내에 포함시키지 않았으며, 일본·노르웨이의 분류에서 볼 수 있는 비회전식 굴착기인 블라인드식, 반기계식, 수동 굴착식 등은 국내 지반조건에 합당하지 않고, 사용 사례가 거의 없으므로 제외하였다(그림 2.24 참조).

| 블라인드식 | 수동 굴착식 | 반기계식 |

[그림 2.24] 국내 장비분류에 반영되어 있지 않은 TBM 종류

국내에서 주로 사용되는 TBM은 굴진 반력을 그리퍼(Gripper)의 암반벽면 지지에 의해 얻는 개방형 TBM(Open TBM, Gripper TBM, Hard Rock TBM)과 세그먼트에 대한 반력을 이용하는 쉴드TBM이며, 각각의 장비형식 및 적용성에 대하여 서술하고자 한다.

3.2 TBM 장비형식별 주요 특성

1) 개방형 TBM(Open TBM, Gripper TBM, Hard Rock TBM)

(1) 굴착방법

개방형 TBM은 굴착 중 무지보 상태로 굴착을 수행하며 그리퍼를 가지고 세그먼트 없이 암반에 고정된 그리퍼에 대한 반력을 이용하여 추진하는 TBM으로 굴착과 지보설치가 별도의 간섭없이 이루어져 NATM공법 및 쉴드TBM에 비하여 굴진속도가 탁월하며 다음의 공정을 반복하여 굴착을 진행한다.

- 그리퍼를 암반에 밀착 설치하여 TBM 몸체를 고정
- 유압에 의해 커터헤드를 추진하여 굴착을 수행
- 굴착과 동시에 TBM 장비 후방에서 지보재(숏크리트, 록볼트, 강지보재) 설치

(2) 주요 장비 구성

TBM 장비는 크게 TBM 본체 및 TBM 후속 트레일러로 구분된다(그림 2.25 참조). TBM 본체의 주요 장비 구성으로는 절삭디스크가 부착된 커터헤드, 그리퍼 반력에 의한 각종 추진장치, 지보설치 시스템 등이 있으며(그림 2.26 참조), TBM 후속 트레일러에는 버력처리를 위한 버력운반 컨베이어, 시공 중 환기를 위한 먼지집진기(Dust Collector) 등으로 구성되어 있다.

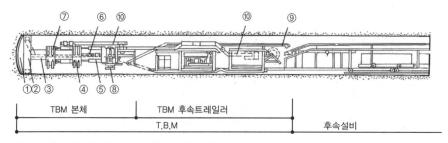

① 커터헤드　② 커터헤드 자켓　③ 이너켈리　④ 아우터켈리　⑤ 추진 실린더
⑥ 커터헤드 드라이브　⑦ 클램핑 패드　⑧ 후방지지장치　⑨ 벨트 컨베이어　⑩ 집진기

[그림 2.25] 개방형 TBM 구성

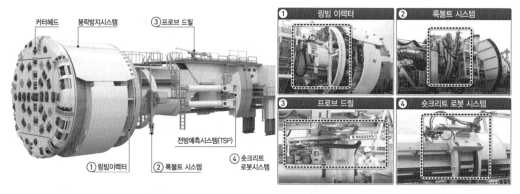

[그림 2.26] 개방형 TBM 본체 및 지보설치 시스템

2) 쉴드TBM

(1) 굴착방법

쉴드TBM은 쉴드(Shield)와 전단면 터널 굴착기인 TBM을 접목하여 커터헤드 후면에 쉴드가 장착되어 있으며, 헤드의 추진은 후방에 설치된 세그먼트를 지지대로 하여 이루어지게 된다. 쉴드TBM은 파쇄가 심한 암반과 같이 막장 주변 붕락이 우려되거나 무지보 자립시간이 짧아

조기지보재 타설이 어려운 지반 및 다량의 용수유입이 우려되는 지반에서 막장부 및 주면을 지지하여 지반의 붕괴와 용수유입을 방지하여 안전하게 굴착 및 복공작업을 수행하기 위하여 주로 적용되는 공법이다.

쉴드TBM 공법은 다음의 공정을 반복하며 굴착을 진행한다.

- 추진잭으로 세그먼트를 밀어 쉴드TBM을 앞으로 추진하며, 세그먼트 1링분 굴착
- 굴착 후 쉴드 후방부에서 세그먼트 조립(거치 및 볼트조임)
- 조립된 세그먼트를 잭으로 추진하여 세그먼트 링 압착
- 세그먼트 외경과 쉴드TBM 외경 사이의 테일보이드에 뒤채움 수행

(2) 주요 장비 구성

쉴드TBM은 쉴드TBM 본체와 굴착, 추진, 세그먼트 조립, 배토 시스템으로 구성된다. 굴착시스템 및 쉴드TBM 형식에 따라 배토시스템은 쉴드TBM 본체 전동부에 장착되며, 배토장치는 쉴드TBM 후방 토사반출 설비까지 연장된다.

추진시스템이나 세그먼트 조립시스템은 쉴드TBM 본체 후동부에 장착되며, 후동 테일부 후단에는 쉴드TBM 내로 뒤채움 주입재나 토사와 함께 지하수 유입방지용 테일실(Tail Seal)이 장착된다. 또한 각 기구의 파워 유닛 등 유압장치나 전기설비, 굴착토사 반출설비 등은 쉴드 TBM과 함께 이동하는 후속대차상에 설치된다(그림 2.27 참조).

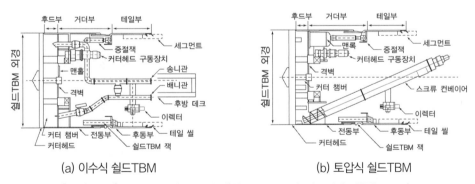

(a) 이수식 쉴드TBM (b) 토압식 쉴드TBM

[그림 2.27] 쉴드TBM 장비 구성 예(쉴드TBM 공법, 일본지반공학회, 2012)

(3) 장비형식별 특성

쉴드TBM 공법은 막장면 지지의 유무에 따라 전면 개방형 쉴드TBM과 전면 밀폐형 쉴드TBM으로 구분된다. 전면 개방형 쉴드TBM은 세그먼트 조립 시 굴착가능 여부에 따라 싱글 쉴드

TBM과 더블 쉴드TBM으로 구분되고, 전면 밀폐형 쉴드TBM은 이수식 및 토압식 쉴드TBM으로 구분된다.

전면 개방형인 싱글과 더블 쉴드TBM은 국내에 적용된 실적이 없으며, 전면 밀폐형인 이수식 및 토압식 쉴드TBM의 주요 특성은 다음과 같다.

[표 2.25] 이수식 쉴드TBM 및 토압식 쉴드TBM 주요 특성

구분	토압식 쉴드TBM	이수식 쉴드TBM
개요도		
막장압 지지방법	• 커터에 의해 굴착한 토사를 소성유동화시키면서 챔버 내에 충만·압축시켜 막장면을 지지	• 챔버 내 가압된 이수 압력에 의해 막장의 토압·수압을 지지
버력처리	• 벨트 컨베이어 및 버력대차로 지상 반출 • 터널 내 궤도 및 갱차운행 • 대차(또는 벨트컨베이어)에 의한 버력반출	• 파이프에 의한 유체수송으로 반출 • 배니관 폐색, 배니관 파열, 배관 막힘 우려 있음 • 유체수송 이수처리설비에 의해 분리처리가 연속적
작업부지	• 지상설비 간단 → 세그먼트 야적장, 뒤채움 플랜트 등	• 지상설비 복잡 → 이수처리플랜트, 세그먼트 야적장 및 뒤채움 플랜트 등
고수압 대응성	• 하저구간과 같은 고수압 구간에서는 별도의 대책 수립 필요	• 이수를 가압하므로 비교적 높은 지하수압에서도 대응성 우수
경제성	○	△

3.3 건설 지역조건(지층, 수압조건 및 시공성 등)에 따른 TBM 적용성 분석

최근의 기계화 시공은 토질상태가 매우 불량한 점성토에서부터 일축강도 200MPa 이상의 극경암까지 적용 대상 지반조건이 매우 넓어지고 있다.

개방형 TBM의 경우 암반상태에서의 적용성이 우수하다. 쉴드TBM은 도심지 천층, 하·해저 퇴적층에서의 터널건설이 가능한 공법임에 따라 암반~토사지반까지 적용범위가 넓게 분포하고 있음을 표 2.26에서 파악할 수 있다.

밀폐형 쉴드TBM의 경우 표 2.25에서 제시된 막장면 지지방법, 버력처리 방법 등의 차이로 인해 적용 토질조건별 적용성 및 체크포인트를 달리한다(표 2.27 참조).

[표 2.26] 지반강도에 따른 TBM 장비형식별 적용성

지반 분류	일축 압축강도 (MPa)	개방형 TBM	쉴드TBM					
			주면지보			전면지보		
			그리퍼 쉴드 TBM	세그먼트 쉴드 TBM	Mechanical Support 쉴드TBM	압축공기 쉴드 TBM	이수식 쉴드 TBM	토압식 쉴드 TBM
극경암	>200	○	○					
경암	200~120	○	○				△	△
	120~60	○	○				△	△
보통암	60~40	○	○				△	△
	40~20	○	△				△	△
연암	20~6	△		△	○		○	○
풍화 지반	6~0.5			○		○	○	○
	<0.5			○		○	○	○
토사	–					○	○	○

[표 2.27] 토질 성상 및 쉴드TBM 장비형식별 적용성 및 Check List(ITA Working Group; 2000)

Soil Condition	Type of Machine	N Value	Earth Pressure Type		Slurry Type	
			Suitability	Check Point	Suitability	Check Point
Alluvial Clay	Mold	0	×	–	s	Settlement
	Silt, Clay	0~2	1	–	1	–
Alluvial Clay	Sandy Silt	0~5	1	–	1	–
	Sandy Clay	5~10	1	–	1	–
Diluvial Clay	Loam, Clay	10~20	s	Excavate soil Jamming	1	–
	Sandy Loam	15~20	s	"	1	–
	Sandy Clay	25~	s	"	1	–
Solid Clay	Muddy Pan	50~	s	"	s	Wear of bit
Sand	Sand with Silty Clay	10~15	1	–	1	–
	Loose Sand	10~30	s	Content of clayey soil	1	–
	Compact Sand	30~	s	"	1	–
Gravel Cobble Stone	Loose Gravel	10~40	s	"	1	–
	Compact Gravel	40~	s	High water pressure	1	–
	Cobble Stone	–	s	Screw Conveyor Jamming	s	Wear of bit
	Large Gravel	–	s	Wear of bit	s	Crushing device

주) 1 : Normally Applicability, s : Applicable with supplementary means, × : Not suitable

지반 조건에 따른 적용성을 살펴보면(표 2.28, 그림 2.28 및 2.29 참조) 토압식의 경우 점착력이 있는 세립지반에서 적용성이 양호(그림 2.28의 영역 ☐)하고 이수식의 경우 점착력이 없는 조건(그림 2.29의 영역 ☐), 즉, 세립 함유율이 10% 이하조건에서 적용성이 양호하다. 이러한 사유는 토압식 및 이수식 쉴드TBM 간의 굴진면 지지방법 및 버력처리 방법상의 차이와 연관이 된다.

[표 2.28] 지반 및 수압조건에 따른 토압식 및 이수식 적용성

구분	토압식 쉴드TBM	이수식 쉴드TBM
지층상태	• 점토 및 모래, 사력토사, 연경암지반 적용성 양호 • 점착력이 있는 지반에서 적용성 양호 (그림 2.28의 영역 ☐)	• 연약지반 및 연경암을 포함하는 지반에도 적용 가능 • 점착력이 없는 조건에서 적용성 양호 (그림 2.29의 영역 ☐)
세립함유율	• 세립량이 많은 경우 유리 → 점착지반의 막장 안정 유리	• 세립량 10% 이하에서 적용성 우수 → 높은 경우 이수처리 설비 과다
투수계수	• 투수계수 10^{-4}~10^{-5} cm/sec 이하 지반에 적용성 우수	• 투수계수 10^{-3}~10^{-4} cm/sec 이상 지반에 적용성 우수
수압	• 간극수압 3.0bar 이하에서 적용성 우수	• 높은 간극수압조건에서 적용성 우수
함수량	• 함수량 30% 이하 지반에서는 적정재료 및 적정량의 첨가제 필요 → 안정적 챔버압 유지를 위한 소성화 → 원활한 스크류컨베이어 이송을 위한 유동화를 위해 필요	• 함수량에 대한 제한 없음

토압식 쉴드TBM의 경우 굴진 중 굴착토의 소성화 + 유동화라는 상반된 성질을 동시에 갖는 소성유동화가 필요하다. 소성화가 필요한 사유는 굴착토를 챔버 내에 채워 굴진면 압력을 유지해야 하는 토압식 쉴드TBM의 굴진면 안정메커니즘 때문이며, 유동화가 필요한 사유는 스크류컨베이어를 통한 원활한 배토성능을 확보해야 하기 때문에 필요한 성질이다. 따라서 굴착토를 챔버에 채워 토압에 저항해야 하는 사유로 점착력이 있는(또는 소성화 성질이 있는) 지반에서 적용성이 양호하며, 원활한 배토를 위한 굴착토의 유동화 목적으로 적정 첨가제(그림 2.28에서의 Condition agent)를 굴착토와 혼입하여 굴착을 하게 된다.

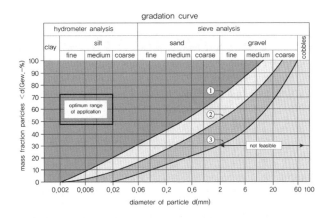

	Requirements	Condition agent
1	lc=0.4~0.75	water
	lc>0.75	clay, polymer suspension tenside foams
2	k<10^{-5}m/s water pressure < 2bars	clay, polymer suspension tenside foams
3	k<10^{-4}m/s no water pressure	high density slurrys high molecular polymer suspension foams with polymer additives

[그림 2.28] 토사지반에서 토압식 쉴드TBM의 적용 범위(Maidl, 1995)

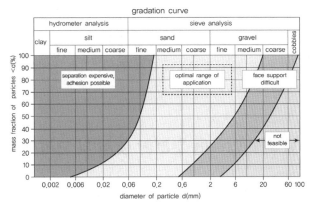

[그림 2.29] 토사지반에서 이수식 쉴드TBM의 적용 범위(Krause, 1987)

이수식의 경우 챔버 내 이수 압력에 의해 토압에 저항하며, 굴착토는 이수와 함께 배토되기 때문에 점착력이 있는 지반에서는 이수처리 플랜트에서의 처리공정상 이수와 굴착토의 분리에 많은 시간과 비용이 소요됨에 따라 점착력이 없는 지반에서의 적용성이 양호하다 할 수 있다.

시공성에 따른 토압식 및 이수식의 적용성은 표 2.29와 같다. 토압식의 경우 챔버 내에 유입

[표 2.29] 시공성에 따른 토압식 및 이수식 적용성

구분	토압식 쉴드TBM(EPB)	이수식 쉴드TBM(Slurry)
막장압 및 배토 관리	• 굴착전 막장면에 작용하는 적정 압력을 산정해서, 토압계에 의한 토압관리 및 굴착토량과 배토량에 의한 계측관리 필요 → 이수가압식 대비 챔버압관리 어려움	• 중앙 제어판에서 막장압을 자동조절하므로 막장관리 능력과 압력조정 능력 양호 → 근접시공 조건에서의 안정성 확보 유리
지하수압	• 고수압 조건의 높은 투수성을 가진 지반에서는 챔버내 유수유입 및 스크류컨베이어를 통한 분출(blow out) 가능	• 고수압에 대한 대응성 용이
막장상태	• 스크류컨베이어에서 배출되는 토사를 육안으로 볼 수 있어 지반상태 확인 가능	• 막장의 지반상태를 직접 확인할 수 없어 굴진관리 시스템에 의해 집중 관리
커터관리	• 이수식 방식에 비해 다소 많은 교체 및 커터, 비트 마모도 관리 필요	• 커터와 비트의 마모가 상대적으로 적음
작업공간	• 스크류컨베이어의 공간차지로 갱내 작업공간 협소	• 파이프에 의한 배토처리로 작업공간 확보에 유리

된 굴착토를 채워 토압계의 계측에 의해 토압관리를 하는 것에 비해 이수식의 경우 이수압력에 의해 챔버압을 조정함에 따라 이수식 대비 챔버압 관리가 용이하다. 따라서 주요 구조물의 근접시공이 필요한 구간에서는 챔버압 관리 용이성도 최적 장비선정의 검토항목이 될 수 있다.

이외에도 토압식의 경우 스크류컨베이어에서 배출되는 토사를 육안으로 확인할 수 있어 지반조사 결과와의 상호 비교가 될 수 있다는 점, 이수식의 경우 굴착 시 이수가 지반과의 윤활유 역할을 함에 따라 커터 마모율이 토압식에 비해 작다는 점, 하·해저 구간 통과 시 고수압이 작용하는 조건에서는 이수식의 고수압 대응성이 유리하다는 점 등 지층조건에 따른 장비형식 선정 외에 시공성, 주변 여건 등을 종합적으로 평가하여 최적 장비형식을 선정하여야 한다.

4 시공 중 주요 관리항목을 고려한 설계 시 고려사항

TBM 시공을 위한 주요 공정은 그림 2.30과 같이 ① 작업장 준비~⑥ 본굴진이며, 시공 중 안전한 터널 굴진을 위한 관리 항목으로 배토, 챔버압, 뒤채움, 디스크 커터, 세그먼트 관리와 도달구 및 발진구 보강과 관련된 내용이다. 본 장에서는 각각의 주요 관리항목에 대한 방법을 제고함으로서 설계 시 고려사항을 분석하고자 한다.

'6. 도달구·발진구'의 경우 "Chapter 8 TBM 터널 시공계획과 관리" 편을 참고하기 바란다.

1. 배토관리	• 최적 TBM 장비형식 선정
2. 챔버압관리	• 터널 막장 안정, 지표침하 등의 안정성과 직결
3. 뒤채움 관리	• 테일보이드에 의한 지표침하 방지 목적
4. 디스크커터 관리	• 원활한 굴착성능 확보
5. 세그먼트 관리	• 세그먼트 안정성 확보 및 품질저하 방지
6. 도달구·발진구 지반보강	• 발진 및 도달 시 터널과 주변지반의 안정성 확보

[그림 2.30] 쉴드TBM 주요 공정 및 집중관리 항목

4.1 굴진 및 배토관리

TBM 굴착 시 이론적으로는 굴착된 토사 만큼 배토가 되는 평형상태가 유지되어야 안전한 굴착이 가능하다. 그러나 토압식 및 이수식의 경우 굴진면 안정성 확보 메커니즘, 배토방식의 차이 등으로 인하여 '굴착량 = 배토량'의 관계가 아니며, 장비형식별 굴진 및 배토관리 차이는 다음과 같다.

1) 토압식 쉴드TBM

토압식 장비의 경우 굴착토의 소성유동화 상태 유지가 필요하며, 이러한 이유는 ① 챔버내 굴착토가 커터헤드 전방의 토압에 저항하기 위한 소성상태 유지가 필요하며, ② 스크류컨베이어 내에서의 원활한 배토를 위한 유동화 상태 유지가 필요하다(그림 2.31). 이러한 굴착토 성상을 확보하기 위해서 첨가제가 사용되는데, 첨가제의 주요 역할은 굴착 및 버력배출 용이성 확보를 위한 유동성 증가, 커터헤드의 디스크커터-비트커터 마모율 감소, 커터헤드 개구부의 폐색 방지 등이며, 첨가제 사용량은 굴착대상 지반의 입도분포, 세립분 함유량 등에 따라 투입양을 달리하게 되는데 식 (2.2)와 같이 산정한다.

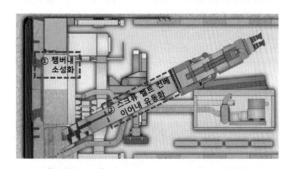

[그림 2.31] 토압식 쉴드TBM의 소성유동화

식 (2.2)에 의하여 첨가제 양을 산정한다 하더라도 굴진지반의 토질조건에 따라 소성유동화 특성은 달라지게 됨에 따라 굴착토의 슬럼프치를 상시측정하여 소성유동화를 조절하는데, 일반적인 적정 슬럼프치는 10~15cm(일본지반공학회 쉴드 공법)이며, 국내의 경우 10cm 이하의 슬럼프치에서 관리되는 경우도 있다.

$$Q(\%) = \frac{2}{\alpha}\{(60 - 4 \times X^{0.8})\} + \{(80 - 3.3 \times Y^{0.8}) + \{(90 - 2.7 \times Z^{0.8})\} \quad (2.2)$$

여기서, α : 균등계수 Cu에 의한 계수 Cu < 4이면, $\alpha = 1.6$

$4 \leq Cu < 15$이면, $\alpha = 1.2$

$15 \leq Cu$이면, $\alpha = 1.0$

X : 0.075mm 입경 통과 중량 백분율(%), $4 \times X^{0.8} > 60$일 때 60으로 적용

Y : 0.42mm 입경 통과 중량 백분율(%), $3.3 \times Y^{0.8} > 80$일 때 80으로 적용

Z : 2.0mm 입경 통과 중량 백분율(%), $2.7 \times Z^{0.8} > 90$일 때 90으로 적용

단, 계면활성제계(기포) 사용조건이며 주입량이 20 이하의 값으로 계산되는 경우 20%로 적용

세그먼트 1링당의 이론적 굴착량은 굴착경 및 세그먼트 1링당 폭을 이용하여 산정하게 되는데, 국내 지하철 현장에서의 굴착토량 산정 예는 표 2.30과 같다.

산정된 이론적 굴착토량에 첨가제(폴리머)를 주입한 상태에서의 굴착량을 계산하면 표 2.31과 같으며, 이 값이 현장의 배토관리 상한치로 관리되게 된다. 하한치는 첨가제가 포함되지 않은 이론적 굴착량으로 관리한다.

[표 2.30] ○○지하철에서의 세그먼트 1링당 이론적 굴착토량

구분	A공구	B공구	C공구
굴착경(m) / 면적(m²)	7.74 / 47.0	7.89 / 48.9	7.93 / 49.4
세그먼트 1링당 폭(m)	1.5	1.5	1.2
이론적 굴착토량(m³)	70.6	73.3	59.3

[표 2.31] 폴리머 첨가제 주입량을 고려한 배토량 관리범위 선정

이론 굴착토량	폴리머 주입량	관리 상한치
70.6m³ (세그먼트 1링당 굴착부피)	14.1m³ (굴착토량의 20%)	98.8m³ (토량환산계수 1.2 고려)

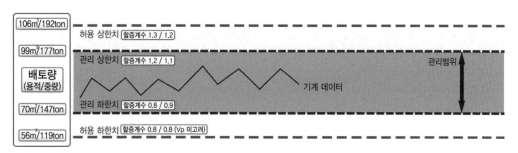

[그림 2.32] 토압식 쉴드TBM에서 굴착토량 관리 예

실제 지반토량과 굴착된 토량과의 토량 변화율이나 굴착토사의 단위 체적중량의 차이가 있으며, 첨가제 종류나 첨가량 혹은 반출방법 등에 따라서도 굴착토 체적이나 중량이 변화하므로 정량적으로 굴착토량을 파악하는 것이 곤란한 경우가 많다. 따라서 굴착토량 관리 방법을 중량관리(ex. 덤프중량, 벨트컨베이어 중량 분석) 와 용적관리(ex. 스캐너, 광차 용적 분석)로 구분하여 중복체크하는 방법이 사용된다.

2) 이수식 쉴드TBM

이수식 쉴드TBM의 경우에도 토압식 쉴드TBM의 경우와 마찬가지로 굴진 및 배토관리가 안전 시공을 위해서 매우 중요한 항목이다. 이에 대한 상세 내용은 "Chapter 5 이수식 쉴드TBM"편을 참고하기 바란다.

4.2 챔버압 관리

1) 챔버압 적용 사례

굴진 중 챔버압 관리는 굴진면 안정성뿐만 아니라 상부지반 침하와 밀접한 관계가 있음에 따라 현장의 주요 관리 항목 중 하나이다. 따라서 최근에는 쉴드TBM 설계 시 구간별로 이론적인 예상 챔버압을 산정하여 현장의 기초자료로 활용토록 하고 있다. 일반적으로 챔버압은 굴진면에 작용하는 토압 및 수압보다 높게 설정하는데, 토압식 및 이수식 쉴드TBM의 챔버압 적용 사례는 표 2.32와 같다.

[표 2.32] 해외 지층조건 및 장비형식별 챔버압 적용 사례

장비	직경(m)	굴착토 종류	적용 챔버압
토압식	7.45	soft silt	정지토압
	8.21	sandy soil, cohesive soil	정지토압 + 수압 + 20kPa
	5.54	fine sand	정지토압 + 수압 + Var.
	4.93	sandy soil, cohesive soil	정지토압 + 30~50kPa
	2.48	gravel, bedrock, cohesive soil	정지토압 + 수압
	7.78	gravel, cohesive soil	주동토압 + 수압
	7.35	soft soil	정지토압 + 10kPa
	5.86	soft cohesive soil	정지토압 + 20kPa
이수식	6.63	gravel	수압 + 10~20kPa
	7.04	cohesive soil	정지토압
	6.84	soft cohesive soil, diluvial, sandy soil	주동토압 + 수압 + 20kPa(최대)
	7.45	sandy soil, cohesive soil, gravel	수압 + 30kPa
	10.00	sandy soil, cohesive soil, gravel	수압 + 40~80kPa
	7.45	sandy soil	이완토압 + 수압 + Var.
	10.58	sansy soil, cohesive soil	주동토압 + 수압 + 20kPa
	7.25	sandy soil, gravel, soft cohesive soil	수압 + 30kPa

* 일부 정지토압만을 사용하는 경우도 있으나, 대부분의 경우 정지토압 + 수압 + α(예비토압)에 해당하는 챔버압을 적용함.
* α(예비토압)에 해당하는 값은 최소 10kPa에서 최대 80kPa값을 보임.
* 모든 토압은 쉴드TBM이 정지하고 있는 상태에서 측정된 토압을 의미함.

2) 적정 챔버압 산정방법

설계단계에서의 챔버압 산정은 이론적인 식을 기반으로 산정됨에 따라 현장과 다르게 될 가능성이 높으나, 설계단계에서 산정된 챔버압을 기반으로 굴착 중 실측에 의한 막장압 산정을 통해 굴진 중 지속적인 피드백이 필요하다. 설계 시의 챔버압 산정방법 중 DAUB(Deutscher Ausschuss fur Unterirdisches Bauen e. V., German Tunnelling Committee, 독일 지하 건설 위원회, 한국의 터널지하공간학회에 해당) 및 ITA(International Tunnelling and Underground Space Association, 국제 터널지하공간 협회)에서 제안한 검토방법은 식 (2.3)~식 (2.11)과 같다.

$$\text{최소 막장압 } S_{crown,min} = \frac{S_{ci}}{\frac{\pi \times D^2}{4}} - \gamma_s \times \frac{D}{2} \tag{2.3}$$

여기서, S_{ci} : 안전율을 고려한 지지하중

γ_s : 지반 단위중량

D : 쉴드 외경(m)

안전율을 고려한 지지하중 $S_{ci} = \eta_E \times E_{max,ci} + \eta_W \times W_{ci}$ (2.4)

여기서, η_E : 토압 안전율(1.5)

$E_{max,ci}$: 막장면에 작용하는 토압(직사각형 모양으로 환산)

η_W : 수압 안전율(1.05)

W_{ci} : 막장면에 작용하는 수압(직사각형 모양으로 환산)

막장압면에 작용하는 토압($E_{max,ci}$) 및 수압(W_{ci})

토압 $E_{max,ci} = E_{re} \times \dfrac{\frac{\pi D^2}{4}}{D^2}$ (2.5)

$$E_{re} = \frac{(G + P_v) \times (\sin(\theta) - \cos(\theta) \times \tan(\phi'_2)) - 2 \times T - c'_2 \times \frac{D^2}{\sin(\theta)}}{\sin(\theta) \times \tan(\phi'_2) + \cos(\theta)} \times \frac{\frac{\pi D^2}{4}}{D^2}$$ (2.6)

$$G = \frac{1}{2} \times \frac{D^3}{\tan(\theta)} \times r_{2,av}$$ (2.7)

$$P_v = \frac{D^2(r_{1,av} \times t_{crown} + \sigma_o)}{\tan(\theta)}$$ (2.8)

$$T = K_2 \times \tan(\phi'_2) \times \left(\frac{D^2 \times \sigma_v(t_{crown})}{2\tan(\theta)} + \frac{D^3 \times r_{2,av}}{6\tan(\theta)} \right)$$ (2.9)

$$K_2 = \frac{k_0 + k_a}{2} = \frac{\tan\left(45 - \frac{\phi'_2}{2}\right)^2 + 1 - \sin(\phi'_2)}{2}$$ (2.10)

수압 $W_{ci} = W_{re} \times \dfrac{\frac{\pi D^2}{4}}{D^2} = r_w \times \left(h_{w,crown} + \dfrac{D}{2} \right) D^2 \times \dfrac{\frac{\pi D^2}{4}}{D^2}$ (2.11)

여기서, E_{re} : 막장면에 작용하는 토압 $\qquad$ c'_2 : 막장면 점착력

G : 쐐기 슬라이딩 방향의 자중 $\qquad$ T : 슬라이딩 수직방향 마찰력

P_v	: 쐐기 수직방향 하중	K_2	: 측면 압력계수
θ	: 파괴각($45 + \phi/2$)	W_{re}	: 막장면에 작용하는 수압
$r_{2,av}$	: 막장면 지반의 단위중량	r_w	: 물의 단위중량
ϕ'_2	: 막장면 지반의 내부마찰각	$h_{w,crown}$	: 수심
$r_{1,av,min}$	: 터널 상부 지반의 단위중량	t_{crown}	: 천단 토피고
w_{crown}	: 수압		

$$최대\ 막장압\ S_{crown,max} = 0.9 \times \sigma_{v,crown,min} \qquad (2.11)$$

여기서, $\sigma_{v,crown,min}$: 터널 천단부의 전응력

식 (2.3)~식 (2.11)에 의해서 구해진 최대 및 최소 챔버압과 Open Path Pressure(2.2절 참조) 값을 이용하여 그림 2.33과 같은 위치별 그래프가 그려질 수 있으며, 이 값은 현장에서 관리해야 하는 챔버압의 기초자료로 활용된다. 여기서 Open path가 발생되는 압력은 어떠한 경우에도 예상 최대 챔버압보다 큰 값으로 산정되어야 이수분출(Blow out) 현상(이수식 쉴드 TBM의 경우)이 발생되지 않는다고 판단할 수 있다. 추가적인 굴진면 안정성 검토 방법은 "Chapter 6 쉴드TBM 막장 안정성"을 참고하기 바란다.

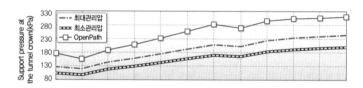

[그림 2.33] 위치별 최대 관리압 vs 최소 관리압 vs Open path 발생압력 산정 예

4.3 뒤채움 주입재, 주입방법 및 주입압

쉴드TBM 장비는 굴착면(쉴드TBM 스킨플레이트 외주부)과 세그먼트 라이닝 외주면 사이에 공극(테일보이드, Tail Void)이 필연적으로 발생되며, 발생된 테일보이드를 충진하지 않을 경우 지반침하 발생의 주요 원인이 되며, 터널 심도가 작은 도심지 터널의 경우 침하발생에 영향을 미친다. 따라서 굴착 후 빠른 시간 내에 테일보이드는 적정 재료를 사용하여 적정압으로 충진해야 한다. 침하 최소화 방안 외에도 세그먼트 누수제어, 추진잭 추력에 의한 세그먼트 변상방지 등의 목적을 가지고 있다.

1) 뒤채움 주입재

뒤채움 주입재는 고유동성으로 충진성이 우수해야 하며, 재료분리가 적고, 장거리 압송이 가능, 조기강도 양호, 경화 후 적은 체적변화, 무공해 등의 요구조건을 가지고 있으며, 주로 사용되는 뒤채움 주입상태에 따른 분류는 그림 2.34와 같다.

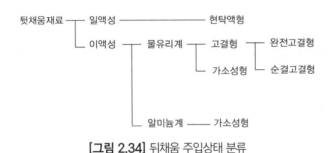

[그림 2.34] 뒤채움 주입상태 분류

이액성 뒤채움 재료는 A액(시멘트계)과 B액(물유리계)을 혼합하면 졸(Sol)이 되고, 시간이 경과함에 따라 점성이 증가 → 유동상 고결 → 가소상 고결 → 고결의 형태로 진행된다. 유동상 및 가소상 고결영역을 유지하는 시간은 겔화 시간이 길수록, 물유리 농도가 묽을수록, 액온이 낮을수록 길어지게 된다. 그림 2.35에서와 같이 가소상의 상태를 15~40분 정도로 길게 유지하고 있는 그라우트를 가소성 그라우트라 칭하고, 최근에는 이러한 성질을 이용한 뒤채움 주입 재료가 이액성 주입재료의 주류가 되고 있으며, 현장 여건에 따라 가소성 유지시간(겔타임)을 고려하여 적정 배합비를 선정하게 된다.

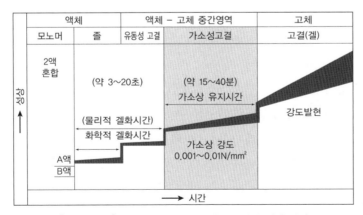

[그림 2.35] 이액성 뒤채움 주입재료의 겔화-경화 과정

2) 뒤채움 방식 및 주입량

(1) 뒤채움 방식

뒤채움 방식은 크게 동시주입, 반동시주입, 즉시주입, 후방주입의 4단계로 구분되며 주요 특성은 다음과 같다.

[표 2.33] 뒤채움 방식별 특징

구분	동시주입	반동시주입
개요		
	• 테일보이드 발생과 동시에 주입 • 테일보이드 허용 안 함	• 그라우트 주입공이 쉴드테일에서 이탈과 동시에 주입
특징	• 침하 억제에 유리 • 사질지반 주친저항 크며, 경제성 불량	• 뒤채움 주입 시 쉴드 내로 유출 우려
구분	즉시주입	후방주입
개요		
	• 1링 굴진 완료 후 주입 • 굴착 사이클에 포함	• 2~3링 굴진 후 후방 뒤채움 주입 • 굴착 사이클과 무관하게 후방에서 주입
특징	• 시공성 우수 • 주변지완을 이완시키기 쉬움	• 시공성 우수하고, 경제성 우수 • 테일보이드 확보 불량

주입방식의 선정에 있어서는 지반조건을 고려한 지반침하 최소화 방안, 시공 단면에서의 제약성 혹은 테일실(Tail Seal) 구조와의 관계를 충분히 검토하여야 한다. 쉴드TBM 직경이 커질수록 동시주입방식의 비율이 높은데, 이는 지반이 불량한 지반에서의 지반침하 억제력이 우수하기 때문이나 주입재의 종류, 배합에 따라서는 주입관의 폐색이 생기는 수도 있으므로 이를 고려한 주입방식 선정이 필요하다.

(2) 주입량

뒤채움 주입량 산정은 ① 굴착 외경 및 세그먼트 외경의 면적차이, ② 토질조건에 따른 주입률, ③ 선형조건에 따른 손실률에 따라 다음과 같이 계산한다.

$$Q = \pi/4 (D_S^2 - D_o^2) \times \alpha \times \beta \tag{2.12}$$

여기서, Q : 뒤채움 주입량(1m당)

$\quad\quad\quad D_s$: 굴착외경

$\quad\quad\quad D_o$: 세그먼트 외경

$\quad\quad\quad \alpha$: 토질, 주입재에 따른 주입률 계수(1.2~1.6, 모래자갈 또는 연약토 1.6)

$\quad\quad\quad \beta$: 선형별 손실에 따른 주입률 계수(1.5~1.8, 평면선형 800m 이상에서 1.5)

(3) 주입압

주입압은 지반조건, 세그먼트 강도 및 쉴드TBM의 장비형식과 사용재료의 특성을 종합적으로 고려해서 적정한 압력을 결정한다. 적용 주입압은 시공실적 및 구조검토 결과에 따라 선정하며, 0.1~0.3MPa이 일반적이다.

4.4 디스크커터 관리

1) 커터헤드 형상

쉴드TBM의 굴착효율을 높이는 가장 주요한 인자 중 하나는 커터헤드에 설치되어 있는 비트 및 디스크커터이다. 커터헤드는 토사용 및 암반 대응용으로 구분되며, 앞쪽 외관의 형상에 따라 평탄형, 오목형, 볼록형의 세 가지로 구분되며, 원형 단면이 아닌 특수 커터헤드가 제한적으로 적용되는 경우도 있다.

지반조건이 경암 또는 극경암인 경우에는 큰 추력을 가할 수 있으며, 절삭효과를 높일 수 있도록 돔(dome) 형식의 커터헤드 단면형상을 적용하며, 암반조건이 불리할수록 편평한 형상인 심발형(deep flat face)이나 평판형(shallow flat face 또는 flat face)이 적용된다.

토사용 커터헤드의 구조는 스포크(spoke)형과 면판(face plate)형의 두 종류로 구분할 수 있다. 스포크형은 커터에 발생하는 부하가 적으며 굴착토사의 배토가 수월하여 토압식에 적용되는 경우가 많으며, 면판형은 단면 형상으로 평판형, 심발형 및 돔형의 적용이 모두 가능하여 굴진면의 안정성 확보에 유리하다.

[표 2.34] 지층조건에 따른 커터헤드 형상

토사용 커터헤드		암반용 커터헤드
스포크형(spoke)	면판형(flat)	돔형(dome)

전체 커터헤드 면적 대비 개구되어 있는 전체면적 비를 개구율이라 하며, 식 (2.13)과 같이 산정한다.

$$\omega_o = \frac{A_s}{A_r} \tag{2.13}$$

여기서, A_s : 커터헤드 개구부 총면적
A_r : 커터헤드 면적

개구율은 보통 10~30%의 범위이며, 토압식 쉴드TBM의 개구율은 이수식보다 크며, 점착성이 높은 점토성 지반에서는 개구율을 증가시키는 것이 바람직하나, 붕괴 위험이 큰 경우에는 개구율에 대한 심도 있는 검토가 필요하다. 만일 지반의 붕괴 위험이 매우 크며 지하수위가 터널 상부에 위치하는 경우에는 조정실에서 조정이 가능한 개구부 개폐장치가 장착되도록 하는 것도 중요한 설계사항이 되며, 터널의 상부는 연약지반 또는 모래·자갈 등이 충전된 충적층이고 하부는 연암 및 경암 등이 분포하는 복합지반의 터널로서 토사용과 암반용의 특성을 동시에 갖는 커터헤드(비트 + 디스크커터)의 장착이 필요한 조건이 된다. 토압식 및 이수식의 커터헤드 형상 예는 표 2.35와 같다.

[표 2.35] 토사지반에 적용되는 이수식 및 토압식 쉴드TBM 커터헤드 형상 예

이수식 쉴드TBM 커터헤드(개구율 약 10%)	토압식 쉴드TBM 커터헤드(개구율 약 30%)

2) 커터 종류

커터헤드에 장착되는 굴착도구는 커터비트(cutter bit 또는 drag pick)와 암반을 굴착하기 위한 디스크커터(Disk cutter 또는 Roller cutter)로 구분되며, 복합지층 조건에서는 두 가지 굴착도구를 모두 겸비한 커터헤드가 적용되게 되며, 지반조건에 따른 굴착도구 종류는 표 2.36과 같다. 굴착도구는 모두 소모품이며, 쉴드TBM 직접 공사비의 10~15%를 차지하는 중요 부

[표 2.36] 지반조건에 따른 장착 굴착도구

구분	지반조건	굴착도구
1	• 굴착이 용이한 토사지반 - 비점착성 또는 점착성이 낮은 모래, 자갈 등	- 커터비트
2	• 굴착 용이도가 보통인 토사지반 - 모래, 자갈 - 실트, 점토	- 커터비트, 절삭날 - 커터비트, 연결핀, 센터커터
3	• 굴착이 어려운 토사지반 - 범주 1 및 범주 2와 유사하나, 입자크기가 63mm 이상이며, $0.01\sim0.1m^3$의 암석이 포함 - 범주 1 및 범주 2와 유사하나, $0.1\sim1m^3$의 호박돌이 포함	- 커터비트, 디스크커터 및 소형 파쇄기 (Jaw crusher) - 커터비트, 디스크커터 및 대형 파쇄기
4	• 굴착이 용이한 암반·토사지반 - 풍화암 또는 연암 - 연암 이상 및 비점착성 / 점착성 토사	- 디스크커터 날 - Removal chopper
5	• 굴착이 어려운 암반	- 디스크커터
디스크커터(싱글 및 더블)		커터비트

품이면서, 굴착도구 마모도에 따라 굴진속도에 미치는 영향이 크므로, 설계단계에서는 적정 소모율 산정, 시공 중에는 효율적인 디스크커터 교체관리가 매우 중요하다(추가적인 커터, 마모율, 굴진성능 관련 내용은 "Chapter 3 TBM 장비 및 굴진성능" 참조).

4.5 세그먼트 라이닝 관리

쉴드TBM 터널에서 세그먼트 라이닝은 공사 중에 설치되어 공사 중 안정성 확보와 함께 영구적인 터널라이닝 역할을 할 수 있도록 계획하여야 한다. 기본적으로 운영 중 작용하는 지반 하중과 수압을 지지하여야 하며, 제조 및 설치 특성상 제작공장에서 현장까지의 운반 및 적치 관련 하중, 쉴드TBM 이렉터 설치 시 하중, 쉴드TBM 추력에 의한 반력 등에 충분히 안정하여야 한다. 기능적인 측면으로는 소정의 방수기능이 발휘되도록 공사 중은 물론 운영 중에도 방수성능을 유지할 수 있어야 한다.

세그먼트의 제작비는 일반적으로 터널 공사비의 약 30~40%로 비교적 큰 비중을 차지하고, 세그먼트 치수 및 크기는 쉴드TBM 터널의 굴진속도 및 작업시간에 미치는 영향이 매우 크므로 쉴드TBM 설계 시 매우 중요하게 다루어야 하는 구조물이다.

1) 재질, 규모 및 분할방식 선정

(1) 세그먼트 라이닝 재질

국내에 사용되는 세그먼트 라이닝 재질은 대부분 철근보강 콘크리트(RC Segment)를 사용하며, 횡갱 설치위치에 임시로 설치되는 일부 구간에 국한하여 강재세그먼트를 사용한다.

최근에는 철근 대체 재료로서 강섬유로 보강된 세그먼트(SFRC) 적용사례가 해외에서는 증가하고 있으며, 사유로는 안정성 확보에 유리하고, 강섬유 사용으로 소요 철근량이 감소되기 때문에 경제성이 향상될 수 있다는 점 등을 들 수 있어 국내에서의 적용사례도 증가될 것으로 예상되는 재료이다. 강섬유보강 세그먼트의 경우 철근과 강섬유를 동시 사용하는 Hybrid SFRC 및 강섬유만을 사용하는 Full SFRC로 구분되며, 지반조건 및 발생 단면력 등에 따라(인장지배 또는 압축지배 단면) 적정한 보강방식을 적용하게 된다(그림 2.36 및 표 2.37 참조). 강섬유보강 세그먼트의 해외의 적용사례는 표 2.38과 같다.

[그림 2.36] 단면력 발생 특성별 세그먼트 라이닝 재료 적용성

[표 2.37] 세그먼트 라이닝 재질에 따른 특성

구분	철근콘크리트 세그먼트	강섬유 보강세그먼트	강재 세그먼트
개요도	RC 세그먼트	강섬유 보강 세그먼트 (Hybrid SFRC)	
구조적 측면	• TBM 장비 추력에 대한 강성이 큼 • 자체중량이 커서 부력 저항 유리 • 뒤채움 및 편심하중에 대한 변형 가능성 낮음		• 추력에 대한 강성확보 필요 • 뒤채움 및 편심하중에 대한 변형 가능
지수성	• 이음부 지수효과 양호 • 콘크리트 균열부 침투수 억제 대책 필요	• 이음부 지수효과 양호 • RC세그먼트보다 균열 발생 낮음	• 세그먼트 자체 지수성 우수 • 이음부 변형에 의한 누수가능성 높음
내구성	• 내부식성, 내열성 우수 • 취급 중 단부손상 주의	• 내부식성, 내열성 우수 • 취급 중 단부손상 우려 적음	• 내부식성, 내열성 낮음 • 취급 중 손상가능성 낮음
경제성	• 일반적으로 경제적임 • 형틀 제작 비용이 높아 소량 생산 시 비경제적	• 경제성 높음 • 형틀 제작 비용이 높아 소량 생산 시 비경제적	• RC 세그먼트보다 고가임 • 소량 생산 시 경제성 우수

[표 2.38] 해외 Hybrid SFRC 및 Full SFRC 적용 사례(고성일, 2017)

터널명	국가	종류	내공 (m)	두께 (mm)	강섬유량(kg/m³)	
Shinjuku Route Tunnel	일본	도로	10.9	450	63	Hybrid SFRC
Barcelona Metro Line 9 - Stretch I	스페인	지하철	8.4	320	30~25	
Madrid Metro	스페인	지하철	8.4	300	25	
Keio Line	일본	철도	6.7	300	63	
Izumi-Otsu	일본	상수도	1.8	130	32	
San Francisco Central Subway	미국	지하철	8.3	300	30	
Brightwater East / Central / West	미국	하수도	3.7~5.1	330	35~40	Full SFRC
El Alto	파나마	상수도	5.8	230	40	
Wehrhahn	독일	지하철	8.3	300	30	
Cross Rail	영국	철도	6.2	300	30~40	
Sao Paulo Metro Line 4	브라질	지하철	8.4	350	35	

국내에서는 RC 세그먼트에 대한 설계·시공사례가 대부분이며, 강섬유로 보강된 세그먼트의 적용사례는 거의 없는 상황이다. 따라서 RC 세그먼트 대비 강섬유보강 세그먼트에 대한 주요 특성을 추가 서술하고자 한다.

휨을 받는 철근 및 콘크리트만으로 보강된 큰코리트 구조물은 중립축을 기준으로 하여 상부는 콘크리트가 압축력에 저항하며, 하부는 콘크리트 저항력은 없으며 철근만이 인장력에 저항하게 된다. 그러나 강섬유로 보강된 큰크리트의 경우 중립축 하부의 콘크리트도 강섬유에 의한 인장저항에 기여하게 됨에 따라 인성이 증가된다는 것이 RC 구조물과의 가장 큰 차이점이다 (그림 2.37 참조).

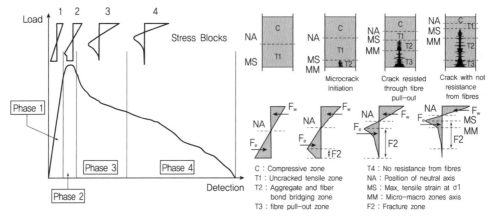

• RC 세그먼트 : 중립축 하부는 철근만으로 인장저항 → 콘크리트의 인장저항능력 무시
• SFRC 세그먼트 : 중립축 하부 콘크리트도 강섬유 보강으로 인장저항에 기여

[그림 2.37] 강섬유 혼입에 따른 인성증대 메커니즘(Chanh, 1999)

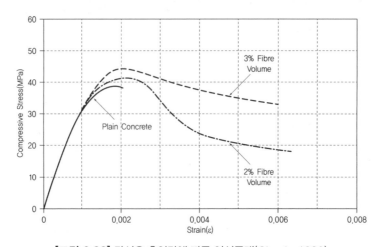

[그림 2.38] 강섬유 혼입량에 따른 인성증대(Chanh, 1999)

즉, 강섬유보강 세그먼트의 주요 하중 저항 메커니즘은 변형률 연화거동으로 강섬유 혼입량이 커질수록 인성(Toughness)이 증대되어 외부하중에 저항한다는 것에 초점을 맞추고 있다(그림 2.38 참조).

쉴드TBM 세그먼트 라이닝에 강섬유보강 콘크리트를 사용하게 되면 다음과 같은 장점을 가질 수 있다.

① 세그먼트 라이닝은 완전 원형임에 따라 휨과 압축을 동시에 받는 구조형상을 가지고 있다. 즉, 구조적으로 유리한 형상을 가지는 쉴드TBM 세그먼트 라이닝의 경우 강섬유 보강에 따른 인성 증대로 외부하중에 대한 저항력 확보가 유리하며 균열 발생 제어의 효과도 얻을 수 있다.

② 철근만으로 보강된 세그먼트 라이닝 대비 경제성이 확보된다. 이는 강섬유보강 세그먼트 라이닝이 많이 사용되는 해외 기준에서도 확인할 수 있다. 미국 ACI 318-11에서는 $60kg/cm^3$ 이상의 강섬유가 혼입된 강도 40MPa 이하의 강섬유보강 세그먼트에서는 최소 전단철근을 생략할 수 있다고 제시되어 있으며, 영국 fib Model Code 2010에서는 일반 콘크리트 대신 SFRC를 사용함으로써 철근보강 콘크리트 구조 내의 휨보강을 위하여 사용되는 주철근의 일부 또는 전부를 생략할 수 있다고 제시하고 있다. 미국과 영국(유럽)의 내용을 보면 유럽 지역이 미국에 비하여 강섬유보강 콘크리트의 활용에 더욱 적극적이며(문도영, 2012), 강섬유 혼입보강으로 소요철근량 완전 배제(Full SFRC) 또는 일부 배제(Hybrid SFRC)로 경제성을 확보할 수 있다.

[그림 2.39] RC 및 SFRC 세그먼트 라이닝 보강 개요도

③ 시공 중 및 운영 중 내구성이 향상된다. 시공 중에 발생되는 다양한 조건의 충격하중에 대한 저항력 확보로 부분 파손에 따른 품질저하가 방지되며, 균열발생 제어로 운영 중 부식저항력 증대와 함께 내화성능 향상의 효과를 기대할 수 있다.

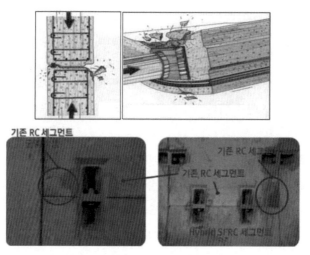

[그림 2.40] 세그먼트 시공 중 부분파손 및 보수 예

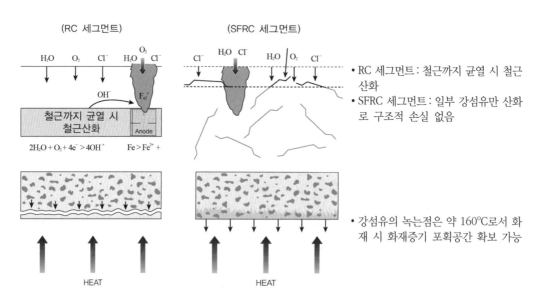

[그림 2.41] 강섬유보강 세그먼트의 내구성 및 내화성능 향상 메커니즘

(2) 규모(두께, 길이 및 분할 수)

세그먼트 라이닝 규모 선정의 주요 항목으로는 두께, 길이 및 분할 수 등이다. 세그먼트 두께는 TBM 직경 및 재질에 따른 적용사례로부터 두께를 산정하는데, 구조적 안정성 확보와 이음부 방수재(가스켓 또는 수팽창 지수재 등) 설치공간이 확보되어야 하며 일본토목학회(JSCE, 2006)에서는 통상 세그먼트 외경의 4% 이내로 제안하고 있다. TBM 직경별 두께 적용사례는 그림 2.42와 같다.

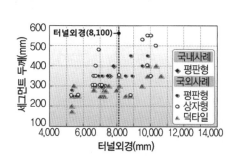
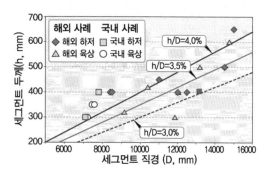

[그림 2.42] 쉴드TBM 직경 대비 두께 적용 사례

세그먼트 라이닝 길이는 0.75~2.5m 범위에서 선정되는데, 세그먼트 운반, 조립, 곡선부 시공, TBM 장비 테일 길이 축소 측면에서는 길이가 작은 것이 유리하나, 제작비용 감소, 연결부 개소 축소, 가스켓·볼트 물량 축소, 시공속도 향상 측면에서는 길이가 긴 것이 유리하다(ITA Working Group 2). 직경이 작은 TBM에서는 세그먼트 시공, 큰 경우는 세그먼트 중량과 운반의 제한요인을 고려해야 하며, 일반적으로 TBM 직경 6~7m에서는 1.5~2.0m, 9m 이상에서는 2.0m가 적용된다.

시공효율 측면에서는 한 링의 세그먼트 분할 수가 적을수록 조립시간이 단축되며, 이음부의 총길이가 단축되어 방수측면에서 유리하다. 그러나 세그먼트의 크기는 TBM 내부의 작업공간, 이렉터의 용량 등에 의해 제한될 수밖에 없다.

세그먼트 링의 분할은 분할 수에 따라 세그먼트 제작 및 조립 속도, 운반 및 취급의 편이성 등과 관련된다. 즉, 터널직경에 따라 적절한 수의 분할이 이루어져야 시공성에 유리하다. 표 2.39는 국외에서 권장하는 세그먼트의 분할 수를 정리한 것으로 이를 참고하여 시공성을 고려한 적정 분할 수를 계획한다. 분할 방식은 균등 분할과 불균등 분할로 나뉘는데, 최근에는 Key 세그먼트를 사용하지 않는 균등 분할 방식이 자주 사용되는 추세이다.

[표 2.39] 국외 세그먼트 라이닝 분할

구분	일본 터널표준시방서(쉴드편)	유럽 등
적용 현황	• 철도 : 6~13분할의 범위, 일반적으로 6, 7, 8분할을 적용 • 상하수도, 전력 · 통신구 : 5~8분할 • 세그먼트 한 조각의 중량을 고려하여 결정 • 원주방향으로 3~4m로 분할이 일반적	• 5분할 이상

[표 2.40] 세그먼트 라이닝 분할 방식별 특성

구분	균등 분할	불균등 분할(Key 세그먼트 활용)
개요도	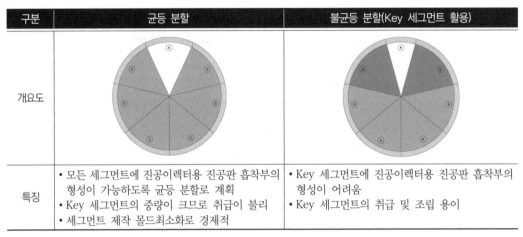	
특징	• 모든 세그먼트에 진공이렉터용 진공판 흡착부의 형성이 가능하도록 균등 분할로 계획 • Key 세그먼트의 중량이 크므로 취급이 불리 • 세그먼트 제작 몰드최소화로 경제적	• Key 세그먼트에 진공이렉터용 진공판 흡착부의 형성이 어려움 • Key 세그먼트의 취급 및 조립 용이

2) 세그먼트 라이닝 이음 및 방수

(1) 세그먼트 라이닝 이음

세그먼트 라이닝 이음 방식으로는 곡볼트, 경사볼트 및 핀방식이 주로 사용되며, 전력구와 같은 소구경 쉴드TBM에서는 볼트박스 방식이 많이 사용된다. 주요 방식별 특성을 정리하면 표 2.41과 같다.

[표 2.41] 세그먼트 라이닝 이음 방식별 특성

구분	곡볼트	경사볼트	핀방식	볼트박스
개요도				
개요	• 세그먼트 및 링 연결부에 볼트 정착 부분을 만들어 곡볼트를 체결하는 방식	• 세그먼트 제작 시 세그먼트 및 링 연결부에 미리 너트 삽입, 조립 시 경사볼트로 체결	• 세그먼트 링 간 이음은 접합면에 돌출된 수소켓을 암부재에 압입하여 체결	• 세그먼트 및 링 이음부를 볼트 박스로 볼트체결공간을 확보, 직볼트로 체결하는 방식

[표 2.41] 세그먼트 라이닝 이음 방식별 특성(계속)

구분	곡볼트	경사볼트	핀방식	볼트박스
구조적 안정성	• 내진성능 우수 • 이음강성이 작으나, 축 방향 변위 대응성 우수	• 전단 및 휨강성 취약, 내진성능 보통 • 볼트부 응력 집중	• 내진성능 우수 • 결합장치를 접합면 중 앙에 배치하여 편심하 중이 발생되지 않음	• 연결강성 우수 • 볼트박스 설치 위치에 구조적 취약부 발생
적용 실적	• 부산지하철 230 • 서울지하철 9호선, 7호선 등	• 광주지하철 • 분당선 • 김포~파주 제2공구 등	• 인천공항 T2	• 마산 전력구 • 사상 통신구 등 다수

쉴드TBM 직경이 커질 경우, 외부 하중에 대한 단면력이 증가함에 따라 세그먼트 두께도 함께 증가되어야 한다. 국내에서는 기존에 지하철 및 단선 철도에서의 쉴드TBM 직경이 7.0~8.0m 내외로 중구경 수준의 사례가 대부분이었으나, 최근에는 직경 14.0m 이상의 도로터널에서도 쉴드TBM이 적용되고 있음에 따라 두께를 고려한 이음부 계획이 필요하다. 표 2.42는 해외의 대구경 쉴드TBM에서의 세그먼트 연결부 사례이다. 이음 볼트는 세그먼트 간 및 링 간 모두 이음부의 중립축을 통과하여 편심발생을 억제해야 구조적으로 안전하다. 대구경 쉴드TBM의 세그먼트는 두께가 과대해지며(45~50cm 이상), 곡볼트를 사용하는 경우 볼트가 편심발생 배제를 위해 중립축을 통과하도록 계획하는 것이 어려움에 따라 경사볼트를 적용하여 볼트가 중립축을 통과하도록 사용하는 경우가 다수이며(그림 2.43 참조), 링간의 경우 핀연결방식을 적용하여 시공성을 향상시키는 경우가 많다.

[표 2.42] 해외 대구경 세그먼트 라이닝 연결부 사례

	터널명	직경	지반조건	볼트방식
중국	Changjiang Tunnel	15.4m	점토/실트	경사볼트
	Yangtze RiverTunnel	13.7m		경사볼트
일본	동경만 AQUA Line	13.9m	초연약 점토	관통볼트
독일	Rohre Elbe Tunnel	14.2m	점토/모래 등	핀 및 경사볼트
네덜란드	Groene Hart Tunnel	14.9m	점토/모래	핀 및 경사볼트

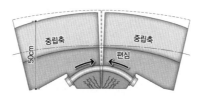

[그림 2.43] 대구경 쉴드TBM 세그먼트에서 곡볼트 적용 시 편심 발생 개요도

(2) 세그먼트 방수

세그먼트 이음부의 주요한 누수 발생 위치로는 세그먼트 연결부 누수, 볼트공 누수 및 뒤채움 주입공 누수 등이 있다.

[표 2.43] 세그먼트에서의 누수 발생 위치 및 개요도

구분	누수 발생 위치	누수 개요도
세그먼트 연결부 누수	• 세그먼트 연결 접속부를 통한 누수	
세그먼트 볼트공 누수	• 세그먼트 연결 볼트공을 통한 누수	
뒤채움 주입공 누수	• 뒤채움 주입홀을 통한 누수	

상기의 누수 발생위치 중 세그먼트 연결부 누수 제어를 위해서는 지수재를 사용하게 되며 많이 사용되는 지수재 방식으로는 가스켓 방식 및 수팽창 지수재 방식이 있다. 각각의 지수재 별 특성은 다음과 같다.

[표 2.44] 세그먼트 지수재 종류 및 주요 특성

구분	복합형 가스켓 지수재	복합형 수팽창 지수재
형상		
재질	EPDM 고무 + 수팽창 고무	비팽창 고무 + 수팽창 고무
특징	• 고무강성 1차 효과, 흡수팽창 2차 효과 • 고수압 터널에 적용 실적 다수 • 강한 압축반발력으로 조립과 동시에 방수성능 발휘 • 내구성 우수	• 수팽창 지수재 복합사용 • 국내 시공 경험 풍부 • 팽창방향을 두께 방향 유도로 외부 돌출 방지 • 비팽창 고무부에 의한 내구성 보완
시공실적	• 분당선 지하철(가스켓 2열) • 원주-강릉 복선철도 • 별내선 지하철 2공구 등	• 지하철 909공구 • 지하철 703, 704공구 • 지하철 9호선 919~921공구 등

쉴드TBM 하·해저 통과사례가 증가하면서 지수성능 강화를 위한 지수재 다중배치 설계사례가 빈번히 적용되며 대표적인 다중 배치사례는 표 2.45와 같다. 여기서 주지하여야 할 사항은 다중배치를 고려함에 있어 볼트내측 지수재의 경우 지수기능이 확보된다 하더라도 내측 지수

재 상부 볼트공에서 누수가 발생될 경우 내측 지수재 기능이 무의미 해짐에 따라 내측 지수재 설치를 배제하는 경우가 있다. 또한 볼트공 외측의 지수재의 경우에도 2열 지수재가 아닌 확폭형 지수재를 적용한 1열 지수재 적용 사례가 있다. 이러한 특성 및 현장변경 사례 등을 참조하여 쉴드TBM 시공 현장여건과 세그먼트 여건에 따라 지수성능 확보 및 시공성을 고려한 지수재 선정과 배치를 신중히 검토하여야 한다.

[표 2.45] 다중 지수재 설치 예(내측 1열 배치)

구분	3중 설치(외측 2열, 내측 1열 배치)	2중 설치(외측 1열, 내측 1열 배치)
개요도	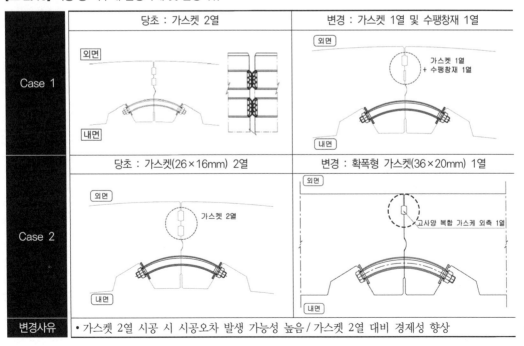	
특징	• 3열 배치로 세그먼트 방수성능 개선 • 세그먼트 중립부 볼트 배치 어려움 • 잭추력 시 단면 비대칭 　→ 편심 발생 가능성 우려 • 볼트 조립 보통	• 세그먼트 방수성능 보통 • 세그먼트 중립부 볼트 배치 용이 • 잭추력 시 단면 대칭 　→ 편심 발생 가능성 감소 • 볼트 조립 용이로 시공성 양호

[표 2.46] 시공 중 지수재 변경사례 및 변경사유

Case 1	당초 : 가스켓 2열	변경 : 가스켓 1열 및 수팽창재 1열
Case 2	당초 : 가스켓(26×16mm) 2열	변경 : 확폭형 가스켓(36×20mm) 1열
변경사유	• 가스켓 2열 시공 시 시공오차 발생 가능성 높음 / 가스켓 2열 대비 경제성 향상	

5 결언

국내 TBM 터널 건설은 1987년 부산 전력구 공사를 시초로 약 34년의 시간이 흘러왔으며, 지하철, 철도 및 도로터널의 많은 설계·시공 실적으로 기술력이 향상되고 있다.

아울러 국내 대부분의 터널에 적용되어온 재래식 NATM(Drill and Blast) 터널 대비 활성화를 위한 노력이 많은 발주기관을 포함하여 산학연 모두가 노력하고 있으며, 주요 사유로는 ① 터널공사의 소음·진동피해 최소화 및 터널공사 효율성 증가, ② 건설 노무비가 지속적으로 증가하는 상황에서 TBM을 이용한 기계화 시공으로 건설사업비 절감 효과 상승, ③ 운용 중 유지관리 비용 감소 등이 주요 사유라 생각된다.

즉, TBM 시공의 가장 큰 장점이라면 환경성, 안정성 및 급속시공에 따른 경제적 효과를 들 수 있으며, 이러한 목적을 달성하기 위해서는 본 절에서 서술한 바와 같이 기계화 터널 조사·설계 과정에서 확보된 기초자료를 통하여 TBM 터널 종류에 따른 최적의 선형, 단면 및 시공방안 수립을 위한 설계가 진행되어야 하며, 설계 및 시공기술자 간의 효율적인 기술협업을 통해 안전시공을 유도하도록 노력하여야 한다.

참고문헌

1. (사)한국터널지하공간학회(2008), 『터널공학시리즈 3 터널 기계화시공 설계편』, 씨아이알.
2. 일본 공익사단법인 지반공학회 저, 삼성물산(주) 건설부문 ENG센터/토목ENG팀 역(2015), 『쉴드TBM 공법』, 씨아이알.
3. 고성일(2017), 「강섬유 보강 쉴드 TBM 세그먼트의 역학적 특성 및 적용성에 대한 연구」 박사학위 논문.
4. 고성일, 신현강, 나유성, 정혁상(2020), 「축소모형실험을 통한 토피조건별 이수압식 쉴드 TBM의 챔버압 및 이수분출 가능성 평가」.
5. 국토교통부(2005), 「국유철도건설규칙」.
6. 국토교통부(2015), 「KDS 27 25 00 TBM 터널」.
7. 국토교통부(2015), 「KCS 27 25 00 TBM 터널」.
8. 도시기반건설본부(2015), 「서울시 도심지 지하철 쉴드 TBM 공사관리 제도개선 방안」.
9. 문도영, 장수호, 배규진, 이규필(2012), 「TBM 터널 세그먼트용 강섬유보강 콘크리트의 인장특성 평가」, 한국터널지하공간학회논문집, 제14권 제3호, pp. 247-260.
11. 포스코건설(2010), 「세계의 TBM 터널」.
12. A. A. BALKEMA(2000), "TBM Tunnelling in Jointed and Faulted Rock-Nick Barton".
13. A.F.T.E.S.(2000), Working Group No.4, "New Recommendation on Choosing Mechanized Tunnelling", A.F.T.E.S. Recommendation 2000, Version 1-2000, pp. 1-25.
14. FIB Model Code(2010), "Model Code 2010-Final Draft, Fédération Internationale du Béton", Vol.1, p. 150.
15. International Tunnelling Association, Working Group No 14-Mechanized Tunnelling(2000), "Recommendations and Guidelines for Tunnel Boring Machine(TBMs)."
16. ITA(2015, 8), "Guidelines on Rebuilds of Machinery for Mechanized Tunnel Excavation."
17. Japan Society of Civil Engineering(2006), "Standard Specifications for Tunnelling-2006: Shield Tunnels."
18. Lee, K, M. and Rowe, R, K.,(1991), "An analysis of three-dimensional ground movements: the Thunder Bay Tunnel", Canadian Geotechnical Journal, 28, pp. 25-41.

CHAPTER

3

TBM 장비 및 굴진성능

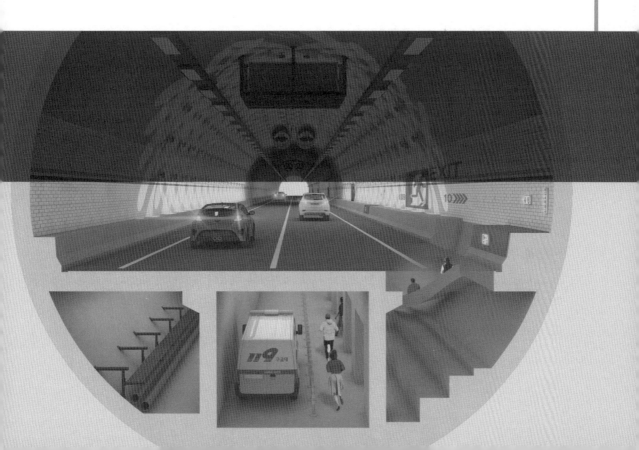

03 TBM 장비 및 굴진성능

1 TBM 커터헤드와 절삭도구

TBM의 커터헤드(Cutter head)는 TBM 전면에 부착되어 실제 지반을 굴착하는 부분으로서, TBM의 굴착성능을 좌우하는 중요한 역할을 한다. 커터헤드에는 암반을 굴착하기 위한 디스크 커터(Disc cutter)와 토사지반을 굴착하기 위한 커터비트(Cutter bit)와 같은 절삭도구(Cutting tools)가 장착되며, 지반 조건에 따라 절삭도구의 크기, 형상, 개수 및 배치가 다르게 설계된다.

본 절에서는 이러한 커터헤드와 절삭도구에 대한 기본적인 원리와 개념을 소개한다. 본 절의 주요 내용은 본 책자의 근본이 되는 기존 출판물 등(한국터널공학회, 2008; 한국건설기술연구원, 2015)을 기반으로 일부 수정 또는 보완되어 기술되었음을 밝힌다.

1.1 TBM 커터헤드의 종류와 구조

TBM의 커터헤드는 터널 굴착면의 안정성을 도모함과 동시에 굴진속도를 향상시킬 수 있는 형식으로 선정되어야 한다. 이때, 커터헤드의 지지 방법, 커터헤드의 구조, 절삭도구 등뿐만 아니라 TBM의 추력, 토크, 동력 등을 함께 고려하여 커터헤드를 설계하여야 한다.

커터헤드의 측면 형상은 커터헤드 중심부터 커터헤드 곡선부까지의 거리에 따라, 돔형(Domed), 심발형(Deep flat face) 및 평판형(Small flat face)으로 구분된다(한국터널공학회, 2008).

지반조건이 경암 또는 극경암인 경우에는 큰 추력을 가할 수 있고 굴착효율을 높일 수 있도록 돔형의 커터헤드 형상을 적용한다[그림 3.1(a)]. 반면, 지반의 자립성이 낮을수록 굴진면의 자립을 위하여 보다 편평한 형상인 심발형이나 평판형이 적용된다[그림 3.1(b) 및 그림 3.1(c)].

경암 또는 극경암에 사용되는 돔형 커터헤드를 제외하고 일반적인 커터헤드는 스포크(Spoke)를 가지게 되는데, 커터헤드의 전면 형상은 스포크형과 면판(Face plate)형의 두 종류로 구분할 수 있다(그림 3.2). 스포크형의 경우에는 커터에 발생하는 부하가 적으며 굴착토사의 배토가 수월하여 일반적으로 토압식 쉴드TBM에 적용되는 경우가 많다. 반면 면판형은 측면 형상으로 앞서 기술한 평판형, 심발형 및 돔형의 적용이 모두 가능하며, 터널 굴진면의 안정성을 확보하는데 있어서 상대적으로 유리하다. 또한 면판형은 토압식과 이수식 쉴드TBM 모두에 적용이 가능하다는 특징을 가지고 있다.

이러한 스포크형 및 면판형 커터헤드에서 개구부(Opening 또는 Slit)의 모양과 크기는 스포크의 개수와 TBM이 굴착해야 하는 자갈의 크기에 따라 달라진다. 대부분의 경우에서 개구부의 모양은 스포크를 따라 직선 형태를 가지며, 다양한 크기와 형상을 가지는 자갈의 크기에 대응할 수 있도록 설계되어야 한다. 일반적으로 개구부의 크기는 해당 지반조건에서 예상되는 자갈의 최대 크기에 따라 결정된다. 단, 호박돌(Boulder)을 절삭하기 위하여 커터헤드에 디스크커터를 장착할 경우에는 개구부의 크기를 제한할 수 있다.

이와 같은 커터헤드의 개구율(Opening ratio)은 식 (3.1)과 같이 계산된다.

$$w_o = \frac{A_s}{A_r} \tag{3.1}$$

여기서 w_o는 개구율, A_s는 커터헤드에서 개구부의 총면적(커터비트의 투사면적 미고려)이며, A_r은 커터헤드의 면적을 의미한다.

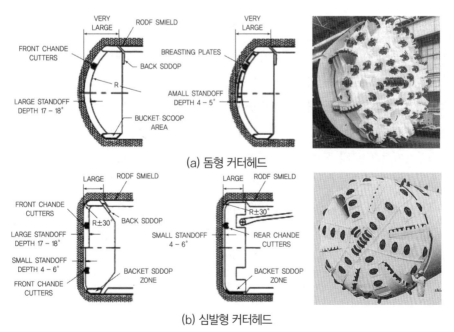

(a) 돔형 커터헤드

(b) 심발형 커터헤드

[그림 3.1] 커터헤드 측면 형상의 분류(한국터널공학회, 2008)

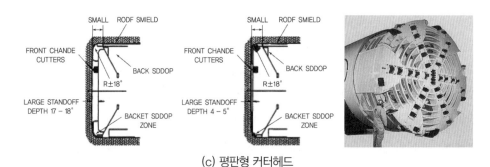

(c) 평판형 커터헤드

[그림 3.1] 커터헤드 측면 형상의 분류(한국터널공학회, 2008)(계속)

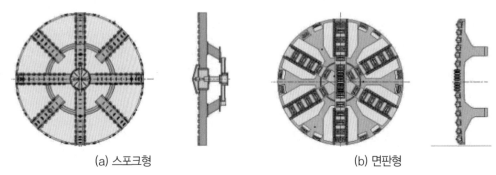

(a) 스포크형   (b) 면판형

[그림 3.2] 스포크를 가지는 커터헤드의 정면 구조(예)(한국건설기술연구원, 2015)

이수식 쉴드TBM의 개구율은 일반적으로 10~30%의 범위이며, 토압식 쉴드TBM의 개구율은 보통 이수식보다 더 크다. 또한 점착성이 높은 점토질 지반 등에서는 개구율을 증가시키는 것이 바람직하다. 하지만 지반의 붕괴 위험이 크다면 개구율에 대한 심도 있는 검토가 필요하다. 만약 필요하다면 TBM의 가동이 멈췄을 때 개구부를 통해 TBM 내부로 토사가 붕괴·유입되는 것을 방지하기 위한 슬릿(개구부) 개폐 장치가 포함되어야 한다.

또한 도심지에서 TBM의 적용이 증가됨에 따라 도심지의 일반적인 굴착 심도에서 흔히 분포하는 복합지반의 경우에는 암반용 커터헤드와 토사용 커터헤드의 특성을 동시에 고려한 커터헤드 설계가 필요하다. 예를 들어 굴착이 용이한 토사지반에서는 커터비트에 의해서만 굴착이 가능하지만, 토사지반과 암반이 모두 존재하는 조건에서는 암반용 디스크커터와 토사용 커터비트를 동시에 채용하는 것이 일반적이다(그림 3.3).

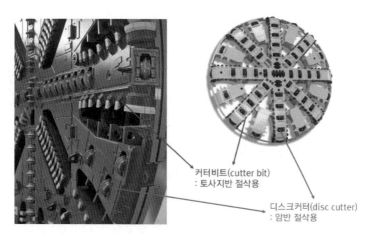

커터비트(cutter bit)
: 토사지반 절삭용

디스크커터(disc cutter)
: 암반 절삭용

[그림 3.3] 디스크커터와 커터비트가 장착된 복합지반용 커터헤드 형상(예)

1.2 절삭도구 (1) - 디스크커터

암반 절삭용 디스크커터는 경암용 그리퍼(Gripper) TBM뿐만 아니라, 복합지반 및 암반용 쉴드TBM에서도 주된 절삭도구로 적용되고 있다. 특히 디스크커터 관련 기술의 발전으로 인해 TBM의 굴진성능이 더욱 향상되고 있다.

과거에는 암석을 갈아내는 방식인 Tooth cutter나 Button cutter가 사용되었으나, 현재에는 암석을 절삭하는 방식으로서 절삭효율이 높은 디스크커터가 일반적으로 적용되고 있다(그림 3.4). 특히 싱글 디스크커터(Single disc cutter)의 개발은 현대식 TBM에서 가장 혁신적인 개선사항 중의 하나로서, 1956년 캐나다 토론토의 하수구 터널시공에서 처음 사용된 이후로 발전을 거듭하고 있다.

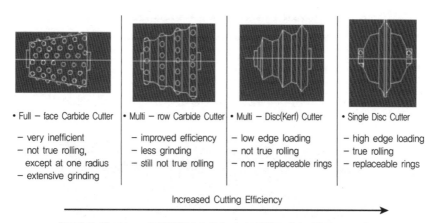

• Full – face Carbide Cutter
– very inefficient
– not true rolling, except at one radius
– extensive grinding

• Multi – row Carbide Cutter
– improved efficiency
– less grinding
– still not true rolling

• Multi – Disc(Kerf) Cutter
– low edge loading
– not true rolling
– non – replaceable rings

• Single Disc Cutter
– high edge loading
– true rolling
– replaceable rings

Increased Cutting Efficiency

[그림 3.4] 디스크커터의 발전단계별 장단점(한국터널공학회, 2008)

일반적인 디스크커터의 구조는 그림 3.5와 같으며, 여기
서 중요한 부분은 실제로 암반을 절삭하게 되는 커터 링
(Cutter ring)과 디스크커터의 최대 허용하중을 결정하는
롤러 베어링(Roller bearing)이다.

디스크커터의 허용하중은 디스크커터의 크기, 즉 직경에
따라 좌우되며 크기가 클수록 더 큰 하중을 받을 수 있다.
이는 앞서 기술한 디스크커터 내부의 롤러 베어링의 용량에

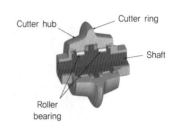

[그림 3.5] 디스크커터의 주요 구조
(한국터널공학회, 2008)

좌우된다. 현재는 17인치 이상의 커터 링이 널리 적용됨으로 인해 보다 큰 추력(Thrust)에도 견
딜 수 있게 되어, TBM의 굴진효율과 굴진속도가 더욱 향상되고 있다(표 3.1 및 그림 3.6~3.7).

[표 3.1] 커터 링의 직경에 따른 디스크커터의 최대 허용하중(예)

커터 직경	커터 tip의 너비(mm)	커터 허용하중(kN)
432mm (17인치)	13	222
	16	245
	19	267
483mm (19인치)	16	289
	19	311

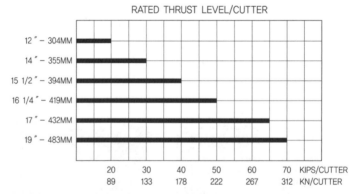

[그림 3.6] 디스크커터의 직경별 최대 허용하중(한국건설기술연구원, 2015)

[그림 3.7] 디스크커터에 사용되는 커터 링(한국터널공학회, 2008)

98

디스크커터는 커터헤드에 장착되는 위치에 따라 그림 3.8과 같이 센터커터(Center cutter), 페이스커터(Face cutter) 및 게이지커터(Gage cutter)로 분류된다. 또한 디스크커터에 장착되는 커터 링의 개수와 형태에 따라 싱글, 트윈(Twin) 및 더블(Double) 디스크커터로 분류된다(그림 3.9). 이러한 디스크커터들은 절삭효율과 에너지효율을 극대화하기 위하여 인접한 디스크커터와 동시에 같은 궤적을 돌지 않도록 설계되는 것이 중요한 설계 개념이다(그림 3.10).

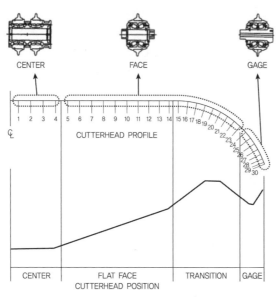

[그림 3.8] 커터헤드(측면도상)에서 디스크커터의 위치별 분류(한국터널공학회, 2008)

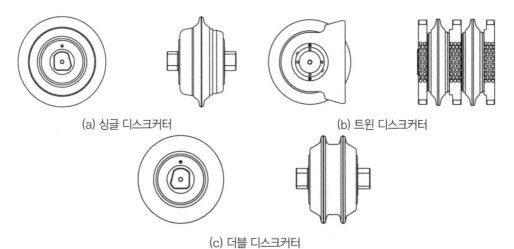

(a) 싱글 디스크커터   (b) 트윈 디스크커터

(c) 더블 디스크커터

[그림 3.9] 디스크커터의 형상에 따른 분류(한국건설기술연구원, 2015)

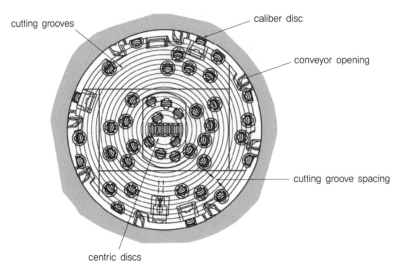

[그림 3.10] 그리퍼 TBM에서의 디스크커터 배열설계(예)(Wittke, 2007)

1.3 절삭도구 (2) - 커터비트

그림 3.11과 같이 커터비트의 형상을 결정하는 스쿠프 각도(Scoop angle)와 클리어런스 각도(Clearance angle)는 지반 조건에 따라 주의하여 선택되어야 한다. 일반적으로 점토지반의 경우에는 스쿠프 각도와 클리어런스 각도가 큰 커터비트를 사용하며, 반면 자갈층의 경우에는 두 각도가 작은 커터비트를 사용한다.

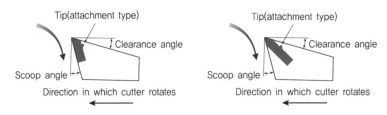

[그림 3.11] 스쿠프 각도와 클리어런스 각도에 따른 커터비트의 형상(일본토목학회, 2016)

커터비트의 돌출길이는 지반조건, 굴진에 따른 예상 마모도, 굴착율, 커터헤드 회전속도, 커터헤드 1회전당 절삭깊이 등과 같은 인자들을 고려하여 결정해야 한다. 또한 장대 터널의 경우에는 커터비트의 내구성과 교환 방법을 충분히 고려하여 설계하여야 한다. 일본지반공학회(1997)에서는 커터비트의 마모량이 8~13mm가 되면 커터비트를 교환해야 한다고 추천하고 있다.

커터비트의 재료로는 소결 탄화물 합금재료(Cemented carbide)가 커터비트의 끝(Tip)에 일반적으로 사용된다. 또한 커터비트의 배열은 지반조건, 쉴드TBM의 외경, 커터헤드의 회전속도, 터널 연장 등을 고려하여 결정해야 한다. 전형적인 커터비트의 설치 방법은 그림 3.12와 같다.

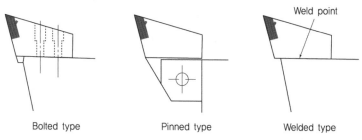

[그림 3.12] 커터비트의 일반적인 고정방법(일본토목학회, 2016)

일반적으로 디스크커터와 커터비트 사이의 오프셋(Offset)으로는 대략 30~35mm를 적용하고 있다(그림 3.13). 이는 디스크커터에 의한 암반의 최대 관입깊이인 15~20mm와 커터 링의 마모방지를 위한 안전값인 10~15mm를 포함한 값이다(한국건설기술연구원, 2015). 이러한 오프셋은 암반구간에서 커터비트의 손상을 방지함과 동시에, 디스크커터 하우징의 2차적인 마모를 감소시키기 위해 연약구간에서 디스크커터의 최대 관입깊이를 줄이기 위한 방책이다.

커터비트는 커터헤드를 구성하는 스포크, 즉 각 개구부의 모서리에 장착되며 커터헤드의 모든 절삭 궤적을 커버하도록 배치되어야 한다. 또한 커터비트의 마모저감을 위해 동일한 절삭 궤적에 4개 이상의 비트를 설치하는 것이 일반적이다(한국건설기술연구원, 2015).

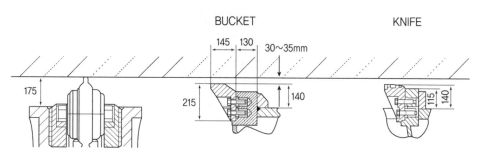

[그림 3.13] 디스크커터와 커터비트의 오프셋 설계(예)(한국건설기술연구원, 2015)

2 TBM 설계와 굴진율 예측을 위한 커터 작용력 산정방법

본 절에서는 TBM의 장비 설계, 특히 TBM의 최대 용량을 설계하고 그에 따른 TBM의 굴진율을 예측하기 위해 필수적인 커터 작용력 산정방법을 소개하였다. 이때 토사지반용 커터비트인 경우에는 관련 이론이 잘 정립되어 있지 않고, 디스크커터와 비교할 때 상대적으로 크지 않은 힘이 작용하며 터널 전체 단면을 긁어내는 역할을 하기 때문에 디스크커터의 작용력을 중심으로 서술하였다.

2.1 커터 작용력의 개념

디스크커터에 작용하는 커터 작용력(Cutter forces)은 3차원 구성성분에 따라 연직력(Normal force, F_n), 회전력(Rolling force, F_r) 및 측력(Side force, F_s)으로 구분된다(그림 3.14). 커터 링에 평행하게 작용하는 연직력은 TBM의 소요 추력(Required thrust)을 산정하고 디스크커터의 최대 허용하중과 비교하여 TBM의 최대 굴진율을 추정하는 데 활용되는 핵심 인자이다. 또한, 디스크커터의 회전방향과 평행한 회전력은 TBM의 소요 토크(Torque)와 동력(Power)을 산정하는 데 활용된다. 반면, 측력은 커터헤드의 게이지 부분의 경사각으로 인해 일부 발생하기는 하지만, TBM 설계와 굴진율 예측에 있어서는 큰 의미는 없다.

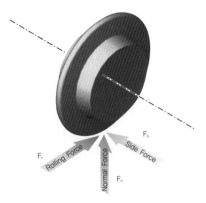

[그림 3.14] 디스크커터의 3차원 작용력 성분(한국건설기술연구원, 2015)

현재 가장 일반적으로 사용되고 있는 디스크커터 중의 하나는 직경 432mm(17인치) 디스크커터인데, 경암반과 마모성 암반에서 커터 교체를 최소화하고 직경 10m 이상의 대구경 TBM에서 높은 추력에 버티고 더 큰 속도한계(Velocity limit)에 적용할 수 있도록 직경이 483mm(19

인치) 이상인 커터들의 사용도 증가하고 있다. 여기서 디스크커터의 직경별 속도한계는 커터헤드의 회전속도(RPM)와 관련되어 있으며 다음과 같은 특징을 가진다(한국건설기술연구원, 2015).

- 직경 432mm 디스크커터의 속도한계 : 160~170m/min → 대구경 TBM의 RPM은 매우 제한적이므로 160~170m/min의 속도한계는 직경 10m의 TBM까지가 한계
- 직경 483mm 디스크커터의 속도한계 : 200~225m/min → 직경 10m 이상인 대구경 TBM에의 합리적인 적용이 가능함

커터헤드의 회전속도는 다음의 식 (3.2)와 같이 디스크커터의 직경과 속도한계뿐만 아니라 TBM 직경의 함수로서 표현된다.

$$RPM = \frac{Velocity\ limit}{D \cdot \pi} \tag{3.2}$$

여기서 RPM은 커터헤드의 회전속도(rev/min), Velocity limit는 디스크커터의 속도한계로서 단위는 m/min이며, D은 TBM의 직경(m)이다. 앞서 기술한 바와 같이 디스크커터의 직경이 클수록 디스크커터의 속도한계는 증가한다.

예를 들어, 직경 8m의 TBM에 직경이 432mm 및 483mm인 디스크커터를 적용할 경우에 대한 커터헤드 최대 회전속도는 각각 다음의 식 (3.3) 및 식 (3.4)와 같다. 이로부터 대구경 TBM에서는 직경이 큰 디스크커터를 사용하여야 직경이 작은 TBM에서와 유사한 커터헤드 회전속도를 기대할 수 있는 것을 확인할 수 있다.

$$RPM = \frac{165\ m/min}{8\ m \cdot \pi} \approx 6.6\ rev/min \tag{3.3}$$

$$RPM = \frac{212\ m/min}{10\ m \cdot \pi} \approx 6.7\ rev/min \tag{3.4}$$

그림 3.13에서 설명한 디스크커터의 작용력을 예측하기 위한 대표적인 모델로는 미국 CSM (Colorado School of Mines)에서 개발한 CSM모델(Rostami, 1997)이 있다. CSM모델에 사용되는 입력변수로는 암석의 역학적 특성(압축강도와 인장강도), 커터의 형상(커터반경과 커터 Tip 너비) 그리고 커터의 절삭조건(커터 간격과 관입깊이)이다. 기타 모델들에 대해서는 뒤이은 2.3절에 정리하였다.

이상의 입력변수들을 사용하는 CSM모델의 커터 작용력 추정식은 식 (3.5)와 같다.

$$F_t = C \cdot T \cdot R \cdot \psi \sqrt[3]{\frac{\sigma_c^2 \cdot \sigma_t \cdot S}{\psi \sqrt{R \cdot T}}}$$

(3.5)

여기서 F_t는 커터에 작용하는 총 작용력(N), C는 2.12인 상수, T는 커터 tip의 너비(mm), R은 커터의 반경(mm), σ_c는 암석의 일축압축강도(MPa), σ_t는 암석의 간접인장강도(MPa), S는 커터 간격(mm), ψ는 디스크커터의 접촉면적 각도로서 $\psi = \cos^{-1}\left(\frac{R-P}{R}\right)$로 정의되며 직경 17인치 디스크커터인 경우 0에 가까운 값으로 가정할 수 있다. 또한 P는 커터헤드 1회전 당 디스크커터의 관입깊이(mm/rev)이다(그림 3.15 참조).

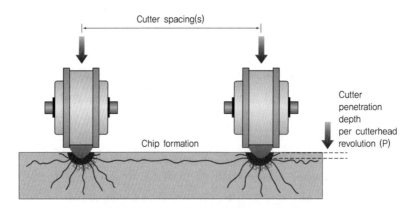

[그림 3.15] 디스크커터의 간격(S)과 관입깊이(P)

이상의 식 (3.5)로부터 커터의 연직력(F_n)과 회전력(F_r)은 각각 식 (3.6) 및 식 (3.7)과 같이 추정된다.

$$F_n = F_t \cos(\beta)$$

(3.6)

$$F_r = F_t \sin(\beta)$$

(3.7)

여기서 $\beta = \psi/2$이며, 회전력과 연직력의 비율인 Cutting/Rolling coefficient(RC)는 다음 과 같이 정의된다.

$$RC = F_r / F_n = \tan(\beta)$$

(3.8)

본 절에서는 식 (3.5)~식 (3.8)에 각각의 대표적인 단위들을 기입하였으나, 이상의 식들은 본래 무차원(Dimensionless)으로 제시된 것으로서 어떠한 단위계(Metric 또는 British)를 적용해도 무방하다.

2.2 커터 작용력에 기반한 TBM 핵심 제작사양의 산출

본 절에서는 이상과 같은 커터 작용력에 의해 TBM의 설계와 제작을 위한 핵심 제작사양을 산출하는 방법을 정리하였다. TBM의 핵심 제작사양과 세부 부품 및 파트의 관계를 정리하면 다음과 같다.

- TBM의 최대 추력 → 추진잭의 용량 및 개수 설계
- TBM의 최대 토크 및 회전속도 → 구동모터의 용량 및 개수 설계
- TBM의 최대 동력 → 커터헤드 구동동력, 기타 부대설비의 소요 동력 등
- 커터헤드 설계사양 → 디스크커터 개수 및 간격, 스포크 개수, 개구율 등

1) 추력

굴착 대상 지반조건에 대한 최적의 추력(Thrust force) 및 토크(Torque)의 산정은 TBM의 설계·제작을 위해 가장 중요한 과정 중의 하나이다. 최종적으로 산정된 추력과 토크로부터 TBM의 구동부와 유압잭(Hydraulic jack) 등을 적합하게 설계할 수 있게 된다.

그리퍼 TBM에 필요한 추력(F_{Th})은 디스크커터에 작용하는 커터 작용력 F_C, 추진부(sliding shoe)의 저항 F_R 및 안전을 위한 여유 추력 ΔF의 합으로 계산된다(그림 3.16 참조).

$$F_{Th} = F_c + F_R + \Delta F \tag{3.9}$$

쉴드TBM에 필요한 추력을 평가할 때는, 쉴드 외판(Skin)뿐만 아니라 지반 사이의 마찰력과 함께 필요하다면 굴진면에 대한 지지압력을 고려해야 한다. 밀폐형 쉴드에 필요한 추력(F_{Th})은 다음과 같이 계산된다(그림 3.17 참조).

$$F_{Th} = F_c + F_s + F_F + \Delta F \tag{3.10}$$

여기서 F_C는 디스크커터와 기타 굴착도구에 작용하는 커터 작용하중, F_S는 굴진면의 지지압력으로 인한 하중, F_F는 쉴드 외판과 지반 사이의 마찰력, 그리고 ΔF는 안전여유이다.

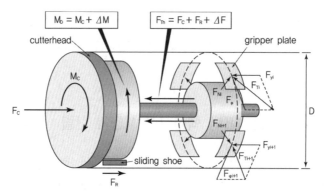

$M_D = M_c + \Delta M$ $F_{Th} = F_c + F_R + \Delta F$

F_{Th} : required thrust force
F_c : cutter force of the discs
F_R : resistance of the sliding shoe
ΔF : safety margin

M_D : required driving torque
M_c : resisting torque resulting from the discs and the flashings of the conveyor openings
ΔM : safety margin

F_{Ni} : gripper force, plate i
F_{yi} : tangential force due to F_{Th}, plate i
$F_{\varphi i}$: tangential force due to M_D, plate i
F_{Ti} : resulting tangential force, plate i

[그림 3.16] 그리퍼TBM의 추력, 토크 및 그리퍼 하중의 산출 개념(Wittke, 2007)

if the ground is abutting against the shield

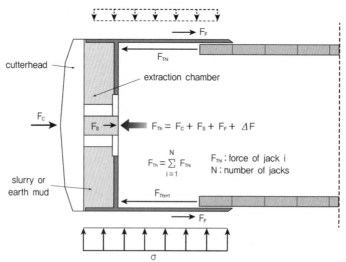

$F_{Th} = F_c + F_s + F_F + \Delta F$

$F_{Th} = \sum_{i=1}^{N} F_{Thi}$

F_{Thi} : force of jack i
N : number of jacks

F_{Th} : required thrust force
F_c : cutter force of the discs and other excavation tools
F_F : friction force between shield skin and ground
F_s : force resulting from slurry or earth mud support
ΔF : safety margin

[그림 3.17] 밀폐형 쉴드TBM의 추력 산출개념(Wittke, 2007)

디스크커터의 작용력에 의한 추력 성분, 즉 마찰 저항력, 여유 추력 등을 제외한 소요 추력 (F_c)는 커터 연직력(F_n)으로부터 다음과 같이 계산될 수 있다.

$$F_c = \sum_{n=1}^{N} F_n \approx N \cdot F_n \tag{3.11}$$

여기서 F_n은 각 디스크커터에 작용하는 연직력 또는 평균 연직력을 의미하며, N은 커터헤드에 장착된 디스크커터의 총 개수이다.

이와 유사하게 커터비트들이 장착된 경우, 커터비트의 작용력으로 인한 소요 추력(F_c)은 다음과 같이 계산된다.

$$F_c = \sum_{i=1}^{n} p_{ci} \cdot A_i \tag{3.12}$$

여기서 p_{ci}는 i번째 커터비트의 추진력(Pushing force)이며 A_i는 i번째 커터비트의 추진면적이다.

이상과 같은 커터비트의 추진력은 다음과 같이 지반 하중 p_v와 토압계수 K에 의해서도 추정할 수 있다(Maidl 등, 1994).

$$F_c = K \cdot p_v \cdot A_c \tag{3.13}$$

여기서 A_c는 모든 커터비트에 의한 추진 면적이며, K는 주동 토압계수 K_a와 수동 토압계수 K_p의 사이에서 변화한다.

반면, 굴진면에 대한 지지압력으로 인해 발생되는 하중인 F_S는 다음과 같이 계산된다.

$$F_S = \int_A p_s dA \tag{3.14}$$

여기서 A는 굴진면의 면적이고, p_s는 지지압력이다.

주변 암반이 안정한 조건에서 TBM 굴진을 하는 경우, 쉴드 외판과 암반 사이의 마찰력(F_F)은 인버트(Invert)부에서만 발생하게 된다(Wittke, 2007). 토사지반에서의 쉴드 터널과는 대조적으로 암반은 쉴드 외판과 접촉되지 않는다. 이러한 경우에 마찰력은 TBM의 자중에 의해서만 발생하며 다음과 같이 계산된다.

$$F_F = \mu \cdot G \tag{3.15}$$

여기서, μ는 쉴드 외판과 암반 사이의 마찰계수(Coefficient of friction)이며 G는 TBM의 중량이다. Girmscheid(2005)에 따르면, 암반에 대한 μ값은 0.3~0.4의 범위인 것으로 보고되고 있으나, 터널 굴진면이 평탄하지 않은 경우에는 μ값이 더 커질 수 있다.

파쇄암반에서는 천정부에서 암반 블록이 쉴드로 떨어져서 추가적인 마찰을 야기할 수 있다. 압착성(Squeezing) 또는 팽창성(Swelling) 암반에서는 토사지반에서의 쉴드 굴진과 마찬가지로 전체 쉴드 외판에 대한 마찰을 반드시 고려해야 한다. 전체 쉴드 외주가 암반과 접촉한다고 가정하면 그에 따른 마찰력은 다음과 같이 계산된다.

$$F_F = \mu \cdot \int_{A_S} \sigma_r dA \tag{3.16}$$

여기서 A_S는 쉴드 외주부의 표면적이며, σ_r은 쉴드 외주면에 작용하는 반경방향의 연직응력이다.

Herzog(1985)는 강재와 토사 사이의 접촉면을 따라 발생하는 마찰에 대한 μ값들을 표 3.2와 같이 제시하였다.

마지막으로 여유 추력 ΔF에는 다음과 같은 요인들로 인한 저항력들이 고려되어야 한다.

- 곡선구간에서의 굴진
- 테일스킨실(tail-skin seal)과 세그먼트 라이닝 사이의 마찰력(쉴드TBM의 경우)
- 부속장비의 인장력

[표 3.2] 강재와 토사 접촉면에서의 마찰계수 μ

토질 조건	마찰계수
자갈	0.55
모래	0.45
흙	0.35
실트	0.30
점토	0.20

2) 토크

커터헤드가 회전하기 위해서는 암반 굴진면에서 디스크커터의 회전 등으로 인한 저항력을 극복할 수 있을 만큼 TBM의 토크가 충분히 커야 한다(그림 3.18). 반면, 이수식 또는 토압식 쉴드TBM의 토크는 이수 또는 굴착토(Earth mud)로 충만된 커터헤드의 회전으로 인한 저항력을 극복할 수 있어야 한다(그림 3.18).

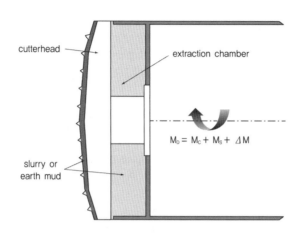

cutterhead

extraction chamber

$M_D = M_C + M_S + \Delta M$

slurry or earth mud

M_D: required driving torque
M_C: resisting torque resulting from the excavation tools and the flashings on the conveyor openings
M_S: resisting torque resulting from the rotation of the cutterhead within the slurry or earth mud respectively
ΔM: safety margin

[그림 3.18] 밀폐형 쉴드TBM에 필요한 구동 토크 산출개념(Wittke, 2007)

TBM의 구동을 위해 필요한 토크(M_D)는 다음과 같이 계산된다(그림 3.18 참조).

$$M_D = M_C + M_S + \Delta M \tag{3.17}$$

여기서 M_C는 굴착도구에 의한 굴진 등으로 인한 저항 토크, M_S는 이수 또는 굴착토로 충만된 커터헤드의 회전으로 인한 저항 토크, 그리고 ΔM은 안전을 위한 여유 토크이다.

Girmscheid(2005)는 디스크커터의 마찰저항을 극복하기 위해 필요한 토크를 결정하기 위한 관계식을 다음과 같이 정리하였다(그림 3.19 참조).

$$M_C = \sum_{i=1}^{n} F_{ri} \cdot r_i = \sum_{i=1}^{n} \mu_{ci} \cdot F_{ni} \cdot r_i \tag{3.18}$$

여기서 F_{ri}는 i번째 디스크커터에 작용하는 회전력(Rolling force), F_{ni}는 i번째 디스크커터에 작용하는 연직력(Normal force), r_i는 회전축에서 i번째 디스크커터까지의 거리, 그리고 μ_{ci}는 i번째 디스크커터의 회전마찰계수(Coefficient of rolling friction)이다.

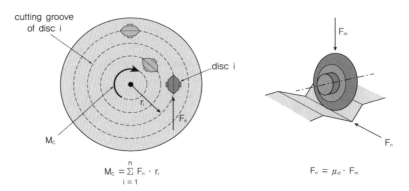

[그림 3.19] 디스크커터의 마찰저항을 극복하기 위해 필요한 토크(Wittke, 2007)

상기 식 (3.18)은 경험적으로 아래와 같은 단순식으로 변환되어 소요 토크를 산출하는 데 활용될 수 있다.

$$M_C = \sum_{i=1}^{N} F_{ri} \cdot r_i \approx 0.3 \cdot D \cdot N \cdot F_r \tag{3.19}$$

여기서 F_r는 커터 평균 회전력, D는 TBM의 직경, N은 디스크커터의 총 개수이다.

모든 디스크커터의 연직력(F_n)과 회전 마찰계수(μ_c)가 동일하다고 가정하면 커터헤드의 소요 토크를 식 (3.18)을 단순화하여 다음과 같이 계산할 수 있다.

$$M_C = \mu_c \cdot F_n \cdot \sum_{i=1}^{n} r_i \tag{3.20}$$

Roxbourough & Phillips(1975)는 커터헤드 1회전당 디스크커터의 관입깊이 P와 디스크커터의 직경 d로부터 계산되는 회전 마찰계수(μ_c)에 대한 경험식을 다음과 같이 제시하였다.

$$\mu_c = \sqrt{\frac{P}{d-P}} \tag{3.21}$$

Hughes(1986)는 식 (3.21)과 유사한 경험식을 다음과 같이 제시하였다.

$$\mu_c = 0.65 \cdot \sqrt{\frac{2 \cdot P}{d}} \tag{3.22}$$

식 (3.21)과 식 (3.22)는 17인치(432mm) 및 19인치(483mm) 디스크커터에 대한 경험식들이며 그림 3.20과 같이 표현된다.

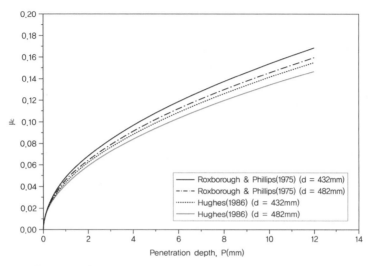

[그림 3.20] 디스크커터 관입깊이의 함수로 표현된 회전 마찰계수

디스크커터의 회전마찰로 인한 토크 손실 이외에도, 커터헤드와 굴진면 사이의 굴착토 또는 버력으로 인해 발생되는 토크 손실을 고려해야 한다. TBM 직경이 12m인 경우, 굴착토와 버력으로 인한 토크손실은 커터 압입깊이와 컨베이어 개구부(슬릿) 개수의 함수로서 그림 3.21과 같이 표현할 수 있다(Schmid, 2004). 커터 관입깊이가 감소하고 컨베이어 개구부의 개수가 증가할수록 굴착토나 버력으로 인한 토크 손실은 줄어든다. 또한 이러한 토크 손실은 지반조건에 따라 크게 달라진다.

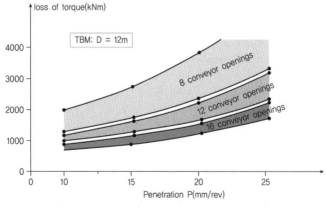

[그림 3.21] 굴착토 및 버력으로 인한 토크 손실(Schmid, 2004)

111

3) 커터헤드 회전속도

커터헤드의 회전속도는 앞선 식 (3.2)와 같이 계산할 수 있으며, 이와 유사하게 디스크커터의 회전속도, 커터 관입깊이 및 TBM의 직경으로부터 다음과 같은 관계식을 통해 구할 수 있다.

$$\text{RPM} = \frac{V_d}{P \cdot D} = \frac{f_m}{D} \tag{3.23}$$

여기서 V_d는 커터의 회전속도, P는 커터 관입깊이, 그리고 D는 TBM의 직경이다. 또한 V_d와 P의 비율인 f_m은 일반적으로 45~55m·rev/min의 범위를 가진다.

식 (3.23)에 상기 f_m의 범위를 대입하여 도시된 커터헤드 회전속도(RPM)과 TBM의 직경(D) 사이의 상관관계는 그림 3.22와 같다.

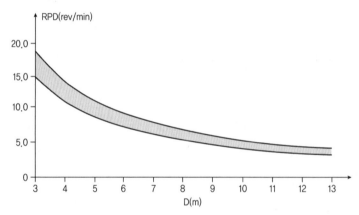

[그림 3.22] TBM의 직경과 커터헤드 회전속도의 상관관계(Wittke, 2007)

4) 동력

TBM에 요구되는 소요 동력(HP)은 소요 토크(M_D)와 커터헤드 회전속도(RPM)에 의해 다음과 같이 계산된다.

$$HP = \frac{M_D \cdot 2 \cdot \pi \cdot \text{RPM}}{60} \tag{3.24}$$

5) 디스크커터의 개수

TBM의 핵심 제작사양이라기보다는 커터헤드 설계에 사용되는 디스크커터의 개수는 지반조건에 따라 선정된 커터 간격(Cutter spacing 또는 cutting groove spacing) S와 TBM의 직경
(D)에 크게 좌우된다. 커터헤드에 한 종류의 디스크커터만을 장착하고 커터 간격이 모두 동일
할 경우, 디스크커터의 개수는 다음과 같이 계산할 수 있다.

$$N \approx \frac{D}{2S} \qquad (3.25)$$

예를 들어, 커터간격(S)이 65mm이고 TBM 직경(D)이 10m일 경우, 디스크커터의 소요 개
수(N)는 대략 77개가 된다.

그림 3.23은 TBM 직경과 디스크커터의 개수 사이의 일반적인 관계를 보여준다. 하지만 그
림 3.23에는 지반조건이 전혀 고려되어 있지 않으므로 단지 참고자료로만 활용해야 할 것이다.

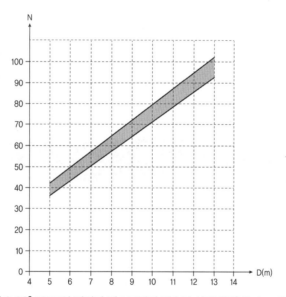

[그림 3.23] TBM의 직경과 디스크커터 개수의 상관관계(Wittke, 2007)

2.3 디스크커터 작용력의 추정

디스크커터의 작용력을 추정하는 방법은 이론적(Theoretical), 실험적(Experimental), 경
험적(Empirical 또는 Statistical), 수치해석적(Numerical) 방법 등으로 구분된다.

이론적 방법에는 앞선 식 (3.5)~식 (3.7)에서 소개한 미국 CSM 방법 등이 포함된다. 실험적
방법은 실제 실물 선형절삭시험(Full-scale linear cutting test) 등을 통해 대상 암반에 대한
작용력을 실제로 측정하는 방법으로서, 비용과 시간이 많이 소요된다는 한계가 있다. 경험적

방법은 축적된 TBM 관련 데이터들에 대해 통계적인 처리를 통해 작용력을 예측하는 방법인데, 데이터가 포함된 조건과 상이한 굴착조건에서는 신뢰도가 낮을 수 있으며 암반의 특성을 주로 압축강도와 같은 1~2개 변수로 고려한다는 한계가 있다. 수치해석 기법의 발달로 인해 최근 들어 해석적 접근법이 많이 적용되고 있으나, 역시 비용과 시간의 제약이 존재하며 신뢰성 확보에도 한계가 있다.

따라서 불확실성으로 대표되는 암반의 특성을 고려한 디스크커터의 작용력을 정확하게 예측하기란 쉽지가 않기 때문에, 가능한 다양한 방법에 의해 예상되는 작용력의 범위를 산출하는 것이 현재로서는 가장 합리적인 방법이라고 할 수 있겠다.

표 3.3은 이상과 같은 디스크커터 작용력을 예측하기 위한 대표적인 이론적, 실험적 및 경험적 모델들을 정리한 것이다. 대부분 암석의 특성으로는 일축압축강도(σ_c)만을 고려하며, 절삭조건으로는 커터헤드 1회전당 커터 관입깊이(P)와 디스크커터의 직경(d)를 고려하고 있다. 수치해석적 방법에 의해서는 예측식을 제시하는 경우도 있지만, 가정 조건에 대한 작용력을 산출하는 내용들이 대부분인 관계로 여기서는 소개를 생략하였다. 최근 들어 수치해석적 연구가 활발히 진행되고 있으므로, 관심 있는 독자들은 관련 논문들을 검색해보기를 추천한다.

[표 3.3] 디스크커터 작용력 추정 모델(예)

모델명/출처	디스크커터 작용력(단위: kN)		비고
	커터 연직력(F_n)	커터 회전력(F_r)	
Kato(1971)	$0.64\sigma_c$	–	
Saito et al.(1971)	$30+0.65\sigma_c$	–	
Nishimatsu et al.(1975)	$0.007\sqrt{d}\cdot\sigma_c\cdot P$	$F_n\cdot(0.2\sim0.3)$	
Roxborough & Phillips(1975)	$4\sigma_c\tan\dfrac{\phi}{2}\sqrt{dP^3-P^4}$	$4\sigma_c P^2\tan\dfrac{\phi}{2}$	회전 마찰을 고려할 경우 $$\dfrac{F_n}{F_r}=\dfrac{\dfrac{\sqrt{d-P}}{P}}{1+\mu\sqrt{\dfrac{d}{P}}}$$ 회전 마찰을 무시할 경우$(\mu=0)$ $$\dfrac{F_n}{F_r}=\sqrt{\dfrac{d-P}{P}}$$
Graham(1976)	$0.254\sigma_c\cdot P$	$F_n\cdot0.046P^{0.656}$	압축강도 140~200MPa
Movinkel & Johannessen(1986)	$0.3\sigma_c\cdot P$	–	절리간격 30cm, DRI=7000/σ_c
Rostami & Ozdemir (1993)	$(0.54\sqrt{\sigma_c}-2.82)\sqrt{dP}$	$F_n\cdot\sqrt{P/d}$	

주)
σ_c : 암석의 일축압축강도(MPa) P : 커터헤드 1회전당 커터 관입깊이(mm/rev)
d : 디스크커터의 직경(mm) ϕ : 디스크커터의 모서리 각도(edge angle, 단위: degrees)

3 TBM 굴진율 예측방법

TBM의 설계단계에서 TBM의 굴진율을 신뢰적으로 예측하기란 쉽지가 않은 것이 현실이다. 우선적으로 TBM의 굴진율을 예측하기 위해서는 적용 대상 지반의 특성이 파악되어 있어야 하며, 적용될 TBM과 사용될 커터들의 사양도 확정되어 있어야 한다. 가능한 한 다양한 방법들에 의해, 주어진 조건에서 예상되는 TBM의 굴진율 범위를 산정하는 것이 가장 합리적인 방법이라고 할 수 있겠다. 디스크커터가 사용되지 않는 토사지반용 쉴드TBM에 대한 굴진율 예측방법은 아직까지 정립이 잘 되어 있지 않고 경험적으로 접근하고 있는 것이 현실인 관계로, 본 절에서는 암반용 TBM의 굴진율 예측방법을 중점적으로 다루고자 한다.

3.1 디스크커터의 관입깊이 추정 모델

TBM의 굴진율을 예측하기 위한 첫 번째 단계는 커터헤드 1회전당 관입깊이를 추정하는 것이다. 앞선 커터 작용력 예측 모델들과 마찬가지로, 관입깊이 추정 모델들에는 이론적, 경험적 방법 등이 포함된다. 이외에도 암반분류법(Rock mass classification)을 활용하는 방법, 최근 들어서는 인공지능(Artificial intelligence) 등을 활용하는 방법들도 제시되고 있다(Feng et al., 2021; Frough & Torabi, 2013; Xu et al., 2021). 이와 같은 커터 관입깊이 추정을 위해 제안된 주요 모델들을 정리하면 표 3.4와 같다.

관입깊이와 관련된 몇 개의 변수들이 있는데, 대표적으로 커터헤드 1회전당 커터 관입깊이 (P, 단위: mm/rev), ROP로 표현되는 순관입속도(Net penetration rate 또는 Rate Penetration, 단위: m/hr), FPI(Field Penetration Index, 단위: kN/cutter/mm/rev), ARA (Average Rate of Advance, 단위: m/day) 등을 들 수 있다. P, ROP 및 FPI의 정의와 상관관계는 다음의 식들과 같다.

$$ROP(\text{m/hr}) = P(\text{mm/rev}) \times \text{RPM}(\text{rev/min}) \times \frac{60}{1,000} \tag{3.26}$$

$$FPI = \frac{F_n(\text{kN/cutter})}{P(\text{mm/rev})} \tag{3.27}$$

[표 3.4] 디스크커터 관입깊이 추정 모델(예)

구분	모델명/출처	추정식			장점	단점
이론적 모델	Graham(1976)	$P = (3.94F_n)/\sigma_c$			• 커터헤드의 작업조건을 이해하는 데 도움이 되고 적용이 용이	• 현장 암반조건에 대한 고려 부족
	Farmer & Glossop(1980)	$P = 0.624F_n/\sigma_t$				
	Nelson et al.(1983)	$FPI = 5.95 + 0.18H_T$				
	Hughes(1986)	$P = 1.667\left(\dfrac{F_n}{\sigma_c}\right)^{1/2} \cdot \left(\dfrac{2}{d}\right)^{0.6}$				
	O'Rourke et al.(1994)	$FPI = 36 + 0.23H_T$				
경험적 모델	Tarkoy(1987)	$ROP = -0.909\ln(\sigma_c) + 7.2349$			• 절리나 암반 특성 고려 가능 • 실제 프로젝트로부터 얻어진 결과에 기반하여 제안 • 실무 측면의 단순함 • 공학적 관점에서 세계적으로 활용	• 커터헤드의 작업원리에 대한 이해 부족 • 커터헤드 설계 불가 • 일부 암석 변수들을 측정하기 어렵거나 일부 변수들만 고려
	Yagiz(2008)	$ROP = -1.093 + 0.029PSI - 80.003\sigma_c$ $+ 0.437\log(\alpha) - 0.219DPW$				
		$ROP = 0.076 - 0.139\sigma_c + 0.524BI$ $- 0.234DPW + 0.634\alpha^{0.205} + 0.076$				
	Hassanpour et al.(2010)	$FPI = \exp(0.005\sigma_c - 0.002SP^{-2} + 2.338)$				
	Frough et al.(2015)	$ROP = -0.0004RMR^2 + 0.055RMR + 1.98$				
암반 분류법	Barton(2000)	$ROP = 5(Q_{TBM})^{-0.2}$				
	Bieniawski et al.(2007)	$ARA = 0.422RME_{07} - 11.61$				
	Hassanpour et al.(2010)	$FPI = 0.222BRMR + 2.755$				
		$FPI = 9.273\exp(0.008GSI)$				
인공지능	Yagiz et al. (2009)	ANN	$DPW, \sigma_c, BI, \alpha$	ROP	• 비선형 문제 해결 가능 • 암반과 TBM 관련 변수들의 고려 가능	• 양질의 데이터 학습이 많이 요구됨 • 불확실하고 복잡한 구조 • 적용성이 떨어짐
	Salimi and Esmaeili(2013)	ANN	$PSI, \sigma_c, \sigma_t, DPW$	ROP		
	Salimi et al.(2016)	ANFIS, SVR	σ_c, σ_t, RQD	FPI		
	Armaghani et al.(2017)	PSO-ANN	σ_c, σ_t, RMR	ROP		
	Armaghani et al.(2018)	GEP	RQD, σ_c, RMR	ROP		

주)
F_n : 커터의 (평균)연직력(kN) σ_c : 암석의 일축압축강도(MPa 또는 N/mm^2) σ_c : 암석의 인장강도(MPa 또는 N/mm^2) H_T : 암석 경도
d : 디스크커터의 직경(mm) PSI : Peak slope Index BI : Brittleness Index(kN/mm) α : 불연속면과 TBM 방향 사이의 각도(°)
DPW : 불연속면 사이의 거리(m) SP : 절리간격(m) RMR : Rock Mass Rating RME$_{07}$: Rock Mass Excavability index
BRMR : Basic RMR GSI : Geological Strength Index RQD : Rock Quality Designation

이상의 관입깊이 또는 순관입속도에 대한 추정 모델들 이외에 대표적인 순관입속도 예측모델로는 노르웨이 NTNU대학교(Norwegian University of Science and Technology)에서 개발한 NTNU모델을 들 수 있다.

NTNU모델은 노르웨이 지반조건에 대해 수십 년간 축적된 자료에 근거하여 얻어진 경험적인 TBM 설계·평가기술이다(NTH, 1995). 경험적 방법이라는 단점을 제외하고는 TBM의 기본설계자료 도출, 굴진성능 예측, 커터 수명 예측 및 공비 예측이 가능하다는 장점을 가지고 있

다. 기본적으로 NTNU예측모델에 사용되는 지반특성 관련 입력변수는 등가균열계수, DRI (Drilling Rate Index), CLI(Cutter Life Index) 등이 있다. 물론, 지반조건이 고려되지 않고 TBM과 디스크커터의 직경만 가지고 TBM의 핵심 사양들을 산출하며 주로 그리퍼 TBM에만 적용이 가능하다는 점에서 모델의 한계가 있다. 하지만 모든 모델 활용과정과 관련 시험방법들이 공개되어 있다는 점에서는 활용성이 높다고 할 수 있다.

그러나 이러한 모델들로 추정되는 관입깊이나 순관입속도는 주어진 조건에서의 최대, 평균 또는 최소값을 의미하는지에 대해서는 명확히 제시되고 있지 않다. 따라서 제시된 지반조건과 TBM 장비사양을 함께 고려하여 주어진 조건에서 최대 관입깊이를 산출하는 KICT모델(한국건설기술연구원, 2015)도 함께 고려할 필요가 있다.

KICT모델의 설계흐름도는 그림 3.24와 같다. 첫 번째로 TBM 추력, 토크, 동력, 커터헤드 회전속도, 커터 개수, 커터 간격 등의 TBM 장비 사양과 지반조건을 고려하여 커터 관입깊이의 초기값(최대값)을 가정한다. 두 번째로 앞선 2.3절에서 설명한 방법들을 활용하여 가정된 관입깊이 조건에서의 커터 작용력을 산출한다. 이때, 산출된 커터 연직력이 디스크커터의 최대 허용하중(표 3.1 및 그림 3.6 참조)을 초과하게 되면 커터 연직력이 최대 허용하중 이내로 만족할 때까지 관입깊이를 줄여가는 개념이다. 세 번째로 2.2절에서 설명한 방법들에 의해 도출된 최대 관입깊이 조건에서 요구되는 TBM의 소요 추력, 토크, 동력 등이 TBM의 최대 용량 이내로 만족하는지 확인한다. TBM의 최대 용량을 초과하면, 다시 관입깊이를 줄여서 커터 작용력과 소요 사양을 재산출한다. 이러한 조건이 만족되면 후속으로 커터헤드 설계 및 굴진율을 산정하는 마지막 단계를 거치게 된다.

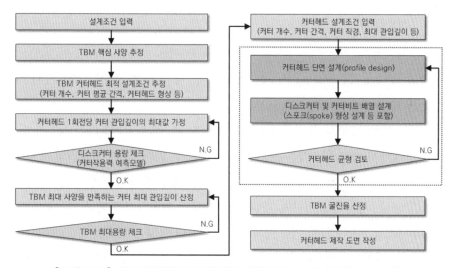

[그림 3.24] 디스크커터의 최대 관입깊이 산정 및 TBM 설계절차(KICT모델)

3.2 TBM의 굴진율 예측

앞서 설명한 디스크커터의 관입깊이와 순관입속도는 TBM의 실제 굴진율(AR, Advance Rate)와는 차이가 있다. 예를 들어, 순관입속도는 TBM이 굴착 단계에 있을 때, 단위시간당 TBM이 굴착할 수 있는 속도를 의미한다. 즉, 순관입속도는 굴착 이외의 지보 또는 세그먼트의 설치, TBM의 정비·수리 등과 같은 지체시간(Downtime)을 고려하지 못하지 못한다.

따라서 TBM의 굴진율을 예측하기 위해서는 전체 시공시간 가운데 굴착 공정이 차지하는 비율, 즉 가동률(Utilization, U, 단위: %)을 반드시 고려하여야 한다. 이와 같은 굴진율은 순관입속도와 아래와 같은 상관관계를 가진다.

$$AR(\text{m/day}) = ROP(\text{m/hr}) \times U(\%) \times T_W(\text{hr/day}) \tag{3.28}$$

여기서 T_W는 TBM 터널에서의 1일 작업시간(Working time)으로서 일반적으로 hr/day의 단위로 적용된다. 예를 들어 순관입속도가 1.5m/hr, 가동률이 30%, 그리고 작업시간이 24 hr/day라면, TBM의 굴진율은 10.8m/day가 된다. 즉, 주어진 조건에서 TBM으로 하루에 10.8m를 굴진할 수 있는 것이다.

TBM 가동률은 다음의 식들로부터 계산될 수 있다. 하지만 이러한 식들에 의해 가동률을 추정하기 위해서는 각각의 지체시간 세부 요소별로 상세한 분석과 산정이 이루어져야 한다.

$$T_b(\text{hr/km}) = \frac{1,000}{ROP(\text{km/hr})} \tag{3.29}$$

$$U = \frac{T_b}{T_b + T_{tbm} + T_{bu} + T_c + T_y + T_{sp} + T_w + T_{tr} + T_r + \dots} \tag{3.30}$$

여기서 T_b는 순굴진시간(Boring time)을 의미하며, 기타 지체시간 세부 요소들에 대한 설명은 표 3.5 및 표 3.6과 같다(Farrokh, 2012).

이상의 방법 이외에도 TBM의 가동률을 일반적으로 30~40%로 가정하는 경우가 많으나, 가동률을 설계단계에서 예측하는 것은 불가능하다고 할 수 있다. 따라서 기존의 유사 조건에서 얻어진 데이터들을 바탕으로 가동률을 산정하는 것이 합리적이라고 할 수 있다.

Rostami(2016)는 경험에 근거하여 TBM 장비 유형과 지반조건에 따른 가동률의 범위를 제시한 바 있다(표 3.7). 이는 앞서 언급한 30~40%보다 다소 낮은 범위이며, 단순한 참고자료로 사용할 것을 강조하였다. 또한 터널 전 구간에 대해 획일적으로 동일한 가동률을 적용하기 보다는 주요 구간별로 가동률을 산정한 후에 터널의 기하학적 조건, 곡률, 경사 등을 고려하여 전체적인 가동률을 산정할 것을 추천하고 있다. 예를 들어 급곡선 구간에 대해서는 가동률을 3~5% 감소, 경사가 큰 터널(일반적인 터널 경사는 1% 미만)에서는 매 1% 경사에 대해 가동률을 1% 감소 및 굴진면이 복합 지반조건으로 구성된 경우에는 5~10% 감소시키는 보정 방안을 제시하기도 하였다.

[표 3.5] TBM 지체시간 요소들의 설명(암반의 경우, 단위: hr/km)

요소명	정의	추천 사항
T_{tbm}	TBM 고장 시간	그림 3.25(a) 참조
T_{bu}	TBM 수리 시간	그림 3.25(b) 참조
T_c	커터 확인/교체 시간	그림 3.25(c) 참조
T_{sp}	지보 설치 시간	그림 3.25(d) 참조
T_r	각 굴착사이클 이후 TBM 재설정(regrip) 시간	$T_r = \dfrac{1000 \times t_r}{60 \times L_s} + \dfrac{409,000}{R^2}$
T_{tr}	버력 운반/하차 시간	표 3.6 참조
T_m	커터헤드, TBM 등의 일상 유지관리 시간	• 양호한 암반 : 50~100hr/km • 보통 등급의 암반 : 100~200hr/km • 불량 암반 : 300hr/km
T_g, T_w	불리한 지반조건에서 추가적인 지보나 배수 처리에 소요되는 시간	그림 3.25(e) 참조
T_p	지반조사를 위한 전방탐사 시간	현장조건에 근거하여 산출 필요
T_u	라인 확장 시간	$T_u = 1.3 \times \theta$ (hr/km) 여기서, θ: 터널 경사(°)
T_y	조사지점의 변경 및 터널 노선 확인 소요 시간	$T_y = 192,000/R^2$ 여기서, R: 터널 선회반경(m)
T_o	분류되지 않는 기타 소요 시간	숙련되지 않은 작업자의 경우 200 hr/km까지

주) L_s : 스트로크 길이(m), t_r(보통 2~6min) : 스트로크당 regripping time(min), R : 곡선반경(m)

[표 3.6] 버력 운반/하차 시간 참고표(암반의 경우)

조건	T_{tr} (hr/km)	컨베이어나 대차의 고장 빈도
매우 양호(very good)	< 50	고장이 없거나 빈도가 매우 낮음
양호(good)	50	낮음
보통(normal)	150	보통
불량(poor)	350	높음(특히, 장대터널에서)
매우 불량(very poor)	> 500	매우 높음

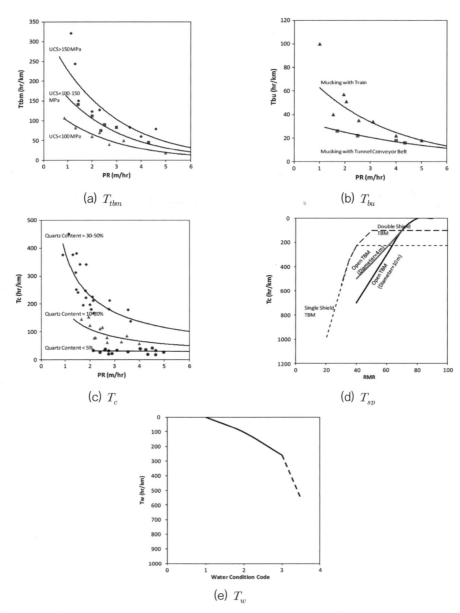

(a) T_{tbm}

(b) T_{bu}

(c) T_c

(d) T_{sp}

(e) T_w

[그림 3.25] 순관입속도, RMR 및 지하수조건에 따른 지체시간 요소들의 추정 도표(Rostami, 2016)

[표 3.7] TBM 가동률의 추정을 위한 일반적인 가이드라인(Rostami, 2016)

TBM 장비 유형	지반조건	버력 운반방식	제안 가동률(%)
그리퍼TBM	균질/균일	대차	35~40
		컨베이어	40~45
	복합/단층	대차	15~20
		컨베이어	20~25
싱글쉴드TBM	균질/균일	대차	20~25
		컨베이어	25~30
	복합/단층	대차	15~20
		컨베이어	20~25
더블쉴드TBM	균질/균일	대차	25~30
		컨베이어	30~35
	복합/단층	대차	20~25
		컨베이어	25~30

3.3 TBM 굴진율 향상 방안

TBM의 굴진율은 설계대상 TBM 터널 조건에서 최대, 평균 및 최소 굴진율로 구분될 수 있다. 본 절에서는 각각의 굴진율을 향상시키기 위하여 배규진과 장수호(2006)가 제시한 방안을 소개하고자 한다.

1) 최대 굴진율을 향상시키기 위한 검토 항목

(1) 디스크커터의 크기

디스크커터의 직경을 늘리면 내장 베어링의 최대 용량이 커지기 때문에, 디스크커터의 최대 허용하중을 증가시키는 것이 가능하다. 이로 인해 동일한 지반조건에서 커터 관입깊이 또는 순굴진속도를 향상시키는 것이 가능하다. 또한 커터의 직경이 크면 마모영역이 커지고, 1회전 당 디스크커터의 절삭길이도 길어지기 때문에 커터의 전주거리 수명도 향상된다. 이로 인해 커터교환횟수가 감소되어 굴진속도 향상을 기대할 수 있다. 따라서 이상과 같이 디스크커터의 크기가 클수록 굴진속도 향상에 연결된다고 할 수 있다. 단, 크기가 커질수록 가격이 상승하고 커터 교체나 운반이 어려워질 수 있기 때문에, 이러한 요인들을 종합적으로 고려하여 커터 크기를 결정하여야 한다.

(2) 디스크커터의 형상과 간격

디스크커터 링의 형상은 CCS(Constant Cross-Secion)커터와 쐐기형(V-shape) 커터로 구분된다. CCS커터는 일반적으로 10~20mm 정도의 폭으로 끝단이 거의 180°에 가까운 형상을 하고 있으며, 마모로 인한 교체 시까지 일정한 관입 폭을 유지하는 것이 가능하다. 반면 쐐기형 커터는 커터 끝단을 예각으로 뾰족하게 하였기 때문에 마모가 발생하기 전에는 절삭성능이 우수하지만, 마모진행이 빠르며 마모에 비례해서 끝단 폭이 증가된다. 이 때문에 한계마모량 부근에서는 절삭성능이 극단적으로 나빠져서 디스크커터의 교환주기가 빨라질 수가 있다. 즉, 극경암이나 경암에 대한 대책으로서 디스크커터의 끝단 폭을 좁게 하는 것도 효과적인 방법이겠지만 내마모성이 저하되기 때문에 마모성이 높은 지반의 경우에는 주의가 필요하다.

또한 TBM에서는 동심원으로 배치된 디스크커터를 암반에 관입시켜 인접파쇄에 의해 암반을 굴착하기 때문에 커터 간격의 설정은 매우 중요하다. 커터 간격이 너무 좁으면 커터 개수가 증가하여 TBM의 가격이 높아지고 시공비용이 증가된다. 반면 커터 간격이 너무 넓으면 인접파쇄가 발생하기 어렵게 되어 굴진효율이 매우 나빠진다. 따라서 굴착 대상지반의 특성에 따른 최적의 커터 간격을 결정하는 것이 굴진효율의 증대를 위해 필수적인 과정이라고 할 수 있다.

(3) TBM 구동동력

TBM의 동력을 증가시키는 것은 암석의 일축압축강도가 100MPa 이하인 조건에서 효과가 있다고 고려되고 있다. 반대로 100MPa 이상의 경암반에서 디스크커터의 관입깊이는 앞서 설명한 바와 같이 커터의 최대 허용하중에 따라 결정되며, 동력을 증가시키는 것에 따른 관입깊이의 증대효과는 적다고 보고되었다(일본 Geo-Front 연구회, 1999). 그러나 원론적으로 동력이 크면 남은 동력을 커터헤드 회전속도를 높이는 데 사용할 수 있기 때문에 순굴진속도를 향상시키는데 도움이 된다.

한편, 극단적으로 강도가 작은 지반조건에서는 이론적으로 커터 관입깊이를 매우 큰 값으로 적용할 수는 있으나, 실제로는 굴진면의 안정성이나 배토능력의 한계 등을 고려하여 커터의 관입깊이를 15mm/rev 이하로 제한하는 것이 일반적이다. 그러나 이와 같은 지반에서는 굴진면의 자립성이 낮고 붕괴토에 의해 커터헤드에서 회전저항 토크의 증가가 예상되므로, 동력의 증가분을 구동 토크의 증대에 이용하는 것이 가능하다.

(4) 커터 소모량 및 커터 교환작업

고속굴진(예: 800m/month 굴진)을 목표로 하는 경우에는 TBM 시공사이클에서 커터 교환

작업이 차지하는 비율이 높다. 커터 교환빈도를 일반적으로 15.5인치 커터에서는 200m에 1회, 17인치 커터에서는 300m에 1회라고 가정하면, 15.5인치 커터 사용 시에는 4회/월, 17인치 커터에서는 2.7회/월 커터교환을 수행하게 된다. 이로 인해 TBM 전체 작업시간에서 커터 교환작업이 20~30%의 비율을 차지하게 된다. 따라서 커터 교환 작업시간을 줄이기 위해서는 커터의 내구성을 향상시키거나 커터 교환작업을 효율화할 필요가 있다.

우수한 냉각효과로 인해 커터 베어링의 내구성을 증가시키고 커터 온도를 낮춤으로 인해 커터 마모율을 감소시키기 위한 화학재료인 폼(Foam)을 적용하는 사례들이 보고되고 있다. 이외에도 분진을 억제하여 작업 환경을 쾌적하게 하고 버력과 굴착토사에 소성특성을 향상시켜 원활한 배토에도 효과적인 것으로 보고되고 있다. 일례로 총 연장 56km의 스페인 과다라마 (Guadarrama) 고속철도 터널에 적용된 결과에 따르면(그림 3.26), 마모성이 높은 지반조건 (Cerchar Abrasivity Index=5.66, Extremely abrasive)에서 커터 마모율을 15% 감소시키는 효과를 거둔 것으로 보고된 바 있다.

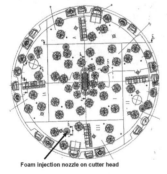

(a) 커터헤드에서의 폼 주입노즐 배치(예) (b) 폼 적용에 따른 커터 청결상태

[그림 3.26] 폼 적용으로 인한 TBM 굴진성능 및 작업환경 개선(예)

커터 교환작업은 TBM 공사에 직접적인 영향을 끼치기 때문에, 커터 소모경향을 파악하여 교환시기를 계획하고 예비 커터를 준비하는 것이 중요하다. 이와 동시에 커터 교환작업 자체를 효율화하여 단시간에 교환할 수 있는 대책을 강구하는 것도 필요하다. 커터 교환시기의 예측은 과거의 실적이나 해당 현장에서의 교환 실적을 참고로 하는 것은 물론이지만, 정기적인 마모량 측정이나 지질 변화지점에서의 마모량 측정도 필수적이다. 또한 최근 들어 TBM의 운전상황을 실시간으로 수집·해석하는 시스템도 도입되고 있고 이들 시스템을 이용하여 커터 토크, 커터 관입압력, 순굴진속도, 지반 조건 등에 따른 마모량을 어느 정도 추정할 수도 있다.

과거에는 커터 크기가 작았던 이유도 있고 해서 거의 대부분 인력에 의해 커터의 운반, 제거 및 설치 작업이 이루어졌지만, 요즘에는 커터가 대형화되어 인력에 의해서 만으로는 취급이 어렵게 되었고, TBM 제작사별로 커터의 반입·반출장치의 개량, 커터 취급방법의 검토, 제거, 부착공구 등의 개발이 이루어지고 있어 커터 교환작업이 상당히 기계화·효율화되고 있다(그림 3.27).

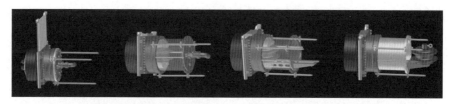

(a) 디스크커터의 자동 교체장치 개념(독일 Herrenknecht 사례)

(b) 커터비트의 자동 교체장치(일본 Kawasaki 사례)

[그림 3.27] TBM 커터의 자동 교체장치 사례

(5) 기타 대책방안

이상의 기술적인 항목 이외에 TBM의 최대 굴진율을 향상시키기 위한 대책방안들을 다음과 같이 정리할 수 있다.

① TBM의 1회 스트로크(Stroke) 길이 증가
② 그리퍼 재설치 시간의 단축 : 굴진과 지보 재설치의 병행, 방향 설정의 단축화, 이중 그 리퍼의 적용 등
③ 효율적인 배토 작업을 위한 검토 항목 : 커터헤드 회전속도에 따른 배토능력, 배토량과 버킷(Bucket)/컨베이어 용량과의 관계 등
④ 극경암 또는 복합지반에 대한 대응 대책
⑤ 지보 설치시간의 단축 방안 검토 : 벌집형(Honeycomb) 세그먼트, 원패스(One-pass) 라이닝의 적용 등

2) 최소 굴진율을 향상시키기 위한 검토 항목

평균 굴진율 향상시키기 위해서는 최소 굴진율을 증대시키는 것이 필수적이다. 굴진율이 높아지지 못하는 요인으로는 각종 시공 트러블에 의한 굴진정지 이외에도 초기굴진이나 기계의 관리(정기점검 등), 다른 작업과의 시공 사이클 관계 등을 들 수 있다. TBM 터널 설계단계부터 지질적인 요인에 의한 시공 트러블을 정확하게 예측하기 어렵다. 특히 TBM은 굴진이 시작된 후부터는 기계의 개조, 후진 등이 사실상 불가능하기 때문에, 설계단계에서 지반조건과 TBM 장비의 적합성을 충분히 검토하여 시공 트러블을 피하는 것이 고속굴진의 필수조건이다.

일본 Geofront연구회(1999)에서는 지반조사의 정밀도가 낮음으로 인해 TBM 설계 시에 예상한 지반조건과 실제 조건이 상이할 경우, 그로 인한 굴진정지 또는 굴진속도의 저하를 평균 굴진율의 주요 저하 원인으로 지적하고 있다.

지질적인 트러블과 관련하여 NATM에서는 보조공법을 적용하는 것이 일반적이지만, TBM에서는 보조공법을 설계단계에서 검토해야만 하는 항목이 많다. TBM 터널의 구조 특성상, 굴진면이나 굴착 주면에 대한 주입 시공과 같이 지반개량을 목적으로 하는 보조공법의 적용은 제한적이다. 주입식 휘폴링(Forepoling) 등의 보조공법을 굴진과 병행하는 경우에도 특별한 장치를 설치하지 않는 한 TBM 내부로부터 보조공법의 적용은 거의 불가능하다.

어떠한 보조공법을 적용하여도 TBM의 굴진을 지연시키기 때문에, TBM의 적용을 검토하는 경우, 계획단계에서 지반조건과 TBM 장비의 적합성을 충분히 검토하고 터널 전체구간 가운데 보조공법이 필요한 불량지반의 비율을 고려하여 TBM의 효과를 충분히 발휘할 수 있도록 하여야 한다.

(1) 지질적 요인에 의한 TBM 시공 트러블 사례

일본 Geofront연구회(1999)의 조사결과에 따르면 TBM에서 발생할 수 있는 지질적 트러블의 위치와 주요 트러블 수준을 각각 표 3.8 및 표 3.9와 같이 정리할 수 있다. 이상과 같은

[표 3.8] TBM의 지질적 시공 트러블 발생사례(발생장소)

발생장소	대규모 붕락		용수		압출·끼임		지반지지력 부족	
	쉴드형	오픈형	쉴드형	오픈형	쉴드형	오픈형	쉴드형	오픈형
굴진면 전방	4	8	7	2	0	0	0	0
커터헤드부	0	0	2	2	7	3	1	2
본체부	1	0	1	1	5	1	5	3
후속대차	1	1	1	1	0	0	0	0
후방구간	0	0	2	2	0	0	0	0
합계	6	9	13	8	12	4	6	5

[표 3.9] TBM의 지질적 시공 트러블 발생사례(트러블 수준)

트러블 수준	대규모 붕락		용수		압출·끼임		지반지지력 부족	
	쉴드형	오픈형	쉴드형	오픈형	쉴드형	오픈형	쉴드형	오픈형
통상굴진	0	0	1	1	0	0	0	0
굴진가능	2	1	1	2	0	0	0	0
굴진불능	3	8	6	4	9	4	6	3
기타	0	0	1	0	0	0	0	0
합계	5	9	9	7	9	4	6	3

지질적 트러블에 처한 경우, 수일에서 수개월의 대책기간이 필요하고 이로 인해 TBM의 굴진이 정지되어 평균 굴진율이 급격히 저하되는 것으로 나타났다(표 3.10).

[표 3.10] TBM의 지질적 시공 트러블 발생사례(대책 기간)

대책 소요기간	대규모 붕락		용수		압출·끼임		지반지지력 부족	
	쉴드형	오픈형	쉴드형	오픈형	쉴드형	오픈형	쉴드형	오픈형
최소기간(일)	15	8	0	0	13	0	0	0
최대기간(일)	100	104	0	0	120	104	240	0

대규모 붕락이 TBM의 주된 트러블로 발생하는 장소는 굴진면 전방이 압도적으로 많았고, 커터헤드를 포함한 TBM 장비에서의 트러블이 또 다른 주된 요인이었다. 또한 대규모 붕락이 발생할 경우의 트러블 수준은 굴진불능으로 되는 경우가 50%이상이었고, 오픈형에서는 90%이상이 되었다. 이로 인한 대책기간은 최소 8일에서 최대 104일로 나타났다. 용수가 TBM의 트러블 요인일 경우, 발생장소는 쉴드형에서는 굴진면 전방, 그리고 오픈형에서는 굴진면 전방, 커터헤드, 후방구간 등에서 다양하게 발생하였다. 트러블수준은 쉴드형의 경우 굴진불능이 되는 경우가 많았으나, 오픈형에서는 40% 정도 굴진이 가능한 것으로 보고되었다. 압출이나 끼임이 트러블 요인일 경우, 발생장소는 커터헤드와 본체부이고 굴착기계와 추진계통에 트러블이 발생하며 100% 굴진불능으로 이어지게 된다. 마지막으로 지반의 지지력이 부족할 경우, 주된 트러블 발생장소는 TBM의 본체부이며 쉴드형에서 많이 발생하였고 추진계통에서의 트러블로 이어졌다. 또한 지반 지지력 부족으로 인한 트러블 수준은 100% 굴진불능인 것으로 조사되었다.

(2) 굴진면 전방탐사에 의한 시공 트러블의 예측

TBM 굴진 시에 굴진면 전방을 탐사하기 위한 관련 기술들을 정리하면 다음의 표 3.11과 같다. 이외에도 굴진면 전방 탐사방법으로서 TRT(Tunnel Reflection Tomography)를 들 수 있다. 이 조사법은 일종의 자성 제한 시스템(Magnetic restrictive system)으로 에너지 소스로 폭약, 대형 해머 등을 사용할 수 있다. 조사에는 일반적으로 4~5시간이 소요되며 시공조건에 상관없이 50~150m 정도를 탐사할 수 있다. 조사로부터 반사계수(Reflection coefficient)의 2차원 및 3차원 토모그래피가 결과로서 얻어진다(그림 3.28). 그러나 이상의 탐사기법들은 대부분 그리퍼TBM에서 적용성이 높다는 한계가 있다. 반면, Zhang et al.(2003)은 디스크커터에 변형률게이지(Strain gauge)와 수신안테나를 설치하고 커터 작용력을 실시간으로 측정하여 굴진면 전방의 지반상태를 추정하기 위한 실험 연구를 수행한 바 있다(그림 3.29). 최근 들어 굴진면 전방탐사를 위한 다양한 탐사방법들이 개발 또는 적용되고 있는 상황으로서, 공사 중에 시공 트러블을 사전에 예측하기 위한 방안으로 전방탐사 기법들을 적극적으로 검토할 필요가 있다.

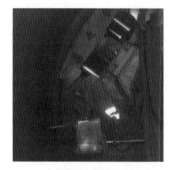

(a) TRT 조사장면

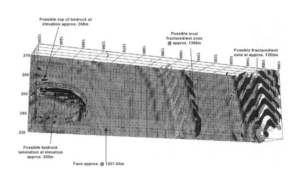

(b) 3차원 토모그래피

[그림 3.28] TRT에 의한 굴진면 전방조사(예)

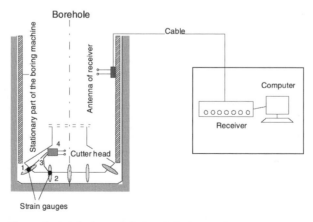

[그림 3.29] 실시간 디스크커터 작용력 측정 시스템(Zhang et al., 2003)

[표 3.11] TBM 굴진면 전방 탐사기술의 사례(일본 Geo-Front연구회, 1999)

구분	물리탐사				선진보링		터널 굴진면 반사법	굴진면 화상 해석법
	TSP 탐사법	터널 HSP 탐사법	전자파탐사법	표면파탐사법	보링	천공 탐사		
측정개요	○: 발진점 ●: 수진점 (수진기) C: TSP본체	○: 발진점 ●: 수진점 (수진기) C: HSP본체	A: 안테나 C: 레이더 본체	E: 기진기 R: 검출기 C: 제측장치	B: 보링장비	B: 천공기, 보링장비	T: 발진점 (스발파) R: 수진기(공내) C: 지진계	C: 화상 취득장치
적용공법/ 적용지반	제약 없음 중경암 이상	제약 없음 중경암 이상	TBM후진필요 암종 제약없음	TBM후진필요 균열성 암반 적용불가	천공위치검토 필요 암종 제약없음	천공위치검토 필요 암종 제약없음	암종 제약없음	암종 제약없음
탐사가능거리	~ 100m	~ 100m	~ 10m	~ 20m	> 50~100m	30~50m	~ 150m	굴진면 근접부
측정정도/ 분해능(m)	±5m/1m	±5m/1m	±1m/0.1m	±1m/0.5m	±0.1~0.5m	±0.1~0.5m	±2~3m	±1m
경제성	○	△	△	△	△~×	△~○	△~○	△~○
조사속도 (시공성)	준비/해석: 1일	준비/해석: 2~3일	즉시 확인가능 ◎	준비/해석: 1~2일	△~×	○ 수시간 이내 가능	○ 수십분 이내 가능	방벽에 따라 다름
적용성 · 단층	○	△	◎	△	○	△~○	이문	△
적용성 · 지하수	×	×	△	×	○	○	×	△
적용성 · 종합	장거리 탐사가 용이하나, 지하수 정보 수집 불가	TSP와 동일	연구단계로서 현장적용을 위한 선행문제가 많음	탐사거리 등의 제약되므로 특수조건에서의 적용으로 국한됨	정보량의 과다	주된 정보를 얻을 수 있으며, TSP와 병행사용이 전망됨	작용 사례가 없어 불분명한 점이 많음	굴진면 근접부에 대한 예측만이 가능

(3) 보조공법의 적용

최소 굴진율을 향상시키기 위해 적용되는 보조공법은 지질적 트러블의 요인과 TBM의 형식에 따라 일반적으로 다음의 표 3.12와 같이 분류될 수 있다.

[표 3.12] 트러블 요인에 따른 보조공법의 종류

시공 트러블 요인	오픈형에서의 보조공법	쉴드형에서의 보조공법
붕락	• 섬유보강 모르타르 타설 • 널말뚝 시공 • 지보 설치간격의 변경 • 물빼기 보링 • 막장전방보강(훠폴링 등) • 약액주입	• 섬유보강 모르타르 뿜어붙이기 • 널말뚝 시공 • 지보 설치간격의 변경 • 물빼기 보링 • 약액주입 • 약액주입에 의한 지반개량(후방 보링)
그리핑 부족	• 반력 지보재 설치 • 숏크리트 등에 의한 반력벽 설치	• 반력 지보재 설치(쉴드잭 추진)
기계 조임	• 반력 지보재 설치 • 오버커팅(overcutting) • 확폭 굴착	• 쉴드잭 추진 • 쉴드 배면 골재 주입 • 확폭 굴착 • 반력지보재 설치 • 오버커팅(overcutting)
용수	• 물빼기 보링 • 용수 처리공	• 물빼기 보링 • 용수 처리공
본체 침하	• 지반개량 • 치환 콘크리트	• 지반개량 • 인버트 라이닝 설치에 의한 기계의 상향조작 향상 • 세그먼트의 적용

3) 평균 굴진율을 향상시키기 위한 검토 항목

평균 굴진율을 높이기 위한 항목으로는 TBM의 제작·조립 및 근무체제, TBM 운전자(오퍼레이터)의 육성 등을 들 수 있으나, 근본적으로 2차 라이닝을 생략하는 것이 가장 효과적인 평균 굴진율 향상 대책이다.

본 절에서는 기술적인 대안으로서 일본 Geo-Front연구회(1999)에서 검토된 원패스 라이닝(One-pass lining)의 적용에 대해서 첫 번째로 소개하고자 한다. 원패스 라이닝은 불리한 지반조건이 비교적 많은 쉴드터널이나 개량 오픈형 TBM이 적용되는 경우에, 전 구간을 간이 세그먼트나 라이너(Liner) 등의 라이닝을 설치하는 개념으로서 지반 상황에 좌우되지 않고 안정적으로 일정한 굴진이 가능하다는 이점이 있다. 따라서 이와 같은 경우에는 지보 시공 또는 세그먼트 시공의 단축에 의해 평균 굴진율을 향상시킬 수 있다. 또한 2차 라이닝을 생략하는 경우에는 공기 단축과 비용 절감이 가능하다.

벌집형(Honeycomb) 라이너, 고강도 박층 라이너, SFRC(Steel Fiber Reinforced Concrete) 라이너 등과 같은 라이너는 쉴드터널의 세그먼트보다 가벼워서 유리하지만, 세그먼트와 비교할 때 상대적으로 하중이 크지 않은 조건에서 적용성이 있다. 특히 라이너는 암반 조건에만 적용이 가능하지만, 세그먼트는 모든 지반조건에 적용될 수 있다. 하지만 추진 반력을 확보하는 차원에서는 동일한 개념으로 볼 수 있다. 단지, 추진 반력의 절대적인 크기는 다르다. 또한 라이너는 투수성을 가지기 때문에 배수형 개념이며 쉴드터널의 세그먼트는 방수 개념이다. 무엇보다도 라이너는 임시적인 지보재인 반면, 쉴드 세그먼트는 구조체로 설계된다는 점이 크게 다르다. 이상과 같은 원패스 라이닝을 적용하는 것에 대한 효과로는 전 구간에 걸쳐 라이너가 설치되므로, 불리한 지반조건에 의한 시공 리스크를 미연에 방지하고 평균 굴진율의 향상에 기여하는 것 이외에도 2차 라이닝이 생략됨에 따른 전체 공기의 단축효과 등을 들 수 있다. 또한 2차 라이닝이 설치되지 않기 때문에 굴착단면이 축소되어 전체 공기가 단축됨으로 인해 비용 절감, 완성된 단면의 평활화에 의한 품질 향상 등의 효과가 있다.

또한 쉴드터널의 세그먼트 분야에서도 2차 라이닝을 생략하기 위한 다양한 시도가 이루어지고 있으며 대표적인 사례들은 아래와 같다. 이외에도 다양한 세그먼트들에 대한 개발과 적용이 이루어지고 있다.

- HD 라이닝 공법 : 세그먼트를 고내구성 수지로 피복하여 2차 라이닝 생략
- MIDT 시트공법 : 세그먼트의 외주를 방수시트로 덮어 내구성과 지수성 향상
- TL라이닝 공법 : 쉴드 굴진에 병행하여 RC세그먼트의 외주에 직접 콘크리트를 타설하여 터널 형성
- AS세그먼트 : 쐐기식의 세그먼트 연결(AS조인트), 앵커식의 링 연결(자동앵커 조인트)을 미리 붙여 연결
- 고성능 내화 합성 세그먼트 : 직경 10m의 쉴드터널에서 기존 RC세그먼트를 대체하여 적용한 결과, 라이닝 두께가 80cm에서 25cm로 줄어들어 굴착량이 $19m^3/m$까지 줄어드는 것으로 보고된 바 있다(Yasuda et al., 2004). 전력구, 상·하수도 터널, 통신구 등과는 달리 도로 및 철도터널에서 원패스 라이너나 고성능 세그먼트를 적용하여 2차 라이닝을 생략할 경우에는, 화재로 인한 대규모 사고를 미연에 방지하는 대책을 고려할 필요가 있다.

4 TBM 커터헤드의 설계방법

본 절에서는 TBM의 커터헤드를 설계하는 개념과 방법에 대해 소개하고자 한다. 본 절에서 소개하는 설계방법은 한국건설기술연구원(2015)의 연구결과와 본 장의 저자가 포함된 논문(Rostami & Chang, 2017)을 바탕으로 작성되었음을 밝히는 바이다.

4.1 커터헤드의 형상과 디스크커터의 배열설계방법

암반 절삭용 굴착도구인 디스크커터의 배열설계에서 가장 기본이 되는 최적의 커터 간격은 커터 관입조건에 따라 절삭 에너지(Cutting energy)를 최소화할 수 있는 효율적인 커터 간격으로 설정해야 한다. 커터 간격(S)과 커터 관입깊이(P)의 비율인 S/P는 일반적으로 $10{\sim}20$의 범위이다. 현재까지 보고된 최소 및 최대 S/P는 각각 6과 40이다.

예를 들어, 화강암에 일반적으로 적용되고 있는 관입깊이의 범위인 5~7mm/rev를 일반적인 S/P 범위인 10~20에 대입하면, 커터 간격은 50~140mm에 해당하게 된다. 그러나 인접한 두 커터 사이에서 굴곡(Ridge)이 형성되는 것을 방지하기 위해 일반적으로 75~90mm의 커터 간격을 설계에 적용하고 있다. 사암, 석회석 등과 같은 연암 또는 취성 암반에서는 커터 간격을 110mm로 적용하기도 한다.

하지만 커터 형상(커터 직경, 커터 tip 너비 등)과 암석 특성에 따른 커터 작용력을 정확히 평가하는 것이 최적의 커터 간격을 설계하기 위한 최우선 단계이다.

앞서 설명한 바와 같이, 커터 작용력 추정결과는 최대 관입속도를 추정하기 위해 사용된다. 커터 작용력의 추정값들은 커터헤드 설계와 밸런스 검토를 위한 핵심 정보로도 활용된다. 또한 커터 작용력은 앞서 설명한 바와 같이 커터헤드 추력, 토크, 동력 등을 계산하는데도 활용된다.

일반적으로 커터 간격을 설계하는 데 선형절삭시험을 수행하는 것이 최상의 방법이지만, 조사·설계단계에서 선형절삭시험에 필요한 대형 암석 블록의 채취가 어렵고 관련된 비용과 시간이 많이 소요된다는 단점이 있다.

따라서 커터 작용력을 앞서 설명한 다양한 모델들로 추정한 후, 그림 3.30과 같이 절삭조건에 따른 커터 작용력과 커터 하중 용량을 비교하여 TBM의 적용 조건에 적합한 최대 커터 관입깊이를 추정하는 것이 가장 일반적이고 합리적인 방법이라고 할 수 있다. 예를 들어 그림 3.30에서 직경이 432mm인 디스크커터를 사용할 경우(커터 최대용량 250kN 가정), 커터간격이 75, 100, 125mm일 경우의 최대 커터 관입깊이는 각각 약 8, 10, 12mm가 된다. 따라서 이와 같은 결과로부터 설계단계에서 요구되는 TBM의 최대 굴진율과 TBM의 최대 용량(추력, 토크

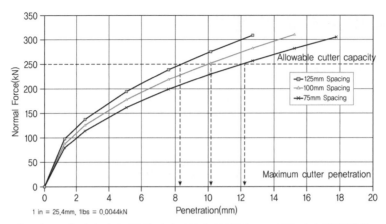

[그림 3.30] 커터 간격변화에 따라 관입깊이의 함수로 도시된 커터 연직력(예)

등)을 종합적으로 고려하여 커터 간격을 설계하게 된다. 커터 간격과 커터 관입깊이는 서로 반비례 관계에 있는데, 커터 간격을 좁게 하면 최대 관입깊이를 증가시킬 수 있지만 커터 개수가 증가하는 단점이 있으며, 반대로 커터 간격을 크게 하면 최대 관입깊이가 감소하며 커터 1개가 받아야 하는 추력이 커질 수 있다는 문제가 있다. 따라서 이상의 관계들을 종합적으로 고려하여 커터 간격을 추정하는 것이 필요하다.

외국의 TBM 제작사에서는 압축강도가 200MPa 이상인 극경암 조건에서는 커터 간격을 70mm로 하는 것이 일반적이며, 극경암 이외의 압축강도가 200MPa 이하인 조건에서는 커터 간격을 70~100mm로 하는 것이 일반적인 것으로 파악되고 있다.

커터헤드의 첫 번째 설계단계는 커터헤드의 단면(Profile)을 설계하는 것이다(그림 3.31). 이를 위하여 각 디스크커터 tip의 좌표를 X-Z 좌표로 정의한다(여기서 Z축은 터널축). 또한 게이지커터부에서는 커터의 경사각(Tilt angle)도 필요하다.

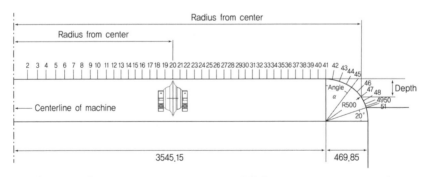

[그림 3.31] TBM의 일반적인 커터헤드 단면(예) (Rostami & Chang, 2017)

커터헤드의 단면 형상은 앞서 설명한 바와 같이, 돔형, 심발형 및 평판형으로 구분할 수 있으나, 그리퍼 TBM을 제외하고 돔형과 심발형은 커터 개수가 증가되고 비효율적이기 때문에 현재 거의 사용되지 않으며 최신 TBM의 대부분은 평판형으로 제작되고 있다.

이상과 같은 평판형 커터헤드에서는 커터헤드 중심으로부터 전이영역(Transition area)과 게이지영역(Gage area)이 평면상에 위치한다. 여기서 게이지영역은 고정된 반경을 가진 곡선구간이 시작되는 부분을 의미한다. 이러한 게이지영역의 곡선반경은 평판형의 커터헤드 단면 설계를 위한 유일한 형상변수로서, 일반적으로 450~550mm가 적용되고 있다.

또한 최근에는 '매립형(Recessed)' 설계라고 하여, 커터헤드 플레이트 내부에 커터를 장착함으로서, 커터 블레이드(커터 링)만이 노출되도록 하는 것이 표준이다. 이는 최신의 경암반 TBM에서도 표준화된 사항이다.

디스크커터의 배치 시에는 커터 간격에 대한 두 가지 표기법(Notation)을 활용하게 되는데, 이는 직선간격(Linear spacing)과 반경간격(Radial spacing)으로서 그림 3.32와 같이 정의된다.

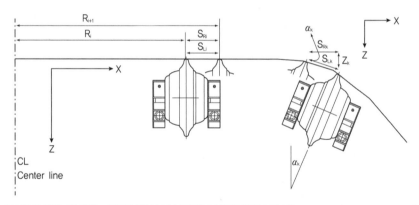

[그림 3.32] 커터헤드 단면상에서 직선간격과 반경간격의 정의(Rostami & Chang, 2017)

커터헤드의 직선(flat) 영역에서 선형간격과 반경간격은 동일하다($S_{Ri} = S_{Li}$). 그러나 곡선 영역에서의 반경간격(S_{Rk})은 직선간격(S_{Lk})을 터널축에 수직한 단면에 대해 투영한 길이가 된다. 이와 같은 관계들을 수식으로 정리하면 다음과 같다.

$$R_{i+1} = R_i + S_{Ri} \tag{3.31}$$

$$S_{Rk} = S_{Lk} \cdot \cos\alpha_k \tag{3.32}$$

$$S_{Lk} = \sqrt{S_{Rk}^2 + Z_k^2} \tag{3.33}$$

$$R_{k+1} = R_k + S_{Rk} = R_k + S_{Lk}\cos(\alpha_k) \tag{3.34}$$

여기서 α_k는 디스크커터의 중심축과 터널축이 이루는 각도, S_{Ri}는 i번째 커터와 i+1번째 커터 사이의 반경간격, S_{Li}는 i번째 커터와 i+1번째 커터 사이의 직선간격, S_{Rk}는 k번째 커터와 k+1번째 커터 사이의 반경간격, S_{Lk}는 k번째 커터와 k+1번째 커터 사이의 직선간격, R_i는 커터헤드 중심으로부터 i번째 커터까지의 반경거리, R_{i+1}는 커터헤드 중심으로부터 i+1번째 커터까지의 반경거리, Z_k는 k번째 커터의 기준면(Reference plane)으로부터의 오프셋(Offset)이다.

또한 기하학적으로 커터의 경사각 α를 사용하여 다음과 같이 S_L로부터 Z와 S_R을 계산할 수 있다.

$$S_R = S_L \cdot \cos\alpha = \sqrt{S_L^2 - Z^2} \tag{3.35}$$

$$Z = S_L \cdot \sin\alpha = \sqrt{S_L^2 - S_R^2} \tag{3.36}$$

이상의 관계식들로부터 TBM의 반경(R_{TBM})은 반경간격과 다음의 관계를 가진다.

$$R_{TBM} = D_{TBM}/2 = \sum_{i=1}^{N} S_{Ri} \tag{3.37}$$

여기서 N은 커터헤드에 장착되는 디스크커터의 총 개수이다.

경험적으로는 커터헤드의 개수, 커터 간격 및 TBM의 직경 사이에 다음과 같은 관계가 존재한다.

$$N = \frac{D_{TBM}}{2 \cdot S} + K \tag{3.38}$$

$$N = \frac{D_{TBM} - 500}{2 \cdot S} + 15 \tag{3.39}$$

여기서 S는 최적의 커터 간격(단위: mm, D_{TBM}의 단위도 mm)이며 K는 게이지영역에서 커터의 감소되는 간격을 고려하기 위한 인자로서 TBM 직경에 따라 10~15 범위에 해당된다.

이외에도 커터의 개수를 재확인하기 위하여 NTNU에서 제시한 그림 3.33을 사용할 수도 있다. 그러나 NTNU에서 제시한 그림은 게이지커터를 고려하지 않은 커터 개수임을 상기하여야 한다.

예를 들어 TBM의 직경이 8,000mm이고 커터 간격이 80mm(직경 432mm)일 경우 식 (3.39)에 의해 계산되는 디스크커터의 개수는 59개인 반면, 그림 3.33으로 추정되는 커터 개수는 62개로서 3개의 차이를 보인다.

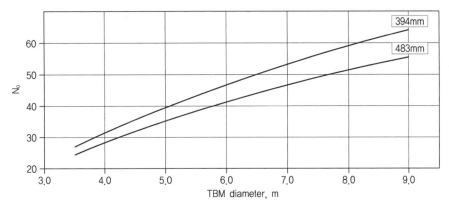

[그림 3.33] TBM 직경에 따른 커터 개수의 추정(NTNU모델)

디스크커터의 경사각(α)은 디스크커터의 중심선 방향과 터널축이 이루는 각도로서, $\alpha = 0$은 커터가 직선 구간과 수직한 조건으로서 센터커터(Center cutter)와 페이스커터(Face cutter)에 해당된다(그림 3.34). 반면, 전이영역과 게이지영역에서는 α가 증가하게 되며, 일반적으로 65~70°가 마지막 게이지커터에 대한 경사각의 한계가 된다.

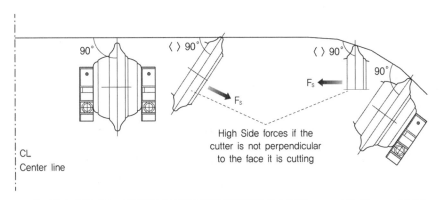

[그림 3.34] 디스크커터의 경사각에 따른 배치형태와 측력(Rostami & Chang, 2017)

전이영역과 게이지영역에서 경사각을 적용하는 목적은 외곽부 게이지커터들의 커터 허브 (Hub)와 커터 하우징을 설치하기 위한 여유공간을 고려한 것으로서, 경사각이 발생함으로 인해 3차원 커터 작용력 성분 가운데 측력(Side force)이 증가하게 된다. 나머지 커터들에 대해서는 커터가 커터헤드의 직선 구간(Face)과 수직하도록 하여 측력을 최소화하는 것이 중요하다.

센터커터에서 "Center Quad"는 첫 번째 4개의 디스크커터들을 센터커터로 배치하는 것으로서, 중심부의 커터 배치를 위한 공간이 부족하기 때문에 적용된다. 또한 센터커터 가운데 첫 번째 커터는 중심에서 50mm 간격을 이격하여 배치하는 것이 일반적이다. 따라서 커터간격이 100mm일 때 "Center Quad"를 적용할 경우, 센터커터의 배치 간격은 그림 3.35와 같이 된다. 또한 경암반에서는 센터부에서 커터의 간격을 약 5~10mm 정도 줄이게 되는데, 이러할 경우 센터커터의 간격은 약 80~90mm이 된다. 반면, 센터커터를 6개 배열하는 경우에도 배열형태는 센터커터가 4개일 경우와 동일하다.

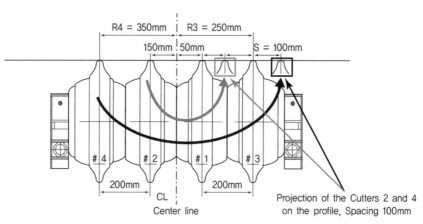

[그림 3.35] 'Center Quad' 형태의 센터커터 배치(예) (Rostami & Chang, 2017)

전이영역에서는 커터의 경사각 α와 오프셋 Z가 증가하게 된다. 일부 최신의 평판형 커터헤드에서는 매우 작은 전이영역을 적용하고 있다. 즉, 1~2개만 전이영역의 커터이고 바로 이어 게이지영역이 시작되는 형태이다. 기술적으로도 전이영역과 게이지영역을 구분하는 것은 큰 의미가 없다.

게이지영역에서는 앞서 설명한 바와 같이 게이지부의 마지막 커터의 경사각은 65~70°로 하며, 게이지부의 곡선반경은 450~550mm로 설계하는 것이 일반적이다. 이는 게이지커터로의 점진적인 전이와 커터헤드(세그먼트 두께 고려)와 커터 하우징의 여유공간(Clearance)을 고려한 것이다.

게이지커터들은 직선간격으로 하여 곡선부에 배치하는 것이 중요한 설계개념이며, 커터의 경사각으로 인해 직선간격보다 반경간격이 더 크게 감소한다. 예를 들어 페이스커터의 직선간격이 100mm일 경우, 게이지영역에서는 식 (3.40)과 같이 매 반복절차(iteration)마다 직선간격을 4~5mm 정도 줄이는 것이 일반적인 설계 형태이다.

$$S_{Lk+1} = S_{Lk} - 5 \ (게이지커터)$$ (3.40)

게이지커터의 개수는 암석의 경도와 게이지커터를 보호하기 위한 보수적인 설계정도에 따라 달라진다. 또한 게이지커터는 굴진면에서 발생된 버력들과 접촉하기 때문에 페이스커터와 비교할 때 추가적인 하중과 마모가 발생한다.

더욱이 TBM을 추진할 때 커터헤드의 전진으로 인해 페이스커터와 비교하여 더 큰 측력이 발생한다. 이러한 사실이 게이지커터에 작용하는 큰 응력을 저감시키기 위해서 게이지커터의 간격을 줄이는 이유이다.

예를 들어, 게이지부의 곡률반경이 500mm이고, 마지막 게이지커터의 경사각(최대 경사각)이 70°일 경우, 게이지영역의 곡선 길이는 다음의 식 (3.41)과 같이 약 610mm가 된다. 따라서 페이스커터의 간격이 100mm라면 게이지커터를 6개 이상 설치할 수 있게 된다.

$$L_{gage} = R_{gage} \cdot \alpha_{max} = \pi \cdot 500 \cdot 70/180 \approx 610 \ mm$$ (3.41)

여기서 L_{gage}는 게이지영역의 곡선 길이(호의 길이), R_{gage}는 게이지영역의 곡률반경, α_{max}는 마지막 게이지커터의 경사각, 즉 최대 경사각(단위: radian)이다.

이상과 같은 관계식들을 사용하여 커터헤드의 단면을 설계할 수 있으며, 이와 관련된 입력자료들을 정리하면 다음과 같다.

- 페이스커터의 간격
- 게이지영역에서의 커터간격 감소치 : 약 5mm
- 게이지영역의 곡률반경(R_{gage}) : 약 450 ~ 550mm
- 마지막 게이지커터의 경사각(α_{max}) : 약 65~70°
- 게이지영역의 곡선 길이(L_{gage}) : 게이지영역의 곡률반경과 최대 경사각에 의해 식 (3.41) 에 의해 계산

커터헤드 단면 설계로부터 얻어지는 결과로는 게이지커터의 개수와 그에 따른 각 디스크커

터의 직선간격, 경사각 및 오프셋이다. 그림 3.36은 직경이 약 4.4m인 TBM에서 이와 같은
방식으로 설계된 32개의 디스크커터가 장착된 커터헤드의 단면 사례를 보여준다.

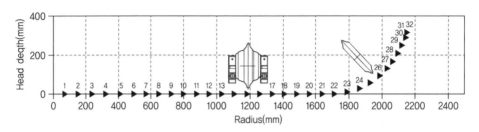

[그림 3.36] 커터헤드 단면상의 커터 배열설계(예) (Rostami & Chang, 2017)

추가적으로 마지막 게이지커터의 부담과 마모를 경감시키고 굴착외경의 축소를 방지하기 위
하여 카피커터(Copy cutter)를 사용할 수 있다. 카피커터는 보통 연암에서는 불필요하나, 마모
성 경암에서는 외곽에 1개의 카피커터, 즉 총 2개의 카피커터를 설치한다. 카피커터로는 tip의
폭이 넓은 커터나 카바이드(Carbide)가 삽입된 커터를 사용한다. 또한 카피커터는 굴착외경
(Nominal profile)에서 10~23mm 더 관입되도록 하여 과굴착(Overcutting)을 한다. 이는 싱
글쉴드나 더블쉴드TBM에서 내공 축소로 인한 TBM의 끼임(Jamming)을 방지하며, 게이지커
터의 과도한 마모로 인한 굴착외경의 축소를 방지하기 위한 것이다.

앞서 설명한 바와 같이, 더블 디스크커터(Double disc cutter)는 센터부와 같이 제한된 영역
에서의 커터 간격 배치를 위한 공간 활용과 암석 파괴효율을 향상시키기 위한 목적으로 사용된
다[그림 3.9(c)].

이상과 같은 커터헤드 단면 설계에서는 커터헤드에 디스크커터들을 균등하게 배치하는 개념
으로 설계가 이루어지기 때문에, 비균질 또는 복합 지반에서 TBM에 작용하는 합력의 균형을
확보하는 것이 필요하다. 예를 들어 커터들이 커터헤드의 일부분에 집중적으로 배열되면, 불균
형 편심력(Unbalanced eccentric force)이 TBM에 작용하여 TBM의 메인베어링에 편심을 가
하게 되어 메인베어링의 고장이나 파손을 야기할 수 있다(그림 3.37). 그림 3.37(b)와 같이 커
터헤드에 발생하는 편심력은 각 디스크커터에 작용하는 커터 작용력들의 합과 중첩에 의해 야
기된다. 굴착대상 지반조건에 대해 완전히 균형이 확보된 TBM의 경우, TBM에 작용하는 합력
(Resultant force)은 터널축과 평행하게 TBM 중심에 작용하게 된다(그림 3.37a). 그러나 합력
이 TBM 중심에서 벗어나거나 경사진 경우에는 커터헤드 평면에 모멘트가 발생하여 메인베어
링에 악영향을 미칠 수 있다.

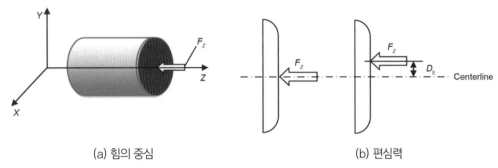

(a) 힘의 중심   (b) 편심력

[그림 3.37] TBM 추진 시 커터헤드에 대한 합력 작용 개념(Rostami & Chang, 2017)

따라서 커터헤드의 커터 배열에서 있어서 가장 중요한 사항은 커터헤드의 일부분에 커터들을 집중 배치하는 것을 지양하여 편심력과 모멘트 발생을 방지하는 것이다.

커터 배열에서 최상의 방법은 각간격(Angular spacing)을 이용하는 것으로서 최적의 배열이 가능하게 되고 다양한 형태의 배열과 프로그램 알고리즘을 구현할 수 있다는 점이다.

구체적으로 극좌표계(Polar coordinate system), 즉 3차원적으로는 실린더 좌표계에 의해 커터 배열 알고리즘을 구현할 수 있다. 즉, 각 커터의 3차원 좌표는 (R_i, θ_i, Z)로 표현되는데 R_i와 Z는 앞서 설명한 커터헤드 단면 설계과정에서 도출되는 좌표이며, θ_i는 커터헤드 평면상의 기준선(Reference line, 본 절에서는 TBM 중심의 수평선)으로부터의 각도로부터 계산된다 (그림 3.38).

즉, 각간격(Angular spacing)을 θ_s로 표현하면 극좌표계에서 각 커터의 커터헤드 평면상의 각도는 다음과 같이 정의된다.

$$\theta_{i+1} = f(\theta_i) = \theta_i + \theta_s \tag{3.42}$$

여기서 θ_i는 i번째 커터의 각도, θ_{i+1}는 i+1번째 커터의 각도이다. 또한 $\theta_{i+1} = \theta_i + \theta_s > 360^o$이면, θ_{i+1}에서 360°를 빼야 한다.

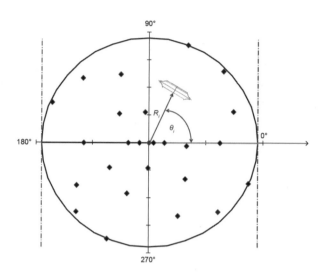

[그림 3.38] 커터헤드상에서 커터 배열을 위한 극좌표계의 정의(Rostami & Chang, 2017)

커터헤드 평면상에서 커터들의 균등 배열을 위해서는 첫 번째로 커터헤드를 n개의 구역으로 구분할 때 각 구역의 커터개수들이 동일해야 한다. 또한 커터헤드의 대칭을 유지할 수 있도록 커터 개수가 짝수가 되면 더욱 용이하다. 커터들이 설계된 패턴에 적합하도록 커터 1개당 최소 필요공간을 파악하는 것이 필요하다. 이는 별도의 알고리즘이나 CAD 프로그램에서 수작업으로 수정·보완이 가능하다. 그러나 실제적으로는 커터헤드 평면상에서 커터들의 완전한 대칭과 균등 설계가 불가능하기 때문에, 커터헤드의 균열을 유지하기 위해서 게이지커터들을 활용한다.

커터헤드 평면에서 커터 배열을 위한 기본적인 세 가지 형태는 다음과 같다(그림 3.39).

- 나선형(Spiral) 설계(Double 또는 Multi spiral): 이중 나선형(Double spiral)의 경우 θ_s 는 180°, 삼중 나선형(triple spiral)의 경우 θ_s 는 120°
- 스포크(Spoke) 또는 별모양(Star) 설계: 일정한 각거리(Angular distance)에 위치한 반경방향 직선들에 커터 배열(예: 3, 4, 6, 8....스포크)
- 임의적(Random) 또는 비대칭(Unsymmetrical) 설계: 추천되는 방법은 아니며 비효율적임

(a) 다중 나선형　　　　　　(b) 스포크형　　　　　　(c) 추계학적 배치

[그림 3.39] 커터헤드 설계 패턴의 예(한국건설기술연구원, 2015)

커터 배열을 완료한 후에는 1) 커터헤드 조인트, 2) 버력처리용 버킷(Bucket) 등을 고려하여 수작업에 의해 부수적인 수정을 실시한다. 이러한 과정은 단순한 수학적 과정으로 자동 실시되는 것은 아니다.

이상과 같은 커터 배열 개념에 의해 각간격 θ_s에 따른 커터 배열 형상을 도시하면 다음의 그림 3.40과 같다. 이와 같이 θ_s에 따라 보다 다양한 형태의 커터 배열을 구현할 수 있으나 현재 TBM에 일반적으로 적용되고 있는 배열 형태가 아닌 관계로, 대표적으로 나선형과 스포크형(별모양)에 대해서만 예제로 도시한 결과는 그림 3.41과 같다. 특히, 이는 뒤이어 설명할 스포크의 형태에 따른 커터비트의 배열설계와도 직접적인 관계가 있다.

커터헤드 설계의 일부라고 할 수 있는 버력처리용 버킷의 개수, 크기 및 배치는 TBM의 굴착 체적과 관입속도에 비례한다. 이는 커터헤드의 마모방지, 버력처리 효율 등의 측면에서 중요한 설계항목이다.

버킷의 개구부 크기는 버력의 크기에 좌우되며, 버력처리용 슈트(Chute)에 적합한 일반적인 버력 크기는 약 100×100mm 또는 100×150mm이다.

버킷의 설계를 위한 일반적인 방법은 없으나 일반적으로 다음과 같은 흐름에 의해 수행된다. 이때 (1)~(3)의 계산 시에는 암석 버력의 팽창(Swelling)으로 인한 버력 체적의 증가분인 40~70%를 고려하여야 한다.

(1) 절삭되는 암석 체적의 계산 = 관입깊이(P)×굴진면 면적

(2) 단위시간(1분)당 절삭 체적 계산

(3) 커터헤드 1회전당 절삭 체적 계산 = (2)÷RPM

(4) 각 버킷의 버력처리량 = (3)÷버킷의 개수

(5) 버킷으로 채워지는 삼각형 단면 가정(그림 3.42 참조)

(6) 버킷 폭(bucket mouth) 추정

(7) 버킷의 크기가 너무 크면 개수를 늘려 조절

(8) 버킷의 개수가 결정되면 커터헤드에 대칭/균등 배치 : 버킷의 각위치(Angular position)
   $= 360° ÷ N_{bucket}$

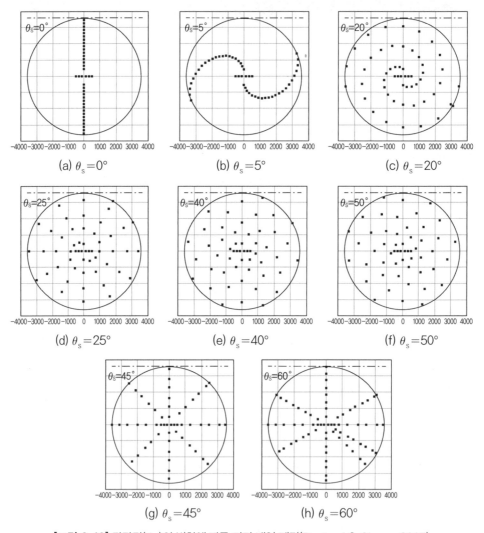

(a) $\theta_s = 0°$　　　　(b) $\theta_s = 5°$　　　　(c) $\theta_s = 20°$

(d) $\theta_s = 25°$　　　　(e) $\theta_s = 40°$　　　　(f) $\theta_s = 50°$

(g) $\theta_s = 45°$　　　　(h) $\theta_s = 60°$

[그림 3.40] 각간격(θ_s)의 변화에 따른 커터 배열 패턴(Rostami & Chang, 2017)

암반이 견고할수록 버킷의 크기와 개수는 감소하는데 이는 커터헤드 1회전당 굴착량이 감소하기 때문이다. 커터 배열설계는 터널 노선 구간 중에 가장 강한 지반조건을 기준으로 하는 반면, 버킷 설계는 해당 구간 중에 가장 약한 지반조건을 기준으로 하여야 한다.

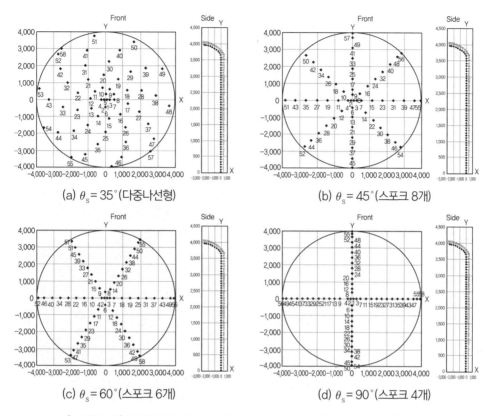

(a) $\theta_s = 35°$(다중나선형)

(b) $\theta_s = 45°$(스포크 8개)

(c) $\theta_s = 60°$(스포크 6개)

(d) $\theta_s = 90°$(스포크 4개)

[그림 3.41] 커터의 각간격(θ_s)에 따른 디스크커터의 배열 및 스포크의 형태(예)

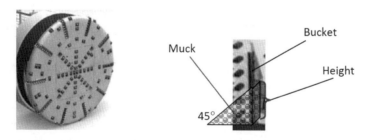

[그림 3.42] 버킷을 통과하는 버력 체적의 추정 개념(한국건설기술연구원, 2015)

버킷의 위치와 커터 위치가 겹칠 경우에는 커터 위치를 변경한 후 커터헤드의 균형을 유지할 수 있도록 재검토하여야 한다. 이와 같이 버킷의 위치는 커터의 위치보다 우선적으로 배치되어야 한다.

과거의 버킷 설계 시에는 조절이 가능한 캡(Adjustable cap)이 포함되어 있으며 길이가 긴 버킷 포켓(Bucket pocket)이 사용되었으나[그림 3.43(a)], 비효율적인 관계로 적용 사례가 감

143

소하고 있으며 포켓의 길이는 커터헤드 반경의 약 75%를 커버한다. 반면, 최근에는 케이지 (Cage) 영역에서 그릴 바(Grill bar)가 용접된 소형 버킷 립(Lip)을 적용한다[그림 3.43(b)]. 특히 그릴 바로 인해 커터헤드 후면으로 통과가 가능한 버력의 최대 크기를 제한할 수 있다. 그러나 본 절에서 소개한 대칭 배열설계 방법으로 인해 커터와의 간섭 없이 버킷 위치의 배열이 가능하다. 또한 커터헤드로의 맨홀(직경 1~1.2m)이나 작업용 출입구는 전이영역이나 페이스커터의 외측면에 배치하는 것이 바람직하다.

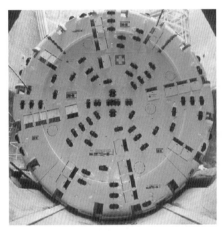

| (a) 버킷 포켓 방식 | (b) 버킷 립 방식 |

[그림 3.43] 커터헤드 평면상에서 버킷의 형태(한국건설기술연구원, 2015)

4.2 커터헤드의 스포크 및 개구율 설계와 커터비트 배열설계 방법

앞선 4.1절에서 설명한 바와 같이, 커터헤드의 스포크는 기본적으로 굴착대상 암반조건에 따른 디스크커터의 배열설계와 직접적인 관련이 있다. 또한 일반적으로 초기의 이수식 쉴드 TBM의 커터헤드는 스포크형[그림 3.2(a)]이 많았으며 스포크의 중앙부에 디스크커터나 대형 비트가 장착되고 스포크의 모서리에 일반 커터비트가 배열되는 형태가 많았다(그림 3.44). 그러나 토압식 쉴드TBM의 대부분은 밀폐형(Closed)인 면판형[그림 3.2(b)]으로, 스포크형은 지반의 사전 컨디셔닝(Conditioning)을 최소화할 수 있는 매우 연약하고 이상적인 지반조건, 특히 일본을 위주로 적용되어 왔다(그림 3.45).

스포크와 개구부에 따른 TBM 커터헤드의 개구율(Opening ratio)은 다음 식과 같이 계산된다.

$$O_R = \frac{A_s}{A_r} \tag{3.43}$$

여기서 O_R는 개구율, A_s는 커터헤드에서 개구부의 총면적(커터비트의 투사면적 미고려)이며, A_r은 커터헤드의 면적을 의미한다.

[그림 3.44] 초기의 이수식 쉴드TBM에 적용된 스포크형 커터헤드와 커터비트 배열(예)(독일 Herrenknecht)

[그림 3.45] 복합지반용 토압식 쉴드TBM의 면판형(밀폐형) 커터헤드(예)(독일 Herrenknecht)

이수식 쉴드TBM의 개구율은 일반적으로 10~30%의 범위이며 토압식 쉴드TBM의 개구율은 보통 이수식보다 다소 큰 것으로 알려져 있다. 특히 토압식 쉴드TBM의 개구율은 유럽에서는 28~35%가 일반적으로 적용되고 있으나 일본에서는 최대 45~48%까지 적용하고 있는 사례도 있다. 또한 점착성이 높은 점토성 지반 등에서는 개구율을 증가시키는 것이 바람직하다. 하지만 지반의 붕괴 위험이 크다면 개구율에 대한 심도 있는 검토가 필요하다. 만약 개구부가 필요하다면 TBM의 가동이 멈췄을 때 개구부를 통해 TBM 내부로 토사가 붕괴·유입되는 것을 방지하기 위한 개구부 개폐 장치가 포함되어야 한다.

근본적으로 개구율의 설계는 굴착 버력과 토사가 커터헤드 챔버(Chamber)로 들어갈 수 있을 정도가 되어야 하며, 혼합 챔버로 들어갈 수 있는 토사 또는 호박돌의 크기에 따라 각 개구부의 크기가 결정된다. 그러나 일반적으로 개구율보다 개구부의 분포가 설계 측면에서 더 중하다. 이는 임계 버력흐름(Critical muck flow)이 발생하는 중앙부에 중점을 두어야 하기 때문이다.

조립질 지반이나 호박돌 지반에서는 이수식이나 믹스쉴드(Mixshield)가 추천되며, 역시 커터헤드 형상은 스포크형이 일반적이다. 이는 벤토나이트와 이수가 보다 큰 면적을 커버할 수 있도록 하기 위함이다.

그림 3.46은 쉴드TBM 직경에 따른 스포크 개수를 분석한 결과로서, 쉴드TBM의 직경이 커질수록 스포크의 개수가 증가하는 것을 알 수 있다. 예를 들어, 직경이 5~7m인 경우에는 일반적으로 스포크가 6개인 커터헤드의 형상이 일반적이며, 직경이 7~9m인 경우에는 8개의 스포크가 일반적으로 활용된다. 하지만 앞서 설명한 바와 같이 복합지반의 경우에는 암반의 특성에 따른 디스크커터의 배열에 의해 스포크의 형상과 개수가 좌우될 수 있다.

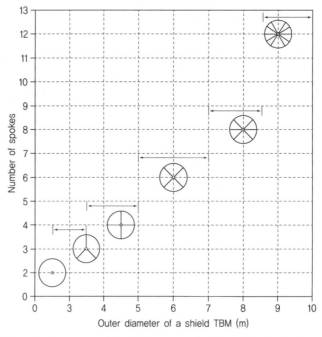

[그림 3.46] 쉴드TBM의 직경에 따른 스포크 개수(한국건설기술연구원, 2015)

커터비트는 앞서 설명한 바와 같이 스포크, 즉 각 개구부의 모서리에 장착되기 때문에 커터헤드의 모든 절삭 궤적을 커버하게 된다. 따라서 마모저감을 위해 동일한 절삭 궤적에 4개 이상의 비트를 설치하여야 한다.

커터비트의 크기가 작으면 취급이 용이한 장점은 있으나, 이수식 쉴드TBM에서는 상대적으로 크기가 큰 비트를 사용하는 것이 유리하다. 커터비트는 커터헤드의 2방향 회전을 위해 설계되며, 커터헤드의 외주면에는 마모방지 대책을 실시하여야 한다.

최근에는 복합지반에서 디스크커터 하우징에 장착할 수 있는 특수 리퍼(Ripper)가 일부 적용되고 있다(그림 3.47). 이는 상대적으로 연약지반 구간이 길 경우에 디스크커터의 끼임을 방지하기 위하여 사용되는 것으로 파악된다.

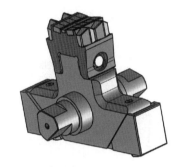

[그림 3.47] 디스크커터 하우징에 장착이 가능한 리퍼 비트(독일 Herrenknecht)

스포크의 개수와 개구율에 따른 커터비트의 배열설계 개념은 다음과 같다(한국건설기술연구원, 2015).

- 모든 커터비트들에 의해 굴착대상 터널 단면 전체에 대해 토사를 긁어낼 수 있도록 배치한다.
- 커터비트들은 커터헤드 측면의 직선부에만 배치하는 것을 원칙으로 한다(TBM의 종류에 따라 커터헤드 외측면은 일정한 곡률반경을 가지는 원호로 이루어져 있음).

이상과 같은 개념에 근거한 커터비트들의 배열설계 방법은 총 4단계로서 다음과 같다.

첫 번째는 '1단계'로서 커터비트의 배열설계를 위한 입력변수들을 다음과 같이 설정하고 정의한다(그림 3.48 및 그림 3.49).

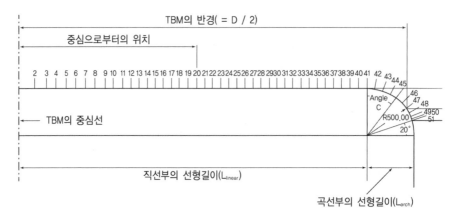

[그림 3.48] 커터비트 배열을 위한 커터헤드 측면의 형상변수 정의

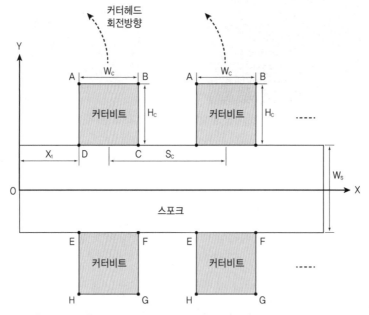

[그림 3.49] 커터헤드 스포크와 커터비트 형상을 정의하는 변수들

- TBM의 직경(D, 단위: mm)
- 커터헤드 측면에서 곡선부의 선형길이(L_{arch}, 단위: mm)
- 커터헤드 측면에서 평면부의 선형길이(L_{linear}, 단위: mm) : $L_{linear} = D/2 - L_{arch}$
- 스포크 사이의 각도(θ_s, 단위: degrees)
- 스포크의 폭(W_s, 단위: mm)
- 커터비트의 폭(W_c, 단위: mm)

- 커터비트의 높이(H_c, 단위: mm)
- 동일 스포크 상에서 커터비트 사이의 간격(S_c, 단위: mm)
- 첫 번째 커터비트의 x축 좌표(x_1, 단위: mm)
- 개구율(O_R, 단위: %)

스포크를 배치하는 '2단계'에서는 TBM 중심을 원점(O)으로 가정하고, 1단계에서 입력된 스포크의 길이(=TBM 반경=TBM 직경÷2)와 스포크의 각도(θ_s)에 따라 스포크를 배치한다. 이때 일반적으로 대칭성을 고려하여 스포크의 각도를 90°, 60° 및 45°으로 설정한다. 스포크의 각도에 따른 스포크의 개수(N_s)는 다음과 같이 정의된다.

- 스포크의 각도가 90°일 경우의 스포크 개수 = 4개 ($N_s = 4$)
- 스포크의 각도가 60°일 경우의 스포크 개수 = 6개 ($N_s = 6$)
- 스포크의 각도가 45°일 경우의 스포크 개수 = 8개 ($N_s = 8$)

커터헤드의 제1사분면 x축에 첫 번째 스포크를 위치시키고 1단계에서 입력된 스포크의 폭(W_s)만큼 스포크를 작도한 후, 설정된 스포크의 각도에 적합하도록 작도한 스포크를 순차적으로 회전시킨다. 그 다음, 제1사분면의 X축을 기준으로 반시계 방향으로 첫 번째에 위치한 스포크를 1번으로 명명하고, 이어서 역시 반시계 방향으로 순차적으로 소포크의 번호를 부여한다(그림 3.50).

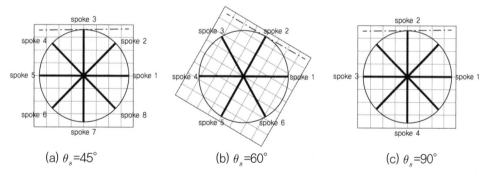

(a) $\theta_s = 45°$ (b) $\theta_s = 60°$ (c) $\theta_s = 90°$

[그림 3.50] 스포크 각도에 따른 스포크의 배치와 커터헤드 형상(예)

커터비트들을 배열하는 '3단계'에서는 앞선 배열설계 개념에서 정의한 바와 같이, 배열된 커터비트들이 TBM의 전단면에 대해 토사지반을 긁어낼 수 있도록 배치하는 것을 기본 원리로 한다. 이때 모든 스포크에서 스포크 길이방향으로 커터비트들을 이격시키지 않고 연속적으로 배치하여도 되나, 경제적인 커터헤드 설계를 위해 1번째 스포크와 2번째 스포크에 위치한 커터 비트들은 커터비트의 폭(W_c)만큼 이격되도록 배열한다(그림 3.51).

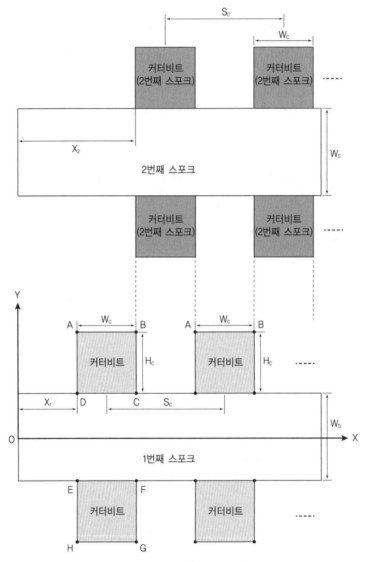

[그림 3.51] 첫 번째 스포크와 두 번째 스포크에 위치한 커터비트들의 이격 개념

따라서 2번째 스포크에 위치한 커터비트들을 x축으로 이동된 1번째 스포크에 투영하게 되면 커터비트들에 의해 다음과 같이 TBM의 전단면을 굴착할 수 있게 된다. 단, 스포크의 폭과 센

터커터들의 배치에 따라 중심부에 커터비트를 배열하기가 어려우므로 1번째 스포크의 1번째 커터비트를 중심에서 일정한 거리(x_1)만큼 이격시켜 우선 배치한다. 이때 첫 번째 커터비트의 x축 좌표(x_1)는 다음과 같이 계산된다.

$$x_1 = 1.6 \times W_s \tag{3.44}$$

기본적으로는 그림 3.52와 같이 동일 스포크에 위치한 커터비트 간의 간격(S_c)는 $2\,W_c$와 동일하다고 볼 수 있다. 하지만 직경이 7m를 초과하는 TBM에서는 굴착효율을 높이기 위하여 커터비트 간의 간격(S_c)을 $2\,W_c$보다 좁은 간격으로 적용하는 것이 일반적이다. 따라서 직경이 7m 초과인 TBM에서는 TBM 직경(D)의 함수인 식 (3.45)에 의해 커터 간격을 계산하며, 반면 직경 7m 이하의 TBM에서는 커터비트 간의 간격(S_c)을 $2\,W_c$로 설정한다(한국건설기술연구원, 2015).

$$S_c = W_c \times (2.26 - 3.78 \times 10^{-5}D) \tag{3.45}$$

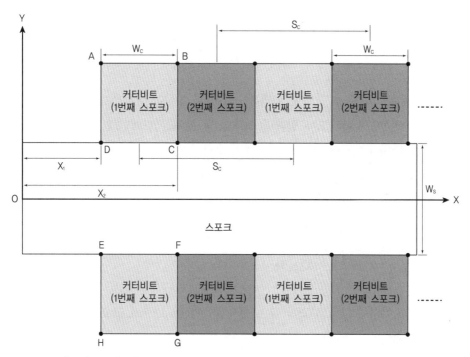

[그림 3.52] x축으로 투영된 첫 번째 스포크와 두 번째 스포크의 커터비트들

151

이상의 방법에 의해 TBM의 직경에 의해 계산되는 커터비트 간의 간격(S_c)에 따라 1번째 스포크에 대해 커터비트를 순차적으로 배열한다. 그리고 x축을 중심으로 상·하부의 동일한 위치에 커터비트를 배열한다. 이때 각 배열 단계별로 마지막 커터비트의 우측 모서리의 x좌표(예: 그림 3.52에서 B, C, F, G점)가 평면부의 선형길이를 넘게 되면, 이전 단계의 커터비트까지만을 배열한다.

2번째 스포크에 위치한 첫 번째 커터비트의 x축 좌표(x_2)는 다음의 식 (3.46)과 같이 계산되며, 1번째 스포크의 경우에 적용된 동일한 방법에 의해 계산된 커터비트의 간격(S_c)대로 커터비트를 배열하며 역시 커터비트가 곡선부에 위치하지 않도록 배열한다.

$$x_2 = x_1 + W_c \tag{3.46}$$

그다음, 1번째 스포크와 2번째 스포크에 대해 커터비트들을 배열한 후, x축을 기준으로 스포크 사이 각도의 2배($2\theta_s$)만큼 반시계 방향으로 회전·복사시킨다. 이때, 회전·복사 횟수를 n으로 정의할 때, 다음 식 (3.47)의 조건이 되면 이전 단계의 결과까지만 활용하여 배열설계를 종료한다.

$$\sum_{i=1}^{n} 2\theta_s \geq 360^o \tag{3.47}$$

마지막 '4단계'는 개구율을 고려한 커터헤드의 단면 형상을 설계하는 단계로서, 1단계에서 설정한 개구율(O_R)에 부합되도록 밀폐면(스포크 및 부채꼴 밀폐면)의 면적을 계산한다.

스포크 면적의 합(A_s)은 1단계에서 입력된 TBM의 직경(D), 스포크의 폭(W_s) 및 스포크의 개수(N_s)에 따라 기하학적으로 다음과 같이 계산된다.

$$\begin{aligned} A_s &= \frac{N_s}{2}(D \times W_s) - \left(\frac{N_s}{2}-1\right)W_s^2 \\ &= W_s\left\{\frac{N_s}{2}(D-W_s)+W_s\right\} \end{aligned} \tag{3.48}$$

스포크의 면적 이외에 그림 3.53과 같이 부채꼴 밀폐면(Closed fan)들의 면적의 합(A_f)을 계산한다.

$$A_f = N_s \times \frac{1}{2}r_f^2 \times \theta_{sr} \tag{3.49}$$

여기서, r_f : 부채꼴 밀폐면의 반경(mm)

θ_{sr} : 스포크 간의 각도(radian)

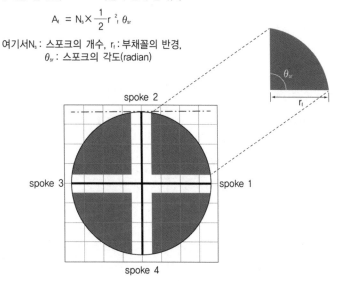

따라서 1단계에서 입력된 개구율은 다음과 같은 관계식으로 표현된다.

$$O_R = \left\{1 - \left(\frac{A_s + A_f}{A_t}\right)\right\} \times 100\% \tag{3.50}$$

여기서, A_t : TBM의 면적($=\dfrac{\pi D^2}{4}$, 단위: mm^2)

이상의 관계식들로부터 부채꼴 밀폐면의 반경(r_f)은 다음과 같이 계산된다.

$$r_f = \sqrt{2\left(\frac{A_t - A_s - \dfrac{O_R \times A_t}{100}}{\theta_{sr} \times N_s}\right)} \tag{3.51}$$

이상과 같이 계산된 반경(r_f)과 부채꼴의 각도(θ_{sr})로 정의되는 부채꼴 밀폐면들을 스포크 사이에 스포크의 개수만큼 배치한다(그림 3.53 참조).

이상과 같은 총 4단계의 커터비트 배열설계 과정을 세부 흐름도로 표현하면 그림 3.54와 같다.

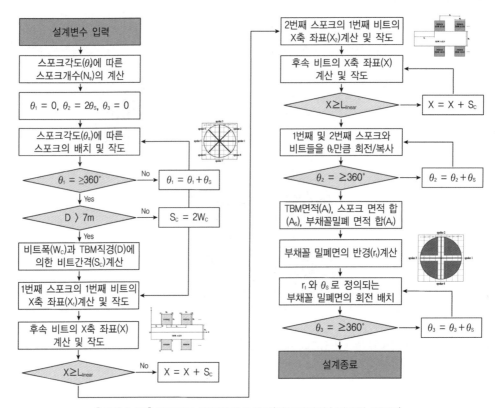

[그림 3.54] 커터비트 배열설계 흐름도(한국건설기술연구원, 2015)

4.3 커터헤드의 균형 검토 방법

커터헤드의 균형 검토 시에 활용되는 변수로서, 커터헤드 설계과정을 통해 얻어지는 결과들을 요약하면 다음과 같다(한국건설기술연구원, 2015; Rostami & Chang, 2017).

- 커터의 관입깊이에 따른 각 커터별 커터 작용력(F_n, F_r, F_s)
- 극좌표계로부터 변환된 직교좌표계에서의 각 커터별 커터 작용력(F_x, F_y, F_z)

페이스커터는 커터헤드의 단면과 직교하기 때문에 측력을 0으로 가정할 수 있다. 그러나 게이지커터에서는 커터의 경사각에 따라 연직 작용력의 최대 10~15%의 측력이 작용한다. 이때 측력의 방향은 터널의 주면 방향이다.

TBM의 전체 추력과 디스크커터들의 평균 커터하중이 허용값 이내라 할지라도 특정 커터에서 허용하중 이상의 하중(Overloading)이 발생할 수 있다. 특히 이는 굴진면이 복합지반으로 구성될 경우에 더욱 빈번히 발생한다.

따라서 복합지반으로 구성된 굴진면에서 커터헤드의 균형 검토(Balance check)는 기타 다른 설계단계보다도 중요하며 이와 같은 균열 검토 과정은 다음과 같다.

- 커터 배열 패턴의 결정
- 각 커터별 커터 작용력 추정결과에 의한 편심력(F_x, F_y)과 편심 모멘트 계산 : 이상적인 경우, $F_x = F_x = M_x = M_y = 0$이고 F_z와 M_z만이 0이 아님

특히, 복합지반 굴착으로 인한 편심력과 편심 모멘트를 계산하는 것이 중요하다. 이러한 편심력과 편심모멘트는 복합지반 굴진면에 의해서 뿐만 아니라 각 커터의 상대적인 마모 차이와 터널 인버트 부에 축적되는 버력 등에 의해서도 발생한다. 또한 TBM의 메인베어링에 대해서는 명목상 TBM 총 추력의 10~15%를 편심력으로 설계한다.

따라서 커터배열 패턴들을 달리하면서 편심을 최소화하는 조건을 도출하는 것이 중요하다. 이때 버킷의 균일한 배치로 인해 커터 배열을 간섭할 수 있으나, 버킷은 동일한 거리간격에 위치하여야 하기 때문에 버킷의 위치가 최우선한다.

커터의 각간격(θ_s)이 30°로서 총 12개의 스포크로 구성되는 커터헤드에 대해 2개의 지반이 굴진면에 동시에 교호하여 나타나는 조건에 대한 검토 예제는 다음의 그림 3.55 및 그림 3.56과 같다. 이상의 검토 결과로부터, 굴진면이 단일의 균질 지반으로 구성되어 있을 경우보다 복합지반으로 구성되어 있을 경우에 더 큰 편심력과 편심 모멘트가 발생함을 확인할 수 있다.

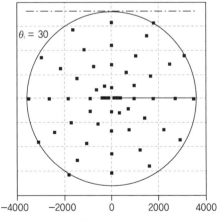

[그림 3.55] 직경이 7.2m인 TBM에 대한 편심력 및 편심 모멘트 분석 예(단일지반)(한국건설기술연구원, 2015)

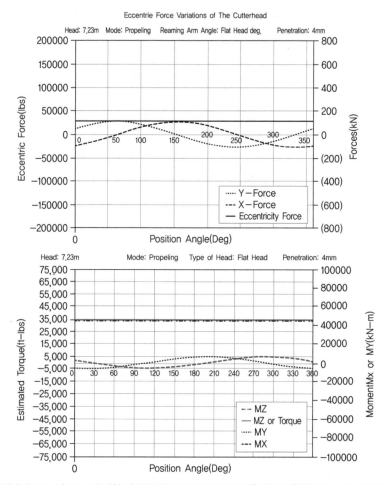

[그림 3.55] 직경이 7.2m인 TBM에 대한 편심력 및 편심 모멘트 분석 예(단일지반)(한국건설기술연구원, 2015)(계속)

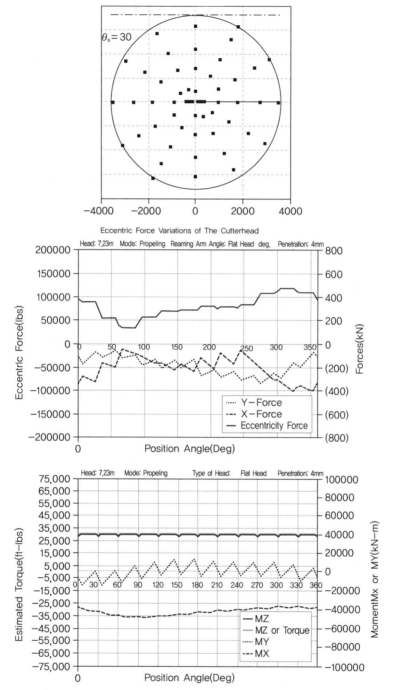

[그림 3.56] 직경이 7.2m인 TBM에 대한 편심력 및 편심 모멘트 분석 예 (복합지반)(한국건설기술연구원, 2015)

참고문헌

1. (사)한국터널공학회(2008), 『터널공학시리즈 3 터널 기계화시공-설계편』, 씨아이알, pp. 253-313.

2. 배규진, 장수호(2006), 「시공 리스크를 고려한 TBM의 굴진성능 향상 및 평가기술」, 제7차 터널 기계화시공기술 심포지엄 논문집, 한국터널공학회, pp. 11-45.

3. 한국건설기술연구원(2015), "TBM 커터헤드 최적 설계기술 및 고성능 디스크커터 개발 최종보고서", R&D-10기술혁신E09, 발간등록번호 11-1613000-000845-01.

4. 日本地盤工學會(1997), "シールド工法の調査・設計から施工まで", 地盤工學・實務シリーズ.

5. ジェオフロンテ研究會(1999), "TBM急速施工に關する檢討報告書(平均月進500を達成するためには)", 掘削工法分科會.

6. Armaghani, D.J., Faradonbeh, R.S., Momeni, E., Fahimifar, A. and Tahir, M.M.(2018), Performance prediction of tunnel boring machine through developing a gene expression programming equation, Eng. Comput., 4, pp. 1-13.

7. Armaghani, D.J., Mohamad, E.T., Narayanasamy, M.S., Narita, N. and Yagiz, S.(2017), Development of hybrid intelligent models for predicting TBM penetration rate in hard rock condition, Tunnelling and Underground Space Technology, Vol. 63, pp. 29-43.

8. Barton, N.(2000), "TBM Tunnelling in Jointed and Faulted Rock", Balkema, Rotterdam.

9. Bieniawski, Z.T., Celada, B. and Galera, J.M.(2007), Predicting TBM excavability, Tunnels Tunnell. Int., September, pp. 32-35.

10. Farmer, I.W., Glossop, N.H.(1980), Mechanics of Disc Cutter Penetration, Tunnels and Tunnelling, Vol. 12, No. 6, pp. 22-25.

11. Farrokh, E.(2012), Study of Utilization Factor and Advance Rate of Hard Rock TBMs, Ph.D. Dissertation, Department of Energy and Minerals Engineering, The Pennsylvania State University.

12. Feng, S., Chen, Z., Luo, H., Wang, S., Zhao, Y., Liu, L., Ling, D. and Jing, L.(2021), Tunnel Boring Machine (TBM) performance prediction: A case study using big data and deep learning, Tunnelling and Underground Space Technology, Vol. 110, 103636.

13. Frough, O., Torabi, S.R. and Yagiz, S.(2015), Application of RMR for estimating rock-mass-related TBM utilization and performance parameters: a case study, Rock Mech. Rock Eng., 48(3), pp. 1305-1312.

14. Frough, O., and Torabi, S. R.(2013), An application of rock engineering systems for estimating TBM downtimes, Engineering Geology, Vol. 157, pp. 112-123.

15. Girmscheid, G.(2005), "Tunnelvortriebsmaschinen - Vortriebsmethoden und Logistik, Betonkalender", Fertigteile und Tunelbauwerke, Teil I, Verlag Ernst & Sohn, Berlin, pp. 119-256 (in German).

16. Graham, P.C. (1976), "Rock exploration for machine manufacturers", Proc. Symp. on Exploration for Rock Engineering, pp. 173-180.

17. Hassanpour, J., Rostami, J., Khamehchiyan, M., Bruland, A. and Tavakoli, H.R.(2010), TBM performance analysis in pyroclastic rocks: a case history of karaj water conveyance tunnel, Rock Mech. Rock Eng., 43(4), pp. 427-445.

18. Herzog, M.(1985), "Die Pressenkräfte bei Schildvortrieb und Rohrvorpressung im Lockergestein", Baumaschine + Bautechnik, Vol. 32, pp. 236-238 (in German).

19. Hughes, H.M.(1986), The relative cuttability of coal measures rock, Mining Science and Technology, Vol. 3, pp. 95-109.

20. Kato, M. (1971), "Construction machinery", Gihodo, Tokyo, pp. 348-349.

21. Japan Society of Civil Engineers(2016), "Standard Specification for Tunnelling-2016", Shield Tunnels.

22. Maidl, B., Herrenknecht, M. and Anheuser, L.(1994), "Maschineller Tunnelbau im Schildvortrieb", Verlag Ernst & Sohn, Berlin (in German).

23. Movinkel, T., Johannessen, O. (1986), Geological parameters for hard rock tunnel boring, Tunnels and Tunnelling, April, pp. 45-48.

24. Nelson, P., O'Rourke, T.D., Kulhawy, F.H.(1983), Factors affecting TBM penetration rates in sedimentary rocks. In: Proceedings of 24th US Symposium on Rock Mechanics, pp. 227-237.

25. Nishimatsu, Y., Okuno, N. and Hirasawa, Y.(1975), The rock cutting with roller cutters, *J. of MMIJ*, Vol. 91, pp. 653-658.

26. NTH(1995), "Hard Rock Tunnel Boring", Project Report 1-94.

27. O'Rourke, J.E., Spring, J.E., Coudray, S.V.(1994), Geotechnical parameters and tunnel boring machine performance at Goodwill Tunnel, California, Proceedings of the 1st North American Rock Mechanics Symposium, Rotterdam, A.A. Balkema, pp. 467-473.

28. Rostami, J.(2016), Performance prediction of hard rock Tunnel Boring Machines (TBMs) in difficult ground, Tunnelling and Underground Space Technology, Vol. 57, pp. 173-182.

29. Rostami, J.(1997), "Development of a force estimation model for rock fragmentation with disc cutters through theoretical and physical measurement of crushed zone pressure", Ph.D Dissertation, Colorado School of Mines, Golden, Colorado.

30. Rostami, J. and Chang, S.-H.(2017), A Closer Look at the Design of Cutterheads for Hard Rock Tunnel Boring Machine, Engineering, Vol. 3, pp. 892-904.

31. Rostami, J. Ozdemir, L.(1993), "A New Model for Performance Prediction of Hard Rock TBMs", Proc. of Rapid Excavation and Tunneling Conference(RETC), Boston, USA, pp. 793-809.

32. Roxborough, F.F. and Phillips, H.R.(1975), Rock excavation by disc cutter, Int. J. Rock Mech. Min. Sci. & Geomech. Abstr., Vol. 12, pp. 361-366.

33. Saito, T. Shimada, T., Yoshikawa, K. and Tukioka, A.(1971), "Mechanized tunnel excavation", Sankaido, Tokyo, pp. 36-81.

34. Salimi, A., Rostami, J., Moormann, C. and Delisio, A.(2016), Application of non-linear regression analysis and artificial intelligence algorithms for performance prediction of hard rock TBMs, Tunnelling and Underground Space Technology, Vol. 58, pp. 236-246.

35. Salimi, A. and Esmaeili, M.(2013), Utilizing of linear and non-linear prediction tools for evaluation of penetration rate of tunnel boring machine in hard rock condition, Int. J. Min. Mineral., 4(3), pp. 249-264.

36. Schmid, L.(2004), Die Entwicklung der Methodik des Schildvortriebs in der Schweiz, Geotechnik, Vol.

27, Nr. 2, pp. 193-200 (in German).

37. Tarkoy, P.J.(1987), Practical Geotechnical and Engineering Properties for Tunnel-Boring Machine Performance Analysis and Prediction, Transportation Research Record, Vol. 1087, Transportation Research Board, pp. 62-78.

38. Wittke, W.(2007), "Stability Analysis and Design for Mechanized Tunnelling", Geotechnical Engineering in Research and Practice, WBI-PRINT 6, Aachen, Germany.

39. Yagiz, S.(2008), Utilizing rock mass properties for predicting TBM performance in hard rock condition, Tunnelling and Underground Space Technology, Vol. 23, pp. 326-339.

40. Yagiz, S., Gokceoglu, C., Sezer, E.A. and Iplikci, S.(2009), Application of two non-linear prediction tools to the estimation of tunnel boring machine performance, Eng. Appl. Artif. Intell., 22(4), pp. 808-814.

41. Yasuda, F., Ono, K. and Otsuka T.(2004), Fire Protection for TBM Shield Tunnel Lining, Proc. of ITA-AITES 2004, Paper No. B09.

42. Xu, H., Gong, Q., Lu, J., Yin, L. and Yang, F.(2021), Setting up simple estimating equations of TBM penetration rate using rock mass classification parameters, Tunnelling and Underground Space Technology, Vol. 115, 104065.

43. Zhang, Z.X., Kou, S.Q., Tan, X.C. and Lindqvist, P.-A.(2003), In-situ Measurement of Cutter Forces on Boring Machines at Aspo Hard Rock Laboratory-Part I. Laboratory Calibration and In-situ Measurements, Rock Mechanics and Rock Engineering, 36(1), pp. 39-61.

CHAPTER

4

토압식 쉴드TBM

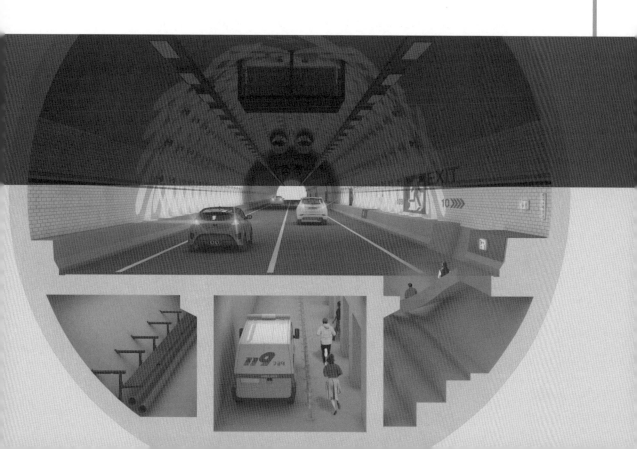

04 토압식 쉴드TBM

1 토압식 쉴드TBM의 구성과 사양

1.1 토압식 쉴드TBM의 구성 개요

토압식 쉴드TBM에서는 챔버 내부에 굴착토를 충만·가압시켜 스크류컨베이어로 굴착량에 상응하는 배토량을 확보함으로써 막장의 안정을 도모한다(그림 4.1 참조). 이를 위해서는 굴착토에 적당한 소성유동성이 요구되며, 굴착토만으로 소성유동성이 확보되지 않는 경우에는 첨가제를 주입하여 혼합한다(본 장에서는 굴착토는 첨가제의 유무에 관계없이 이토라고 명칭함). 토압식 쉴드TBM의 막장 안정 특징은 다음과 같이 정리할 수 있다.

① 굴착한 토사에 첨가제를 추가하여 커터헤드 및 교반기구에 의해 챔버 내부에서 강제적으로 교반함으로써 소성유동성과 지수성을 확보한 이토로 개량한다.

② 챔버 및 스크류컨베이어 내부를 이토로 충만시키고 쉴드TBM의 추진잭 추력으로 이토를 가압하여 막장의 토압 및 수압에 저항한다.

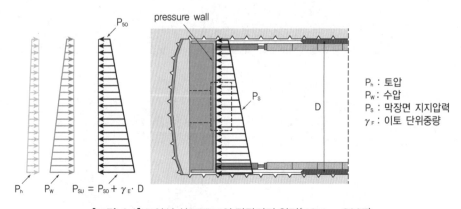

[그림 4.1] 토압식 쉴드TBM의 막장지지 원리(Wittke, 2007)

따라서 토압식 쉴드TBM의 주요 기구는 굴착·굴진기구, 첨가제 주입장치, 혼합기구 및 배토기구의 네 가지로 구성되고, 각각의 기구는 토압식 쉴드TBM의 막장 안정 메커니즘이 구현할 수 있도록 역할을 한다(그림 4.2 참조).

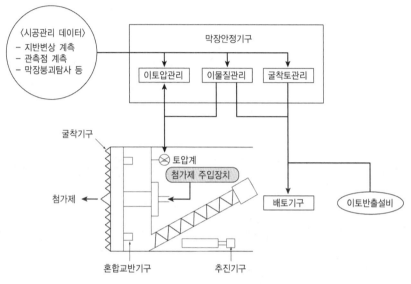

(a) 토압식 쉴드TBM의 장비 개요도

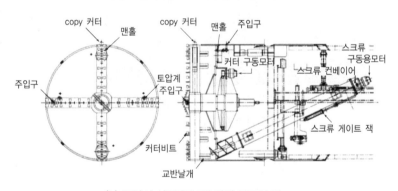

(b) 토압식 쉴드TBM의 장비 구조의 예

[그림 4.2] 토압식 쉴드TBM의 장비 개요도 및 구조 예(일본지반공학회, 2012)

1.2 커터헤드

1) 커터헤드의 형상과 개구율

토압식 쉴드TBM의 커터헤드는 크게 면판형과 스포크형 두 종류로 나뉜다(그림 4.3 참조). 막장 안정에 있어서 면판형은 면판에 의한 흙막이 및 이토의 교반효과를 기대할 수 있고, 또한

163

커터슬릿(또는 그리즈바)를 설치하여 면판을 통과하는 자갈 직경을 제한할 수 있는 장점이 있다. 이로 인해 막장에서의 지장물 철거 작업, 커터 교환 작업 시에 스포크형에 비해 유리한 측면이 있다. 단, 챔버 내부에 이토의 충만성 부족과 점성지반에서 커터슬릿부와 격벽 등에 이토의 부착이 발생하기 쉬운 등의 단점이 있다.

스포크형은 이토의 충진이 쉽기 때문에 챔버 내부의 충진 효율이 좋고, 막장면에 작용하는 토·수압과 토압계에서 계측되는 값의 차이가 작게 나타나고, 그 반응성이 좋다. 또한 이토가 압착되기 어려운 구조이므로 부착 문제가 적고, 커터토크가 낮게 작용하는 등의 장점도 있다. 단, 스크류컨베이어를 통과할 수 없는 호박돌 등이 유입되는 지반이나 지장물 철거가 필요한 조건에서 적용 시에는 신중한 검토가 필요하다.

| (a) 면판형(www.creg-germany.com) | (b) 스포크형(Li, 2017) |

[그림 4.3] 토압식 쉴드TBM의 커터헤드 형상

토압식 쉴드TBM의 개구율(커터헤드 전체 면적에 대한 개구 부분의 총면적 비율)은 굴착토의 슬릿부 부근이나 폐색 발생을 방지하기 위해 굴착토사 유입성 향상을 중시하여 크게 하는 경향이 있다.

1.3 첨가제 주입 및 세척장치

세립분 함유량이 적은 사질토층이나 자갈층의 경우 굴착토사는 소성유동성이 낮고 투수성이 높기 때문에 챔버 내부나 스크류컨베이어 내부를 충진시키는 것이 곤란하며, 충진이 되더라도 커터헤드와 스크류의 토크가 상승하거나 유입되는 지하수 제어가 되지 않는 등의 막장압력 유지가 곤란하다.

이와 같이 세립분 함유량이 적어 소성유동성을 확보하기 어려운 지반에 대해 토압식 쉴드 TBM을 적용하는 경우에는 굴착토사에 첨가제를 주입하고 교반하여 소성유동성을 부여하거나 투수성을 저하시키는 개량이 필요하다.

1) 첨가제 주입구

첨가제 주입구는 기본적으로 굴착토사와 첨가제와의 교반 혼합이 가장 효과적인 커터헤드 전면부에 주로 배치된다. 지반 종류, 굴착단면적 크기, 커터헤드 형상, 첨가제의 종류 등에 따라서 주입구의 개수가 결정된다. 외경 3m 이하인 소구경 쉴드TBM에서는 커터헤드 중앙부에 1개소 장착하는 경우가 일반적이며, 직경이 커짐에 따라 주입구 개수도 증가시킬 필요가 있다 (표 4.1 참조).

[표 4.1] 쉴드TBM 외경과 첨가제 주입구 개수(일본지반공학회, 2012)

첨가제 주입위치 쉴드TBM 외경	커터 전면부	
	Center	Face
3m 이하	1	0~1
4~5m	1	1~2
5~6m	1	2~3
7~8m	1	3~4
10~15m	1	4~5

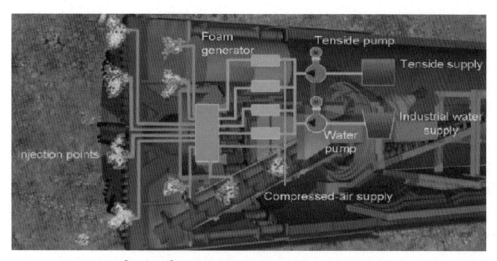

[그림 4.4] 첨가제 주입 라인 예(Herrenknecht 2002)

커터헤드 전면에 설치되는 주입구는 굴착 중 토사와 직접 접하게 되고, 굴진 정지 중이나 사용하지 않는 주입구는 첨가제를 분출하지 않기 때문에 막장으로부터 토립자의 침입(역류)를 받는다. 이러한 조건에서 주입구의 상태를 유지하기 위해 토사, 자갈, 이물질 등에 의한 손상이나 주입구 폐색을 방지하는 보호 비트나 토사 및 물의 역류를 방지할 목적으로 역류방지장치를 설치할 필요가 있다.

챔버 내부에 충진된 이토의 유동성을 유지하기 위해 교반장치(Agitator) 외에 첨가제를 주입하는 경우가 있으며, 그림 4.5와 같이 스크류컨베이어 선단에 플러그존을 형성할 수 있도록 첨가제를 주입하여 챔버 내부의 압력이 급격하게 감소하지 않도록 하는 경우도 있다.

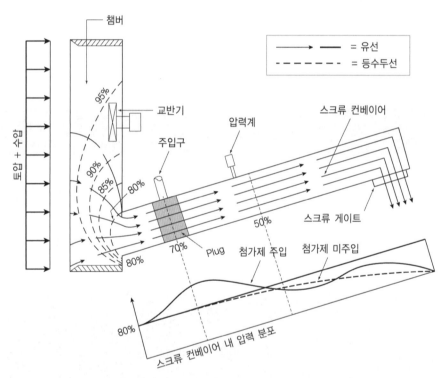

[그림 4.5] 챔버와 스크류컨베이어 내부에서의 이토 흐름(Maidl 1995)

주입 펌프 라인의 1계통에 복수의 주입구가 있는 경우에는 주입 라인을 개별로 전환하여 사용하는 것이 기본이다. 만일 주입 펌프 라인이 1계통으로 복수의 주입구를 동시에 사용하는 경우에는 배관저항이 작은 라인으로만 유입되기 때문에 각 라인에 균등하게 유입되지 않고, 주입구 폐색이나 국부적으로 주입량 부족 등이 발생할 수 있다. 따라서 굴착단면적의 크기에 상관없이 1주입구당 1주입 펌프로 되도록 주입 시스템을 배치하는게 바람직하다. 또한 주입

라인의 폐색에 대해서는 청소 및 유지관리가 가능한 구조로 하는 것이 바람직하나, 예비 라인을 별도 설치하고 전환하여 대처하는 방법도 있다.

그림 4.6은 후방대차 내 설치된 각 첨가제 탱크 및 첨가제 주입라인의 예시를 나타내었다.

(a) 기포재 주입

(b) 폴리머 주입

(c) 벤토나이트 주입

(d) 첨가제 주입라인

[그림 4.6] 첨가제 주입라인(CREG)

2) 커터헤드 폐색방지를 위한 세척장치

챔버 중앙부에 위치한 커터헤드를 지지하는 구조체는 굴착토사에 의해 폐색될 가능성이 높으며, 이로 인해 커터 토크가 상승하거나 챔버 내부에서의 토사 흐름이 저해된다. 이에 그림 4.7과 같이 중앙부에 플러싱(Flushing) 라인을 배치하여 챔버 내부 중앙부에서의 토사 뭉침, 폐색 등이 발생하지 않도록 할 수 있다.

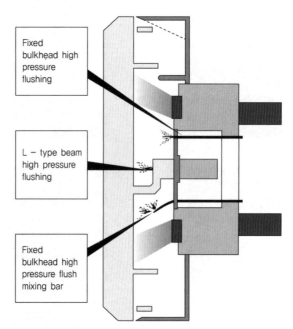

[그림 4.7] 커터헤드 중앙부 폐색방지를 위한 세척장치(CREG)

1.4 교반장치

토압식 쉴드TBM에서 굴착토사와 첨가제의 교반에 관련된 도구는 다음과 같다.

① 커터헤드(커터비트, 스포크, 중간 빔)
② 커터헤드 배면 교반날개(혼합날개)
③ 격벽에 설치한 고정 날개 또는 가동 교반날개(유압잭 등으로 돌출량 조정)
④ 격벽에 설치한 독립회전 교반날개

이 중에 ① 커터헤드는 1차 교반도구로, 커터비트에 의해 굴착된 굴착토사와 주입된 첨가제가 커터헤드의 회전에 의해 교반되며, 가장 교반효과가 높다. 이때 커터비트, 중간빔, 스포크 등이 교반기구의 역할을 한다. ②, ③, ④는 챔버 내부를 충진하고 있는 이토의 부착이 고결방지를 위해 설치되는 교반도구이며(그림 4.8 참조), 지반이나 굴착단면적, 커터 형상 및 종류, 교반장치 지지방식 등의 조건에 따라 적절히 적용한다.

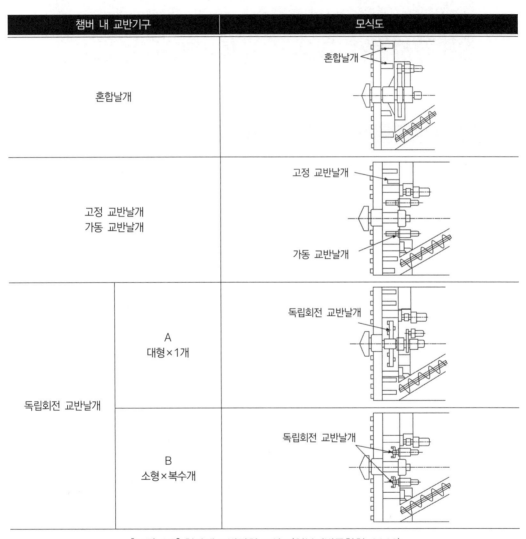

챔버 내 교반기구		모식도
혼합날개		
고정 교반날개 가동 교반날개		
독립회전 교반날개	A 대형×1개	
	B 소형×복수개	

[그림 4.8] 첨가제 교반장치 모식도(일본지반공학회, 2012)

1.5 스크류컨베이어

토압식 쉴드TBM의 배토기구의 핵심인 스크류컨베이어(그림 4.9)는 샤프트 존재 여부 및 구동방식에 따라 구분할 수 있다(그림 4.10).

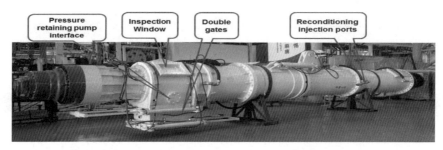

[그림 4.9] 스크류컨베이어의 구성 개요(CREG)

구분		모식도
축 구동방식	샤프트식	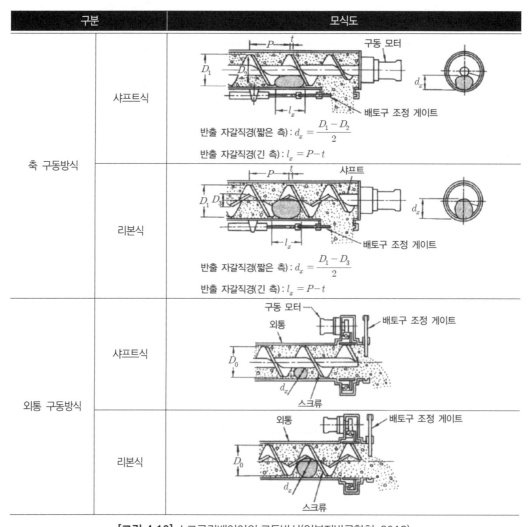
	리본식	
외통 구동방식	샤프트식	
	리본식	

[그림 4.10] 스크류컨베이어의 구동방식(일본지반공학회, 2012)

스크류컨베이어는 크게 샤프트식 스크류컨베이어와 리본식 스크류컨베이어가 있으며, 이는 자갈 배출능력과 지수성을 고려하여 선택할 수 있다. 지수성을 중시하는 경우 샤프트식 스크류 컨베이어를 선정하며, 높은 자갈배출 능력을 요구하는 경우 리본식 스크류컨베이어를 선정할 수 있다. 또한 리본식 스크류컨베이어는 내부에 토사 부착이나 슬립현상에 의한 배토저하 우려가 있는 경우에도 유리하다.

스트류 컨베이어의 구동방식은 축구동방식과 외통 구동방식으로 두 가지 방식이 있다. 일반적으로 샤프트식 스크류컨베이어의 경우는 구동장치를 축에 연결한 축 구동방식이 많이 적용되며, 리본식의 경우는 스크류의 일부를 외통과 일체 접합하여 구동함으로써 자갈을 후방으로 배토할 수 있어서, 벨트컨베이어의 적재 공간을 확보하기 용이하므로 외통 구동방식이 많이 적용된다.

외통 구동방식은 굴착토사 반출설비(벨트컨베이어 등)의 설치가 용이하기 때문에 갱내 하부 세그먼트의 반입 공간를 비교적 넓게 확보할 수 있다는 장점이 있다. 한편 구동부분에서는 토사의 공회전에 의한 폐색현상을 일으키기 쉽고, 구동부 외경이 스크류컨베이어의 외통 직경에 비해 커지기 때문에 중절식 쉴드TBM에서는 중절 시 스크류컨베이어의 이동에 의한 장비 내 통행 공간, 측량 공간 등 갱내 측부 공간이 크게 제약을 받는다는 단점도 있다.

지하수압에 대한 대응은 스크류컨베이어 내부의 이토 충진 압력에 의한 플러그 효과로 판단한다. 스크류컨베이어(일반적으로 게이트 지수방식, 그림 4.11 참조)의 지수성능 한계는 약 3bar 정도까지이나 2bar 이상이면 신중한 접근이 필요하다.

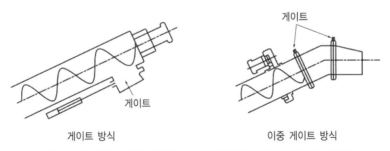

게이트 방식   이중 게이트 방식

[그림 4.11] 게이트 지수방식의 스크류컨베이어(일본지반공학회, 2012)

이러한 스크류컨베이어의 지수성능은 말단부에 2차 배토기구를 추가설치하여 개선 가능하며 주로 그림 4.12에 요약된 방식들이 적용된다. 이 중 방식 ①과 방식 ②는 모래자갈층을 굴착하는 경우에 자갈의 유입에 의해 관내 폐색에 의해 배토 불능 상태가 될 수 있으며, 점착성 지반을 굴착하는 경우에는 이토의 부착등으로 인해 배토 효율이 저하되는 경우도 있다. 방식 ③은 2단

으로 하는 경우가 많으며, 급곡선 시공이나 고수압인 경우 3단이상으로 적용할 수도 있다. 방식
④는 이수식 쉴드TBM과 마찬가지로 갱내 유체운송설비, 지상 이수처리설비가 필요하기 때문에
지상 작업부지 면적 등을 포함하여 검토할 필요가 있으며 일반적으로 비경제적이다.

배토 형태	모식도
① 기계적 차단 방식	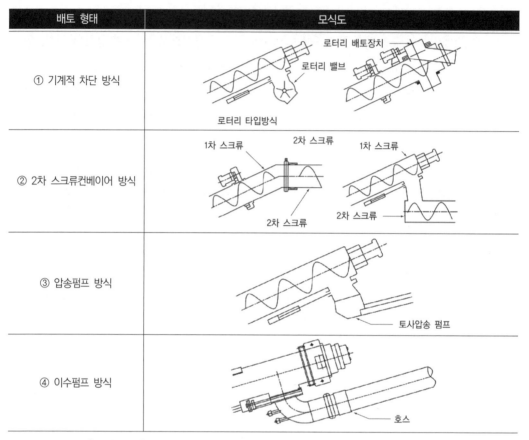
② 2차 스크류컨베이어 방식	
③ 압송펌프 방식	
④ 이수펌프 방식	

[그림 4.12] 2차 배토기구가 적용된 스크류컨베이어(일본지반공학회, 2012)

1.6 굴착토 반출 설비

토압식 쉴드TBM에서 굴착토 반출은 그림 4.13과 같이 막장부근(스크류컨베이어 후방에서
후방대차 간), 갱내, 수직구, 지상 각각 위치에 따라 방식이 있으며, 이를 조합하여 실시한다.
굴착토 반출 설비의 조합은 지반조건, 굴착단면적, 굴착연장, 최대 일 굴진량, 수직구 공간,
시공성 등의 조건을 종합적으로 고려하여 판단해야 한다.

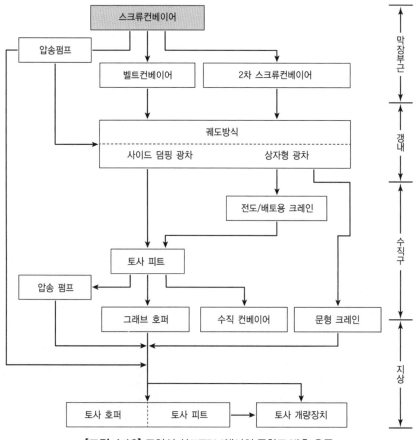

[그림 4.13] 토압식 쉴드TBM에서의 굴착토 반출 흐름

1) 막장 부근

이 위치에서는 단순히 굴착토의 반출 기능뿐만 아니라 스크류컨베이어의 배토구에서 굴착토 분출방지나 작업환경의 개선 등도 고려하여 계획한다. 그림 4.11, 그림 4.12와 같은 2차 스크류컨베이어나 펌프 압송방식은 굴착토 반출 외에 분출방지 기구나 작업 환경 개선을 위해 추가된 설비이다.

2) 갱내

갱내 굴착토 반출에는 궤도방식, 연속 벨트컨베이어 방식이 주로 사용되고 있으며, 펌프 압송방식이 사용되는 경우도 있다.

173

(1) 궤도방식

터널 내 레일을 설치하여 로코모티브(Locomotive), 광차(Muck car)를 이용하여 버력을 반출하는 방식이다. 궤도방식으로 버력 반출 시 로코모티브에 세그먼트카 또는 경우에 따라서 그라우트 믹서를 추가 연결하여 적용한다(그림 4.14, 그림 4.15). 적용 사례가 많고 재사용이 유리한 장점이 있으나, 연장, 직경 등 터널 규모가 커짐에 따라 운행 횟수 및 거리가 증가하여 굴진 중 대기시간이 발생하게 되므로 사이클타임을 면밀하게 검토할 필요가 있다.

(a) (배터리 또는 디젤) 로코모티브

(b) 광차(Muck car)

(c) 그라우트(믹서)카

(d) 세그먼트카

(e) 플랫카(Flatcar, 각종 자재운반용)

(f) 맨라이더(Man rider, 작업원 이동용)

[그림 4.14] 궤도방식 갱내 운반설비(CREG)

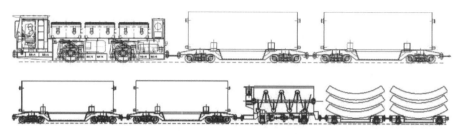

[그림 4.15] 궤도방식 갱내 운반설비의 구성 개요(서울 지하철 OOO공구)

(2) 연속 벨트 컨베이어

수평 벨트 컨베이어를 이용한 버력 배출 방식은 쉴드TBM 내부에서 수직구까지 연속적으로 버력 반출이 가능하다. 자동 연신장치를 이용한 연속배토방식으로 버력반출로 인한 굴진 대기 시간이 발생하지 않으며, 수직 벨트 컨베이어와 조합하여 막장부에서부터 지상까지 버력 반출이 가능한 장점이 있다. 또한, 터널 단면 내 차지하는 비중이 작기 때문에 굴진 중 터널 내부 단면을 효율적으로 사용할 수 있다.

(a) (행거식) 갱내 벨트컨베이어

(b) (거치식) 갱내 벨트컨베이어

(c) 터널 내 자동 연신장치

(d) 갱구부 자동 연신장치

[그림 4.16] 갱내 수평 벨트컨베이어(Continuous Belt Conveyor Systems, tunnelingonline.com)

그림 4.16(a), (b)에서 볼 수 있는 것처럼 갱내 고정 방식으로는 행거식, 거치식이 있으며, 자동 연신장치를 이용하여 굴진이 진행됨에 따라 벨트 컨베이어를 연장한다.

(3) 펌프 압송방식

펌핑 시스템을 이용하여 버력을 배출하는 방법이다. 스크류컨베이어에 직접 연결하여 스크류컨베이어에서 수직구, 또는 지상까지 연속으로 버력을 배출하는 방식[그림 4.17(a),(b)]와 같이 중간 호퍼(Hooper)를 설치하는 간접연결방식이 있다. 직접 연결 방식의 경우, 챔버에서부터 토사피트까지 대기 중에 노출없이 버력을 배출할 수 있어 타 버력배출 방식과 비교하여 막장압 관리에 유리하다. 자동연신장치(그림 4.18)를 이용한 연속 배토 방식이기 때문에 버력 반출로 인한 대기시간이 발생하지 않는 장점이 있다.

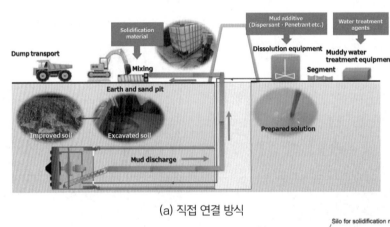

(a) 직접 연결 방식

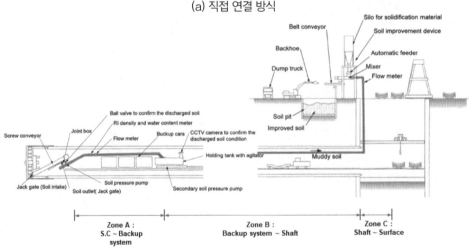

(b) 간접 연결 방식

[그림 4.17] 펌프 압송 연결방식(www.eg.aktio.co.jp)

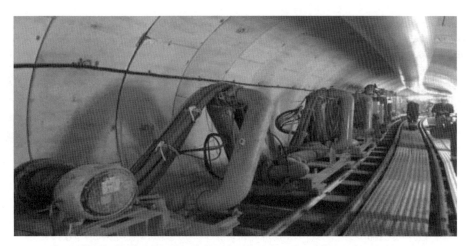

[그림 4.18] 압송 파이프 연신 장치(Zillianstetra & Duhme 2021)

펌프 압송 방식이 적용 가능한 범위로는 지반특성에 크게 영향을 받으며, 첨가제를 이용하여 적용범위를 어느 정도까지 확장시킬 수 있다(그림 4.19).

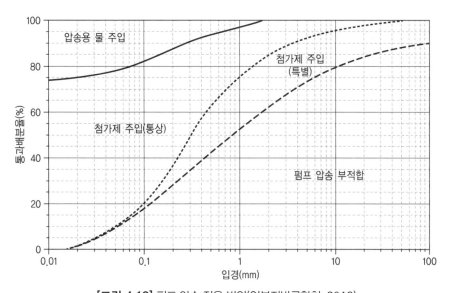

[그림 4.19] 펌프 압송 적용 범위(일본지반공학회, 2012)

(4) 버력 배출방식 비교

토압식 쉴드TBM에서 적용되는 갱내 버력 배출방식을 간략히 비교하면 다음 표 4.2와 같다.

[표 4.2] 갱내 굴착토 반출 방식 비교

구분	궤도방식	연속 벨트컨베이어 방식	펌프 압송방식
사진			
특징	• 가장 일반적인 공법 • 소~중구경터널이나 단거리 터널에서 적합	• 시공효율이 좋음 • 연장이 긴 터널에 적합 • 중구경~대단면 터널에서는 적합	• 연약지반 등에서의 막장 안정에 유리 • 메탄가스나 유해가스에 대응 • 시공효율 좋음 • 지상 반출 시 별도 설비 불필요
터널직경	• 소구경~10m 정도	• 약 4m 이상	• 소구경~7m 정도
검토사항	• 막장 부근에서의 대기시간 최적화 • 대단면 터널에서는 Muck car 대수 증가 및 효율 감소 • 초기굴진 시 대응 • 수직구 내 비청결	• 연장이 짧은 터널에서는 경제성 분석 필요 • 지상 반출 방법 및 설비 검토 • 연약지반에서의 적용성 • 잦은 고장 빈도 (궤도방식 대비) • 다수의 소모성 자재	• 토질조건(그림 4.19 참조) • 배관 폐색 Risk • 터널 연장이 길어짐에 따라 Risk 증가 • 잦은 고장 빈도 (궤도방식 대비) • 다수의 소모품

1.7 AFC 시스템

AFC(Active Face Support Pressure Control) 시스템은 굴진 정지 시 챔버 내부 압력이 기준값 이하로 경감되는 것을 방지하기 위해 막장에 압력을 가할 수 있는 시스템으로, 추진잭의 추력 또는 스크류컨베이어의 속도조절에 의해 생성되는 이토압과는 달리 챔버 내에 이수를 직접 주입하여 내부의 압력을 조정하는 방식이다(그림 4.20 참조).

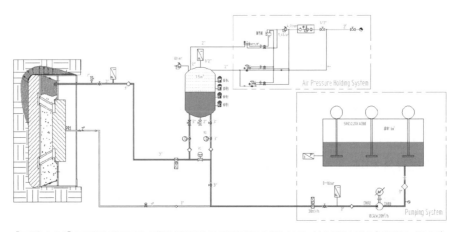

[그림 4.20] 토압식 쉴드TBM에서 막장압 유지관리를 위한 AFC 시스템의 개요(김재영, 2020)

굴진정지 중 챔버 내부 압력 재분배에 의해 압력이 감소되는 경우, AFC 시스템을 적용하여 챔버 압력을 조절하거나 유지할 수 있다. 또한, 복합지반이 예상되는 경우에 적용하여 지층 간 상이한 강성과 강도에 의한 이토압의 불균형에 대응할 수도 있다(그림 4.21 참조). 이러한 AFC 시스템의 장점으로 인해 침하에 민감한 도심지 공사에 막장압 관리를 목적으로 적용되는 사례가 증가하고 있는 추세이다.

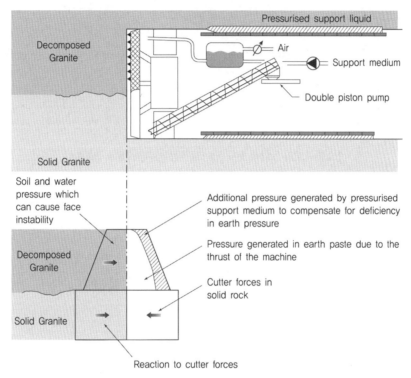

[그림 4.21] 복합지반에서의 AFC 작용효과(Babenderede, 2004)

2 토압식 쉴드TBM 장비의 계획과 설계

쉴드TBM의 형식 선정은 지질조건의 영향을 많이 받는다. 토압식 쉴드TBM은 수압제어에 한계가 있으므로 대체로 세립분 함유량이 높고, 투수계수가 낮은 지층에서 유리한 경우가 많다 (그림 4.22). 그러나 지질조건의 특성을 고려한 첨가제의 개발로 인해 제한적이지만 투수성이 큰 모래, 자갈층까지 적용범위가 확장되고 있다.

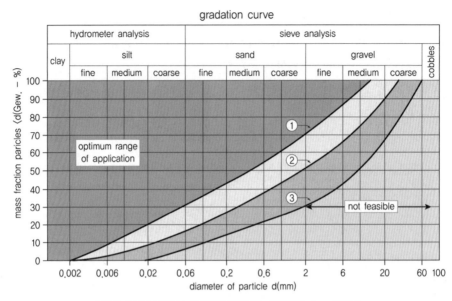

[그림 4.22] 토압식 쉴드TBM의 적용 범위(Wittke, 2007)

장비형식이 선정된 이후에는 해당 과업의 전 구간에 대해 굴진할 수 있도록 최대 추력, 커터 토크 등의 사양이 충분하여야 하며, 곡선반경과 구배에 따라서 중절잭의 필요성을 검토해야 한다. 또한, 토압식 쉴드TBM의 막장지지 매개체가 굴착토이기 때문에 사질지반, 암반지반을 통과 중에는 커터 마모율이 높고 발열량이 많아 냉각시스템의 결정에 있어서도 신중할 필요가 있다.

2.1 토압식 쉴드TBM의 막장 안정 개요

토압식 쉴드TBM 공법에서의 막장 안정은 원활한 굴착과 배토를 통해 적절한 압력을 유지하여 지반의 변형을 억제함으로 유지가 된다. 이러한 토압식 쉴드TBM의 막장 안정을 확보하기 위한 굴진관리는 적절한 관리 이토압의 설정과 제어, 배토량 관리, 첨가제의 선정과 소성유동화 관리, 침하량 파악을 포함하며, 일반적인 굴진관리 흐름은 그림 4.23과 같다.

이토압이 작은 경우 과다굴착으로 인한 지반 침하 또는 막장이 불안정해질 수 있으며, 압력이 과다한 경우 지반침하 관점에서는 유리하지만, 세그먼트에 하중으로 작용하는 추력의 증가를 동반하며 이와 함께 굴진속도를 저하시킨다. 또한 챔버 내부 이토의 유동성을 저하시켜 커터의 부하 및 마모량이 증가할 수도 있다. 점성토 함유량이 많은 지반에서는 챔버 내부 폐색을 야기할 수도 있다. 일반적으로 관리 이토압은 '지하수압 + 토압 + 예비압'으로 설정되며, 설정한 후에도 시공 중 배토량, 지표침하, 굴진상황에 따라 적절히 판단하여 수정할 필요가 있다. 막장압 평가에 대해서는 "Chapter 6 쉴드TBM 막장 안정성"에서 상세히 다루고 있으므로 참조하기 바란다.

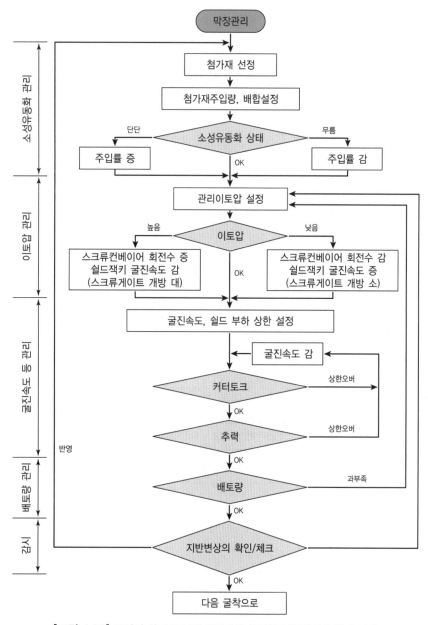

[그림 4.23] 토압식 쉴드TBM의 굴진관리 흐름(일본지반공학회, 2012)

토압식 쉴드TBM에 있어서 챔버내 이토압을 조절하는 방법으로는 아래와 같은 방법이 있다.

① 스크류컨베이어 회전수로 제어
② 쉴드TBM 잭의 굴진속도로 제어
③ 양자의 조합으로 제어

챔버내 압력이 설정토압보다 큰 경우, 스크류컨베이어의 회전속도를 증가시켜 배토량을 증가시키거나 추력 감소를 통해 굴진속도를 저감시킨다. 반대로 챔버내 압력이 작은 경우에는 스크류컨베이어의 회전속도를 감소시켜 배토량을 감소시키거나 추력을 증가시켜 굴진속도를 향상시킬 필요가 있다.

다음과 같은 조건의 지반에서는 이토압 관리에 특히 유의해야 한다.

① 예민비가 큰 연약 점성토, 부식토, 피트(Peat) 층
② 붕괴성이 큰 모래 또는 사력지반
③ 큰 자갈, 핵석 등을 포함한 지반
④ 고수압 작용 구간, 지하수위 변동 구간
⑤ 저토피 구간
⑥ 복합지반 등의 지층 변화 구간
⑦ 점착성이 큰 점성토 지반

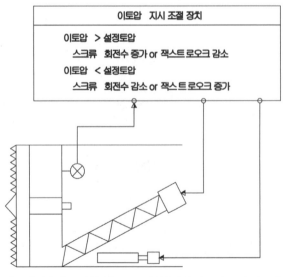

[그림 4.24] 토압식 쉴드TBM의 챔버내 이토압 조정 시스템

2.2 막장 주입 첨가제 관리

1) 이토의 기능과 특징

토압식 쉴드TBM에서 막장 안정을 위해 챔버 내부를 충만시키는 이토의 기능은 다음과 같다.

① 막장(굴착단면)의 붕괴를 방지할 것

② 적당한 소성유동성을 가지고, 막장의 압력관리를 가능하게 할 것

③ 이토 전체로 불투수층을 구성하여 지하수의 갱내 분출을 방지할 것

이토는 비중이 높기 때문에 이수와 같이 많은 특성을 필요로 하지 않고, 그 기능을 발휘하기 위한 유동에 관한 특성이 가장 중요하다. 이 때문에 이토의 유동성이 부족한 경우에는 첨가제를 주입하여 유동성을 도모할 필요가 있다.

점성토 지반에서 이토는 굴착으로 인해 원지반보다 강도가 저하되어 비교적 양호한 소성유동성을 나타내는 경우가 많지만, 모래분 함유율이 높은 지반이나 홍적층에서는 함수비가 낮아 유동성이 저하되거나, 챔버 내에 이토가 쉽게 부착되는 경향이 있다. 이 경우에는 첨가제(물 포함)를 주입하여 유동화를 촉진할 필요가 있으며, 부착에 따른 폐색(Clogging)의 리스크는 그림 4.25에서 제시한 분류체계를 통해 평가할 수 있다. 또한 일반적으로 점성토 지반은 투수성이 낮기 때문에 스크류컨베이어에서의 지하수 분출은 문제가 되지 않는다.

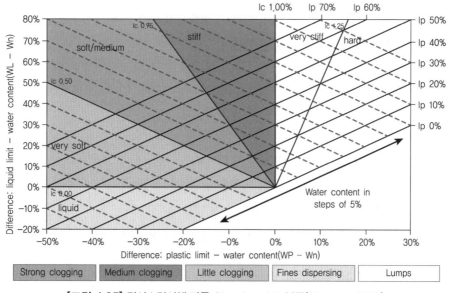

[그림 4.25] 컨시스턴시에 따른 Clogging risk 분류(Thewes, 2010)

사질토 지반에서는 일반적으로 이토의 유동성이 부족할 뿐만 아니라 투수성도 높기 때문에 지수성 확보가 필요한 경우가 많다. 특히, 세립분 함유율 30% 이하에서 이러한 경향이 강하게 나타나므로 첨가제 주입을 처음부터 면밀하게 계획할 필요가 있다.

2) 첨가제의 종류와 특징

토압식 쉴드TBM에서 막장 안정을 유지하기 위해서는 챔버 내부에 채워진 굴착토의 적절한 소성유동성이 확보되어져야 한다. 굴착토만으로 소성유동성이 확보되지 않는 경우에는 첨가제를 주입하여 챔버내에서 교반하여야 한다. 첨가제는 토질조건이나 굴착토사의 운반방식에 적당한 것을 선정할 필요가 있으며, 이러한 첨가제에 요구되는 특성은 1) 유동성을 발휘할 것, 2) 굴착토사와 혼합하기 쉽고 재료분리를 일으키지 않을 것, 3) 친환경이어야 할 것 등이 있다.

일반적으로 이용되고 있는 첨가제는 계면활성재계, 광물계, 고흡수성 수지계, 수용성 고분자계의 네 가지로 구분된다.

① 계면활성재계 사용재료는 계면활성재인 특수기포제이다. 이것에 고분자계·수용성 폴리머를 추가하여 사용하는 경우도 있다. 또한 소포(기포제거)를 위한 재료도 있으나, 최근에는 분해 기능이 있는 재료가 개발되어 소포제는 사용하지 않고 있다. 특수기포제와 압축공기로 만들어진 기포와 굴착토를 교반하여 소성유동성이나 지수성을 부여함과 더불어 이토의 압밀부착을 방지할 수 있다(그림 4.26).

모래, 굵은 모래, 자갈, 충적층과 같이 미세한 토립자가 풍부한 침투성 지반에 대응하기 위해 기포제는 아래와 같은 품질요건이 요구된다.

- 주입량은 적으나 강력한 멤브레인으로서 작은 크기의 기포를 생성시킬 것
- 높은 팽창능력을 가질 것
- 커터헤드 토크를 경감시키고, 커터의 마모를 경감시킬 것
- 주입을 통해 이토를 불투수성으로 개량할 것
- 주입을 통해 스크류컨베이어 측의 압력을 낮출 것
- 굴착토에 의한 폐색이나 챔버 내 부착을 방지할 것
- 버력운반을 위해 벨트컨베이어와 버력대차에 자유수를 감소시킬 것

이를 위해 팽창률(FER: Foam Expansion Ratio)과 주입률(FIR: Foam Injection Ratio) 조절이 중요하며, 이에 대해서는 "3) 첨가제의 설계"에서 상세히 다루기로 한다.

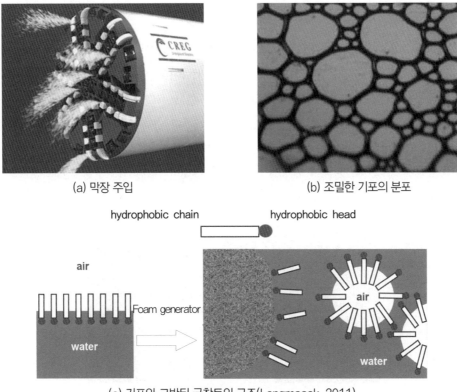

(a) 막장 주입

(b) 조밀한 기포의 분포

hydrophobic chain   hydrophobic head

air

water   Foam generator   air

water

(c) 기포와 교반된 굴착토의 구조(Langmaack, 2011)

[그림 4.26] 기포의 막장 주입과 이토의 구조

② 광물계 사용재료는 벤토나이트, 점토, 고령토 등의 천연광물이다. 벤토나이트, 점토 등과 굴착토를 교반하여 굴착토에 소성유동성이나 지수성을 부여할 수 있다. 첨가제의 농도나 주입량(사용량)은 입도분포에 근거하여 산정한다. 폭넓은 토질에 대응할 수 있기 때문에 사용실적이 많다. 다른 첨가제와 비교하여 주입플랜트가 대규모가 되기 쉽고, 굴착토 처리에 있어서는 산업폐기물로 처리하는 경우가 많다.

③ 수용성 고분자계 사용재료는 물에 용해하여 점조성(찰지게 되는 성질)을 부여하는 고분자계 수용성 폴리머이다. CMC(natrium carboxy methyl cellulose)로 대표되는 셀룰로오스계를 비롯하여 다당류계, 아니온(anion)계 재료가 있다. 이 재료는 굴착토와 혼합되면 이토에 소성유동성이나 지수성을 부여함과 동시에 펌프 운송에 있어서 압송성 개선 효과를 나타낸다. 한편, 굴착토 처리에서는 소성유동성이 높기 때문에 문제가 되는 경우도 없지 않아 있지만, 최근에는 분해처리재를 살포하여 겔화를 방지할 수 있는(un-gelatinize) 재료도 개발되고 있다. 첨가제 농도나 주입량은 광물계 첨가제를

185

참고하여 결정하는 경우도 많다.

④ 고흡수성 수지계 사용재료는 고분자계 불용성 폴리머에 속하는 고흡수성 수지(자중의
수 백배의 물을 흡수하여 겔성상으로 되는 재료)이다. 이 재료는 흡수하더라도 물에 용
해되지 않으므로 지하수에 의한 희석열화가 없고, 고수압 지반에서 분발방지 등에 큰
효과를 발휘한다. 그러나 염분농도가 높은 해수나 금속이온을 다량 포함한 지반 혹은
강알칼리(약액주입구간)이나 강산성 지반에 있어서는 흡수능력이 저하된다. 또한 자연
분해에 장시간이 걸리기 때문에 염류살포를 통한 강제탈수나 고화처리를 검토할 필요
가 있다.

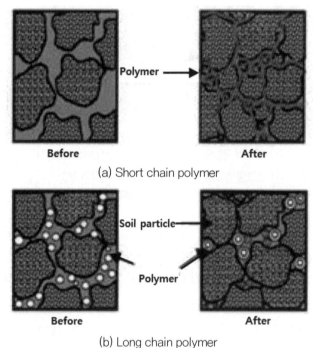

(a) Short chain polymer

(b) Long chain polymer

[그림 4.27] Polymer의 작용원리(Babendererde, 1998)

3) 첨가제의 설계

"1) 이토의 기능과 특징"에서 기술된 바와 같이 막장 안정을 위해 적정한 이토의 상태를 유지
하도록 하기 위한 설계와 관리가 요구된다.

토압식 쉴드TBM에서 일반적으로 많이 사용되고 있는 기포제의 경우, 다양한 토질조건에 대
응하기 위해 각 기포제의 특성(표 4.3 참조)을 사전에 충분히 이해한 후 팽창률(FER), 주입률

(FIR)을 계산할 필요가 있다. 물, 기포제, 기포 등 주입량과 FER, FIR과의 관계는 그림 4.28에
나타낸 바와 같다.

[표 4.3] 지반조건별 기포제 종류 및 적용성(김재영, 2020)

첨가제명	CLB F5/TM	CLB F5/M	CLB F5/L	CLB F5/AC	CLB F5/AW	CLB F5/C
Use in case of	Sand, Clay, Water inrush	Average ground	Low FER	Anti clay and sticky ground	Abrasive ground	
Rock					○	
Alluvion/Gravel	○	○				
Coarse sand	○	○				
Sand	○	○				
Silty sand		○		○		
Chalk		○	○			
Marl			○	○		
Clay			○	○		
Concrete walls and treated ground						○

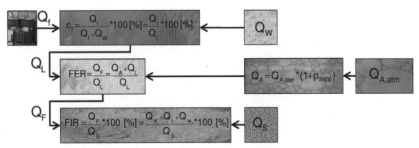

c_f	: 희석액 농도 [%]		FER	: 발포율 [%]
FIR	: 주입률 [%]		Q_f	: 기포제 유량 [m³/min]
Q_L	: 희석액 유량 [m³/min]		Q_F	: 막장압 조건에서의 기포 유량 [m³/min]
Q_S	: 토사 유입 유량 [m³/min]		Q_W	: 용수 유량 [m³/min]
Q_A	: 막장압 조건에서의 기체 유량 [m³/min]		$Q_{A,atm}$	: 대기압 조건에서의 기포 유량 [m³/min]
v	: 굴착 속도 [m/min]		A_S	: 굴착단면적 [m²]
p_{atm}	: 대기압 (=1) [bar]		p_{supp}	: 막장압(대기압과의 차)[bar]

[그림 4.28] 기포제 주입 관리를 위한 주요 Parameter(Thewes, 2010)

FER은 기포 희석액의 양 대비 기포의 양으로 산정되며, 지반조건에 따라 그림 4.29와 같이
조정한다. 보통 간극이 클수록 높은 FER을 적용한다. 희석액의 농도(c_f)에 따라 기포의 표면

강도가 다르게 나타나는데, 농도가 짙을수록 기포의 강도가 증가한다. 따라서 높은 FER이 요구되는 경우 농도를 높여야 한다. 그림 4.30은 FER과 농도 사이의 관계를 보여주는 사례이다.

F.E.R. DEPENDING ON THE GEOLOGY											
				SILTY SAND							
				MARL				COARSE SAND/GRAVEL			
		CLAY				SAND LIMESTONE					
F.E.R.	5	8	10	12	14	16	18	20	22	24	25

[그림 4.29] 지반조건별 FER(김재영, 2020)

CONCENTRATION ACCORDING TO THE F.E.R.								
F.E.R.	CLB F5	CLB F5/AC Anti Clay	CLB F5/TM Sand or water ingress	CLB F5/M	CLB F5/L	CLB F5/AW Anti Wear	CLB F5/LF Low F.E.R	CLB F5/C For Concrete
25	1.60%	2.80%	2.80%	3.00%	n/a	3.60%	n/a	3.80%
20	1.40%	2.60%	2.60%	2.60%	n/a	3.20%	n/a	3.00%
15	1.20%	1.70%	1.80%	2.00%	4.00%	3.00%	4.00%	2.00%
10	0.80%	1.20%	1.20%	1.50%	2.50%	2.00%	2.50%	1.50%
5	0.40%	0.50%	0.50%	0.60%	1.20%	0.90%	1.20%	0.70%

[그림 4.30] 기포제 종류별 FER과 농도와의 관계(김재영, 2020)

소성지수가 높은 지반과 같이 첨가제로 물이 요구되는 경우, 커터헤드 전방이나 챔버 내부로 물을 주입할 필요가 있다. 기포가 물과 같이 주입되는 경우 효과가 증가되기도 한다.

4) 이토의 소성유동성 관리

토압식 쉴드TBM에서는 이토의 소성유동성 관리가 가장 중요하다. 따라서 이토의 소성유동성을 쉴드TBM 굴진과 관련된 데이터를 통해 항상 파악하여 시공관리에 피드백할 필요가 있다.

(1) 커터챔버 내의 토압

쉴드TBM의 격벽에는 토압계가 설치되어 있지만, 이 값이 크게 변동하거나, 변동이 나타나지 않는 경우, 계기의 고장은 별도로 하고, 소성유동성 부족과 이토의 압밀부착 가능성이 있다. 따라서 토압의 경시변화를 주목함으로써 소성유동성 관리를 간접적으로 할 수 있다.

(2) 쉴드TBM 부하

쉴드TBM 부하는 커터토크, 스크류컨베이어의 토크 등 기계부하의 경시변화를 통해 추정한다. 물론 이 경우 지반조건의 변화를 고려하여 관리할 필요가 있다.

(3) 스크류컨베이어 배토효율

이토의 소성유동성이 좋은 경우에는 스크류컨베이어 회전수로부터 산출된 배토량과 계산굴착토량의 상관성이 높다. 따라서 항상 양자의 상관성에 주목하여 관리할 필요가 있다.

(4) 배토성상의 계측

배토상황을 육안 또는 샘플링한 이토의 슬럼프시험을 통해 판정하는 방법이다. 슬럼프값에 의한 관리는 지반조건이나 이토의 갱내운송방법에 따라서 다르지만, 사질토지반에서는 8~15cm, 점성토지반에서는 3~10cm(시간의 경과에 따라 기포가 파괴되어 유동성이 저하됨) 정도로 관리하는 경우가 많다.

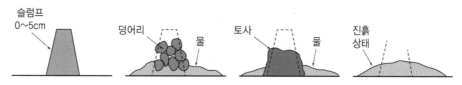

[그림 4.31] 양호하지 않은 슬럼프 상황(김재영, 2017)

상술한 바와 같이 소성유동성 관리는 시공데이터에 근거한 추정과 정성적 판단에 의한 것이 많다. 따라서 초기굴진이나 지반조건이 변화하는 구간에서는 조기에 지반변상 등의 관리와 병행하여 소성유동성 관리치(성상)를 결정할 필요가 있다.

2.3 토압식 쉴드TBM의 배토량 관리 개요

막장 안정을 유지하면서 원활하게 굴진하기 위해서는 굴진량에 맞추어 굴착토사를 적절히 배출해야 한다. 하지만 실제 지반토량과 굴착된 토사량과의 관계는 토량 변화율, 첨가제의 종류나 그 주입량 혹은 반출 방법 등에 따라 상이하므로 정량적으로 파악하기 곤란한 경우가 많다. 따라서 챔버 내부의 압력관리를 병행하여 배토량 관리를 수행해야 하고, 복수의 배토량 계측방법을 적용하여 상호 체크를 해야 한다.

1) 배토량의 계측방법

토압식 쉴드TBM의 배토량 계측 방법은 배토 방식에 따라 매우 상이하며, 배토방식 선정 시 계측방법도 같이 고려하여야 한다(표 4.4 참조).

[표 4.4] 배토량의 측정방법(김재영, 2020)

형식	토사반출방식		계측방식	유의점
후방 계측	광차운반방식		• 궤도 적산하중 계측·로드셀	• 광차에 흙이 부착한 채로 적재하므로, 오차가 큼
			• 인상 하중계측·로드셀	• 운반 시 벨트컨베이어와 광차에서 넘침
			• 광차대수 용량계측	• 토사성상에 따라 변화함
	토사호퍼 계측식		• 토사호퍼의 기초기둥에 하중계 설치	• 굴진 중은 잔토처리할 수 없음
막장부 계측형	벨트 컨베이어식	중량식	• 벨트컨베이어 아래에 중량계를 설치하여 중량을 계측	• 토사, 성상 및 맥동에 의해 변동이 있음 • 액상은 유실됨
		초음파식	• 정속으로 움직이는 벨트컨베이어 위에 복수의 초음파계 측점을 설치하여, 배토단면을 계측	• 센서 설치 수에 따라 측정치가 변함 • 벨트컨베이어상에 토사 밀도의 변동이 있으면 오차가 발생
		레이저광식	• 정속으로 움직이는 벨트컨베이어 위에 복수의 레이저광계측점을 설치하여, 배토단면을 계측	• 정도 높은 단면형상을 계측할 수 있으나, 토질에 따라 반사성이 달라 오차가 발생함
	펌프압송식		• 슬러지 펌프의 피스톤 운동을 카운트	• 굴착토 성상에 따라 계측치에 오차가 발생함
	스크류회전계측식		• 스크류 회전수를 카운트	• 스크류컨베이어 내 토사밀도의 변동에 따라 오차가 발생함
	배토관방식	전자기 유량계식	• 배토구에 전형류량계를 설치하여 유량을 계측	• 배토의 유속이 작으면 정도가 악화됨 • 토질에 따라 오차가 큼
		초음파도플러 (Doppler)식	• 관외측에서 초음파를 발신하여 도플러효과에 의해 유량을 계측	• 배토 유속이 작으면 정도가 악화됨 • 펌프압송파동으로 변동이 큼
		비저항치 계측식	• 비저항치 계측물질을 흙이 혼입하여 전기적으로 유속을 계측	• 혼입물의 유동상황이 토사와 동일하지 않으면 오차가 크게 발생함
		롤러카운트식	• 배토구에 롤러회전계를 설치하여 회전수를 카운트	• 배토성상에 크게 좌우됨
		배토관토압 계측식	• 배토관 내에 2점의 압력센서를 설치하여 토압차를 계측하여 유량을 산출	• 압력센서 설치장소에 따라 오차가 발생함 • 토질변화에 따른 보정이 필요함

계측시기는 후방계측과 연속계측으로 대별되고, 계측내용으로는 중량계측과 용적계측의 두 종류가 있다. 중량계측은 광차중량 계측이, 용적계측은 광차대수에 의한 것과 스크류컨베이어 회전수에 의한 것이 많이 적용되고 있다. 이수식 쉴드TBM의 계측과 같은 것으로는 배토관에

설치한 유량계와 밀도계에 의한 방법이 있다.

토압식 쉴드TBM에서는 지반의 토량변화율에 범위가 존재한다는 점과 첨가제의 종류와 첨가량, 또는 반출방법에 따라 굴착토의 겉보기 용적과 중량이 변화하기 때문에 정확하게 굴착토량을 파악하는 것은 어렵다. 따라서 굴착토량의 관리만으로 막장의 안정을 판단하는 것은 불가능하므로, 이토압 관리와 지반변위 등의 시공관리 데이터 등을 포함한 종합적인 관리가 요구된다.

2) 배토량의 관리

배토량의 계측은 주관리항목과 보조관리항목으로 나누어 복수의 방법을 해야 할 필요가 있다. 주관리항목은 굴진 중 이상발생의 판단을 신속하게 파악가능하여 즉시 대응할 수 있고, 이상 상황 발생 시 알람 등으로 오퍼레이터가 확실하게 인지할 수 있는 항목으로 설정하는게 유리하다.

배토량은 관리상하한치를 설정하여 관리한다. 굴착 지반의 토량환산계수, 첨가제 주입량을 고려하여 "관리상하한치＝이론굴착토량×토량환산계수＋첨가제 주입량" 관리상하한치를 설정하는 방법과 통계적인 방법으로 관리상하한치를 설정할 수 있다. 통계적인 방법은 지반 조건 등 굴진 중 조건변화에 의해 수반된 리스크를 고려할 수 있다는 측면에서 장점이 있다. 그림 4.32는 굴진 중 관리상하한치 관계의 사례를 보여주고 있다.

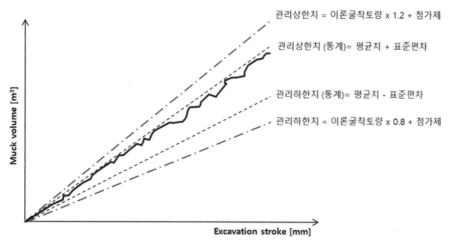

[그림 4.32] 토압식 쉴드TBM 굴진 중 배토량 관리범위 예

참고문헌

1. (사)한국터널공학회(2008), 『터널공학시리즈 3 터널 기계화시공-설계편』, 씨아이알.

2. 일본 공익사단법인 지반공학회 저, 삼성물산(주) 건설부문 ENG센터/토목ENG팀 역(2015), 『쉴드TBM 공법』, 씨아이알.

3. 김재영(2013), 「EPB 쉴드TBM터널공사-막장안정을 위한 굴진관리와 관리값의 설정방법」, 한국지반공학회지, Vol. 29, No. 2, pp. 21-27.

4. 문준식, 김재영, 전기찬, 장수호, 전병곤, 채종길(2016), 「쉴드공법 개요」, 한국터널지하공간학회지, Vol. 18, No. 2, pp. 13-17.

5. 채종길, 김재영, 장선종, 최창림(2016), 「막장안정관리(2) 토압식 쉴드TBM」, 한국터널지하공간학회지, Vol. 18, No. 4, pp. 7-19.

6. 김재영, 채종길(2017), 「쉴드TBM 굴진관리(5) 굴착토 관리」, 자연, 터널 그리고 지하공간, Vol. 19, No. 2, pp. 10-22.

7. 김재영, 채종길, 문준식(2018), 「쉴드TBM 굴진관리(8) 도심지 급곡선 시공사례」, 자연, 터널 그리고 지하공간, Vol. 20, No. 2, pp. 12-26.

8. 김재영(2020), 「TBM 설계 기초」, 한국터널지하공간학회지, Vol. 22, No. 4, pp. 55-66.

9. シールド工法(2012), 地盤工学会. 2, pp. 12-26.

10. Babenderede, S., Hoek, E., Marinos, P., Cardoso, A.S.(2004), Geological risk in the use of TBMs in heterogeneous rock masses - The case of "Metro do Porto" and the measures adopted, Conference in Aveiro, Portugal 2004, pp. 1-16.

11. Babendererde L.H.(1998), Developments in Polymer Application for Soil Conditioningin EPB-TBMs, Conference Proceeding: Tunnels and Metropolises. Balkema, pp. 691-695.

12. Hollmann, F., Thewes, M.(2012), Evaluation of the tendency of clogging and separation of fines on shield drives, Geomechanics and Tunnelling, Vol. 5, No. 5, pp. 574-580.

13. Langmaack, L., Ibarra, J.(2011), Speciality chemicals for tunnel boring machines, EPB Tunnelling in the Toronto Area - Tunneling Lecture 2011.

14. Li, X., Yuan, D., Huang, Q.(2017), Cutterhead and Cutting Tools Configurations in Coarse Grain Soils, The Open Construction and Building Technology Journal, Vol. 11, pp. 182-199.

15. Maidl, U.(1995), Erweiterung des Einsatzbereiches von Erddruckschilde durch Konditionierung mit Schaum, Ruhr-University Bochum.

16. Thewes, M., Budach, C.(2010), Soil conditioning with foam during EPB tunnelling, Geomechanics and Tunnelling, Vol. 3, No. 3, pp. 256-267.

17. Thewes, M., Budach, C.(2010), Schildvortrieb mit Erddruckschilden: Möglichkeit und Grenzen der Konditionierung des Stützmediums, Vortrag, 7. Kolloquium Bauen in Boden und Fels, Technische Akademie Esslingen, Ostfildern.

18. Wittke, W.(2007), Stability analysis and design for mechanized tunnelling, Geotechnical Engineering in Research and practice.

CHAPTER

5

이수식 쉴드TBM

05 이수식 쉴드TBM

1 이수식 쉴드TBM의 개요

1.1 이수식 쉴드TBM의 정의

이수식(Slurry) 쉴드TBM은 굴진면에 작용하는 토압과 수압을 벤토나이트와 물의 현탁액인 이수로 커터헤드 바로 뒤의 챔버 안을 채워 굴진면 가압과 동시에 불투수성막(Filter cake) 형성을 통한 굴진면 안정화로 지반이완을 억제시키고, 굴착된 버력을 이수와 함께 순환 및 반출하여 터널을 굴착하는 방식이다. 이수식의 이수는 '泥水'로 진흙 '니'자를 사용하였으며 대표적으로 벤토나이트를 의미한다(Park, 2022). 벤토나이트는 물과 접촉하게 되면 입자가 팽창하여 점성을 형성하는 성질 때문에 지하수위가 높고 투수성이 큰 지반에서 적용성이 우수하다. 일반적으로 이수식 쉴드TBM에서 사용하는 이수공법은 지하연속벽(Diaphragm Wall), 현장타설말뚝에서 사용되는 안정액으로부터 유래되었으며, 이수식 쉴드TBM에서는 굴진면의 안정화, 굴착토사의 원활한 반출, 디스크커터 마모 감소 등의 역할로 발전되어 활용하고 있다(그림 5.1).

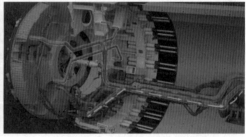

[그림 5.1] 송니관을 통한 굴진면 가압과 배니관을 통한 버력의 반출

그림 5.2는 일반적으로 밀폐형 쉴드TBM에 작용하는 압력 구성요소로 크게 1) 터널의 굴진면, 2) 쉴드TBM 장비, 3) 세그먼트 라이닝에 작용하는 것으로 구분할 수 있다. 이중 1) 터널의 굴진면에 작용하는 토압과 지하수위 조건이 과다하여 막장붕괴나 지하수의 대량 유입 발생이 우려될 경우 ② 굴착챔버(Excavation chamber)와 ④ 작업챔버(Working chamber)를 이수로 채우고 ③ 공기압(Air bubble)조절을 통해 ⑤ 송니관(Slurry line)으로 막장에 압력을 가할 수 있는 이수식 쉴드TBM 적용이 유리하다.

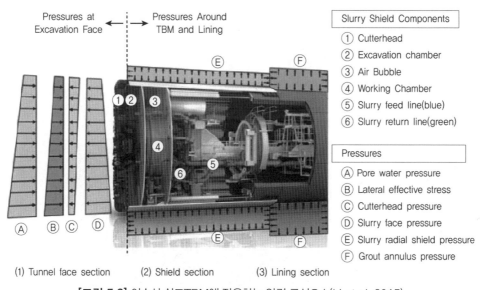

[그림 5.2] 이수식 쉴드TBM에 작용하는 압력 구성요소(Li et al, 2015)

1.2 이수식 쉴드TBM의 발전과정

프랑스계 영국인인 마크 이잠바드 브루넬(Marc Isambard Brunel)은 1806년 런던에서 여러 개의 셀(Cell) 안에서 작업자가 독립적으로 작업할 수 있는 쉴드를 이용한 터널링 공법의 원리를 발견하였다(그림 5.3). 각각의 셀들은 쉴드표면에 단단하게 설치하고 일정구간 굴착이 끝나면 쉴드표면은 앞쪽으로 밀어넣어지는 방법이었다.

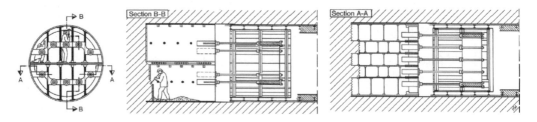

[그림 5.3] 여러 개의 셀을 이용한 브루넬의 쉴드(1806)(B.Maidl, 2000)

그후, 브루넬은 이러한 방법을 변형하고 개선하여 1825년 런던의 템즈강 아래에 터널을 뚫는 프로젝트에 적용하였다(그림 5.4).

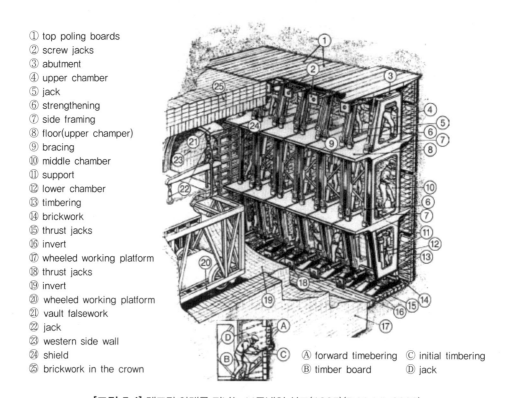

① top poling boards
② screw jacks
③ abutment
④ upper chamber
⑤ jack
⑥ strengthening
⑦ side framing
⑧ floor(upper champer)
⑨ bracing
⑩ middle chamber
⑪ support
⑫ lower chamber
⑬ timbering
⑭ brickwork
⑮ thrust jacks
⑯ invert
⑰ wheeled working platform
⑱ thrust jacks
⑲ invert
⑳ wheeled working platform
㉑ vault falsework
㉒ jack
㉓ western side wall
㉔ shield
㉕ brickwork in the crown

Ⓐ forward timebering   Ⓒ initial timbering
Ⓑ timber board   Ⓓ jack

[그림 5.4] 템즈강 아래를 지나는 브루넬의 쉴드(1825)(B.Maidl, 2000)

이후, 굴진면 안정성 확보를 위하여 토마스 크크레인경(Admiral Sir Thomas Cochrane)이 제안한 압축공기를 이용하는 방법이 사용되었으며, 압축공기에 의한 방법을 개선하고자 개발된 형식이 1874년 그레이트헤드(Greathead)에 적용되었던 것이 이수식 쉴드TBM이다.

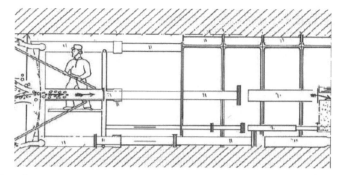

[그림 5.5] 그레이트헤드(Greathead)의 슬러리 쉴드(1874년 특허)(B.Maidl, 2000)

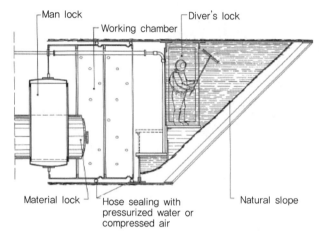

[그림 5.6] 하그(Haag)의 슬러리 쉴드(1896년 특허)(B.Maidl, 2000)

이후 1960년 슈나이더라이트(Schneidereit)의 아이디어에 의해 벤토나이트를 이용한 이수가 적용되기 시작되었으며, 1967년 일본에서 현재의 장비 형식인 회전식 커터비트를 이용한 직경 3.1m의 이수식 쉴드TBM을 적용하였고, 1974년 독일에서도 Wayss & Freytag AG가 이수식 쉴드TBM을 개발하였다. 따라서 현재의 이수식 쉴드TBM과 같이 이수를 이용한 굴착장비 형식은 지금으로부터 약 60년 전인 1960년대 이후라 할 수 있다.

한편 이수식 쉴드TBM과 유사한 시스템을 가지고 있는 혼합식 쉴드TBM이 유럽에서 1970년대 후반부터 많이 적용되어 오고 있다. 그림 5.2와 같이 혼합식 쉴드TBM의 경우 장비 최전방에 챔버가 격벽을 중심으로 2개의 칸으로 구분되어 있으며, 앞면의 칸(굴착챔버)은 순수하게 이수로 충진되어 있고, 뒷면의 칸(작업챔버)은 이수 및 에어 쿠션(air cushion)으로 구분되어 압축공기에 의해 이수압을 조절하는 시스템으로 구성되어 있다(Koh et al., 2020).

1.3 이수식 쉴드TBM의 굴진면 안정원리

이수식 쉴드TBM의 개발배경에서 알 수 있듯이 장비 형식은 높은 지하수위 조건과 투수성이 높은 지반조건에서 적용될 목적으로 개발되었기 때문에 현재도 진보된 장비제작 기술로 적용 범위가 조금씩 확대될 뿐 적용 지반조건에 대한 근본적인 차이는 예전과 다르지 않다.

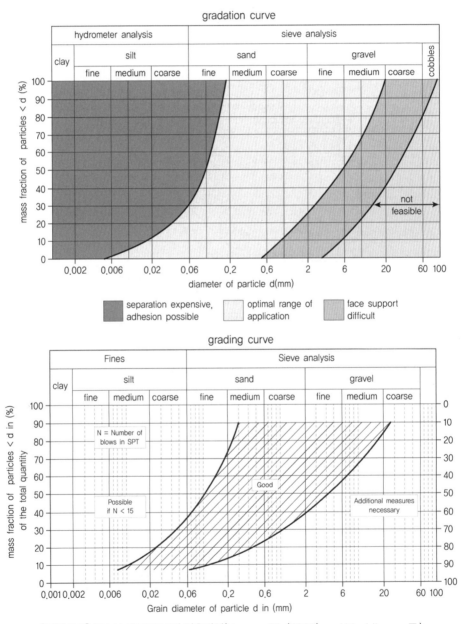

[그림 5.7] 이수식 쉴드TBM의 적용범위(Krause, Th.(1987) and Yoshikawa, T.)

이수식 쉴드TBM 적용 시 굴진면 제어의 가장 중요한 사항은 벤토나이트(bentonite)에 의한 굴진면의 불투수층 이막(Filter cake)의 형성과 침투존을 통한 방법이며, 이막의 형성은 터널 막장에 직접적으로 불투수층을 만들어내고, 이때 초과된 압력은 유효응력의 형태로 토압을 지지한다. 침투존을 통한 방법은 초과된 이수압력이 지반으로의 침투 깊이 전반에 걸쳐 이수용액과 토립자 사이의 전단응력을 통해 응력을 전달하게 되는 방법이다(Park, 2020).

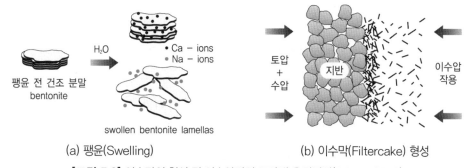

(a) 팽윤(Swelling) (b) 이수막(Filtercake) 형성

[그림 5.8] 이수막의 형성 및 이수압력의 토사내 응력전이(DAUB, 2016)

이수식 쉴드TBM 터널에서 굴진면 안정성은 이수의 침투에 의해 크게 영향을 받는다. 이수의 침투 현상은 이수가 지반에 침투하는 정도에 따라 그림 5.9와 같이 분류하였다(Ryu, 2019). 이 중 그림 (a)와 같이 침투가 거의 발생하지 않고 표면에 필터케이크가 형성되는 가장 이상적인 경우를 멤브레인 모델(Membrance model)이라고 한다. 그러나 높은 투수성을 지닌 조립질 지반에서는 이수가 지반을 쉽게 통과하게 되고 막장면에 필터 케이크도 형성되지 않는다. 이런 경우 수압과 토압에 대응하기 위한 소요 지보압이 막장에 효과적으로 작용되지 못하고 침투압으로 바뀌게 되며, 그 침투 깊이가 깊어질수록 막장압에 의한 지지효과는 감소하게 된다 (Anagnostou and Kovari, 1994). 따라서 투수성이 높은 조립질 지반에서의 막장 안정성에 대한 이수의 조절이 필요하다. 이수가 막장 전방으로 침투되는 경우는 그림 5.9 (b)와 같이 어느 정도 침투되다가 폐색되는 경우와 아예 폐색이 되지 않고 (c)에서와 같이 계속적인 침투가 발생되어서 이수가 제 기능을 발휘하지 못하는 경우도 있다(Ryu, 2019).

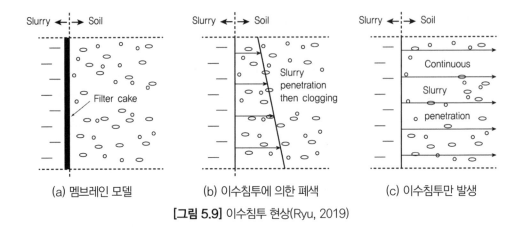

(a) 멤브레인 모델　　　(b) 이수침투에 의한 폐색　　　(c) 이수침투만 발생

[그림 5.9] 이수침투 현상(Ryu, 2019)

　굴진면 관리방법은 장비제작사마다 약간은 상이하나 전통적인 이수식 쉴드TBM은 단일챔버에 이수를 충만하여 송·배니 펌프의 회전수를 조절하여 굴진면의 압력을 제어하는 방식이었으나, 근래의 이수식 쉴드TBM은 기존방식에 공기압을 추가로 이용하여 굴진면압을 조절하는 방식이 많이 적용되고 있다(그림 5.10). 이는 챔버를 격벽을 중심으로 2개의 칸으로 나눈 더블챔버(Double chamber)를 사용하여 굴진면압 관리를 더욱 효율적으로 할 수 있기 때문으로 검토되었으며, 어떠한 방식을 사용하던 이수를 사용하여 막장 안정을 도모하는 기본 개념에는 변화가 없다.

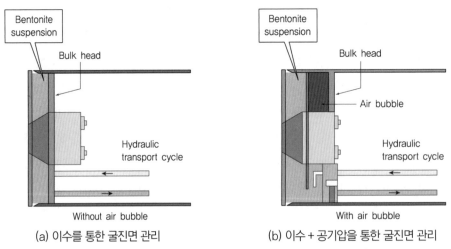

(a) 이수를 통한 굴진면 관리　　　(b) 이수 + 공기압을 통한 굴진면 관리

[그림 5.10] 굴진면 관리방법(Herrenknecht, 2007)

예를 들어, 그림 5.11은 2Bar의 굴진면압 유지가 필요한 경우에 대하여, 펌프의 회전수 및 공기압(Air bubble)을 동시에 사용한 경우가 단일 챔버를 사용한 경우보다 굴진면압 관리가 우수한 것으로 이수식 쉴드TBM 제작사의 경험으로 나타났다.

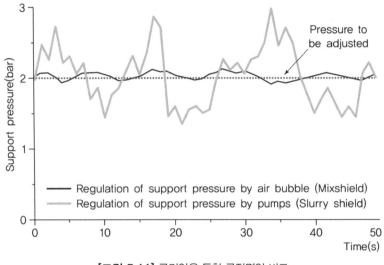

[그림 5.11] 공기압을 통한 굴진면압 비교

이수식 쉴드TBM 터널 설계 시 구간별 막장압에 대한 관리기준치를 설정해야 한다. 설계 시에는 ITA 및 DAUB(Deutscher Ausschuss für unterrirdisches Bauen e.V.)에서 제안한 검토 방법으로 두 가지 한계값(lower limits, upper limits)을 사용한다. 하한 압력 한계(lower limits)에서는 토압 + 수압이 굴진면압보다 크면 굴진면이 붕괴되므로 최소막장압($S_{crown,\ min}$)을 보장해야 하고, 상한 압력 한계(upper limits)에서는 토압+수압이 굴진면압 보다 작으면 Blow out 현상이 발생하므로 최대막장압($S_{crown,max}$)은 터널 크라운에서 수직응력의 90%보다 작아야 한다는 조건으로 검토하며, 정리하면 다음과 같다.

토압(쐐기파괴) + 수압 > 막장압 : 막장붕괴 → 최소막장압($S_{crown,min}$)

토압(쐐기파괴) + 수압 < 막장압 : Blow out 발생 → 최대막장압($S_{crown,max}$)

위의 검토조건으로 허용 막장압을 산정하면 그림 5.12와 같다.

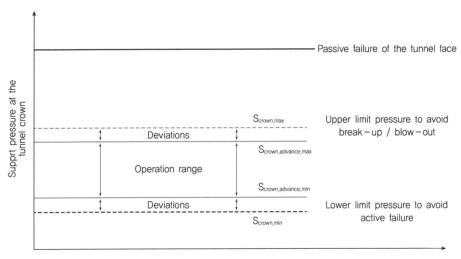

[그림 5.12] TBM 터널상부(Crown)의 허용 가능한 막장압의 범위(DAUB, 2016)

위의 검토조건과 그래프를 바탕으로 실제 현장에서의 허용막장압은 표 5.1과 같이 산정할 수 있으나, 현장의 지반 및 지하수 조건에 맞게 결정하여야 한다.

[표 5.1] 터널천단에 작용하는 최소, 최대 허용막장압

구분	산정
최소 허용막장압	$S_{crown,advance,min} = S_{crown,min} + 10kPa$
최대 허용막장압	$S_{crown,advance,max} = S_{crown,max} - 10kPa$

현장에서 막장압 관리 시 굴진관리대장을 통하여 굴진면 압력 변화 추이를 확인하면서 주의 깊은 시공이 필요하다. 또한 시공 전 노선과 간섭되는 시추공의 위치를 확인하여 이수누출에 따른 굴진안정성 저하가 발생하지 않도록 면밀한 시공관리가 이루어져야 할 것이다.

2 이수식 쉴드TBM 본체와 후방설비의 구성

일반적으로 TBM은 본체와 후방설비로 구성된다. 이수식 쉴드TBM 또한 같은 구성으로, 지반을 굴착하고 전진하면서 세그먼트를 조립하여 실제적으로 터널을 형성하는 부분인 본체와, 굴착을 위한 커터헤드의 구동과 TBM 전진을 위한 쉴드잭의 추진, 세그먼트 조립을 위한 이렉터 작동을 위한 각종 유압펌프, 전기장치, 환기장치, 버력처리를 위한 각종 펌프작동을 위한

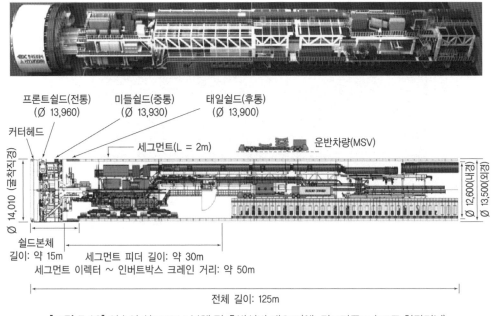

프론트쉴드(전통)
(Ø 13,960)
미들쉴드(중통)
(Ø 13,930)
태일쉴드(후통)
(Ø 13,900)

커터헤드

Ø 14,010 (굴착직경)

세그먼트(L = 2m)

운반차량(MSV)

Ø 12,600(내경)
Ø 13,500(외경)

쉴드본체
길이: 약 15m

세그먼트 피더 길이: 약 30m

세그먼트 이렉터 ~ 인버트박스 크레인 거리: 약 50m

전체 길이: 125m

[그림 5.13] 이수식 쉴드TBM 본체 및 후방설비 개요도(예: 김포파주고속도로 한강터널)

설비, 이 모든 시설을 운영하는 운전실과 비상시 대피할 수 있는 설비가 구성되어 있는 후방설비에 대하여 기술하였으며, 후방설비와 관련된 지상설비는 제9장 TBM 터널 부대설비에 기술되어 있으므로 제외하였다.

2.1 본체의 구성 개요

일반적으로 쉴드 본체라고 하면 맨 앞쪽에 위치하는 커터헤드부터 길이방향으로 원통형 강철로 둘러싸인 부분까지를 의미하며, 실제적으로 지반을 굴착하고 지반과 마찰하는 부분이며 내부적으로는 세그먼트를 조립하여 터널을 형성하는 부분이다. 본체는 굴착부, 추진부, 세그먼트 조립부, 뒤채움 주입부, 이수유송 및 버력처리부로 나눌 수 있으며, 그림 5.14는 이수식 쉴드TBM 본체의 주요 장치를 나타낸 예이다.

강철로 둘러싼 쉴드의 길이를 설계하게 될 때, 터널의 종단과 평면선형을 고려하여 쉴드의 길이를 계산한다. 쉴드의 길이가 길어지면 급곡선 적용에 제한이 있으며, 팽창성 지반이나 압착성 지반 통과 시 마찰에 의한 재밍(Jamming)이 빈번하게 발생될 수 있으므로, 이를 고려하여 쉴드의 모양과 길이를 산정하여야 한다. 그림 5.14는 쉴드TBM의 길이가 길거나 더블쉴드와 같이 재밍 발생이 우려되는 경우를 고려한 쉴드의 모양이다. 실제로 근래에 제작되는 대구

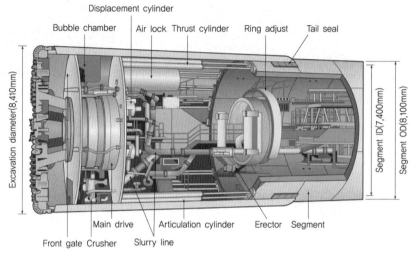

[그림 5.14] 이수식 쉴드TBM 본체 주요장치(예)

경 교통터널 쉴드TBM은 전통(Front Shield)으로부터, 중통(Middle Shield), 후통(Tail Shield)
의 직경이 점차 작게 제작된다.

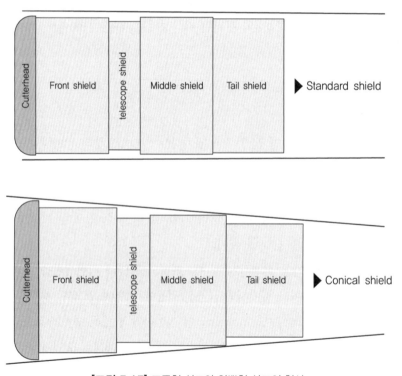

[그림 5.15] 표준형 쉴드와 원뿔형 쉴드의 형상

쉴드는 커터헤드의 굴착경과 세그먼트 외경 사이의 차이로 인한 공극(테일보이드, Tailvoid)이 필연적으로 발생하며, 그 외에도 굴착 중 선형변화 및 오버커터나 카피커터 사용에 따른 운전조건 변화에 따라 표 5.2와 같이 다양한 공극이 발생할 수 있다. 특히 원뿔형 쉴드의 경우는 장비 후방의 공극이 커지므로, 뒤채움량이 많아지고 장비와 지반의 침하가 빈번히 발생할 수 있으므로, 굴진과 동시에 뒤채움을 주입하는 방식의 적용이 필요하다.

[표 5.2] 쉴드TBM에서 발생하는 공극의 원인(특수건설, 2000)

구분	개요	내용	구분	개요	내용
장비 요인		• 일반적인 공극으로 쉴드외판과 세그먼트 외경 사이에 발생하는 공극	세그 먼트 요인		• 세그먼트 라이닝의 편심에 기인한 공극
		• 쉴드표면의 원뿔 형태에 기인한 공극			• 세그먼트 라이닝의 변형에 기인한 공극
		• 오버커터나 카피커터의 굴착경 변화에 기인한 공극	선형 요인		• 급곡선구간에서 기인하는 공극

2.2 후방설비의 구성 개요

쉴드 후방설비는 굴착 및 세그먼트 조립을 위한 구동전력, 버력반출을 위한 설비 운영, 터널 내 각종 수전설비, 환기설비, 비상 장치를 운영할 수 있도록 구성된 거대한 설비시설이며, 제작사의 제작 경험에 따라 위치를 선정하여 배치되는 경우가 일반적이나, 필요시 옵션 설비는 제작 시 추가할 수 있다.

후방설비는 크게 브리지, 백업 갠트리 1~4번까지 구성되며 백업 갠트리의 길이와 개수는 제작사마다 상이하다.

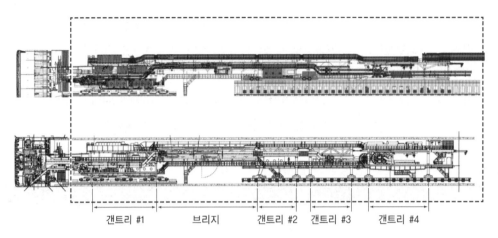

갠트리 #1   브리지   갠트리 #2   갠트리 #3   갠트리 #4

[그림 5.16] 이수식 쉴드TBM 후방설비(Backup-System)(예)

백업 갠트리 1번부터 브리지, 갠트리 2~4번에 설치된 주요 구성은 표 5.3과 같다.

[표 5.3] 갠트리 1번, 브리지, 갠트리 2~4번의 주요 구성(예)

구분	주요 설치 구성	비고
갠트리 1번	• 운전실 • 그라우팅 탱크/펌프 • 유압동력팩 • 운전자 피난챔버[5인용(예)] • 테일실 그리스 펌프 • 세그먼트 피더 ※ 이동방식 : 차륜방식	• 본체 운영을 위한 직접적인 장치 • 비상시 안전장치
브리지	• 세그먼트 크레인 • 인버트박스 크레인 • 공기압축기	• 터널구조물 이동장치 • 자재 이동크레인
갠트리 2번	• 세그먼트 크레인 • 인버트박스 크레인 • 폐수탱크 ※ 이동방식 : 차륜방식	• 터널구조물 이동장치 • 자재 이동크레인 • 폐수처리장치
갠트리 3번	• 후방설비 작업자 피난챔버[20인용(예)] ※ 이동방식 : 차륜방식	• 비상시 안전장치
갠트리 4번	• 고압케이블 드럼 • 호스릴 • 배관 연장 시스템 • 배관 크레인 • 폐·이수 탱크 ※ 이동방식 : 차륜방식	• 각종 케이블 및 배관 연장 장치 • 자재 이동크레인 • 폐수처리장치

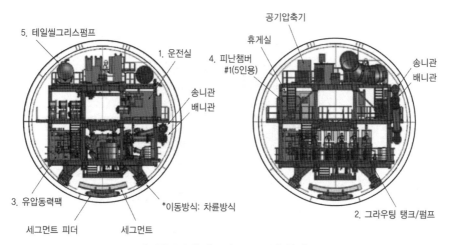

[그림 5.17] 갠트리#1 주요설비(예)

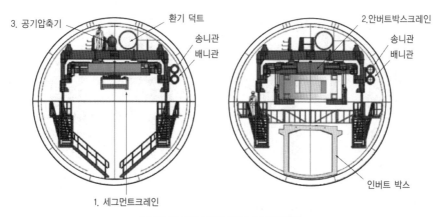

[그림 5.18] 브리지의 주요설비(예)

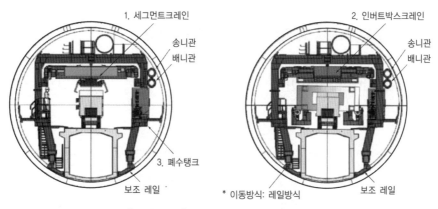

[그림 5.19] 갠트리 2번의 주요설비(예)

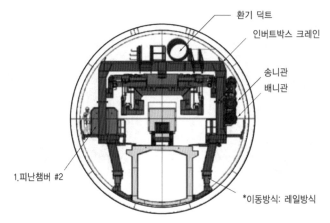

[그림 5.20] 갠트리 3번의 주요설비(예)

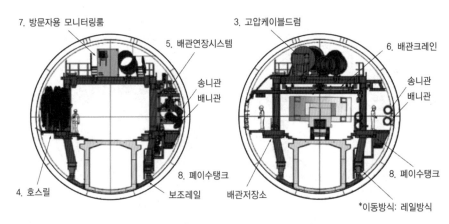

[그림 5.21] 갠트리 4번의 주요설비(예)

3 이수식 쉴드TBM 계획 시 중점 고려사항

3.1 커터헤드(Cutter head)

1) 커터헤드

커터헤드는 TBM의 가장 핵심적인 부분 중 하나로 암반을 굴착하는 디스크커터와 토사를 굴착하는 커터비트를 지반조건에 맞게 배치와 간격을 고려하여 조합·구성되며, 굴착된 버럭이 커터헤드의 개구부를 통과하여 챔버 안으로 들어가게 된다. 디스크커터는 자체의 회전력을 갖고 있지 않으나, 커터헤드는 쉴드잭의 추력이 커터헤드에 전달되고, 구동모터에 의해서 메인베어링을 시계 방향 또는 반시계 방향으로 회전시켜, 지반을 직접 접촉하게 되는 디스크커터에 고스란히 전달하게 된다. 커터헤드와 디스크커터는 아래와 같은 상관관계를 갖는다(Park, 2022).

커터헤드(쉴드잭 추력 + 메인베어링의 회전력)
= 각 디스크커터 연직력 + 회전력 + 측력 ⇒ 지반굴착

커터헤드에서 디스크커터의 간격 및 배치는 암반의 굴착 효율, 즉 미굴과 여굴을 좌우하고 버력의 사이즈를 결정하는 매우 중요한 요소로 디스크커터는 각기 다른 동심원을 회전하게 일정한 간격을 유지하며 디스크커터의 배치와 간격이 설계된다.

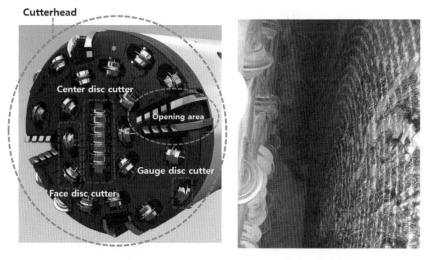

[그림 5.22] 커터헤드 형상과 디스크커터에 의한 동심원(예)

2) 플러싱 노즐(Flushing Nozzle)과 개구부의 변경

이수식 쉴드TBM에서 개구율은 일반적으로 10~30% 범위이며, 점착성이 높은 점토성 지반이나, 실트질 성분이 많은 풍화토지반에서는 디스크커터의 마찰에 의한 열의 발생으로 커터헤드의 폐색이 발생할 수 있으므로 필요시 개구부의 확장이 가능할 수 있는 대처가 필요하다.

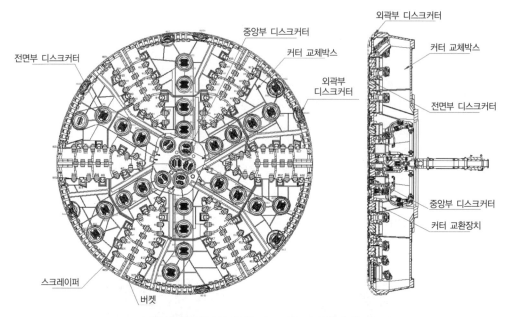

[그림 5.23] 이수식 쉴드TBM의 커터헤드(예)

　근래의 이수식 쉴드TBM에서는 폐색에 의한 디스크커터의 회전불능을 방지하기 위하여 플러싱 노즐(Flushing Nozzle)을 선택장치로 추가할 수 있다. 플러싱 노즐은 디스크커터의 폐색을 방지하기 위해 고압의 물을 분사시키는 장치로 커터헤드가 같은 회전수(RPM)으로 회전하더라도 중심부의 커터헤드 회전속도가 외곽부 커터헤드의 회전속도 보다 훨씬 느리게 회전하기 때문에 센터커터를 중심으로 디스크커터의 폐색이 빈번하게 발생하게 되므로 센터커터와 센터커터 주변의 페이스커터에 설치하면 보다 나은 디스크커터 관리가 가능하다.

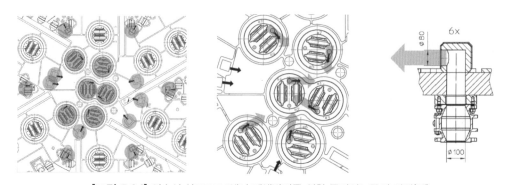

[그림 5.24] 이수식 쉴드TBM에서 폐색방지를 위한 플러싱노즐의 설계(예)

이수식 쉴드TBM은 버력의 반출이 배니관을 통해 이루어지므로, 배니관의 관경보다 큰 암버력이 커터헤드 개구부를 통과하게 되면 반출되지 못하여 챔버 안에 쌓이게 된다. 커터헤드 하부에 설치된 크러셔(Crusher)를 통해 버력의 크기를 배니관경 이하로 줄일 수 있지만, 1차로는 커터헤드 개구부의 크기를 조절하여 암버력의 크기를 제한하여야 한다. 원활한 암버력 처리를 위한 설계 시 고려사항은 아래와 같다.

- 상세한 지반조사를 통한 터널구간의 암반구간 연장과 암종 분석
- 암버력 크기를 고려한 디스크커터의 배치와 간격 설계
- 최대 크기의 암버력 고려한 커터헤드 개구부 설계
- 개구부를 통과한 암버력의 파쇄방법을 위한 크러셔 및 그리드의 선정
- 크러셔 및 그리드를 통과한 암버력의 원활한 반출을 위한 배니관경 선정

그림 5.25의 (a)는 유입될 수 있는 암버력의 최대크기를 860mm로 제한한 개구부의 형상인데, 길이방향으로 거대한 버력이 유입될 경우를 고려하여 (b)는 개구부의 형상을 개선한 타입이다. (c)는 개구부에 철판을 탈부착하여 굴진 대상 지반조건에 적합한 개구율(opening ratio)을 가변적으로 조정할 수 있게 개선한 모양으로, 이수식 쉴드TBM에서는 커터헤드의 폐색에 의한 재밍(jamming)방지나 과도한 버력 유입에 따른 챔버내 버력정체 및 배니관 파손보호를 위한 개구부의 변경이 가능하도록 설계, 제작이 필요하다.

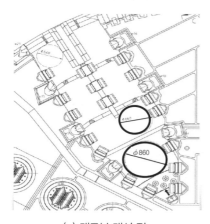
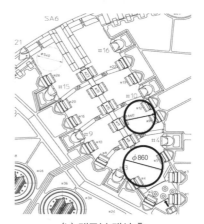

(a) 개구부 개선 전   (b) 개구부 개선 후

[그림 5.25] 이수식 쉴드TBM에서 암버력 크기와 중량을 고려한 개구부 설계(예)

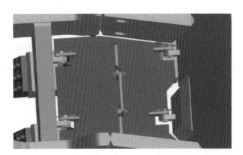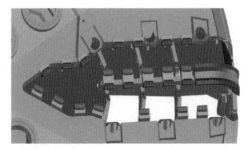

(c) 가변적 변형이 가능한 개구부 적용 시

[그림 5.25] 이수식 쉴드TBM에서 암버력 크기와 중량을 고려한 개구부 설계(예)(계속)

3) 메인드라이브(Main Drive)

커터헤드를 회전시키는 일련의 구성요소를 메인드라이브라고 한다. 메인드라이브의 주요 구성요소는 메인베어링과 구동 모터, 디스플레이스먼트 잭(Displacement Jack), 고정장치(토크서포트(Torque support), 메인드라이브 압기장치, 메인드라이브 하우징(Housing) 등이 포함된다. 메인드라이브는 쉴드의 전통부분(Front Shield)에 위치하며 메인드라이브의 사양은 쉴드TBM의 성능을 나타내는 메인베어링의 직경(m)과 구동모터의 출력(kW), RPM, 토크(kN·m), 최대운영압(Bar)을 포함하여야 한다.

[표 5.4] 메인드라이브의 주요 구성요소 및 특징

주요 구성요소	특징
메인 베어링	• 커터헤드를 회전시키는 베어링의 일체 • 제작 시 수명시간 산정(예: 10,000시간) • 직경을 포함하며 일반적으로 커터헤드 직경의 1/2 이상 • 해·하저구간 적용 시 베어링의 최대 운영압 산정
구동모터	• 직접적으로 메인베어링을 회전시키는 장치 • 쉴드TBM의 출력으로 표현(예: 5,950kW(350kW×17EA)
디스플레이스먼트잭	• 커터헤드의 이동, 틸팅(Tilting)작용 및 재밍(Jammimg) 방지
고정장치(토크서포트)	• 커터헤드 회전으로 인해 장비에 가해지는 토크 감쇄
메인드라이드 압기장치	• 굴진면과 메인드라이브 간의 압력차 유지
메인드라이브 하우징	• 메인드라이브 일체를 잡아주는 틀

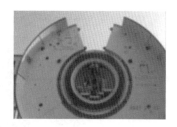

(a) 메인드라이브 전체 형상

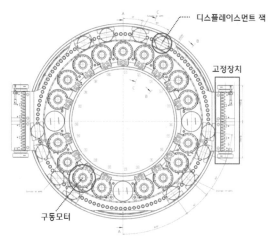
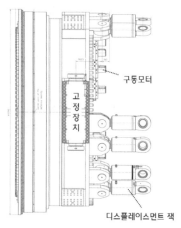

(b) 구동모터와 디스플레이스먼트 잭 및 고정장치

(c) 디스플레스이먼트 잭 상세

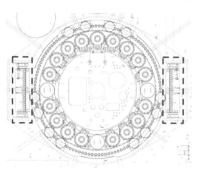

(d) 메인드라이브 고정장치(토크서포트) 상세

[그림 5.26] 메인드라이브 주요 구성요소

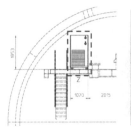  

(e) 메인드라이브 압기장치   (f) 메인드라이브 하우징(원 표시 부분)

[그림 5.26] 메인드라이브 주요 구성요소(계속)

3.2 크러셔(Crusher)와 그리드(Grid)

이수식 쉴드TBM에서는 챔버 내 이수압(이수 + 공기압) 조절을 위해 송니관과 배니관의 압력 차이로 막장압을 조절하여 균형을 유지한다. 암반 굴착 시 커터헤드의 디스크커터에 의해 파쇄된 암석이 배니관으로 유입되는 과정에서 파쇄된 암석의 크기가 크거나 균일하지 않으면 배니관의 파손과 막힘 현상으로 이어져 원활한 막장관리와 굴착효율이 떨어진다. 이에 암반 굴진 시 암편을 분쇄하여 배니관 손상 및 폐색을 방지하기 위한 장치로 챔버와 배니관 사이에 크러셔(Crusher)와 그리드(Grid)가 설치된다(그림 5.27(a) 참조).

 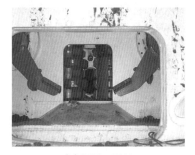

(a) 죠크러셔(Jaw Crusher) + 그리드(Grid)   (b) 롤러크러셔

[그림 5.27] 대구경 이수식 쉴드TBM에 설치되는 크러셔의 종류

크러셔는 커터헤드를 통해 챔버 안으로 들어온 버력을 배니관으로 유입되기 전 배니관의 관경 이하로 파쇄시키는 도구로 이수식 쉴드TBM에만 존재하는 장치이다. 대구경 이수식 쉴드TBM에 적용되는 크러셔는 크게 죠크러셔 타입과 롤러크러셔 타입으로 구분된다(그림 5.27). 죠크러셔와 롤러크러셔의 적용은 지반조건에 따라 달라지며, 죠크러셔는 연암이상의 암반분포가 많을 경우 적용하며, 크러셔를 통해 잘게 쪼개진 버력이 그리드를 통해 한 번 더 걸러지게

설계되며, 롤러크러셔의 경우는 연암 이하의 암반이나 토사층의 분포가 많을 경우 적용하며 그리드 없이 배니관으로 쪼개진 버력이 그대로 유입된다. 롤러크러셔는 앞쪽에 임펠라 형식의 회전날개가 설치되어 있어 버력의 교반을 도와준다.

굴착된 버력이 토사일 경우는 배니관을 통해 이수와 함께 갱외로 배출되지만, 불규칙한 큰규모의 암편이 챔버 안으로 들어오거나, 쉴드TBM 장비에서 파손된 스크레이퍼나, 버켓이 들어오게 되면 1차적으로 크러셔와 그리드에 타격을 주고, 배니관에 막혀 폐색 현상을 일으킨다. 파손된 크러셔와 그리드의 수리를 위해서는 압기작업을 통해야 하며 이는 많은 위험과 공기적인 손실이 따르므로 최초 TBM 설계 시 크러셔와 그리드의 규모 및 용량 선정을 신중히 해야 한다.

3.3 디스크커터(Disc cutter)

1) 대기압 상태의 디스크커터 교체방안 검토

쉴드TBM은 굴착이 진행되는 동안 막장면 안정을 위해 전면부에 설치된 챔버를 통해 막장압을 유지하게 된다. 장기간 굴착 작업 시 면판에 장착된 커터와 비트가 마모되어 교체작업이 필요할 경우와 막장전방이나 챔버 내 유지관리를 위한 작업이 필요할 경우, 챔버 내에 고수압을 유지한 상태에서 장비를 멈추고 디스크커터 교체나 챔버 내에서 쉴드 장비 유지관리를 위한 작업을 진행하게 된다. 이때 작업자는 막장압에 작용하는 압력에 적응하기 위해 장비 전면에 설치된 맨락(Man lock)에서 일정시간 동안 머문 다음 작업에 투입된다. 이런 경우 작업자가 위험에 노출되고, 쉴드TBM 장비가 셧 다운 시간이 길어져 작업효율이 저하된다.

이러한 작업효율과 작업자의 안전성 확보를 위해 대기압 조건에서 커터의 교체가 가능하도록 하는 장치(시스템)가 후방커터 교체장치이다. 최근 하·해저 하부를 통과하여 막장면에 고수압이 작용되거나 대단면의 상하 균형유지가 중요한 쉴드TBM 굴착에서 기본적으로 적용되고 있다(그림 5.28).

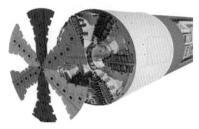

[그림 5.28] 대기압 상태의 디스크커터 교체 시스템 적용

2) 디스크커터의 교체주기 예측

커터헤드에 장착된 디스크커터는 높은 강도와 인성, 열 피로 균열에 대한 저항성, 내마모성이 강한 특성을 갖기 위해 텅스텐강 또는 탄소강으로 제작된다. 토사나 암석을 굴착하는 과정에서 디스크커터는 지반과의 끊임없는 마찰에서 다양한 형태의 마모가 발생하고 크게 지반의 광물구성, 광물경도, 작용하중 등의 영향을 받는다. 디스크커터의 마모 예측 실패는 TBM 굴진효율 저하나 커터헤드의 이상토크를 발생시키는 원인이 되므로 적절한 교체 시기 예측이 중요하나 챔버를 열어 확인하는 데는 여러 가지 복합적인 문제로 디스크커터의 마모량을 정확히 측정하는 데는 한계가 있다. 근래의 TBM은 디스크커터 교체 시기에 대한 예측이 가능하도록 디스크커터 마모 감지 시스템(DCRM: Disc Cutter Rotation Monitoring system)을 이용하여 디스크커터의 온도 및 회전수를 통한 마모 상태를 파악하여 교체 주기를 산정할 수 있도록 제작 시 고려하고 있다.

[그림 5.29] 디스크커터 모니터링 시스템의 적용

3.4 맨락(Man lock)과 머티리얼락(Material lock) 시스템

1) CAW의 정의

CAW(Compressed Air Works 또는 Work in Compressed Air)란 특정 작업공간 외부에 작용하는 수압으로 인해 작업공간 내부에 유입되는 물에 대해, 압축공기를 불어 넣음으로써 물이 유입되는 것에 대응하고 가압(加壓)된 상태에서 필요 작업을 수행하는 일종의 보조공법으로 한국과 일본에서는 압기(圧氣)작업이라고도 한다. 압기작업의 근본적인 수압은 작용하는 수압보다 압축공기의 압력이 큰 것을 의미한다.

압축공기 압력 > 작용하는 수압

압기작업은 1850년대부터 터널공사 등에 적용되었고, 대표적인 시공사례는 Brooklyn Bridge 교각기초 작업이다(그림 5.30 참조).

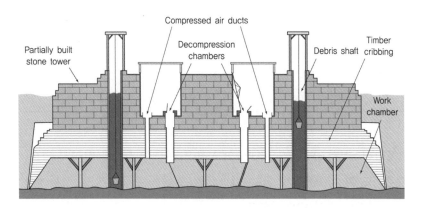

[그림 5.30] 교각기초작업에 적용된 Pneumatic Caisson 공법

2) 맨락 구조 및 역할

맨락이란 압축공기 속에서 일하는 작업원을 위해 감압실로 쓰는 일종의 방을 의미한다. 이수식 쉴드TBM의 경우 해·하저에서 디스크커터의 교체나 갑작스런 용수나 붕락발생 등으로 인한 긴급작업을 수행하기 위하기 작업원의 안전을 위하여 감압실의 설치는 필수적이다. 맨락 챔버는 CAW를 시작하기 위해 대기압 상태인 터널에서 가압된 챔버 내부로 출입하기 위한 가압과 감압이 이루어질 수 있도록 구성된 설비이다. 챔버의 내부는 엔터런스챔버와 메인 챔버로 구분한다.

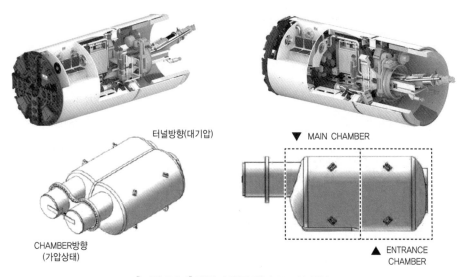

[그림 5.31] 맨락과 맨락 챔버 구조와 형상

[표 5.5] 작업압력 및 시간에 따른 감압시간(예: 서울시, 2018)

작업시간	1차정지(분)	1.5Bar Air(분)	1.2Bar Air(분)	1.5Bar OXY(분)	0.6Bar OXY(분)	감압시간(분)	전체시간(분)
0h 25	9				10	19	0h 44
0h 30	7				10	22	0h 52
0h 45	7				20	32	1h 17
1h 00	7				15 5 10	52	1h 52
1h 30	6				5 5 25 5 20	91	3h 01
2h 00	5	3	15	25 5 10	15 5 25 5 25 5 10	153	4h 33

국내에서 토압식 쉴드TBM의 경우 맨락의 사용은 전무한 것으로 알려져 있으며, 이수식 쉴드TBM의 경우에도 자주 사용되지 않는 실정으로, 맨락을 사용하게 될 상황에서는 해외 사례를 참조하여 실시하는 것이 바람직하다.

3.5 테일실(Tail seal)

쉴드TBM은 굴착면 최외곽커터와 세그먼트 외주면 사이에 공극(테일보이드: Tail Void)이 필연적으로 발생한다(그림 5.32 참조). 발생된 테일보이드를 조속히 충진하지 않았을 경우 지반침하 발생 및 영구적인 물길 형성의 원인이 된다. 그러므로 굴착 후 빠른 시간내에 테일보이드를 적정압으로 충진하는 작업이 필요하며, 이외에도 세그먼트 누수제어, 쉴드잭 추력에 의한 세그먼트 변상 방지 등의 목적으로 뒤채움을 신속히 실시하여야 한다.

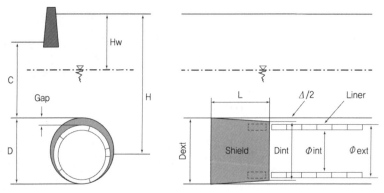

[그림 5.32] 테일보이드의 형성

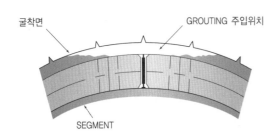 

[그림 5.33] 뒤채움 주입 개념도

근래에는 뒤채움 주입방식 중 동시주입을 원칙으로 하고 주입압은 정압관리에 의해 1~2MPa 이상으로 관리하며, 구간별 세그먼트 안정성 확보를 위한 최소 압력이 상이하므로, 최대 압력은 세그먼트 저항력을 고려하여 산정한다. 매 링마다 압력게이지에 의한 주입량과 유량 게이지에 의한 주입량을 확인한다. 설계상 주입량은 이론 테일보이드량에서 130% 정도로 한다. 곡선부 시공 시 Copy cutter를 사용하여 굴착하는 경우 이론 공극(Tail Void)량에서 여굴량이 더해지기 때문에 실제 주입량의 확인이 필요하다.

해·하저터널의 경우 테일스킨을 통한 지하수의 유입을 방지하기 위하여 테일스킨실링을 3~4열로 계획하는 경우가 많다. 테일스킨실링은 테일그리스의 지속적인 충진을 통해 쉴드와 세그먼트 간 틈을 뒤채움재, 이수, 지하수 유입을 방지하고 특히, 뒤채움재로 인해 테일실이 고결화되는 것을 막아야 한다.

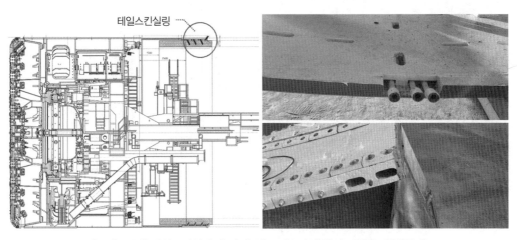

[그림 5.34] 테일스킨실링 개요(좌) 및 그리스라인(위)과 뒤채움 라인(아래)

219

4 이수식 쉴드TBM의 시공설비

4.1 시공설비의 개요

일반적으로 쉴드TBM 터널에서 갱외에 설치되는 주요 시공설비는 수·변전설비, 오탁수 처리설비, 뒤채움 주입설비, 압기설비, 냉각설비가 대표적이다. 여기에 이수식 쉴드TBM 터널에서는 이수와 관련된 설비가 추가된다(그림 5.35). 표 5.6은 갱외 지상에 설치되는 설비에 대한 개요와 구성에 대하여 나타낸 표로 이수에 관련된 설비는 표 5.7에 기술하였다. TBM 터널의 시공설비는 제9장에서 상세하게 기술된 바를 참고하고, 본 장에서는 이수와 관련된 이수처리 설비(STP)와 이수유송설비(STS)에 관한 사항만을 기술하였다.

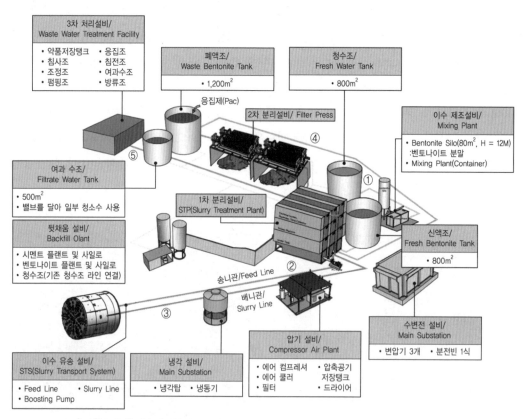

[그림 5.35] 이수식 쉴드TBM의 지상설비 개요도(예: 김포~파주고속도로 한강터널)

[표 5.6] 이수식 쉴드TBM 지상설비별 시공 개요(이수관련 설비 제외)

종류	설비 개요 및 주요 구성
수·변전설비	• TBM 장비 및 지상설비에 전력공급 • 변압기, 분전반으로 구성
오탁수 처리설비	• 2차처리(필터프레스)된 여과수를 중화하여 방류 • 약품저장탱크, 침사조, 조정조, 펌핑조, 응집조, 침전조, 여과수조, 방류조로 구성
뒤채움 주입설비	• 쉴드의 굴착면과 세그먼트외경과 일체화 • 뒤채움 플랜트, 사일로, 교반기, 각종 탱크, 펌프로 구성
압기설비	• 챔버 내 압기작업시행 • 압축기, 에어저장탱크, 에어필터, 에어드라이어, 에어쿨러, 레귤레이터, 긴급안전장치로 구성
냉각설비	• 쉴드TBM 장비 관로 과열 방지 • 냉각탑, 냉동기 등으로 구성

[표 5.7] 이수식 쉴드TBM 이수 관련 설비

종류		주요 구성
이수처리설비 (STP)	이수분리설비	• 근래에 모듈러구조로 계획 • 층별 컨테이너 구조 3~4층으로 계획
	이수제조설비	• 믹싱플랜트, 벤토나이트 사일로
	필터프레스	• 필터프레스 1~4개(터널 직경에 따라 상이) • 하부 필터프레스지지 구조물, 통로와 난간대
	탱크류	• 청수조, 신액조, 폐액조, 여과수조
이수유송설비 (STS)		• 송·배니관 • 각종 펌프(P_0, P_1, P_2, 중계 펌프) • 연결 보조 펌프, 밸브

이수식 쉴드TBM 터널에서 이수는 굴진면을 안정화하여 안전한 터널굴착을 도모하며, 굴착된 버력을 수송하는 핵심적인 기능을 하는 재료로, 이수는 지상의 이수처리설비(STP: Slurry Treatment Plant)에서 제조되고, 이수유송설비(STS: Slurry Transport System)인 송·배니관을 통해 TBM 장비로 이송되어 버력과 함께 반출·순환되는 구조를 가진다. 실제로 STP는 이수의 제조뿐만 아니라, 분리와 처리를 함께하는 설비를 포함하므로 STP에는 이수제조설비, 이수분리설비, 이수처리설비, 각종 탱크류를 포함한다. STS는 크게 송니관과 배니관, 펌프로 구성되지만, 터널의 연장에 따라 기타 세부구성이 추가된다. 이수식 쉴드TBM의 시스템 개요도는 그림 5.36과 같다.

221

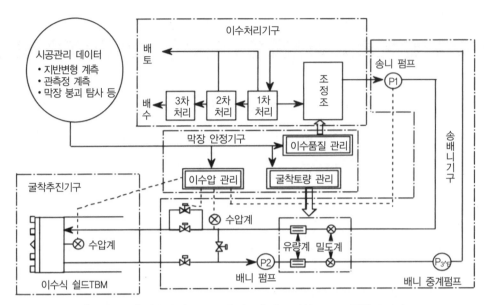

[그림 5.36] 이수식 쉴드TBM의 시스템 개요도(쉴드TBM 공법, 2015)

4.2 이수처리설비(STP : Slurry Treatment Plant)

제조된 이수는 이수유송설비를 통하여 TBM 장비를 거쳐 이수처리설비로 순환하는 시스템으로 이수는 분리시설을 거쳐 입경에 따라 1차 분리, 실트 및 점토의 입경에 따라 재사용이 어려운 이수는 2차 처리하여 pH를 조정하는 3차 처리로 분류한다.

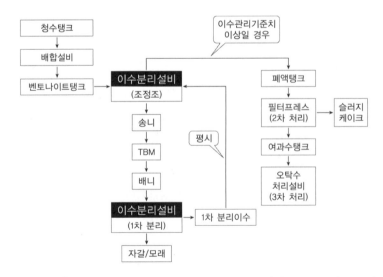

[그림 5.37] 이수식 쉴드TBM의 이수처리 시스템 개요도(쉴드TBM 공법, 2015)

1) 이수분리설비(Separation Plant)

(1) 구성

근래의 이수식 쉴드TBM 공사에서 이수분리설비는 예전과 다르게 모듈러(Modular) 형식으로 제작되는 추세이다. 이유는 도심지 공사와 같은 경우 여러 가지 시공설비에 따른 부지확보를 최소화할 수 있고, 일부 설비의 경우 컨테이너 내부에 사전 조립하고 현장에서는 전체적인 조립이 가능해 작업공정이 우수하고, 공장으로부터 현장까지 운반이 수월하다는 장점이 있다.

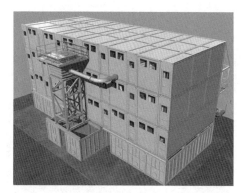

[그림 5.38] 이수분리설비 기본구조(좌), 소음 및 안전을 위한 판넬 보강(우)(Herrenkenecht, 2021)

이수분리설비의 규모는 이수식 쉴드TBM 터널의 직경과 연장에 따라 결정되며 대구경 TBM의 경우 4층 규모의 다수의 컨테이너로 구성된다. 각각의 컨테이너에는 입경에 따른 분리설비, 각종 모터, 펌프, 전기 판넬, 탱크, 배관, 이동통로가 있으며, 컨테이너의 결속은 볼트체결을 기본으로 한다. 1층은 이수분리설비의 하중을 고려한 기초 콘크리트 위에 벤토나이트 집진컨테이너가 설치된다. 2층은 사이클론(Cyclone) 공급펌프, 스크린(Screen), 버력 반출 슈트(Discharge Chute)가 설치되어 3mm 이상의 굵은 자갈이나 모래가 반출된다.

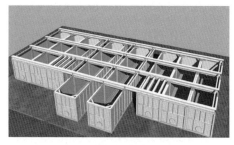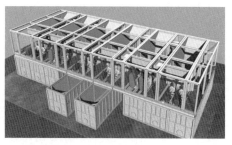

[그림 5.39] 이수분리설비 1층(좌), 2층(우)(Herrenkenecht, 2021)

3층에는 탈수 스크린 설비(Dewatering screen), 모터, 스크린(Screen)이 설치된다. 4층에는 미세버력입자를 처리할 수 있는 사이클론이 설치되며, 배니관을 통해 반출되는 버력은 이수분리시설 중앙에 설치된 이수분배기를 통해 4층에 설치된 개별 배관으로 반출되어 입경별로 분리된다.

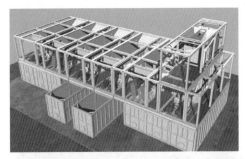

[그림 5.40] 이수분리설비 3층(좌), 4층(우), 반대편 버력반출 슈트(아래)(Herrenkenecht, 2021)

(2) 이수분리 방식

배니관을 통해 이수와 함께 반출된 버력은 이수분리시설(Separation Plant)에서 입경에 따라 분리되어 처리된다. 일부 이수분리시설 제작사는 입경에 따른 분류를 그림 5.41과 같이 제시하였다. 그림 5.41에 나타나 있는 번호에 따라 처리되는 버력이 처리되는 장치는 트롬멜 스크린(Trommel Screen), 사이클론(Cyclone), 원심분리기(Centrifuge)로 분류된다.

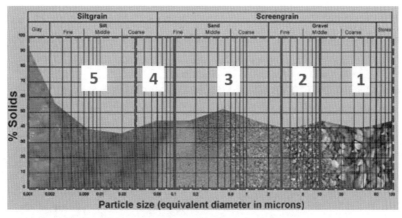

[그림 5.41] 버력입경 및 입자에 따른 이수의 분류(Herrenkenecht, 2021)

버력의 입경 및 미세입자의 크기에 따른 배니관 내부의 상태를 나타낸 것은 표 5.8과 같다.

[표 5.8] 버력 입자크기에 따른 배니관 내부흐름 개요(Herrenknecht, 2021)

번호	배니관 내부흐름 개요	입자크기 및 분리장치
1		• $\phi3 \sim 15$mm • 트롬멜스크린(Trommel Screen)
2		• $\phi0.5 \sim 3$mm • 트롬멜스크린(Trommel Screen)
3		• $\phi0.1 \sim 0.5$mm • 중형사이클론(Cyclone)
4		• $\phi0.03 \sim 0.1$mm • 소형사이클론(Cyclone)
5		• $\phi0 \sim 0.03$mm • 원심분리기(Centrifuge)

1,2구간의 이수분리 방식은 트롬멜 스크린(Trommel Screen) 분리된다. 1구간은 굵은 자갈의 버력크기인 14~10mm 크기로 1단계 스크린에서 제거된다. 2구간은 미세한 자갈에 해당하는 최대 10mm 이하의 버력크기가 제거된다. 이는 스크린망의 간격에 따라 다르게 설계되어 컨베이어 벨트에 실려 다른 버력반출 슈트로 배출되어 덤프트럭을 통해 외부로 반출된다.

[그림 5.42] 1, 2차 스크린을 통한 이수분리 개요(Herrenkenecht, 2021)

3구간은 미세한 모래입자의 크기로 최대 $100\mu m$ 이하이며, 4구간은 머리카락의 지름에 가까운 최대 $30\mu m$ 이하의 입자 크기로 각각의 사이클론에서 분리된다.

[그림 5.43] 미세입자 처리를 위한 사이클론(Herrenkenecht, 2021)

사이클론은 이수자체의 유속을 이용하여 원심력으로 무거운 입자와 가벼운 입자를 분리하는 방법으로 가라앉지 않은 가벼운 입자는 사이클론 중심으로 부유하며, 무거운 입자는 회전력을 기반으로 아래로 하강하는 구조를 이용한다.

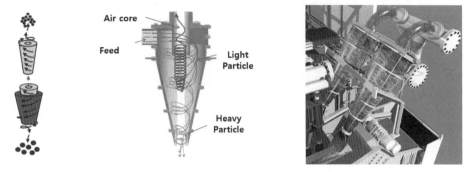

[그림 5.44] 사이클론 이수분리 방식의 원리

5구간은 0.03mm 이하의 초미세입자로 원심분리기(Centrifuge)를 이용한 분리방법을 적용한다.

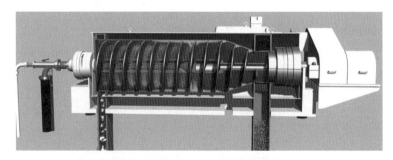

[그림 5.45] 원심분리기를 이용한 이수분리

원심분리기에서 분리되지 않은 가장 미세한 입자는 폐액탱크로 이송되어 화학응집제를 사용하여 필터프레스에서 가압, 탈수하여 케이크화하여 외부로 반출된다. 이수의 품질에 대해서는 본장의 5편에서 기술하였지만 주기적인 KPI 시험을 통해 이수의 품질을 확보하여야 한다. 만약 송배니관 내의 잔류 초미세입자를 제거하지 않으면 이수의 밀도와 점성이 단시간내에 급격하게 증가하여 펌프의 과잉 부하와 송배니관의 마모를 증가 시킬 수 있으며, 이는 전기에너지의 소비를 비례하여 증가시킨다. TBM 장비의 성능과 에너지의 소모에 대한 그래프는 반비례하며 그림 5.46과 같이 나타낼 수 있다.

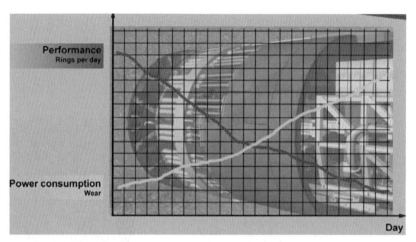

[그림 5.46] 시간에 따른 TBM 성능과 에너지 소모 관계

2) 이수제조설비(Mixing Plant)

이수제조설비(Mixing Plant)는 배합을 위한 벤토나이트 분말 저장을 위한 수직 사일로
(Bentonite Silo)와 일체형 컨테이너 형식으로 구성되어 있다. 이수제조설비 주변에는 배합을
위한 청수탱크(Water Tank)와 물과 벤토나이트를 섞어 보관할 수 있는 신액탱크(Bentonite
Tank)가 필요하다. 벤토나이트 사일로, 청수탱크, 신액탱크는 각각의 조각을 조립하여 유압잭
을 이용한 상승공법을 적용하여 제작, 투입한다.

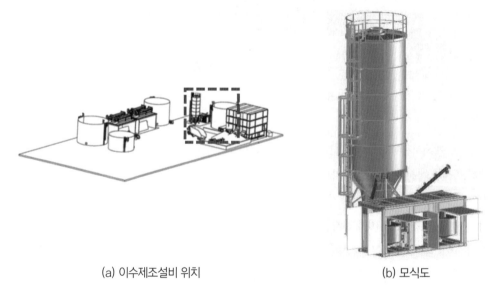

(a) 이수제조설비 위치　　　　　　　　　　　　　　(b) 모식도

[그림 5.47] 이수제조설비 위치 및 모식도(그림 5.35 참조)

이수제조설비에서 제조된 이수의 소모량은 이수제조설비의 생산능력을 산정하는 기준으로 일반적으로 식 (5.1)과 같이 산정한다.

$$굴착토량(m^3/h) = 장비의 직경(m^2) × 장비의 시간당 굴진속도(m/h) \qquad (5.1)$$

이수막을 형성하고 버력이송으로 인한 운영 중 소비를 고려한 이수의 소모량은 굴착토량의 10% 적용한다. 만약 14m의 직경의 이수식 쉴드TBM 장비의 필요한 이수소모량은 아래와 같이 산정할 수 있다.

$$굴착토량 : (\pi × 14.02 ÷ 4)m^2 × 2m/h = 307.72m^3/h(굴진속도 ~2n/h~ 산정)$$
$$이수소모량 : 307.72m^3/h × 0.1 = 30.772m^3/h$$

이수제조설비의 이수생산능력은 안전율을 고려하여 $30.772m^3/h$ 이상으로 산정하여야 한다.

(3) 필터프레스(Filterpress)

필터프레스는 이수식 쉴드TBM의 직경, 연장, 굴진율을 고려하여 크기나 규모가 결정된다. 근래에 시공되고 있는 김포-파주고속도로 한강터널의 경우 총 4조로 구성되어 있다.

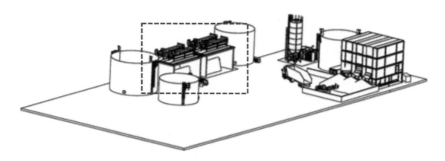

[그림 5.48] 필터프레스 위치(그림 5.35 참조)

필터프레스는 이수의 품질이 저하되어 잔류 초미세입자의 처리를 위한 공간으로 이수분리시설(Separation Plant)에서 폐액조(Waste bentonite tank)로 유송된 후, 약품을 첨가하여 필터프레스의 여과판에서 가압 및 탈수하여 케이크화된 슬러리는 외부로 반출되고 탈수된 물은 여과수조(Recycled water tank)로 유송되어 일부 청소수로 이용되기도 하고, 나머지는 3차 처리시설인 오탁수 처리시설도 이동하여 pH 조정 후 외부로 반출된다.

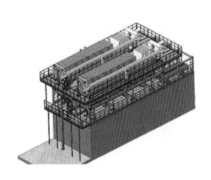

[그림 5.49] 필터프레스 개요도 및 완성 후 모습 (그림 5.35 참조)

필터프레스는 본체와 벽체 구조물 등의 하중을 지지할 수 있도록 바닥콘크리트가 설계되어
야 한다. 근래에는 필터프레스의 소음과 기상변화를 고려하여 천막을 설치하여 유지 관리한다.

(4) 각종 탱크조(Storage tanks)

탱크조는 청수조(Water tank), 신액조(Fresh bentonite tank), 폐액조(Waste bentonite
tank), 여과수조(Recycled water tank)로 구분되며, 물을 저장하는 청수조와 여과수조는
Liner 탱크, 벤토나이트액 또는 슬러리를 저장하는 신액조와 폐액조는 Mastic 탱크로 분류한
다. 각종 탱크는 이수처리 용량과 관련하여 규모가 산정되며, 설치 시 조각판넬을 연결하므로
작업공정상의 시공정밀도가 요구된다.

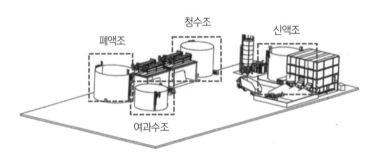

[그림 5.50] 각종 탱크조의 위치(그림 5.35 참조)

탱크조는 다수 판넬 조각의 겹침 형식으로 구성되며, 탱크 최상부 링부터 최하부 링의 순서
로 지상에서 조립하여 설치를 진행한다. 첫 번째(최상부) 링의 첫 번째 판넬을 놓고 탱크 내측
에서 시계방향으로 다음 판넬을 겹쳐 수직 조인부에 3개 정도 볼트 체결하며 마지막 판넬까지

동일한 방식으로 조립한다. 볼트, 너트의 조기 부식을 방지하기 위해, 너트러너(Nut Runner)를 사용하여 탱크 내측으로부터 볼트를 조인다. 또한 누수 방지를 위해, 모든 판넬의 조인부 및 볼트 홀 위치에 Mastic을 도포하고 탱크 내부에서 볼트를 삽입하여 조인다.

(a) 탱크조 설치 전 스티프너 조각

(b) 탱크조 설치 후 스티프너

(c) 탱크조 내외부 볼트 체결 모습

탱크 외부　　탱크 내부

(d) 볼트체결 후 도포

[그림 5.51] 각종 탱크조 조립을 위한 볼트 체결 및 도포

탱크는 하부로 조립하여 상승시키는 방법으로 유압식 Jackup시스템을 이용하며, 세부 설치 절차는 아래와 같다.

① Jack의 설치위치는 Liner 탱크의 경우 탱크 외측에, Mastic 탱크의 경우 탱크 내측에 설치한다.
② Jack은 판넬 2장마다 최소 1개소 수량으로 판넬 수직 조인부 앞 위치에 탱크 주변으로 설치하며, 탱크가 고중량일 경우 추가 Jack의 설치를 고려해야 한다.
③ 바닥에 고정은 앵커볼트 4개소를 시공하고 Jack의 수직 서포트에 부착된 철판을 판넬 수직 조인부의 홀과 볼트 체결한다.

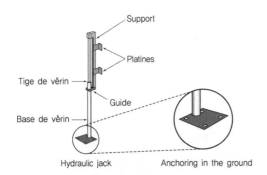

(a) 유압잭 및 바닥고정 모식도

(b) Jackup 통한 탱크조 시공

(c) 탱크조 연결된 배관

(d) 사다리 설치

[그림 5.52] 탱크조의 설치 방법 및 전경

5) STP 및 기타 지상설비 작업순서

STP에 대한 설치계획은 현장 내 TBM 작업장 배치계획이 완료되면, 그림 5.53과 같은 세부 작업순서를 수립한다.

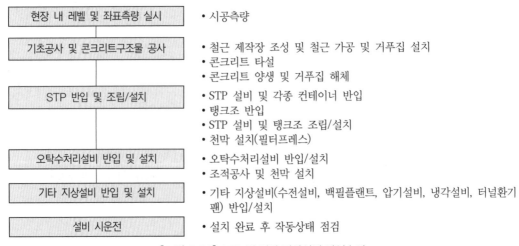

현장 내 레벨 및 좌표측량 실시	• 시공측량
기초공사 및 콘크리트구조물 공사	• 철근 제작장 조성 및 철근 가공 및 거푸집 설치 • 콘크리트 타설 • 콘크리트 양생 및 거푸집 해체
STP 반입 및 조립/설치	• STP 설비 및 각종 컨테이너 반입 • 탱크조 반입 • STP 설비 및 탱크조 조립/설치 • 천막 설치(필터프레스)
오탁수처리설비 반입 및 설치	• 오탁수처리설비 반입/설치 • 조적공사 및 천막 설치
기타 지상설비 반입 및 설치	• 기타 지상설비(수전설비, 백필플랜트, 압기설비, 냉각설비, 터널환기 팬) 반입/설치
설비 시운전	• 설치 완료 후 작동상태 점검

[그림 5.53] STP 및 기타 지상설비 작업순서

4.3 이수유송설비(STS : Slurry Transport System)

이수유송설비는 그림 5.54와 같이 이송배관 설비 및 송배니 펌프설비로 구성된다. 송·배니 관 설비는 송니관, 배니관, 밸브류 및 배관연장을 위한 보조장치(신축관 등)를 기본으로 구성되며, 이 외에 바이패스관 및 바이패스용 밸브 셋, 유량계, 밀도계 등이 송·배니계통에 조립된다. 송배니 관경은 쉴드TBM 외경, 굴진속도 및 토질조건에 따라 결정하며 표 5.9와 같은 관경이 적용되는 경우가 많다.

송배니 펌프 설비는 송니펌프(P_1)과 배니펌프($P_2 \sim P_n$)를 기본으로 하며, 자갈 처리용 순환펌프(P_0)를 설비하는 경우도 있다. 또한 펌프는 원칙적으로 배관직경에 맞추어 흡입구를 가진 슬러리 펌프가 적용된다.

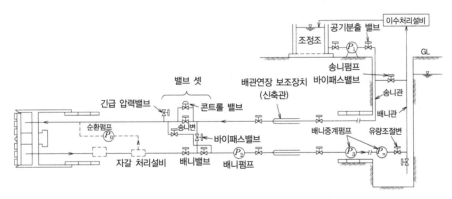

[그림 5.54] 이수식 쉴드TBM의 이수유송 설비(STS)(쉴드TBM 공법, 2015)

1) 이수유송설비의 주요 구성

(1) 송니펌프(P_1)

송니나 막장수압 제어용 펌프이며 일반적으로 편흡입 스크류 펌프가 사용된다. 이 펌프는 가변속(VS) 모터로 구동되며, 막장수압 지시조절장치에 의해 설정 이수압을 유지하도록 회전수가 자동적으로 제어된다.

(2) 배니펌프($P_2 \sim P_n$)

굴착토사를 포함한 이수를 처리설비로 압송하기 위한 펌프이다. 일반적으로 편흡입 스크류 펌프가 사용되기 때문에 자갈 등 고형물이 통과하는 경우에는 펌프 내 임펠라(날개) 사양을 검토할 필요가 있다.

가장 막장에 가까운 펌프(P_2)는 배니유량을 제어하는 기능을 가진다. 이 펌프는 P_1과 마찬가지로 가변속 모터로 구동되며, 배니유량 지지제어장치에 의해 설정 배니유량을 유지하도록 회전수가 자동적으로 제어된다. 설정유량은 한계 침전유속(이 유속 이하가 되면 토사가 침전하는 유속) 이상을 확보할 수 있는 유량으로 한다. 배니유량과 유속은 표 5.9와 같은 값으로 계획되는 경우가 많다. P_3 이하의 펌프 대수는 펌프 1대당 유송능력과 유송연장 관계로 결정된다.

[표 5.9] 이수식 쉴드TBM의 외경과 송배니관과의 관계(쉴드TBM 공법, 2015)

쉴드TBM 외경 (m)	송니 관경(인치)	배니		
		관경(인치)	유량(m^3/min)	유속(m/sec)
2.0~3.5	6	4	1.3~1.7	2.5~3.3
3.0~6.0	8	6	3.4~4.0	3.0~3.5
5.0~7.5	10	8	6.5~7.5	3.3~3.8
7.0~10.0	12	10	12.0~13.0	3.9~4.3

2) 슬러리 파이프 마모 일반

STP로부터 송니관을 통해 쉴드TBM 장비까지 압송된 이수는 버력과 함께 배니관을 반출되는 작업이 끊임없이 순환된다. 일반적으로 일정한 품질의 이수가 공급되는 송니관보다는 지반조건에 따라 불규칙한 버력이 반출되는 배니관의 마모가 크며, 펌프의 소모도 많다. 다양한 조건에 따른 배니관과 펌프의 마모에 따른 파괴는 이수식 쉴드TBM에서 굴진중단을 초래 할 수 있으므로 일상적인 측정과 교체가 중요하다. 슬러리 파이프 유지관련 다운타임에서 정상적인 마모에 의한 파이프의 교체시간 대비 급작스런 파괴에 의한 교체시간이 10~20배 정도 많이 소요되는 것으로 비춰볼 때, 슬러리 파이프의 마모를 예측하고 필요한 예비부품을 미리 준비하는 것은 중요하다(Park et al., 2017).

3) 슬러리 파이프 마모량 측정

슬러리파이프 마모 두께 측정방법은 기본적으로 현장에서 측정장비를 통한 직접계측 방법(Dirtect measurement methods)와 슬러리 파이프의 재료를 원형 마모 시험기에 부착하여 일정시간 통안 슬러리 이동을 통한 재료의 마모 정도를 계측하는 파이프플로우 루프시험(Pipe flow-loop tests), 슬러리의 장시간의 이동으로 인한 마모율 모사 시험방법(Accelerated testing methods) 등이 있으며, 그림 5.55는 시험방법에 대한 세부 측정방법을 나타냈다.

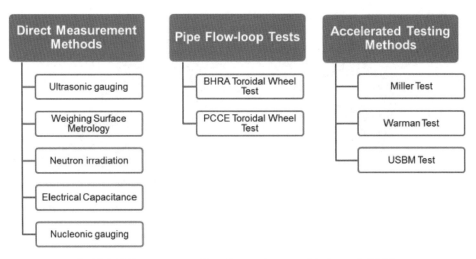

[그림 5.55] Test method for Slurry pipe wera(Park et al, 2017)

(1) 직접 측정 방법

직접 계측 방법 중 일반적으로 가장 사용하기 용이한 방법은 초음파측정방법(ultrasonic gauging)으로 0.01mm까지 파이프의 두께 측정이 가능하다. 이 외에 재료 표면 마모 측정, 중성자 및 전기 측정, 핵입자 측정 등의 방법이 있다(Henday, 1988). 이 중 초음파 측정방법은 현장에서 가장 널리 사용되는 측정 방법이다.

(2) 파이프 플로우 루프 시험

BHRA Toroidal Wheel Test는 마모량을 측정하고자 하는 다섯 개의 직선부 파이프를 그림 5.56의 (a)와 같이 연결하고 내부의 1/3가량 슬러리를 채운다. 전체 시험체 규모는 직경 3.2m이며 최대 6m/s의 속도로 회전을 시킨 후, 매 시간마다 파이프의 두께 측정 결과를 기록하여 최종 마모량을 산출하는 시험 방법이다(BHRA, 2015). PCCE Toroidal Wheel Test는 마모측정을 위한 4개의 시험판(plate)를 회전체에 부착하고 회전체를 V-belt로 이뤄진 전동장비를 통하여 1~6m/sec로 각각 변화를 주어 일정 시간 후에 시험판의 두께 측정을 통한 마모량 산출 시험 방법이다(그림 5.56).

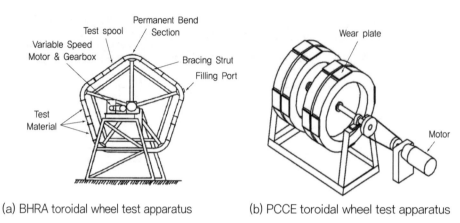

(a) BHRA toroidal wheel test apparatus　　(b) PCCE toroidal wheel test apparatus

[그림 5.56] Pipe flow-loop tests

(3) 가속화 시험 방법

상기에 기술된 측정 및 시험은 직접적인 두께 측정이나, 회전체를 이용한 마모량 산정방법이었다. 슬러리 운송을 통한 마모는 실질적으로 장시간에 걸쳐서 이루어지며 이를 모사한 시험으로는 대표적으로 Miller Test, Warman Test, USBM Test 등을 들 수 있다. 그림 5.57과 같이 Miller Test의 경우 지속적인 슬러리의 마모로 인한 손실량을 산정하는 시험으로 200mm 시험체(metal block)가 분당 48회 왕복 운동, 총 16시간 동안 4회의 시험을 실시한 후, 평균값을 통하여 시험 재질의 마모 손실 결과값을 얻을 수 있다(Miller, 1974).

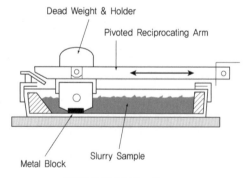

[그림 5.57] Miller Test

Warman Test는 그림 5.58과 같이 직경 120mm의 6면의 원형시험체를 지속적인 슬러리 주입시험기 내부에서 90시간 동안 총 8회에 걸쳐 시험 후 시험체의 무게를 측정하여 마모도를 산정하는 방법이다(Huggett and Walker, 1988).

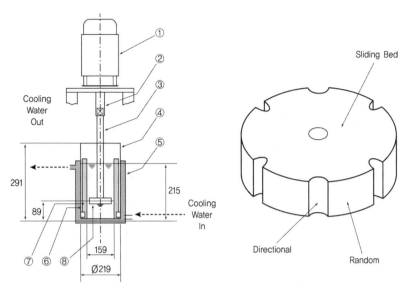

[그림 5.58] Warman test apparatus

USBM Test는 그림 5.59와 같이 이수 호퍼를 이용한 이수 주입방식을 사용하였고, 폴리에틸렌 기어의 회전에 의한 이수의 유동으로 변면에 삽입된 8개의 시험체의 마모량을 측정하여 마모량을 산정하는 실험이다(Cooke and Johnson, 1999).

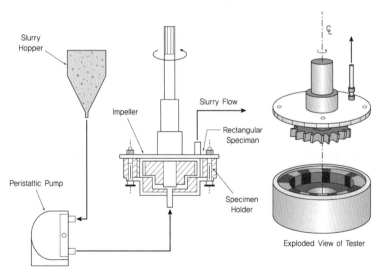

[그림 5.59] USBM test apparatus

4) 이수 파이프를 통한 굴착량의 산정

토압식 쉴드TBM이나 암반용 그리퍼TBM에서는 버력의 반출량을 육안으로 확인하고 광차의 중량이나 스캐너 등을 통해 측정할 수 있지만, 이수식 쉴드TBM은 막장면을 송배니관을 통해 버력이 반출되기 때문에 송배니 계통에 설치한 유량계와 밀도계에 의한 계측을 통해 굴착토량을 관리한다. 현대의 이수식 쉴드TBM에서는 세그먼트 링당 평균 굴착량을 계산하여 측정하는 시스템이 장착되기도 하지만, 선택사양의 장치로 굴착량(배니유량과 송니유량과의 차), 건사량(배니건사량과 송니건사량의 차) 두 가지 방법으로 굴착토량을 계산한다.

굴착량에 의한 굴진 및 배토관리는 식 5.2와 같다.

$$Q = \frac{\pi}{4} \cdot D^2 \cdot S_t \tag{5.2}$$

여기서, Q : 계산 굴착체적

D : 쉴드TBM 직경

S_t : 굴진 스트로크

한편 계측에 의한 굴진 스트로크당 굴진체적은 다음과 같다.

$$Q_3 = Q_2 - Q_1 \tag{5.3}$$

여기서, Q_1 : 송니유량

Q_2 : 배니유량

Q_3 : 굴착체적

Q와 Q_3 대비를 통해 면니상태(이수 또는 이수 중 물이 지반에 침투하는 상태로 $Q > Q_3$)인지 용수상태(이수압이 낮아 지반의 지하수가 유입되고 있는 상태로 $Q < Q_3$)인지의 판정이 가능하다. 일반적으로 붕괴가 발생하지 않은 정상굴착 시에는 면니상태가 기록되는 경우가 많다.

건사량에 의한 굴진 베토관리는 식 5.5와 같다. 건사량은 지반 또는 송배니수의 토립자 체적이다. 토립자 비중은 지반 중, 송니수 중, 배니수 중에서 동일하므로 계산 건사량은 식 5.5와 같다.

$$V = Q \cdot \frac{100}{G_s \omega + 100} \tag{5.4}$$

여기서, G_s : 토립자의 비중

ω : 지반함수비

한편 계측에 의한 건사량은 식 5.5와 같다.

$$V_3 = V_2 - V_1 = \frac{1}{G_s - 1}\{(G_2 - 1) \cdot Q_2 - (G_1 - 1) \cdot Q_1\} \tag{5.5}$$

여기서, V_1 : 송니 건사량

V_2 : 배니 건사량

V_3 : 굴착 건사량

G_1 : 송니수 비중

G_2 : 배니수 비중

상기식의 값은 추진 스트로크당 값이며, 실제로는 순간 계측값을 적분하여 산출한다. V와 V_3의 대비를 통해 일니상태($V > V_3$)인지 여굴상태($V < V_3$)인지의 판정이 가능하다. 굴착토량의 관리 개요도는 그림 5.60과 같다.

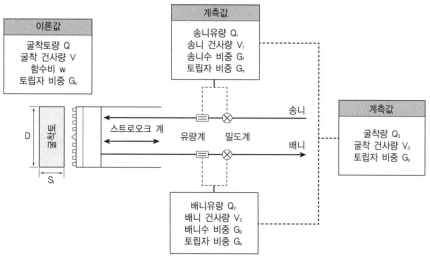

[그림 5.60] 굴착토량 관리 개요도(Kho et al, 2018)

5 이수의 관리

5.1 개요

이수식 쉴드TBM은 커터헤드 챔버 내 이수를 충진하고 이수의 압력으로 굴진면에 이수막 또는 침투막을 형성하여 굴진면의 안정성을 확보하는 것을 기본으로 하는 공법으로 굴착토를 유체이송하는 펌프로 구성되는 이수유송설비(STS)와 유체이송된 이수를 토사와 이수로 분리하고 이수의 품질을 조정하고 처리하는 이수처리설비(STP)로 구성된다.

일반적으로 이수의 사용은 지하연속벽(Diaphragm Wall), 현장타설말뚝(Bored Pile)에서 제조되어 사용되는 안정액에서부터 유래되었으며, 쉴드TBM 공법에서 이수는 굴진면 안정성 확보, 커터헤드 폐색방지, 굴진효율을 개선시키는 중요한 역할을 한다.

5.2 이수의 기능 및 요구 성능

이수식 쉴드에 사용되는 이수는 지반의 특성 및 사용되는 장비의 종류에 적합하도록 이수의 농도, 점성, 여과성 등을 고려하여 설계(관리기준치 설정)되어야 하며, 굴진대상 지층이 불안정하거나 고수압 또는 높은 투수성 지반을 굴진하는 경우 지반조건에 맞는 이수의 사용이 필수적이다. 이수는 물과 벤토나이트를 기본으로 구성되며 CMC(Sodium Carboxy Methyl Cellulose), PAC(Poly Aluminum Chloride) 등을 추가하여 제조된다. 이수의 기능은 아래와 같다.

1) 주요 기능

▎굴진면 안정성 확보 및 지하수 유입방지

이수(송니수)의 주된 기능은 굴진면에 2~3mm 두께의 불투수성 이수막(Filter cake)을 형성하여 굴진면 압력을 유지시켜 굴진면의 안정성을 확보하고 지하수의 이동을 방지하는 것이 주된 역할이다.

2) 부수적 기능

▎굴착 토사의 유체수송(mucking)

이수(배니수)에 의해 굴착된 버력(muck)을 배니관을 통해 고속으로 원활히 지상의 STP까지 수송하는 역할로 일반적으로 굴착 토사와 함께 유체이송되는 배니수는 송니수보다 점토, 모래 및 자갈이 함유되어 비중이 상대적으로 증가하여 이수처리설비(STP)에서 자갈이나 입경이 큰 모래는 분리하고 송니를 위한 이수의 관리기준치 내로 재조정이 필요하다.

① 냉각 및 윤활작용 : 디스크커터의 마모를 감소시키고 커터헤드의 냉각 및 윤활작용
② 필터케이크(Filter cake) : 이수의 작니제인 벤토나이트의 응집 및 굳어지는 성질 제한 필요(소성지수보다 적은 함수비를 가진 실트 내지 점토 지반의 굴착 시 중요함)

3) 요구 성능

이수식 쉴드TBM에 사용되는 이수에 요구되는 성능은 첫째, 굴진면의 안정성 확보, 둘째, 지반 간극을 통한 이수의 분출방지, 셋째, 굴착 토사(muck)의 유체수송, 넷째, 배니수의 용이한 굴착 토사와 이수의 분리와 같이 네 가지 항목이 있다.

이와 같은 이수에 요구되는 성능에 필요한 특성은 세부적으로 다음과 같다.

(1) 적당한 비중

일반적으로 1.05~1.3 정도의 비중이 많이 사용되며 비중이 높으면 굴진면 안정성 확보에는 유리하나 굴착 토사의 이수유송설비(STS)인 펌프용량 증대와 배니관의 폐색과 배니수의 처리가 어려운 점 등의 문제점이 발생할 수 있으며, 이에 대한 TBM 장비성능과 에너지의 소모는 그림 5.46에 나타냈다.

(2) 적당한 점성

이수의 점성은 지하수의 영향이 적은 실트층 25~30, 자갈층 35~44의 범위를 나타내며, 일반적으로 지하수의 영향이 크면 점성이 커진다. 이수 점성이 높으면 챔버 내 굴착토의 침전이나 배니관 내의 굴착토와 이수의 분리방지, 이수의 일니현상 방지 등의 역할을 하지만 이수유송설비(STS)인 펌프 용량 증대와 굴착토의 처리가 어려운 문제가 발생할 수 있다.

(3) 화학적으로 안정할 것

이수의 재활용은 뒤채움 주입재, 지하수 및 지반 광물의 양이온 등에 의해 현탁액상태에서 응집 현상 등으로 불투수층 이수막 형성을 어렵게 하므로 주의 깊게 관리되어야 한다.

5.3 이수의 제조 및 재료구성

　이수의 성질은 굴착대상 지반의 상태, 공사여건 등을 감안하여 다양한 재료가 조합되어 사용
되며, 이수는 재료의 조합에 따라 벤토나이트, 폴리머, CMC, 염수 이수안정액 등으로 분류할
수 있다. 터널 굴진 시에 밀폐형 이수식 TBM에 사용되는 이수는 다양한 입자가 첨가되어 콜로
이드 현탁액을 형성하는 수용성 액체로서 입자 구성은 본질적으로 무기질 콜로이드(주로 벤토
나이트)와 유기질 콜로이드(주로 폴리머) 입자로 구성되며 벤토나이트 이수가 주로 사용되고
있다. 해저와 같이 해안 부근의 공사 등 특수 조건 하에서 이수는 CMC 및 염수 이수 안정액이
일부 이용되고 있다.

[표 5.10] 이수 안정액의 종류

구분	주재료	첨가제
벤토나이트 이수	벤토나이트 + 물	분산제, 증점제, 일니방지제, 가중제
폴리머 이수	폴리머 + 물	보통 사용하지 않음
CMC 이수	CMC + 물	벤토나이트
염수 이수	벤토나이트 + 염수	분산제, 특수점토
	특수점토 + 염수	분산제, 증점제, 일니방지제

1) 이수의 주재료

(1) 벤토나이트(Bentonite) : 무기질 콜로이드

　벤토나이트는 자연에서 생성된 점토광물의 가공된 형태로 염기성 점토광물은 몬모릴로나이
트이며 석영, 운모, 장석, 방해석 등과 같은 소량의 다른 광물이 포함되어 있다. 벤토나이트는
나트륨 또는 칼슘 형태로 자연적으로 발생하며 나트륨 등급은 물에 분산될 때 훨씬 더 높은
팽창력을 갖는다.

　① 벤토나이트의 물리적 특성
- 비중 : 2.4~2.95
- 겉보기 비중 : 0.83~1.13
- 액성한계 : 330~590%
- 6~12% 용해 시 pH : 8~10
- 비표면적 : 80~100m^2/g

② 벤토나이트의 종류
- Na 벤토나이트
- Ca 벤토나이트

③ 벤토나이트 품질은 중력에 대한 안정성, 여과시험, 화학적 안정성 시험 등을 수행하여 사용 여부를 확인한다.

(2) 폴리머(Polymer) : 유기질 콜로이드

① 특성
- 모래 등 고형분의 분리성이 좋고 슬라임의 침전이 빠르다.
- 염분에 의한 오염이 적다.
- pH가 상승하면 점성이 내려간다.
- pH가 급강하하면 폴리머가 분해된다.
- 생산원가 높다.

② 벤토나이트 이수가 콘크리트나 해수에 오염되기 쉽고 사용 후 폐기하는데 분해, 고형화가 어려운 점 등을 해결하기 위해 유기폴리머에 여러 가지 첨가제를 혼합하여 벤토나이트 이수의 대체제로 개발되고 있으나, 이수로서 폴리머의 사용은 이수로서의 요구되는 성질이 벤토나이트보다 뛰어나지 않으며 단위 생산단가가 높아 적용사례가 많지 않은 실정이다.

(3) 물(Water)

물은 이수 재료 중 가장 많이 사용되지만 다른 재료만큼 주의하지 않는 경우가 많으나, 물에 포함되어 있는 불순물이나 pH 등에 의해 이수의 성질이 크게 변화되는 경우가 발생한다. 특히, 해수, 지하수, 하천수 등 염류(Ca^{++}, Na^+, Mg^{++} 등)를 다량 함유한 물을 사용하는 경우에는 사전에 시험을 수행하여 안정성을 확인하는 것이 필요하며, 염소이온의 농도가 800ppm 이상 함유된 물을 사용하지 않아야 한다.

벤토나이트는 Ca 농도가 100ppm 이상이면 응집되어 침강 분리되며, Na 이온의 농도가 500ppm 이상이면 팽윤성이 극단적으로 저하되어 해수에 가까운 농도가 되면 응집하게 된다. 반면 폴리머는 염류에 대한 저항성은 크지만 pH가 산성 측이 되면 점성이 저하되어 분해된다. CMC는 벤토나이트보다 점도는 낮지만 염류에 의한 영향을 받아 염수에서는 점성이 높아지지 않는 경우가 자주 발생한다.

243

2) 이수 첨가제

이수의 제조에 사용되는 첨가제의 종류와 사용 목적은 다음의 표 5.11과 같다.

[표 5.11] 이수 첨가제의 종류와 사용 목적

종류	사용 목적
분산제(점성 감소제)	• 염분이나 시멘트 등에 의한 오염 방지 • 염분이나 시멘트 등에 의한 오염 후 안정액의 재생 • 굴진면(지반)의 붕괴방지 작용 • 굴착버력의 분리성 향상
증점제(탈수 감소제)	• 굴진면의 붕괴방지 작용 • 굴착버력의 상태를 좋게 함
가중제	• 이수의 비중을 증가하여 굴진면(지반) 안정성 향상
일니 방지제	• 이수가 굴진면(지반) 속으로 유출 방지
염수안정액제	• 해수 중에 팽윤하여 점성을 향상

(1) 분산제 (점성 감소제)

이수에 지하수나 지반 속의 Na 이온, Mg 이온 등이 혼합되면 이수의 성질이 열화되어 굴진면의 붕괴를 가져올 수 있어 이수의 열화를 방지할 목적으로 분산제를 사용한다.

① 기능
- 열화된 벤토나이트 이수에 분산제를 가하면 벤토나이트 입자 표면에 흡착된 유해이온과 분산제가 치환되어 이수는 다시 분산됨
- 유해이온과 반응하여 불활성화함

② 종류 : 합인산염류, 알칼리류

(2) 증점제(탈수감소제)

증점제로는 일반적으로 CMC가 사용되며, CMC는 단일로 이수안정액 재료로 사용되는 경우도 있으나 보통 벤토나이트 이수의 성질을 보완하는 첨가제로서 주로 사용된다. CMC(Sodium Carboxymethyl Cellulose)는 백색의 분말로 이수의 점성과 보호막 조성능력을 증가시키는 역할을 수행한다.

- CMC는 벤토나이트의 점성을 증가시킴
- 이수를 시멘트나 염분에 의한 오염으로부터 보호함

(3) 가중제

지하수압이 높거나 지반이 대단히 연약한 경우 또는 작용토압이 대단히 큰 경우 등의 특수한 조건하에서 이수의 비중을 증가하는 방법으로 사용된다.

5.4 이수의 성과지수(KPI: Key Perfomance Index)

쉴드TBM은 굴진지반의 지반조건, 이수처리설비(STP)의 작동 및 이수 상태 등을 세부적으로 평가하여 굴진 대상 지반을 양호한 지반, 불량한 지반 및 매우 불량한 지반 등으로 분류하고 이수의 각각의 특성에 대한 요구되는 성과지수의 값의 범위를 설정한다.

1) 이수 성과지수(KPI) 산정

① 이수식 쉴드TBM 터널 계획 시 전체 종단선형에 대해 TBM 굴진단면을 고려하여 이수 성과지수를 산정하고 지반분류 기준과 굴진대상 지반의 투수성을 고려하여 전 구간에 대해 지반의 등급을 산정하도록 한다.

② 지층별 이수의 성과지수를 확인하는 품질시험은 밀도(Density), 점성(Marsh Fluid Viscosity), 모래함유율(Sand content), 수소이온농도(pH), 여과성(Filterability), 필터케이크(API Cake test), 항복점(Yield Point), 겔 강도(10sec, 10min Gel Strength), 소성점성(Plastic Viscosity) 9개 항목을 기준으로 하고 일부 겉보기 점성(Apparent Viscosity)을 포함하기도 한다.

[표 5.12] 이수 성과지수를 위한 시험항목

구분	시험항목	기능	효과
1	비중	• Slurry 미립자 확인	• 밀도는 Slurry 압력에 직접적인 영향
2	사분함유량	• Slurry에 남아 있는 모래량 확인	• 배관에서 STP까지 유동 거동과 Mud screen 유지
3	점성	• 유동조건하에서 유체의 점도	• 배토속도와 펌핑능력
4	항복강도	• 초기흐름에 대한 저항 • 콜로이드 입자가 Gel을 형성하는 능력	• 침강속도 저하 • Slurry 분리와 결합의 안정성
5	수분 손실	• Mud screen 형성능력	• Leaking 방지와 지하수 유입 방지
6	pH	• 이온균형과 화학적 성질 유지	• pH 6~9를 넘게되면 Bleeding 백분율 증가

③ 각 단계별(1~3차) 이수 성과지수 시험항목은 현장별 또는 국가별로 다소 차이는 있으나 대개 다음과 같이 분류할 수 있으며 조정이 가능하다.

- 1차(Primary KPI) : 밀도(Density), 점성(Marsh Viscosity), 모래함유율(Sand content), 수소이온농도(pH)
- 2차(Secondary KPI) : 여과성(Filterability), 필터케이크(API Cake test)
- 3차(Tertiary KPI) : 항복점(Yield Point), 겔 강도(10sec, 10min Gel Strength), 소성 점성(Plastic Viscosity)

④ 이수 성과지수(KPI)는 일차, 이차, 삼차 세 단계로 분류되며 각 기준은 다음과 같다.

- 일차 이수 성과지수는 일반적인 지반조건에 대해 반드시 수행하여야 한다.
- 이차 이수 성과지수는 굴진 시 침하가 예상되거나 지층이 교호되는 지반에 대해 반드시 수행하여야 한다.
- 삼차 이수 성과지수는 이수 관리 기술자 또는 컨설턴트에 의해 요구되는 특별한 경우에 시행한다.

⑤ 지반조건, TBM의 굴진 정수(Parameter) 및 이수처리설비(STP)의 수행계획을 고려하여 이수기술자(Mud Engineer)와 TBM 엔지니어와 협의하여 대략적인 KPI를 산정한다.

⑥ 특히 하·해저 구간과 같이 굴진대상 지층이 불안정하고 고수압 또는 투수성이 큰 지반을 통과 시 굴진면의 안정성을 확보하기 위해 일반적으로 이수의 성과지수인 점성을 다소 크게 적용한다.

⑦ 지하수압이 높거나 지반이 대단히 연약한 경우 또는 작용토압이 대단히 큰 경우 등의 특수한 조건하에서 이수의 점성 및 밀도를 증가하는 방법으로는 첨가제인 점증제(C.M.C제)나 가중제를 사용하여 점성 및 밀도의 농도를 조정한다.

⑧ KPI에 대한 이수 품질관리 시험을 수행한다.

2) 이수 성과지수(KPI) 산정을 위한 시험

이수는 이수에 요구되는 특성(적당한 비중과 점성 및 화학적 안정성 확보)에 맞게 항상 안정된 상태를 유지하여야 하며, 지반의 변화에 대처하고 굴진 중 굴착토사에 따른 이수의 변화를 파악하기 위해 굴진 segment 링별 또는 일별로 관리기준치 범위 내에 관리되도록 시험을 실시하여 이수관리일보를 작성하여야 한다.

(1) 시험관리 항목

① 유동특성 시험법 : AV, PV YP, Gels 측정

- 깔때기 점도계(Marsh Funnel viscometer)
- 점도계(Fann rheometer)

터널 굴진 프로젝트에서 발견된 많은 자동 점도계는 Fann rheometer의 기하학적 구조에서 파생되므로 600과 300rpm으로 값을 측정하여 준–연속적 기준으로 이수의 특징적이고 유동학적 지수를 결정하는 데 사용할 수 있다는 점을 지적해야 한다.

② 물리적 특성 시험법

- 밀도 : 밀도계(Densimeter), Barid mud balance
- 모래함유율 측정세트 : Sand content kit, 체분석 기구
- 여과성 및 케이크 : API Fluid-loss-test filter press

③ 화학적 특성 시험법

- pH : indicator strips, pH meter
- 전도성 : 전도도 측정기(conductivity meter)
- 비표면적 '활성도' : methylence blue value
- 전해질 농도(electrolyte content)

(2) 이수관리 시험

① 점성(Marsh Viscosity) : 슬러리가 깔때기(1,000cc)를 통과하는 데 걸리는 시간으로 점성을 확인하는 기구

[그림 5.61] 깔때기형 점도계(Marsh Funnel Viscosity)

② 밀도(Density) : 한쪽 끝의 컵에 이수를 채우고 지지대 위에 놓은 후, 수평을 맞춰 비중을
재는 기구

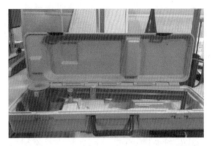 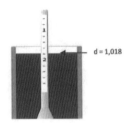

[그림 5.62] Mud Balance

③ 플라스틱 점성(PV), 항복점(YP), 겔강도(Gel strength)를 측정하기 위해 사용함

[그림 5.63] Viscometer

④ 여과수(탈수량) & 필터케이크 시험(Filter Loss & Filter Cake) : 이수의 침투손실과 이수막 형성
을 구성하는 물질의 투수성을 측정함으로써 누수량을 확인하는 시험으로 Filterpress를
이용하여 Water Loss와 Cake를 동시에 측정한다.

[그림 5.64] Filterpress

⑤ 모래사분율/사분율(Sand Content) : 이수 속에 모래 함유량을 측정하는 실험

[그림 5.65] Sand Cone

⑥ 수소이온 농도(pH) : 이수의 성질을 알아보는 가장 간단한 방법의 실험

[그림 5.66] pH Meter와 pH Paper

3) 국내외 적용되었던 이수 성과지수(KPI)

국내외 적용되었던 이수 성과지수를 살펴보면 다음 표 5.13~5.15와 같다.

[표 5.13] 원주~강릉 11~3공구 철도터널 현장

구분	비중	점성(sec)	pH	비고
사질토층	1.0~1.30	30~40	7.5~11.5	-
점성토층	1.02~1.20	22~40	7.5~11.5	-

[표 5.14] 홍콩 지하철 Shatin to Central Link Contract 1109현장

특성	단위	CDG	Alluvials-Granular	Alluvials-Cohesive	Full Face Granular	Prior to Intervention	Fresh Bentonite
소성점성 Plastic Viscosity	Pa.s	7±3	7±3	7±3	5±3	7±3	
항복점 Yield Point	Pa	Min.5	Min.7	Min.5	Min.2	Min.10	Min.15
여과성(탈수량) Filterate Filterability		15~30	15~30	115~30	15~20	<20	<20
필터케이크 API Cake Test	mm	1~5	1~5	1~5	N/A	1~5	max. 2
점성 Marsh Viscosity	s/litre	30~50	35~50	35~50	30~50	30~45	30~45
밀도 Density	kg/m³	1.035~1.20	1.035~1.20	1.035~1.20	1.01~1.2	<1.10	1.05

[표 5.15] Singapore Cable Tunnel NS01 공구현장

Item	Praimary KPI				Secondary KPI		Tertiary KPI			
Ground Grade	Density	Marsh Funnel Viscosity	PH	Sand content	Fluid/water loss	Filter Cake	Yield Point	10 sec Gel Strength	10 min Gel Strength	Plastic Viscosity
	g/m³	secs/litre		%	cc/30mins	mm	Ibs/100ft²	Ibs/100ft²	Ibs/100ft²	cp
Good Ground	<1.3	>35	7~10	<7	<45	<7	3~15	5~15	×	3~15
Average Ground	<1.25	35~40	7~10	<7	<40	<6	5~20	5~20	×	5~15
Poor Ground	<1.25	35~50	7~10	<8	<30	<5	5~15	5~15	×	5~20
Very Bad Ground	<1.25	35~55	7~10	<8	<30	<6	5~25	5~25	×	5~20
Cutter Head Intervention	<1.25	35~55	7~10	<6	<25	<4	5~30	5~30	×	5~20

참고문헌

1. 일본 공익사단법인 지반공학회 저, 삼성물산(주) 건설부문 ENG센터/토목ENG팀 역(2015), 『쉴드TBM 공법』, 씨아이알, pp. 316-319.

2. (사)한국터널공학회(2008), 『터널공학시리즈 3 터널 기계화시공-설계편』, 씨아이알.

3. 고성일, 신현강, 나유성, 정혁상(2020. 5), 「축소모형실험을 통한 토피조건별 이수압식 쉴드 TBM의 챔버 압 및 이수분출 가능성 평가」, 한국터널지하공간학회 논문집, 제22권 3호, pp. 280-281.

4. 박영택, 김택곤, 고태영(2017. 1), 「암반구간의 슬러리 쉴드 TBM의 버력운송 파이프 마모에 관한 연구」, 한국터널지하공간학회 논문집 19(1)57-70, pp. 59-61.

5. 박진수(2022, 2), 「현장데이터분석을 통한 대구경 쉴드TBM 디스크커터의 마모 및 교체특성에 관한 연 구」, 인하대학교 박사학위 논문, pp. 6-8, 33

6. 박진수(2021. 3), 「TBM 시공기초」, 한국터널지하공간학회, 자연, 터널 그리고 지하공간 23(1), pp. 55-59.

7. 유영무(2019. 6), 「슬러리 침두 거동을 고려한 슬러리 쉴드 TBM 적합성 평가」, 고려대학교 박사학위 논 문, p. 5.

8. (주)특수건설(2000. 4), "Mechanised Shield Tunnelling", p. 16.

9. (주)현대건설(2020), "고속국도 제 400호선 김포-파주고속도로 제2공구" 실시설계보고서, 설계도면

10. 서울시 도시기반시설본부(2018, 10), "도시철도 안전건설을 위한 공무원 맞춤형 이수가압식 쉴드TBM 공법 업무관리 매뉴얼 연구." p. 26.

11. 한국터널지하공간학회(2021), "대단면 도로터널 TBM 설계·시공·품질관련 기준연구 최종보고서", pp. 225-239.

12. Anagnostou, G., Kovari, K., 1994, "The face stability of slurry shield-driven tunnels." Tunnelling and Underground Space Technology, Vol. 9, No. 2, pp. 165-174.

13. DAUB.,(2016). "Recommendations for Face Support Pressure Calculations for Shield Tunnelling in Soft Ground.", Deutscher Ausschuss für unterrirdisches Bauen e.V. German Tunnelling Commitee(ITA-AITES), 12-17.

14. ITA Working Group 2,(2019). "Guideline for the design of segment tunnel lining." International Tunnelling and Underground Space Association.

15. Li, Z., Grasmick, J., & Mooney M.,(2015). "Influence of slurry TBM parameters on ground deformation.", ITA WTC 2015 Congress and 41st General Assembly May 22-28, 2015, Lacroma Valamar Congress Center, Dubrovnik, Croatia.

16. Herrenkenecht (2007), "Herrenknecht cutter tools." Herrenknecht AG.

17. Hoban E&C.(2016), "TBM Method", KOREA.

18. W.Schaub(2016), "Mixshield Technology", Herrenknecht Aisa.

CHAPTER

6

쉴드TBM 막장 안정성

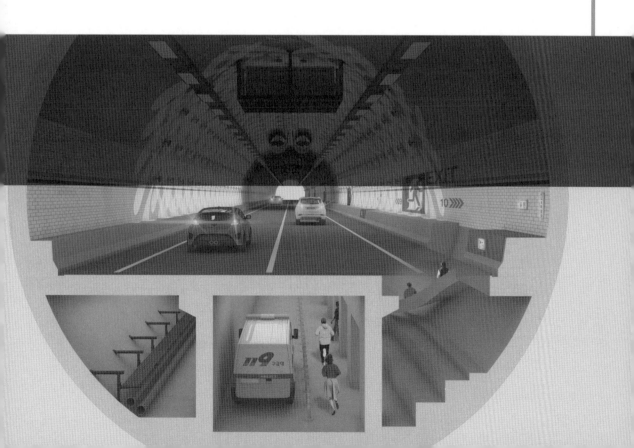

06 쉴드TBM 막장 안정성

1 개 요

TBM 터널 시공 시 안정성 유지에 가장 중요한 요소는 터널 굴진 중 굴진면의 안정성을 확보하는 것이다. 신선한 암반지반과 같이 자립이 가능한 지반에는 Open TBM 공법을 사용하지만, 연약지반을 굴착하는 경우나 파쇄대, 절리가 많은 암반을 굴착하는 경우는 굴진면의 안정성 확보를 위해 쉴드TBM 공법(토압식 쉴드TBM, 이수식 쉴드TBM 등)을 적용한다. 쉴드TBM 공법 적용 시 굴진면에서 TBM으로 작용되는 토압 및 수압을 버틸 수 있도록 막장압을 가하면서 굴진하여 굴진면의 안정성을 유지해야 한다(그림 6.1).

TBM 터널 시공 시 굴착된 토사량에 대한 배출된 버력량의 비율에 따라 굴진면 전방 지반의 압력은 다른 거동을 보인다. 위의 제시된 비율은 R값으로 정의되며 식 (6.1)과 같다.

$$R = \frac{\text{스크류 컨베이어 또는 배니관에서 배출된 토사량}}{\text{TBM 굴진으로 굴착된 버력량}} \qquad (6.1)$$

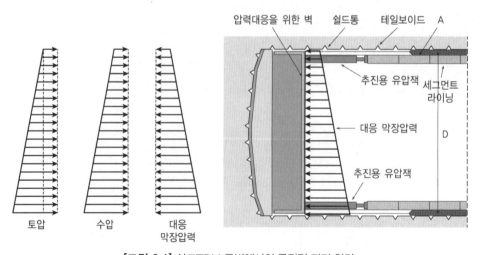

[그림 6.1] 쉴드TBM 공법에서의 굴진면 지지 원리

1) R = 1 : 평형상태

굴착량과 배토량이 같은 이상적인 상태이며, 평형조건이기 때문에 굴진면 전방에 소성영역이 거의 없다. 이 경우, 그림 6.2와 같이 막장압이 굴진하며 비교적 안정적이고 막장압은 정지토압보다 작고 Rankine 주동토압에 비교적 가까움을 볼 수 있다.

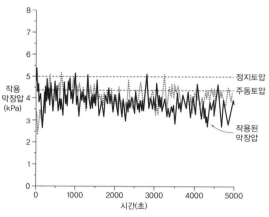

[그림 6.2] 평형상태인 경우 작용 막장압(R=1)

2) R < 1 : 수동상태

굴착량이 배토량보다 큰 경우로 굴진면 전방 지반이 수동상태에 가깝게 되어 굴진할수록 R이 작아지고 막장압이 증가하게 된다(그림 6.3). 이때 TBM 굴진면에 작용되는 토압은 정지토압에 비해 크게 발생한다.

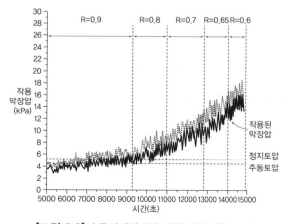

[그림 6.3] 수동상태인 경우 작용 막장압(R<1)

3) R > 1 : 주동상태

굴착량이 배토량보다 작은 경우로 굴진 중 TBM 챔버 내에 굴착토가 감소되고 굴진면 전방 지반이 주동상태에 가깝게 되어 막장압이 Rankine의 주동토압보다 작아지게 된다(그림 6.4). 이때 TBM 굴진면에 작용되는 토압은 정지토압보다 작게 발생한다.

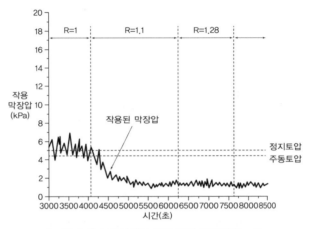

[그림 6.4] 주동상태인 경우 작용 막장압(R>1)

위의 세 경우로부터 TBM 굴진면 전방에 작용되는 토압은 굴착량과 배토량의 비율 R에 따라 다르게 발생할 수 있음을 알 수 있으며, 쉴드TBM 공법 적용 시 오퍼레이터는 굴착량과 배토량을 적절히 조절하여 막장압을 가해주면서 굴진해야 한다.

2 막장압과 굴진면 안정성 검토

굴진면 전방 지반에 작용되는 압력은 그림 6.5와 같다. 그림 6.5에서 나타낸 바와 같이 소요 막장압 σ_T는 흙 유효응력에 의해 발생한 토압과 수압의 합으로 나타난다.

$$\sigma_T = \sigma_s + u_s \tag{6.1}$$

여기서, σ_T : 소요막장압

σ_s : 유효응력에 의한 막장 작용토압

u_s : 수압

위 식에서 수압은 수압 그대로 막장압을 가하여 대응해 주어야 하나, 유효응력에 의한 막장압을 산정하는 방법은 통일된 지침이나 가이드라인이 없는 실정이기에 굴진 지반의 특성과 TBM 장비를 잘 고려해서 산정해주는 것이 중요하다.

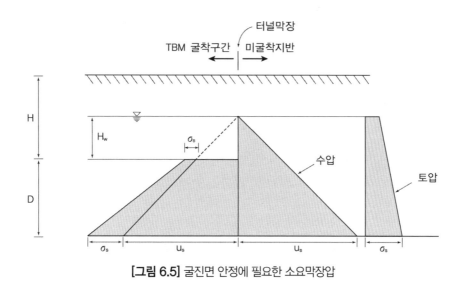

[그림 6.5] 굴진면 안정에 필요한 소요막장압

1) 이론상 최적의 막장압과 최대 막장압

TBM 굴진 전 원지반에 작용하는 수평응력 σ_{h0}은 정지토압 $K_0\sigma_v{}'$과 수압 u_s의 합이므로 ($\sigma_{h0} = K_0\sigma_v{}' + u_s$), 굴진면에 $\sigma_T = \sigma_{h0}$의 압력을 가하며 터널을 굴진하면 이론상 지반 내 응력상태가 평형하므로 지반에 아무런 영향을 주지 않는다. 하지만 이는 이상적인 경우이며 실제 현장에서는 정지토압계수를 정확히 알기 어렵고 이로 인해 연약지반 굴착 중 막장압 과다로 인해 지반 융기나 이수분출(blow out)이 발생할 수 있다. 현장 관점에서 정지토압과 Rankine 주동토압 사이로 막장압을 주며 굴진하면 굴진면 안정성에 큰 문제가 없는 것으로 알려져 있다. 하지만 Rankine 주동토압은 댐과 같이 구조물의 길이가 긴 평면변형(plane strain)조건에서의 토압이다. TBM 터널 굴진면 전방에서는 터널 근처에서 소성영역이 발생하는 3차원 조건이므로, 굴진면 전방에 작용되는 주동토압은 Rankine 주동토압보다 작다. 이 때문에 굴진면 전방 붕괴를 방지하기 위한 최소 막장압 산정에 대한 많은 연구가 진행되어 왔으며, 이는 다음 절에서 상세한 방법을 설명할 것이다.

최대 막장압은 앞서 설명했듯이 과도한 막장압에 의한 지반 융기 방지와 이수분출(blow out)(이수식 쉴드TBM 공법의 경우) 방지를 위해 산정해야 한다. 우선 지반 융기 방지를 위한 막장압은 연직응력보다 작아야 한다.

$$\sigma_{T(upper)} < \sigma_v = \sigma_v{'} + u_s \tag{6.2}$$

여기서, $\sigma_{T(upper)}$: 소요막장압

σ_v : 전응력에 의한 막장 작용토압

$\sigma_v{'}$: 유효응력에 의한 막장 작용토압

u_s : 수압

이수분출 문제는 이수식 쉴드TBM 공법에서만 발생하는 문제로 최대 막장압이 아닌 새로운 개념인 Open Path Pressure로 따로 정의해준다. GEO REPORT Series No. 249, "Ground Control for Slurry TBM Tunneling(2009)"에서는 Open Path Pressure를 다음과 같이 제안하였다.

$$\text{Open Path Pressure} = \text{장비 천단부에서의 토피고} \times \text{이수의 단위중량} \tag{6.3}$$

따라서 굴진면 막장압 산정 시 막장압은 원지반의 연직응력을 초과하면 안 되며, 이수식 쉴드TBM 공법으로 터널 시공하는 경우 Open Path Pressure 또한 초과하면 안 된다.

2) 최소 막장압

앞서 설명한 대로, 터널 굴진 시 굴진면 붕괴를 방지하기 위한 최소 막장압은 Rankine 주동토압보다 작다. 따라서 많은 학자들은 소성론(한계평형이론 등)에 근거하여 다양한 최소 막장압 산정 방식을 제안하였다.

3 막장압 이론 및 산정

3.1 막장 안정성을 위한 조건 및 막장압 계산의 목적

쉴드TBM 터널의 막장 안정성 평가 목적은 터널 막장에 작용하는 토압 및 수압을 조사하여 터널 막장을 지지할 수 있는지 분석하는 것이다. 만일, 터널 막장 자립을 위한 지보력이 부족하다면, 터널 막장에 막장압을 추가적으로 가해야 한다. 이때 막장압은 터널 막장을 안정화시키

도록 토압과 수압을 지지할 수 있어야 한다. 기본적으로 막장압 설계에는 두 가지 관점을 가진다.

첫 번째 관점으로는 터널 안정성을 확보할 수 있는 막장압을 계산하는 것으로, 여기서는 막장압이 터널 막장에 작용할 때 지반에 발생하는 변형은 고려하지 않는다. 여기서의 막장압 계산은 터널 막장이 붕괴되는 것을 피할 수 있는 최소한의 막장압을 계산하기 위한 것으로써, 극한한계상태개념(Ultimate Limit State Approach)이 적용된다.

두 번째 관점으로는 사전에 결정된 지반의 허용가능한 변형한계를 준수하는 범위로 설계하는 것이다. 여기서는 소요되는 지반 변형 기준을 근거로 하여 막장압(그리고 결과적으로 테일보이드의 그라우팅 주입압력까지)을 정하게 된다. 이러한 접근방식은 굴착 중 지반의 변형이 주요 설계기준으로 간주되기 때문에 사용성한계상태 개념(Serviceability Limit State Approach)이 적용된 것으로 볼 수 있다. 대부분의 경우에 사용 기준을 만족할 수 있는 막장압을 결정하도록 쉴드TBM 장비와 지반 사이 상호작용에 관한 수치해석적 분석이 필요하다.

불필요하게 큰 막장압은 오히려 굴진 중 쉴드TBM 마모 증가와 에너지 소모와 같은 악영향을 끼칠 수 있기 때문에, 최적의 막장압 설계는 쉴드TBM 운영에 관해서도 고려해야 한다. 더불어, 압기 조건에서의 커터교체 작업 시 안전과 관련된 문제가 발생할 수 있다. 또한 굴착 중 막장 유지를 위한 막장압보다 더 큰 막장압을 가했을 경우에 토피의 할렬 및 분출을 야기시킬 수 있기 때문에 무조건 막장압을 높이는 것이 안정성에 유리한 것은 아니다. 반대로 최소 요구 수준의 막장압으로 운영할 때 지반의 침하감소에 도움이 될 수도 있다. 끝으로 프로젝트 성공 여부를 결정하는데 원활한 쉴드TBM 굴진을 위한 막장압 계산 범위뿐만 아니라, 사전에 막장 지지 방식(토압, 이수)을 적정하게 선정하는 것도 중요하다.

3.2 터널 막장 지지 메커니즘

본 절에서는 각 쉴드TBM 종류별 막장 지지 메커니즘을 설명하였다.

1) 공기식

굴착챔버 안에 압축공기가 있는 방식을 말한다. 터널 막장으로 들어오는 지하수 유입을 방지하도록, 토사의 공극으로 공기가 들어가 공극 속의 수압과 균형을 유지하게 된다. 따라서 터널 막장에서 토압의 유효응력과 균형을 맞추기는 어렵다. 높은 모관흡수력을 가진 토사 지반의 경우에 적용될 수 있으며, 토압식 또는 이수식 쉴드TBM에서의 굴진 중단 또는 굴진 모드 전환 시 사용될 수 있다.

2) 토압식

토압식은 챔버 안의 굴착토사가 커터헤드를 밀면서 전응력 형태로 터널 막장의 지지 압력이 전면부 지반으로 전달된다. 토압식 쉴드TBM의 적용범위가 점착력이 부족한 지반까지 확장될 수 있는 것은 첨가제 사용(soil conditioning)을 통해 챔버 안의 굴착 토사가 낮은 투수성을 갖게 되며 이를 통해 응력 전이가 가능하기 때문이다. 주요 적용 범위인 낮은 투수성의 점착성 지반은 지반에 모관흡수력이 존재하기 때문에 별도의 투수성 감소 없이도 응력 전이가 가능하다.

3) 이수식

이수식 쉴드TBM에서 벤토나이트 용액과 지반의 상호작용은 매우 중요하다. 슬러리 압력은 터널 막장의 안정화를 위해 토압과 수압에 대응한다. 주로 수압에 대응하고, 여기서 초과된 압력은 토압에 대응할 수 있도록 지반으로 응력이 전이된다. 현재 실무적으로 사용되는 이수식 쉴드TBM의 주요 이론은 D-wall 공법에서 채용되었으며, 이수식 쉴드TBM에서의 응력전이는 (1) 필터케이크(filter cake)와 (2) 침투존을 통한 두 가지 방법으로 구분된다(그림 6.6). 필터 케이크로 불리는 멤브레인은 터널 막장에 직접적으로 불투수층을 만들어내고, 이때 초과된 압력은 유효응력 형태로 토압을 지지한다. 두 번째로 침투존을 통한 방법은 초과된 슬러리 압력이 지반으로 침투 깊이 전반에 걸쳐 슬러리 용액과 토입자 사이의 전단응력을 통해 응력을 전달하게 된다.

이런 이유로, 압력 전달 메커니즘과 벤토나이트 용액이 지반을 침투하는 과정 사이에는 상관 관계가 존재한다. 따라서 벤토나이트 현탁액 내 입경(particle size)와 토사지반의 공극 사이의 관계가 중요하다.

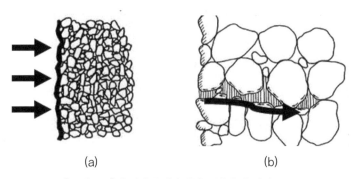

(a)　　　　　(b)

[그림 6.6] 슬러리 초과압력의 토체 응력 전이

4) TBM 굴진 중단 및 인터벤션 동안의 굴착챔버의 막장압

터널 막장압은 쉴드TBM 굴진 중에 터널 막장을 지지하는 것 뿐만 아니라 굴진 중단 상태에서도 막장을 지지해야 한다. 일반적으로 토압식 쉴드TBM은 TBM이 멈춰 있는 동안에 굴착챔버가 채워져 있다. 이때 막장압은 적정 첨가제(foam) 주입에 의해 유지된다. 물과 첨가제의 분리는 굴착챔버의 천단부에 공기가 발생되는 문제를 발생시킬 수 있다. 이수식 쉴드TBM은 다운타임 동안 터널 막장 지지를 위해 필터케이크나 침투존이 형성되며, 굴착챔버 안의 초과 이수압력을 통해 지지압력을 유지할 수 있어 훨씬 더 간단하다. 보통 TBM 인터벤션 (intervention)은 커터헤드의 유지보수 및 조사를 위해 필요하다.

터널의 막장지지 메커니즘은 사용되는 장비의 타입에 따라 약간씩 다르다. 일반적으로 이수식 쉴드TBM은 터널 막장 유지를 위해 필터케이크가 사용된다. 터널 막장에서 기존 필터케이크는 터널면을 밀봉하고 초과된 압력이 지반으로 전달되도록 한다. 장시간에 걸친 인터벤션 동안에는 필터케이크가 건조/수축되기 때문에 필터케이크를 재생산해야 한다. 필터케이크가 건조하게 되면, 지반으로 전달되는 초과압력이 감소할 수 있다. 토압식 쉴드TBM은 압축공기를 이용한 인터벤션의 난이도가 터널 막장의 지반조건에 따라 좌우된다. 토압식 쉴드TBM의 주요 적용범위에서는 지반의 모관흡수력이 높기 때문에 비교적 쉽게 인터벤션을 수행할 수 있다. 그러나 자갈층과 같은 지반조건에서 인터벤션을 하는 것은 더 복잡하다. 이러한 경우에는 Jet 그라우팅 블럭 안에서 인터벤션하는 것을 선호하게 된다. Jet 그라우팅 블럭은 초과 공기 압이 굴착챔버 안으로 유입되는 지하수 흐름을 방지하는 동안 대상 지반을 안정화 시킬 수 있다. 다른 방법으로써 압축공기를 작용할 수 있도록 굴착챔버 안에 일시적으로 슬러리를 채워 슬러리 필터케이크를 생성시킴으로써 터널 막장면을 밀봉시키는 것이다. 일반적으로 압축공기를 이용한 인터벤션에서는 대다수 국가에서 작업 시의 공기압, 감압, 압기 시 작업시간에 대한 허용 규정에 대해 안전 및 보건규정을 따르게 한다. 만일 더 높은 압축공기가 터널 막장 안정을 위해 요구된다면, 작업자들은 챔버 안으로 특수한 가스 혼합물을 호흡하면서 들어가야만 한다.

한편, 이수식 쉴드TBM은 추가적인 옵션으로써 굴착챔버 안에 슬러리를 낮추지 않고 포화 다이버를 배치하는 것이다. 이러한 방법은 극도로 힘들고 비용이 많이 소요되므로, 오직 특수한 경우에만 적용할 수 있다.

3.3 막장 지지 재료에 대한 요구조건

1) 벤토나이트 이수

이수식 쉴드TBM의 적용 범위는 그림 6.7의 A영역과 같다. A영역 안에 있는 토립자 크기는 벤토나이트 용액에 의해 막장을 효율적으로 지탱할 만큼 충분히 작지만, 버력으로부터 쉽게 분리될 수 있을 만큼 충분히 크다. B영역은 세립 모래 및 점토 구간으로, 재료 분리가 어렵고 클로깅이 발생할 수 있다. C영역은 매우 큰 입경의 자갈구간으로 균질한 입도의 자갈로써 매우 높은 투수성을 가지고 있다. 높은 농도의 이수 용액은 지반 안에서 정체 없이 침투가 잘 되며, 이러한 경우에 막장 지지작용 효율은 떨어진다. 이때는 벤토나이트 이수가 지반의 큰 공극을 막을 수 있도록 필러재료를 투입해야 한다.

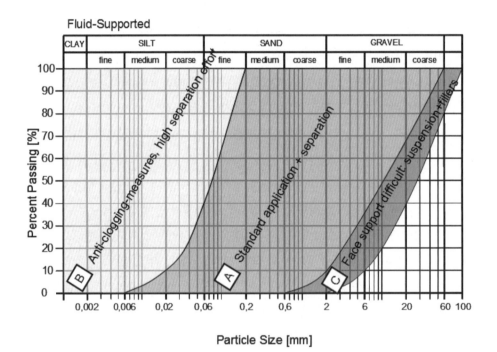

[그림 6.7] 이수식 쉴드TBM의 적용가능 범위

벤토나이트 용액은 기본적으로 이수식 쉴드TBM이 굴진하는 데 두 가지 기능이 있다. 첫번째 기능은 파이프 계통을 통해 버력을 압송하는 기능이다. 이러한 기능상, 이수의 항복강도와 겉보기 점착력을 가능한 낮게 유지하는 것이 펌핑작업 시 유리하다. 두 번째 기능으로는 터널의 막장을 안정화시키는 기능이다. 이러한 두 가지 관점은 전체압력의 전달과 국부적 압력 전달의 개념으로 구분된다. 이수의 항복강도는 두 가지 경우에 모두 관여하는 가장 중요한 매개변수이다.

　지반과의 상호작용은 일반적으로 흙안으로 침투하는 거리(m)에 대한 과잉 이수압력의 감소분으로 정의되는 압력구배(f_{so})로 설명될 수 있다. f_{so}는 이론적 변수이며, 침투깊이는 대개 1m보다 훨씬 작다. 현재 압력 구배는 아래의 식 (6.4)로부터 계산될 수 있고, 또는 실험적 방법으로 결정할 수 있다.

$$f_{so} = \frac{3.5\tau_f}{d_{10}} \tag{6.4}$$

여기서, f_{so} : 압력 구배(kN/m^3)

　　　　τ_f : 슬러리의 항복점(kN/m^2)

　　　　d_{10} : 입도분포곡선에서 얻는 흙의 유효입경(m)

만일 최대 침투깊이를 기본으로 실험적 방법을 통해 결정한다면, 다음의 식을 사용할 수 있다.

$$f_{so} = \frac{\Delta p}{e_{\max}} \tag{6.5}$$

여기서, f_{so} : 압력 구배(kN/m^3)

　　　　Δp : 이수 초과압력(kN/m^2)

　　　　$e_{\max}$: 이수 최대 침투 거리(m)

　현재 사용 중인 막장압 구배로 터널 막장에서의 이수 압력 전이 형태가 필터 케이크인지 침투존인지를 예상할 수 있다. DIN4126에 따르면, 압력 구배가 200kN/m³보다 작을 경우에 침투존을 형성한다. 다음 그림 6.8의 Case 2와 같이 이수가 지반으로 깊게 침투하게 되면, 웨지 형태의 지반을 안정화시키는 데 도움이 되는 유효 주동 토압을 감소시킨다. 일반적으로 슬러리 특성에서 압력 구배를 200kN/m³ 이상으로 설계하는 것을 추천한다.

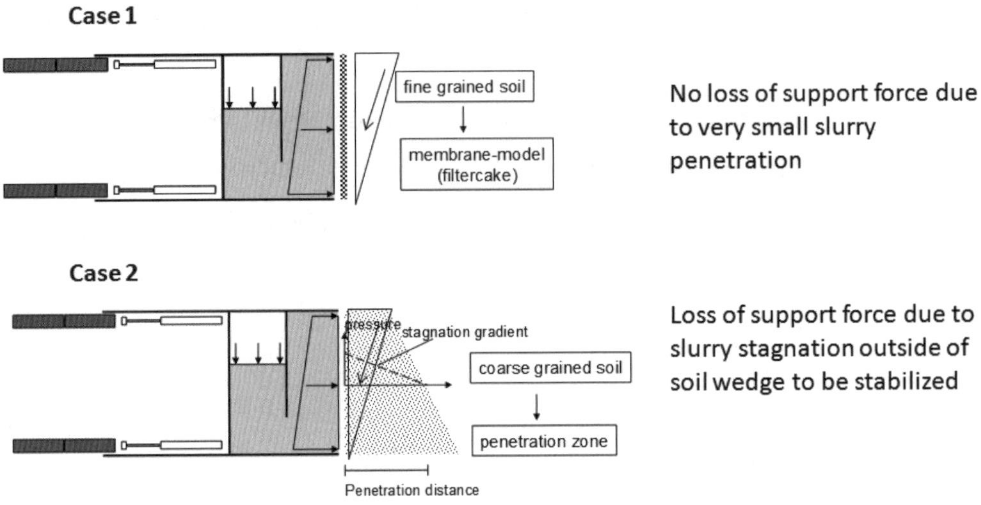
Case 1
fine grained soil
membrane-model (filtercake)
No loss of support force due to very small slurry penetration
Case 2
pressure
stagnation gradient
coarse grained soil
penetration zone
Penetration distance
Loss of support force due to slurry stagnation outside of soil wedge to be stabilized

[그림 6.8] 벤토나이트 슬러리 침투로 인한 지지력 손실 : Case 1-no loss, Cass 2-partial loss

국부적 압력 전이에 대한 관점에서 터널의 안정성은 토립자 수준으로 보게 된다. 이수 용액의 항복강도는 미세 안정성을 보장해야 한다. 미세 안정성은 자중으로부터 토체 입자 단독 또는 덩어리 형태로 떨어지는 것에 대한 안정성을 말한다.

DIN4126에서 정해진 요구조건을 만족하기 위한 이수의 항복강도는 다음의 식 (6.6)으로 구할 수 있다.

$$\frac{d_{10}}{2 \cdot \eta_F} \cdot \frac{\gamma_\phi}{\tan(\phi')} \cdot (1-n) \cdot (\gamma_B - \gamma_F) \cdot \gamma_G \leq \tau_F \tag{6.6}$$

여기서, d_{10} : 입도분포곡선에서 얻는 흙의 유효입경(m)

n : 흙의 간극률(k)

γ_B : 흙의 단위중량(kN/m^3)

γ_G : 영구 하중 조건에서의 부분안전율[DIN 1054(=1.00)] [−]

γ_F : Fresh 이수 단위중량 [kN/m^3]

γ_ϕ : 배수지반에서의 부분안전계수 하중 조건에서의 부분안전계수 [DIN 1054(=1.15)] [−]

ϕ' : 지반배수 마찰각 [°]

η_F : 이수 용액 항복점에 대한 편차율을 고려한 안전율(=0.6) [−]

τ_F : 이수 항복점 [kN/m^2]

2) 토압식 쉴드TBM의 버력

토압식 쉴드TBM에서 토사 버력의 특성은 이수 용액과 비교하여 더욱 복잡하다. 토사의 굴착버력은 흐름 특성 또는 소성도, 내부마찰각, 전단강도, 안정성, 마모도, 클로깅 여부와 관련해 소요 특성들을 만족해야 한다.

원하는 거동 특성을 가지기 위해 토사 버력의 특정 변수들을 충족해야 하며, 버력들의 서로 다른 특성들은 다음 그림 6.9의 토압식 쉴드TBM의 주요 적용가능 범위를 만족해야 한다.

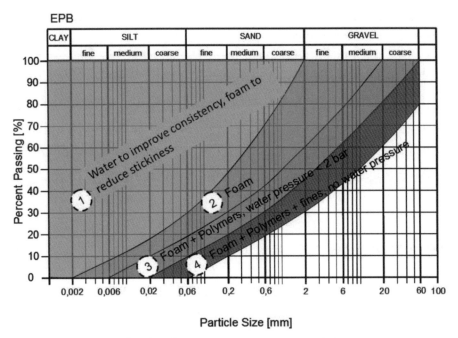

[그림 6.9] 토압식 쉴드TBM의 적용가능 범위

토압식 쉴드TBM의 주요 적용범위에서의 매개변수 특성들과 목적은 다음 표 6.1에 정리하였다. 주요 영역에서 물은 버력의 특성을 조절하는 매개 도구로 사용될 수 있으며, 실제로 이러한 영역 안에서 첨가제는 버력의 압축성을 개선하고 커터헤드에 고착현상을 방지하기 위해 자주 사용된다.

[표 6.1] 토압식 쉴드TBM 막장지지 재료로써의 토사버력의 요구조건

인자	지지재료로써의 요구특성	목적
투수계수	$k < 10^{-5}$ m/s	굴착챔버 내로 지하수의 유입감소
작업성을 위한 연경도	$0.4 < I_C < 0.75$	원활한 유동 특성 확보
스크류컨베이어 내에서의 압력구배 유지	$0.6 < I_C < 0.7$	쉴드 내부 굴착챔버와 스크류컨베이어 사이의 압력 차이 확보
양호한 압축성	지반의 지질특성과 쉴드장비의 크기에 따라 변화	균질한 지지압 확보
끈적임 정도	$I_C < 0.5$ or $I_p < 20\%$	끈적임 감소
마모 영향	$I_C < 0.8$	마모 영향 감소

$*I_p$: 소성한계(plasticity limit) I_C : 연경도지수(consistency index)

확장된 범위 안에서는 첨가제 사용(Soil conditioning)을 통해 원하는 특성을 얻어야만 하며, 사용되는 첨가제로 흔히 폼, 폴리머, 세립분 용액이 사용된다. 이러한 첨가제는 커터헤드 앞, 굴착챔버 안, 스크류컨베이어에 설치된 노즐을 통해 굴진 중 또는 토압식 쉴드TBM 굴진 중단 중에 사용된다. 토사와 첨가제가 섞인 혼합물에 대한 다양한 실험을 통해 작업성을 위해 추천되는 값으로 슬럼프치 10~20cm, 그리고 버력의 투수계수는 $k < 10^{-5} \sim 10^{-4}$ m/s값이 추천된다.

3.4 막장 안정 계산법에 대한 독일 DAUB 안전 관념

독일 기준 ZTV-ING(2012)에서는 하한(lower limit)과 상한(upper limit)으로 막장압에 대한 두 가지의 운영한계가 지정되어 있다. 하한 지보압은 최소지지력(S_{ci})을 확보해야 하는데 이는 두 가지의 요소와 이에 따른 안전계수(식 6.7)로 구성되어 있다. 지지력의 첫 번째 구성요소($E_{max,ci}$)는 지면 압력의 균형을 유지해야 하며 여기에서 터널 막장의 파괴 메커니즘을 기반으로 계산된다. 지지력의 두 번째 요소(W_{ci})는 지하수압의 균형을 이루어야 하고 이는 터널 천단부 위에 있는 지하수위의 크기에 따라 결정된다.

$$S_{ci} = \eta_E \cdot E_{max,ci} + \eta_W \cdot W_{ci} \tag{6.7}$$

여기서, η_E : 토압에 대한 안전계수(=1.5) [−]

η_W : 수압에 대한 안전계수(=1.05) [−]

S_{ci} : 소요 지지력(원형 터널 막장) (kN)

$E_{max,ci}$: 토압에 대한 최소 소요 지지력(원형 터널 막장) (kN)

W_{ci} : 수압에 대한 최소 소요 지지력(원형 터널 막장) (kN)

상한 지보압($S_{crown,max}$)은 터널상부 상재하중(overburden)의 붕괴(break-up)를 방지하거나 지보매체의 분출(blow-out)을 방지하기 위한 한계압력으로 정의된다. 따라서 최대 막장압은 터널 천단부에서 총 수직응력($\sigma_{v,crown,min}$)의 90%보다 작아야 한다.

$$1 \leq \frac{0.9 \cdot \sigma_{v,crown,min}}{S_{crown,max}} \tag{6.8}$$

여기서, $\sigma_{v,crown,min}$: 흙의 최소 단위 중량을 고려한 터널천단에서의 총 수직응력(kN/m²)
           $S_{crown,max}$: 터널 천단부에서의 상한 지보압(kN/m²)

이와 같이 두 한계값에 의해 정의된 막장압 운영 범위는 그림 6.10에 나타나 있다. 해당 값들은 일반적으로 모든 유형의 쉴드TBM 및 터널 굴착 과정에(굴착, 정지상황 등)에 유효하며 TBM의 종류에 따라 다소 편차의 차이는 존재한다(이수식 쉴드TBM의 경우 ±10kPa, 토압식 쉴드TBM의 경우 ±30kPa).

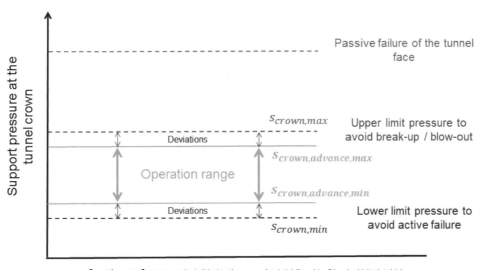

[그림 6.10] TBM 터널 천단부(crown)의 허용 가능한 지지압력 범위

또한 ZTV-ING(2012)에서는 하한 한계(lower limit)및 상한 한계(upper limit)의 계산을 위해 각각 다른 단위중량을 이용하는 것을 권장한다. 주로 평균 단위중량은 하한 한계값에 사용되고, 최소 단위중량은 상한 한계값에 사용하는 것을 권장하고 있다. 추가적으로 ZTV-ING

267

(2012)은 압축 공기 지지방식의 경우 공기와 막장과의 접촉 지점에서의 지지 압력이 주변 지하수압에 비해 최소 안전계수(1.05)를 가져야 한다고 규정하였다. ZTV-ING(2012)은 이수식 쉴드TBM의 막장압에 대해 이수의 지지 효과와 국부적인 안정성에 대한 검토를 DIN 4126(2.4.1장)에 따라 조사하는 것으로 추가 규정하고 있다.

3.5 소요 막장압 계산 방법

소요 막장압을 계산하는 방법은 매우 다양하며 그 방법들은 근본적으로 네 가지로 분류할 수 있다.

- 분석적 방법
- 실험적 방법
- 경험적 방법
- 수치해석적 방법

1) 분석적 방법

여기서 분석적 방법에는 한계평형법과 한계상태법을 포함한다. 터널 막장에서 가능한 파괴 메커니즘 또는 지면에서의 응력 분포를 가정하고, 이를 이용해 터널 붕괴 시의 지지 압력을 결정한다. 대부분의 분석적인 방법은 토질역학에서 널리 사용되는 두 가지 파괴 이론을 기반으로 한다. 먼저 Mohr-Coulomb 파괴 기준은 사질토와 점성토와 무관하게 널리 사용되는 반면 Tresca 파괴 기준은 순수 점성토에 널리 이용된다.

한계평형법은 터널 막장에 대한 운동학적 파괴 메커니즘에 대한 가정사항에 따라 분류될 수 있다. 최초의 한계평형 파괴 메커니즘은 Horn(1961)에 의해 제안되었으며, 막장 앞에 슬라이딩 웨지 형상의 파괴를 가정하고 지표면까지 직사각형 프리즘(prism) 형상의 파괴가 일어난다고 가정하였다(그림 6.11). 이러한 파괴 메커니즘은 Anagnostou & Kovari(1994) 및 Jancsecz & Steiner(1994)에 의해 기계화 시공 분야에 도입되었다. 슬라이딩 웨지에 작용하는 힘은 터널을 안정화하는 힘과 불안정화하는 힘으로 분류되며 웨지의 무게와 직사각형 프리즘의 하중이 불안정화하는 힘으로 표시되며 안정화하는 힘은 막장의 지지압력과 파괴면의 전단저항으로 구성된다. 해당 전단저항을 결정하기 위해서는 쐐기의 수직면에 작용하는 수평토압을 가정하여야 하는데 최근 Anagnostou(2012)는 해당 가정을 뺀 계산법을 제안하였고, 이 방법은 Walz(1983)의 절편법에서 비롯되어 쐐기의 무한히 얇은 수평 절편에서의 평형 조건을 제시하여 전체 쐐기에 통합시키는 방법이다. Hu et al.(2012)는 수직 축에 따른 폭의 가변을 허용하기 위해 쐐기 및 직사각형 prism의 형상을 일반화시켰다. 또한 Mokham(1989)이 대수 개념의 나선형으로 구성된 경사진 파괴양상을 제안한 것처럼 파괴면의 경계선이 반드시 평면일 필요는 없다.

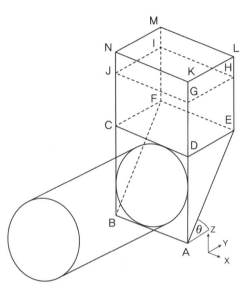

[그림 6.11] Horn의 파괴 형상[쐐기-ABCDEF, 수위를 고려한 직사각형 prism(CDEFKLMN)]

소성이론 내에서 터널 막장 안정에 대한 다양한 해석 방법이 공식화되었다. 해당 해석 방법들은 '한계상태 방법'이라고도 알려져 있으며 이 방법은 소성이론의 하한 또는 상한값을 이용하여 터널 막장 안정성을 확보할 수 있다. 먼저 상한값을 이용한 방법은 소성이론에 근거한 운동학적 정리(Kolymbas, 2005)이며 상한값을 이용하게 되면 외부 힘에 의해 작용되는 힘이 내부 힘에 의해 작용되는 값보다 클 경우 터널 막장은 붕괴되며(Kirsch, 2009), 이는 해당 방법이 붕괴 시 실제 필요한 지지 압력보다 낮은 값을 제공한다는 것을 의미한다. 그러므로 상한값을 이용한 방법은 실제에 비해 항상 불안정한 측면에 놓인다.

반면 하한값을 이용한 방법은 소성이론을 근거로 한 정역학적 접근 방식인데, 지반 내에서 어느 지점도 외부 응력에 의해 항복 상태에 이르지 않는 조건에서 정적으로 허용되는 응력분포를 결정하는 방식이다(Yu, Sloan et al., 1998). 하한값을 이용한 방법은 항상 실제 터널 막장에서의 붕괴 압력보다 큰 값을 제공한다.

정리하자면, 적용된 지지 압력이 하한값을 이용한 방법보다 높을 경우 막장이 붕괴되지 않을 것이라고 표현할 수 있고 상한값을 이용한 방법보다 낮을 경우 막장이 붕괴될 것이라고 생각할 수 있으며 이 두 방법의 사이값이 적용되면 막장 안정을 도모할 수 있다.

Davis et al.(1980)는 비배수 조건의 점성토를 굴진하는 터널에 대한 상한값/하한값을 산정하기 위한 방법을 개발하였으며 터널의 실제 거동을 모사하기 위해 두 가지의 단순화된 경우 및 3차원 터널 굴진 상황을 고려하였다(그림 6.12).

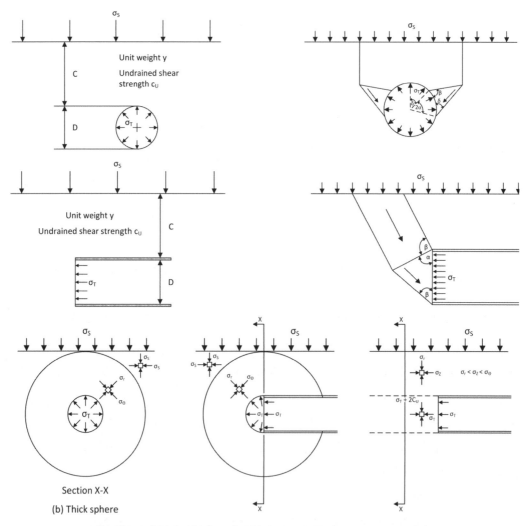

[그림 6.12] 횡단면 형태, 종단면 형태, 실린더 형태(Davis et al., 1980)

Davis 등(1980)은 각각의 경우에 대해 상한값/하한값 이론 중 하나를 채택하면서 안정계수를 결정하였다. 안정계수는 일반적으로 터널 수직응력과 터널의 지지압력의 차를 비배수 전단강도로 나눈 값으로 계산된다. 이와 같이 계산된 안정성 비율이 임계 비율에 도달하면 터널은 붕괴된다. Davis 등(1980)은 안정계수는 가변적이라는 것을 발견하였는데 이는 안정계수가 토피고와 터널 직경에 따라 변하기 때문이다(그림 6.13).

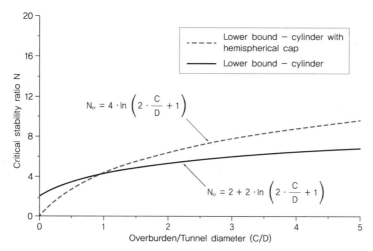

[그림 6.13] 3D 터널 굴진에 대한 하한값 이론에 근거한 안정계수(Davis et al., 1980)

Davis 등(1980)은 토피고/터널 직경에 대한 비율이 3보다 낮은 경우에 해당 방식을 이용하라고 권장하였기 때문에, 이러한 결과를 완전히 일반화하기는 어렵다.

Leca & Dormieux(1990)은 Mohr-Coulomb 파괴 이론을 이용하여 배수 조건하에서 사질토, 점성토의 막장 안정성을 평가하였다. 그들은 다수의 원추형 강성 블럭(그림 6.14)을 가정하여 막장의 세 가지 파괴 모드를 검토하였다.

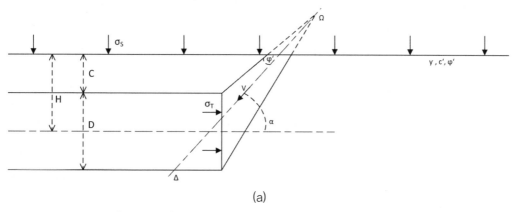

(a)

[그림 6.14] 상한값 파괴 메커니즘(Leca & Dormieux, 1990)

271

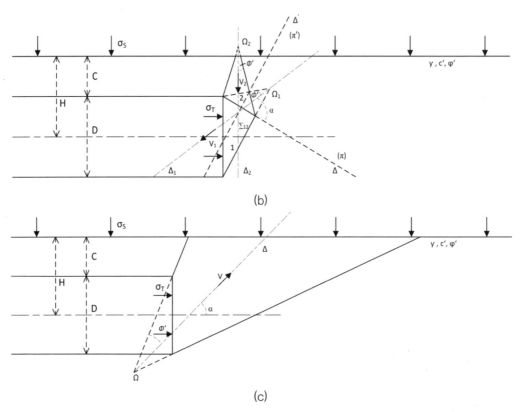

(b)

(c)

[그림 6.14] 상한값 파괴 메커니즘(Leca & Dormieux, 1990)(계속)

 해당 블록들은 막장과의 교차점에서 타원형 단면으로 나타났고 파괴 지지 압력은 주동 파괴에 대해 계산되었다. 그들이 지지 매체에 대한 파괴압력 대신 막장의 수동 파괴 압력을 검토하였다는 것이 고려되어야 한다. 그 후 저자들은 Chambon & Corte(1989)에 의해 실험적으로 얻어진 값과 이론적으로 얻어진 파괴 시 압력을 비교하였다. 결과적으로 그들은 상한값 이론에 의해 얻어진 값이 실험 결과와 밀접한 관계를 보이는 것으로 결론지었다. 또한 해당 계산 결과는 지표면의 추가 하중이 사질토, 점성토 모두에서의 터널 막장 안정에 끼치는 영향이 미미함을 나타내었다. Mollon 등(2010)은 최근 추가적인 상한값 산정 방법을 제안하였다(그림 6.15). Leca & Dormieux(1990)와 유사하지만 추가적으로 전체 터널 막장의 붕괴를 고려한 터널 막장 파괴 이론을 개발하였다. 해당 방식을 통해 지반 변수에 대한 상한치를 조정할 수 있다. 가장 최근에는 Senent 등(2013)이 Mollon 등(2010)이 제안한 파괴 메커니즘 내에서 Hoek-Brown 파괴 이론(암반 지층에 대한)을 고려할 수 있는 방법을 구현하였다.

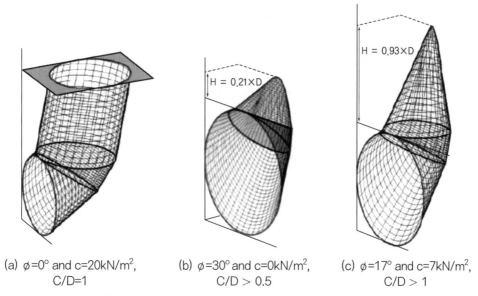

(a) $\phi=0°$ and c=20kN/m^2,
  C/D=1

(b) $\phi=30°$ and c=0kN/m^2,
  C/D > 0.5

(c) $\phi=17°$ and c=7kN/m^2,
  C/D > 1

[그림 6.15] Mollon 등이 제안한 다양한 파괴 메커니즘(Mollon et al., 2010)

2) 경험적/실험적 방법

터널 막장압을 산정하는 데에 경험적/실험적인 방법들도 있다. Broms & Bennermark(1967)
는 실험적으로 막장압을 유도하였으며 Vermeer(2002)는 수치해석적 방법을 이용하였다. 실험
적 방법들 중에서는 Broms & Bennermark(1967)에 의한 안정계수 산정법이 가장 대표적이며,
시트파일의 원형 개구부에서의 점성토 압출 실험을 통해 안정성을 평가하였다(그림 6.16).

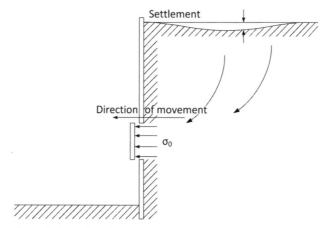

[그림 6.16] 수직 시트 파일의 원형 개구부(Broms & Bennermark, 1967)

273

Broms & Bennermark(1967)는 안정계수를 기반으로 유사한 수직 개구부에서의 지반의 안정성을 설명하는 수식(식 6.9)을 개발하였다. 안정계수(N)는 개방 축의 수직응력($\sigma_{v,axis}$)에서 지지압력(s_{axis})를 뺀 값을 비배수 전단강도(c_u)로 나눠 산정한다. 이 접근법은 비배수 조건에서의 순수한 점성토 거동하에서 유효하다. 측압계수가 1에 가깝기 때문에 수직응력에서 수평 지지압력을 바로 뺀 값을 사용할 수 있다.

$$N \leq \frac{\sigma_{v,axis} - s_{axis}}{c_u} \tag{6.9}$$

여기서, N : 안정계수
$\sigma_{v,axis}$: 수직응력(kN/m^2)
s_{axis} : 지지압력(kN/m^2)
c_u : 비배수 전단강도(kN/m^2)

이후 Broms & Bennermark(1967)는 지속적인 실내실험을 수행하면서 안정계수가 6보다 작으면 해당 지반은 안정하다는 결론을 내렸으며, 터널 진행방향에 대한 안정성 평가를 위해 이러한 방법을 적용할 것을 제안하였다.

터널 막장 안정에 대한 다른 여러 가지 이론들이 실험에 의해 검증되었다. Davis 등(1980)이 개발한 이론적 모델은 Mair(1979)의 점성토 비배수조건에서의 원심모형 시험으로 검증되었고, Leca & Dormieux(1990)는 Chambon & Corte(1989, 1994)에 의해 실험된 건조한 모래에서의 터널 모형 실험 결과를 참고하여 사질토 및 점성토에 대한 이론적인 모델을 유도해냈다.

일반적으로 터널 막장 안정성을 검토하기 위한 두 가지의 실내모형 실험 장치들이 있으며, 적용된 중력 하중의 크기에 따라 분류되어 1-g 실험과 n-g 실험으로 구분할 수 있다. 두 실험 방법의 특징은 다음과 같이 요약할 수 있다.

• 1-g 실험(그림 6.17)
실험 장치의 크기가 더 커질 수 있어 입자 크기로 인한 문제 발생이 적다. 응력의 크기가 작아 실험재료의 실제 재료적 특성을 결정하기가 까다로운 문제가 있으며 1-g 실험으로 인한 수치해석적 모델의 검증은 문제를 일으킬 수 있다. 스크류컨베이어와 커팅 휠을 포함한 토압식 쉴드TBM을 구현한 Berthoz 등(2012)에 의하면 1-g 실험 장비와 측정장치는 더욱 더 정교해질 수 있다.

274

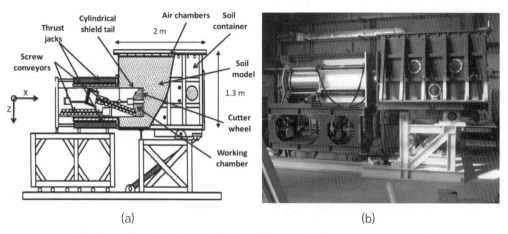

(a)   (b)

[그림 6.17] 토압식 쉴드모델의 단면도 (a)와 사진 (b)(Berthoz et al., 2012)

• n-g 실험(그림 6.18)

실험장치는 실제 터널보다 훨씬 작기 때문에 마찰재료 평가 시 입자 크기 효과의 영향을 고려하여야 한다. 원심모형 실험장치는 점토와 같은 비배수조건에서 순수하게 점착력 있는 재료를 조사하는 데 유용하다. 점토의 경우, 입자의 크기 계수는 중요한 요소는 아니다. 일반적으로 입자 크기 영향은 0.2mm보다 작은 모래 입자를 이용한 0.1m보다 큰 터널 직경에서는 무시될 수 있다. n-g 실험의 장점은 실제 응력 조건을 구현할 수 있어 흙의 고화 /압밀 현상이 고려될 수 있다는 것이다.

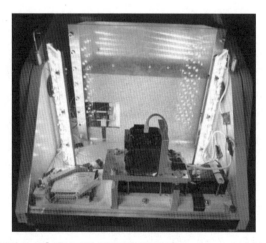

[그림 6.18] 원심모형 실험장치의 개요(Idinger et al., 2011)

3) 수치해석적 방법

수치해석적인 막장 안정성 분석의 목표는 터널 막장의 붕괴가 발생하는 가장 높은 지지 압력을 찾는 것이다. 이러한 붕괴를 만들기 위해 다음 네 가지 방법을 사용할 수 있다(Kirsch, 2009; Vermeer 등, 2002; Zhang 등, 2011).

- 하중 감소 방법 : 막장 지지 압력은 파괴가 발생할 때까지 감소된다.
- 강도 감소 방법 : 파괴가 발생할 때까지 흙의 전단강도 특성이 감소된다.
- 변위 제어 방법 : 굴착면 내부로 터널면의 변위는 파괴가 발생할 때까지 증가된다.
- 원심모형시험에 기반한 방법 : 파괴가 발생할 때까지 중력 가속도가 증가된다.

변위 제어 방법은 일반적으로 실내 실험 검증에 사용된다. 하중 감소 방법은 일반적으로 강도 감소 방법에 비해 더 많은 장점이 있다. 하중 감소 방법에서는 지반 물성값이 계산 중에 변경되지 않으므로 얻어지는 파괴 모양이 실제에 더 가깝다. 수치 모델링의 경우 흙의 특성에 적합한 구성방정식을 선택하여야 한다. Mohr-Coulomb 항복 조건과 같은 선형 탄성-완전 소성 모델은 일반적으로 파괴 시 막장압을 결정하기에 충분히 정확한 것으로 평가된다(Kirsch, 2010). 비상관 소성흐름법칙(non-associated flow rule)이 계산에서 가정될 수 있다. 이러한 수치해석적 방법에 의해 결정된 막장압으로 터널 굴진을 할 경우 큰 지표면 변형이 발생할 수 있으며, 여기에 언급된 방법은 막장 안정성 평가에서만 사용되며 장비-지반 상호 작용을 조사하기 위해 실제로 사용되는 수치해석방법과 혼동되어서는 안 된다.

3.6 수압으로 인한 소요 막장압 계산 방법

일반적으로 폐합(closed) 모드로 굴진 시에는 지표면 침하를 유발할 수 있는 터널 막장쪽으로의 원치 않는 지하수 흐름을 피하기 위해 막장압이 지하수 압력보다 높거나 균형을 이루어야 한다. 지하수 압력으로 인한 막장압은 쉽게 계산할 수 있다(식 6.10). 막장압은 터널 막장의 모든 위치에서 수압을 초과하도록 주의하여야 한다.

$$W_{ci} = \gamma_w \cdot h_{w,axis} \cdot \frac{\pi D^2}{4} \tag{6.10}$$

여기서, $h_{w,axis}$: 터널축 상부의 지하수위(m)　　　γ_w : 물의 단위중량(kN/m^3)

D 　　　 : 터널 직경(m)　　　　　　　W_{ci} : 수압에 의한 힘(원형터널면) (kN)

토압식 쉴드TBM 굴착 중 일부 경우에(개방 또는 전이 모드), 기계의 마모를 줄이기 위해 지하수압 이하로 막장압을 낮추려고 한다. 이렇게 되면 지하수는 터널 막장을 향해 흐르게 되고 결과적으로 지하수 흐름 효과는 유효 응력 문제에서 터널 막장을 불안정하게하는 추가적인 힘으로 고려되어야 한다(그림 6.19). 지하수 흐름으로 인한 불안정한 힘의 크기는 주로 굴착챔버와 하부 지반 사이의 지하수위 수두 차이로 정의된다. 또한 굴착챔버 내의 굴착토와 지반의 투수계수의 차이도 중요한 역할을 한다.

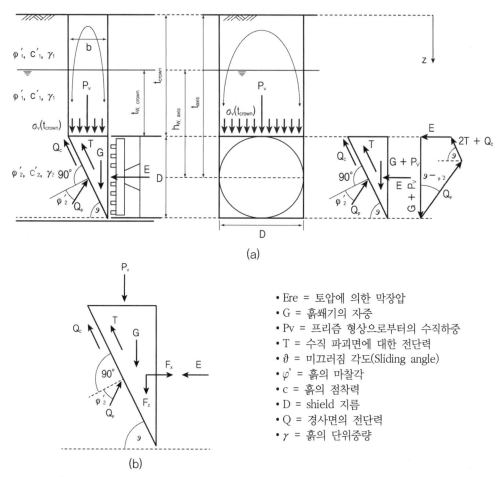

• Ere = 토압에 의한 막장압
• G = 흙쐐기의 자중
• Pv = 프리즘 형상으로부터의 수직하중
• T = 수직 파괴면에 대한 전단력
• ϑ = 미끄러짐 각도(Sliding angle)
• φ' = 흙의 마찰각
• c = 흙의 점착력
• D = shield 지름
• Q = 경사면의 전단력
• γ = 흙의 단위중량

[그림 6.19] (a) 슬라이딩 쐐기에 작용하는 힘 (b) 슬라이딩 쐐기 모식도(지하수 흐름에 따라 추가적인 하중 작용) (Anagnostou & Kovari, 1996)

3.7 실무에서의 막장압 계산 사례

쉴드TBM 터널의 굴착은 일반적으로 지반의 1차 응력상태에서 2차 응력상태로의 변화를 만든다. 응력상태 변화는 적용된 막장면 지지압력과 지반에서 원래 응력상태의 비율에 영향을 받게 되며, 쉴드 굴진으로 인해 발생되는 지반 변형을 결정한다. 또한, 터널 막장의 응력상태 변화는 굴착 중 쉴드와 지반 그리고 최종 단계에서 라이닝과 지반 사이의 추가 상호 작용에 주요한 영향을 미친다. 터널 실무에서 일반적으로 사용되는 '극한 한계 상태 접근'의 두 가지 대표적인 예를 설명하였다. 먼저, 슬라이딩 웨지에서의 한계평형방법을 설명하고, 이어서 안정계수 방법을 이용한 계산 방법을 설명하였다. 또한, '사용성 한계 상태 접근'과 관련된 실무의 대표 예로써 수치해석적적 방법을 설명하였다.

'극한 한계 상태 접근' 방법은 일반적으로 모든 굴착 단계(굴착, 중단, intervention)에 대해 'green field' 상태하에서 막장면 지지 압력 계산에 사용될 수 있다. 주변에 구조물이 있는 경우와 같은 굴착조건에서는 수치 해석방법에 의한 추가 검증이 권장된다.

1) 한계평형방법

실제로 막장 안정성 계산은 일반적으로 터널 막장의 지반 점착력이 없거나 점착력을 가진 층과 교호하는 경우에 한계 평형 방법을 사용하게 된다. 이러한 경우에 지반의 유효응력(배수) 상태에서의 전단강도 정수를 사용하며, 일반적으로 한계평형 접근 방식에서는 비배수 전단강도 정수를 사용하지 않는 것이 좋다. 우선 파괴메커니즘을 가정하고 원형터널의 직경과 정사각형의 한 모서리의 길이가 같다고 가정하거나 동일한 단면적의 정사각형으로 원형터널면을 근사화한다.

쐐기 파괴면을 가정하면, 그에 작용하는 힘(막장지지압 포함)이 결정될 수 있다. 그 힘은 한계 평형 상태에 있어야 한다. 막장면 작용압력과 작용되는 지반의 전단 저항은 쐐기 파괴면을 안정화시키는 반면, 쐐기 자체의 중량과 위에 프리즘형상의 상부 중량은 터널의 불안정성을 유발한다. 평형 조건은 경사면(그림 6.19)에 수직 및 수평방향으로 공식화될 수 있다.

두 개의 평형 조건을 합하면, 요구되는 지지력은 식 (6.11)에 의해 계산될 수 있다. 평형 조건은 임계값이 아직 알려지지 않았기 때문에 쐐기의 슬라이딩 각도(ϑ)에 따라 정해진다.

$$E_{re}(\vartheta) = \frac{(G + P_V) \cdot (\sin(\vartheta) - \cos(\vartheta)\tan(\varphi'_2)) - 2T - \dfrac{c'_2 D^2}{\sin(\vartheta)}}{\sin(\vartheta)\tan(\varphi'_2) + \cos(\vartheta)} \tag{6.11}$$

여기서, E_{re} : 토압에 의한 막장압

　　　G　: 흙쐐기의 자중

　　　P_V　: 프리즘 형상으로부터의 수직하중

　　　ϑ　: 미끄러짐 각도(sliding angle)

　　　T　: 수직 파괴면에 대한 전단력

　　　D　: 쉴드터널 직경

　　　φ'_2　: 흙의 마찰각

　　　c'_2　: 흙의 점착력

이어서, 쐐기의 임계 슬라이딩 각도(ϑ_{crit})는 가장 높은 막장압[$E_{re}(\vartheta)$]이 요구되는지 확인하여야 한다. 따라서 막장압의 최대값은 슬라이딩 각도의 변화에 따라 결정된다(그림 6.20).

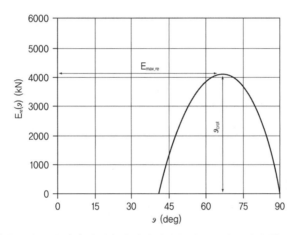

[그림 6.20] 슬라이딩 각도(ϑ)의 변화에 의해 가장 높게 요구되는 막장압($E_{\max,re}$) 결정 예

임계 슬라이딩 각도는 지지력 함수의 1차 미분값이 0일 때 값으로 찾을 수도 있다(식 6.12).

$$\frac{dE_{re}(\vartheta_{crit})}{d\vartheta} = 0 \tag{6.12}$$

특정한 힘을 결정하는 데 사용되는 가정은 여러 가지 제안이 있다. 다음 절에서는 이러한 계산에 사용할 수 있는 다양한 옵션에 대해 설명하였다. 프리즘 형태의 상부 하중에 의해 쐐기에 작용하는 토압 P_V를 결정하기 위해 두 가지 옵션을 사용할 수 있다. 토압 P_V는 쐐기 상부의 면적에 쐐기에 작용하는 수직 유효 응력을 곱하여 계산할 수 있다(식 6.13).

$$P_V = A \cdot \sigma_v(t_{crown}) = D \cdot \frac{D}{\tan \vartheta_{crit}} \cdot \sigma_v(t_{crown}) \tag{6.13}$$

여기서, P_V　　　: 쐐기의 프리즘으로부터의 수직력(kN)

　　　$\sigma_v(t_{crown})$: 쐐기의 프리즘으로부터의 수직 surcharge(kN/m²)

　　　A　　　: 쐐기상부 및 사일로의 단면적(m²)

　　　D　　　: 쉴드터널 직경(m)

수직응력을 감소시키는 Janssen의 사일로 이론(1895)에 따르면 응력은 쐐기형태 위 지반의 아칭 효과를 고려하거나(식 6.15), 상재 토피고의 전체 하중(식 6.14)을 고려하여야 한다. 두 가지 방법에 대한 선택은 상부 토피고에 따라 결정된다. 상부 토피고가 터널 직경의 두 배보다 작으면 상부 토피고에 해당하는 지반 전체 중량을 적용한다. 상부 토피고가 더 높으면 Janssen 의 사일로 이론이 적용될 수 있다. 사일로 내 지반의 수평토압 계수는 표 6.2와 같으며 DAUB(2016)에서는 Melix(1987)가 제안한 계수를 사용할 것을 제안하고 있다.

$$\sigma_v(z) = \gamma_{1,av} \cdot z + \sigma_s \quad \text{for } t_{crown} \leq 2D \tag{6.14}$$

여기서, $\sigma_v(z)$: 표고 z에서의 수직응력(kN/m²)

　　　$\gamma_{1,av}$: 상재토피 면적에서 흙의 단위중량 평균치(kN/m³)

　　　z　　　: 해당 지표면으로부터 깊이(m)

　　　t_{crown} : 상재토피 높이(m)

　　　σ_s　　: 지표면에서의 Surcharge(교통하중)(kN/m²)

　　　D　　: 쉴드터널 직경

$$\sigma_v(z) = \frac{\frac{A}{U}\gamma_{1,av} - c'_1}{K_1 \tan(\varphi'_1)} \cdot \left(1 - e^{-\frac{U}{A}K_1 z \tan(\varphi'_1)}\right) + \sigma_s \cdot e^{-\frac{U}{A}K_1 z \tan(\varphi'_1)} \tag{6.15}$$

$$\text{for } t_{crown} > 2D$$

여기서, A　: 쐐기 상부 사일로의 단면적(m²)

　　　U : 사일로의 주면 길이(m)

　　　K_1 : 사일로 내의 수평토압계수(표 6.2 참조) [−]

　　　D : 쉴드터널 직경

[표 6.2] 사일로 내의 수평토압계수

저자	사일로 내의 수평토압계수
Terzaghi & Jelinek (1954)	$K_1 = 1.0$
Melix (1987), Anagnostou & Kovári (1994)	$K_1 = 0.8$
Jancsecz & Steiner (1994)	$K_1 = k_a = \tan^2 \left(45 - \dfrac{\varphi'_1}{2} \right)$
Mayer, Hartwig, Schwab (2003)	$K_1 = 1.0$ if $t_{crown} \leq 5d$
Kirsch & Kolymbas (2005)	$K_1 = k_o = 1 - \sin(\varphi'_1)$
Girmscheid (2008)	$k_a < K_1 < k_p$, $K_1 = 1$ recommended

주) k_a: 주동토압계수, k_p: 수동토압계수, k_o: 정지토압계수

슬라이딩 쐐기의 자중(G)는 다음의 식 (6.16)에 의해 정의된다.

$$G = \frac{1}{2} \cdot \frac{D^3}{\tan(\vartheta_{crit})} \cdot \gamma_{2,av} \tag{6.16}$$

여기서, G : 슬라이딩 쐐기의 자중(kN)

D : 터널 직경(m)

$\gamma_{2,av}$: 터널 막장 지반의 평균단위중량(kN/m³)

한계 평형 계산 접근법에서 가장 논쟁이 되는 부분은 쐐기의 수직 삼각형 평면에 대한 전단 저항력을 결정하는 것이다. 전단 저항력은 마찰력과 점착력(식 6.17)의 두 가지 구성요소로 구성된다.

$$T = T_R + T_C \tag{6.17}$$

여기서, T : 쐐기의 수직 삼각형 평면에서의 전단저항력(kN)

T_R : 마찰에 의한 전단저항력(kN), 선택적으로 $T_{R,1}$ 또는 $T_{R,2}$

식 (6.19), (6.20) 참조

T_C : 점착력에 의한 전단저항력(kN)

한편, 쐐기에서 주동 토압은 무관하기 때문에 공식에서의 점착력 성분은 상대적으로 일치한다(식 6.18).

$$T_C = \frac{c_2 \cdot D^2}{2 \cdot \tan(\vartheta_{crit})} \tag{6.18}$$

여기서, c_2 : 흙의 점착력

ϑ_{crit} : 쐐기의 임계 슬라이딩 각도

D : 쉴드터널 직경

반면에, 공식에서 마찰로 인한 전단력 구성 성분에 차이가 있다. Broere(2001)가 고려한 다음의 조건들에 대한 가정 사항을 검토하여야 한다.

- 슬라이딩 쐐기에 인접한 지반의 아칭 효과의 존재
- 슬라이딩 쐐기의 삼각형 평면 측면에 수직 유효응력 분포
- 슬라이딩 쐐기의 수직 삼각형 평면에 작용하는 수평토압 계수

첫 번째 가정 (1)의 경우, 쐐기 옆의 수직응력 수준은 일반적으로 쐐기의 상단 평면에서와 같은 것으로 가정한다(식 6.14 참조). 쐐기의 삼각형 평면 옆에 수직응력의 분포와 관련하여 존재하는 두 가지 가능성이 있다. 이로 인해 삼각형 평면에서 전단 마찰력을 계산할 수 있는 두 가지 방정식이 나타난다. 첫 번째 가정은, 쐐기의 수직 평면 옆에서와 동일한 응력이 쐐기의 최상위 레벨 옆에 존재하고 동시에 쐐기의 바닥에 응력($\sigma_{v,bottom}$)이 존재한다고 가정한다. 그리고 이것은 쐐기의 수직면을 따라 위치한 상재하중에 해당한다. 수직 삼각 슬립 표면 옆의 수직응력의 대응 분포는 그림 6.21(a)에서 볼 수 있다. 쐐기의 삼각형 측면에서의 전단 마찰력은 다음 식 (6.19)로 정의된다.

$$T_{R,1} = \tan(\varphi'_2) \cdot K_2 \cdot \left(\frac{D^2 \cdot \sigma_v(t)}{3 \cdot \tan(\vartheta_{crit})} + \frac{D^3 \cdot \gamma_2}{6 \cdot \tan(\vartheta_{crit})} \right) \tag{6.19}$$

여기서, $\sigma_v(t)$: 터널 크라운부에서의 수직 유효 응력(kN/m^2)

K_2 : 쐐기 영역에서의 수평토압계수(표 6.3) [-]

두 번째 가정은 쐐기 상단의 수직응력이 쐐기 측면의 응력과 동일하다고 본 것이다. 그러나 이 경우 현재 상부 지반 단위 중량에 따라 수직면을 따라 수직응력이 선형으로 증가한다[그림 6.21(b)]. 이 경우 전단 마찰력은 다음 식 (6.20)에 의해 정의된다.

$$T_{R,2} = \tan\left(\varphi'_2\right) \cdot K_2 \cdot \left(\frac{D^2 \cdot \sigma_v(t)}{2 \cdot \tan\left(\vartheta_{crit}\right)} + \frac{D^3 \cdot T\gamma_2}{6 \cdot \tan\left(\vartheta_{crit}\right)}\right) \tag{6.20}$$

[표 6.3] 슬라이딩 쐐기의 삼각형 수직 평면에서 수평토압계수 제안

저자	수평토압계수
Anagnostou & Kovári (1994)	$K_2 = 0.4$
Jancsecz & Steiner (1994)	$K_2 = \dfrac{k_o + k_a}{2}$
Mayer, Hartwig, Schwab (2003)	전단저항무시
Girmscheid (2008)	$k_a \le K_2 \le k_p$
Kirsch & Kolymbas (2005), DIN 4126 (2013)	$K_2 = k_o = 1 - \sin\left(\varphi'_2\right)$

주) k_a: 주동토압계수, k_p: 수동토압계수, k_o: 정지토압계수

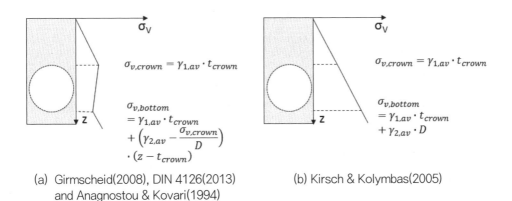

(a) Girmscheid(2008), DIN 4126(2013) and Anagnostou & Kovari(1994)

(b) Kirsch & Kolymbas(2005)

[그림 6.21] 쐐기의 삼격형 면 옆의 수직응력의 두 가지 가능한 분포

DAUB(2016)에서는 쉴드 굴진으로 인해 지반에서 예상되는 상대적으로 작은 응력 재분포를 기반으로 두 번째 안[그림 6.21(b)]을 사용하는 것을 제안하고 있으며 굴착 중 응력 재분포에 관한 가정의 일관성 때문에 Janczecs & Steiner(1994)가 제안한 K_2를 고려할 것을 제안한다.

토압으로 인한 지지력 외에도 지하수 압력에 대응하는 막장면 지지력도 결정하여야 한다. 지하수 압력은 터널면으로 지하수가 흐르지 않는다고 가정하며, 식 (6.21)에 의해 계산된다.

$$W_{re} = \gamma_w \cdot \left(h_{w,crown} + \frac{D}{2}\right) \cdot D^2 \tag{6.21}$$

여기서, W_{re} : 사각형 터널 막장 면적에 대한 지하수에 의한 힘(kN)

$h_{w,crown}$: 터널 크라운부 위의 지하수위(m)

γ_w : 물의 단위중량(kN/m^3)

D : 터널 직경(m)

결과적으로, 얻어진 힘은 직사각형 쐐기면에서 원형 터널면으로 재계산되고 부분 안전 계수를 곱한 후 합산된다(식 6.7 참조). 터널 천단부에 필요한 최소막장 지지압력은 식 (6.22)에 따라 계산될 수 있다.

$$s_{crown,min} = \frac{S_{ci}}{\dfrac{\pi D^2}{4}} - \gamma_s \cdot \frac{D}{2} \qquad (6.22)$$

여기서, γ_s : 지지하는 재료의 단위중량(kN/m^3)

$s_{crown,min}$: 터널 천단부에서의 지지 압력(kN/m^2)

독일권 국가에서는 토압으로 인한 지지력의 성분을 계산하기 위해 DIN 4085를 기반으로 한 한계 평형 방법을 사용하기도 한다. 이러한 방법은 Piaskowski & Kowalewski(1965)가 제안한 3차원 파괴체를 가정한다. 막장면에 작용하는 3차원 주동토압은 이 파괴체로써 계산된다(그림 6.22). 터널 면 지지의 경우 흙막이벽에 대해 DIN 4085에서 고려된 벽 마찰각 $\delta = 0°$라는 것을 유념하여야 한다.

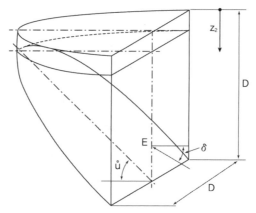

[그림 6.22] Piaskowski & Kowalewski(1965) 논문에 근거한 파괴메커니즘

[표 6.4] 3차원 거동을 고려한 파괴 메커니즘을 위한 형상 계수 [DIN 4085]

z_2/D	0	1	2	3	4	6	8	10
$\mu_{agh} = \mu_{aph} = \mu_{ach}$	1.00	0.82	0.70	0.59	0.50	0.37	0.30	0.25

주) μ_{agh}, μ_{aph}, μ_{ach} : 내부 마찰각, 파괴면 상부 상재하중 및 점착력으로 인한 형상 계수 [–]
z_2 : 터널 천단으로부터의 깊이 [m]
D : 파괴 메커니즘의 폭과 높이, 터널 직경 D와 동일 [m]

터널 막장은 일반적으로 계산을 위해 10개의 얇은 수평조각으로 나뉜다. 각 조각구조의 수평
주동 토압 계수는 구조체 내부 지반의 마찰각 및 점착력에 기초하여 결정된다. 또한, 각 수평조
각 구조에 대한 형상 계수가 계산되어 3차원 효과를 고려한다(표 6.4).

각 수평조각 구조로부터 터널단면에 작용하는 3차원 토압은 다음 식 (6.23)을 사용하여 계산
할 수 있다.

$$e_{ah,i} = \gamma_i z_2 \mu_{agh} k_{agh,i} + \sigma_{v,crown} \mu_{aph} k_{agh,i} - c_i \mu_{ach} k_{ach,i} \tag{6.23}$$

여기서, $e_{ah,i}$: 각 수평조각의 토압(kN/m^2)

       γ_i : 토사의 단위중량(kN/m^3)

       z_2 : 터널 천단으로부터의 연직깊이(m)

       $\sigma_{v,crown}$: 터널 천단상부 파괴쐐기 상재하중(kN/m^2)

       $k_{agh,i}$: 마찰각에 의한 주동토압계수 [–]

       $k_{ach,i}$: 점착력에 의한 주동토압계수 [–]

모든 수평조각 구조에서 발생하는 토압과 수평조각 면적을 곱하여 총합을 구하면, 이완된
지반 토체로부터 발생되는 작용력을 구할 수 있다(식 6.24). 발생 작용력은 챔버 내 버력토의
토압 또는 슬러리 압력에 의한 지지력과 동일하지만(식 6.7) 원형 터널단면에 대한 재계산이
필요하다. 터널 천단에서의 막장면지지압을 얻기 위한 추가 계산 방법은 이전 한계 평형상태법
에 대해 설명한 것과 동일하다.

$$E_{re} = b \cdot \sum_0^D e_{ah,i} \cdot \Delta h \tag{6.24}$$

여기서, E_{re} : 토압에 의한 막장면 지지력(사각형 터널 단면) (kN)

       Δh : 수평조각의 두께(m)

　두 한계 평형 접근 방식은 이론적으로 지반이 불안정하게 되는 최소 지지력을 제공한다는 점에 유의하여야 한다. 이러한 상태는 구해진 지지압이 가해지면 상대적으로 지반 변형이 허용치 이내로 들어오는 안전율을 적용할 때 가능하다. 일반적인 안전율이 모든 지반에 동일하게 적용되기 때문에 구해진 실제 변위량은 지반 강성에 따라 달라진다.

2) 안정계수를 이용한 방법

　안정계수를 이용한 방법은 막장면 지지압을 구하는 실용적 계산법으로 토압과 수압으로 인한 지지압을 분리하지 않는다. 그러나 계산된 지지압은 적어도 수압과 같아야 한다. 이러한 계산 방법은 투수계수가 낮은 점착성 지반의 비배수 조건에서의 굴착 시 적합하다. 따라서 투수계수가 낮은 지반이 여기에 해당된다. Anagnostou & Kovari(1994)는 0.1~1.0m/h(1.7~16.7mm/min) 보다 높은 굴진속도와 10^{-7}~10^{-6}m/s보다 낮은 투수계수 조건에서는 비배수 거동을 예상할 수 있다고 언급하였다. 투수계수의 범위는 굴착 중인 경우에만 해당되며 굴진 정지 또는 가동 중지 시간 동안 비배수조건을 유지하기 위해서는 더 낮은 투수계수가 필요하며, 이는 간과해서 안되는 매우 중요한 요소이다. 또한, 충분한 두께의 비배수상태의 토사가 터널 굴진면 주변에 분포하고 있는지 확인하여야 한다(그림 6.23). 첫 번째 계산 단계로서 지반상태를 조사하기 위해서 임계안정계수(Critical Stability Ratio)가 검토되어야 하는데, 이는 터널굴진면의 붕괴 여부를 나타내는 실질적인 지표이기 때문이다. 고려된 이론에 따라 임계안정계수는 일반적으로 토피고 및 쉴드 직경과 관련이 있다(표 6.5).

[표 6.5] 문헌에서의 임계안정계수 관련 식

저자	임계안정계수
Broms & Bennermark(1967)	$N_{cr} \leq 6$
Davis et al.(1980) – lower bound	$N_{cr} = 4 \cdot \ln\left(\dfrac{2t_2}{D}+1\right)$
Atkinson & Mair(1981)	$N_{cr} = 5.8613 \cdot \left(\dfrac{t_2}{D}\right)^{0.4156}$
Casarin & Mair(1981)	$N_{cr} = 3.9254 \cdot \left(\dfrac{t_2}{D}\right)^{0.36}$

주) t_2 : 굴착 중 비배수 거동을 하는 토사의 토피, 즉 쉴드상부의 점성토의 두께

　지반의 임계안정계수는 지반붕괴 시 지지압을 의미하므로 안전율에 의한 여유치가 계산에 포함되어야 한다. 가정된 안전율은 실제 안정성을 결정한다(식 6.25). 표 6.6에 터널 굴진면의 거동양상과 실제 안정계수 사이에 일반적으로 허용되는 상관관계가 요약되어 있다.

[표 6.6] 일반적인 안정계수 및 터널 안정성에 미치는 영향(Leca & New, 2007)

막장면거동	안정계수(Stability ratio)
터널의 전반적인 안정성 확보 (The overall stability of the tunnel face is usually ensured)	$N < 3$
침하위험성의 검토 필요 (Special consideration must be taken of the evaluation of the settlement risk)	$3 < N < 5$
막장면에서 대규모 지반손실 예상 (Large amounts of ground losses being expected to occur at the face)	$5 < N < 6$
터널 막장면 불안정 및 붕괴가능 (Tunnel face instable, collapse may occur)	$N > 6$

$$N = \frac{N_{cr}}{\eta} \tag{6.25}$$

여기서, N : 지반안정계수 [−]

η : 안전율($\eta = 1.5$) [−]

결과적으로 굴진면에서의 소요 지지압은 수식 (6.26)에 의해 계산이 가능하다.

$$s_{axis} = \sigma_{v,tot,axis} - N \cdot c_u \tag{6.26}$$

여기서, N : 지반안정계수 [−]

$\sigma_{v,tot,axis}$: 터널축에서의 전응력(상재하중 포함) (kN/m²)

s_{axis} : 터널축에서의 지지압력(kN/m²)

c_u : 토사지반의 비배수 전단강도(kN/m²)

주어진 s_{axis} 값으로부터 터널 천단에서의 소요 지지압력을 계산할 수 있다(식 6.27). 이때, 챔버 내의 이수 혹은 토사 버력의 단위중량을 고려하여야 한다.

$$s_{crown,min} = s_{axis} - \gamma_s \cdot \frac{D}{2} \tag{6.27}$$

여기서, γ_s : 지지재료의 단위중량(kN/m³)

$s_{crown,min}$: 터널 천단에서의 지지압(kN/m²)

D : 쉴드터널 직경(m)

식 (6.26)의 계산을 위해서 식 (6.28)을 이용하여 터널 중심에서의 연직방향 전응력을 계산하여야 한다. 단, 연직응력보다 수평응력이 큰 과압밀된 지반조건에서의 굴착의 경우 안전측 검토를 위해 연직 혹은 수평응력 중 큰 값을 사용하여야 한다.

$$\sigma_{v,tot,axis} = \sigma_{v,interface} + (t_2 + 0.5D) \cdot \gamma_{2,sat}$$ (6.28)

여기서, $\sigma_{v,tot,axis}$: 터널축에서의 전응력(상재하중 포함)(kN/m^2)

$\sigma_{v,interface}$: 배수성 토사와 비배수성 토사의 지층 경계에서의
연직 전응력(상재하중 포함)(kN/m^2)

t_2 : 터널상부 비배수성 토사의 층후(m)

D : 쉴드 직경(m)

$\gamma_{2,sat}$: 비배수성 토사(soil 2)의 포화 단위중량(kN/m^3)

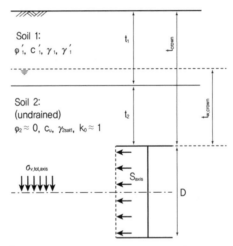

[그림 6.23] 지반안정계수 분석을 위한 지반 모델(Zizka et al., 2016)

압축공기 상태에서의 막장압 검토 시에는 Davis et al.(1980)의 식 (6.29)를 이용하여 그림 6.24에서와 같이 국부적인 파괴모드를 검토할 것을 추천한다. 만약 대구경 쉴드가 적용되고 토사의 비배수 점착력이 매우 낮은 경우에는 이러한 검토는 특히 중요하다. 식 (6.29)는 상계정리(upper bound theorem)에 의한 원형 터널에 대해 유도되었다.

$$\frac{\gamma_{2,sat} \cdot D}{c_u} \leq 10.96$$ (6.29)

여기서, $\gamma_{2,sat}$: 비배수성 토사(soil 2)의 포화 단위중량(kN/m³)

D : 쉴드터널 직경(m)

c_u : 토사지반의 비배수 전단강도(kN/m²)

만약 계산값이 10.96보다 큰 경우에는 챔버 내의 이수 혹은 굴착 토사를 전부 제거하지 않고 일정수준을 유지하는 것이 유리하다(예를 들어 압축공기와 함께 절반의 굴착 토사 혹은 이수의 조합).

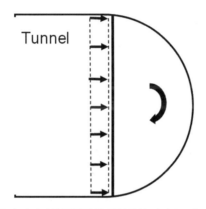

[그림 6.24] 압축공기 지지시의 굴진면의 국부적인 파괴 모드(Zizka et al, 2016)

3) 수치해석법

특별한 경우, 예를 들어 민감한 지장물에 근접한 터널 굴착공사의 진행 등의 상황에서는 막장면 지지력은 허용가능한 지표침하의 수준에 따라서 정의되어야 한다. 이러한 경우에는 사용성 한계 상태(serviceability limit state)에서 장비와 지반과의 상호작용을 검토하여야 한다. 유한요소법에 의한 수치해석은 장비와 지반의 상호작용 분석에 사용된다. 터널 막장면에서의 지지압과 지표침하의 관계를 규명하기 위해 가장 선호되는 방법은 쉴드의 굴착 및 전진을 고려한 3차원 단계별 굴착 해석이다. 막장면 지지압 외에도 이 분석을 통해 후방 세그먼트 배면 백필 그라우팅의 영향 분석도 진행한다. 그러나 이러한 3차원 해석을 통한 최적의 지지압 계산은 많은 계산을 요구하기 때문에 많은 시간이 소모된다. 따라서 보다 빠른 방법으로 2차원 평면 변형률 해석법(2차원 모델 슬라이스에 직각방향으로의 굴착 모사)이 실용적인 측면에서 많이 사용되고 있다. 이러한 2차원 접근법에서는 지지압을 터널 굴착 주면에 작용시키게 되고, 막장압에 따른 지표침하와의 상관관계를 분석할 수 있다. 그러나 이러한 2차원 해석법이 3차원 해석법과 비교해 항상 안전 측의 결과를 도출한다고 단정할 수는 없다. 3차원 해석과 2차원 평면 변형률 해석법 중간단계에 해당하는 방법으로 유사 3차원 해석법이 있다. 주요 차이점으로는 유사 3차원 해석에서는 3차원 해석과 달리 단계별 굴착 과정이 고려되지 않지만, 3차원 응력상태에 대한 분석은 유지된다. 또한 짧은 구간의 굴진에 대해 분석하는 경우 유사 3차원 해석이 2차원 평면 변형률 해석에 비해 장점을 갖게 된다.

3.8 막장압 계산 시 추가 고려사항

1) 막장압 편차

막장압의 편차는 계산과정에서 반드시 고려되어야 하며 ZTV-ING(2012)에 따라야 한다.

- $\pm 10kN/m^2$ (이수식 쉴드TBM의 경우 및 토압식/이수식 쉴드TBM의 압축공기 모드의 경우)
- $\pm 30kN/m^2$ (토압식 쉴드TBM의 경우)

토압식 쉴드TBM의 경우 편차의 범위가 크게 정의되는데 이는 막장압 조절 시의 불확실성이 높기 때문이다. 이러한 편차는 막장압의 하한에 더해주게 되고 상한에서는 빼주어야 한다. 그러나 토압식 쉴드TBM에서의 큰 편차는 때로는 토압식 쉴드TBM 적용 타당성이 낮아지는 양상을 초래하기도 한다. 따라서 특별한 경우 타당한 사유에 의해서 쉴드TBM에서의 막장압의 편차를 낮추는 경우도 있다. 편차의 축소는 특히 상한에서의 축소에 중점을 두어야 한다. 왜냐하면 심도가 상대적으로 낮은 경우 지표융기 혹은 토사의 갑작스런 분출 등이 발생할 수 있기 때문이다. 막장압 편차를 낮추기 위해서는 근본적으로 우수한 쉴드 운전, 즉 운전 과정의 설계 및 제어가 필수적이다.

2) 다층으로 구성된 연약지반의 불균질한 터널 굴진면

다층으로 구성된 연약지반의 터널굴진면은 두 가지 관점에서 불균질할 수 있다. 첫 번째는 터널의 일부분은 배수거동을 보이는 중에 다른 부분은 비배수 거동을 보일 수 있다. 이러한 경우 전체의 터널 단면은 비배수조건의 한계평형법으로 검토되어야 한다.

두 번째는 굴진면에서의 지반거동이 일률적으로 배수거동 혹은 비배수 거동인 경우이다. 이러한 경우 굴진면에서의 지반전단강도 편차는 매우 클 수 있다. 한계평형해석 및 지반안정계수 해석법 모두 터널 굴진면이 균질할 것이라고 가정한다. 따라서 터널굴진면의 지반은 실용적인 관점에서 보통 균질화시켜서 계산을 진행한다. 불균질한 굴진면 지반조건하에서 보다 정확한 한계평형상태 해석법은 Broere(1999)에 의해 제시되었다. 이 방법은 D-Wall 벽체의 안정성을 계산하기 위한 방법으로 Walz(1983)에 의해 개발된 수평 슬라이스법에 기반하고 있다. Broere(1999)는 파괴 쐐기 토체의 미소 수평 슬라이스의 평형방정식을 유도하였다. 물성치가 다른 지층의 각기 다른 파괴면의 각도를 고려할 수 있는 방법은 없고 모든 층에 대해 동일한 미끄러짐 파괴각도가 적용된다. 불균질한 굴진면의 파괴 각도는 수치해석의 도움을 받아서 결정되어야 한다. Zizka et al.(2013)에 의해서 수행된 수치해석은 불균질 터널 굴진면의 파괴 각도 결정이 상당히 복잡하다는 것을 보였다. 이러한 복잡성은 불균질한 굴진면의 파괴 각도 결정이 광범위하게 성공적이지 못하게 하는 요인으로 작용하였다.

이전에 언급된 요소들로 인해서, 터널 굴진면 지반의 균질화를 위한 가중평균 접근법은 간혹 실용적인 측면으로 적용된다. 최악조건 및 최상조건을 고려한 두 가지 추가적인 계산이 보충되어야 한다. 최악조건은 보다 보수적인 접근으로 단면상의 불균질 지반 중의 가장 낮은 전단강도가 전단면에 걸쳐 작용하는 것으로 가정한다. 반면에 최상의 조건은 단면상의 불균질 지반중 가장 우수한 지반조건이 전단면에 걸쳐 있다는 가정하에 필요한 굴진면 막장압을 계산한다. 최소 막장압은 이 두 경계값 사이에서 엔지니어의 판단하에 결정된다.

3) 암반 및 토사 복합지반 굴진

여기서는 굴진면에 경암과 연약지반이 동시에 나타나는 경우 복합지반이라고 정의한다. 여러 가지 터널 굴착 중 마주치는 문제가 복합지반과 관련이 있다(Thewes, 2004). 여러 가능한 시나리오에는 터널 굴진면 안정성 평가 및 필요한 막장압의 결정과 관련한 복합지반이 고려되어야 한다.

그림 6.25의 Case 1의 경우 터널 굴진면의 거의 전체가 연약토사이고 일부 암반층으로 구성된 지반을 토압식 쉴드TBM으로 굴진하는 경우이다. 이런 경우 전체 굴진면이 연약토사로 되어 있다고 가정하고 막장압의 계산이 이루어져야 한다. 굴착 동안에는 챔버에 필요한 물성치를 갖고 있는 토사가 채워져 있기 때문에 토압식 쉴드의 막장압이 유지될 수 있다. 하지만 암석

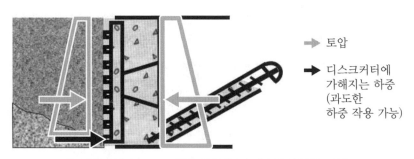

⇒ 토압

➡ 디스크커터에 가해지는 하중 (과도한 하중 작용 가능)

[그림 6.25] Case 1 - 굴진면에 일부만 경암이 위치하는 경우

절삭 커터(디스크커터)는 단면의 일부를 차지하는 암석을 절삭하는 과정에서 과도한 하중을 받을 수도 있다. 높은 굴진율(penetration rate, mm/rev)로 운전 중인 토압식 쉴드에서 커터에 가해지는 하중을 허용하중 이내로 제어하여 제한하는 것은 매우 어렵다. 따라서 암반의 강도에 따라서 굴진율 허용치를 산정하여 운전 중 굴진율을 허용치 이내로 제어하여야 한다.

그림 6.26의 Case 2의 경우는 토압식 쉴드TBM이 작은 부분의 토사가 위치하고 대부분이 경암으로 구성된 복합지반을 굴착하는 경우이다. 막장압의 계산은 Case 1의 경우와 같으나 등가 터널 직경은 나타난 토사층의 두께로 적용한다. 그러나 토압식 쉴드TBM의 경우 암석층의 절삭 파편으로 이루어진 챔버 내의 버력으로 인해서 (세립분이 부족하여) 막장압의 유지가 어려울 수 있다. 이러한 암석층의 절삭 파편은 버력 배토를 위한 유동성의 저하뿐만 아니라 지하수 제어를 위한 투수특성 측면에서도 불리하게 작용한다. 결과적으로 다음과 같은 문제점을 야기하게 된다.

- 챔버 내로의 과도한 지하수의 유입
- 면판의 연약토사층에 대한 막장압 부족
- 과도한 절삭툴, 면판 등의 마모
- 과도한 열발생과 그로 인해 굴착 중 메인 베어링의 냉각 시간 소요, 커터 점검 전의 냉각시간 소요

이러한 문제점은 폼 등의 컨디셔닝 첨가제를 챔버 내로 주입함으로써 상당 부분 개선할 수 있고, 이는 챔버 내의 버력토의 투수계수와 마모를 감소시키는 데 목적이 있다.

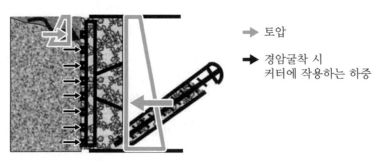

[그림 6.26] Case 2 - 경암이 대부분의 굴진단면을 차지하는 토압식 쉴드TBM 굴착의 경우

그림 6.27의 Case 3의 경우, 이수식 쉴드가 복합지반을 굴착하는 상황이다. 굴진면 막장압의 계산은 토사지반에 적용되어야 하며, 이때 토사지반에 대응되는 등가 직경이 적용된다. 이러한 단면에서의 막장압은 모든 조합의 복합지반에 대해서도 쉽게 유지될 수 있다.

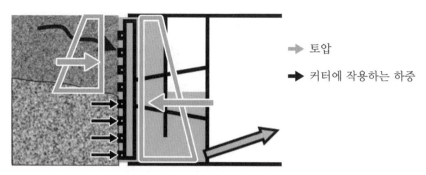

[그림 6.27] Case 3 - 복합지반 이수식 쉴드TBM

4) 이수식 쉴드TBM에 의한 굴착 중 과잉간극수압

포화된 사질토 지반에서의 이수식 쉴드TBM 굴착 중 터널 굴진면 전방에 이수의 침투과정에서 과잉간극수압이 발생할 수 있다. 이러한 과잉간극수압은 굴진면 안정성 분석에 사용된 안전율을 저하시킨다. 현재까지 이러한 과잉간극수압을 계산하는 일반적인 접근법이 수행되지 않고 있으나, 이론적 접근법은 Bezuijen et al.(2001) & Broere & van Tol(2000)에 의해 논의된 바 있다. 그림 6.28은 Jancsecz & Steiner(1994)에 의해 제시된 방법으로 터널 굴진면 안정 계산에서 과잉간극수압을 고려한 사례를 보여주고 있다.

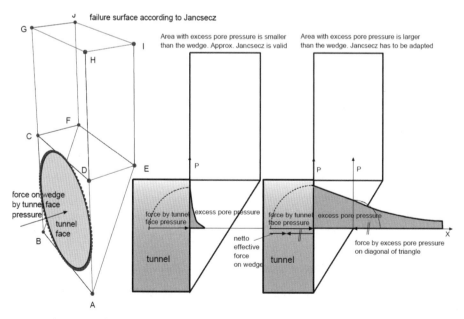

[그림 6.28] 굴진면 전방으로의 과도한 굴진면 막장압(Bezuijen et al, 2001)

293

굴착 중 과잉간극수압은 간극수압 측정센서에 의해서 측정이 가능하며, 이러한 측정은 2차 Heinenoord 터널 공사 중 수행된 사례가 있다(Bezuijen et al., 2001). 이를 통해 막장압의 조정, 이수 물성치의 조정 등의 대응이 가능하다.

4 막장압 관리방안

4.1 단계별 막장압 관리

앞서 말한대로, TBM 터널 시공 중 막장압 과다로 인해 발생 가능한 지반융기, 이수분출과 막장압 부족으로 인한 굴진면 붕괴를 방지하기 위해 최대 및 최소막장압을 적절히 산정하여 그 사이로 막장압을 관리하며 굴진해야 한다. 이수식 쉴드TBM의 경우 이수분출(Blow out)이 발생 가능한 Open Path Pressure를 산정하고, Open Path Pressure가 최대 막장압보다 큰 구간에서는 이수분출을 방지하기 위해 적절한 공법으로 대처해야 한다. 그림 6.29는 Open Path Pressure가 최대 막장압보다 크기에, 최대 막장압과 최소 막장압 사이로 막장압을 관리해주면 지반융기, 이수분출, 그리고 굴진면 붕괴를 예방할 수 있다.

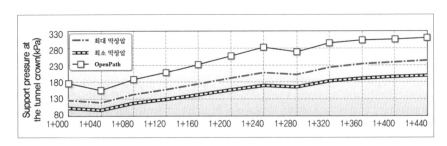

[그림 6.29] TBM 터널 굴진 시 막장압 관리 예시

① 설계단계 : 막장압 사전 평가

설계 단계에서는 최대 막장압과 최소 막장압을 TBM 현장 지반 및 상황에 적합한 이론식이나 수치해석 등을 통해 산정 및 검토하여야 한다. 설계 시 굴진면 토압, 수압 계측치를 고려하기 어려우므로 지반조사 자료, 시공 전 계측자료를 토대로 시공 전 막장압을 산정하여 굴진계획을 세워야 한다.

② 시공단계 : 굴진 중 실측데이터를 통한 막장압 산정

　　TBM 장비에 토압계, 수압계를 설치하고 토압, 수압 계측치를 비교 분석하여 막장압을 산정하며 굴진해야 한다. 오퍼레이터는 지반변위와 굴착량 및 배토량을 모니터링하여 산정된 막장압의 적정성을 검토하고, 주기마다 막장압을 조정 및 관리하며 굴진해야 한다. 쉴드TBM 공법 사용 시 TBM 오퍼레이터는 TBM 챔버에서 원활한 배토가 이루어지도록 막장압과 굴착량을 실시간으로 검토하며 굴진속도를 조절하며 굴진해야 한다.

　　쉴드TBM 터널 굴진 중 TBM 운전 정보와 지반침하 계측데이터를 함께 분석하여야 한다. 굴진 구간 중 주요 위험구간을 선정하여 적절한 막장압과 뒤채움 주입압에 관련된 사전 시험을 통해 지반 침하를 최소화해야 한다.

4.2 대단면 터널 TBM 막장압 관리 사례

　　○○~○○ 터널은 한강하저 구간에서 이수식 쉴드TBM 장비를 이용하여 굴진하였다. 막장압 관리는 독일 지하 건설 위원회 DAUB(Deutscher Ausschuss fur Unterirdisches Bauen e. V., German Tunneling Committe)와 ITA(International Tunneling and Underground Space Association)에서 제안한 방법을 적용하였다. 본 방법은 일반적으로 연약지반에 쉴드TBM 공법을 적용할 때 사용하는 방법으로 하저(한강 밑)에 시공하고 이수식 쉴드TBM 공법을 사용하는 ○○~○○ 터널에 적합하다. 저토피 구간을 주로 갈수기와 홍수위를 고려하여 터널 굴진 중 막장압 관리를 위한 최소 막장압, 최대 막장압을 산정하였다. 저토피 구간에 연약지반이기에 이수분출이 발생할 수 있으며, 본 방법에서는 최대막장압 산정을 통해 관리하도록 제안하였다.

- 토압(쐐기파괴) + 수압 > 막장압 : 굴진면 붕괴
  → 최소막장압 ($S_{crown.min}$)
- 토압(전토압) + 수압 < 막장압 : 이수분출 발생
  → 최대막장압 ($S_{crown.max}$)

1) 막장압 검토현황 및 막장압 산정

　　하저 저토피 굴진구간에 위의 DAUB에서 제시한 허용 막장압 산정 방법을 이용하여 막장압 검토를 하였으며, 지질단면도는 다음 표 6.7에 제시하였다.

[표 6.7] 막장압 검토위치에서 지질단면도

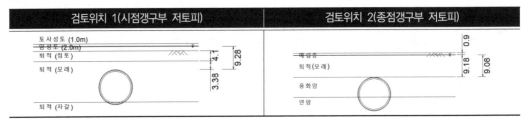

검토 위치에서 홍수위, 갈수위일 때 각각 최소, 최대 막장압을 산정하였으며, 이는 아래 표 6.8과 같다.

[표 6.8] 시점부 및 종점부 저토피 구간 막장압 산정 결과

구분		검토위치 1		검토위치 2	
		홍수위	갈수위	홍수위	갈수위
Input Data	쉴드 외경(D, m)	13.98			
	천단 토피고(t_{crown}, m)	7.49	7.49	10.09	10.09
	수심(m)	9.29	2.54	9.09	2.37
	터널 상부 수중단위중량($r_{1,av}$, kN/m³)	8	8	8	8
	막장면 수중단위중량($r_{1,av}$, kN/m³)	8	8	11	11
	터널 상부 내부마찰각(φ'_1)	29	29	29	29
	막장면 내부마찰각(φ'_2)	29	29	33	33
	파괴각(θ, $45+\Phi/2$)	59.5	59.5	61.5	61.5
슬라이딩 방향의 자중(G, kN)		6,437	6,437	8,159	8,159
쐐기 수직방향 하중(P_v, kN)		6,898	6,898	8,565	8,565
측면 압력계수(K_2, 주동토압과 정지토압의 평균값)		0.43	0.43	0.38	0.38
슬라이딩 수직방향 마찰(T, kN)		1,336	1,336	1,705	1,705
막장면에 작용하는 토압(E_{re}, kN)		3,710	3,710	5,260	5,260
막장면에 작용하는 수압(W_{re}, kN)		29,863	16,671	29,472	16,338
환산된 토압($E_{max,ci}$, kN)		2,915	2,915	4,132	4,132
환산된 수압(W_{ci}, kN)		23,455	13,093	23,148	12,832
지지하중(S_{ci}, kN)		28,999	18,120	30,503	19,672
막장압	$S_{crown,min}$(kN/m²)	105	34	115	44
	$S_{crown,advance,min}$(kN/m²)	115	44	125	54
	$S_{crown,max}$(kN/m²)	138	77	154	94
	$S_{crown,advance,max}$(kN/m²)	128	67	144	84

2) 주요 구간 굴진면 압력 관리기준치 설정

굴진면 압력 관리기준치는 최소 및 최대 막장압 기준이므로 해당 범위를 초과하지 않도록 관리하여야 한다(표 6.9).

[표 6.9] 주요구간 굴진면 막장압 관리기준치

구분	검토위치1		검토위치2	
	최소 (kN/m²)	최대 (kN/m²)	최소 (kN/m²)	최대 (kN/m²)
홍수위	115	128	125	144
갈수위	44	67	54	84

3) TBM 굴진면 압력 관리기준 그래프

터널 전연장에 대해 굴진면 압력 관리기준치 검토를 수행한 결과, 종점부 자유로 하부통과 구간에서 굴진 시 막장압 범위 차이가 크게 발생하므로 굴진 시 막장압 관리에 주의가 필요할 것으로 판단하였다(그림 6.30).

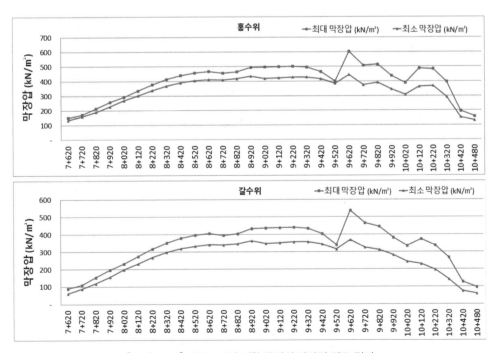

[그림 6.30] 과업구간에 대한 굴진면 막장면 검토 결과

5 쉴드TBM 계측

5.1 계측계획 수립 시 주요 고려사항

쉴드터널의 계측계획 수립에서는 일반적인 굴착공사와는 달리 영향범위가 크고 공사기간이 상대적으로 3년 이상의 장기간인 경우가 많으며 복잡하고 민감한 주변구조물의 영향을 고려해야 하므로 정밀한 계측계획의 수립이 반드시 필요하다.

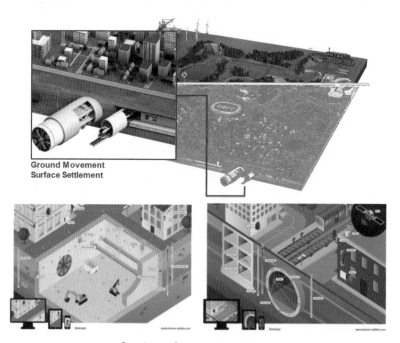

Ground Movement
Surface Settlement

[그림 6.31] 쉴드TBM 계측일반

시공 중 및 운영 중 쉴드TBM 터널의 안정성 파악 및 주변 구조물에 미치는 영향을 파악하고 계측관리 기준치 산정으로 쉴드TBM 굴착 시 지반의 안정성 평가 관리 기준을 선정하는 데 그 목적이 있으며, 일반적인 계측계획 수립 시 고려해야 할 사항은 표 6.10과 같다.

[표 6.10] 계측계획 수립 시 일반사항

항목	내용
쉴드터널 구조물	• 세그먼트 구조물 연결부의 변위 및 내부응력 변화에 따른 안정성 파악 • 터널구조물의 장기적인 안정성을 위한 위험단면의 내공변위 장기측정
지반특성	• 쉴드TBM 터널 상부지반의 시공 중 침하영향권 및 안정성 파악 • 장기적인 상부 지반의 침하 안정성 확보
설계특성	• 지반공학적 및 재료공학적 상수의 평가(Safety Factor의 적용 등) • 수치해석의 이해 및 결과평가(하중분포 및 하중전달 역학관계의 이해)
계측기기 특성	• 작동원리 및 설치기법(측정범위, 측정오차, 측정방법 및 구성 및 계기 간의 호환성)

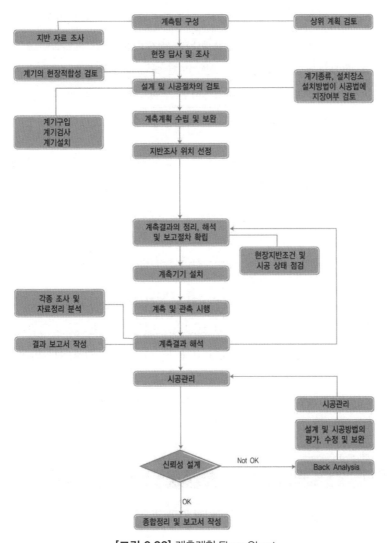

[그림 6.32] 계측계획 Flow Chart

- 설계사항 보완(설계 시 지반조건에 대한 정보 부족으로 인한 시공 중 상이점 발견 시 대응, 설계 시 예측하지 못한 거동 발생 시 신속한 원인규명 및 대책수립, 필요시 굴착공법 변경 및 보강 방안 수립)
- 안전한 시공관리(시공순서 및 지속적인 지반거동 관찰로 지반의 안정성과 터널 구조물의 안정성 판단, 지질이상대/저토피/단층대통과/구조물 하부통과 시 안정성 및 세그먼트 구조물의 적정성 검토, 시공 중 안정성 확보 및 이상변위 발생 시 즉각적인 경보 발생으로 신속한 대처)

쉴드TBM 터널공사 시 계측의 주요한 목적은 터널의 굴착에 따른 지반 및 주변 구조물의 거동을 파악하고 세그먼트의 효과를 확인하여 터널공사에 따른 주변 시설물이나 터널 자체의 안정성 및 경제성을 확보하는 데 있다. 또한, 쉴드TBM 터널 계측은 크게 터널 내 계측 및 터널외 계측으로 다음과 같이 분류되며, 각각의 계측항목 선정 시에는 계측의 목적, 터널의 용도, 형태, 지반조건, 지하수조건, 외부 작용하중과 주변환경 여건을 고려하여 선정하여야 한다.

- 터널 내 계측 : 일상적인 시공관리상 반드시 실시해야 할 항목으로, 전단면 내공 변위 측정, 세그먼트 라이닝 응력 측정, 세그먼트 이음부 변위 측정, 굴착 중 막장압 측정, 선형 오차 분석 등
- 터널 외 계측 : 지반조건에 따라 터널 내 계측에 추가하여 선정하는 항목으로, 지반침하 측정, 지중침하 측정, 지중경사 측정, 지하수위 측정, 건물기울기 측정, 균열 측정 등

터널구간의 계측기 설치항목 선정과 이용방안은 현장 조건을 고려하여 계측기를 선정하여 계측관리를 실시하도록 하여야 한다(표 6.11~6.12). 우선 기존 쉴드TBM 터널의 설계 및 시공 사례를 위주로 분석하고 이를 통하여 현장조건에 부합되는 계측기를 선정하도록 하고, 특히 세그먼트 변형을 면밀히 판단하기 위한 경우에는 3차원 연결부 변위계를 구간별로 보다 상세하게 적용하여 효율적인 현장 관리가 되도록 하는 방안을 고려할 수 있다.

[표 6.11] 계측계획 수립 시 검토사항

항목	내용
계측빈도	• 계측 항목별로 시공 진행도 및 변화속도 등을 검토 후 결정
계측방법	• 수동, 반자동, 자동 등의 방법 검토
처리 시스템	• 측정기, 컴퓨터 종류, 용량, 통신방법 등 환경정비 상태 검토
계측체제	• 전임자, 담당자 선정, 운영시스템 구축, 조직에 대한 장기적인 체제 확립

[표 6.12] 계측계획 배치 시 검토사항

항목	내용
계측 목적과 부합성	• 계측 목적 및 해석상 적정한 장소 선정과 배치 간격, 수량 및 심도 검토
시공사항	• 선시공 부분, 현장여건상 가장 취약하다고 판단되는 부분 파악 • 시공 과정에 대한 합리성 검토 및 자연조건 및 주변 여건 고려
계측범위	• 하나의 기기로 파악할 수 있는 측정영향 범위 선정 • 주 계측 및 보조 계측단면의 산정으로 효율성과 경제성 추구
계기 보수	• 공사 중 현장 내 가설물, 작업장비 등에 의한 파손가능성 고려 • 장기간 계측이 가능한 계측기 배치 및 고장수리 시 대체 수단 강구

5.2 계측항목 선정 및 이용방안 검토

터널구간의 계측기 설치항목 선정과 이용방안은 현장 조건을 고려하여 계측기를 선정하여 계측관리를 실시하도록 하여야 한다. 우선 기존 쉴드TBM 터널의 설계 및 시공사례를 위주로 분석하고 이를 통하여 현장조건에 부합되는 계측기를 선정하도록 하며, 효율적인 현장 관리가 가능하도록 계측항목을 선정하는 것이 중요하다(표 6.13).

[표 6.13] 계측기 종류 및 설치 목적

종류	목적
천단침하계	• 천단침하를 측정하여 터널 천단부의 안정성 판단
내공변위계	• 터널 벽면간 거리변화, 변위속도를 파악하여 세그먼트의 안정성 판단
신축이음계	• 세그먼트 조립 후 세그먼트 간 이음부에서 발생하는 변위의 측정을 통해 안정성 판단
세그먼트응력계	• 외부하중으로 인한 세그먼트 콘크리트의 응력 측정
철근응력계	• 외부하중으로 인한 세그먼트내의 철근 응력 측정
지표침하계	• 지표면의 침하 및 융기를 측정하여 터널굴착의 영향범위, 터널 상부지반의 안정성, 주변 구조물에의 영향을 평가
지중침하계	• 지상에서 측정하는 터널 주변지반의 연직변위로 굴착에 따른 지반거동의 안정성을 판단
지중경사계	• 터널의 굴착에 따른 주변지반의 심도별 수평변위를 파악하여 지반의 영향변위를 지표 침하량과 연계하여 분석
지하수위계	• 터널 굴착공사에 따른 지하수위 변화를 실측하여 각종 계측자료에 이용, 지하수위의 변화원인 분석 및 관련대책 수립

5.3 쉴드TBM 특성을 고려한 계측 중점 고려사항 검토

근래 들어 기존 터널에서 일정간격의 횡단면에 대한 내공변위 및 응력측정만 수행되던 통상
적인 터널계측의 문제점(예를 들어, 실제의 터널 구조물은 계속되는 지반조건 및 하중조건의
변화로 완전한 평면변형률(plane strain)조건의 거동을 보이지 않고 있기 때문에 설계단계의
가정치와 실제 거동치 사이에는 많은 차이가 날 수 있음)을 보완하기 위해 3차원 계측이 수행
되고 있다.

기존에 적용해오던 2차원적인 재래식 터널계측방법에 의해서는 횡단면 방향의 상대변위를
기계식 또는 인력에 의해서 측정하고 있기 때문에 초기치 측정의 한계성, 측정방법간의 불일
치, 즉각적인 Feed Back의 곤란, 막장면 또는 막장 전방에 대한 예측기능의 부재 등으로 인하
여 터널 거동을 3차원적으로 정밀하게 파악하는 데는 한계가 있었으나, 공학 기술과 전자 기술

[표 6.14] 3차원 계측을 통한 터널구조물 변형측정

구분	측정 항목	계측 기기	설치 목적 및 이용
터널구조물 구조물 변형	세그먼트 변위 내공변위	자동 3차원 연결부 변위계 (3D Jointmeter)	• 터널구조물의 전단면 변형측정 • 터널구조물의 내구성 및 안정성 파악 • 세그먼트 연결부의 3축에 대한 변위를 측정하여 연결부의 변위 및 안정성 판단

3D 조인트메터 지그 설치 및 센서 고정

2. 센서 위치 및 간격 확인

3. 배선 및 보호관 설치

4. 보호커버 설치 및 설치 완료

의 발달에 따라 터널 내 계측기술도 광파기를 이용하여 얻은 계측자료를 컴퓨터에 의해 처리함으로써 정확하고 신속하게 계측결과를 얻을 수 있는 3차원 계측을 통한 터널구조물 변형측정 기술이 도입되고 있다.

쉴드TBM 터널의 발진부는 초기 굴진 시에 쉴드TBM 받침대 및 반력대 계획이 필요하며, 장비의 하중을 지지할 수 있는 초기굴진 받침대를 계획하고 개방형 반력대가 적용된다. 이와 같이 장비의 하중을 지지하는 반력대는 초기 발진 추력이 50% 정도 일지라도 하중의 편심 등에 의한 변형 발생 여부를 계측을 통하여 확인할 필요가 있으며, 국외 사례를 살펴보면 아래 그림과 같이 반력대를 이루는 경사부재에 변형률 측정계를 설치하여 H-Beam의 변형발생 여부를 확인하는 것으로 조사되었다(표 6.15).

[표 6.15] 반력대 부재에 설치되는 변형률 측정계 설치 개요도

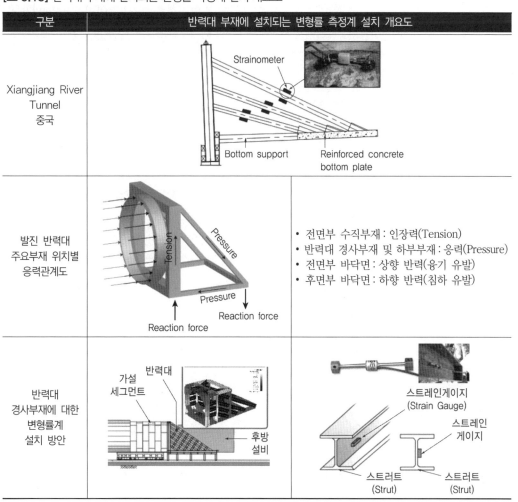

쉴드터널이 저토피구간을 통과하는 터널의 계측을 위해서는 상부 지반의 특성에 부합되는 계측계획 및 계측항목 선정이 필수적이며, 저토피에 따른 침하 관점에서 지표침하계, 세그먼트 응력계를 기본으로 적용하고 지반 특성에 따라서 층별침하계, 지하수위계 및 지중수평 침하형 상 변위계 등이 적용된 것으로 조사되었다(표 6.16).

[표 6.16] 저토피 특성을 고려한 쉴드터널 계측사례

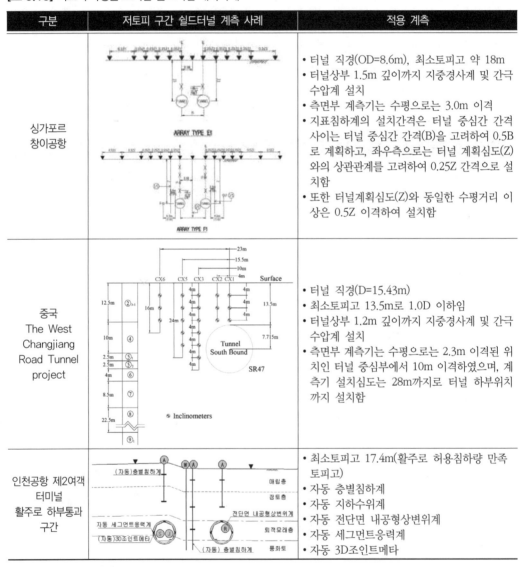

구분	저토피 구간 쉴드터널 계측 사례	적용 계측
싱가포르 창이공항		• 터널 직경(OD=8.6m), 최소토피고 약 18m • 터널상부 1.5m 깊이까지 지중경사계 및 간극 수압계 설치 • 측면부 계측기는 수평으로는 3.0m 이격 • 지표침하계의 설치간격은 터널 중심간 간격 사이는 터널 중심간 간격(B)을 고려하여 0.5B 로 계획하고, 좌우측으로는 터널 계획심도(Z) 와의 상관관계를 고려하여 0.25Z 간격으로 설 치함 • 또한 터널계획심도(Z)와 동일한 수평거리 이 상은 0.5Z 이격하여 설치함
중국 The West Changjiang Road Tunnel project		• 터널 직경(D=15.43m) • 최소토피고 13.5m로 1.0D 이하임 • 터널상부 1.2m 깊이까지 지중경사계 및 간극 수압계 설치 • 측면부 계측기는 수평으로는 2.3m 이격된 위 치인 터널 중심부에서 10m 이격하였으며, 계 측기 설치심도는 28m까지로 터널 하부위치 까지 설치함
인천공항 제2여객 터미널 활주로 하부통과 구간		• 최소토피고 17.4m(활주로 허용침하량 만족 토피고) • 자동 층별침하계 • 자동 지하수위계 • 자동 전단면 내공형상변위계 • 자동 세그먼트응력계 • 자동 3D조인트메타

다양한 상부 구조물 하부를 통과하는 쉴드터널의 계측을 위해서는 구조물의 특성에 부합되

는 계측계획 및 계측항목 선정이 필수적이며, 구조물 안전성 계측과 지표침하계, 건물경사계, 균열계, 세그먼트응력계를 기본으로 적용하고 지반 특성에 따라서 층별침하계, 지하수위계 및 지중수평 침하형상 변위계 등이 적용된 것으로 조사되었다(표 6.17).

[표 6.17] 상부 구조물 특성을 고려한 쉴드터널 계측사례

구분	구조물 인접구간 쉴드터널 계측 사례	적용 계측
909공구 여의하류 I.C 통과구간 및 올림픽대로 하부 통과구간	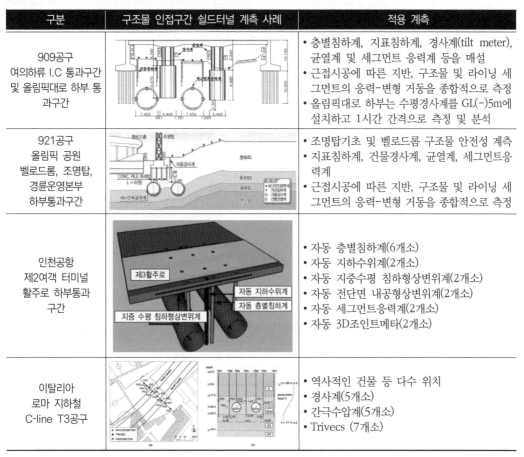	• 층별침하계, 지표침하계, 경사계(tilt meter), 균열계 및 세그먼트 응력계 등을 매설 • 근접시공에 따른 지반, 구조물 및 라이닝 세그먼트의 응력-변형 거동을 종합적으로 측정 • 올림픽대로 하부는 수평경사계를 GL(-)5m에 설치하고 1시간 간격으로 측정 및 분석
921공구 올림픽 공원 벨로드롬, 조명탑, 경륜운영본부 하부통과구간		• 조명탑기초 및 벨로드롬 구조물 안전성 계측 • 지표침하계, 건물경사계, 균열계, 세그먼트응력계 • 근접시공에 따른 지반, 구조물 및 라이닝 세그먼트의 응력-변형 거동을 종합적으로 측정
인천공항 제2여객 터미널 활주로 하부통과 구간		• 자동 층별침하계(6개소) • 자동 지하수위계(2개소) • 자동 지중수평 침하형상변위계(2개소) • 자동 전단면 내공형상변위계(2개소) • 자동 세그먼트응력계(2개소) • 자동 3D조인트메타(2개소)
이탈리아 로마 지하철 C-line T3공구		• 역사적인 건물 등 다수 위치 • 경사계(5개소) • 간극수압계(5개소) • Trivecs (7개소)

5.4 계측계획 수립 및 계측기기 선정 시 주요 고려사항

계측항목의 중요도는 터널의 용도, 규모, 지반조건 등에 따라 상이하기 때문에 구체적인 계측결과의 활용목적, 평가방법을 명확히 설정한 뒤 필요한 항목을 선정하여야 한다. 따라서 계측항목을 그 필요도에 따라 일상계측(A계측), 정밀계측(B계측)으로 구분하고 필요에 따라 기타계측과 장기적인 유지관리를 위한 유지관리계측으로 선정할 필요가 있다. 쉴드터널 계측에서는 세그먼트의 내부응력 측정과 세그먼트 연결부의 변위를 파악하기 위한 계측 항목을 고려

할 필요가 있다. 또한, 저토피 또는 주변 구조물 인접구간에서는 지표침하 측정, 건물경사 측정, 건물균열 측정, 지중침하 측정 계획에 대한 검토도 필요하다.

[표 6.18] 계측항목의 분류 사례

구분	계측항목
일상계측(A계측)	• 내공변위계
정밀계측(B계측)	• 세그먼트응력계, 이음부 3D 변위계, 지중 변위계
기타계측	• 건물경사계, 건물균열계, 지표침하계, (자동)구조물경사계, 간극수압계, 지중침하계
유지관리 계측	• 전단면내공변위계, 철근응력계, 세그먼트응력계, 이음부 3D 변위계

계측기기의 선정 시에는 아래의 사항을 참조하여 선정이 필요하며, 내공변위 계측에 있어서는 원형단면에 밀착되어 최적의 조건에서 내공변위 계측도 가능하며 현장 상황에 맞는 적정한 전단면 내공변위계 형식 선정이 중요하다. 또한, 최근 센서기술의 발전으로 인해 인접구조물 계측(구조물경사계, 구조물균열계 등)에 있어서 무선계측시스템의 적용이 증가하고 있는 추세로 인접구조물이 터널 상부에 위치하며, 인접구조물 사이의 거리가 상당히 이격된 경우는 무선시스템을 적용하여 계측측정의 용이성과 데이터의 신뢰성을 향상시킬 필요가 있다.

[표 6.19] 계측기기 선정 시 유의사항

구분	내용
일반사항	• 고내구성, 고사양의 계측기로 계측목적에 부합하는 것을 선정 • 계측기기의 정도, 반복정밀도, 감도, 계측범위 및 신뢰도가 계측목적에 적합할 것 • 구조가 간단하고 튼튼하며, 설치가 용이하고, 계측기의 가격이 적절한 것 • 온도, 습도 등의 제반영향인자에 대해 자체 보정이 되거나 보정이 간단한 것 • 측정치에 대한 계산 과정이나 분석절차가 간단한 것
시공 중 계측기	• 기기와 터미널 간의 연결관 또는 케이블이 물리적, 화학적 작용에 견딜 수 있는 것 • 기후 변화나 물리적 피해를 견딜 수 있는 것
유지관리 계측기	• 터널 운영 중에는 고압전력 등으로 인한 계측데이터의 노이즈 발생가능성이 있으므로 광섬유센서로 반영하여 계측데이터의 신뢰도 확보 • 유지관리의 용이성을 위해 외부 부착식으로 선정
유지관리 계측	• 전단면내공변위계, 철근응력계, 세그먼트응력계, 이음부 3D 변위계

5.5 계측빈도 선정

측정빈도는 계획 시에 지반조건과 시공조건을 함께 고려하여 설정한 뒤 시공과정에서 계측에 의한 지반 및 지보의 거동 상황을 참조하여 적절하게 조정하는 것이 중요하다. 일반적인 쉴드TBM에서의 계측빈도 사례를 표 6.20에 정리하였다.

[표 6.20] 계측빈도 사례

계측항목	측정빈도			설치 시점	초기치 측정
	0~15일 (0~7일)	15~30일 (8~14일)	30일 이상 (15일 이상)		
세그먼트 응력계	1~2회/일	2회/주	1회/주	세그먼트 제작시	설치 직후
이음부 3D 변위계	1~2회/일	2회/주	1회/주	세그먼트 거치 후	설치 직후
지중변위계	1~2회/일	1회/2일	1회/주	1차 숏크리트 타설 후	설치 직후
지표침하계	1~2회/일	2회/주	1회/주	터널 굴착 전	설치 직후
건물균열계	1회/일	2회/주	1회/주	터널 굴착 전	설치 직후
건물경사계	1회/일	2회/주	1회/주	터널 굴착 전	설치 직후
(자동)구조물경사계	자동계측			터널 굴착 전	설치 직후
지중침하계	1회/일	2회/주	1회/주	터널 굴착 전	그라우팅 완료 후 3일
지하수위계	1회/일	2회/주	1회/주	터널 굴착 전	지하수위 안정 직후

주) 1. 측정빈도에서 괄호 안의 일수는 변위의 수렴이 빨리 진행되는 경우의 빈도이다.
2. 계측변위가 안정적으로 수렴된 이후에 공사 감독자의 승인 후 계측종료 시점을 결정하여야 한다.
3. 유지관리계측의 경우 자동 측정하므로 기본적으로 1회/일 측정하나 협의를 통하여 변경이 가능하다.

5.6 쉴드TBM 계측 관련 최신 발전동향

쉴드터널뿐 아니라 지반공학분야에 적용되고 있는 현장계측도구들의 발달현황은 아래의 그림과 같다. 2010년대 이후로는 드론, 무선계측, 웹기반의 데이터관리 시스템의 적용이 급격히 증가하고 있다.

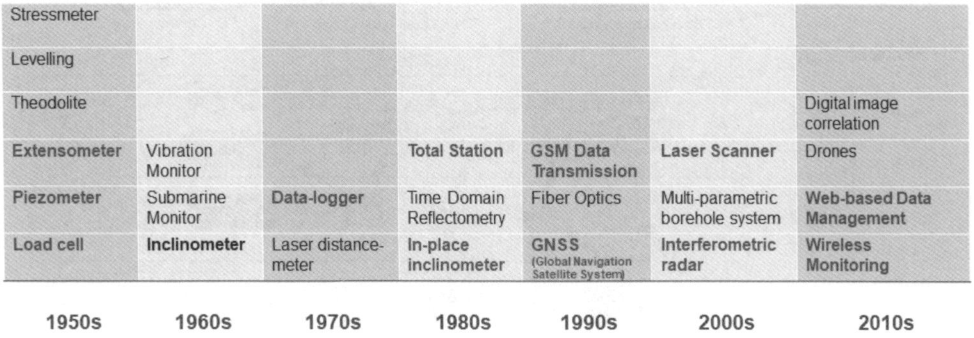

[그림 6.33] 센서기술의 발전동향

미국의 시애틀에서 진행된 쉴드터널 공사의 경우에도 침하영향범위의 정밀한 선정을 위해 3

차원 광파기 및 무선통신시스템을 활용하여 성공적으로 공사를 수행한 사례가 보고되고 있다.

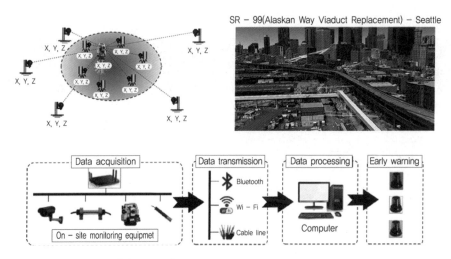

[그림 6.34] SR-99 프로젝트 계측시스템 사례

또한, IoT 기술을 활용하여 지하터널 작업공간에서의 안전성을 확보하기 위한 다양한 시도
들이 이루어지고 있는 실정이다.

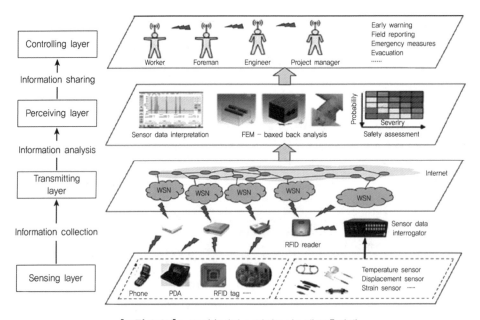

[그림 6.35] IoT 기술기반 조기경보시스템 구축사례

뿐만아니라, BIM 기술과 계측결과를 결합하여 장래 쉴드터널의 유지관리 용도로 활용하고
자 하는 노력들도 활발히 진행되고 있다.

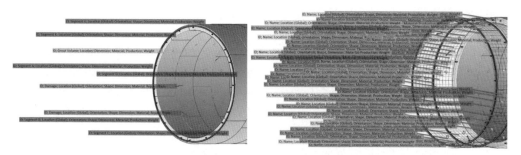

[그림 6.36] LoD(Level of Development) 200, 300 단계에 따른 터널 BIM 모델 사례

향후에는 AR/VR(Augmented Reality/Virtual Reality) 기술의 발전으로 인해 현장에서의
계측데이터와 다양한 시공조건/지반현황들이 부가정보로 실시간으로 결합된 영상으로 표현될
수 있는 혼합현실(MR: Mixed Reality)로 발전해갈 것으로 예상된다.

[그림 6.37] 쉴드TBM 분야 계측기술의 미래발전상

참고문헌

1. (주)현대건설(2019), "대곡~소사 복선전철 민간투자시설사업 2공구 쉴드TBM 시공계획서."
2. 한국도로공사(2021), "대단면 도로터널 TBM 설계·시공·품질관련기준 연구 최종 보고서", 한국터널지하공간학회.
3. Innovation in Mechanized Tunnelling Since 1970, Martin Herrenknecht, Muir Wood Lecture 2019.
4. Zizka, Zdenek, and Markus Thewes(2016), "Recommendations for face support pressure calculations for shield tunnelling in soft ground", German Tunnelling Committee(ITA-AITES), Cologne, Germany.
5. Breakthroughs in Tunneling Short Course(2016~2019) Presentations.
6. B. Maidl M. Herrenknecht, L.Anheuser(2000), Mechanised shield tunnelling.
7. The government of the hong kong special administrative region(2009), "Ground Control for Slurry TBM Tunneling", Geotechnical engineering office, CEDD(Civil engineering and development department), GEO REPORT Series No. 249.

CHAPTER

7

암반용 TBM

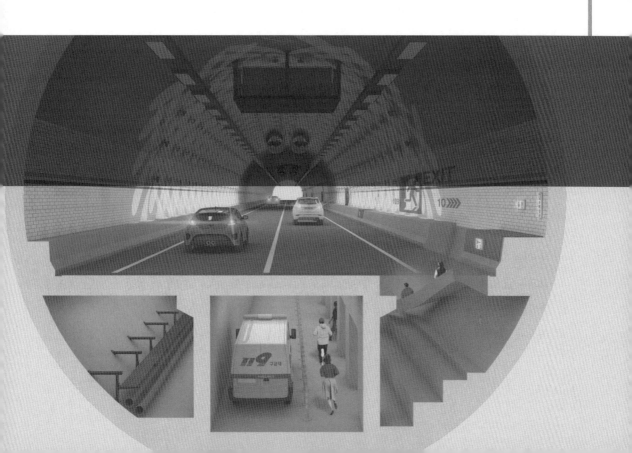

07 암반용 TBM

1 개요

터널 굴착 방법은 과거에는 천공 및 발파를 반복하는 발파공법이 주로 사용되었으나, 기계화 및 자동화 기술의 발달로 현재는 원형의 전단면 굴착을 하는 터널굴착기(TBM: Tunnel Boring Machine) 등과 같은 기계화공법이 점점 증가하고 있다. 종래의 발파공법과는 달리 자동화된 기계인 TBM을 적용함으로서 원형의 전단면을 굴착하면서 원지반의 손상을 최소화하고, 굴진 중 낙반 등의 위험요소에 작업자가 직접 노출되지 않아 작업자의 안정을 확보할 수 있으며, 도심지에서는 소음이나 진동 등의 환경에 대한 영향을 최소화하고, 연장이 긴 장대터널에서는 고속시공에 의한 공사 비용과 기간을 절감할 수 있는 장점을 가지고 있다.

특히 국토의 효율적인 개발을 위해서 대단면, 장대터널의 건설이 증가하고 있으며 도심지의 전력구, 통신구 등의 터널과 지하철터널 및 도로터널의 수요가 꾸준히 증가하고 있어서 기존 발파공법에 비해서 굴진속도가 빠르고, 소음이나 진동 측면에서 유리한 TBM공법의 필요성이 점점 대두되고 있다.

본 장에서는 암반용 TBM과 관련하여 개요, 굴착원리, 구성요소, 후방설비, 지보 설계 등의 내용을 살펴보고자 한다.

1.1 정의 및 굴착원리

국제터널협회(ITA: International Tunnelling and Underground Space Association)에서는 기계화시공을 "비트와 디스크 등에 의해 기계적으로 굴착을 수행하는 모든 터널 굴착기술"로 정의하였으며, 이는 가장 간단한 형태인 백호우(backhoe)에서부터 가장 복잡한 형태인 밀폐형 터널굴착기인 쉴드TBM까지의 모든 기계굴착방법을 포함한다(ITA, 2000). 기계화시공법 중 TBM은 영어권 국가에서는 경암반(hard rock) 굴착용 장비뿐만 아니라 토사 굴착용 장비인 쉴드TBM도 포함하나, 일본에서는 암반용 TBM과 토사용 쉴드TBM을 구별하여 사용한다.

암반용 TBM은 장비의 가장 앞부분인 원형의 전단면 커터헤드(cutterhead)에 디스크커터나 비트 등의 굴착도구를 장착하여 커터헤드를 회전과 동시에 큰 수직력을 가하여 디스크커터를 암반에 밀착시켜 회전하는 동안 커터 링의 하부에 균열을 생기게 하여, 암반을 파쇄하여 굴진한다. 굴진과 동시에 발생되는 버력과 토사는 TBM 본체 내의 벨트컨베이어에 의해 후방으로 운반되고, 광차나 벨트컨베이어 등에 의해 터널 밖으로 이동된다. 또한 굴진 중 록볼트나 숏크리트와 같은 지보재를 연속적으로 설치하여 안정성을 확보한다.

디스크커터에 작용하는 수직력에 의해서 디스크커터 링과 접촉하는 암반면에서는 압축력이 작용하고 인접한 디스크커터들 사이에서 발생하는 인장력에 의해 커터들 사이의 암석을 뜯어내어 굴착을 진행한다(그림 7.1).

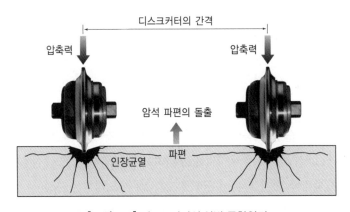

[그림 7.1] 디스크커터의 암반 굴착원리

1.2 개발역사

최초의 터널굴착기는 현대의 TBM과는 다른 형태를 지녔다. 1846년 벨기에의 공학자 헨리 조셉 마우스(Henry Joseph Maus)는 최초의 암반 터널굴착기를 발명하여(그림 7.2) 이탈리아 피에몬테 철도 구간의 몽스니(Mont Cenis) 터널에 적용을 시도하였으나, 압축공기를 사용하는 착암기의 도입으로 천공-발파 공법이 경제적으로 더 이점이 있어서 사용되지 못하였다. 마우스의 터널굴착기는 암반을 네 개의 블록으로 절단하고 그 틈에 쐐기를 삽입하여 암석을 파괴하고 후방에서 다시 더 작게 파쇄하는 방식이었으며 현대의 TBM과 비교했을 때 굴착 방식에 상당한 차이가 있어 최초의 터널굴착기로서의 기술적인 공헌은 미미하다고 볼 수 있다.

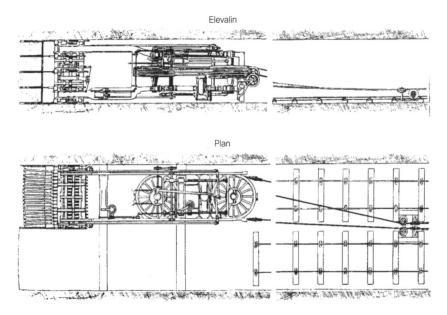

[그림 7.2] 마우스의 터널굴착기(Maidl et al., 2008)

그 이후 1851년 미국의 찰스 윌슨(Charles Wilson)에 의해 개발된 터널굴착기는 미국의 후삭(Hoosac) 터널 굴착에 시험 적용되었다(그림 7.3). 이 터널굴착기는 본체가 레일을 이용하여 이동하고, 전방에 회전식 원통이 붙어 있어 원통에 압력을 가하고 회전시켜서 굴착하는 방식이었다. 그러나 약 0.6m 굴착한 후에 굴착기를 후진하고 굴착되지 않은 중심 부분은 발파나 쐐기공법를 이용해서 제거해야 했기 때문에 굴착속도가 매우 느리다는 단점이 있었다. 이와 같은 느린 굴착속도로 인해 후삭 터널에서도 발파공법을 적용하여 굴착을 완료하였다.

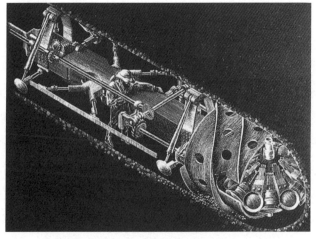

[그림 7.3] 윌슨의 터널굴착기(Maidl et al., 2008)

영국과 프랑스 사이의 도버해협을 연결하는 채널(Channel) 터널은 1870년대에 논의가 시작되었다. 브런톤(Brunton)은 채널터널 굴착을 위해 최초로 터널굴착기를 설계하였다. 브런톤의 터널굴착기는 1870년 9월부터 1871년 2월까지 채널터널과 유사한 지질조건을 가진 지역에서 시험 시공을 하였으나, 실제 채널터널 굴착에는 적용되지는 않았다.

1875년 프레드릭 에드워드 브래킷 버몬트(Frederick Edward Blackett Beaumont)는 터널굴착기에 대한 특허를 받았고, 1880년 토마스 잉글리시(Tomas English)는 버몬트의 특허를 향상시킨 터널굴착기를 발명하였다. 버몬트-잉글리시의 터널굴착기(그림 7.4)는 영국과 프랑스 사이의 도버해협을 연결하는 채널터널의 굴착에 실질적으로 사용되었다. 1881년부터 직경 2.1m의 터널 굴착을 시작하여 1883년까지 약 2.5km의 터널을 굴착하였다. 버몬트-잉글리시의 터널굴착기는 회전식 커터가 아닌 끌 형태의 굴착 도구들에 의해 암반을 굴착하는 방식이었으며, 암반을 2.5km 굴착한 최초의 터널굴착기였다는 측면에서 상당한 의의가 있다.

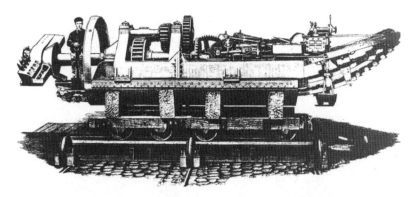

[그림 7.4] 버몬트-잉글리시의 터널굴착기(Maidl et al., 2008)

채널터널에 적용된 3번째의 터널굴착기는 더글라스 휘터커(Douglas Whitaker)가 제작한 터널굴착기이다(그림 7.5). 휘터커는 터널굴착기에 전기모터와 굴착된 버력과 토사를 배출하기 위한 컨베이어 시스템을 적용하였다. 휘터커의 굴착기는 1922년 6월부터 1923년 9월까지 채널터널의 영국 측 지역에서 146m를 굴착하는 데 적용되었다.

[그림 7.5] 휘터커의 터널굴착기(Maidl et al., 2008)

휘터커의 굴착기가 사용된 1923년 이후 암반용 터널굴착기에 대한 새로운 개발은 거의 없었다. 1950년대에 미국의 기계공학 기술이 향상되고, 대규모 터널 건설에 대한 필요성이 증대되면서 암반용 전단면 터널굴착기의 개발이 필요하게 되었다. 1952년 미국의 제임스 로빈스(James Robbins)는 미국 사우스다코타(South Dakota)의 오아헤(Oahe) 댐 프로젝트를 위해 최초의 현대식 암반용 TBM을 개발했다(그림 7.6). 이 TBM은 드래그 비트와 덤벨 모양의 커터를 사용하여 셰일 지층을 성공적으로 굴착했다.

[그림 7.6] 로빈스의 최초의 현대식 터널굴착기

1956년 이전에는 암반용 TBM이 경암을 굴착하는 사례가 거의 없었다. 캐나다 토론토의 험버(Humber) 하수 터널 프로젝트는 대상 지반이 결정질 석회암으로 당시 TBM에 사용되는 드래그 비트에 비해 너무 강했다. 그래서 로빈스는 비트를 장착하지 않고 디스크커터만을 장착한 TBM을 개발하였고 험버 하수 터널 프로젝트를 성공적으로 끝낼 수 있었다(그림 7.7). 험버 하수 터널 굴착을 통해 경암반을 굴착하는 데 디스크커터가 매우 효율적이라는 것을 확인할 수 있었고, 암반 굴착에서 디스크커터가 표준 굴착도구가 된 계기를 마련하였다.

[그림 7.7] 험버 하수터널 프로젝트에 사용한 터널굴착기(Maidl et al., 2008)

이후 미국과 유럽의 여러 제작사들이 경암반용 TBM을 제작하게 되었다. 1960년대에 Demag 및 Wirth와 같은 독일 제작사가 북미 유형의 TBM을 만들기 시작했다. 1960년대 말에는 사갱과 대구경 터널을 확대굴착의 방법으로 굴착하였다(그림 7.8).

(a) 사갱 TBM　　　　　　　　　(b) Sila 터널에 적용된 더블 쉴드TBM

[그림 7.8] Wirth의 특수한 형태의 TBM(Maidl et al., 2008)

1970년대와 80년대에는 취성의 암반 굴착 및 대단면 터널 굴착에 초점을 맞추어 개발되었다. 1971년 직경 10.65m의 스위스 하이터베르크(Heitersberg) 터널 굴착에 그리퍼 TBM이 사용되었다. 암반보강을 위해 강지보재, 록볼트, 철망, 숏크리트를 사용하였지만 지보재 설치로 인해 원했던 만큼 빠른 굴진율이 나오지는 않았다. 이에 1980년 로허(Locher)와 프라더(Prader)

라는 업체가 그리퍼 TBM을 개선한 세그먼트 라이닝을 사용하는 쉴드TBM을 적용하여 직경 11.5m의 구브리스트(Gubrist)터널을 굴착하였다. 이는 현재의 싱글 쉴드TBM와 같은 것으로 로빈스(Robbins)와 헤렌크네히트(Herrenknecht) 등의 TBM 제작사에서 제작하고 있다. 이탈리아의 카를로 그란도리(Carlo Grandori)는 더블 쉴드TBM의 개념을 개발하였고, 로빈스(Robbins)와 협력하여 1972년에 직경 4.32m의 이탈리아 실라(Sila) 터널 굴착에 적용하였다. 이러한 더블 쉴드TBM의 개발 목적은 당시 이미 적합한 지반에서 뛰어난 굴진성능을 보였던 그리퍼 TBM을 지반 조건이 자주 바뀌는 암반에서도 적용하기 위한 것이었다. 이 후 더블 쉴드TBM은 1980년대 말 영불해저터널인 채널 터널 굴착에 사용되어 그 성능이 충분히 입증되었다.

2006년 로빈스(Robbins)의 직경 14.4m의 그리퍼 TBM이 캐나다의 Niagara 수력 발전 프로젝트에 사용되었는데, 이는 현재까지 가장 직경이 큰 그리퍼 TBM이다.

 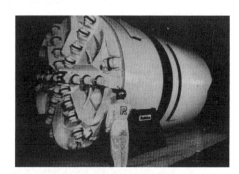

(a) Gubrist 터널에 적용된 싱글 쉴드TBM   (b) Sila 터널에 적용된 더블 쉴드TBM

[그림 7.9] 쉴드가 장착된 TBM(Maidl et al., 2008)

[그림 7.10] Niagara 수력 발전 프로젝트에 사용된 그리퍼 TBM

1.3 종류

암반용 터널굴착기는 개방형 TBM과 쉴드가 있는 쉴드TBM이 있으며, 쉴드TBM은 싱글 쉴드TBM과 더블 쉴드TBM이 있다.

1) 개방형 TBM

일반적으로 개방형(open) TBM이라고 불리는 그리퍼 TBM은 암반용 터널굴착기의 고전적인 형태이다(그림 7.11). 암반의 자립시간이 중간 또는 높은 단단한 암반에 적용된다. 암반의 조건이 양호하여 연속적인 지반보강이 필요없는 경우 가장 경제적으로 터널을 굴착할 수 있다. 커터헤드에 추력을 가하기 위해서 그리퍼 TBM은 유압으로 고정판인 그리퍼를 터널벽에 방사상으로 고정하는 데 이와 같은 장치를 측벽지지 시스템(clamping system)이라 한다. 그리퍼 TBM은 그리퍼 패드에 적용하는 압력을 지반이 충분히 견디어 낼 수 있어야 한다. 측벽지지 시스템은 단일 측벽지지(single clamping)와 이중 측벽지지(double clamping)의 두 종류가 있다. 단일 측벽지지는 수평방향으로 좌우 1쌍의 그리퍼 1조로 구성되며, 구동 유닛은 커터헤드 직후방에 위치한다. 방향제어는 굴착 전과 후에 모두 가능하다. 단일 측벽지지는 로빈스(Robbins)와 헤렌크네히트(Herrenknecht)에서 제작하는 그리퍼 TBM에 주로 적용된다. 이중 측벽지지는 X형으로 배치된 2조의 그리퍼로 구성되며, 구동 유닛은 뒤쪽 그리퍼에 위치한다. 2조의 그리퍼에 의해 TBM이 터널 벽면에 견고하게 고정될 수 있다는 장점이 있다. 그러나 단일 측벽지지에 비해 상하 방향의 제어가 좋기만 굴진 중의 제어는 불가능하다는 한계를 가지고 있다.

일반적으로 그리퍼 TBM은 커터헤드 뒤에 보호 지붕인 루프 쉴드(roof shield)를 장착하여 터널굴진 중에 발생할 수 있는 낙반이나 낙석으로부터 작업자의 안전을 확보할 수 있다.

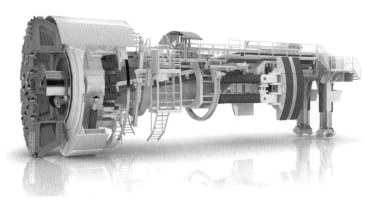

[그림 7.11] 개방형 그리퍼 TBM

　　그리퍼 TBM의 일반적인 굴착주기(boring cycle)는 다음의 그림 7.12와 같다. 그림의 1단계 [그림 7.12(a)]에서 굴착을 시작하여 2단계[그림 7.12(b)]까지의 굴착을 완료할 때까지의 길이를 스트로크(stroke)라 한다. 굴진은 한 스트로크가 끝나면 측벽지지를 풀고 본체를 앞으로 전진시킨 후 다시 측벽지지를 하여 굴착작업을 수행하는 데 이를 재설치(resetting) 작업이라고 한다. 그리퍼 TBM의 굴착주기는 측벽지지-굴착-전진-재설치-측벽지지로 이루어진다. 그림 7.12(a)는 굴착단계로 그리퍼 패드가 터널 벽면에 밀착되고, 후방의 TBM 지지대가 오무려지고, (b)는 재설치 단계로 그리퍼 패드가 터널 벽면으로부터 풀리고, 후방의 TBM 지지대 바닥으로 내려간다.

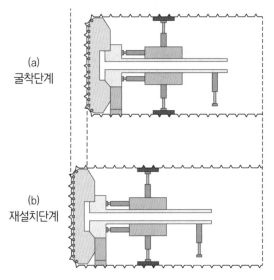

(a)
굴착단계

(b)
재설치단계

[그림 7.12] 그리퍼 TBM의 굴착주기(Wittke, 2007)

2) 싱글 쉴드TBM

　　싱글 쉴드TBM은 자립시간이 적은 암반이나 낙반의 우려가 있는 암반에 주로 적용된다(그림 7.13). 굴착도구와 버력 반출과 관련해서는 싱글 쉴드TBM과 그리퍼 TBM의 커터헤드의 차이는 없다. TBM 본체 및 작업자의 보호를 위해 쉴드가 장착되어 있다. 쉴드는 커터헤드로부터 TBM 전체를 둘러싸고 있으며, 쉴드 안에서 세그먼트 라이닝이 설치된다. 쉴드의 직경은 커터헤드의 직경보다 약간 작게 만들어지는데 이는 쉴드 외판이 암반에 끼어서 움직이지 않게 되는 것을 방지한다. 싱글 쉴드TBM의 추력은 세그먼트에 추진 실린더가 반력을 주어서 얻는다. 싱글 쉴드TBM의 굴착주기(boring cycle)는 다음의 그림 7.14와 같다.

[그림 7.13] 싱글 쉴드TBM

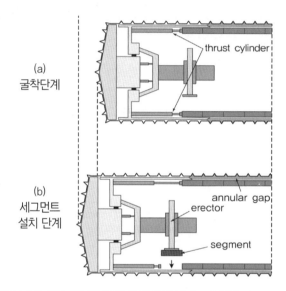

[그림 7.14] 싱글 쉴드TBM의 굴착주기(Wittke, 2007)

3) 더블 쉴드TBM

더블 쉴드TBM은 싱글 쉴드TBM과 마찬가지로 자립시간이 짧으며 낙반의 우려가 있는 암반을 굴착할 때 적용된다(그림 7.15). 다음과 같은 점에서 싱글 쉴드TBM과 차이가 있다. 더블 쉴드TBM은 프론트(front) 쉴드와 그리퍼 쉴드의 두 부분으로 이루어져 있으며 이 두 개의 쉴드는 텔레스코픽(telescopic) 실린더로 연결되어 있다. 더블 쉴드TBM은 암반이 양호한 경우에는 그리퍼 TBM처럼 그리퍼 쉴드에 있는 측벽지지 시스템을 이용하여 터널벽면에 방사상으로 지지하여 굴착을 하고 동시에 세그먼트 라이닝을 설치한다[그림 7.16(a)]. 반력을 측벽지지 시스템을 통해서 받게 되기 때문에 세그먼트 설치는 굴착과 병행이 가능하여 신속하게 굴착할 수 있다. 암반이 불량할 경우에는 싱글 쉴드TBM처럼 설치된 세그먼트 라이닝에 보조 추진 실린더를 통해 반력을 얻어서 굴진하게 된다[그림 7.16(b)]. 이 경우에는 굴착과 세그먼트 라이닝 설치가 동시에 이루어지지 않기 때문에 굴진속도는 일반 싱글 쉴드TBM과 같게 된다.

[그림 7.15] 더블 쉴드TBM

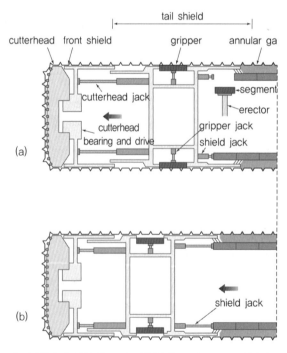

[그림 7.16] 더블 쉴드TBM의 굴진 모드(Wittke, 2007)

더블 쉴드TBM은 싱글 쉴드TBM에 비해 몇 가지 단점이 있다. 첫 번째는 더블 쉴드TBM의 길이가 더 길기 때문에 압착성 암반을 굴착할 때 장비의 끼임이 발생할 수 있다. 두 번째는 암반의 강도가 낮거나 파쇄가 있는 암반을 굴착할 때 텔레스코픽 조인트 안으로 토사 등이 들어와서 끼임이 발생하여 쉴드의 신축이나 연신에 지장을 줄 수 있다.

1.4 구성요소

개방형 TBM 시스템의 구성은 TBM 본체, 후속설비(backup system), 그리고 부대시설로 구성된다. 개방형 TBM 본체는 커터헤드, 추진 시스템, 측면지지 시스템, 그리고, 록볼트, 철망, 강지보재를 설치할 수 있는 지보 시스템 등으로 구성되어 있다. 후속설비는 TBM 본체와 연결되어 커터헤드 구동에 필요한 유압장치, 전력공급장치, 변전설비, 굴착 시 발생되는 분진을 집진하는 집진기와 버력처리를 위한 벨트컨베이어, 숏크리트 타설을 위한 지보 시스템 등이 포함된다. 개방형 TBM 본체의 길이는 굴착직경에 따라 차이가 있지만 대략 25~30m 정도이나 후속설비는 200~300m에 달한다. 일반적으로 굴착직경이 작은 개방형 TBM의 후속설비가 더 길다. 이는 직경이 큰 TBM의 경우에는 후속설비가 2층으로 구성될 수 있기 때문이다. 쉴드 TBM의 본체의 길이는 대략 15~20m 정도이며 후속설비는 100~200m 정도이다. 쉴드TBM의 본체와 후속설비의 길이가 개방형 TBM보다 짧은데 이는 개방형 TBM의 경우에는 지보 시스템인 록볼트, 철망, 강지보재, 숏크리트 타설 장치가 설치되고 후속설비에도 숏크리트 타설 장치 및 집진 장치 등이 포함되기 때문이다. 부대시설은 버력처리장, 정화시설, 환기시설, 수전설비, 급수설비, 배수설비 등으로 구성된다.

2 TBM의 기본 시스템

개방형 TBM은 굴착 시스템, 추력 및 측벽지지 시스템, 버력운반 시스템, 그리고 지보 시스템의 네 가지로 구성된다(그림 7.17).

2.1 굴착 시스템

굴착 시스템은 TBM에서 가장 중요하며 굴진속도에 가장 큰 영향을 주는 시스템이다. 굴착 시스템은 커터헤드와 이에 장착된 굴착도구인 디스크커터나 비트 등으로 구성되어 있다. 디스

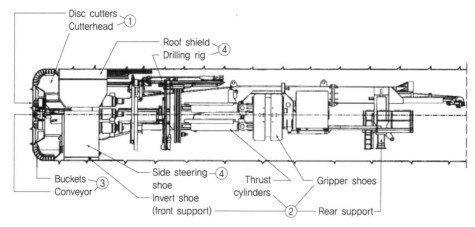

① 굴착 시스템 ② 추력 및 측벽지지 시스템 ③ 버력운반 시스템 ④ 지보 시스템

[그림 7.17] 개방형 TBM의 기본 시스템(Maidl et al., 2008)

크 커터는 커터헤드가 회전할 때 전체 막장면에 접촉하여 동심원을 그리도록 배열되어 있다
(그림 7.18). 디스크커터의 절삭 간격과 디스크커터의 크기는 굴착대상 암반에 따라 결정되
며, 이에 따라서 굴착되어 생긴 암편의 크기도 결정된다. 회전하는 커터헤드는 높은 압력으로
막장면을 향해 디스크커터를 압착한다. 이에 따라서 디스크커터는 막장면 위에서 회전하게
되고 디스크커터의 절삭날(ring)과 암반이 접촉하는 부분에서의 압착력이 암반의 압축강도보
다 더 커지게 되어 암반이 압쇄되면서 절삭날이 압입된다. 커터헤드가 1 회전하는 동안에 디
스크커터의 절삭날이 암반에 압입되는 깊이를 관입깊이(penetration depth)라고 한다. 이 관
입을 통해서 디스크커터는 높은 응력을 발생시켜 길쭉하고 평편한 형태의 암편(rock chip)을
발생시킨다(그림 7.19).

[그림 7.18] 막장면에서의 디스크커터의 회전 궤도(Maidl et al., 2008)

[그림 7.19] TBM으로 굴착된 암편(Maidl et al., 2008)

커터헤드는 굴착도구를 장착하고 지지하는 역할을 한다. 굴착되어 떨어진 암편인 버력은 커터헤드의 회전과 함께 버력반출구(muck bucket)를 통해 반출되어 벨트컨베이어로 운반된다. 커터헤드는 또한 TBM 장비가 굴진 중 정지되었을 때 막장면을 지지하는 역할도 수행한다. 또한 곡선부 굴착이나 압축성 암반에 대응하기 위해 과굴착을 할 수 있는 오버커터(over cutter)를 장착할 수 있어야 한다(그림 7.20).

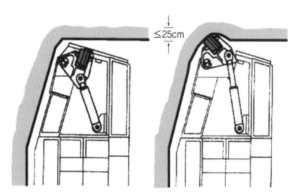

[그림 7.20] 오버커터가 장착된 커터헤드(Wittke, 2007)

디스크커터의 개발은 직경 10인치부터 시작되었는데, 얼마되지 않아 12인치 디스크커터가 개발되었다. 12인치 디스크커터의 평균 작용 하중은 100~120kN이었다. TBM을 이용한 경암 굴착이 시작하면서 디스크커터의 크기도 증가하여 직경 15.5인치에서 20인치까지 개발되었다. 직경이 큰 디스크커터는 평균 디스크커터의 작용 하중이 증가하게 되었고, 디스크커터의 사용 수명도 증가시켰다. 표 7.1에 현재까지 개발된 디스크커터의 크기, 작용 하중, 도입 연도를 나타내었다.

[표 7.1] 디스크커터의 크기, 작용하중 및 도입연도(Roby et al., 2008)

디스크커터 크기(inch)	작용 하중(kN)	도입연도
11	85	1961
12	125	1969
13	145	1980
14	165	1976
15.5	200	1973
16.25	200	1987
17	215	1983
19	312	1989
20	312	2006

2.2 추력 및 측벽지지 시스템

추력 및 측벽지지 시스템은 굴진과 굴착에 영향을 준다. 추력 실린더를 통해서 커터헤드를 앞으로 전진시키며, 추력 실린더의 피스톤 길이가 최대 스트로크를 결정한다. 현재 사용되는 TBM은 일반적으로 2.0m까지의 최대 스트로크가 가능하다. 디스크커터가 암반에 관입하면 해당 디스크커터는 하중을 받게 되고, 이러한 디스크커터에 작용하는 하중과 TBM 본체와 암반 사이의 마찰력과 안전을 고려한 여유 하중을 합한 힘이 전체 굴진 추력이 된다.

그리퍼 TBM의 추력은 측벽지지 시스템에 의한 반력을 이용하여 전달한다. 즉 추력은 마찰력과 전단력을 통해서 측벽지지 시스템을 이용하여 암반으로 전달된다. 측벽지지 하중의 최대 크기는 TBM 장비에서 발생하는 기계적인 힘에 의해 결정되는 것이 아니고, 터널 벽면의 암반 강도에 의해서 결정된다. 따라서 측벽지지 하중은 주변 터널 벽면의 암반이 지지할 수 있는 하중 이상으로 적용할 수 없다. 일반적으로 최대 클램핑 압력은 2~4MPa 정도이다(Maidl et al., 2008).

1.3절에서도 간단히 언급한 바와 같이 여러 TBM 제작업체들이 개발한 측벽지지 시스템은 크게 두 가지로 나뉜다. 로빈스(Robbins)와 헤렌크네히트(Herrenknecht)는 단일 측벽지지 시스템을 선호한다(그림 7.21). 단일 측벽지지는 수평방향으로 좌우 1쌍의 그리퍼 1조로 구성되며, 구동 유닛은 커터헤드 직후방에 위치한다. 단일 측벽지지 시스템은 TBM 본체 영역에 지보재 설치에 필요한 여유공간이 많기 때문에 지보재 설치를 포괄적으로 해야 하는 암반에 사용할 때 유리하다.

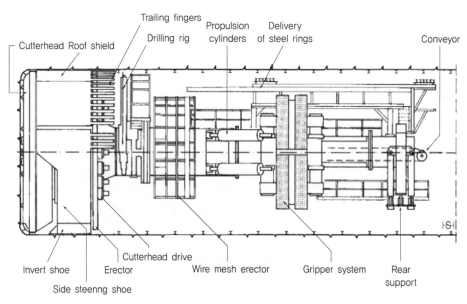

[그림 7.21] 단일 측벽지지 시스템 TBM(Maidl et al., 2008)

자바(Jarva)와 비르트(Wirth)사는 이중 측벽지지 시스템을 선호한다(그림 7.22). 이중 측벽 지지는 X형으로 배치된 2조의 그리퍼로 구성되며, 구동 유닛은 뒤쪽 그리퍼에 위치한다. 2조 의 그리퍼에 의해 TBM이 터널 벽면에 견고하게 고정될 수 있다는 장점이 있다.

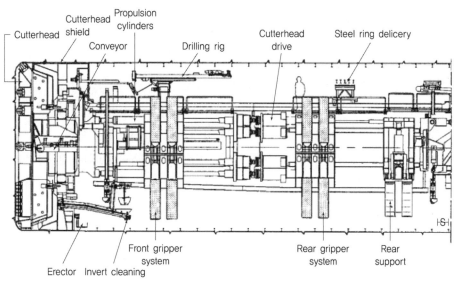

[그림 7.22] 이중 측벽지지 시스템 TBM(Maidl et al., 2008)

2.3 버력운반 시스템

굴착된 대부분의 암편은 막장면 터널 바닥부에 떨어진다. 커터헤드에 장착된 버력반출구는 굴착된 버력을 담는다. 커터헤드의 회전과 함께 운반 통로를 통해서 버력은 TBM의 벨트컨베이어로 미끄러져 떨어진다(그림 7.23).

[그림 7.23] TBM 본체에서의 버력 처리

굴착은 연속적으로 이루어지고, 버력반출은 간헐적으로 이루어지기 때문에 버력반출구의 수가 적은 경우에는 커터헤드와 막장면 사이에 버력이 쌓일 수도 있다. 버력정체가 심한 경우에는 막장면이 붕괴될 위험이 있다. 그러므로 커터헤드에 충분한 수의 버력반출구를 두어야 한다.

커터헤드로부터 벨트컨베이어로 버력을 옮기는 작업을 수행하면 분진이 발생하여 터널 공기를 심하게 오염시킨다. 물분무 시스템을 벨트컨베이어 주위에 설치하여 먼지입자를 벨트 바닥에 떨어뜨리거나 먼지 흡입장치와 집진기를 이용하여 분진을 처리해야 한다.

TBM 본체 내에서 벨트컨베이어로 이동된 버력은 외부로 반출하기 위해서 전체 터널 내에서 지보재를 TBM에 공급하는 것과 간섭하지 않는 적합한 운반시스템을 선택해야 한다. 굴착에 의해 발생한 버력량은 원지반 상태의 체적보다 170~200% 정도 늘어난다(Maidl et al., 2008).

터널에서의 버력운반은 현장의 여건에 따라 궤도 시스템, 차량 시스템, 벨트 컨베이어 시스템을 사용할 수 있다.

1) 궤도 시스템

과거에는 궤도를 이용한 운반이 버력 운반의 유일한 방법이었으며, 오늘날에도 터널의 연장이 길고 굴착단면이 작은 경우에는 효과적이다. 광차에 에어브레이크가 장착되어 있다 하더라도, 약 3%의 경사도가 한계이다. 특수한 경우에는 이 한계 경사도를 초과할 수 있는데 이렇게 되면 성능이 현저히 감소한다.

갱내 작업에서는 디젤 기관차와 전기 배터리 기관차를 사용한다. 디젤 기관차는 운전 중이나 보관시에 훨씬 더 간편하나 환기가 더 많이 필요하다.

궤도 시스템 이용 시 기관차로 지보재 등의 자재를 터널 안으로 운송하고, 다시 그 기관차를 이용하여 버력 등을 터널 외부로 보낸다(그림 7.24). 터널의 연장이 길어지면 단선으로만 광차를 운송할 경우 그 효율이 떨어진다. 단선 구간에서는 교차지점을 만들어야 하며, 굴진이 진행되면서 이러한 교차지점을 이동해야 하는 경우도 발생한다. 캘리포니아 스위치라고 불리는 이동 가능한 교차지점은 단선 운행에서 교차지점을 탄력적으로 만들 수 있도록 해준다(그림 7.25).

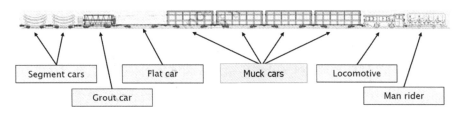

[그림 7.24] 궤도 시스템을 이용한 운반

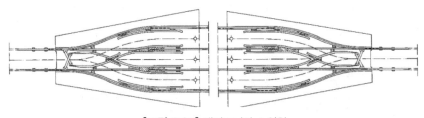

[그림 7.25] 캘리포니아 스위치

2) 차량 시스템

차량을 이용한 운반은 궤도가 없이 운행하므로 몇몇 작업이 쉬워진다. 일반적으로 토목공사에서 사용되는 덤프트럭을 버력 운송차로 사용할 수 있다. 일반적으로 디젤엔진을 사용하는 차량을 사용하기 때문에 터널 내부의 환기에 추가적인 설비가 필요하다. 터널 내부에 자재를 운반하는 차량과 버력을 터널 외부로 운송하는 차량을 분리하여 사용할 수 있다. 최대 20%의 경사까지 사용이 가능하다. 대단면 터널이라고 해도 터널 내부에서 차량이 교행하기 어려울 수 있기 때문에 차량용 턴테이블을 이용하여 차량의 후진 이동을 최소화할 수 있다(그림 7.26).

[그림 7.26] 터널 내 차량용 턴테이블

3) 벨트 컨베이어 시스템

연속적 가동방식의 벨트 컨베이어 시스템은 궤도나 차량을 이용한 간헐적 운송과 비교했을 때 훨씬 높은 시간당 버력 운송량을 가진다. 벨트 컨베이어 시스템에 대한 투자비용은 궤도나 차량에 비해 비싸지만 전체적인 인건비를 절감할 수 있으며, 터널 내 오염물질의 발생이 없기 때문에 환기에 드는 비용을 절감할 수 있다. 터널이 굴진함에 따라 벨트 컨베이어도 연신을 해야 한다. 일반적으로 벨트 컨베이어를 연신하는 작업을 수행하는 데 보통 하루 정도 소요된다(그림 7.27).

[그림 7.27] 벨트 컨베이어 연신

2.4 지보 시스템

TBM 굴착에 있어서 지보재는 적절한 수단을 이용하여 적절한 시기에 설치해야 하며 암반의 강도를 유지하고 낙석이나 붕괴로부터 작업자와 장비를 보호해야 한다. TBM 본체에서 시공한 지보재는 시공 직후에 곧바로 암반을 지지할 수 있어야 한다.

스위스 표준규격 SIA 198(1993)에 의하면 TBM을 사용한 굴착 시 작업영역은 다음의 그림 7.28과 같이 구분한다.

L1은 TBM 본체 영역, L2는 후속설비 영역, L3는 후속설비 영역 이후부터 200m까지의 영역이고 영역 L1, L2, L3에는 각각 L1*, L2*, L3*의 지보재 시공구간이 배정된다. 일반적으로 시공자는 제안서의 TBM 도면에 작업영역 L1, L2, L3과 시공구간 L1*, L2*, L3*의 길이를 기입하고 어떤 지보재가 시공가능한 지를 제시한다.

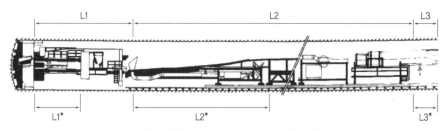

[그림 7.28] TBM의 작업영역과 시공구간

1) 루프 쉴드

그리퍼 TBM은 커터헤드 뒤에 보호 지붕인 루프 쉴드(roof shield)를 장착하여 터널굴진 중에 발생할 수 있는 낙반이나 낙석으로부터 작업자의 안전을 확보할 수 있다(그림 7.29).

[그림 7.29] 그리퍼 TBM의 루프 쉴드

2) 록볼트

록볼트 드릴장비는 단일 측벽지지 시스템에서는 커터헤드와 측벽지지 시스템 사이에, 그리고 이중 측벽지지 시스템에서는 전방과 후방 측벽지지 시스템 사이에 배치된다. 필요에 따라서는 후속설비에 추가적인 록볼트 드릴장비를 설치할 수도 있다. TBM에서의 록볼트 드릴장비는 그 형태상 완전한 방사형으로 천공할 수 없으며, 천공방향이 제한되어 있다(그림 7.30).

록볼트는 개별적으로 이완된 암반에 대해서 봉합작용을 하고, 붕괴를 방지한다.

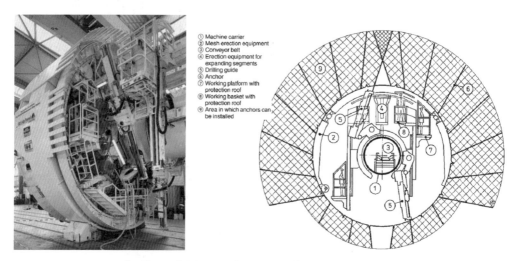

① Machine carrier
② Mesh erection equipment
③ Conveyor belt
④ Erection equipment for expanding segments
⑤ Drilling guide
⑥ Anchor
⑦ Working platform with protection roof
⑧ Working basket with protection roof
⑨ Area in which anchors can be installed

[그림 7.30] 록볼트 드릴 및 설치방향(Maidl et al., 2008)

3) 철망

낙석방지를 위해 철망을 설치하는 데 철망은 록볼트 드릴을 하부로 내린 후 루프 쉴드 뒤까지 이동하고 철장 모양의 지지 구조물로 고정되어 록볼트로 터널벽면에 고정된다(그림 7.31).

4) 숏크리트

TBM 본체에서 숏크리트를 타설하면 숏크리트의 반발 때문에 TBM 장비가 오염되고 손상될 수 있다. 그렇기 때문에 일반적으로 숏크리트 타설은 후속설비 영역에서 실시된다(그림 7.32).

[그림 7.31] 철망 시공 장비(Maidl et al., 2008)

TBM 굴착 시의 숏크리트 타설의 문제는 작업장의 분진과도 관계가 있으며, 장비 오염, 막혔을 때의 호스 청소도 문제가 된다.

[그림 7.32] TBM에서 숏크리트의 타설

5) 강지보재

압연강재로 제작되는 강지보재는 TBM의 루프 쉴드 바로 뒤에서 설치하여 지보기능을 발휘한다. 강지보재의 종류로는 H-형강, U-형강, 격자지보재(Lattice Girder) 및 ㄷ-채널 등이 있다. 강지보재는 TBM의 그리퍼 패드의 크기에 맞추어야 한다. 그리퍼가 강지보재 사이에서 터널벽면으로 힘을 가해야 하며, 강지보재 위에서 가할 경우 강지보재가 변형이 되어 지보재로서의 지보능력을 상실하게 된다.

격자지보재는 발파굴착이나 로드헤더에 의해 굴착된 터널에서는 아주 적절한 지보재이다. 하지만 불량한 암반구간의 경우는 TBM 굴착에서는 별로 적합하지 않다. 왜냐하면, 격자지보재 설치 즉시 강지보재만큼 충분한 지보압을 발휘하지 못하고, 커터헤드로부터 30~60m 떨어진 후방에서 숏크리트가 타설되기 때문이다.

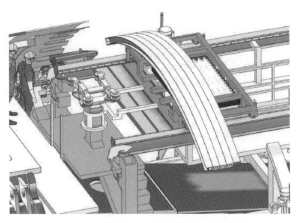

[그림 7.33] TBM에서 강지보재 설치

3 후속 설비

TBM을 이용하여 굴착할 때는 굴착 및 지보재 설치를 위해서 전력공급, 제어, 버력 처리 등을 해주는 장비가 필요하며 이러한 여러 가지 작업을 할 수 있는 작업 플랫폼이 필요하다. 이러한 기능을 담당하는 장비는 철재로 만들어진 구조물로 굴진에 필요한 모든 장비가 갖추어져 있는데 우리는 이것을 후속설비(backup)라고 부른다. 다음 그림 7.34는 후속설비에 있어야 하는 장비들을 나타낸다.

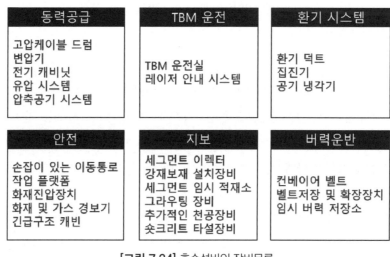

동력공급	TBM 운전	환기 시스템
고압케이블 드럼 변압기 전기 캐비닛 유압 시스템 압축공기 시스템	TBM 운전실 레이저 안내 시스템	환기 덕트 집진기 공기 냉각기
안전	지보	버력운반
손잡이 있는 이동통로 작업 플랫폼 화재진압장치 화재 및 가스 경보기 긴급구조 캐빈	세그먼트 이렉터 강재보재 설치장비 세그먼트 임시 적재소 그라우팅 장비 추가적인 천공장비 숏크리트 타설장비	컨베이어 벨트 벨트저장 및 확장장치 임시 버력 저장소

[그림 7.34] 후속설비의 장비목록

철재 구조물인 후속설비는 궤도 위로 운행하거나 스키드 상에서 미끄러져 움직인다. 일반적으로 구동장치는 없고 TBM이 후속설비를 끌고 간다.

버력 운송 방법의 선택과 무관하게 공급되는 자재들의 환적을 위한 장비를 갖추고 있어야 한다. 예를 들어 세그먼트 라이닝, 바닥부 세그먼트, 강재 구조물, 굴착도구, 마모품 및 소모품 등은 모두 여기에서 환적된다. 고압 케이블 드럼은 후속설비의 끝에 있다. 몇 백미터의 고압 케이블을 저장할 수 있도록 되어 있다. 고압 케이블은 TBM이 앞으로 굴진해 나감에 따라 드럼에서 풀려나고 다시 드럼에 감긴다.

4 지보 설계

터널의 지보 설계는 안전하고 경제적인 터널 건설을 위해 반드시 필요한 기술분야이다. 하지만 지보 설계는 일반구조물 설계와는 달리 다양한 터널굴착방법과 불확실한 지반조건 등으로 인하여 명확한 설계법을 제시하기 어려운 실정이다.

지보 설계는 지반조건 이외에 터널굴착방법, 터널시공요인을 합리적으로 고려하기 어렵기 때문에, 터널기술의 발전과 다양한 경험의 축적에 따라 지속적으로 수정과 보완이 이루어지고 있다.

경험적 설계법은 발파하중에 의해 터널 주변지반을 크게 교란시키는 NATM에 적합하도록 개발된 지보 설계방법이다. 개방형 TBM은 전단면 터널굴착기로 터널을 시공하므로 NATM에 비해 터널주변지반의 교란이 현저히 줄어든다. 따라서 개방형 TBM은 NATM보다 상당히 경감된 지보량으로도 터널의 안정성을 확보할 수 있다. 하지만 국내의 개방형 TBM의 지보 설계는 설계 방법이 정립되어 있지 않아 NATM의 지보 설계법을 준용하는 경우가 많다. 터널기술이 발달된 선진국에서는 자국의 지반조건, TBM 굴진기술수준 및 제반시공여건을 반영한 TBM용 지보시스템을 개발하여 TBM 현장에 적용하고 있다. 이 시스템은 경험적 설계법에서 사용하는 평가점수를 상향조정하여 지보량을 경감시켰다.

개방형 TBM 지보 설계에 적용할 수 있는 설계 방법에는 경험적 방법, 이론적 방법 및 수치해석적 방법이 있다. 과거의 지보 설계는 경험적 설계법에 많이 의존했으나, 근래에는 지반조사 기술의 발달과 컴퓨터 프로그램의 개발로 터널안정성과 경제성 확보가 용이한 수치해석법 (MIDAS GTS NX, FLAC 등)이 점차 증가하고 있다. 특히, 원형터널인 개방형 TBM에 대해서는 탄성해 및 탄소성해석을 이용하는 이론적 설계법에 대한 연구가 활발히 진행되고 있다 (Ashraf, 2006).

따라서 본 절에서는 개방형 TBM과 NATM의 거동특성과 지보 설계방법을 살펴보고 국내외 개방형 TBM의 지보패턴사례를 정리함으로써, 국내 터널기술자가 개방형 TBM의 지보 설계를 합리적으로 수행할 수 있도록 제시하고자 한다.

본 절에서는 개방형 TBM의 지보 설계에 기본적인 사항을 "터널 기계화 시공 설계편 터널공학시리즈3 '제8장 Open TBM 지보 설계'" 편 내용을 중심으로 기본적인 사항과 최근 지보 설계 사례를 소개하고자 한다.

4.1 개방형 TBM 지보 설계법의 개요

1) 경험적인 설계법

경험적 설계법은 터널변형에 대한 계측 및 관찰과 다양한 지보 적용사례에 기초한 터널 기술자의 경험을 바탕으로 한 것이다. 경험적인 설계법은 두 가지 접근방법이 있으며, 첫 번째 터널 거동적 접근방법은 다양한 지반조건과 초기지중 응력상태에서 굴착에 따른 터널의 변형 정도를 이용한 것으로 시공단계에서 지반등급을 분류할 때 적용되기도 한다. 두 번째 지반공학적 주요 변수를 이용한 것으로 지반을 정량적으로 분류할 수 있는 방법이다.

TBM은 발파에 의한 NATM에 비해 여굴과 터널주반지반의 소성영역을 극소화할 수 있다. 즉, TBM은 NATM보다 상당히 적은 지보량으로도 터널의 안정성을 확보할 수 있는 장점이 있다.

(1) 터널거동적 접근방법

터널거동적 접근법은 Lauffer(1958)에 의해 제안되었다. Lauffer은 터널굴착 시 안정성을 확보하는데 중요한 요소로 무지보길이(active span)와 자립시간(stand-up time)이라는 매개변수을 제시하였다. 무지보길이는 터널직경 및 지보재와 굴진면의 이격거리 중에서 터널 붕괴를 유발시키는 거리로서, 지반조건과 초기지중응력에 큰 영향을 받는다(그림 7.35). 이에 대해 자립시간은 터널굴착 후 무지보 상태에서 버력처리와 지보재 설치 등을 충분히 할 수 있는 시간을 말한다.

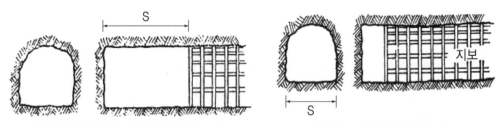

(a) 막장의 위치에서 S만큼 떨어져 있는 지보   (b) 막장 가까이에 설치한 지보

[그림 7.35] Lauffer의 무지보길이 S의 정의(Hoek and Brown, 1980)

Lauffer는 무지보길이와 자립시간에 따라 지반을 7등급으로 구분하였다. 그림 7.36의 알파벳은 지반분류를 의미한다. 예를 들면 A는 대단히 양호한 지반이고 G는 매우 불량한 지반에 속한다.

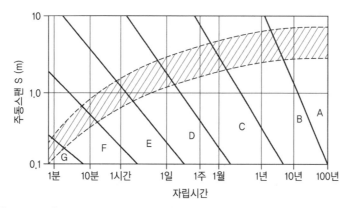

[그림 7.36] 지반등급에 따른 무지보길이와 자립시간의 관계(Lauffer, 1958)

(2) 지반공학적 접근방법

지반공학적 접근법은 현장 기술자들의 오랜 경험을 통해 제안된 방법으로 Q−분류법, RMR(Rock Mass Rating) 시스템 등의 암반분류법이 있다. 이 방법은 암반조건 이외에 터널 시공요인(작업공의 숙련도, 시공 수준, 사용장비 및 굴착방법 등)의 영향이 크므로 시대적 변천에 따라 계속해서 수정되고 보완되는 특징을 가지고 있다.

일반적으로 개방형 TBM은 NATM보다 터널 주변 암반에 미치는 영향이 작기 때문에 결과적으로 굴착에 따른 터널의 안정성을 증진시킬 수 있다. 즉, 개방형 TBM의 지보량이 NATM보다 적게 요구된다. 따라서 개방형 TBM의 지보 설계법은 NATM의 경험에서 얻어진 지반분류법의 평가점수를 상향조정하여 간접적으로 지보량을 경감시키는 방법을 제안하기도 하였다.

2) 이론적인 설계법

이론적 설계법은 균질한 지반조건에서 원형터널의 변형을 추정하고, 다양한 지보시스템과 터널과의 상호작용에 대해 접근하기 쉬운 장점을 가지고 있다.

암반과 지보 간의 상호관계(rock support interaction)는 내공변위제어법(CCM: Convergence-Confinement Method)으로 체계화시킬 수 있다. 이 방법은 종단변형곡선(LDP: Longitudinal Deformation Profile), 지반반응곡선(GRC: Ground Reaction Curve) 및 지보재특성곡선(SCC: Support Characteristic Curve)에 기본개념을 두고 있으며, 다음과 같은 가정하에서만 개방형 TBM의 거동을 완전히 분석할 수 있다.

• 지중응력영역은 등방응력상태이다.

• 지반은 등방상태이며 균질하고, 파괴는 주절리에 의해 지배되지 않는다.

• 지보 반응은 완전 탄소성 거동을 하며 균등한 지보압을 갖는다.

  – 숏크리트는 폐합되어 있다.

  – 강지보는 지반과 완전히 밀착되어 원형터널 종방향으로 균일한 간격으로 설치된다.

  – 록볼트는 원형터널 종방향 및 횡방향으로 일정한 간격으로 설치된다.

    ① 종단변형곡선(LDP) : 종단변형곡선은 무지보터널에서 터널 굴진면을 중심으로 터널종단방향으로 전후방에 대한 내공변위를 그린 것이다

    ② 지반반응곡선(GRC) : 지반반응곡선은 터널의 내압 p_i를 원지반의 지압인 σ_{vo}로부터 감소시켜갈 때, 내공변위 u_r의 증가양상을 보여주는 곡선이다.

    ③ 지보재특성곡선(SCC) : 지보재특성곡선은 터널의 내공변위가 증가함에 따라, 지보재에 작용되는 지보압(p_s)의 증가양상을 보여주는 곡선이다.

3) 수치해석적 설계법

지반조건이 등방균질조건(응력지배로서 연속체)이 아닌 3~4개의 불연속면으로 블록이 형성되었거나 초기지중응력이 등방조건이 아니라면 수치해석을 이용한 터널해석이 필요하게 된다.

수치해석은 토사터널이나 혹은 등방균질조건에 유사한 암반(Rock Mass)에 터널을 굴착하는 경우에는 연속체역학으로서 유한요소법이나 유한차분법(또는 경계요소법)을 이용하고, 불연속체역학이 지배하는 경우에는 개별요소법을 적용하여야 한다.

① 탄성영역의 개방형 TBM 거동해석 : 개방형 TBM 굴착 시 터널주변 지반이 균질하고 탄성영역에서 거동한다면 모든 초기지중응력(k_o) 조건에서 Kirsh의 탄성해를 적용할 수 있다. 이와 같은 지반조건에서는 탄성해를 이용한 이론적 설계법도 적용할 수 있다.

② 탄소성영역의 개방형 TBM 거동해석 : 개방형 TBM 굴착 시 터널 주변지반이 균질한 탄성영역이고 초기등방지중응력($k_o = 1$)이라면 탄소성해를 적용할 수 있다. 여기서 주의할 점은 탄소성해가 터널주변지반의 소성영역 발생에 따른 사하중(이완하중)을 반영하지 못한다는 것이다. 실제 터널시공현장에서 불연속체해석(DEM)이 가능하도록 공사 전에 충분히 지반조사를 실시하는 것은 어렵다. 따라서 실무에서 실제적으로 수치해석을 적용할 수 있는 것은 연속체역학일 것이다.

4.2 개방형 TBM 지보 설계

1) 개방형 TBM 지보 설계 시 고려사항

개방형 TBM의 지보 설계는 TBM의 굴착특성, 용도, 지보재의 특징 및 지반조건에 의해 결정된다. 이 네 가지 항목에 대해 자세히 살펴보면 다음과 같다.

첫째, 개방형 TBM의 굴착특성은 그 직경에 따라 지보재 설치시기에 확연한 차이가 있다는 것이다. 대구경 TBM은 커터헤드 바로 후방에 받침대를 설치할 공간이 있어, 이곳에서 록볼트, 강지보재, 철망 등 주지보재를 설치할 수 있다. 그러나 소구경 TBM은 커터헤드로부터 0.5D~2.0D(D는 굴착직경) 이격된 위치에 지보재 설치가 가능하므로, 지보재의 설치시점은 NATM에 비해 그만큼 길어진다는 것을 의미한다. 따라서 지반의 자립시간이 지보재의 설치시점보다 짧은 단층대 또는 파쇄대 등 불량한 지반에서는 조기에 지보재를 설치할 수 있는 장치를 TBM 제작 시 고려하여야 한다.

둘째, TBM의 용도는 교통터널(일반터널, 장대터널; 도심지터널, 산악터널), 수로터널 (도수/하수 터널), 파일럿 선진갱 터널로 나눌 수 있다. 교통터널과 수로터널 등의 지보재는 장기적인 지보기능이 요구되고, 대단면 터널용인 파일럿 선진갱 등은 단기적인 지보기능이 요구된다.

셋째, TBM의 지보재 특징은 발파굴착과 달리 TBM의 굴진속도가 빠르기 때문에 지보재의 시공시간을 최대한 단축해야 한다는 것이다. 즉 TBM 굴착의 목표는 빠른 굴진율을 확보하는 것이므로, 이에 적합한 지보재를 계획하여야 한다. 이러한 지보재는 단순히 재료적인 측면만 볼 것이 아니라 굴착의 한 부분으로 보는 것이 적합하다.

마지막으로, 설계단계 시 TBM공법의 지보 설계는 일반적으로 시공경험으로부터 얻어진 지반등급에 근거로 한다. 시공 중에는 TBM 굴착면을 관찰하고, TBM 장비로부터 얻은 데이터를 종합함으로써 지반여건을 객관성 있게 평가할 수 있다. 한편, 연약층, 균열이 많은 지반 및 고압, 다량의 용수가 있는 지반 등의 불량한 지반에서는 굴진면이 붕괴될 수 있으므로, 천단보강 또는 굴진면 보강을 위해 커터헤드 전면부와 천장부에서 그라우팅을 실시할 수 있다. 이렇게 굴진면 전방의 지반을 보강한 후에 TBM 굴진이 가능하지만 지반 보강을 위해 장시간 TBM 굴진을 중지하는 상황도 발생할 수 있다. 따라서 지보재 설치와 지반보강에 소요된 작업시간은 모두 굴진율에 큰 영향을 미친다.

2) 개방형 TBM 지보재의 특징

① 숏크리트 : 대구경 TBM에서는 작업공간이 넓어, NATM에서 사용하는 숏크리트를 사용할 수 있지만, 소구경 TBM에서 숏크리트는 작업공간이 협소하여 섬유보강 모르터를 주로 사용한다.

 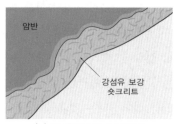

(a) 철망보강 숏크리트　　　　(b) 강섬유보강 숏크리트

[그림 7.37] 보강재료에 따른 숏크리트

② 록볼트 : 대구경 TBM에서 록볼트 천공장비는 커터헤드와 그리퍼 사이에 배치되어 있고, 록볼트 적용범위는 천장부와 인버트부에서는 록볼트를 굴착면과 직각에 가깝게 설치할 수 있으나 좌우 측벽부에서는 방사형 형태로 설치하는 것이 불가피하다. TBM 굴진과 동시에 록볼트를 천공하기 위해서는 록볼트 받침대가 TBM 굴진과 비슷하게 움직여야 한다.

[그림 7.38] 록볼트 시공 장비 및 설치모습

록볼트 정착방법으로는 선단정착형, 전면접착형, 혼합형 등이 있으며 사용목적, 지반조건, 시공성 등을 고려하여 정착방법을 선정한다(표 7.2). 터널 시공 시 특수한 경우를 제외하고는 대부분 안정성 및 신뢰도가 높은 전면접착형을 적용하고 있다. 전면접착 방법은 접착재료에 따라 레진형, 모르터 충전형 및 주입형이 있다. 주입형은 천장부 시공조건에서 가장 신뢰성이 있는 것으로 평가되고 있다. 대단면 터널에서 먼저 시공되는 파일럿 선진갱의 록볼트는 NATM 확폭 굴착에 의해 절삭되기 때문에 FRP(fiber-reinforced plastic) 볼트를 적용한다.

[표 7.2] TBM 굴착 시에 적용되는 록볼트 시스템

록볼트 시스템	록볼트 형식	지지효과	경제성	비고
전면접착형	모르터	양호	양호	
	레진	양호	양호	지하수 유출구간 불리
	GRP/FRP	양호	보통	
선단정착형	Swellex	양호	불리	
	앵커	보통	불리	
혼합형	앵커 + 레진	양호	불리	

③ **강지보재** : 개방형 TBM의 강지보재는 NATM과 같이 굴진면의 천단 붕락이나 본체 후방의 붕락 및 붕괴의 우려가 예상되는 구간에 설치하고 있다. 강지보재의 종류로는 H-형강, U-형강, 격자지보재(Lattice Girder) 및 ㄷ-채널 등이 있다.

④ **철망**(wire mesh) : 철망설치는 과거에는 인력작업으로 진행되어 왔으나, 현재는 철망 설치 장비가 장착되어 기계식으로 설치하고 있다.

4.3 표준지보패턴의 선정

TBM 굴착은 발파굴착과 비교할 때 지반의 교란 정도가 적으므로, 터널 주변지반의 지보기능을 최대한 활용하여 소요 주지보량을 최소화할 수 있다.

표준지보패턴은 설계단계에서 사전조사와 시공실적을 참고로 주지보재를 선정하고, 시공단계에서 터널굴착면의 관찰결과나 굴착 중의 TBM의 데이터에서 지반상황을 확인하면서 지보패턴을 지반등급에 따라 재선정해야 한다. 이러한 표준지보패턴은 시공단계에서 계측결과에 따라 필요한 경우 현장상황에 적합하게 변경하여야 한다.

개방형 TBM에서의 표준지보패턴의 선정흐름도는 NATM과 비슷한 개념이 적용된다(그림

7.39). 도심지 터널은 산악터널에 비해 지반이 불량하고 인접구조물의 안정 확보가 필요하므로 표준지보패턴 선정 시 이러한 특성을 고려하여야 한다.

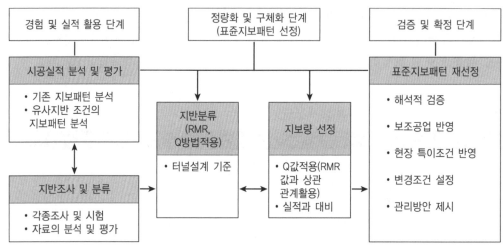

[그림 7.39] 표준지보패턴 선정 과정

1) 표준지보패턴 사례

TBM은 굴착직경, 터널용도 및 지반특성에 따라 교통터널(일반터널, 장대터널; 도심지터널, 산악터널), 수로터널 (도수/하수 터널), 파일럿 선진갱으로 분류할 수 있다. TBM의 굴착직경과 주지보재의 관계는 일본에서 연구된 결과인 표 7.3에 잘 나타나 있다.

[표 7.3] TBM 굴착직경에 따른 주지보재 선정기준(일본)

구분		TBM 굴착직경			지보규모
		소구경	중구경	대구경	
숏크리트	일반숏크리트	○	○	△	두께 (20~50mm)
	SFRS	×	△	○	두께 (100~150mm)
철망		○	△	△	
	록볼트	×	△	△	
강지보재		○	○	○	ㄷ-40×75, ㄷ-50×100, H-100, H-125, H-150

개방형 TBM의 용도별로 표준지보패턴 시공사례를 살펴보면 다음과 같다.

① 파일럿 선진갱

[표 7.4] TBM 국내 파일럿 선진갱 ϕ5.0m (00 철도, 2004)

구분		패턴-1	패턴-2	패턴-3	패턴-4
지반 등급	RMR	60 이상	60~45	45~30	30 이하
	Q	10 이상	10~1	1~0.1	0.1 이하
굴진장(m)		1.5	1.5	1.2	1.0
숏크리트(mm)		–	50 (일반)	50 (일반)	100
록볼트	길이(m)	2.0	2.0	2.0	2.0
	간격(종/횡, m)	랜덤	1.5/2.0	1.2/1.5	1.0/1.2
	설치위치	랜덤	90°	135°	135°
강지보재		–	–	–	H-100
보조공법		–	–	–	–

[표 7.5] 일본 파일럿 선진갱 ϕ4.5~5.0m (일본 터널표준시방서(산악공법), 2006)

구분		B-T	CⅠ-T	CⅡ-T	D-T	E-T
지반조건		B	CⅠ	CⅡ	D	E
지반 등급	RMR	80~61	60~41	40~21	20 이하	
	Q	10~2	2~0.1	0.1~0.004		0.004 이하
굴진장(m)		1.5	1.5	1.5	1.0 이하	별도 지보검토
숏크리트(mm)		–	20(강섬유) 120°	20(강섬유) 180°	30(강섬유) 180°	
강지보재		–	–	H-100×100	H-100×100	

② 산악터널

[표 7.6] 국내 철도터널 ϕ9.6m (00 전철, 2007)

구분		패턴-1	패턴-2	패턴-3	패턴-4	패턴-5	패턴-6
개념도							
지반 등급	RMR	65 이상	65~59	59~50	50~35	35~27	27~20
	Q	10 이상	4~10	4~1.0	1.0~0.1	0.1~0.03	0.01~0.03
굴진장(m)		Random	3.0	3.0	1.5	1.5	1.0
숏크리트(mm)		50(일반)	50(강섬유)	50(강섬유)	80(강섬유)	120(강섬유)	150(강섬유)
록볼트	길이(m)	3.0	3.0	3.0	3.0	3.0	3.0
	간격(종/횡,m)	Random	3.0/2.0	3.0/2.0	1.5/1.5	1.5/1.2	1.0/1.0
	설치범위	Random	90°	135°	260°	260°	260°
강지 보재	규격	–	–	–	50×20×30	70×20×30	70×20×30
	간격	–	–	–	3.0	4.0	4.0

[표 7.7] 일본 철도터널 ϕ6.82m(일본 터널표준시방서(산악공법), 2006)

구분		IVNP-T	IIINP-T	IINP-T	INP-T	IIP-T
지반 등급	RMR	60~41	40~21		20 이하	
	Q	2~0.1	0.1~0.004		0.004 이하	20 이하
숏크리트(mm) (설치범위)		–	20 (상반 90°~180°)	30 (주로 상반 180°)	주로 30 (주로 240°)	50 (180°)
록볼트 (길이×본수)		–	–	1.5×4 또는 6	1.5×0~10	1.5×6
강지보재		–	–	–	H-125@1.2m	
보조공법		–	–	–	–	

[표 7.8] 유럽 알프스터널 ϕ6.0m(Scolari, 1995)

구분		F1	F2	F3	F4	F5	F6	F7
지반 등급	RMR	80~65	65~59	59~50	50~35	35~27	27~20	20~5
	Q	100~10	10~4	4~1	1~0.1	0.1~0.03	0.03~0.01	0.01~0.001
숏크리트(mm)		–	50	50	80	100	150	굴착전 전방지반 보강
철망(㎡)		–	1.0 이하	1.0~1.5	5.0~9.0	9.0~18	18~27	
록볼트	길이	2.0m	2.0m	2.0m	2.5m	2.5m	2.5m	
	개수	0.5 이하	1.0 이하	1~3개	3~5개	5~7개	7~10개	
강지보재		–	–	–	40~80kg/m	80~160kg/m	160~300kg/m	

③ 수로터널

[표 7.9] 국내 도수로터널 ϕ3.8m (OO 댐, 2002)

구분		Type A	Type B	Type C	Type D
지반등급(RMR)		70<	70~55	55~35	< 35
개요도					
록볼트	길이	3.0m	3.0m	–	–
	간격(m)	Random	3.0	–	–
강지 보재	규격	–	–	H-100×100×6×8	H-100×100×6×8
	간격	–	–	1.5m	1.0m

[표 7.10] 일본 도수터널 ϕ3.52m(일본 터널표준시방서(산악공법), 2006)

구분	Type A	Type B	Type C	Type D
지반등급	CH 이상	CH~CM	CM	CM~CL
개념도		섬유모르터 숏크리트 t=20mm 120° S.L	섬유모르터 숏크리트 t=20mm 180° S.L	섬유모르터 숏크리트 t=30mm 270° S.L 강제지보공@1.0~1.2m 구형강 ㄷ-150x75x65x10
RMR	100~51	40~21	20 이하	–
Q	100~2.0	2.0~0.1	0.1~0.004	0.004 이하
굴진장(m)	1.5			
숏크리트(mm)	–	20(120°)	20(180°)	30(270°)
강지보재	–	–	–	ㄷ-150×75×65×10

④ 국내 도심지 대심도 터널

[표 7.11] TBM 국내 00 빗물터널 ϕ7.4m (00천 유역분리 터널공사(실시설계), 2018)

구분		P-1	P-2	P-3	P-4	P-5
암반등급		I	II	III	IV	V
굴진장(m)		1.5	1.5	1.2	1.0	1.0
굴착공법		전단면굴착	전단면굴착	전단면굴착	전단면굴착	전단면굴착
숏크리트	형식	일 반	강섬유보강	강섬유보강	강섬유보강	강섬유보강
	두께(cm)	5.0	5.0	8.0	12.0	15.0
록볼트	길이(m)	3.0	3.0	3.5	3.5	3.5
	종간격(m)	Random	3.5	2.0	1.5	1.2
	횡간격(m)	Random	2.0	1.5	1.5	1.5
강지보	규격	–	–	–	H-100×100×6×8	H-125×125×6.5×8
	간격(m)	–	–	–	1.5	1.2

[표 7.12] TBM 국내 00 철도 터널 ϕ11.6m (00 고속철도(실시설계), 2019)

구분	PTD-1	PTD-2	PTD-3	PTD-4	PTD-5
단면도					
RMR	81~100	61~80	41~60	21~40	20 이하
Q값	65 이상	4~65	0.2~4	0.02~0.2	0.02 이하

[표 7.12] TBM 국내 00 철도 터널 Φ11.6m (00 고속철도(실시설계), 2019)(계속)

구분		PTD-1	PTD-2	PTD-3	PTD-4	PTD-5
굴착방법		전단면굴착	전단면굴착	전단면굴착	전단면굴착	전단면굴착
굴진장(m)		-	-	-	-	-
숏크리트 (mm)	종류	일반	강섬유	강섬유	강섬유	고강도
	두께	50	50	80	120	130
록볼트 (m)	길이	4.0	4.0	4.0	4.0	4.0
	종간격	Random	2.5	2.0	1.5	1.2
	횡간격	Random	2.0	1.5	1.5	1.2
강지보 (m)	규격	-	-	-	H-100	H-100
	간격	-	-	-	1.5	1.2

2) Q-시스템에 의한 표준지보패턴

개방형 TBM에서 표준지보패턴의 선정은 주로 기존 시공 실적에 의존하고 있어 앞서 개방형 TBM에 적용한 국가별, 프로젝트별 사례에서도 많은 차이가 있다. 그러나 이 지보량의 차이는 어떤 이론적 배경에서 출발한 것이 아니어서 그 결과를 분석하기가 어렵다.

이런 이유로 Scolari(1995)는 Ilbau가 개선한 오스트리아 TBM 지보 설계와 경험적 설계법 (Q-시스템, RMR 분류법)을 조합하여 합리적인 개방형 TBM의 지보량을 제시하였다. 그는 알프스를 통과하는 교통터널 6m 직경의 개방형 TBM의 시공경험을 바탕으로 표준지보패턴과 지반거동의 관계를 규명하였고, Scolari가 제시한 산악터널 6m 폭과 Q-시스템에 의한 지반등급을 중심으로 개방형 TBM의 표준지보패턴을 산정하는 과정을 소개하고자 한다.

① 터널의 유효크기(D_e) 결정

일반 교통터널 건설을 위한 직경 6m인 개방형 TBM에서 굴착 지보비(ESR: Excavation Support Ratio)는 표 7.13으로부터 산정하면 주요도로 터널로 1이다. 따라서 터널의 유효크기 (D_e)는 다음과 같다.

$$D_e = \frac{B(\text{터널굴진장, 직경 또는 높이})}{ESR\,(\text{굴착지보비})} = 6/1 = 6 \tag{7.1}$$

[표 7.13] TBM 지보 설계를 위한 추천 ESR값(NGI, 2015)

TBM 종류	ESR값
임시 지보	3~5
수직구	2.0~2.5
파일럿 선진갱/도수 터널	1.6
하수 터널	1.3
주요 도로 및 철도 터널	1.0
지하원자력발전소, 기차역	0.8
매우 중요한 지하시설(100년 이상)	0.5

② Q-RMR 상관관계 산정

Q-시스템과 RMR 분류법은 모두 발파공법에 대한 터널 지보패턴의 경험적 설계법이다. Q-시스템은 0.001~1,000 범위인 Q값에 따라 모든 터널 폭에 대해 지보량을 제시할 수 있으나, RMR 분류법은 0~100 범위인 RMR값에 대해 마제형터널 10m폭(수직응력 25MPa 이하)의 지보량만 가능하다. 반면에 지반등급을 분류하는 RMR값은 시추코아로부터 산출하는데 일반적으로 Q값보다 정확하다. 따라서 지반등급 분류는 RMR값이 정확하고 지보패턴설계에는 Q값이 유리하다. 그러므로 Q-RMR의 상관식의 정립은 지반등급과 개방형 TBM의 지보패턴의 상관관계를 분석하는 데 매우 중요한 요소이다. Barton(1995)은 Bieniawski(1989)의 Q-RMR의 상관식을 개선하였다. 식 7.3은 TBM 굴착 시 Q와 RMR의 상관관계를 제시하는데 더 합리적이다(Scolari, 1995).

$$RMR \simeq 9\ln Q + 44 \quad \text{(Bieniawski, 1989)} \quad Q \gg e^{\frac{(RMR-44)}{9}} \tag{7.2}$$

$$RMR \simeq 15\log Q + 50 \quad \text{(Barton, 1995)} \quad Q \gg 10^{\frac{(RMR-50)}{15}} \tag{7.3}$$

③ Q-시스템에서 개방형 TBM의 지보량 산정

터널 지보재량은 산정된 터널의 유효크기($D_e = 6.0$m)와 Q값을 이용하여 그림 7.40에서 산정할 수 있다.

Q값은 TBM 직경을 6m로 고려하면 양호한 지반에서 2배 정도 증가시킬 수 있다. 따라서 개방형 TBM 적용에 따른 Q값을 그림 7.40을 참조하여 보정하면 다음 표 7.14와 같다.

[표 7.14] 터널직경 6m에 따른 Q값 보정

지반조건	불량한 지반	양호한 지반	매우 양호한 지반
Q 범위	4 이하	4~40	40 이상
보정계수	1	2	1
Q 보정	4 이하	8~80	40 이상
소요지보량	NATM과 동일	NATM보다 경감	NATM과 동일

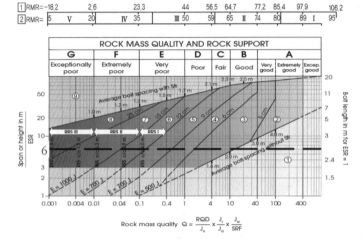

① Unsupported or spot bolting
② Spot bolting
③ Systematic bolting, fibre reinforced sprayed concrete, 5-6cm
④ Fibre reinforced sprayed concrete and bolting, 6-9cm
⑤ Fibre reinforced sprayed concrete and bolting, 9-12cm
⑥ Fibre reinforced sprayed concrete and bolting, 12-15cm + reinforced ribs of sprayed concrete and bolting
⑦ Fibre reinforced sprayed concrete >15cm + reinforced ribs of sprayed concrete and bolting
⑧ Cast concrete lining
⑨ Special evaluation

[그림 7.40] Q-시스템에 의한 터널 지보재 선정(NGI, 2015)

개방형 TBM에서 Q보정 값의 범위에 따른 보강패턴을 산정하면 표 7.15와 같다.

[표 7.15] Q-시스템에 의한 TBM(직경 6m)의 지보량 산정

지반등급		A·B	C	D	E	F-1	F-2	G
Q		100~10	10~4	4~1	1~0.1	0.1~0.04	0.04~0.01	0.01 이하
Q보정		100~20	20~8					
숏크리트(mm)		–	–	50~90	90~120	120~150	150~200	200 이상
록볼트 (m)	길이	2.5	2.5	2.5	2.5	2.5	2.5	2.5
	간격	–	1.9 이상	1.7~2.1	1.3~1.7	1.2~1.3	1~1.2	1 이하
강지보재		–	–	–	–	–	RRS	RRS 또는 CCA

④ Q-시스템과 시공실적의 지보량 분석

Scolari (1995)가 직경 6m의 TBM으로 알프스를 굴착하면서 시공실적에 의해 정립한 지보량은 다음 표 7.16과 같다.

[표 7.16] 터널 시공실적에 따른 TBM(직경 6m)의 지보량 재선정(Scolari, 1995)

구분		F1	F2	F3	F4	F5	F6	F7
지반 조건	시공 시 지반거동	안정	소규모 낙석 발생가능	소규모 낙석	소규모 붕락	잦은 붕락 발생가능	전면부 대단위 붕락가능	자립불가
	RMR	80~65	65~59	59~50	50~35	35~27	27~20	20~5
	Q	100~10	10~4	4~1	1~0.1	0.1~0.03	0.03~0.01	0.01~0.001
개념도								
숏크리트(mm)		–	50	50	80	100	150	굴착전 전방지반 보강
철망(m²)		–	1.0 이하	1.0~1.5	5.0~9.0	9.0~18	18~27	
록볼트	길이	2.0m	2.0m	2.0m	2.5m	2.5m	2.5m	
	개수	0.5 이하	1.0 이하	1~3개	3~5개	5~7개	7~10개	
강지보재		-	–	–	40~80kg/m	80~160kg/m	160~300kg/m	1.2	

Scolari가 제안한 시공실적에 근거한 지보량과 Q-시스템에서 산정한 지보량을 비교하면 다음과 같다. 시공실적에서 숏크리트 두께는 Q-시스템 도표보다 다소 감소하였다. 록볼트 길이도 Q-시스템의 2.5m보다 줄어든 2.0m를 적용하였다. 이는 Q값이 1 이상인 연암 이상의 지반조건에서 소성영역이 발생하지 않는 것으로 보고 최소 정착길이인 2.0m를 적용한 것으로 판단된다. 록볼트 범위는 터널 현장에서 소규모 붕락이 발생하는 구간에는 천장부에 한정하고, 대규모 붕락이 발생한 구간은 굴착면 전 둘레에 걸쳐 설치하였다.

3) 탄소성해석에 의한 표준지보패턴의 선정

기타 표준 지보패턴 선정으로 탄소성해석을 통한 지보 선정방법이 있다. 이 방법은 터널 굴착으로 인한 지반 탄소성(변위)을 통해 지보의 설치시기와 지보량을 검증하여 선정하는 방식으로 설계 시에는 탄소성해석은 물론 지보반응곡선을 시각적으로 보여주는 RocSupport라는 프로그램을 사용하고 있다.

이 프로그램은 지반반응곡선 혹은 지보재특성곡선 개념에 기반을 둔 해석방법으로 초기 등 방지중응력 영역내의 탄소성 지반에 있는 원형터널에 대한 분석법에서 얻어진 것이므로 이 이 론식은 기본계획단계에서 터널거동파악과 지보량을 산정하는 데 유익하나, 기본설계나 실시설 계에서는 수치해석에 의한 검증이 필요하다.

① 지반반응곡선(GRC)

RocSupport는 무지보 상태의 터널 거동을 파악하는데 두 가지 방법을 제시하였다. 이는 Duncan Fama와 Carranza-Torres의 이론해이다. Duncan Fama(1993)는 Mohr-Coulomb 파괴기준에 기초하고 있고, 사용자로 하여금 암반의 강도와 변형 특성을 다음 매개변수를 암반 압축강도, 내부마찰각, 변형계수, 포와송비를 사용하여 정의하였다.

비록 Duncan Fama 이론해가 Mohr-Coulomb의 파괴기준에 기초하고 있다고 할지라도, 암반 의 압축강도, 마찰각 등은 Hoek-Brown 강도 파라미터로부터 추정하였다. Carranza-Torres (2004)는 Hoek-Brown의 일반화된 파괴기준에 기초하고 있고, 매개변수 암석의 일축압축강 도, 지질강도지수 GSI, 팽창각암석의 m_i , 교란계수 D, 탄성계수, 포와송 비를 이용하여 지반 의 강도와 변형특성을 정의하였다.

Carranza-Torres 이론식은 Hoek-Brown 일반식의 파라미터 m_b, s, a에 의해 잔류강도를 산정된다.

위의 두 이론식은 지반조건이 균질하고 초기등방지중응력을 가지고 있다면, 탄소성해를 이 용하여 그림 7.41과 같이 지반반응곡선을 작성된다. 또한 지반반응곡선으로부터 터널이 굴진 함에 따라 주변의 지반이 파괴되는 소성영역의 크기는 그림 7.42처럼 산정될 수 있다.

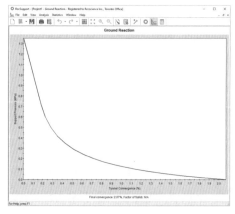

[그림 7.41] 지반반응곡선(GRC) 예제(RocSupport, 2016)

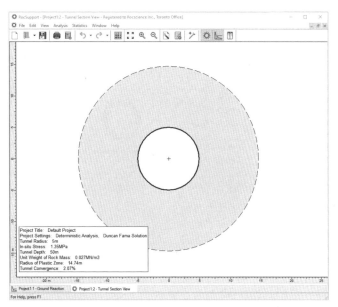

[그림 7.42] 소성영역 예제(RocSupport, 2016)

② 지보재특성곡선(SCC)

Hoek & Brown(1980)과 Brady & Brown(1985)은 원형터널에서 단위 m당 주지보재의 지지용량을 산출하는 탄성해를 유도하였다.

터널 크기별로 숏크리트, 콘크리트라이닝, 선단 정착형 록볼트 및 강지보재의 지보용량은 그림 7.43과 같으며 강지보재와 록볼트의 지지용량 산정식은 설치간격이 1m에 대한 것이며 주지보재인 숏크리트, 록볼트 및 강지보재는 설치시기가 다르고 강성에 따른 변위도 다르지만, 각각의 지보용량은 그림 7.43으로부터 구할 수 있다.

이들 주지보재는 이 합성거동은 지반등급에 따라 미리 조합한 지보량인 표준지보패턴에 의해 지배를 받는다. 따라서 표준지보패턴의 최대지보용량은 각 주지보재의 지보용량의 합으로 산정할 수 있다. 이 최대지보용량은 숏크리트가 경화되면서 발생하는 비선형거동과 합성강성 등은 반영되지 못한다. 이러한 가정으로 인해 RocSupport는 각 지보재 규모별 지보용량에 따라 터널의 거동특성을 쉽게 파악할 수 있지만, 지보재의 강성과 변형 특성을 반영하지 못하므로 프로그램 사용자는 이 점에 유의하여야 한다.

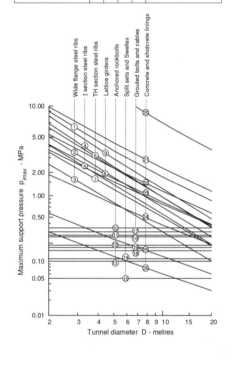

Support type	Flange width - mm	Section depth - mm	Weight - kg/m	Curve number	Maximum support pressure p_{imax} (MPa) for a tunnel of diameter D (metres) and a set spacing of s (metres)
Wide flange rib	305	305	97	1	$p_{i\,max} = 19.9D^{-1.23}/s$
	203	203	67	2	$p_{i\,max} = 13.2D^{-1.3}/s$
	150	150	32	3	$p_{i\,max} = 7.0D^{-1.4}/s$
I section rib	203	254	82	4	$p_{i\,max} = 17.6D^{-1.29}/s$
	152	203	52	5	$p_{i\,max} = 11.1D^{-1.33}/s$
TH section rib	171	138	38	6	$p_{i\,max} = 15.5D^{-1.24}/s$
	124	108	21	7	$p_{i\,max} = 8.8D^{-1.27}/s$
3 bar lattice girder	220	190	19	8	$p_{i\,max} = 8.6D^{-1.03}/s$
	140	130	18		
4 bar lattice girder	220	280	29	9	$p_{i\,max} = 18.3D^{-1.02}/s$
	140	200	26		
Rockbolts or cables spaced on a grid of s x s metres	34 mm rockbolt			10	$p_{i\,max} = 0.354/s^2$
	25 mm rockbolt			11	$p_{i\,max} = 0.267/s^2$
	19 mm rockbolt			12	$p_{i\,max} = 0.184/s^2$
	17 mm rockbolt			13	$p_{i\,max} = 0.10/s^2$
	SS39 Split set			14	$p_{i\,max} = 0.05/s^2$
	EXX Swellex			15	$p_{i\,max} = 0.11/s^2$
	20mm rebar			16	$p_{i\,max} = 0.17/s^2$
	22mm fibreglass			17	$p_{i\,max} = 0.26/s^2$
	Plain cable			18	$p_{i\,max} = 0.15/s^2$
	Birdcage cable			19	$p_{i\,max} = 0.30/s^2$

Support type	Thickness - mm	Age - days	UCS - MPa	Curve number	Maximum support pressure p_{imax} (MPa) for a tunnel of diameter D (metres)
Concrete or shotcrete lining	1m	28	35	20	$p_{i\,max} = 57.8D^{-0.92}$
	300	28	35	21	$p_{i\,max} = 19.1D^{-0.92}$
	150	28	35	22	$p_{i\,max} = 10.6D^{-0.97}$
	100	28	35	23	$p_{i\,max} = 7.3D^{-0.98}$
	50	28	35	24	$p_{i\,max} = 3.8D^{-0.99}$
	50	3	11	25	$p_{i\,max} = 1.1D^{-0.97}$
	50	0.5	6	26	$p_{i\,max} = 0.6D^{-1.0}$

[그림 7.43] 원형터널에서 지보재의 개략 지보용량(Hoek, 1998)

③ 내공변위제어법(CCM)

내공변위제어법은 앞에서 구한 지반반응곡선(GRC), 지보재특성곡선(SCC) 및 종단변형곡선(LDP)을 조합함으로써 작성할 수 있으며 지반반응곡선과 지보재특성곡선은 각각 독립적으로 작성된다. 반면 지보재특성곡선은 표준지보패턴의 설치시점, 최대지보용량 및 강성을 이용하여야 산정할 수 있다. 먼저, 지보재 설치 시점은 그림 7.44의 종단변형곡선에서 보여준 터널 전방의 선행변위와 밀접한 관계가 있으며 이 선행변위는 시간이 지나도 회복될 수 없는 변형이므로 종단변형곡선 특성에 따라 그 값이 변하게 된다.

[그림 7.44] 지반반응곡선과 지보재특성곡선(RocSupport, 2016)

따라서 종단변형곡선은 주어진 지반조건에 적합한 유사 터널시공현장의 계측결과자료나 3차원 수치해석을 통해서 산정하여야 한다. 지보재 설치 시점의 내공변위는 추정된 종단변형곡선을 이용하여 산정할 수 있으며 표준지보패턴의 최대지보용량은 각 주지보별 지보용량의 합으로 구할 수 있다.

마지막으로 표준지보패턴의 강성은 최대지보용량의 합과 평균 변형률의 비로 나타낸다. 지반반응곡선과 지보재특성곡선을 통한 지반과 표준지보패턴의 상호작용결과는 평형지보압, 안전율 및 소성반경 크기로 나타난다. 평형지보압은 지반반응곡선과 지보재특성곡선이 만나는 교점에서의 지보압이다. 안전율은 표준지보패턴의 최대지보용량을 평형지보압으로 나눈 값으로 일정한 정수 이상이어야 한다.

예를 들면, Hoek와 Moy(1993)는 임시 광산갱의 안전율을 1.3으로 고려하고 영구 지하갱을 1.5~2.0으로 제안하였다. 일반적으로 내공변위제어법의 지보량은 이상적인 지반조건에서 산정된다. 따라서 실제 터널에서는 내공변위제어법에서 산정된 것보다 많은 지보량이 필요하다. 그러므로 RocSupport 프로그램 이용 시 안전율은 Hoek이 제안한 값보다 높은 값을 적용하고 있다.

소성영역의 반경은 그림 7.45에서 무지보상태와 표준지보패턴의 지보량이 표현되어 있으며 무지보상태에서 표준지보패턴을 설치할 경우 개방형 TBM의 소성반경이 감소되는 정량적인 값을 산정할 수 있다. 이 소성반경은 록볼트의 길이를 산정하는 데 도움을 줄 수 있다. 록볼트의 길이는 소성영역을 벗어나 탄성영역에 2.0m 이상 정착시키는 것이 일반적이다(Hutchinson & Diederich, 1996).

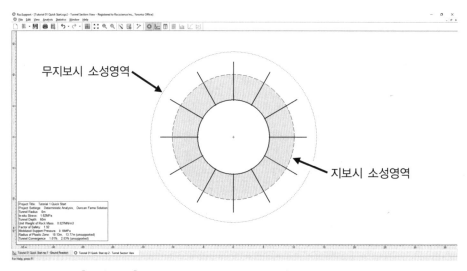

[그림 7.45] 지보 시와 무지보 시의 소성영역(RocSupport, 2016)

참고문헌

1. (사)한국터널공학회(2008), 『터널공학시리즈 3 터널 기계화 시공-설계편』, 씨아이알, pp. 383-454.

2. 일본토목학회(2006), "터널 표준시방서(산악공법·동해설)", pp. 271-280.

3. 터널지하공간학회(2017), "Annual Technical Report(Open TBM 지보)", 굴착 및 지보기술위원회.

4. 서울특별시(2018), "반포천 유역분리 터널 실시설계보고서."

5. "GTX-A 실시설계 보고서", 2019.

6. "원주~강릉간 ○○전철 TBM터널 설계자료"

7. "○○댐 도수터널 TBM터널 설계자료"

8. Ashraf, A.K.(2006), Analysis of TBM Tunnelling Using the Conversence-Confinement Method, International symposium on utilization of underground space in urban areas, Sharm El-Sheikh, Egypt, November.

9. Barton, N.(1995), The influence of joint properties in modelling jointed rock masses, 8th ISRM Congress. Keynote lecture, Tokyo, Japan.

10. Bieniawski, Z. T.(1989), Engineering Rock Mass Classifications: A Complete Manual for Engineers and Geologists in Mining, Civil, and Petroleum Engineering, Wiley.

11. Brady, B.H.G and Brown, E.T.(1985), Rock Mechanics for underground mining.

12. Carranza-Torres, C.(2004), Elasto-plastic solution of tunnel problems using the generalized form of the Hoek-Brown failure criterion. International Journal of Rock Mechanics and Mining Sciences, Proceedings of the ISRM SINOROCK 2004 Symposium, edited by J.A. Hudson and Xia-Ting Feng, Volume 41, Issue 3.

13. Duncan Fama, M. E.(1993), Numerical Modeling of Yield Zones in Weak Rock. In: Hudson JA, editor. Comprehensive Rock Engineering, 2. Oxford: Pergamon, pp. 49-75.

14. Hoek, E. and Brown, E.T.(1980), Underground excavations in rock. Inst. Mining and Metallurgy, London.

15. Hoek, E. and Moy, D.(1993), Design of large powerhouse caverns in weak rock. In Surface and Underground Project Case Histories (pp. 85-110). Pergamon

16. Hutchinson, D.J. and Diederichs, M.S.(1996), Cablebolting in underground mines.

17. ITA WG Mechanized Tunnelling(2000), Recommendations and Guidelines for Tunnel Boring Machines (TBMs)

18. Lauffer, H.(1958), Gebirgsklassifizierung für den Stollenbau: Geology Bauwesen, v. 24, pp. 46-51.

19. Maidl, B., Schmid, L., Ritz, W., Herrenknecht, M.(2008), Hardrock Tunnel Boring Machines, Wiley.

20. Roby, J., Sandell, T., Kocab, J., Lindbergh, L.(2008), The Current State of Disc Cutter Design and Development Directions, North American Tunneling 2008 proceedings.

21. RocSupport(2016), RocSupport Quick Start, Rocscience.

22. Scolari, F.(1995), Open - face borers in Italian Alps . World Tunnelling, pp. 361-366.

23. SIA 198(1993), underground work.

24. Wittke, W.(2007), Stability Analysis and Design for Mechanized Tunneling.

CHAPTER

8

TBM 터널
시공계획과 관리

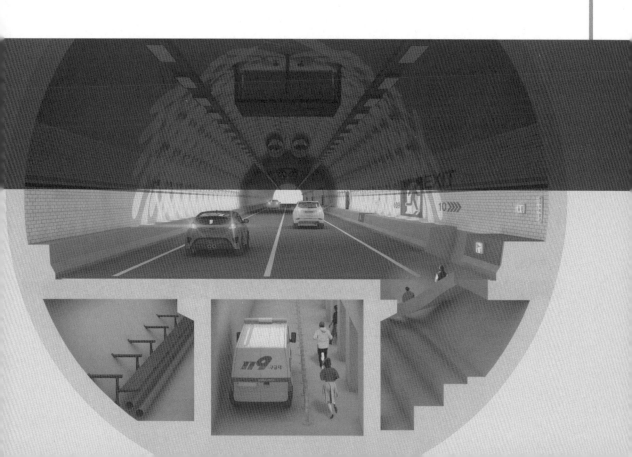

08 TBM 터널 시공계획과 관리

1 개요

TBM 터널, 특히 쉴드TBM 터널 시공 시에는 양호한 지반 외 도심지나 하저 조건에서의 연약지반 또는 암반 파쇄대를 대상으로 시공하는 사례가 많다. 이러한 경우 계획단계에서 적절하게 장비가 선정되고 작업구나 지반보강 계획이 충분히 수립된다 하더라도 시공관리(지반보강에 대한 확인조사 포함)가 제대로 이루어지지 않으면 지하수나 토사의 유동 등으로 주변 또는 터널에 심각한 상황이 발생하며, 특히 대심도인 경우에는 이를 복구하기 위해 상당한 공기지연이 발생할 수 있다.

따라서 본 장에서는 TBM 시공계획 및 관리에 참고가 될 수 있도록 쉴드TBM 공법을 위주로 한 시공의 흐름 그리고 주요 시공단계별 설명 및 유의사항, 현장사례 등을 정리하여 소개하고자 한다.

2 TBM 터널의 시공개요

2.1 TBM 터널의 시공흐름

TBM 터널의 시공흐름 및 단계별 주요내용을 살펴보면 표 8.1, 그림 8.1과 같다.

[표 8.1] TBM 터널 시공단계별 주요내용

구분	주요내용
① 장비 제작	• 터널 제원, 지층 및 지하수 조건을 고려한 장비 선정 • 지층의 종류, 석영 함유량 등을 고려한 면판 설계

[표 8.1] TBM 터널 시공단계별 주요내용(계속)

구분	주요내용
② 발진작업구 조성	• 장비의 길이, 반력시스템을 고려한 규격 결정 • 초기 굴진 시 토사 및 지하수 유입을 방지하기 위한 갱구 보강
③ 장비 반입	• 작업구 규격에 따른 장비 분할계획 • 장비 운반로 검토를 통한 반입노선 결정
④ 장비조립 및 발진준비	• 쉴드TBM 조립, 초기 굴진 레벨을 고려한 받침대 제작 • 작업구 장비 투입을 위한 크레인 운용 시 지지력 확보
⑤ 초기 굴진(본 굴진 준비)	• 쉴드TBM과 후방대차를 분리해서 굴진(본 굴진 효율의 약 50%) • 시공 데이터 수집, 분석하여 본 굴진 계획 수립
⑥ 본 굴진	• 선형, 막장압, 이수의 품질, 굴착토량 관리 • 세그먼트 조립, 뒤채움 주입 관리를 통해 터널 안정성 확보
⑦ 장비 도달	• 도달 작업구 갱구 보강 및 엔트런스, 받침대 설치 • 도달 전 갱구보강 상태 확인
⑧ 장비 해체(인양)	• 다음 단계 굴진을 고려한 해체, 이동, 재조립 계획 수립 • 장비해체 및 인양 시 중량물 운용에 따른 안전사고 유의

(a) 장비 제작

(b) 발진작업구 조성

(c) 장비 반입

(d) 장비조립 및 발진준비

[그림 8.1] TBM 터널 시공흐름도

(e) 초기 굴진

(f) 본 굴진

(g) 장비 도달

(h) 장비 해체 및 인양

[그림 8.1] TBM 터널 시공흐름도(계속)

그림 8.1의 시공흐름도에서 (a) 장비 제작, (b) 발진작업구 조성, (e) 초기 굴진, (f) 본 굴진 등이 TBM 시공관리 시 중요한 단계로 생각되며, 특히 TBM 장비는 계획단계에서부터 지반조건에 적합하게 검토되므로 제작이 진행된 이후에 실시설계 중이나 시공 직전에 지반조건이 다른 노선으로 계획을 변경하는 것은 심각한 문제를 야기할 수 있으므로 매우 신중하게 결정하여야 한다.

2.2 시공 시 발생할 수 있는 주요 문제

1) 작업구 내 지하수 또는 토사의 유입

발진작업구의 벽체배면 또는 굴진부 주변에 차수 및 지반보강이 충분히 이루어지지 않는 경우 그림 8.2와 같이 작업구 토공 또는 쉴드TBM 초기 굴진 시 작업구 내로 지하수나 토사가 유입될 수 있다. 이러한 경우에는 작업구 내 지하수위를 정수위까지 회복시킨 후 원인을 파악하고 추가로 지반보강을 실시하는 등의 조치를 취한 후 문제를 해결하는 것이 바람직하다. 만약 무리하게 지하수나 토사의 유입을 허용하면서 문제해결을 위한 그라우팅 등의 보강이 진행되면 더욱 상황이 심각할 수 있으므로 특히, 지하수가 높은 모래층 등에서는 매우 주의하여야 한다.

[그림 8.2] 작업구 내 지하수 유입의 사례

2) 지반의 과도한 침하

작업구 조성 또는 터널 굴진 시 보일링 현상, 막장압 관리 및 뒤채움 주입 불량, 굴착토량 관리 미비 등에 의해 그림 8.3과 같은 지반침하가 발생할 수 있다. 특히, 굴착면 하부에서 보일링 현상 등으로 인해 주변지반의 침하 또는 함몰이 발생한 경우에는 지하수를 정수위로 회복시키는 것 외에 토사를 일정 높이까지 채워 문제를 해결하는 것이 필요하다. 그리고 굴착토량의 관리가 미비하여 함몰이 발생하는 경우에는 명백한 시공관리 부실이므로 평소에 철저히 관리하여야 한다. 그리고 공동이 포함된 석회암을 굴진하는 경우에 암반 내 지하수 유출로 인해 상부 토사지반 내 지하수위 저하를 유발하는 상황도 발생할 수 있으므로 주의하여야 한다.

[그림 8.3] 지반 침하의 사례

3) 세그먼트 균열 및 처짐

제작 오차, 과도한 추력 사용, 곡선부 굴진 시 추력의 좌우 편차, 클리어런스 부족, 조립 불량 등 다양한 원인으로 인해 그림 8.4와 같이 세그먼트에 손상이 발생할 수 있다. 그리고 작업구 내 보일링 현상이 발생하여 작업구와 가까운 위치의 세그먼트 하부에 분포하는 토립자들이 이동되는 경우에도 세그먼트의 처짐이 발생할 수 있다.

[그림 8.4] 세그먼트 손상의 사례

4) 장비 굴진중단

지하수나 토사의 과다 유입으로 인해 굴진이 중단될 수 있지만 그림 8.5와 같이 예상치 못한 지층 또는 지장물의 출현으로 인해서도 굴진이 중단될 수 있다. 장비가 지반에 적합하지 않거나 사전 지장물 조사 등이 철저하게 이루어지지 않으면 이러한 현상이 발생할 수 있고 경우에 따라서는 대책수립이 어려운 경우도 있으므로 추가 지반조사를 통한 상세 지반정보 획득, 장비의 적정성 검증, 시공관리 등이 철저하게 이루어져야 한다.

[그림 8.5] 장비 굴진중단 사례

5) 굴진효율 저하

쉴드터널 굴진 중에는 그림 8.6과 같이 지층 조건, 커터의 이상 마모 등의 요인으로 인해 굴진효율이 저하되어 예정 공기 및 원가에 영향을 끼칠 수 있으므로 시공관리 시 주의하여야 한다.

[그림 8.6] 굴진효율 저하 원인의 사례

6) 기타 안전사고

이상과 같이 예상하지 못한 지반 및 지하수 조건, 시공관리의 소홀 등에 의해 발생하여 공사비, 공기 및 품질에 직접적인 영향을 주는 문제 외에도 쉴드TBM 시공 시에는 그림 8.7과 같이 중량이 무거운 장비와 자재를 반복적으로 사용하기 때문에 여러 가지 안전사고에 주의해야 한다.

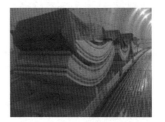

[그림 8.7] 중량물 운반의 사례

3 발진 준비와 초기 굴진

작업구 조성, 발진 준비, 초기 굴진, 본 굴진 준비 등의 과정은 그림 8.8과 같다.

[그림 8.8] 발진 준비와 초기 굴진 주요 흐름

3.1 작업구 조성

1) 작업장 조성

쉴드TBM 터널에서 작업장은 작업구의 조성뿐만 아니라 장비 및 자재의 반입과 굴착 버력의 반출을 위한 크레인의 운용, 토사 가적치를 위한 피트(Pit) 설치, 굴진 중 발생하는 각종 폐액의 처리를 위한 플랜트 설치 등을 위해 필요한 공간이다. 따라서 작업장의 소요면적은 터널의 규모, 장비의 형식(토압식 또는 이수식), 세그먼트와 각종 설비 및 자재의 적재 계획, 주변 여건 등을 고려하여 결정되어야 한다. 그림 8.9는 이수식 쉴드TBM 터널의 작업장 조성 사례이다.

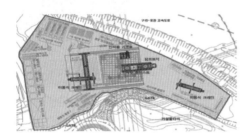

[그림 8.9] 작업장 조성 사례

2) 작업구 조성

쉴드TBM 터널의 작업구는 기본적으로 발진작업구와 도달작업구로 구성되며, 터널계획에 따라 중간작업구를 설치할 수 있다.

쉴드터널에서 작업구는 구조적으로 터널의 시·종점 역할을 하며, 기능적으로 굴진을 위한 장비와 자재의 반입·반출구, 작업인력의 진·출입구, 버력의 반출통로 역할 등을 한다. 쉴드TBM 터널 시공 중에는 굴진방향

[그림 8.10] 쉴드터널 작업구 전경

에 따라 발진작업구와 도달작업구로 단순하게 구분할 수 있지만, 터널이 완공된 이후에는 영구구조물로서 정거장, 환기구, 점검구 등의 역할을 하게 된다. 따라서 작업구는 쉴드터널 시공과 목적구조물의 유지관리를 위해서 중요한 시설이라 할 수 있다. 그림 8.10은 도시철도 정거장을 작업구로 사용한 사례를 나타낸다.

(1) 작업구 크기

작업구의 크기는 영구구조물 계획에 영향을 받지만 쉴드 시공 측면에서는 쉴드 장비의 규격과 작업구 내에서의 조립 및 해체 계획, 엔트런스 설치 계획, 반력벽과 반력대 등 초기 굴진을 위한 반력 시스템의 설치 및 운용 계획과 더불어 각종 배관, 전선, 가설 계단 및 엘리베이터 설치 계획을 고려하여 결정되어야 한다. 쉴드TBM 장비 조립을 위한 작업구의 공간이 부족한 경우에는 굴진 방향 앞이나 뒤편으로 임시 터널(Pilot Tunnel)을 조성하여 운용하는 경우도 있다. 그림 8.11은 원형으로 조성된 작업구 사례를 나타낸다.

[그림 8.11] 원형 작업구 조성 사례

(2) 작업구 형상

작업구의 형상은 터널 완공 후 영구구조물의 사용 용도에 따라 사각형과 원형으로 계획할 수 있다(표 8.2). 사각형은 유효면적이 넓어 작업공간 활용에 유리한 반면 원형은 작업공간 활용에 다소 불리하지만 구조적으로 유리한 장점이 있다.

[표 8.2] 쉴드터널 작업구 형상

구분	사각형	원형
개요도	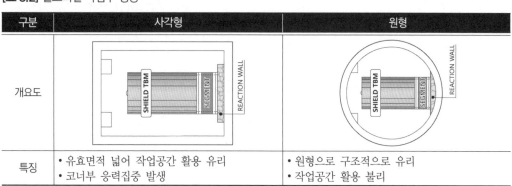	
특징	• 유효면적 넓어 작업공간 활용 유리 • 코너부 응력집중 발생	• 원형으로 구조적으로 유리 • 작업공간 활용 불리

(3) 작업구 조성공법

작업구 조성공법은 가용 가능한 부지의 면적, 계획하는 작업구의 형상, 굴착심도, 지반 및 지하수 조건 등 여러 가지 요소를 고려하여 결정하여야 한다(표 8.3). 그리고 최근에는 대심도에서 슬러리 월(Slurry Wall)을 이용한 원형작업구의 적용 빈도가 증가하고 있는데 시공 시 벽체의 수직도가 오차범위 내 유지될 수 있도록 철저하게 관리하여야 한다.

[표 8.3] 쉴드터널 작업구 조성공법(예)

구분	C.I.P	Slurry Wall	H-pile+토류벽
개요도			
평면 형상			
특징	• 단면강성 큼 • 별도의 차수공 필요 • 천공개수가 많음	• 단면강성 가장 큼 • 별도의 차수공 불필요 • 공사비 고가	• 천공개수 최소화 • 별도의 차수공 필요 • 연성벽체로 변위량 큼

3) 갱구부 지반보강

(1) 지반보강의 중요성

굴진대상 지반이 연약한 경우 초기 굴진 시 작업구 내로 지하수나 토사의 유입이 발생하고 이로 인해 주변 지반이 침하하거나 발진시설의 기능 마비, 장비의 침수 및 침하 등의 문제가 발생할 수 있으므로 사전에 갱구부 지반보강이 철저히 이루어지는 것이 매우 중요하다.

(2) 지반보강의 범위

갱구부 지반보강 범위는 다양한 조건을 고려해서 결정되어야 하고 국내 설계기준 등에서도 명확한 방법이 제시되어 있지 않지만 쉴드TBM의 직경 및 길이, 지반 및 지하수 조건과 발진·도달 등 작업구의 유형에 따라 계획되므로(그림 8.12 참조) 사전에 이를 확인하고 필요시 보완하는 것이 중요하다. 지반보강에서 가장 유의해야 할 점은 계획에 맞게 보강을 하더라도 시공 품질에 따라 효과가 다양하게 나타날 수 있으므로 시험시공, 확인조사를 통해 반드시 품질을 확인해야 한다.

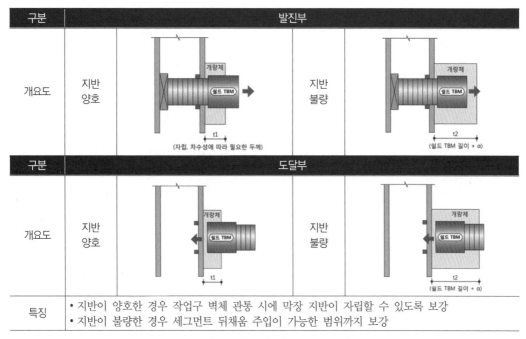

구분	발진부				
개요도	지반 양호		개량체 쉴드 TBM t1 (자립, 차수성에 따라 필요한 두께)	지반 불량	개량체 쉴드 TBM t2 (쉴드 TBM 길이 + α)

구분	도달부				
개요도	지반 양호		개량체 쉴드 TBM t1	지반 불량	개량체 쉴드 TBM t2 (쉴드 TBM 길이 + α)
특징	• 지반이 양호한 경우 작업구 벽체 관통 시에 막장 지반이 자립할 수 있도록 보강 • 지반이 불량한 경우 세그먼트 뒤채움 주입이 가능한 범위까지 보강				

[그림 8.12] 갱구부 지반보강의 범위

(3) 지반보강 공법

갱구부 지반보강은 지반을 고결시켜 투수성을 낮추고 지반강도를 증가시키기 위해 실시되므로 지층조건, 개량심도 등을 고려하여 적합한 공법이 선정되어야 한다(표 8.4).

[표 8.4] 지반보강 공법 예

구분	저압 그라우팅	고압분사 그라우팅	심층혼합처리
시공 전경			
공법 개요	• 저압으로 그라우트재를 주입, 충전하여 개량지반을 형성	• 고압으로 지반을 절삭, 분사하면서 고화재를 주입하여 개량체 형성	• 원지반에 고화재를 주입하면서 교반, 혼합하여 개량체 형성

그림 8.13은 지반보강의 적용 사례를 나타낸다. 쉴드TBM 통과지층은 느슨한 모래층이며, 굴진 시 막장면 자립을 위한 강도 증가와 차수성 확보를 목적으로 발진구 보강, 쉴드 추진력이 반력벽을 통해 지반으로 전달될 때 변위를 제어하기 위해 반력벽 보강, 그리고 보일링 현상을 방지하기 위해 굴착면 하부 지반보강이 계획되었다. 개량심도가 30~50m로 깊고 약 3~5bar의 높은 수압이 작용하는 점을 고려하면 고압분사 그라우팅이 어려울 것으로 예상되었지만 확인 조사를 병행하면서 추가 그라우팅을 보완 실시하여 개량체를 형성한 결과 굴착 이후 굴착면 바닥으로 침투수 및 토립자의 유출이 발생하지 않았던 성공적인 사례이다.

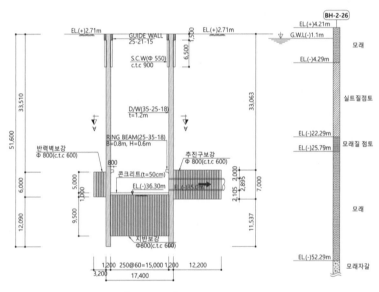

[그림 8.13] 지반보강 적용 사례

(4) 지반보강 시 유의사항

작업구 지반보강 시에는 다음 사항에 유의하여야 한다.

① 시공계획 단계에서는 지층 및 지하수 조건, 쉴드TBM의 규격을 고려하여 적절한 지반보강 영역이 계획되었는지 상세 확인하여야 한다. 특히 대심도 터널의 경우에는 보강심도가 깊어짐에 따라 적용 가능한 공법이 제한적이고 보강을 하더라도 개량체 품질의 신뢰성이 낮을 수 있으므로 공법의 유효성을 상세 검증하여야 한다.

② 현장 시험시공을 통해 주입량 또는 분사량, 인발 속도, 사용 압력 등 계획된 지반보강공법의 특성에 따른 적정성을 평가해야 한다.

③ 시험시공 후에는 품질확인시험을 실시하여 개량체가 균질하게 형성되었는지 확인하는 것이 매우 중요하며, 특히 지하수위가 높은 모래층에서는 더욱 철저하게 확인되어야 한다. 고압분사 그라우팅이나 심층혼합처리 공법의 경우에는 개량 후 시추 코어링 (Coring)이 가능하므로 코어회수율(TCR) 평가를 통해 개량 정도를 확인해야 하며, 특히 개량체 중첩부의 품질확인이 필요하다.

그림 8.14는 갱구부 고압분사 그라우팅 시험시공 후 시추 코어 상태를 나타내며, 적용 공법에 따라 코어회수율(TCR)에 차이를 보임을 알 수 있다.

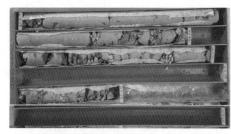 
(a) TCR 50% 미만(A공법)　　　　　　　(b) TCR 95% 이상(B공법)

[그림 8.14] 갱구부 고압분사 그라우팅 후 시추 코어링 사례

3.2 발진 준비

1) 발진 받침대 설치

발진 받침대는 작업구 바닥에 설치하여 쉴드TBM의 조립과 최초 굴진 시 받침대 역할을 하기 때문에 쉴드TBM의 하중을 적절히 분산시키고 굴진 시 저항을 최소화할 수 있는 구조로 계획해야 한다. 일반적으로 발진 받침대는 고정식으로 제작되지만 굴진계획과 작업구의 조건에 따라 쉴드TBM의 횡방향 이동이나 회전(U-turn)이 필요한 경우에는 이동식으로 제작되어야 한다. 그림 8.15는 발진 받침대 시공 순서를 나타낸다.

 →  →
바닥콘크리트 타설　　　　　　　철판 설치　　　　　　　받침대 설치

[그림 8.15] 발진 받침대 시공 순서

2) 장비의 투입 및 조립

작업구가 조성되고 발진 받침대가 준비되면 쉴드TBM 장비를 조립해야 한다. 쉴드TBM 장비는 크기와 중량으로 인해 공장에서 분할하여 현장에 반입되기 때문에 크레인을 이용하여 작업구에 투입하여 조립하는 것이 일반적이다(그림 8.16). 크레인 사용 시에는 지반의 지내력이 접지압을 지지할 수 있도록 기초지반의 안정성을 확보하는 것이 중요하고 투입된 장비는 정해진 순서에 따라 조립한다.

[그림 8.16] 장비 투입 및 조립 전경

쉴드TBM 장비의 투입 및 조립 시에는 다음 사항에 유의하여야 한다.

① 장비를 현장에 반입하기 위한 운반 시에는 도로 상태, 지상의 장애물, 교량의 허용하중 등을 고려하여 운반로를 계획하여야 하고 현장에서 수립한 조립 공정 및 현장 부지 여건에 따라 반입계획을 수립하여야 한다.

② 현장여건에 따라 장비가 운송차량에 적재된 상태에서 직접 인양할지 작업장 부지에 가적치할지를 계획해야 하며, 가적치를 하는 경우에는 크레인 작업 반경 내에 하는 것이 유리하다. 또한 사전에 도면을 작성하여 크레인 운용에 따른 작업 반경 내 장애물 유무를 확인하여야 한다(그림 8.17).

③ 장비 본체의 분할 항목 및 제원표에 따른 장비의 크기와 중량, 작업방법에 따른 인양거리를 고려하여 적정 용량의 크레인을 선정해야 하고 커터헤드와 같이 흔들림이 발생할수 있는 부분을 인양 시에는 보조크레인 사용을 계획해야 한다.

④ 장비 인양 시 크레인 접지압을 고려하여 지반의 지내력을 확보하여야 하며, 크레인 접지압은 인양 각도, 거리, 높이에 따른 최대 접지압을 고려하여야 한다. 지내력 검토결과에 따라 직접기초 또는 말뚝기초를 계획할 수 있다.

⑤ 장비를 수직구 내로 투입하기 위해 인양할 때에는 중량을 고려한 인양거리 및 각도를 유지하여야 하며, 크레인의 아웃리거(Outrigger)의 상태를 면밀히 관찰하여야 한다.

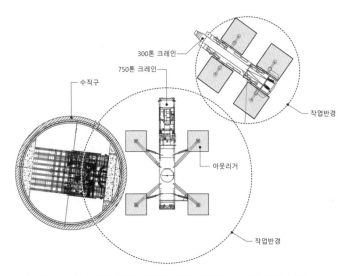

[그림 8.17] 수직구 장비 투입을 위한 이동식 크레인 운용 사례

3) 추진 반력대 설치

추진 반력대는 초기 굴진 시에 쉴드TBM의 추진 잭(Jack) 반력을 지반에 전달하는 역할을 하는데 H-Beam과 가설 세그먼트를 이용하여 현장 제작하는 것이 일반적이다(그림 8.18, 8.19).

설계단계에서 추진 잭의 추력, 작업구의 여유 공간, 지반조건 등을 고려하여 구조해석 등을 통해 반력대의 구조를 계획하지만 시공 중에는 현장여건과 초기 굴진 시 잭의 가동계획 등을 고려하여 안정성을 재확인한 후에 시공하는 것이 필요하다.

[그림 8.18] 1차 반력대 형상(예)

(a) H-beam을 이용한 1차 반력대　　　　(b) 가설세그먼트를 이용한 2차 반력대

[그림 8.19] 추진반력대의 형태

4) 엔트런스 설치

엔트런스(Entrance)는 쉴드TBM을 정해진 선형에 따라 굴진하기 위한 출·입구의 역할을 한다. 발진 및 도달굴진 시 쉴드TBM이 작업구를 관통하는 과정에서 지하수, 이수(Slurry), 토사 및 뒤채움 주입재가 작업구 내로 역류하는 것을 방지하기 위해 철판 및 고무 재질의 엔트런스 패킹(Packing)을 설치한다. 그림 8.20은 엔트런스 및 갱문구조물 설치 사례를 나타낸다.

(a) 엔트런스 설치　　　　　　　(b) 갱문구조물 및 패킹 설치

[그림 8.20] 엔트런스 및 갱문구조물

그림 8.21은 국내에서 적용 빈도가 높은 엔트런스 패킹의 구조를 나타내며, 시공 중에는 다음 사항에 유의하여야 한다.

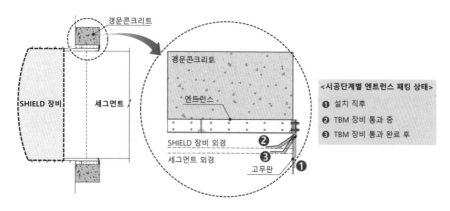

[그림 8.21] 엔트런스 패킹의 구조

① 반복측량을 통해 엔트런스를 정확한 위치에 설치해야 한다.
② 엔트런스에 사용하는 철판과 볼트는 수압에 대응할 수 있도록 두께, 규격을 계획하여야 한다.
③ 엔트런스는 커터헤드의 직경을 고려하고 커터헤드 회전에 의해 고무 재질의 엔트런스 패킹이 손상되지 않도록 여유 있게 제작해야 한다.
④ 엔트런스 패킹에는 윤활유를 도포하여 찢어짐 등 파손에 유의해야 한다.
⑤ 초기 굴진 시 지하수 및 이수의 유출 여부를 확인하면서 저속 굴진해야 한다.
⑥ 굴진 초기에는 뒤채움 주입장치를 통한 주입이 어렵기 때문에 굴진에 의해 쉴드 테일부가 엔트런스로부터 일정 거리 이상 이격되었을 때 그림 8.22와 같이 엔트런스에 설치된 공기 배출구로 그라우트를 주입하여 굴착면과 세그먼트 사이의 공간을 채우도록 한다. 이를 통해 막장압 유지를 위한 이수와 지하수가 수직구 내로 유입되는 것을 방지할 수 있다.

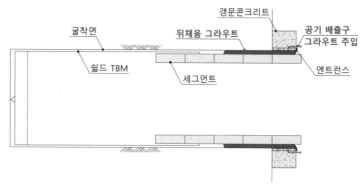

[그림 8.22] 엔트런스를 통한 초기 뒤채움 주입

5) 작업구 벽체의 관통

작업구 벽체가 슬러리 월(Slurry Wall)이나 C.I.P와 같이 철근콘크리트 벽체인 경우에는 쉴드TBM 장비가 직접 굴진하기 어렵기 때문에 사전 제거가 필요하다. 그러나 철근콘크리트로 조성된 벽체를 제거하기 위해서는 공기가 많이 소요될 수 있으므로 쉴드TBM 굴진부에 철근 대신 탄소섬유나 강판(철판 구조체)을 사용함으로써 작업을 용이하게 하여 공기를 절감할 수 있다(표 8.5).

[표 8.5] 쉴드 작업구 벽체 관통부 시공방법(예)

구분	철근 + 콘크리트	탄소섬유 + 콘크리트
개요도		
특징	• 철거작업 어려움 • 공기 소요	• 직접 굴진 가능 • 재료비 증가

철근콘크리트 벽체를 관통할 때에는 다음 사항에 유의하여야 한다.

① 토사 비트로 콘크리트를 관통하기가 어렵기 때문에 부분적으로 커터를 배치하는 것이 유리하다.
② 이수식 쉴드TBM에서 파쇄된 콘크리트가 배니관을 폐색시키지 않도록 크러셔(Crusher)를 계획하는 것이 유리하다.
③ 갱구부 지반보강이 되어 있더라도 콘크리트 관통 시에는 지하수 유입 여부를 확인하면서 굴진해야 한다.

3.3 초기 굴진

1) 개념

초기 굴진 구간의 개념은 다음과 같이 두 가지 측면에서 설명될 수 있다.

첫 번째는 세그먼트와 지반 사이의 마찰저항력이 쉴드 잭(Jack)의 추력(Thrust)보다 작아서 별도의 반력이 필요한 구간의 길이이다. 쉴드TBM은 면판의 회전력과 장비 후방에 설치된 쉴드 잭의 추력을 이용하여 굴진하는데 추력을 면판에 전달하기 위해 필요한 반력은 세그먼트와 지반 사이의 마찰력을 통해 발휘된다. 그러나 세그먼트가 필요한 마찰저항력을 발휘할 정도로 시공되기 전까지는 반력대가 반력을 부담해야 한다.

두 번째는 본 굴진에 필요한 후방대차를 터널 내에 모두 설치하기 위해 확보되어야 하는 길이이다. 본 굴진을 위해서는 O/P실(Operation Room), 그라우팅 장치(Grout Injection Device), 그리스 펌프(Grease Pump), 물탱크(Water Tank) 등 장비를 운용하기 위한 각종 설비가 필요한데 이들은 모두 쉴드TBM 후방에 설치되며, 이를 후방대차라고 한다. 후방대차가 터널 내에 모두 설치된 이후에야 비로소 본 굴진이 시작될 수 있다.

따라서 초기 굴진은 세그먼트와 지반 사이의 마찰저항이 쉴드 잭의 추력보다 크게 발휘되기 위해 필요한 최소 길이와 후방대차를 설치하는 데 필요한 길이 중 더 큰 길이에 해당되는 지점까지의 굴진을 의미한다.

2) 초기 굴진 시 유의사항

그림 8.23과 같이 초기 굴진은 본격적인 굴진을 위한 준비가 완전히 되지 않은 상태에서의 굴진이기 때문에 다음과 같은 사항에 유의하여야 한다.

① 엔트런스를 통한 토사 및 지하수의 유입이 발생할 수 있으므로 갱구부 지반보강 시 철저한 시공 및 품질관리가 필요하다.

② 쉴드TBM이 지반굴진을 시작하면서 각종 배관과 전선 연결 등 후속작업으로 인해 대기 시간이 길어질 경우 장비 침하에 대비해야 한다. 특히 초반부에 장비 헤드부의 처짐에 대응하기 위해 지반조건에 따라 차이는 있지만 계획된 선형에 비해 약 10~20mm 정도 높게 쉴드TBM을 굴진하는 등의 관리가 필요하다.

③ 초기 굴진은 엔트런스 진입이나 갱구부 지반보강 구역까지는 굴진속도를 낮추어 굴진해야 하며, 세그먼트의 분할 공급 및 토사의 반출효율 저하, 초기 굴진용 호스나 전선 등의 풀링(Pulling) 작업 등으로 인하여 일 평균 굴진량이 본 굴진의 50% 이하로 운용

375

되는 것이 일반적이다.

④ 지반의 상태, 쉴드TBM 장비의 조작성, 작업 사이클 등의 데이터를 초기 굴진 시 수집
·분석하여 본 굴진 계획을 확인하고 필요시 수정하여야 한다.

세그먼트 투입

터널 내 배관작업

굴진

[그림 8.23] 초기 굴진 시공전경

3.4 본 굴진 준비

계획된 초기 굴진 연장까지 굴진이 완료되면 굴진효율을 높일 수 있도록 본 굴진 단계로 전
환해야 한다. 본 굴진을 준비하기 위해서는 초기 굴진을 위해 설치하였던 반력대, 가설세그먼
트와 각종 호스 및 전선을 해체해야 하고 본 굴진을 위한 받침대를 작업구에 설치해야 한다.
그리고 후방대차를 터널 내에 설치하고 각종 호스 및 전선을 연결해야 한다. 그림 8.24는 단계
별 작업구 상태를 나타낸다.

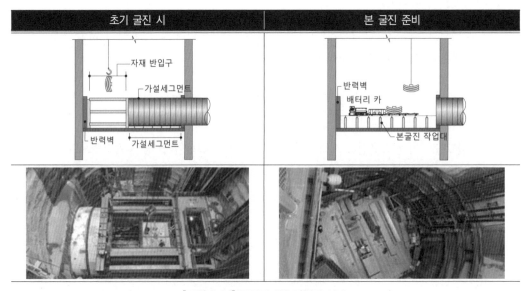

[그림 8.24] 굴진단계별 작업구 상태

4 본 굴진과 도달

4.1 선형관리

계획된 노선을 따라 터널을 완공하기 위해서 선형관리는 매우 중요하다. 최근 쉴드터널에서는 선형관리를 위해 그림 8.25와 같이 자동측량시스템을 운용하는데, TBM 운전실에서 실시간으로 모니터링하고 선형을 조정할 수 있을 뿐만 아니라 TBM의 이상 작동 시 경보시스템이 작동하기 때문에 안정적인 관리가 가능하다.

이와 같이 개선된 자동시스템들이 적용되고 있지만 전문 인력에 의한 확인측량을 주기적으로 실시하여 시스템을 통한 선형관리를 보완하는 것이 바람직하다.

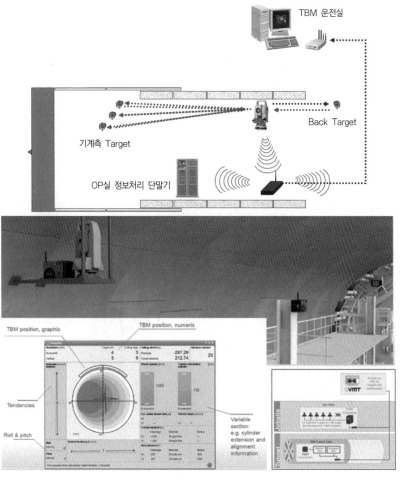

[그림 8.25] 측량을 통한 선형관리

4.2 굴착관리

쉴드TBM에서 굴착관리는 막장압과 굴착토 배출량을 적절히 관리하는 것으로서 지표침하가 허용값 이내에서 유지될 수 있도록 안정적으로 굴진이 되어야 한다. 이를 위해서는 막장압 관리, 이수의 품질관리, 굴착토량 관리가 중요하다.

1) 막장압 관리

밀폐형 쉴드TBM에서 막장압은 챔버(Chamber)를 채운 굴착토사나 이수(Slurry)에 의해 유지된다. 굴착토사와 첨가제를 이용하여 막장압을 유지하는 방식을 토압식 쉴드TBM(Earth Pressure Balanced Shield TBM)이라 하고 이수를 이용하여 막장압을 유지하는 방식을 이수식 쉴드TBM(Slurry Pressure Balanced Shield TBM)이라 한다. 그림 8.26은 이수식 쉴드 TBM의 막장압 모식도를 나타낸다.

막장압이 유지되지 않으면 지반의 체적손실(Volume Loss)이 발생하고 이로 인해 지반손실, 즉 지표면 침하로 발전하게 되어 도로나 상부구조물에 심각한 피해를 초래하게 된다. 일반적으로 막장압은 막장에 작용하는 외력(토압+수압)보다 다소 크게 유지하는 것이 유리하며, 시공 중에는 토피고, 지하수위에 따라 작용 외력이 수시로 변화하기 때문에 지속적으로 확인하고 조정·관리해야 한다.

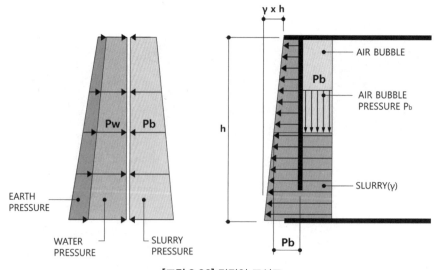

[그림 8.26] 막장압 모식도

이와 같이 막장압은 굴착면의 지층 및 지하수 조건에 따라 달라지기 때문에 계측 데이터 및 배토량 등과 연계하여 관리하는 것이 바람직하다.

2) 이수의 품질관리

이수식 쉴드TBM은 커터 챔버 내에 충전된 이수의 압력으로 막장 안정을 유지하기 때문에 이수의 품질관리가 중요하다. 이수의 품질관리를 위해서는 비중, 점성, pH, 사분 함유량 및 Water Loss 등을 관리해야 하는데 굴착 대상 지반의 토질조건, 입도분포 등에 따라 이수를 구성하는 각 항목에 대한 적정치가 달라지므로 굴진 시 시공기록 분석을 통해 최적의 관리치를 선정해야 한다. 표 8.6은 이수 품질관리 사례를 나타낸다.

[표 8.6] 이수 품질관리 사례(원주~강릉 11-3공구)

대상 지층	비중	점성(cps)	pH
사질층	1.04~1.30	30~40	7.5~11.5
점토층	1.02~1.20	25~40	7.5~11.5

① **사질층 통과 시 이수관리** : 이수의 비중이 높고 점성이 낮을 경우 막장압 유지에 어려움이 있을 수 있으므로 관리기준 내에서 비중은 다소 낮게, 점성은 높게 관리하는 것이 바람직하다.

② **점토층 통과 시 이수관리** : 굴착 중 점성이 현저히 증가된 이수를 사용 시에는 면판에 고형화된 미립자가 쌓여 개구부 폐색현상으로 인해 커터 디스크의 회전을 방해하고 챔버 내에 슬라임(Slime)이 쌓여 굴진 속도가 저하될 수 있다. 또한 송·배니관의 폐색을 유발할 수 있고 디샌더(Desander)에서 처리되는 굴착토의 수분 함유량을 증가시키게 되므로 굴착토와 이수의 분리작업에 지장을 초래한다. 이를 방지하기 위해서는 사전에 지층조건을 예상하여 이수의 품질을 조정해야 한다.

③ **이수 및 굴착토 처리** : 배니관을 통해 배출되는 배니수에는 굴착토와 이수가 혼합되어 있기 때문에 이를 분리시키고 이수를 순환시키기 위한 설비가 필요하다(그림 8.27). 디샌딩(Desanding)과정에서 굴착토와 분리된 이수는 조정조로 이송되어 비중, 점성, pH 등의 조정을 거친 후 송니관을 통해 굴진에 재사용된다. 굴착토는 그림 8.28과 같은 처리단계를 거쳐 분리된 후에 사토 또는 폐기물 처리되고 이 과정에서 발생하는 오폐수는 처리시설을 거쳐서 방류하거나 재사용된다.

[그림 8.27] 이수처리 설비

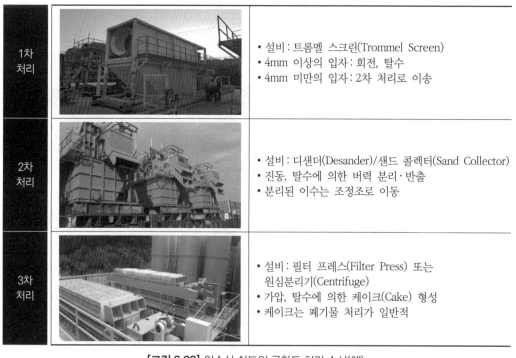

1차 처리		• 설비 : 트롬멜 스크린(Trommel Screen) • 4mm 이상의 입자 : 회전, 탈수 • 4mm 미만의 입자 : 2차 처리로 이송
2차 처리		• 설비 : 디샌더(Desander)/샌드 콜렉터(Sand Collector) • 진동, 탈수에 의한 버력 분리·반출 • 분리된 이수는 조정조로 이동
3차 처리		• 설비 : 필터 프레스(Filter Press) 또는 원심분리기(Centrifuge) • 가압, 탈수에 의한 케이크(Cake) 형성 • 케이크는 폐기물 처리가 일반적

[그림 8.28] 이수식 쉴드의 굴착토 처리 순서(예)

3) 굴착토량 관리

쉴드TBM에서 굴착토량은 굴착 단면적과 연장에 의해 결정된다. 그리고 배출되는 굴착토량 관리는 막장압 및 지반침하 관리 등과 직접적으로 연관되는데 시공속도를 높여서 짧은 시간에 굴착토를 과다 배출하면 막장압 유지가 어려울 수 있고 계획 굴착량보다 많은 토량이 배출됨으로 인해 지반손실, 지표면 침하가 발생할 수 있다. 따라서 시공효율을 높이면서도 지반의 안정성을 확보할 수 있도록 적절한 굴착토량 관리가 필요하다. 쉴드 형식에 따른 굴착토량 관리방법은 다음과 같다.

① 이수식 쉴드에서의 굴착토량 관리

이수식 쉴드에서 굴착토량은 굴착량, 건사량(Dry Soil Volume)으로 관리한다("Chapter 5" 참조). 굴착량 및 건사량은 송, 배니관에 설치된 유량계와 밀도계(그림 8.29)를 통해 측정·계산되며, 배토량 관리를 위해서는 주기적으로 계기의 정확도 및 정밀도를 확인해야 한다. 각 세그먼트 링을 조립하는 동안 유량계의 자동 보정이 가능하며, 이를 통해 송니관과 배니관 사이의 측정값 오차를 최소화할 수 있다.

[그림 8.29] 송·배니관에 설치된 유량계와 밀도계

굴착토량 관리에서 이론적인 굴착토량은 굴착 단면적과 스트로크 길이를 통해 산정되므로 하나의 기준값으로 사용할 수 있지만 계측을 통한 굴착토량은 지반 특성에 영향을 많이 받고 이수의 지반 내 침투량이나 지하수 유입량 등이 포함되어 있기 때문에 이를 각 링당 기준값과 대비하여 관리하는 데에는 한계가 있다. 따라서 현장에서는 계측값을 통계처리하여 기대값과 표준편차를 산정하고 관리값의 상한 및 하한을 정하여 관리하는 방법을 주로 사용한다.

② 토압식 쉴드에서의 굴착토량 관리

토압식 쉴드에서 막장안정을 유지하면서 굴착토를 원활하게 배토하기 위해서는 소성 유동성을 확보해야 한다. 굴착 지반에 세립분이 많이 함유되어 있고 입도분포가 양호한 경우에는 별도의 첨가제 없이 소성 유동성을 확보할 수 있으나 사질토나 자갈이 많이 함유되어 있거나 입도분포가 나쁜 경우에는 폴리머(Polymer), 기포(Foam) 등의 첨가제를 주입하여 소성 유동성을 확보해야 한다.

굴진을 통해 굴착된 토사는 챔버(Chamber)와 연결된 스크류컨베이어를 통해 벨트 컨베이어로 배출되기 때문에 육안으로 직접 확인할 수 있고 배출되는 굴착토량은 체적과 중량 측정을 통해 관리할 수 있는데 현장에서는 그림 8.30과 같은 방법이 주로 사용된다.

벨트 스케일

레이저 스캐너

버력대차 체적 및 중량

토사피트 체적

[그림 8.30] 토압식 쉴드TBM 굴착토량 관리 방법

- 벨트 스케일(Belt Scale) : 벨트 컨베이어에 부착된 벨트 스케일을 통해서 굴착토의 중량을 환산하여 체적을 측정할 수 있다.
- 레이저 스캐너(Laser Scanner) : 스크류컨베이어에서 배토된 토사는 벨트 컨베이어를 거쳐서 버력대차에 적재된다. 이때 벨트 컨베이어에 레이저 스캐너를 설치하여 반출되는 토사의 체적을 측정할 수 있다.
- 버력대차 : 대차의 용량과 적재량을 통해 체적을 측정할 수 있고 대차를 직접 인양하는 경우 문형크레인에 설치된 중량계를 통해 중량을 측정할 수 있다.
- 토사피트 : 토사피트에 적재되는 체적을 측정할 수 있다.

그러나 굴착된 토사의 단위중량이나 토량을 환산하기 위한 토량환산계수의 결정, 스크류컨베이어의 배토효율, 벨트 스케일 또는 레이저 스캐너의 정확도, 버력대차와 토사피트를 이용한 계량 시 오차 등으로 인해 정확한 계량은 다소 어려운 측면이 있다. 국내 현장에서는 버력대차의 체적 및 중량을 측정하는 방법이 많이 적용되는 것으로 확인되지만 기타 다른 방법도 병행해서 평가하여 보완하는 것이 바람직하다고 판단된다. 그리고 기록상 굴착토량이 잘 관리되고 있다고 하더라도 지반변형과 관련된 계측결과와 비교하여 지반 함몰 등의 현상이 발생하지 않도록 관리하는 것이 중요하다.

4.3 세그먼트 조립 및 설치

세그먼트는 쉴드터널의 지보재 역할을 하며, 공장 제작하여 현장에 반입된 뒤 TBM 테일 (Tail)부에서 링(Ring) 형태로 조립된다.

1) 세그먼트 종류

세그먼트는 사용재료에 따라 표 8.7과 같이 RC 세그먼트, 강재 세그먼트, 강섬유 보강 세그 먼트 등이 있다. 국내에서는 그림 8.31과 같이 주로 RC 세그먼트를 사용하며, 피난연결통로부 나 짧은 구간에서 선형 회복이 필요한 경우 등 특수한 목적으로 강재 세그먼트를 사용한다.

[표 8.7] 세그먼트의 종류

구분	RC 세그먼트	강재 세그먼트	강섬유 보강 세그먼트
개요도			
특징	• 강성이 크고 경제적 • 중량이 무거워 운반, 취급에 불리	• 중량이 가벼워 취급 용이하며, 지반변형 대응 유리 • 재료비가 고가	• 세그먼트 단면 최적화로 공사비 절감 가능 • 시공 사례가 적음

 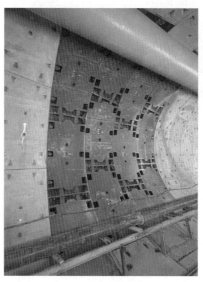

[그림 8.31] RC 세그먼트(좌) / 피난연결통로부에 사용된 강재 세그먼트(우)

2) 세그먼트 분할

세그먼트는 공장에서 제작하여 현장에 반입되고 터널 내로 운반되어 굴진 직후 조립된다. 또한 세그먼트는 1링을 기준으로 할 때 크기가 크고 중량이 200~400kN(지하철 단면 기준으로서 Stroke 길이에 따라 차이)에 달하기 때문에 운반 및 조립의 편의성을 위해 여러 개로 분할하여 제작된다. 일반적으로 세그먼트의 분할 방식은 표 8.8과 같고 터널의 직경, 내구성, 방수성과 시공성 등을 고려하여 결정된다.

[표 8.8] 세그먼트 분할 방식

구분	균등 분할	불균등 분할
개요도		
특징	• 모든 세그먼트를 균등하게 분할 • K형 세그먼트의 취급 및 조립이 불리	• K형 세그먼트의 크기를 작게 제작 • K형 세그먼트의 취급 및 조립이 용이

(a) Pin 타입 이렉터   (b) Vacuum 타입 이렉터

[그림 8.32] 세그먼트 조립을 위한 이렉터

세그먼트의 분할 방식은 K형 세그먼트 형태에 따라 달라질 수 있는데 지금까지는 K형 세그먼트를 작게 제작하여 조립하는 불균등 분할 방식(A+B+K)이 주로 적용되었다. 하지만 최근에는 그림 8.32와 같이 진공(Vacuum) 타입 이렉터(Erector)를 사용하여 세그먼트를 조립하기에 유리하고 세그먼트 제작용 몰드(Mould)를 최소화할 수 있는 균등 분할 방식(S+K)을 적용하는 사례도 증가하고 있다.

3) 세그먼트 조립방법

세그먼트의 조립은 세그먼트의 분할형태, 이음부 연결방식, 조립 시 인양방식 등 여러 가지 요소가 고려되어야 한다. 일반적인 세그먼트의 구조와 조립방법은 그림 8.33, 표 8.9와 같다.

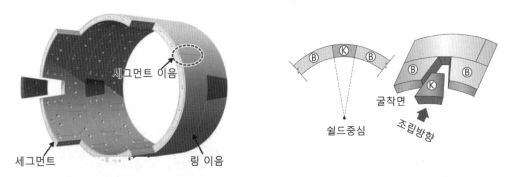

[그림 8.33] 세그먼트의 구조(좌) / Key 세그먼트 축방향 조립방법(우)

[표 8.9] Key 세그먼트 위치에 따른 조립방식

구분	지그재그 방식	스트레이트 방식
개요도		
특징	• 세그먼트 링마다 Key 세그먼트의 위치가 변화되도록 조립 • 구조적으로 안정하며, 선형관리에 유리	• Key 세그먼트의 위치를 동일하게 조립 • 조립이 간편하지만 구조적으로 취약하며, 선형관리에 불리

4) 세그먼트 시공 시 유의사항

• 세그먼트 제작공장 검수 등 반입에서 조립까지 단계별 품질관리 계획을 수립하여야 한다.
• 쉴드터널 굴진공정에 따라 세그먼트 공급에 차질이 없도록 여유물량을 확보하여야 하며, 세그먼트 야적장을 충분히 확보하고 야적 시에는 자중을 고려한 적재 계획을 수립하여야 한다.
• 현장에 반입된 세그먼트에 지수재를 부착할 때에는 접착제를 이용하며, 도포 부위에 이물질을 제거하여야 한다.

- 터널 내 반입 시에는 문형크레인 등을 이용하고 인양 시 벨트 등으로 흔들림 없이 고정하여 야 한다.
- 세그먼트 조립 시에는 이렉터를 이용하여 계획된 조립순서에 따라 조립해야 하고 볼트는 적정 조임력으로 체결해야 한다(그림 8.34).
- 곡선부 등에서 테이퍼 세그먼트를 사용하는 경우에는 쉴드TBM의 굴진 선형에 세그먼트 선형이 일치할 수 있도록 Key 세그먼트의 위치를 조정해야 한다.
- 세그먼트 연결 볼트는 쉴드의 추진반력에 의한 진동 등으로 인해 느슨해질 수 있으므로 후방에서 2차 조임을 실시해야 한다.

[그림 8.34] 세그먼트의 조립

4.4 뒤채움 주입

쉴드TBM으로 터널을 굴착하면 그림 8.35와 같이 세그먼트와 굴착면 사이에 필연적으로 공간이 생기는데 이를 테일보이드(Tail Void)라고 한다. 테일보이드를 신속하게 뒤채움하지 않으면 터널 주변 지반이 이완되고 터널 내부로 지하수 누수가 발생할 뿐만 아니라 세그먼트 링이 안정되지 않아 굴진 시 거동이 발생할 수 있다.

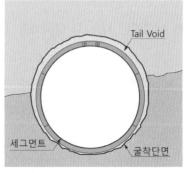

[그림 8.35] 쉴드터널 테일보이드

1) 주입 재료

뒤채움을 위해서는 굴착 대상 지반조건에 적합한 주입재료(표 8.10)의 선정이 중요하다. 뒤채움 재료에 요구되는 특성은 다음과 같다.

- 충전성이 우수한 재료
- 유동성이 좋고 재료분리가 적은 재료
- 초기강도 발휘가 좋은 재료
- 경화 후 체적감소가 적고 투수성이 작은 재료

[표 8.10] 뒤채움 주입재료

구분	가소상 그라우팅	몰탈 주입재	시멘트 밀크
사용 재료	• 가소상 시멘트계로 작은 압력으로 유동성 발휘가 가능한 재료	• 시멘트 몰탈	• 시멘트 밀크 • 규산, 벤토나이트 첨가
특징	• 재료분리가 적음 • 지하수 영향이 적음 • 조기 강도가 큼	• 시공성 및 충전성 우수 • 경제성 우수 • 용출수 구간 적용 어려움	• 시공성 및 충전성 우수 • 경제성 우수 • 자립 지반에서 효과적

최근 국내 대구경 쉴드의 경우 대부분 가소상 그라우트 재료를 사용하여 뒤채움을 하고 있는데 시공 시에는 주입재료의 유동성, 겔 타임, 지층 조건 등을 고려하여 적절한 현장 배합비를 결정하기 위해 터널 연장을 기준으로 일정 간격마다 또는 지층이 변화하는 구간에서 시험 배합을 실시하도록 한다.

2) 주입 방법

뒤채움 주입방법은 테일보이드가 발생한 시점과 뒤채움하는 시점 사이의 상관관계에 따라 동시 주입, 즉시 주입, 후방 주입 등으로 구분할 수 있으며, 각각의 특성은 표 8.11과 같다. 최근 터널 직경 6~7m 이상의 대구경 쉴드에서는 대부분 동시 주입을 적용하는 추세이고 3m 급 이하의 소구경 쉴드에서는 즉시 주입 또는 후방 주입의 적용이 일반적이다.

[표 8.11] 뒤채움 주입시기

구분	동시 주입	즉시 주입	후방 주입
특징	• 테일보이드 발생과 동시에 주입	• 세그먼트 1링 만큼 굴진이 완료된 이후에 주입	• 조립되는 세그먼트의 수 링 후방에서 주입

그림 8.36은 쉴드TBM의 단면으로서 동시주입구와 뒤채움 주입구를 나타내고 있다.

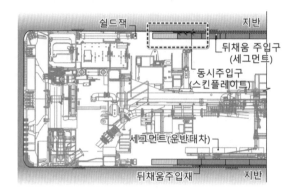

[그림 8.36] 쉴드TBM의 뒤채움 주입 장치

동시 주입의 경우 굴진과 동시에 동시 주입구(그림 8.39 참조)를 통해 뒤채움 주입이 시작되기 때문에 신규 세그먼트 조립 시에는 이전 단계 굴진에서 형성된 테일보이드에 뒤채움이 완료된 상태이다. 그리고 세그먼트가 조립된 이후 다음 단계의 굴진이 시작되면서 테일보이드가 형성됨과 동시에 뒤채움이 주입된다(그림 8.37).

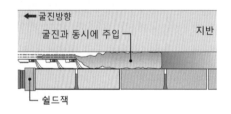
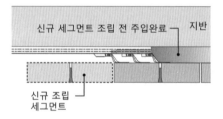

〈1단계〉 쉴드 굴진 시　　　　　〈2단계〉 세그먼트 조립 시

[그림 8.37] 동시 주입 순서 및 상태

즉시 주입의 경우 신규 세그먼트 조립 시에는 이전 단계 굴진에서 형성된 테일보이드가 완전히 채워지지 않은 상태이기 때문에 세그먼트 조립 단계에서 뒤채움이 주입되고 세그먼트가 조립된 이후 다음 단계의 굴진이 시작되면서 다시 테일보이드가 형성된다(그림 8.38).

그러나 즉시 주입은 쉴드장비에 동시 주입 장치가 설치되지 않은 경우에 최대한 신속히 테일보이드를 채울 수 있는 방법이지만 세그먼트 주입구를 통해 뒤채움을 해야 하기 때문에 터널 내 작업 공간 확보가 여의치 않은 경우에는 공정간 간섭으로 인해 적용에 제약을 받을 수 있다.

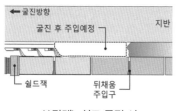
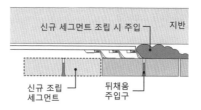

〈1단계〉 쉴드 굴진 시　　　　　　　〈2단계〉 세그먼트 조립 시

[그림 8.38] 즉시 주입 순서 및 상태

이상의 방법으로 1차 주입을 완료하더라도 테일보이드가 그라우트 재료로 완전히 충전되었는지 확인이 어렵기 때문에 2차 주입을 실시하는 것이 바람직하며, 특히 세그먼트 연결부에 누수가 발생하는 경우에는 반드시 2차 주입을 실시하여 누수를 차단해야 한다. 2차 주입은 그림 8.40과 같이 후방 주입 방법으로 실시되며, 세그먼트 연결 볼트의 파손을 방지하기 위해 엄격한 주입압 관리가 필요하다.

[그림 8.39] 스킨플레이트에 설치된 동시주입구　　　[그림 8.40] 세그먼트 주입구를 통한 후방주입 예

3) 주입관리

뒤채움 주입관리는 테일보이드 체적을 계산하여 정량관리를 한다. 주입 시에는 지반과 세그먼트의 변형이나 이음부 볼트의 손상이 발생하지 않도록 체적 및 압력관리가 필요하다(그림 8.41). 또한 뒤채움 주입이 완료되면 주입관을 청소하여 관의 폐색을 방지하는 것이 매우 중요하다.

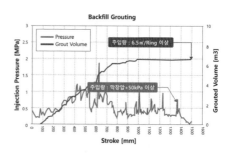

[그림 8.41] 뒤채움 주입관리 예

4.5 커터의 교체

1) 필요성

　쉴드TBM의 면판에는 굴진 대상 지반조건에 따라 커터(디스크커터 또는 비트커터) 등의 절삭도구가 부착되어 있다. 장거리 굴진을 하는 경우에는 커터에 마모가 발생하게 되고 굴진효율이 저하되기 때문에 중간에 교체가 필요하다. 계획단계에서 터널 노선의 지반특성을 고려하여 커터의 굴진 가능거리를 산정하고 교체위치를 미리 예상하지만 시공 중에는 실시간 굴진 데이터를 바탕으로 최적의 교체위치를 정해야 한다.

2) 교체방법

　커터의 교체방법은 막장의 자립 여부에 따라 표 8.12와 같이 결정할 수 있다. 만약 굴진 중 커터의 마모가 심하지 않은 경우에는 수직구에 장비가 도달할 때 전체적으로 점검 및 교체를 할 수 있다. 그림 8.42는 챔버를 통한 커터 교체 모식도를 나타내며, 일반적인 커터 교체 절차는 그림 8.43과 같다.

[표 8.12] 커터의 교체방법

막장자립이 가능한 경우	막장자립이 불가능한 경우
• 챔버를 오픈하기 전 막장상태 모니터링 • 굴착면이 자립하고 지하수 유입이 적음을 확인 • 뒤채움 주입 여부를 반드시 확인 • 챔버를 비우고 챔버 내로 진입하여 교체	• 챔버를 오픈하기 전 막장상태 모니터링 • 굴착면 자립이 어렵고 지하수 유입이 많음을 확인 • 별도의 그라우팅을 실시하거나 커터교체 위치를 변경 • 압기작업을 통해 지하수의 유입을 차단

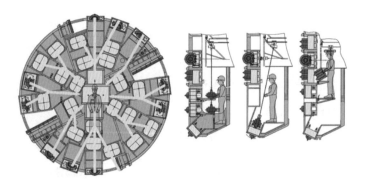

[그림 8.42] 챔버를 통한 커터 교체 모식도(Herrenknecht)

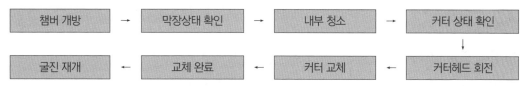

| 챔버 개방 | → | 막장상태 확인 | → | 내부 청소 | → | 커터 상태 확인 |

| 굴진 재개 | ← | 교체 완료 | ← | 커터 교체 | ← | 커터헤드 회전 |

[그림 8.43] 커터 교체 절차

국내 도심지 쉴드터널의 경우에는 토사와 암반으로 구성된 복합지반을 통과하는 사례가 빈번하므로 지층특성을 충분히 고려하지 못한 경우에는 디스크커터의 비정상 마모로 잦은 교체가 필요할 수 있다. 이와 같이 교체 횟수가 증가하면 재료비 증가 뿐만 아니라 굴진 중단으로 인한 시간적, 경제적 손실이 발생할 수 있으므로 상세한 지층 분석을 토대로 한 적절한 커터의 선정이 중요하다. 그림 8.44는 커터 교체 작업 전경을 나타낸다.

[그림 8.44] 커터 교체 작업

커터 교체가 계획된 위치의 지반이 불량한 경우에는 그림 8.45와 같이 지반을 보강해야 하는데 지반 조건에 따라 적절한 보강공법을 선정하여야 하고 쉴드TBM이 해당 위치에 도달하기 전에 보강하여 장비 대기시간을 최소화해야 한다.

[그림 8.45] 커터 교체부 지반보강

4.6 도달공

1) 장비 도달 및 해체

쉴드TBM이 정해진 노선을 굴진 완료하고 도달 작업구에 도달하면 다음 굴진위치로 이동하거나 철수하기 위해 그림 8.46과 같이 장비를 해체하여야 한다.

장비의 도달

장비의 해체

[그림 8.46] 장비의 도달 및 해체

2) 도달 시 유의사항

- 도달구 지반 및 지하수 조건, 쉴드TBM의 형식 및 외경 등을 고려하여 갱구부 지반보강을 실시해야 한다.
- 쉴드TBM이 도달 작업구에 무사히 통과한 시점에서 추진을 완료한다.
- 도달구에는 발진구와 마찬가지로 엔트런스를 설치하여 작업구 내에 지하수 유입을 방지한다. 또한 쉴드TBM의 위치를 정확히 측량하여 장비 높이에 맞는 받침대를 미리 설치하여 준비한다. 그러나 시공계획에 따라 쉴드TBM을 터널 내부에서 해체할 경우에는 엔트런스와 받침대를 생략할 수 있다.
- 장비 해체 시에는 용접기를 사용하므로 화재에 주의하고 중량물의 인양 시에는 낙하, 전도 등에 의한 사고에 주의해야 한다.

3) 장비의 이동 및 회전

장거리 터널을 단선병렬로 계획하거나 중간 수직구를 계획하는 경우에는 쉴드TBM의 굴진, 해체, 이동, 재조립, 재굴진을 반복해야 하는 번거로움이 있고 이 과정에서 공기 연장, 공사비 증가가 불가피하다. 따라서 중간 작업구의 공간에 여유가 있는 경우에는 그림 8.47과 같이 TBM의 횡방향 이동이나 회전(U-turn)을 통해 장비의 해체 및 재조립에 소요되는 시간과 경비를 절감할 수 있다.

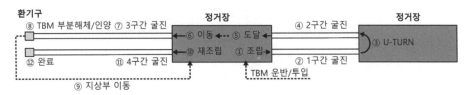

[그림 8.47] 도시철도 쉴드TBM 시공순서(예)

국내에서 쉴드TBM의 이동이나 회전은 그림 8.48과 같이 특수하게 제작된 이동대차를 이용하여 다음과 같은 순서로 진행된다.

① 쉴드 장비가 도달할 위치의 기초 바닥면에 철판을 설치하고 이동대차를 준비한다.
② 도달구에 도착한 쉴드 장비를 이동대차에 거치한다.
③ 유압 잭(Jack) 및 윈치(Winch)를 사용하여 시공계획에 맞게 이동 및 회전을 실시한다.

단, 이동대차 운용 시에는 중량이 큰 쉴드TBM을 한 번에 이동시켜야 하기 때문에 바닥면을 평탄하게 유지하여 편심에 의한 장비 전도 등의 안전사고에 유의하여야 한다.

[그림 8.48] 쉴드TBM 이동대차 적용사례(서울지하철 909, 921공구)

4) 해상에서의 도달

발전소의 취·배수로, 해수담수화 설비의 취수로 등을 조성하기 위해 해저 쉴드터널을 계획하는 경우에는 해상에서의 도달구 조성이 필요하다.

[그림 8.49] 해상 도달작업구 설치 위치도(군산 복합 화력발전소 도수로)

그림 8.49와 같이 해상에 도달작업구를 조성하는 경우에는 지층조건에 따라 굴착 및 케이슨 설치 시 지반의 이완이나 해수의 유입이 발생할 수 있으므로 이를 방지하기 위해서 도달구 굴착면의 안정성이 확보될 수 있도록 주변 지반의 개량이 필수적이다. 그림 8.50은 해상 도달작업구 지반보강 사례를 나타낸다.

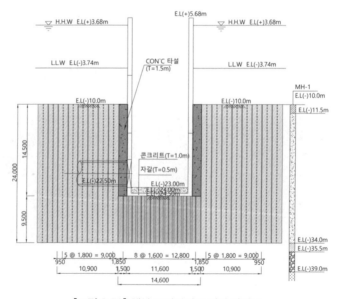

[그림 8.50] 해상 도달작업구 설치 단면도

해상 도달작업구는 시공 중에는 쉴드TBM 장비를 해체, 인양하기 위한 작업구의 역할을 하지만 영구구조물로서 발전소 등의 운영에 중요한 시설이므로 시공성과 경제성 등을 고려하여 신중하게 공법을 결정하여야 한다. 영구구조물로서 취수시설을 설치하는 방법에는 강재케이슨을 이용하는 방법과 현장타설말뚝 공법을 이용하는 방법 등이 있다.

이 중에서 강재케이슨을 이용하는 방법을 설명하면 다음과 같다(그림 8.51).

① 별도의 장소에서 강재케이슨을 제작
② 설치 위치의 지반을 굴착(필요시 지반보강 실시)
③ 해상 크레인을 이용하여 케이슨을 계획된 위치까지 운반 후 거치
④ 강재케이슨과 굴착 지반 사이에 백필(Backfill) 실시
⑤ 케이슨 격벽 사이에 레미콘 타설(케이슨 내부 물 부분 배수)
⑥ 케이슨 내부의 물을 완전 배수한 후 쉴드TBM 도달
⑦ 커터헤드 회전 및 쉴드 잭 속도를 최소로 하여 관통
⑧ 쉴드TBM 해체 및 인양 후 영구구조물로서 취수탑 등 설치

케이슨 제작

작업위치로 이동/케이슨 거치

케이슨 벽체 레미콘 타설

관통/쉴드TBM 인양 후 취수탑 설치

[그림 8.51] 해상에서의 도달구 및 취수탑 설치사례

5 TBM 터널 시공관리 현장사례

5.1 공사개요

원주~강릉 철도건설 노반신설 기타공사는 2018년 평창 동계올림픽 철도수송지원 인프라 구축 및 수도권과 강원권을 고속철도망으로 구축하여 동해권 지역개발을 촉진하기 위한 목적으로 건설되었으며, 그 중에서 제11-3공구 구간에 쉴드TBM이 적용되었다. 쉴드터널 종평면도는 그림 8.52와 같다.

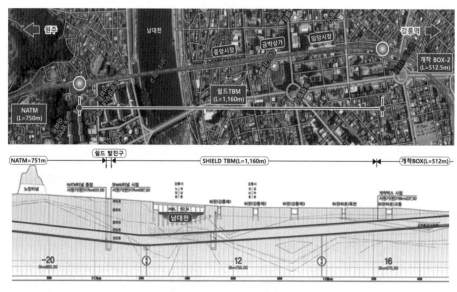

[그림 8.52] 쉴드터널 종평면도

- 현장명 : 원주~강릉 철도건설 노반신설 기타공사(제11-3공구) 쉴드터널공사
- 발주처 : 한국철도시설공단
- 설계사 : ㈜삼보기술단
- 시공사 : 삼환기업(주) 외 3개사(태평양개발, 신한종합건설, 성현건설)
- 공사 기간 : 2014년 12월~2017년 5월(30개월)
- 공사 위치 : 강원도 강릉시 노암동 일원
- 쉴드터널 규모 : 내경(I.D) 7.4m, 외경(O.D) 8.41m, 연장 L=1,160m
- 쉴드터널 형식 : 이수식 쉴드TBM
- 터널 경사 : 하향 2.0%~상향 1.6%

5.2 지층조건

쉴드터널 통과부 지층은 그림 8.53, 표 8.13과 같이 매립층, 붕적층, 퇴적층, 풍화토, 풍화암, 연·경암 등으로 구성된 복합지층이다.

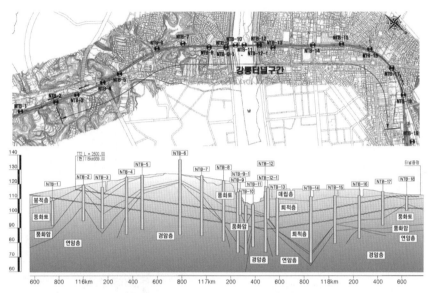

[그림 8.53] 쉴드터널 구간 지층단면도

[표 8.13] 쉴드터널 구간 지층의 구성

지층명	두께(m)	구성상태	비고
매립층	0.5~5.6	• 실트질 모래, 자갈섞인 모래, 자갈질 모래, 점토섞인 모래, 건설폐기물로 구성, 자갈 함유 • 암갈색, 담갈색, 습윤	• N값 : 2/30~50/8
붕적층	0.5	• 자갈섞인 실트질 모래로 구성, 암갈색, 습윤	• N값 : -
퇴적층	1.7~35.5	• 점토질 모래, 세립~중립질 모래, 모래질 자갈, 자갈섞인 모래, 실트섞인 모래로 구성 • 암갈색, 갈색, 담갈색, 암회색, 회갈색 등 • 매우느슨~매우조밀, 습윤	• N값 : 2/30~50/8
풍화토	1.0~16.6	• 실트 섞인 모래로 구성, 황갈색, 암갈색, 습윤 • 느슨~매우조밀, 암편 함유	• N값 : 7/30~50/12
풍화암	1.6~24.0	• 화강암의 풍화대, 암갈색, 담갈색, 암회색 • 심한풍화, 습윤, 매우조밀, 암편 함유 • 화강암의 조직 및 구조 잔존	• N값 : 50/10~50/2
연암	2.0~14.0	• 출현심도 : 10.6~35.0m, 화강암으로 구성 • 강함~약함, 약간풍화~심한풍화	• TCR : 27~100 • RQD : 4~100
경암	6.6~35.5	• 출현심도 : 13.0~30.2m, 화강암으로 구성 • 매우강함~보통강함, 괴상~보통풍화	• TCR : 83~100 • RQD : 59~100

5.3 작업구 시공

작업구는 발진부와 도달부에 각 1개소로 계획되었다. 발진 작업구는 굴진 대상 지층이 경암으로서 별도의 갱구보강을 실시하지 않았으며, 도달 작업구는 퇴적층 굴진으로서 흙막이 벽체의 안정성 확보와 갱구보강 목적으로 고압분사 그라우팅을 적용하였다(그림 8.54). 작업구 시공 전경은 그림 8.55와 같다.

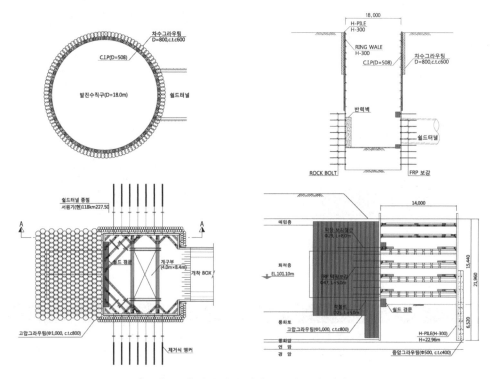

[그림 8.54] 발진 작업구(상) / 도달 작업구(하)

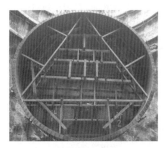
엔트런스

1차 반력대

2차 반력대

[그림 8.55] 작업구 굴진 준비

5.4 쉴드TBM 시공

1) 장비 형식

현장에 적용된 쉴드TBM의 형식은 이수식으로서 모식도는 그림 8.56과 같고 주요 구성품 및 기능은 다음과 같다.

- 면판 : 토사와 암반층을 굴진할 수 있도록 설계
- 면판 전후진 이동장치(Displacement Cylinder) : 장비 Jamming 방지 및 면판 전, 후진 가능
- 죠 크러셔(Jaw Crusher) : 유체 이송을 원활히 하기 위한 암 버력의 파쇄
- 진공 이렉터(Vacuum Erector) : 세그먼트 인양, 이동, 조립의 효율 및 정확성 확보
- 중절 잭(Articulation Cylinder) : 중절 잭(Jack)으로 곡선구간 시공 및 사행의 보정
- 프로브 드릴링(Probe Drilling) : 비상시 막장면 보강 그라우팅

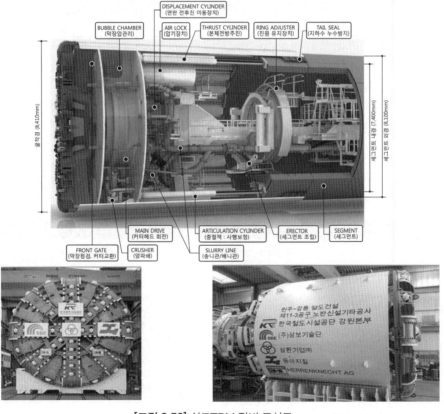

[그림 8.56] 쉴드TBM 장비 모식도

2) 쉴드 굴진

쉴드 굴진은 그림 8.57과 같이 초기 굴진과 본 굴진으로 구분하여 시공한다. 초기 굴진 시에는 세그먼트와 지반 간의 마찰력이 충분히 발휘되지 않고 후방설비가 터널 내에 설치되기 전이기 때문에 반력대를 이용하고 굴진속도를 본 굴진보다 낮게 관리하는 것이 일반적이다. 본 현장의 굴진 단계별 굴진속도를 분석하면 표 8.14와 같다.

[그림 8.57] 초기 굴진 전경(좌) / 본 굴진 전경(우)

[표 8.14] 굴진 속도

구분	초기 굴진	본 굴진
굴진속도(m/day)	2.2	6.2

3) 세그먼트

세그먼트는 표 8.15, 그림 8.58과 같이 RC세그먼트를 적용하였고 방수성능 향상 및 조립 횟수 감소효과를 고려하여 1링의 길이는 1.5m를 적용하였다. 세그먼트 분할은 진공 이렉터의 사용을 위해 균등 분할방식을 적용하였다.

[표 8.15] 세그먼트 제원

구분	종류	두께	연결방식	분할 방식	지수 방식
내용	RC 세그먼트	350mm	곡볼트	균등분할(7분할)	복합형 가스켓

[그림 8.58] 세그먼트의 야적(좌) / 진공 이렉터를 이용한 세그먼트 인양(우)

400

4) 막장압 관리

터널 막장면에 작용하는 토압과 수압에 대응하여 안정적인 굴진을 하기 위해서는 적정한 막장압을 유지·관리하는 것이 중요하다. 본 현장에서는 그림 8.59와 같이 정지토압과 수압을 고려하여 위치별 설계 막장압을 산정하고 실 시공 시에는 시공기록 분석을 통해 지반특성, 지하수 조건 및 측압계수 등의 영향으로 변화하는 막장 작용압력에 대응하였다.

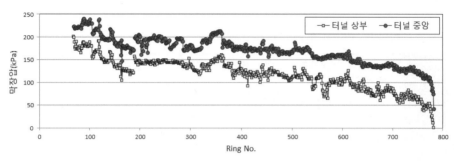

[그림 8.59] 위치별 막장압 관리 기록

5) 굴착토 및 이수의 관리

이수식 쉴드TBM에서 굴착토와 이수의 관리는 서로 밀접한 관련이 있다. 굴착토는 이수와 혼합되어 배니관을 통해 터널 외부로 배출되고 그림 8.60과 같이 1, 2차 처리기인 Gravel Separator, 디샌더 등을 통과하면서 회전, 진동, 탈수 처리에 의해 입자가 큰 토사는 피트(Pit)에 저장되고 입자가 작은 토사를 함유한 이수는 조정조로 이동한다.

[그림 8.60] 디샌더를 통과한 버력(좌) / 필터프레스(우)

조정조에서는 비중, 점토, pH 등을 조정하여 이수를 재사용하고 재사용이 불가한 이수는 폐액조로 운반된 후 필터프레스를 거쳐서 작은 토사 입자는 케이크(Cake) 형태로 배출되어 폐기물 처리하고 폐수는 오탁수 처리설비를 거쳐서 방류된다.

이수를 처리하는 과정에서 발생한 문제점과 원인 및 개선 사례를 소개하면 표 8.16~8.17과 같다.

[표 8.16] 폐액 슬러리 필터프레스 필터링의 개선 사례

내용	• 점토층과 풍화암층 굴진 시 필터링 성능이 저하되어 이수의 비중 및 점도 관리가 어려움
원인	• 현장에서 6, 8, 10m³의 필터프레스를 사용하였으나 pH 농도가 낮은 지반이나 점토층, 풍화 암층에서의 1회 필터링 시간이 2시간 증가(3시간 → 5시간) • 필터프레스에서 배출되는 케이크의 상태 또한 반출이 불가할 정도로 묽어짐
대책	• 생석회 15kg에 물 40리터를 넣고 교반한 후 슬러리 폐액조로 이송하여 필터프레스 주입 전에 폐액 슬러리와 교반 • 폐액 슬러리 약 70m³에 생석회 희석액 약 5m³를 혼합하여 이수를 필터링

[표 8.17] 굴진 시 발생하는 커터헤드부 폐색의 개선 사례

내용	• 점토층 및 풍화암층 굴진에서 센터 개구부 폐색에 의해 송니 이수의 점도 및 비중이 쉽게 상승하고 이로 인해 굴진속도 저하 및 커터헤드 토크 증가 등 굴진율 저하
원인	• 복합지층용 면판으로 개구율이 약 20% 후반에서 30% 초반으로 설계되었지만 개구부의 위치가 외주면에 집중되어 센터부의 개구율은 낮음
대책	• Front body에서 커터헤드 선단까지 센터 송니 라인을 추가 설치 • 굴진 중 폐색되어 좁아지는 개구율을 센터 송니압과 유량으로 해소

　배토량은 그림 8.61과 같이 굴착량과 건사량으로 관리한다. 굴착량 및 건사량은 송니관과 배니관에 설치된 유량계와 밀도계를 통해 측정·계산되며, 관리를 위해 주기적으로 계기의 정확도 및 정밀도를 확인하여야 한다. 세그먼트 링을 조립하는 동안 유량계의 재보정이 가능하며, 이를 통해 송니관과 배니관 사이의 측정값 차이를 최소화할 수 있다. 또한 관리 배토량은 굴착면 지반의 상태, 지하수 유무 등에 따라 달라지며, 챔버압(Chamber Pressure) 및 지반 계측 데이터 등과 연계하여 관리하는 것이 지반의 안정성 확보를 위해 바람직하다.

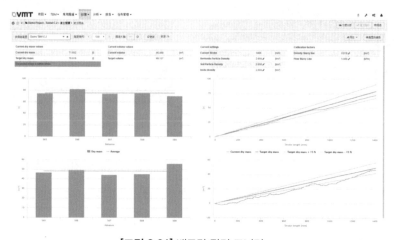

[그림 8.61] 배토량 관리 모니터

6) 뒤채움 관리

뒤채움은 가소상 슬러리계를 사용하여 동시주입으로 시공하였고 재료의 배합비는 표 8.18과 같다.

[표 8.18] 뒤채움 주입재 배합비

A액				B액
시멘트(kg)	벤토나이트(kg)	안정액(kg)	물(kg)	급결제
350	52.5	3.5	750	138

뒤채움은 세그먼트와 지반 사이의 공극(Tail Void)을 완전히 충전시킬 수 있도록 세그먼트에 작용하는 외압보다 0.1~0.2MPa 정도 큰 압력으로 주입하였다. 그러나 지층 및 지하수 조건, 공극의 체적, 주입재의 침투성 등에 의해 실제 주입량은 그림 8.62와 같이 위치별로 차이를 보였다. 특히 토피고가 낮고 토사층 굴착인 경우의 주입량이 암반층 굴착에 비해 증가하는 경향을 보였다.

- 터널 제원에 따른 공극의 체적
  = (굴착 단면적 – 세그먼트 바깥 단면적)×세그먼트링당 길이
  = $(8.41^2 - 8.1^2)\pi/4 \times 1.5m = 6.03m^3$: 토량 환산계수를 고려하지 않은 체적

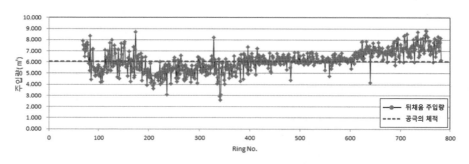

[그림 8.62] 위치별 뒤채움 주입량

뒤채움 주입 시에는 주입압에 의해 세그먼트의 변형이나 이음 볼트의 파손이 생기지 않도록 체적 및 압력관리를 철저히 하여야 한다. 또한 주입이 완료되면 주입관 청소를 철저히 하여 주입관이 폐색되지 않도록 관리하여야 한다.

7) 선형 관리

쉴드TBM은 면판의 회전력과 쉴드 잭의 추력을 이용하여 굴진을 하기 때문에 필연적으로 피칭(Pitching), 롤링(Rolling), 요잉(Yawing) 현상이 발생할 수 있다. 따라서 굴진 중에는 그림 8.63과 같이 측량을 통해 선형을 확인하고 쉴드 잭의 조작, 테이퍼(Taper) 세그먼트 사용 등을 통해 선형을 유지하여야 한다.

최근 사용되는 쉴드TBM에서는 터널 선형 및 장비 작동현황에 대해 실시간으로 TBM 운전실에서 모니터링 및 조작이 가능하다. 또한 이상 작동 시 경보시스템이 작동하여 안정적 기계관리가 가능하다.

[그림 8.63] 자동 측량장치

8) 커터 교체

커터헤드는 그림 8.64와 같이 복합지층 굴진이 용이하도록 디스크커터와 비트커터의 조합으로 제작되었으며, 디스크커터는 센터부의 트윈 커터(Twin Cutter) 4개와 싱글 커터(Single Cutter) 40개로 구성되었다.

 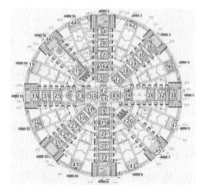

[그림 8.64] 커터헤드의 형상 및 커터 번호

굴진 중에는 커터에 쉴드 추력, 회전에 의한 지반과의 마찰력 등이 작용하기 때문에 마모, 크랙, 파손, 탈락 등의 손상이 발생할 수 있다.

본 현장에서는 표 8.19와 같이 커터를 교체하였으며, 교체한 커터의 손상 형태를 분석하면 그림 8.65와 같이 일부 커터에서 편마모, 크랙, 파손 등이 발생하였지만 주로 정상마모 형태를 보였다. 이러한 커터의 손상은 지층 조건, 커터의 제원뿐만 아니라 굴진 속도, 잭 추력 등 쉴드 TBM 운용기술에 따라 필연적으로 발생하기 때문에 굴진 데이터를 분석하여 교체 여부와 시기를 판단하는 것이 중요하다.

[표 8.19] 커터 종류별 설치 수량 및 교체 횟수

구분	커터 번호	종류	설치 개수	교체 개수
Gauge	47~48	Single	2	21
Inner	9~46	Single	38	166
Center	C1-3~6-8	Twin	4	7

NO.	48	47	46	45	44	43	42	41	40	39	38	37	36	35	34	33	32	계
정상마모	11	9	8	9	7	9	8	8	5	5	4	2	2	5	4	4	3	103
편마모		1	1	1	1	1	2	1	1			1	3				1	14
크랙				1					1	1								3
파손								3	6	6	6	5						26
링탈락																		0
계	11	10	9	10	9	10	10	12	12	12	11	8	5	5	4	4	4	146
NO.	31	30	29	28	27	26	25	24	23	22	21	20	19	18	17	16	15	계
정상마모	2	3	4	4		2	2	3	2	3	1	1	1	2	1			31
편마모				2							1	1				1	1	6
크랙																		0
파손					1													1
링탈락																		0
계	2	3	4	4		2	2	3	2	3	2	2	1	2	1	1	1	38
NO.	14	13	12	11	10	9	-	-	-	-	-	-	-	C1-3	C2-4	C5-7	C6-8	계
정상마모	1	1													1			3
편마모					1									3	1	1	4	10
크랙																		0
파손															1	1	1	3
링탈락																		0
계	1	1	0	0	0	1	0	0	0	0	0	0	0	3	2	3	5	16

[그림 8.65] 커터 교체 횟수 및 손상 형태

참고문헌

1. (사)한국터널공학회(2008),『터널공학시리즈 3 터널 기계화시공-설계편』, 씨아이알.
2. 일본 공익사단법인 지반공학회 저, 삼성물산(주) 건설부문 ENG센터/토목ENG팀 역(2015),『쉴드TBM 공법』, 씨아이알.
3. 강문구, 최기훈(2009), 서울지하철 9호선 909공구 현장 - 도심지 대구경 쉴드 TBM 터널의 주요 시공사례, 자연, 사람 그리고 터널, Vol. 11, No. 2, pp. 26-33.
4. 동아지질(2009), 서울지하철 9호선 909공구 현장소개자료.
5. 두산건설(2019), 별내선(8호선 연장) 2공구 건설공사 쉴드터널 시공계획서.
6. 삼성물산(2019), 강릉안인화력 1, 2호기 건설공사 TBM 굴진 시공관리계획서.
7. 삼환기업(2015), 원주~강릉 철도건설 제11-3공구 노반신설기타공사 쉴드 TBM 시공계획서.
8. 현대산업개발(2014), 인천국제공항 제2여객터미널 연결철도 건설공사 쉴드터널 시공계획서.
9. 포스코건설(2013), 서울지하철 9호선 3단계 921공구 건설공사 쉴드터널 시공계획서.
10. 삼성물산/서영엔지니어링/삼보기술단(2010), 대단면 쉴드 TBM 설계 및 시공.

CHAPTER

9

TBM 터널 시공설비

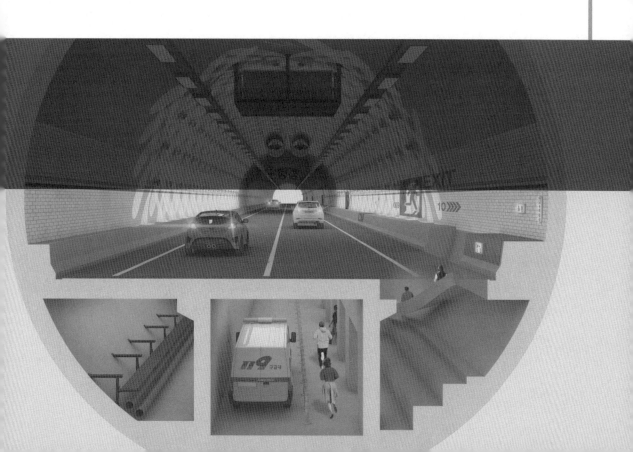

09 TBM 터널 시공설비

1 개요

　TBM 터널의 공사를 계획하고 수행함에 있어서 기계화 터널 공법 특성상 장비의 제작과 투입 후에는 공법 변경이 대단히 어려우므로 터널 공사에 사용되는 TBM 장비의 형식과 사양을 결정하는 것이 매우 중요하다.

　또한, 쉴드 터널의 시공설비는 지반 조건, 쉴드 형식과 터널의 단면 형상에 따라 달리 계획되지만, 일반적으로 작업장 계획, 굴착 버력 반출설비, 뒤채움 주입 설비, 배관 설비, 케이블 설비 등과 시공 방법에 따른 이수처리설비(STP), 고화처리 설비 등을 시공환경에 맞게 계획하고 설치하여야 한다.

　이와 같은 시공설비의 배치계획을 수립할 때는 터널 공정계획이 반영된 각 작업공정의 작업 사이클을 토대로 계획된 공정이 지연되지 않고 안전하게 시공될 수 있도록 예비 설비를 포함한 설비의 규모, 용량을 산정하여 계획을 수립하여야 한다.

　특히, 최근에는 고농축 첨가제의 사용, 고함수비 굴착 버력 및 굴착 중에 발생하는 오·폐수 등으로 인한 환경오염과 기계화시공이 주로 도심지 공사 위주로 이루어짐으로 인한 진동, 소음 방지를 위한 방음벽, 방음 하우스 설치 등 환경 피해를 최소화할 수 있는 시공설비를 갖추어야 한다.

1.1 시공설비의 계획

　터널 공사의 시공설비는 계획된 공기를 만족시키고 공사 규모와 시공 방법에 적합하고 안전성 및 환경성을 고려하여야 한다.

　최근에는 도심지 터널공사의 수요가 증가하는 추세이므로 넓은 작업장 부지를 확보하는 것이 어려운 경우가 많아 시공설비를 배치할 때 설비의 소형화, 지상의 작업장 부지 및 수직구 내부를 입체적으로 이용하는 계획이 일반화되었다.

또한, 도심지 근접 공사 특성상 작업장 주변 환경을 고려하여 관련 법규 기준을 만족시키기 위한 설비를 추가로 계획하고 주변의 도로교통에 방해되지 않도록 주의하여야 한다.

1) 예상 문제점

터널의 시공설비 계획을 수립할 때 적절치 못한 시공설비의 선정, 설비용량과 규모의 부족 및 운용 미숙으로 인한 고장 등이 발생하면 계획된 공정 지연 및 공사비 증가 원인으로 작용한다.

그림 9.1은 터널 내 운반설비인 레일(Rail)과 운반 대차(Rolling Stock)의 탈선, 수직구 반·출입 설비인 문형크레인(Gantry Crane)의 와이어 미끄러짐에 의한 광차(Muck Car)의 낙하사고 사례를 예시하였다.

또한, 지상 설비인 버력 처리장(Muck Pit)의 경우 터널 내 지하수 과다 유입에 의한 고함수비 굴착 버력의 외부 사토장으로 반출 지연과 별도의 고화처리 과정을 거치게 됨으로써 공정 지연이 발생할 수 있다.

운반 대차 탈선 　　　　　 문형크레인 낙하사고 　　　　　 고함수비 버력

[그림 9.1] 시공설비 고장에 따른 공정 지연 사례

2) 시공설비 계획 고려사항

쉴드TBM 터널의 시공설비 계획 때 다음과 같은 사항을 중점적으로 고려하여야 한다.

- 터널 굴착공기 준수
- 안전성 확보
- 진동·소음으로 인한 민원 예방
- 환경오염 방지

도심지 쉴드 터널의 작업장 및 작업구 계획 때는 다음과 같은 사항을 고려하여야 한다.

- 지상의 터널 작업장 및 작업구는 지형, 지질, 지하수위 등의 자연적인 조건과 도로의 차

선, 교통량, 현장 주변의 주택이나 상가 등에 소음, 진동 및 비산먼지 등으로 인한 민원 발생 가능성 등을 반드시 고려하여야 한다.

- 작업구 반·출입 설비, 전력공급설비, 버력 처리장 등 각종 시공설비는 기능과 시공성을 고려한 용량 계산을 토대로 설계되어야 하며, 각종 설비별 특성을 고려한 효율적인 공간 배치가 되도록 계획을 수립하여야 한다.
- 터널 내 부대설비 계획은 터널 내 운반 장비의 통행을 고려하여 상호 간섭되지 않도록 배치계획을 수립하여야 한다.

3) 시공설비 계획 선정

시공설비를 계획할 때 먼저 설비의 규모와 배치계획이 중요한 검토항목으로 설비 규모의 검토는 터널의 계획된 공정을 만족할 수 있는 최대 일 굴진량, 터널의 시공연장, 계획 심도 및 종단기울기 등의 최대 부하량을 고려하여 검토하여야 한다.

이 같은 설비 규모 및 용량의 검토가 완료되면 주어진 작업장 및 작업구 부지 여건을 고려하여 시공설비의 효율적인 배치계획을 수립하여야 한다.

시공설비의 계획 흐름도는 다음의 그림 9.2에 제시되어 있다.

1.2 시공설비의 분류

1) 시공설비 분류기준

터널을 굴진하는 TBM 장비의 원활한 가동과 계획된 굴진공정이 지연되지 않기 위해서는 터널 내·외부에 설치된 시공설비들이 상호 유기적인 협력관계를 구축하여야 한다.

이와 같은 터널의 주요 시공설비들에 대한 분류 기준이 국내의 관련 규정에 명확히 제시되어 있지 않다. 따라서 본 절에서는 시공설비가 계획되고 설치되는 위치와 설계 내역서상에 반영되는 설비를 기준으로 하여 그림 9.3과 같이 시공설비를 분류하였다.

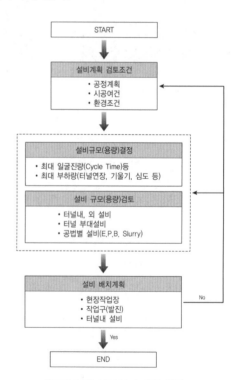

[그림 9.2] 시공설비 계획 흐름도

터널내(갱내)설비	터널외(지상)설비	부대설비	TBM 후방대차

• 터널내 운반설비
(세그먼트.자재.버력)
• Rail, Rail 침목
(H – Beam, Sleeper)
• 작업대차
(2차주입, 볼트체결,
누수)
• 운반대차
(Rolling Stock)
	• 작업구 운반설비
	(버력,자재, 세그먼트)
	• 굴착버력 처리장
	(Muck pit)
	• 뒤채움 주입설비
	(Backfill Plant)
	• 오.폐수 처리설비
	• 전력공급설비(수전설비)
	• 고화처리설비
	• 이수처리설비(STP)
		• 배관설비 (급.배수)
		• 케이블설비(조명,
		통신)
		• 환기설비
		• 압기설비
		• 기타설비
		  – 승강설비
		  – 안전통로
		  – 소음방지설비
			• 뒤채움 주입설비
			• 첨가제 주입설비
			• 유압. 변전설비
			• Seg. 운반설비 외

[그림 9.3] 쉴드터널 주요 시공설비 분류

터널의 시공설비는 크게 터널 내 쉴드TBM 장비와 수직구 사이에 설치되는 터널 내(갱내) 설비, 수직구 반·출입 설비를 포함한 터널 외(갱외) 지상 설비 그리고 배관설비 및 케이블 설비를 포함하는 부대설비로 크게 구분할 수 있다.

TBM 장비를 가동하기 위한 유압, 전기, 주입 설비를 갖춘 후방설비(대차)는 엄밀하게 시공설비가 아닌 TBM 장비의 한 부분으로 구분할 수 있다.

이수식 쉴드의 이수운반설비(STS), 이수처리설비(STP) 및 토압식 쉴드의 버력처리 시스템인 운반 대차 계획은 해당 밀폐형 쉴드TBM 장을 참고하고, 본 장에서는 최근의 환경오염 방지를 위해 사용이 증가하는 고함수비 버력처리를 위한 시공설비인 고화처리 설비와 굴진면 미자립 지반에서 커터 교체를 위한 지상 압기설비를 반영하였다.

2 터널 내(갱내) 설비

터널 내 설비는 굴착 버력의 운반과 터널 안으로 자재 및 세그먼트의 반·출입을 원활히 수행하기 위해 작업 사이클 등을 종합적으로 검토하여 계획 공정을 만족시킬 수 있는 능력을 갖추도록 계획하여야 한다. 본 장에서는 쉴드 터널공에서 굴착 버력의 반출과 자재 및 세그먼트의 터널 내 운반에서 가장 일반적으로 사용되는 방식인 궤도방식 중심으로 소개하고자 한다.

2.1 터널 내 설비의 선정과 계획

1) 터널 내 설비 제 규정

터널 내 설비와 관련 국내 터널 설계기준(KDS 27 25 00) 및 터널 표준시방서(KCS 27 25

00)의 터널 내 운반시스템의 설계와 시공설비 일반에 다음과 같이 제시하고 있다. 먼저 운반시스템 선정 때 굴착 버력의 특성, 터널 단면 크기, 터널 연장, 기울기 및 작업 사이클, 입지 조건 등을 고려하고 가동률을 최대화할 수 있어야 한다. 또한 궤도방식의 운반 계획수립 때에는 운반시스템 선정 시 고려사항과 더불어 터널교행장치(Rail Switching Point)의 위치와 수량 등을 제시하고 안전성과 운전효율을 고려하여야 한다고 제시되어 있다.

2) 운반설비 선정 때 고려사항

터널 내 굴착 버력처리 방식은 이수식 쉴드의 경우 유체수송에 의한 배관방식(STS), 토압식 쉴드에서는 궤도방식, 배관에 의한 압송방식 및 컨베이어 방식 등을 적용하여 처리한다.

가장 일반적인 궤도방식의 선정과 적용할 때 고려사항은 다음과 같다.

- 1 Stroke 사이클 타임(Cycle Time), 버력 처리량, 버력 특성, 터널 연장 및 기울기 고려
- 계획된 공정준수 가능한 운반시스템 선정
- 궤도의 배치와 구조는 주행할 운반 대차의 중량에 대해 안전성 확인
- 가동 지체시간(Downtime) 최소화 및 가동률 향상을 위한 교행가능 지점 선정
- TBM 굴진 속도 및 후속 공정(수직구 버력 반출설비, 지상 설비)의 설비별 사양 및 세부 설치계획을 종합 검토
- 내연기관 사용 때 배기가스 등 안전과 환경문제 고려
- 궤도방식으로 운반할 때 관련 안전 규칙 준수, 안전장치 및 설비의 설치
  - 차량의 제동장치, 대차 연결부 이탈 방지 및 운전에 필요한 안전장치
  - 안전 통로, 대피소, 신호장치 등의 안전설비
  - 기타

2.2 운반설비(궤도방식) 계획

1) 레일(Rail) 계획

궤도방식에 적용되는 레일 계획은 TBM 후방대차, 기관차(Locomotive), 광차(Muck Car), 세그먼트 대차(Segment Car), 자재 대차(Flat Car) 및 작업 대차 등의 차량 운행을 위해 최적의 레일 계획이 수립되어야 한다. 레일 침목은 세그먼트 상부에 위치하며 그 위에 레일을 올려 설치하는 것이 일반적이다. 레일의 규격 및 설치 간격은 레일 침목의 종류 및 상부 중량물을 고려하여 구조 검토를 수행하여 설치하며 레일 선로(Rail Track)의 연장은 보통 4~5링 간격으로 진행한다.

(1) 레일 검토항목

레일을 포함한 터널 내 운반설비의 검토항목 및 설비의 종류는 다음 그림 9.4와 같다.

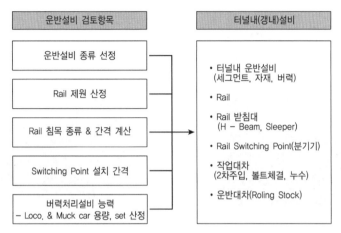

[그림 9.4] 터널 내 운반설비 및 검토항목

(2) 레일 계획 때 고려사항

- 수직구 버력처리 시스템과 광차의 용량 및 대수를 고려
- 공정계획에 맞춰 터널 내 복선 선로 및 분기기 계획수립
- 후방터널 및 작업구 레일 계획(교행, 횡행 대차 등)은 굴진 계획수립 때 검토

(3) 레일 선로

터널 공사를 수행하는 데 필수적인 레일 선로 형식은 기관차 및 운반 대차의 등판능력과 제원, 터널 내 설치되는 설비(배관, 케이블 및 안전 통로)의 규모, 터널 연장에 따른 교행로의 설치 위치를 종합적으로 검토하여 레일 선로 형식을 선정한다.

레일의 설치 형식은 일반적으로 단선(Single Track) 위주로 설치되며, 교행로가 설치되는 구간의 경우 복선(Double Track)으로 계획된다. 또한 TBM 장비의 후방대차 설치구간에는 단선과 별도로 후방대차 운행을 위한 레일이 별도로 설치된다.

① 단선 선로 : 단선 선로의 레일설치 간격은 국내에서는 운반 대차의 궤간(Rail Gauge) 900m/m를 기준으로 하여 설치되며, 레일의 침목으로 강재(H-Beam)가 주로 사용되었으나 최근에는 경제적이고 설치가 간편한 슬리퍼(Sleeper) 형식의 적용사례가 늘어나고 있다. 그림 9.5는 중·대형 단면 터널의 선로 설치 계획 단면과 설치 완료된 시공 전경을 나타내고 있다.

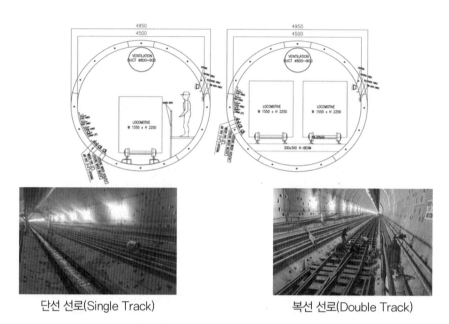

단선 선로(Single Track)   복선 선로(Double Track)

[그림 9.5] 터널 내 레일 설치 사례(1)

② 복선 선로 : 복선 선로는 주로 운반 대차의 운행 지연을 방지하고 원활한 운영을 위해 계획되는 교행로 설치구간에 주로 적용된다. 복선 선로의 설치 길이는 운반 대차 구성 수량, 분기기 및 기관차의 등판능력 등을 고려하여 결정한다.

복선 선로는 운반 대차 궤도 간격과 대차 폭 및 운반 대차의 교차 때 이격 거리를 고려하여 계획되는 설치 폭을 만족시키기 위해서는 세그먼트로부터 일정 높이까지 이격하여 설치되며 하부 침목은 주로 강재가 사용되고 있다.

③ 후방대차 구간 선로 : 후방대차 구간은 그림 9.6과 같이 세그먼트 대차 및 광차의 이동을 위한 선로와 함께 후방대차의 이동을 위한 선로로 구성된다.

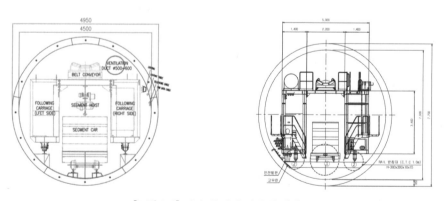

[그림 9.6] 터널 내 레일 설치 사례(2)

TBM 후방대차 구간 침목 설치

TBM 후방대차 구간 강재 침목

[그림 9.6] 터널 내 레일 설치 사례(2) (계속)

(4) 레일 교행로(Switching point) 계획

터널 내 버력처리 지연이 발생하지 않도록 운반 대차의 운용 작업 대수(Set)의 선정과 함께 터널 연장에 따른 적절한 교행로 설치 위치를 계획하여야 한다.

이처럼 레일 교행로 설치로 기관차를 교대로 운영하여 장비 대기시간을 최소화함으로써 효율적인 굴진을 수행할 수 있다.

또한 레일 분기기는 기관차(Locomotive)가 정치하지 않고 한 선로에서 타 선로로 전환하기 위해 선로상에 설치한 설비로 선로와 선로의 교차점에 선로의 방향을 잡아주는 역할을 수행한다(그림 9.7).

선로 분기기 설치

복선 교행로 설치(1)

복선 교행로 설치(2)

선로 스위치 상자

선로 분기기(1)

선로 분기기(2)

[그림 9.7] 복선 선로 교행로 설치

터널 내 운반 대차는 굴착 버력을 운반하는 대차와 인원 및 자재를 운반하는 대차 및 이를 견인하는 기관차로 구성된다. 운반 대차의 구성 수량, 조합 및 교행로의 설치 위치는 지반 조건, 터널 내공, 굴착 연장, 최대 일 굴진량, 수직구 심도와 직경 등을 종합적으로 판단하여 결정하게 된다.

다음의 표 9.1과 그림 9.8은 대곡~소사 복선전철 ○공구 현장의 운반 대차 및 교행로의 운영현황을 나타낸 것이다.

[표 9.1] 대곡~소사 ○공구 현장 운반대차 상, 하선 운용현황(터널 연장 상선 L=2,702m)

구분	당초 안(2조)		변경 안(3조)		추가 도입 수량
	운용 수량(대)	예비수량(대)	운용 수량(대)	예비수량(대)	
기관차(Locomotive)	4	2	6	1	1대
배터리(Battery)	4	2	6	2	2 set
배터리 충전시설	3개소 (후방 2개소, 수직구 1개소)		4개소 (후방 2개소, 수직구 1개소)		1개소
광차(Muck Car)	20	0	30	0	10대
세그먼트 대차(Segment Car)	8	0	12	0	4대

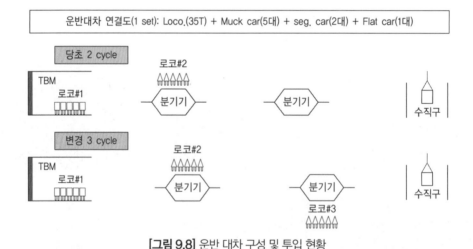

[그림 9.8] 운반 대차 구성 및 투입 현황

○공구 현장의 경우 당초 운반 대차 2조(Set)와 교행로 2개소를 설치하여 터널을 관통하는 것으로 계획하였으나, 굴진 대상 지층이 복합층인 지층 특성과 하저터널의 시공 여건상 1링당 굴착 버력이 과배토되는 등 굴진 연장 및 굴진 속도 저하로 버력의 처리공정에 지체시간(Downtime)이 발생하였다.

이와 같은 굴착 버력처리 지연에 따른 공정 지연을 해결하기 위해 광차를 포함하여 추가로 운반 대차를 도입하여 전체적으로 3조를 운영하는 것으로 수정하여 터널 공사를 마무리할 수 있었다.

2) 레일 받침 계획

(1) 레일 침목(Sleeper)

레일 슬리퍼를 이용한 받침대 설치는 강재를 사용하는 침목에 비해서 경제적이며 설치가 간단한 장점이 있다.

반면에 하부 강재 플레이트의 강성이 적어 상부 운반 대차의 하중에 의한 변형이 상대적으로 많이 발생하고, 레일의 설치 위치가 낮아 굴착 버력 슬라임에 의한 레일이 매몰되는 등 운반 대차 탈선의 원인으로 작용하기도 한다(그림 9.9).

| 후방대차 구간 | 단선 레일 구간 | 슬라임에 의한 매몰 | 레일변형 |

[그림 9.9] 레일 침목(Sleeper)

(2) 레일 침목(H-Beam)

강재를 사용한 레일 침목 설치는 국내 적용사례가 많으나 시공성 및 경제성에서 다소 불리하고 하부 강재로 인한 굴착 슬라임의 이동을 제약하는 원인으로 작용하기도 한다(그림 9.10).

| 단선 선로 & 침목 | 레일 침목 설치 |

[그림 9.10] 레일 침목(H-Beam)

(3) 구조검토 및 해석

단·복선 구간 및 TBM 후방대차 구간의 레일 침목은 버력을 운반하는 광차, 세그먼트 대차, 기관차의 중량 및 후방대차(TBM Gantry)의 최대하중을 충분히 지지할 수 있는 구조여야 하며, 이를 토대로 레일 및 침목의 규격과 설치 간격을 검토하여야 한다.

일반적으로 수치해석에 의한 구조검토는 수치해석 결과로 산정한 각 부재의 부재력으로 휨응력, 전단응력 안정성을 검토한다. 다음은 TBM 후방대차 구간의 레일 및 레일 침목에 대한 수치해석에 의한 구조검토 사례이다.

① 해석 단면

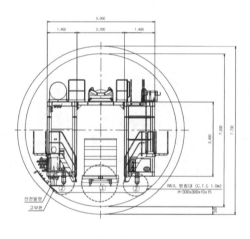
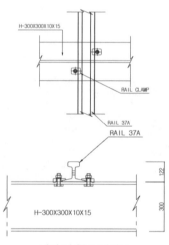

TBM 후방대차 구간 단면   레일 및 침목 연결부

[그림 9.11] 레일 및 침목 해석 단면

② 해석 모델링
- 레일 및 레일 침목 사용 부재

구분	단면적 (cm²)	단면계수 (cm³)	단면이차 모멘트 (cm⁴)	탄성계수 (MPa)	허용휨응력 (MPa)	허용전단응력 (MPa)	강종
레일 침목 H-300×300×10×15	119.8	1360	20400	205000	160	90	SS275
레일 37 A	47.3	163	952	210000	172.5	99.5	37kg KS R 9106

주) 레일의 허용휨응력 : 인장강도(690MPa)의 25%, < 200Mpa 적용

- 운반 대차 수직 작용하중(P_1)
- 광차, 세그먼트 대차, 기관차의 각 작용하중을 산정하여 최대하중 적용

    i) 광차중량 : 93kN

    ii) 버력중량 : 광차용량(20.0m³)×버력 단위중량(18kN/m³)×광차 적재율(80%)

    iii) 대차 바퀴 수량 : 4EA

- 레일 최대 작용하중 : (i + ii) ÷ iii = 95.3kN

- TBM Gantry(후방대차) 작용하중(P_2)

    i) 후방대차 최대하중 : 600kN

    ii) 대차 바퀴 수량 : 8EA

- Gantry 레일 작용하중 : i ÷ ii = 75kN

- 바퀴 제동하중(L_b)
- 운반 대차 제동하중 : $P_1 \times K \times Ca \times S = 5.1kN$
- Gantry 제동하중 : $P_2 \times K \times Ca \times S = 4.1kN$

여기서, 마찰계수(K) : 0.35(레일과 열차 바퀴상태에 따른 건마찰계수 0.3~0.4)

　　　　브레이크 효율(Ca) : 0.15(답면제동 10%~전기제동 20.0%)

　　　　선로 경사에 따른 보정계수(S) : 1.03(선로경사 3%)

- 레일 작용하중 집계표

구분	수직하중(kN)	제동하중(kN)	비고
운반대차 레일	95.3	5.1	
후방대차 레일	75.0	4.1	

- 모델링

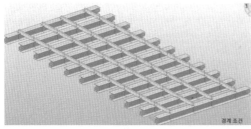 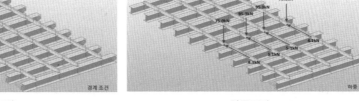

경계조건　　　　하중조건

[그림 9.12] 수치해석 모델링

419

③ 검토 결과

구분		최대응력(MPa)	허용응력(MPa)	검토 결과
레일 침목	휨 응력	86	200	OK
	전단응력	31	112.5	OK
레일	휨 응력	133	215.6	OK
	전단응력	38	124.4	OK

주) 가설 부재로 허용응력 25% 할증 적용

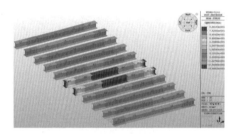 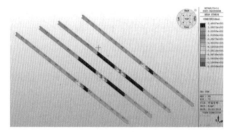

레일 침목 부재   레일 부재

[그림 9.13] 수치해석 결과

- 레일 침목(H-300×300×10×15)

  i) 침목 강도 검토

  $$f_s = \frac{P}{A_s} + \frac{M}{Z_s}$$

  여기서, f_s : 강재의 휨 응력(MPa) P : 최대하중(N)

          A_s : 강재의 단면적(mm^2) M : 최대모멘트(N·mm)

          Z_s : 강재의 단면계수(mm^3)

  ii) 침목 설치 간격 검토

  $$L = \frac{4 \times Z_s \times f_a}{P}$$

  여기서, f_a : 강재의 허용응력(MPa)

- 레일(37A)

  i) 레일 강도 검토

  $$f_R = \left(\frac{P \times L}{4}\right) \times \frac{1}{Z_R}$$

여기서, f_R : 레일의 휨 응력(MPa) P : 최대하중(N)

L : 침목의 설치 간격(mm) Z_R : 레일의 단면계수(mm^3)

• 연결부 검토

　i) 연결 볼트 허용응력(강구조 연결 설계기준, KDS 14 30 25 : 2019)

　ii) 사용 볼트 : F10T, M22

　iii) 연결부 발생력

　－ 수직력 : 46.1kN(압축)

　－ 전단력 : 19.7kN

　iv) 연결부 검토

　－ 볼트 검토

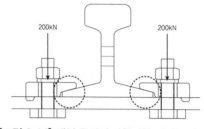

[그림 9.14] 레일 클립의 마찰저항 연결부 상세

　　작용전단력 : V_{max} = 19.7kN

　　사용 볼트 : n_{used} = 2ea, F10T, M22

　　허용전단응력 : v_a = 1.25 × 0.9 × 190 = 213.8MPa

　　볼트 수량 검토 : n_{req} = V_{max} ÷ (v_a × π × d^2 / 4)

$$n_{used} > n_{req} \rightarrow OK$$

　－ 제동력에 대한 클립의 마찰저항 검토

　　볼트체결축력(F) : 볼트 접합 및 핀 연결, KCS 14 31 25 : 2019 표 3.1-4 참조

　　볼트수량(n) : 2ea

　　마찰계수(f) : 0.4(고장력 볼트 이음의 미끄럼계수)

　　미끄럼에 대한 안전율 S = 1.7(KR C-09060 부재이음 2012, P33)

　　클립의 마찰저항력 : F × n × f/S = 95.5kN

　　제동하중(L_b) : 5.1kN

　　클립의 마찰저항력 > 제동하중 → OK

등급	볼트 호칭	설계축력(kN)	조임 축력(kN)	시험볼트 5개 이상 평균값	
				하한치(kN)	상한치(kN)
F10T B10T	M20	164	180	170	185
	M22	203	223	210	230
	M24	236	260	245	270
	M27	307	338	315	355
	M30	376	414	390	435

3) 레일 유지관리 계획

터널 내 레일 설비는 운반설비의 원활한 이동을 통한 굴진공정 계획을 달성하는 데 중요한 역할을 수행한다. 레일 설비의 변형과 침수 등은 운반대차 탈선의 원인이 되어 작업시간 지연으로 인한 가동률 저하를 초래한다. 따라서 레일의 유지관리는 대단히 중요하므로 매주 전기 및 기계설비(E & M)의 발주처 승인작업자가 레일검사 점검표를 통한 유지보수 점검을 시행하여야 한다.

2.3 작업 대차 계획

터널 내 설비 중 작업 대차는 굴착과 뒤채움 주입 등 일련의 작업에 사용되는 재료와 기계 설비를 수용할 수 있는 규모로 제작되어야 하고 각종 작업 발판의 기능을 가져야 하며, 작업 대차의 역할은 다음과 같다.

- 2차 뒤채움 주입
- 세그먼트의 볼트 추가체결 및 보수·보강
- 운반 대차(Rolling Stock) 설비의 탈선 교정
- 각종 설비(통풍관 등)의 설치

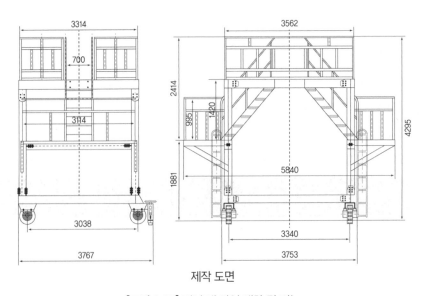

제작 도면

[그림 9.15] 터널 내 작업 대차 및 기능

작업 대차 전경

통풍관 설치

Segment Car 탈선 교정

[그림 9.15] 터널 내 작업 대차 및 기능(계속)

3 터널 외(지상) 설비

터널 외(갱외) 설비, 즉 지상 설비는 주로 작업구 반·출입 설비, TBM 장비 가동과 효율적인 굴착이 이루어지도록 하는 전력공급 설비(수·변전 설비), 뒤채움 주입 설비, 오·폐수 처리설비, 자재와 세그먼트 야적장 및 버력 처리장 등으로 구성된다.

3.1 터널 외 설비의 선정과 계획

1) 터널 외 설비 제 규정

터널 외 설비와 관련 국내 터널설계기준(KDS 27 25 00) 및 터널표준시방서(KCS 27 25 00)의 기타 설비 및 시공의 작업준비 절에 다음과 같이 제시하고 있다.

먼저 기타 설비의 수전설비 계획은 TBM 장비 전력소요량과 기타 부속 설비에 필요한 전력소요량을 산정하여 계획하도록 하며, 지상 설비의 계획 때에는 각각의 설비용량 산정에 필요한 고려사항과 기능에 대해 제시하고 있다.

2) 터널 외 설비 선정 때 고려사항

터널 외 설비는 기능과 시공성을 고려하여 정확한 용량 계산을 바탕으로 설계·계획되어야 하며, 각종 설비 특성을 고려한 효율적인 공간 배치가 되도록 하여야 한다. 또한, 지상 설비 계획은 운반 장비의 통행을 고려하여 상호 간섭되지 않도록 배치계획을 수립하여야 한다.

- 소음·비산먼지로 인한 환경오염 및 민원 발생에 따른 저감 대책 수립
- 작업구 인양 때 흔들림에 따른 안전사고 방지 및 작업 환경 개선대책 수립

3.2 수직구 운반설비

1) 수직구 운반설비 선정

수직구 운반설비는 쉴드 굴진에 필요한 레일, 각종 배관 등의 자재와 세그먼트의 투입, 굴착 버력의 상차 및 기타 작업에 필요한 사항을 검토하여 안정성 및 효율성을 고려하여 설치하여야 한다. 최근 도심지 쉴드 현장의 증가에 따라 작업장에서는 작업 부지의 효율적인 활용을 위해 작업구의 운반설비로 문형크레인(Gantry Crane)을 주로 선정·사용하고 있다. 한편, 수직구의 버력처리 방식으로는 문형크레인에 의한 광차 직접인양 방식 외에 수직 벨트컨베이어 방식, 사이드 덤핑과 크레인 의한 벨트 상차 방식 및 배관에 의한 펌프 압송방식 등이 적용되고 있다.

광차 직접인양 방식   수직 벨트컨베이어 방식   펌프압송(압송펌프)

[그림 9.16] 수직구 버력처리 방법

2) 문형크레인(Gantry Crane)

(1) 문형크레인 제원 산정

수직구 반·출입 설비로 주로 사용되는 문형크레인의 권상능력은 광차의 인양 중량과 반입되는 세그먼트, 궤도 설비 및 배관 자재의 중량 등을 계산하고 적정 안전율을 고려하여 크기를 결정한다(표 9.2).

또한, 크레인의 권상속도는 재하 시와 무재하 시로 구분하여 제시되며 버력의 반출 및 자재의 투입에 걸리는 시간을 산정하는 데 중요한 역할을 수행한다.

쉴드 터널에서 운반 대차의 터널 내 운반 시간과 수직구 반·출입 시간의 합이 터널 굴착 시간(1회 사이클타임)보다 작아야 굴진지연이 발생하지 않는다. 그러므로 문형크레인의 적절한 권상속도를 결정하는 것이 중요하며 수직구 반·출입 시간 산정 때 다음과 같은 사항을 고려하여야 한다.

- 광차, 자재의 인양 높이(m) = 수직구 심도 + 크레인 지상 인양 높이
- 지상 이동시간(min) : 수직구에서 버력 처리장까지 이격거리
- 작업 대기시간(min) : 광차 및 세그먼트 체결 등

[표 9.2] 서울지하철 9호선 3단계 현장 문형크레인 권상능력 산정 사례

구분		총중량	1회 인양 중량	
919 공구	광차 + 굴착버력	• 1링 굴착량 : 90m³ • 90m³ / 9대 = 약 10m³ • 10m³ / 4회 = 2.5m³	• 광차 : 0.8ton • 굴착버력 : 2.5m³×2.3ton/m³ = 5.75ton • 합계 : 6.55ton + α • 배터리 LOCO. : 8ton	• 안전율 고려 15ton 선정
	세그먼트	• 1링 총중량 : 23.85ton	• 1회 투입 : 3.816ton×2조+0.954ton×1조 = 8.586ton	
	궤도설비	• RAIL : 37.0kg/m • 침목 : 200×200×8×12	• RAIL : 37.0kg×5m×6본 = 1.11ton • 침목 : 4.7m×50kg×10본 = 2.350ton	
920 공구	광차 + 굴착버력	• 1링 굴착량 : 95m³ • 95m³ / 12대 = 약 8.0m³	• 광차 : 1.485ton • 굴착버력 : 8.0m³×2.5ton/m³ = 20.0ton • 합계 : 21.485ton + α • 디젤 LOCO. : 25.0ton	• 안전율 고려 30ton 선정
	세그먼트	• 1링 총중량 : 23.85ton	• 1회 투입 : 3.816ton×3조+0.954ton×1조=12.4ton	
	궤도설비	• RAIL : 37.0kg/m • 침목 : 300×300×10×15	• RAIL : 37.0kg×10m×4본 = 1.48ton • 침목 : 4.7m×94kg×10본 = 4.418ton	
921 공구	광차 + 굴착버력	• 1링 굴착량 : 90m³ • 90m³ / 14대 = 약 6.4m³	• 광차 : 1.50ton • 굴착버력 : 6.4m³×2.5ton/m³ = 16.0ton • 합계 : 17.5ton + α • 디젤 LOCO. : 25.0ton	• 안전율 고려 30ton 선정
	세그먼트	• 1링 총중량 : 23.85ton	• 1회 투입 : 3.816ton×2조+0.954ton×1조 = 8.586ton	
	궤도설비	• RAIL : 37.0kg/m • 침목 : 300×300×10×15	• RAIL : 37.0kg×5m×4본 = 0.74ton • 침목 : 4.7m×94kg×10본 = 4.418ton	

(2) 문형크레인 시공사례

문형크레인의 권상능력은 1회 굴착 사이클을 만족시키기 위한 광차의 용량과 기관차의 형식(중량)에 따라 달라진다. 서울지하철 919공구는 버력 처리 시 수평 벨트컨베이어를 사용하여 광차 크기는 타 공구에 비해 비교적 작은 2.5m³ 및 배터리 기관차를 사용하는 것으로 계획하여 15ton 권상능력을 가진 크레인을 선정하였으며, 최근 터널 연장의 장대화 및 대단면화로 50ton 제원 문형크레인의 사용사례가 증가하고 있다.

다음 표 9.3은 서울지하철 9호선 3단계 각 현장에 적용된 문형크레인 제원을 정리한 것이다.

[표 9.3] 서울지하철 9호선 3단계 현장 문형크레인 제원

구분	919공구	920공구	921공구
높이	10.5m	12.84m	11.25m
폭	12.0m	10.0m	12.1m
권상능력	15ton	30ton	30ton
권상속도(무부하 시)	30.0m/min	30.0m/min	30.0m/min

[표 9.3] 서울지하철 9호선 3단계 현장 문형크레인 제원(계속)

구분	919공구	920공구	921공구
권상속도(부하 시)	20.0m/min	20.0m/min	20.0m/min
중량	42ton	42ton	42ton
설치전경			

(3) 문형크레인 검사

쉴드터널 현장에 설치된 인양설비(문형크레인)는 검사기관으로부터 설치검사 및 주기 검사를 받아 안전하게 사용하여야 한다.

[표 9.4] 문형크레인 검사기관 및 주기

검사기관	검사 구분	검사 주기
한국산업안전보건공단	설치검사(완성검사)	설치 후
	사용 중 검사	1년
자체검사		6개월

3) 문형크레인 구조검토

(1) 현장 배치계획

문형크레인(Gantry Crane)의 작업장 배치는 지상부와 수직구 상부 구간으로 구분되어 설치되며, 수직구 구간은 주형보 설치 등의 가설 강재를 이용한 복공구조물 상부에 주행 레일을 설치하는 것이 일반적인 설치 방법이다(그림 9.17).

(2) 수직구 복공구조물 부재력 검토

복공 구조물의 해석단면, 크레인 및 강재 제원을 검토하여 작용하중(고정하중 및 크레인의 활하중, 풍하중, 온도 하중)의 하중조합, 하중재하 조건 등의 해석조건을 기초로 수치해석 또는 작용력을 계산한다.

해석 결과 산정된 각 부재에 작용하는 휨모멘트와 전단력 및 축력을 가지고 안정성을 검토한다(그림 9.18).

현장 작업장 위치도

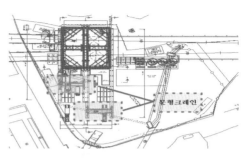
문형크레인 배치계획

지상부 문형크레인 설치

수직구 복공구조물 설치

[그림 9.17] 문형크레인 시공사례(대곡~소사 복선전철 ○공구)

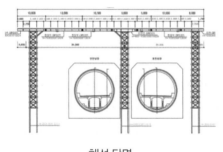
해석 단면

모델링

[그림 9.18] 수직구 복공구조물 안정성 검토사례(김포~파주 건설공사 ○공구)

(3) 지상부 레일 기초검토

지상부 레일 기초검토는 지반에 설치되는 구체 콘크리트의 규모와 작용하는 크레인 하중에 따른 지반의 지지력 및 침하 검토를 수행하여 기초의 형식을 선정하여야 한다. 기초 형식은 문형크레인의 권상하중과 안정성을 고려하여 말뚝기초 형식을 주로 사용하고 있다. 이처럼 기초의 지지력 및 침하에 대한 안정성을 확보할 수 있는 말뚝의 제원 및 설치 간격을 산정하여야 한다(그림 9.19).

427

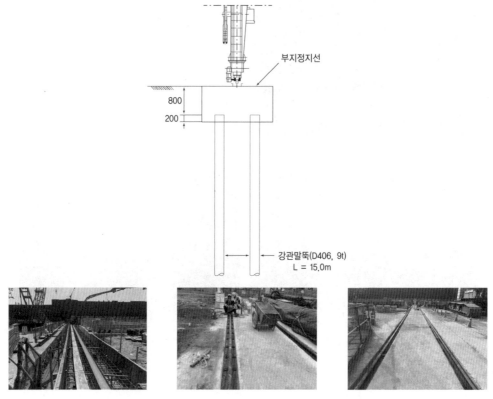

[그림 9.19] 지상부 문형크레인 기초 및 레일 설치

(4) 레일 변형 시 발생 문제점

특히 지상부에 설치된 레일이 과도한 지반침하로 인한 변형 발생 시 문형크레인 브레이크의 손상, 휠의 마모 등으로 버력 반출과 자재 및 세그먼트의 반입이 어려워져 굴진 공정의 지연을 초래할 수 있다. 그러므로 크레인의 제작기준·안전기준 및 검사기준 시행령에 따라 주기적으로 레일 전 구간에 대해 측량을 시행하여 문형크레인 주행 레일의 한 지간(Span)당 레일의 높이 편차, 좌우 레일의 수평차 등 각 항목의 편차 한계 범위 내에서 관리하여야 한다.

3.3 지상 버력처리 설비

쉴드 굴진 때 발생하는 굴착 버력은 터널 내 운반시설인 광차 또는 수평 벨트컨베이어에 의해 수직구로 운반되어 수직구 버력 반출설비인 문형크레인 또는 수직컨베이어 시스템에 의해 지상으로 옮겨진다. 이처럼 옮겨진 굴착 버력은 고함수비 조건 등과 같은 여러 가지 요인에 의해 덤프트럭 직상차를 할 수 없는 경우가 발생함에 따라 지상 작업장 부지에 별도의 처리 설비가 필요하다.

지상 작업장의 버력 처리 설비는 호퍼(Hopper) 설비와 버력처리장(Muck Pit)으로 나눌 수 있다.

1) 지상 버력처리 설비의 비교

(1) 지상 버력처리 설비 계획

① 호퍼(Hopper)

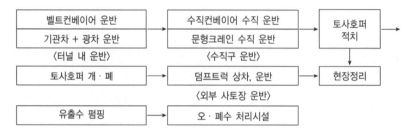

② 버력 처리장(Muck Pit)

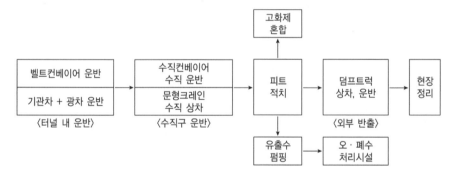

(2) 지상 버력 처리장 설비 장·단점

[표 9.5] 지상 버력처리 설비의 비교분석

구분	호퍼(Hopper)	버력 처리장(Muck Pit)
설치위치	수직컨베이어 상차 범위 내	크레인 상차 범위 내
설치용량	125m³(중, 소용량)	현장 상황에 따라(대용량)
덤핑방식	벨트컨베이어 방식	Side Dumping 방식
상차장비	필요없음(유압게이트 작동)	필요(Backhoe 0.6~0.8m³)
주요 작업	토사나 버력 저장 공간	토사나 버력 저장 공간
규격	125m³/대(중, 소용량)	현장상황 따라 대용량

[표 9.5] 지상 버력처리 설비의 비교분석(계속)

구분	호퍼(Hopper)	버력 처리장(Muck Pit)
장점	• 상차 장비가 필요없음 • 수직컨베이어 시스템 별도 운영	• 필요에 따라 용량 변경이 가능 • 유출수 별도 관리 • 지반상태 수시 점검 가능
단점	• 용량에 제한 • 게이트 오작동 시 안전사고 위험 • 버력 덤핑 시 소음발생 민원(야간) • 유지관리가 상대적으로 어려움 • 지반상태 육안 점검 불가 • 유출수 함유 시 현장청결 불가	• 상차 장비가 필요함
설치전경		
적용사례	1. 신성남 전력구(소구경) 2. 서울지하철 703(대구경)	1. 강남 전력구(소구경) 2. 인천공항철도(대구경)

(3) 지상 버력 처리장 용량 산정

- 터널 굴착경
- 단위 m당 굴착량 산정
- 실 굴착체적 산정(흐트러진 토량, 지하수 유입 수량 및 첨가제 주입량 고려)
- 최대 일 굴진량 반영하여 여유 토사 처리장 확보 계획수립

(4) 버력처리 형식 변경 사례

굴착 버력 지상처리 작업의 원활한 유지관리 및 토사 반출을 위해 당초에 계획되었던 호퍼설비에서 버력 처리장으로 변경 운영한 사례가 있다. 변경 사유는 토사호퍼 설비의 가동에 따른 진동, 소음에 따른 작업구 인근의 민원, 장비의 오작동 및 고함수비 버력의 처리 불량 등으로 다음과 같다.

- 야간 굴진 때 호퍼용량 부족으로 사토 처리 불가함
- 토사호퍼 설치 높이 문제, 버력처리 공정(Cycle time) 지연

• 동절기 공사 때 호퍼 내 유출수 동결로 게이트 오작동에 따른 사고위험
• 토사호퍼 버력 반출 시 게이트 개폐 소음 발생, 야간 민원 발생
• 버력과 유출수 분리를 위한 진동봉 설치에 따른 진동·소음 발생

2) 지상 버력처리 설비 시공사례

(1) 토압식 쉴드 현장

① 서울지하철 9호선 3단계 현장

[표 9.6] 버력 처리장(Muck Pit) 적용 사례

구분	919공구	920공구	921공구
수량	1개소	2개소	2개소
규모	$22 \times 12 \times 1.5 = 396m^3$	$9.4 \times 4.4 \times 5.0 = 206.8m^3$ $6.2 \times 4.4 \times 2.8 = 76.38m^3$	$7.0 \times 8.5 \times 4.0 = 238.0m^3$ $4.9 \times 6.8 \times 4.0 = 133.3m^3$
설치전경			

② 대곡~소사 복선전철 ○공구 현장

대곡~소사 ○공구 현장은 터널 굴착직경이 D=8.1m로 상·하선 동시 굴진이 계획되었으며, 버력 처리장의 규격은 상·하선 각 1개소에 일 굴진량 3.2링분을 처리하기 위해 8.0×11.0m, H=4.0m, $352.0m^3$로 설치·운영하였다.

하선 Muck Pit	상선 Muck Pit

[그림 9.20] 버력 처리장 운용 사례

(2) 이수식 쉴드 현장

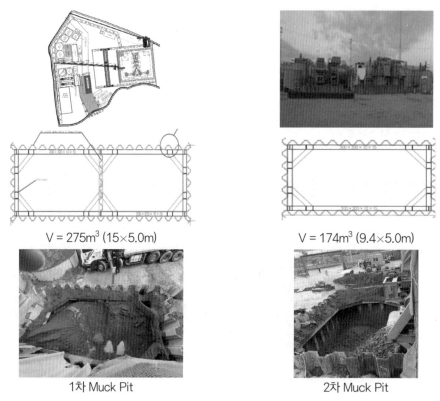

V = 275m³ (15×5.0m)   V = 174m³ (9.4×5.0m)

1차 Muck Pit   2차 Muck Pit

[그림 9.21] 서울지하철 별내선(8호선 연장) ○공구 현장 운용 사례

3.4 뒤채움 주입 설비

쉴드 터널 굴진 때 굴착 외주면과 세그먼트 외주면 사이의 공극(Tail Void)에 충진재를 주입하는 작업을 뒤채움 주입작업(그라우팅)이라 하며, 뒤채움은 테일보이드에 신속하고 확실하게 충진하여야 한다.

1) 뒤채움 주입 목적

뒤채움 주입작업은 쉴드TBM 공사에서 필수적인 작업공정으로 지표침하나 인접 지반의 교란을 최소화할 수 있으며, 뒤채움 주입의 목적은 다음과 같다.

- 굴착에 따른 지반의 응력해방에 의한 지반이완 및 침하 방지

- 뒤채움 주입으로 지하수 유입에 의한 누수 방지 효과 기대
- 쉴드 잭(Jack) 추력을 원 지반에 전달
- 세그먼트 손상이나 변위에 따라 사행 발생을 방지
- 세그먼트 구조물의 안정화를 가속시킴

뒤채움 주입작업 후 누수 등 1차 주입의 단점을 보완할 목적으로 일정 시간 경과 후 2차 뒤채움 주입을 시행하며, 2차 주입의 목적은 다음과 같다.

- 테일보이드 미충전부 추가 충전
- 주입재의 블리딩이나 에어 손실 등에 의한 체적감소분의 보충
- 이완영역 확대 방지

2) 뒤채움 주입재 선정

터널 뒤채움재는 다음과 같은 특성을 가져야 한다.

- 테일보이드에서의 충전성과 유동성이 우수할 것
- 유동성이 좋고 재료분리가 적어야 함
- 재료분리 없이 장거리 운송이 가능할 것
- 뒤채움재 충전 후 요구되는 조기강도 구현
- 경화 후 체적감소가 적고 투수성이 작을 것
- 가격경쟁력을 확보할 것

3) 뒤채움 주입 설비의 구성

뒤채움 주입 설비(Backfill Grouting Plant) 시스템은 주입재의 운반과 주입방식에 따라 설비구성에 차이가 있으며, 국내에서는 직접 압송방식과 터널 내 TBM 후방대차에 의한 압송방식이 주로 사용되고 있다.

(1) 직접 압송방식

터널의 굴착 단면과 굴진 연장을 고려하여 구성되며, 국내 전력구와 같은 중·소형 단면은 지상 뒤채움 주입 설비로부터 직접 세그먼트 주입공에 압송하여 주입하는 방식으로 이루어진다.

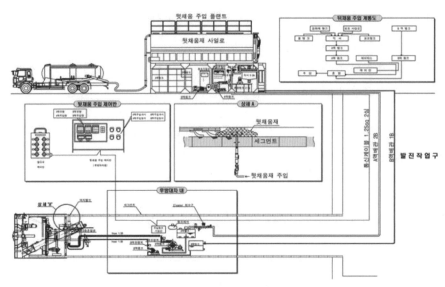

[그림 9.22] 뒤채움 주입 설비 시스템

(2) 중계 플랜트(TBM 후방대차) 방식

지하철과 같은 중·대형 단면과 연장이 비교적 긴 터널의 경우 그림 9.23과 같이 뒤채움재가 지상의 뒤채움 주입 설비로부터 배관설비에 의해 압송되어 터널 내 TBM 후방대차에 설치된 주입펌프에 의해 주입되는 방식으로 이루어진다.

[그림 9.23] 중계플랜트 방식의 주입 시스템

지상 뒤채움 설비(Backfill Plant)

TBM 후방대차(Backfill 주입대차)

[그림 9.24] 터널 내·외 뒤채움 주입 설비

① 뒤채움 주입 설비 제원

지상부 뒤채움 주입 설비의 구성은 시멘트, 벤토나이트 등 재료 저장설비, 계량설비, 고속믹서, 교반기(Agitator), 주입 및 압송 펌프로 구성된다.

[표 9.7] 뒤채움 주요 설비 및 제원

구분	설비명	규격	수량
지상 뒤채움 주입 설비	시멘트 사일로	25ton Silo, Single Screw Type	1 대
	벤토나이트 사일로	25ton Silo, Single Screw Type	1 대
	규산소다 저장 Tank	$10.0m^3$	1 기
	고속믹서기	$0.50m^3$	1 Set
	교반기(Agitator)	$2.0 \sim 3.0m^3$	1~2 Set
압송 설비	A액 펌프	$25kg/cm^2$, $0.25m^3/min$	1 대
	B액 펌프	$25kg/cm^2$, $0.25m^3/min$	1 대
터널 내 뒤채움 주입 설비	TBM 후방대차		

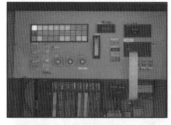

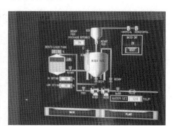

자동조작 판넬 & 교반장치	사일로, A액 저장탱크 & 펌프	계량장치 디스플레이

[그림 9.25] 뒤채움 주입 설비 구성

② 뒤채움 주입 설비 용량 산정

뒤채움 주입 설비의 용량 및 각 설비의 제원 검토는 TBM 장비의 최대 일 굴진량과 시간당 최대 굴진량을 산정하고, 굴진 공정에 지연이 발생하지 않도록 재료의 저장설비 용량과 주입 설비의 시간당 주입 능력을 고려하여 제작한다.

다음 그림 9.26은 굴진에 요구되는 뒤채움 주입재의 지상 설비 생산과 공급 흐름도를 나타낸 것이다.

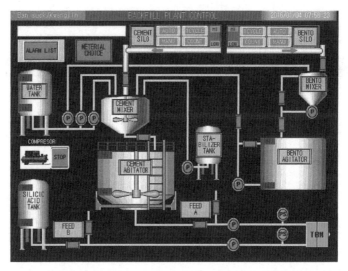

[그림 9.26] 지상 뒤채움 주입 설비의 주입재 공급 흐름도

- 터널 굴착경(m, Ds)
- 세그먼트 외경(m, Do)
- 주입률 계수(n : 한국터널지하공간학회 터널기계화시공 설계편 참조)
- 일 굴진량(Ring/day or m/day)
- 시간당 최대 굴진 속도(mm/min, m/h)
- m당 뒤채움 주입량 산정(m³/m : Tail Void 체적)

$$= \frac{\pi \times (D_s^2 - D_o^2)}{4} \times (1+n)$$

- 시간당 주입량 산정(m³/h)

$$= \frac{\pi \times (D_s^2 - D_o^2)}{4} \times (1+n) \times 시간당\ 최대굴진속도(m/h)$$

- 자재 저장 설비용량 산정(m³/day)

$$= \frac{\pi \times (D_s^2 - D_o^2)}{4} \times (1+n) \times 일\ 굴진량(m/day)$$

4) 뒤채움 주입 시공관리

뒤채움 주입을 위한 적절한 배합비는 터널 굴진 동안 지반 조건에 맞춰 제안되어야 하며, 모든 배합비에는 다음 사항이 포함되어야 한다.

- 계획된 일 최대 굴진율에 부합하는 배합 및 운송시스템
- 뒤채움 그라우트 겔타임(Gel Time)
- 1링 굴진 완료 후 설계 강도와 주입 완료 후 지정시간의 설계 강도
- 터널 종단선형에 적합한 운용과 최대 주입압력 제안
- 주입재의 시험 및 샘플링 요건
- TBM 카피 커터 사용을 고려한 이론적인 주입량

뒤채움 주입의 품질시험은 주입 후 1, 3, 6시간 경과 후 시행하고 하루 또는 5링마다 1회 시행하거나 그 이상의 빈도로 실시한다(Singapore T307 M & W for Civil & Structural Works).

품질관리 시험 항목으로는 플로우값, 점성, 블리딩율, 겔타임 및 압축강도 등을 정기적으로 측정한다(일본 공익사단법인 지반공학회, 쉴드TBM 공법).

설계 강도는 1차 뒤채움 주입이 완료 후 다음 링 굴진 전 최소 50kPa 강도와 28일 최소강도 2MPa을 달성하여야 한다.

또한 주입압은 세그먼트 주입공 위치에서 굴진면압 +200kN/m 정도로 설정하거나(일본 쉴드TBM 공법) 전체 상재하중의 1.2배보다 크지 않도록 제한되어야 한다(Singapore T307).

5) 뒤채움 주입 설비 시공사례

(1) 국내 현장(서울지하철 9호선 3단계 921공구)

- 1일 굴진장 : 1.2m/Ring $\times$ 6Ring/day = 7.2m/day
- 터널 굴착 단면(Ds) : ϕ7.93m
- 세그먼트 외경(Do) : ϕ7.58m
- 주입률(n) : 1.3

뒤채움 주입 설비 중 자재 저장설비의 용량검토를 다음과 같이 수행하여 저장설비의 규격을 결정하였다.

$$Q = \pi \times (7.93^2 - 7.58^2)/4 \times 7.2 \times 1.3 = 39.90 \text{m}^3/\text{day}$$

[표 9.8] 뒤채움 주입 설비 재료 설비 제원 산정

재료명	산출 근거	용량
시멘트	39.90m³/day×350kg/m³×1.5day/1,000	20.95ton
벤토나이트	39.90m³/day×52.5kg/m³×1.5day/1,000	3.14ton
안정액	39.90m³/day×3.5kg/m³×1.5day	209.5kg
규산소다	39.90m³/day×70l/m³×1.5day	4.190 l

(2) 해외 현장(Singapore T307)

싱가포르 T307 현장의 뒤채움 주입 그라우팅 조건 및 주입 설비의 용량을 산정한 결과를 다음의 표 9.9와 같이 정리하였으며, 설비는 시간당 9.0m³ 공급 가능한 설비를 갖추는 것으로 계획하였다.

[표 9.9] 뒤채움 주입 설비 용량 산정

No.	Description	Specification	비고
1	TBM O.D	6,650mm	
2	Excavation D	6,685mm	
3	Segment O.D	6,350mm	
4	Segment Width	1,400mm	
5	TBM Speed	20mm/min	Max.80mm/min
6	Backfill Injection ratio	4 nos.	
7	2 liquid combination	A + B	
8	Tail void volume / 1m	3.43m³	
9	Tail void volume / 1R	4.80m³	1.4m
10	Backfill injection volume / 1m	3.43m³	
11	Backfill injection volume / 1R	4.80m³	1.4m
12	Injection volume / 1m of A liquid	3.16m³	92.0%×3.43m³
13	Injection volume / 1m of B liquid	0.27 l	8.0%×3.43m³
14	Injection volume / 1R of A liquid	4.42m³	92.0%×4.80m³
15	Injection volume / 1R of B liquid	0.38 l	8.0%×4.80m³

3.5 오·폐수 처리 설비

TBM 터널공사를 수행함에 따라 터널 공사로부터 발생하는 폐수를 하수관로나 우수관로를 통해 배출하기 전에 규정된 기준을 준수하기 위해 여러 단계의 설비나 응집설비를 현장에 갖추

어야 한다.

오·폐수 처리 설비(Wastewater Treatment System)의 설치와 운영 때 기름, 윤활유(그리스), 벤토나이트 및 기타 화학물질로 오염된 터널 공사 중에 발생하는 오·폐수를 처리하기 위한 계획을 자세히 제시하여 주변 환경의 오염을 최대한 방지할 수 있도록 하여야 한다.

1) 오·폐수 처리 설비의 설치목적

- 터널 굴진 때 발생한 오·폐수를 환경 법규에 맞게 처리하기 위함
- 뒤채움 주입 때 필요한 용수공급
- TBM 장비 냉각수 공급
- 터널 내 청소수 재활용

2) 오·폐수 처리 과정

(1) 오·폐수의 단계별 처리

그림 9.27 및 표 9.10과 같은 여러 단계의 처리공정을 거친 오·폐수는 생물화학적 산소요구량(BOD), 총유기탄소량(TOC), 부유물질(SS) 농도, 총질소(T-N), 총인(T-P) 등의 오염 물질 배출항목에 대한 배출 기준값을 통과하여야 방류할 수 있다.

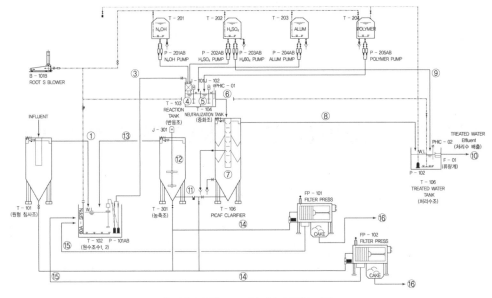

[그림 9.27] 오·폐수 처리 공정도(1)

[표 9.10] 오·폐수 처리 공정도(2)

구분	역할	비고
①	오·폐수 원수조로 유입	
②	원 수조 내 Air 폭기	
③	반응조로 이송	
④	황산(H_2SO_4)과 수산화나트륨(NaOH)로 중화시켜 방류수 기준으로 조정 및 황산알루미늄으로 오염물질 응집시킴	
⑤	폴리머를 사용, 황산알루미늄으로 응집된 오염물질의 비중을 높여 부유물을 크게 만들어 침전시킴	
⑥	PICAF(고속응집 경사판 침전장치)로 이송	
⑦	PICAF를 통해 상부 청정수와 하부 침강덩어리(Floc)로 분리	
⑦ → ⑧	상부 청정수를 처리 수조로 이송	
⑨	황산(H_2SO_4)을 재투입하여 방류수 기준으로 pH 조정	
⑩	처리된 처리 수를 배출	
⑦ → ⑪	PICAF를 통해 하부에 침강 덩어리(Floc)를 농축조로 이송	
⑫	농축하여 Floc과 여액으로 분리	
⑬	농축조에서 분리된 여액을 원 수조로 이송	
⑫ → ⑭	농축된 Floc을 필터 프레스로 이송	
⑮	탈수된 Cake을 제외한 여액을 원 수조로 이송	
⑯	탈수된 Cake은 폐기물 처리	

(2) 오·폐수 처리 약품

오·폐수 처리에 사용되는 약품은 표 9.11과 같으며, 최근 황산의 대체 약품으로 이산화탄소(CO_2)를 적용한 기술을 사용하여 화학물질관리법에 의한 유해화학물질(황산 10% 이상 함유) 사용을 배제하고 있다.

[표 9.11] 오·폐수 처리에 사용되는 약품

구분	오·폐수 처리 세부 과정	비고
황산 (H_2SO_4)	시멘트의 알칼리성 폐수를 중화시켜 방류수 기준으로 조정하는 약품	
수산화나트륨 (NaOH)	산성 폐수를 중화시켜 방류수 기준으로 조정하는 약품	양잿물
황산알루미늄	폐수의 오염물질을 서로 미세하게 응집시키는 약품	주응집제
폴리머 (Polymer)	황산알루미늄(황산반토)으로 인해 미세하게 응집된 오염 물질의 비중을 높여 부유물을 크게 만들어 침전시키는 역할을 하는 약품	보조응집제

(3) 오·폐수의 지표 및 배출수 기준

① 배출수 수질 허용기준

오·폐수 처리설비의 처리 과정을 거친 방류수는 주변 환경의 오염을 최대한 방지하기 위하여 "물환경보전법 시행규칙 별표 13 수질오염물질의 배출허용기준" 등 배출수 수질 허용기준을 만족하여야 한다.

[표 9.12] 공공 하수처리시설의 방류수 수질기준(하수도법 시행규칙 별표 1)

구분	공공 하수처리시설의 방류수 수질기준						
	BOD (mg/L)	TOC (mg/L)	SS (mg/L)	T-N (mg/L)	T-P (mg/L)	총대장균수 (개/mℓ)	생태독성 (TU)
Ⅰ 지역	5 이하	15 이하	10 이하	20 이하	0.2 이하	1,000 이하	
Ⅱ 지역	5 이하	15 이하	10 이하	20 이하	0.3 이하		
Ⅲ 지역	10 이하	25 이하	10 이하	20 이하	0.5 이하	3,000 이하	1 이하
Ⅳ 지역	10 이하	25 이하	10 이하	20 이하	2 이하		

[표 9.13] 배출수 수질 허용기준 농도(단위 : mg/L)

구분		1일 배출량 2,000m³ 이상			1일 배출량 2,000m³ 이하		
		BOD	TOC	SS	BOD	TOC	SS
청정 지역	환경기준(수질) 1등급 정도의 수질 보전지역	30 이하	25 이하	30 이하	40 이하	30 이하	40 이하
"가" 지역	환경기준(수질) 2등급 정도의 수질 보전지역	60 이하	40 이하	60 이하	80 이하	50 이하	80 이하
"나" 지역	환경기준(수질) 3, 4, 5등급 정도의 수질 보전지역	80 이하	50 이하	80 이하	120 이하	75 이하	120 이하
특례 지역	환경부 장관이 공단 폐수종말처리 구역으로 지정하는 지역, 시장, 군수가 산업입지 및 개발에 관한 법률 제8조 규정 지정하는 농공단지	30 이하	25 이하	30 이하	30 이하	25 이하	30 이하

② 수질원격감시체계(TMS)

TBM 현장에서 발생하는 오염 물질량을 실시간 감시하기 위해 현장의 방류수를 전자동 측정장치를 이용하여 발주처 및 환경관리공단에 실시간 측정데이터를 전송하는 설비이다. TMS 시스템의 설치목적은 다음과 같다.

• 오·폐수 설비의 방류 수질을 실시간 관리·점검 수질오염사고 사전예방

• 방류수 오염도 정확히 파악, 객관적인 배출 부과금 산정 및 수질관리 선진화

폐수 배출시설 설치 허가증

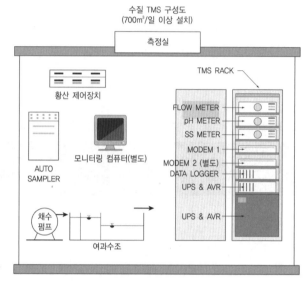

수질원격감시체계

[그림 9.28] 오·폐수 처리설비 인허가(별내선 ○공구) 및 실시간 측정장치

[표 9.14] TMS(수질원격감시체계) 관련 법률 및 시행령

구분		내용
물환경 보전법 시행령	별표 7	• 측정기기 부착대상 법 제35조 제4항에 따른 공동방지시설 설치·운영사업장으로서 1일 처리용량이 200세제곱미터 이상인 사업장과 별표 13에 따른 제1종부터 제3종까지의 사업장 • 측정기기 부착유예 3종사업장이나 시설용량이 일일 200세제곱미터 이상 700세제곱미터 미만인 공동방지시설로서 …중략… 배출허용기준을 초과하여 배출할 때까지 측정기기의 부착을 유예 이 경우 배출허용기준 초과 통보를 받은 날로부터 9개월 이내에 측정기기를 부착
	별표 13	**종류** / **배출규모**
		제1종 사업장 1일 폐수배출량 2,000m³ 이상인 사업장
		제2종 사업장 1일 폐수배출량 700m³ 이상, 2,000m³ 미만인 사업장
		제3종 사업장 1일 폐수배출량 200m³ 이상, 700m³ 미만인 사업장
		제4종 사업장 1일 폐수배출량 50m³ 이상, 200m³ 미만인 사업장
		제5종 사업장 위 제1종부터 제4종까지의 해당하지 않는 배출시설

3) 오·폐수 처리 설비 용량 산정

(1) 오·폐수 처리설비 및 제원

서울지하철 9호선 3단계 현장에 적용된 설비의 종류 및 규격은 다음 표 9.15와 같으며, 일 처리 설비용량은 500~600ton으로 계획·시공되었다.

[표 9.15] 오·폐수 처리설비 주요 설비 및 제원

구분	규격	수량
원수 이송 펌프	100A × 3.7kW	2set
교반기(Agitator)	350rpm × 0.75kW	2set
폴리머(Polymer) 펌프	3,000cc/min	2set
황산(H_2SO_4) 펌프	1,000cc/min	4Set
알루미늄(AlUM) 펌프	1,000cc/min	2Set
배수펌프	1.0m^3/min	2set
공기압축기(Air Comp.)	7.5kW × 7.0kg/cm^2	1set
필터프레스(Filter Press.)	10,000L/cycle	1set
송풍기(Blower)	3.0m^3/min × 3.7kW	1set

서울지하철 920공구

서울지하철 921공구

[그림 9.29] 오·폐수 처리설비 설치 전경

(2) 오·폐수 처리 설비 용량 산정

다음의 오·폐수 용량 산정식은 싱가포르 T307 현장의 용량 산정 사례를 제시한 것이다.

① 강수량 산정(Q_1)

$$Q_1 = C \times I \times A$$

여기서, I : 강우강도(mm/hr)

C : 유출계수(1.0 적용)

A : 유역면적/수직구 면적(m²)

② 수직구 유입 수량(Q_2)

수직구 토류벽체로부터 침투되어 수직구 바닥으로 상당량의 지하수가 유입되고 있으며, 수직구 내로 유입되는 평균 유입 수량을 합한다.

③ 터널 내 배수량(Q_3)

• 뒤채움 그라우팅 주입 장치의 세척수(q_1)

— 1링 굴진 때 세척수 : $250\ell / 1\,Port$

— 1링 굴진 때 세척수(ℓ_1) : $250\ell \times 4\,port\,/\,TBM = 1m^3/hr$

— 일 굴진량(A_d) : 12 Ring/day

— $q_2 = \ell_1 \times A_d \div 24hr$

• 그라우팅 파이프 세척수(q_2)

— A액 배관 단위 m당 청소수(ℓ_2) : $2\,\ell/m$

—배관 연장(L) :

—청소 횟수(T) : 12 Ring/day

—$q_2 = \ell_2 \times L \times T \times 24hr$

• 터널 내 청소수(q_3)

—1링 굴착 때 소요 청소수(ℓ_2) : $2.8m^3/Ring$

—$q_3 = \ell_1 \times A \div 24hr$

• 터널 내 배수량 : $Q_3 = q_1 + q_2 + q_3$

④ 오·폐수 총용량

수직구 유역면적으로 유입되는 강수량, 터널 내 배수량 및 수직구 침투되는 오·폐수량의 합은 다음과 같이 산정할 수 있다.

$$V = Q_1 + Q_2 + Q_3$$

4) 오·폐수 처리 설비 시공사례

(1) 국내 현장(대곡~소사 복선전철 O공구)

오·폐수 설비용량의 산정은 TBM 장비 용수 사용량과 터널의 측벽수 용량을 합하여 배출량을 산정하여 결정하였다.

당초 설계 때 계획하였던 오·폐수 설비용량은 수직구 가시설 토류벽체로부터 유입수 증가와 하저 터널의 특성상 굴착 때 터널 내 용출수 증가로 오·폐수 설비용량을 1차 및 2차 증설하는 것으로 하여 대처하였다.

[표 9.16] 오·폐수 배출량 산정(설계)

배출시설명	폐수배출량	오염 물질 배출항목	폐수처리방법	처리능력
장비용수	86.4m³/day	pH, SS, COD, n-H, T-N, T-P	물리, 화학적	
터널측벽수	4,130.4m³/day	pH, SS, COD, n-H, T-N, T-P	물리, 화학적	
합계	4,216.8m³/day			4,360m³/day

설계 : 4,360m³/day ➡ 당초 : 12,000m³/day ➡ 증설 : 15,000m³/day

오·폐수 처리 설비 전경   오·폐수 설비(필터프레스)

[그림 9.30] 오·폐수 처리설비

[표 9.17] 오·폐수 처리기준(방류 수질기준 : "나"지역)

오염 물질 구분	처리 전	처리 후	처리효율(%)	방류 수질기준
BOD (생물학적 산소요구량)	25	13	48	80 이하
COD (화학적 산소요구량)	12	5.8~8.6	–	5.8~8.6
pH (수소이온농도)	18	9	50	80 이하
SS (부유물질량)	1,000	30	97	130 이하
n-H (노말헥산)	1	0.5	50	5 이하
T-N (총질소)	1	0.5	50	60 이하
T-P (총인)	1	0.5	50	8 이하

(2) 해외 현장(Sigapore T307)

싱가포르 T307 현장의 오·폐수 방류기준은 부유물질량(SS)은 50ppm 이하, 수소이온농도(pH)는 6~9이며, 오·폐수 처리 설비는 다음과 같다.

[표 9.18] 오·폐수 처리 설비 및 장치

No.	Plant/Equipment	QTY(Per System)	비고
1	Chemical Mixing Plant	1	
2	Sump Pump 1m³/min	2	
3	Tunnel Dewater Pump 15kW	1	
4	Oil Trap	1	
5	Filter Press	1	
6	Sludge Tank	1	

3.6 전력공급 설비(수·변전 설비)

1) 전력공급 설비 개요

TBM 장비 및 부대설비를 안정적으로 가동을 위해 전기 기기의 부하율을 고려한 최대부하율을 산정하여 필요한 전력용량을 정확히 산출하여야 한다.

전력공급설비의 설치 위치는 한국전력공사의 송전설비로부터 수·변전하기 쉬운 장소에 설치하며, 도로의 우수유입 등 침수 등에 대비하기 위하여 주변 지반보다 높게 설치하는 것으로 계획한다.

- 고압전기 : TBM 장비 및 부속 설비
- 저압전기 : 지상설비(이수 플랜트, 뒤채움 설비, 오·폐수 설비 외) 및 조명설비

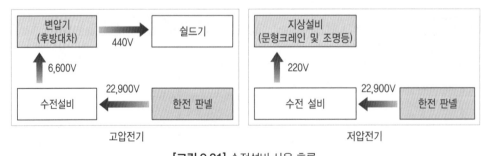

[그림 9.31] 수전설비 사용 흐름

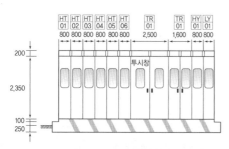

수전설비 상세도(정면도)

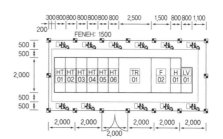

수전설비 상세도(평면도)

수전설비 공사

수전설비 설치 완료

[그림 9.32] 전력공급 설비 설치 전경

또한, 정전 때 변전소나 배선경로가 다른 예비전원의 확보와 배수와 조명용량의 자가 발전기를 현장에 확보하도록 한다.

2) 전력공급 설비의 전력사용량 검토사례

전력사용량 산정은 TBM 장비 제조사 및 각각의 설비 공급업체로부터 소모되는 전력량을 제공받고, 터널 내·외부의 조명, 환기 및 생활편의 시설에 소요되는 전력량을 고압과 저압으로 구분하여 합산한다.

(1) 대곡~소사 복선전철 O공구 현장

대곡~소사 현장은 한강 하저 복합지층을 통과하는 터널 현장으로 쉴드TBM 장비 2대가 투입되어 시공하는 것으로 계획되었으며, TBM 장비는 독일 Herrenknecht사의 토압식 쉴드 TBM을 반입하여 시공하였다.

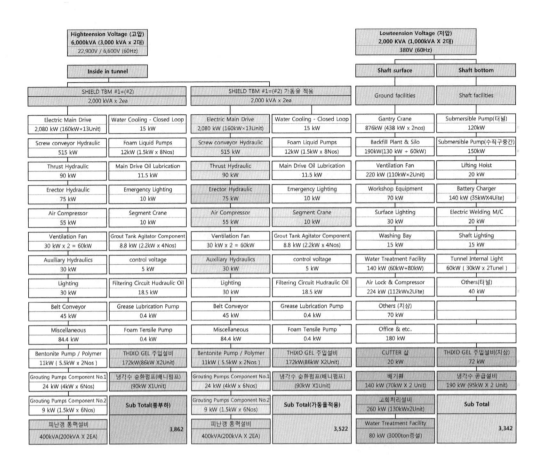

Highteension Voltage (고압) 6,000kVA (3,000 kVA x 2대) 22,900V / 6,600V (60Hz)				Lowteension Voltage (저압) 2,000 KVA (1,000kVA X 2대) 380V (60Hz)	

Inside in tunnel				Shaft surface	Shaft bottom

SHIELD TBM #1=(#2) 2,000 kVA x 2ea		SHIELD TBM #1=(#2) 가동율 적봉 2,000 kVA x 2ea		Ground facilities	Shaft facilities
Electric Main Drive 2,080 kW (160kW×13Unit)	Water Cooling - Closed Loop 15 kW	Electric Main Drive 2,080 kW (160kW×13Unit)	Water Cooling - Closed Loop 15 kW	Gantry Crane 876kW (438 kW x 2nos)	Submersible Pump(터널) 120kW
Screw conveyor Hydraulic 515 kW	Foam Liquid Pumps 12kW (1.5kW x 8Nos)	Screw conveyor Hydraulic 515 kW	Foam Liquid Pumps 12kW (1.5kW x 8Nos)	Backfill Plant & Silo 190kW(130 kW + 60kW)	Submersible Pump(수직구중간) 150kW
Thrust Hydraulic 90 kW	Main Drive Oil Lubrication 11.5 kW	Thrust Hydraulic 90 kW	Main Drive Oil Lubrication 11.5 kW	Ventilation Fan 220 kW (110kW×2Unit)	Lifting Hoist 20 kW
Erector Hydraulic 75 kW	Emergency Lighting 10 kW	Erector Hydraulic 75 kW	Emergency Lighting 10 kW	Workshop Equipment 70 kW	Battery Charger 140 kW (35kWX4Uite)
Air Compressor 55 kW	Segment Crane 10 kW	Air Compressor 55 kW	Segment Crane 10 kW	Surface Lighting 30 kW	Electric Welding M/C 20 kW
Ventilation Fan 30 kW x 2 = 60kW	Grout Tank Agitator Component 8.8 kW (2.2kW x 4Nos)	Ventilation Fan 30 kW x 2 = 60kW	Grout Tank Agitator Component 8.8 kW (2.2kW x 4Nos)	Washing Bay 15 kW	Shaft Lighting 15 kW
Auxiliary Hydraulics 30 kW	control voltage 5 kW	Auxiliary Hydraulics 30 kW	control voltage 5 kW	Water Treatment Facility 140 kW (60kW+80kW)	Tunnel Internal Light 60kW (30kW x 2Tunel)
Lighting 30 kW	Filtering Circuit Hudraulic Oil 18.5 kW	Lighting 30 kW	Filtering Circuit Hudraulic Oil 18.5 kW	Air Lock & Compressor 224 kW (112kWx2Uite)	Others(터널) 40 kW
Belt Conveyor 45 kW	Grease Lubrication Pump 0.4 kW	Belt Conveyor 45 kW	Grease Lubrication Pump 0.4 kW	Others (지상) 70 kW	
Miscellaneous 84.4 kW	Foam Tensile Pump 0.4 kW	Miscellaneous 84.4 kW	Foam Tensile Pump 0.4 kW	Office & etc.. 180 kW	
Bentonite Pump / Polymer 11kW (5.5kW x 2Nos)	THIXO GEL 주입설비 172kW(86kW X2Unit)	Bentonite Pump / Polymer 11kW (5.5kW x 2Nos)	THIXO GEL 주입설비 172kW(86kW X2Unit)	CUTTER 실 20 kW	THIXO GEL 주입설비(지상) 72 kW
Grouting Pumps Component No.1 24 kW (4kW x 6Nos)	냉각수 순환펌프(베니펌프) (90kW X1Unit)	Grouting Pumps Component No.1 24 kW (4kW x 6Nos)	냉각수 순환펌프(베니펌프) (90kW X1Unit)	배기원 140 kW (70kW X 2 Unit)	냉각수 공급설비 190 kW (95kW X 2 Unit)
Grouting Pumps Component No.2 9 kW (1.5kW x 6Nos)	Sub Total(종부하) 3,862	Grouting Pumps Component No.2 9 kW (1.5kW x 6Nos)	Sub Total(가동율적용) 3,522	고화처리설비 260 kW (130kWx2Unit)	Sub Total 3,342
피난갱 통력설비 400kVA(200kVA X 2EA)		피난갱 통력설비 400kVA(200kVA X 2EA)		Water Treatment Facility 80 kW (3000ton증설)	

대곡~소사 현장에 계획되었던 전력공급 설비의 용량은 다음과 같은 현장의 시공 여건 변경과 후방설비의 추가로 공사 중 전력용량 변경이 이루어졌다.

- 고압설비 증설 : THIXO Gel 주입 설비 및 피난갱 동시 시공설비 동력 외
- 저압설비 증설 : 고화처리설비, 냉각수 공급설비(냉각 타워, 펌프) 외

기존 설비용량		증설 변경용량	
Inside Tunnel	Ground / Shaft	Inside Tunnel	Ground / Shaft
고압 (High tension) 6,000kVA (3,000kVA x 2SET) 22,900V / 6,600V (60Hz)	저압 (Low tension) 2,000kVA (1,000kVA x 2SET) 380V (60Hz)	고압 (High tension) 8,000kVA (4,000kVA x 2SET) 22,900V / 6,600V (60Hz)	저압 (Low tension) 3,000kVA (1,000kVA x 2SET) (1,000kVA x 1SET) 380V (60Hz)

설치용량 : 고압용 7,152kwp
저압용 3,342kwp
총설치용량 : 10,494kwp

(2) 서울지하철 9호선 3단계 920공구 현장

서울지하철 9호선 3단계 현장은 920공구는 일본 Kawasaki사의 토압식 쉴드 장비가 투입되어 시공이 이루어졌다.

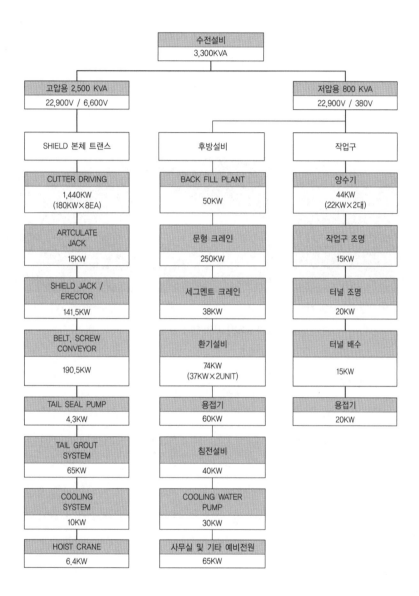

3.7 고화처리 설비

1) 고화처리 설비 개요

토압식 쉴드TBM의 굴착은 굴진면의 안정성 확보와 굴착 버력의 원활한 배출을 위해 첨가제

449

를 투입함으로써 굴착 버력을 소성 유동화시킨다. 첨가제가 혼합된 버력이나 고함수비 버력은 함수율이 높아 지상의 버력 처리장으로부터 사토장으로의 즉시 사토 처리가 어려워 굴착 버력을 개량할 필요가 있다.

이처럼 고함수비 굴착 버력의 예상 발생 문제점은 사토장으로 이동할 때 도로에 흘러내림에 따른 민원 발생과 사토장으로의 반입이 금지됨에 따라 굴진 공정 지연을 초래한다.

굴착 버력의 고화처리는 굴착 버력을 통상의 운반이 가능한 함수비 상태로 개량하여 효율적으로 장외 사토장으로 반출하고 작업장 내 처리장 용량을 확보하여 시공 사이클을 유지하기 위해 실시한다.

서울지하철 921공구 muck pit　　　　　　　대곡~소사 ○공구 muck pit

[그림 9.33] 고함수비 굴착버력

2) 버력 고화처리 방법

(1) 자연건조 방식

자연건조에 의한 방식은 굴착 버력을 지상의 처리장에서 보관하면서 햇볕으로 건조해 함수비를 낮추는 방식이다.

자연건조 방식의 적용에는 작업장 인접하여 넓은 면적의 임시 가적치장을 확보하여야 하고 날씨가 불안정한 계절적 요인이나 점성토를 함유한 굴착 버력의 경우 건조시간이 많이 소요되는 단점이 있다.

(2) 개량재 첨가 방식

개량재를 이용하는 방식은 고함수비 유동성 굴착 버력을 토사 피트에서 굴착기 등을 이용하여 고화제를 직접 교반하는 방법과 수직구 인접 토사 피트 전면에 굴착 버력과 고화제를 자동으로 교반할 수 있는 고화처리 설비를 이용하는 방법이 있다.

muck pit 고화재 교반

고화재 처리 설비

[그림 9.34] 개량재 첨가 방식

① 고화처리 흐름도

굴착버력(Muck) 반출 → 굴착버력(Muck) 덤핑 → 고화제 혼합 → Muck Pit 이송

② 개량재 특성

굴착 버력의 함수비를 개량하기 위해 첨가하는 개량재의 종류에는 시멘트계, 석탄계, 고분자계 개량재를 사용하고 있다.

시멘트계 및 석탄계는 개량 효과가 높고 강도 설정도 가능하나 개량된 굴착 버력이 알칼리성이 되며, 고분자계를 사용한 굴착 버력은 중성이나 개량 강도가 낮은 특성을 갖는다. 국내 현장에 주로 사용하는 고화제의 특성은 다음과 같다.

- 주성분 : 폴리카르복실계 고흡수성 특수물질
- 외관 : 분말형 미백색 미립자
- 표준사용량 : 유동성 굴착 버력 1~6kg/m^3

③ 문제점

유동성의 고함수비 굴착 버력에 고화재를 첨가함으로써 고화재가 화학반응을 일으켜 함수율을 낮추는 데는 많은 시간이 소요된다. 그러나 TBM 현장 특성상 굴착 버력은 주·야 24시간 실어 내야 하므로 함수율을 낮추는 데 걸리는 시간과 고화재 투입량을 고려할 때 적용성 및 경제성이 상대적으로 낮은 것으로 평가되고 있다. 이와 같은 문제점을 개선하기 위해 굴착공정을 지연시키지 않도록 처리 설비의 용량을 정확히 산정하고 개량제의 화학반응 시간을 최소화할 방안을 세워야 한다.

(3) 필터 프레스 의한 함수율 저하 방식

작업장 부지 외부로 반출전 버력 처리장에 임시 보관하는데 시간이 지나면서 비중이 큰 토립자는 침전하고 비중이 가벼운 부유물(콜로이드)은 오·폐수시설 및 필터 프레스로 이동시킨다. 이동된 고함수비 굴착 버력의 부유물(콜로이드)에 압력을 가해 여러 장의 필터로 통과시켜 함수율을 낮추기 위한 설비인 필터 프레스를 설비를 이용하여 개량하는 방식이다.

Filter Press 전경

Filter Press 수조

Filter 전경

처리된 굴착 버력

[그림 9.35] 필터 프레스 처리 방식

① 처리 흐름도

굴착버력(Muck)반출 → Muck Pit → Filter Press 수조 → Filter Press 처리

② 필터 프레스 처리 특성

- 함수율 저하 효과는 뛰어나나 소량의 버력처리만 가능
- 처리시간이 많이 소요됨

3) 고화처리 설비 사양

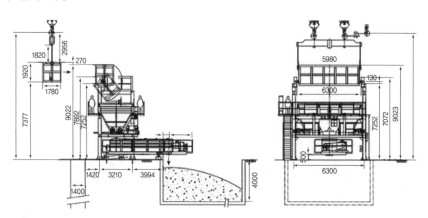

[표 9.19] 고화처리 설비의 사양 (대곡~소사 건설공사 ○공구)

No	품명	항목	설비 사양
1	굴착 버력 Hopper	Capacity	25m³
		Size	W3210×H2300×L6300
		Screw Conveyer	Double Screw, 15kW×2대(Inverter Control /투입량조절기능) Q = Max.2m³/min
		Discharge Gate	W500×H400 유압실린더 구동, 투입량 조절기능
		Greate Mesh Net	Over size 방지용
2	약품 Tank	Capacity	2m³
		Size	W1500×H2000×L1300
		공급Screw Conveyer	0.75kW(Inverter Control)
3	고화 Mixer	Size	W1476×H1500×L9510
		Capacity	Q=90m³/h
		Motor	90kW (Inverter Control/함수율대비 Mixing 조절장치)
		Impeller Shaft	Double Type
		Up-Down	유압실린더 구동함수율에 따른 Mixer 효율 조절용
		Discharge Gate	W350×H500, 유압실린더 구동, 고화상태에 따른 토출량 조절용
		Liner Hardox	Unit Block, 마모 시 교체 용이
		Impeller	마모 시 교체 용이
4	Frame & Dumping Unit		

3.8 지상 설비의 배치사례

1) 토압식 쉴드 현장

(1) 서울지하철 919공구 현장

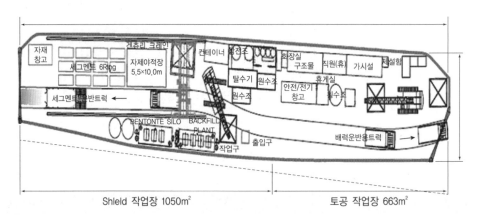

- 석촌역 사거리 차량흐름 고려하여 도로 중앙부에 작업장 배치
- 쉴드터널/토공·구조물 작업장을 분리 배치하여 작업 효율성 증대
- 도심지 인접건물 조망권 확보를 위해 방음하우스 대신 투명방음벽 설치

(2) 서울지하철 921공구 현장

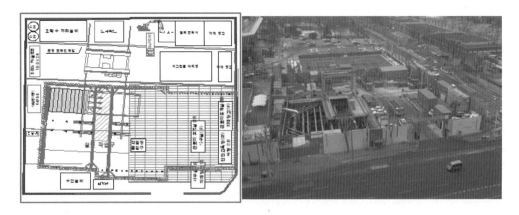

- 석촌 올림픽 공원 내 936정거장 작업장을 배치
- 작업장은 터널 진행 방향으로 배치가 이상적이나 민원시설(공원 내 테니스장 외) 및 수목 이식 비용을 고려하여 직각으로 작업장 계획 수립

(3) 대곡~소사 복선전철 O공구 현장

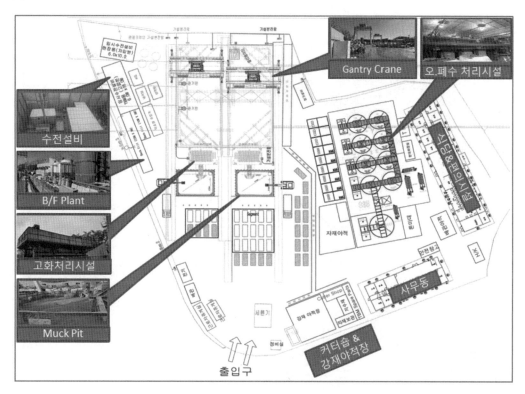

- Muck Pit 제원 : 8m×11m, H=4m, 352m³/3.2Ring
- 오·폐수 처리장 : 설계용량 4,000ton/day, 초기시공 때 12,000ton/day, 증설 시 용량 15,000ton/day
- 고화처리 설비(표 9.19 참조)
- 문형크레인(Gantry Crane) 권상능력 : 50ton
- 냉각수 탱크 : D=2.6m×H=12.0m
- 뒤채움 설비(Backfill Grouting Plant)
- 전력공급 설비(수·변전 설비) : A=6.0m×16.0m(고압 : 3,400kVA, 저압 : 2,500kVA, 증설 : 3,000kVA)

2) 이수식 쉴드 현장

(1) 서울지하철 8호선 연장 별내선 ○공구 현장

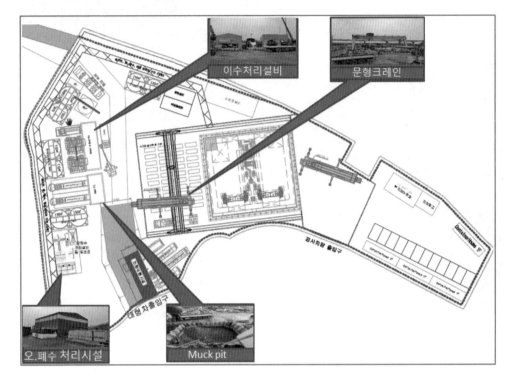

- Muck Pit 제원 : 1차 처리장(15×5m, H=2.9m+0.8m=3.7m, 278m³)

  2차 처리장 (9.4×5m, H=2.9m+0.8m=3.7m, 174m³)

- 오·폐수 처리장 : 1,550ton/day

- 이수처리설비(STP)

- 문형크레인(Gantry Crane) 권상능력 : 30ton(H=8.0m, B=31.0m)

- 뒤채움 설비(Backfill Grouting Plant)

- 전력공급 설비(수·변전 설비) : A=6.0×13.0m

  고압(TBM 장비) : 3,500kVA, 저압(STS, STP, 부대설비 외) : 2,500kVA

4 부대 설비

TBM 터널공사를 수행하기 위해서는 TBM 장비를 가동하기 위한 고압 및 저압의 전선, 통신선, 조명선 등 각종 케이블 설비와 장비에 공급되는 냉각수 배관과 뒤채움 주입을 위한 압송 배관 등의 배관 설비를 터널 내 설치하여 운영한다.

또한, 터널 내부를 통행하는 보행자들이 굴진을 위한 운반 대차 및 작업 대차의 영향을 받지 않고 안전하게 통행할 수 있도록 보행자 안전 통로와 터널 내 작업 인원을 고려한 환기 설비와 같은 안전 설비 등을 계획하여야 한다.

터널 부대 설비는 터널 내에 보행자 안전 통로와 기타 배관 및 케이블 설치 위치를 터널 진행 방향의 좌, 우측으로 구분하여 설치하여 터널 굴진에 지장을 받지 않도록 설치하여야 한다.

4.1 배관 설비(급·배수 설비)

1) 배관 설비의 용량 산정

TBM 터널 공사는 TBM 장비 냉각수, 뒤채움재의 배합 및 배관 세척수, 터널 내 청소용수 등에 많은 물이 소요되므로 원활한 공급이 이루어지도록 정확한 급수량의 산정과 이를 공급하기 위한 터널의 기울기 및 연장을 고려한 배관 및 예비 설비 계획을 수립하여야 한다.

그림 9.36은 터널 내 설치된 배관 설비를 나타내고 있으며, 보행자 안전 통로와 배관설비는 터널 좌·우측으로 분리되어 설치되고 있다.

챔버 채움재 배관(B 구역)　　　　　급·배수 및 뒤채움 주입 배관(A 구역)

[그림 9.36] 터널 내 배관설비 배치

일반적으로 터널 내 설치되는 배관 설비의 규격을 산정하는 기준이 되는 급수 및 배수량의 산정은 다음의 항목으로 구성된다.

(1) 급수량 산정

- TBM 장비 냉각수
- 뒤채움 주입재 배합비 사용되는 용수 및 주입 배관 세척수
- 터널 내 각종 배관 세척수
- 터널 청소수

(2) 배수량 산정

- 터널 내 기준 용출수량 : $0.15m/min \cdot km \times$ 터널 연장(L, km)
- 수직구 : 우수, 흙막이 토류벽체 안으로 침투수
- 터널 공사 중에 발생하는 배관 세척수 및 작업용수(청소수)
- 지상 : 세정수, 우수, 생활용수

[표 9.20] 터널 공사 사용되는 급수량 산정 사례(대곡~소사 복선전철 ○공구)

공종		산출 근거	용량 (ton/day)	비고
뒤채움	배합용	뒤채움 계획에 의해 $38.7m^3 \times 750l \div 1,000 = 29ton$ $29ton \times 120\%$ (할증) $= 34.8ton$	34.8	
	배관 세척용	$(0.0752^2 \times 3.14)/4 \times 2,700 \times 2Line \times 4회 \times 1.2 = 115.1ton$	115.1	
냉각수	Cutter Motor	IN/OUT의 온도 차 $10℃ : 230l/min$ IN/OUT의 온도 차 $5℃ : 460l/min$		순환
기타	청소용수	$200l/min \times 10min/링 \times 4링 = 8.0ton$ 아지데이터 청소수 : $0.5m^3 \times 4회 = 2.0ton$	20.0	
합계		급수계획 : 용수(지하수) 200.0ton/day	169.9	

2) 배관 설비의 구성

터널을 굴진하는데 필요한 주 배관 설비는 크게 터널 공사에 필요한 물을 공급하고 배출하는 급수 및 배수배관, 세그먼트 배면 공극을 채움 하는데 사용되는 뒤채움재를 지상 설비로부터 터널 내로 공급하는 A액(시멘트, 벤토나이트 및 안정제의 혼합액) 및 B액(규산) 배관으로 구성되어 있다.

최근에는 그림 9.37과 같이 굴진면이 불안정 지반에서 커터 교체를 수행하기 위해 지상의 압기 설비를 통해 신선한 공기를 챔버내로 공급하는 배관설비와 커터 교체 완료 후 챔버 내 채움을 실시하여 재굴진 때 굴진면 안정을 유지하는 데 도움을 주는 굴진면 첨가제(틱소겔)를 주입하는 배관 등이 추가로 설치되고 있다.

[그림 9.37] 터널 내 배관설비의 구성(A, B 구역)

[표 9.21] 터널 내 배관 설비 계획 사례

구분	용도	규격	수량	비고
1	뒤채움 배관 (A액)	50mm	1 Line	규산
2	뒤채움 배관 (B액)	75mm	1 Line	시멘트
3	에어 배관	75mm	1 Line	압기
4	에어 배관	75mm	1 Line	
5	냉각수 (공급)	100mm	1 Line	
6	냉각수 (배출)	100mm	1 Line	

배관 설비의 규격은 산정된 용량에 맞춰 설치되며 일반적으로 뒤채움재 주입관의 경우 전력구와 같은 중·소형 단면의 경우 2인치, 지하철과 같은 중·대형 단면의 경우 2~3인치 규격의 관경이 주로 사용되고 있다.

또한, 급수 및 배수에 사용되는 펌프의 경우 급·배수 유량, 관경 및 전 양정고 등을 고려하여 펌프 규격을 결정하여야 하며, 안전을 위해 예비펌프를 설치하여야 한다.

4.2 케이블 설비(전력선·조명·통신 설비)

TBM 장비를 가동하기 위해서는 고압, 저압 전선, 조명선 및 통신선 등의 각종 전선류(케이블)가 설치되어야 한다.

터널 내 굴착 등의 직접 작업을 수행하는 장소의 조명 설비는 안전유지와 작업능률의 향상을 위해 충분한 조도를 확보하고 조명으로 인해 눈부심이 생기지 않도록 설치되어야 한다. 터널 내 조명의 조도는 산업안전보건법중 "산업 안전기준에 관한 규칙 제14-5조"에 준하여 굴진 작업 때 70LUX를 기준으로 하고 굴진면에서 작업구까지의 작업통로부의 경우 사람과 차량의 통행이 안전하게 되도록 평균 50 LUX 이상이 되어야 한다.

[그림 9.38] 터널 내 케이블 설비 배치

터널 내 케이블 설비는 내구성과 경제성을 고려하고 보수점검이 용이하도록 설치하고 파손되었으면 즉시 수리하여야 한다.

또한, 터널 내 작업 환경 특성상 항상 물기가 있어 고습도를 유지하고 있으므로 감전으로 인해 예기치 못한 사고가 발생할 수 있다. 그러므로 전선 이음부나 개폐기 부근에 물방울이 들어가지 않도록 철저한 안전관리가 필요한 설비이다.

[표 9.22] 터널 내 케이블 설비 계획 사례

구분	용도	규격	수 량	비고
1	주 고압전선	150SQ×3P 95SQ×3P	2 Line	
2	통신선(인터폰)	케이블 / 5P	1 Line	
3	LAN (굴진상황 모니터링)	광케이블/6P	1 Line	
4	저압 전선	70SQ×3P	1 Line	
5	조명 간선	35SQ×3P	1 Line	

고압전선의 연결은 TBM 장비 후방 대차에 설치된 릴의 용량(일반적으로 100~150m)에 따라 계획되며, 고압전선 연결 때 장비 내로 공급되는 전원이 차단되므로 굴진이 중단된다. 따라서 고압전선의 연결은 굴진 공정에 지장이 주지 않도록 사전에 계획하여야 한다.

고압차단기(VCB 패널)설치

고압 케이블 연결

TBM 후방대차

[그림 9.39] 고압전선 연결

터널 내 설치되는 조명의 기준 조도를 충족시키는 조명의 설치 간격 및 밝기 산정 사례는 다음과 같다.

[표 9.23] 터널 내 조명 설치 간격 및 밝기 산정

구분	용도	단위	수치	계산식
L	형광등 설치 간격	m	4.8	• 조명설치 간격
F	램프 광속	Lm	2,610	$L = (F \times U)/(W \times E \times D)$
U	이용률		0.8	Lumen : 광원에서 단위시간 당 발생하는 광 에너지
W	조사 폭	m	4.0	
E	밝기	LUX	70	• 조명 밝기
D	감광 보상	D	1.4	$E = (F \times U)/(W \times L \times D)$

작업장

수직구

터널 내 통행로

[그림 9.40] 터널 현장의 조명 설비

461

4.3 환기 설비

쉴드 터널의 환기 설비는 터널 내 작업자의 안전하고 쾌적한 작업 공간을 확보하여 산업재해를 방지하기 위한 것으로 터널의 단면, 연장, 터널 내 작업 인원 등을 고려하여 계획한다.

터널 공사 중에 발생하는 굴착 및 버력처리, 중장비 엔진 및 숏크리트 작업 등에서 발생하는 유해가스, 분진 등의 처리를 위해 환기 설비를 계획하며, 환기 방식은 급기식, 배기식 및 급·배기식 방법이 적용되고 있다.

일반적으로 쉴드 터널에서는 발파가스에 대한 소요 환기량이 없고 TBM 장비 운용에서 발생하는 발열량 및 작업 인원에 필요한 환기량 등을 고려하기 때문에 급기식 환기 방식이 주로 적용되고 있다.

[표 9.24] 터널 내 환기 설비 방식

종류	개요도	특기사항
급기식		• 신선한 공기를 굴진면에 공급 • 소규모 터널에 적합 • 터널 전체오염으로 작업 환경 악화 • 연질 풍관 사용 가능으로 공사비 절감
배기식		• 굴진면의 오염공기를 외부로 배출 • 굴진면의 오염공기를 풍관을 사용하여 배기하므로 터널 내부 오염공기 비확산 • 고가의 스파이럴 덕트 사용
급·배기식		• 급기식과 배기식 병용 방식 • 배기가스와 분진 제거에 가장 효과적 • 급기덕트 : 비닐 덕트 계열 사용 • 배기덕트 : 스파이럴 덕트 사용

1) 환기 설비의 용량 산정

터널 환기 설비의 용량 산정은 먼저 터널의 작업 인원 및 TBM 장비의 발열량 등에 필요로 하는 환기 설비량을 산정하고 그에 적합한 송풍기의 풍량, 풍압, 동력 및 환기 덕트의 규격 등 설비의 제원을 결정한다.

다음은 김포~파주 간 건설공사 제○공구에 설계 적용된 환기 설비의 환기 소모량 및 환기 설비의 용량 산정 사례를 간략히 제시한다.

(1) 환기 소요량 산정

$Qreq = Max(Q1 + Q2, Q3)$

여기서, Qreq : 소요 환기량(m^3/min)
  Q1 : 작업원이 필요 환기량(m^3/min)
  Q2 : 분진에 대한 환기량(m^3/min)
  Q3 : 최소풍속 환기량(m^3/min)

$Q1 = q \times N$

여기서, q : 작업원 1인당 필요 환기량(m^3/min/인)

미국	독일	오스트리아	스위스	프랑스	적용
5.66	2.0	2.0	1.5	1.5	3.0

  N : 터널 내 최대 작업원 수(m^3/min)

$Q2 = W \times D / \alpha$

여기서, W : 분진발생량(25mg/m^3)
  D : 기계의 배기가스량(m^3/min)
  α : 허용치(mg/m^3)

$Q3 = V \times A \times 60$(s/min)

여기서, V : 최소풍속(0.3m/s)
  A : 굴착 단면적(m^2)

참고로 TBM 장비 및 디젤 기관차의 사용하는 경우의 발열량은 장비 공급사로부터 제공받아 환기 소모량을 산정하여야 한다.

$Q2 = D \times C \times$ TBM 장비 가동률

여기서, D : TBM 장비 발열 환기량(0.3m^3/min/ps)
  C : TBM 장비 출력(ps)

(2) 환기 설비 제원 산정

환기 설비의 제원은 산정된 환기 소요량을 기준으로 하여 송풍기의 풍량, 풍압, 축동력 및
덕트의 규격을 차례로 산정한다.

$$송풍기 \ 풍량 \ Qf = \frac{Q}{1-m}$$

여기서, Q : 소요 환기량(m³/min)

m : 누풍률, $m = \beta \times \frac{L}{100}$, β : 100당 누풍율(0.015)

L : 터널 연장(m)

수직구 환기설비 환기팬

[그림 9.41] 쉴드터널 현장 환기 설비

4.4 압기 설비

터널 굴진 중 커터(Cutter)의 점검 또는 커터 교체가 필요할 때 굴진면의 지층이 불안정하거
나 지하수 유입이 발생하면 챔버(Chamber)내의 작업이 매우 위험할 수 있다. 이처럼 챔버내
안전한 작업을 수행하기 위해서는 압기공법에 따른 방법과 지반 그라우팅을 시행하여 지반의
안정성을 확보하는 방법이 있다.

압기공법은 지상 작업장 또는 쉴드 장비 내에 압기설비(Air Lock System)을 설치하여 터널
내부에 공기를 가압하여 수압에 저항하여 지하수 유입과 동반한 토사의 챔버내 유입을 방지하
여 작업을 안전하게 수행할 수 있다.

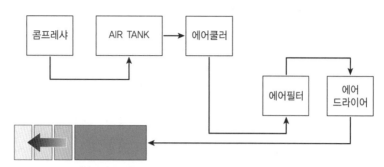

[그림 9.42] 지상 압기 설비로부터 가압 흐름도

지상의 가압설비로부터 만들어진 깨끗한 공기를 터널 내 설치된 배관을 통해 TBM 장비 내 위치한 맨락 및 작업 챔버를 단계별로 가압과 감압을 하여 소정의 시간 동안 작업을 수행한다.

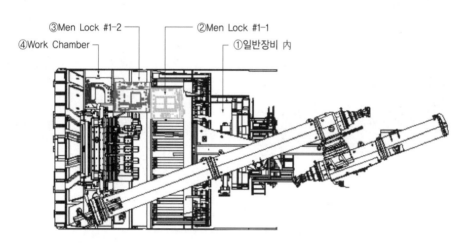

[그림 9.43] TBM 장비 내 압기 설비

1) 압기 설비의 운영 자격조건

압기 설비 운영자는 해당 자격증을 취득한 사람이어야 하며, 산업안전보건법 시행규칙 별표 8의 2에 근거하여 특별안전 보건교육을 일정 시간 이상 이수하여야 한다. 또한, 산업안전보건 법 시행규칙 제117조에 따라 해당 질병 의심자는 압기 작업에 참여할 수 없도록 하고 있다.

2) 압기 설비의 구성과 역할

① 가압 / 감압실(Air Chamber) : 기압을 조정해서 고기압(가압상태)과 대기압 간에 작업원 출 입을 쉽게 하기 위해 압력을 조정하는 방

② 공기압축기(Compressor) : 가압을 위한 압축공기를 생산

③ 에어 저장탱크(Air Receiver tank) : 공기압축기에서 만들어진 압축공기의 저장장치

④ 에어 필터(Air Filter) : 압축공기에 함유된 기름 성분, 먼지 등 오염 물질을 제거

⑤ 에어 드라이어(Air Dryer) : 압축된 공기에 포함된 수분(습기)을 제거

⑥ 에어 쿨러(Air Cooler) : 압축공기(60°C)를 25°C로 냉각

⑦ 레귤레이터(Regulator) : 터널 내부의 공기 압력을 조절

⑧ 안전밸브(Safety Valve) : 터널의 압력이 설정치 이상으로 상승하면 밸브의 열림이 자동으로 작동하여 터널 내부의 압력을 강하시키는 장치

Screw Compressor

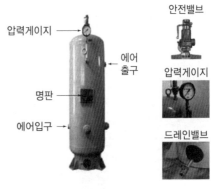

Air Receiver Tank

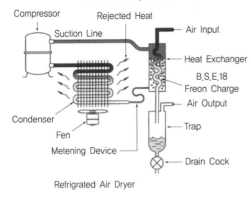

Refrigerated Air Dryer

Air Cooler after cooler

[그림 9.44] 압기 설비의 구성

4.5 기타 설비

1) 승강 설비

수직구 승강 설비는 수직구의 면적 및 심도를 고려하여 직선계단, 나선계단 및 수직 엘리베이터로 구분하여 설치할 수 있으며, 작업조건을 고려하여 안전하고 피로도가 적은 설비를 선택하여 설치하여야 한다.

① 직선계단 : 작업구 심도 H < 30.0m
   • 설치 점유 용적과 평면적이 커서 낙하물, 작업 공간을 고려
   • 작업원의 안전 및 작업 공간 영향이 없는 장소를 선정하여 설치해야 함

② 나선계단 : 작업구 심도 H < 20.0m
   • 설치와 해체작업이 간단하고 점유면적이 작아 경제적임

③ 엘리베이터(리프트) : 작업구 심도 H > 20.0m

직선계단   엘리베이터(리프트)

[그림 9.45] 수직구 승강 설비

2) 안전 통로

쉴드터널 내부의 보행자통로 즉 안전 통로는 작업자가 운반 대차나 작업 대차 등에 영향을 받지 않고 안전하게 통행할 수 있도록 설치하는 구조물이다. 보행자통로는 터널 진행 방향 좌측에 주로 설치되며, 터널 내에 궤도를 부설할 때 운행하는 차량과 터널 측벽 또는 장애물과의 안전거리 최소 확보폭은 60~80cm, 핸드레일은 1~1.2m 높이로 설치한다.

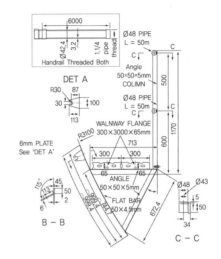

보행자 안전 통로 설치 단면   보행자 안전 통로 상세

[그림 9.46] 터널 내 보행자 안전 통로

5 맺음말

TBM 터널은 터널의 지층 조건, 선형조건 및 시공 여건을 고려한 TBM 장비의 형식 선정이 중요하다. 또한, 선정된 장비와 계획된 굴진공정을 달성하기 위해서는 터널 내·외부에서 TBM 의 원활한 시공이 이루어지도록 적절한 시공설비를 계획하는 것이 장비 형식 선정 못지않게 대단히 중요하다.

앞에서 서술한 바와 같이 쉴드TBM의 시공설비를 터널 내 운반 설비, 수직구 버력처리 설비, 터널 외 지상 설비 등으로 구분하여 기술한 바와 같이, 각각의 설비가 독립적으로 운영되는 것이 아닌 종합적으로 유기적 관계를 가지고 운영되어야 한다.

1. TBM 터널을 운영하기 위한 시공설비는 크게 터널 내(갱내) 운반 설비, 수직구 운반설 비, 터널 외(지상) 설비, 부대설비로 구분할 수 있다.

2. 터널 내 운반설비 선정 때 1 Stroke cycle time을 고려하여 공정 지연이 발생하지 않도록 광차의 크기(용량), 복선 분기기(Rail Switching Point) 설치위치, 운반 대차의 연결대차 구성(Set)등을 산정하는 것이 대단히 중요하다.

3. TBM 본체 발주 사양에 맞춰 원활한 장비의 운용이 가능하도록 후방설비의 규격 및 용량을 산정하여야 한다.

4. 첨가제 및 뒤채움 주입 설비와 함께 최근 굴진면 안정을 확보하기 위한 추가설비인 틱소겔 주입 설비도 별도의 대차 형태로 도입·시공되고 있다.

5. 특히 하·해저, 연약지반 등 굴진면 미자립 구간의 커터교체(CHI: Cutterhead Intervention) 때 요구되는 압기 설비의 구성과 국내 적용기준 마련에 관한 추가적인 연구가 필요할 것으로 판단된다.

참고문헌

1. (사)한국터널공학회(2008), 『터널공학시리즈 3 터널 기계화시공-설계편』, 씨아이알.
2. 일본 공익사단법인 지반공학회 저, 삼성물산(주) 건설부문 ENG센터/토목ENG팀 역(2015), 『쉴드TBM 공법』, 씨아이알.
3. 두산건설(2019), 별내선(8호선 연장) 제2공구 건설공사 쉴드터널 시공계획서.
4. 문준배(2021), 쉴드 TBM 시공설비 계획 및 시공, (사)한국터널지하공간학회, 2021 KTA 터널 기술강좌.
5. ㈜동아지질(2014), 쉴드공법 길라잡이(서울지하철 9호선 3단계 건설공사 시공 자료집).
6. 현대건설(주)(2019), 대곡~소사 복선전철 민간투자시설사업 2공구 쉴드TBM 시공계획서.
7. 한국도로공사(2020), 고속국도 제400호선 김포~파주간 건설공사 제2공구 실시설계(터널 분야).
8. 한국지반공학회(2008), 354KV 신성남 송전선로 지중화 전력구 공사 압송식 버력처리방식의 적용성 검토 보고서.
9. 현대건설(주) (2019), 레일 고정방법 변경에 따른 구조검토서.
10. LMS ㈜라메라 솔루션코리아, Screw Compressure & Air Cleaning System.
11. 日本土木學會(2016), トンネル標準示方書(シールド工法編). 同解說.
12. SAMSUNG C&T(2018), Construction of Marine Parade Station and Tunnels for Thomson-East Coast Line T307 Method Statement.
13. Vittorio Guglielmetti, Piergiorgio Grasso(2007), Mechanized Tunnelling in Urban Areas / Design Methodology and Construction Control, Tayer&Francise-Librar.

CHAPTER

10

국내 TBM 터널
설계 및 시공사례

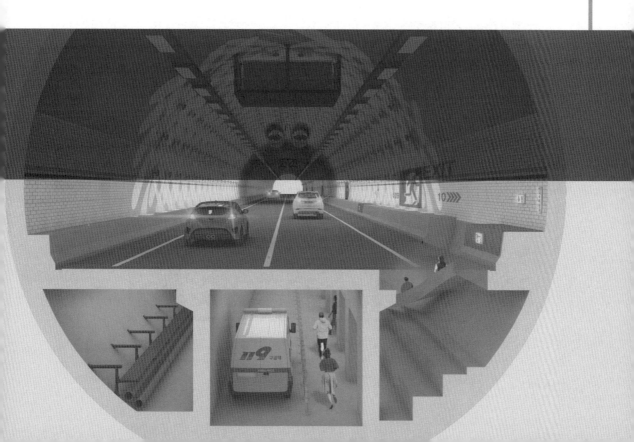

10 국내 TBM 터널 설계 및 시공사례

본 장에서는 최근에 시공되었거나, 계획 중인 국내의 TBM 터널 설계 및 시공사례를 소개하였다. 토압식 쉴드TBM, 그리퍼(Gripper) TBM, 그리고 이수식 쉴드TBM이 적용된 현장의 사례를 예로 들어, 각 현장의 지반특성에 맞는 장비들이 어떻게 선정되고, 신기술 적용, 그리고 수행하는 과정에서의 리스크 대응 등에 대하여 간략히 기술하였다.

1 OO 주배관 O공구 건설공사

1.1 현장개요

본 현장은 □□시 OO구에서 △△시까지 천연가스 주배관을 연결하는 공사로 총 연장 13km로 계획하였다(그림 10.1 참조). 그중 7.8km 구간은 소구경(굴착경 3.54m) 이수식 쉴드TBM 공법을 적용하였다. TBM 공사는 OO에서 시작하는 OO 구간(3.7km), △△ 방향에서 시작되는 △△ 구간(4.1km)을 양방향으로 시공하였다.

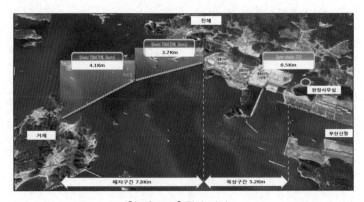

[그림 10.1] 현장 평면도

그림 10.2의 종단면도에 나타낸 바와 같이, 굴착심도는 최대 94.2m로 보통암 및 경암 지층을 통과하도록 계획되었다.

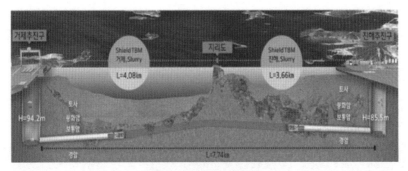

[그림 10.2] 현장 종단면도

1.2 현장지층

연암/경암질의 화강암 및 응회암이 주를 이루고 있으나 일부 풍화암 계열의 지질 이상대도 함께 존재하였다. RMR(Rock Mass Rating) 20~80, RQD(Rock Quality Designation) 0~100%, 일축압축강도 5~230MPa, 투수계수 $5 \times 10^{-7} \sim 7 \times 10^{-4}$ cm/s 범위로 이루어져 있었다.

그림 10.3의 탐사 결과, RQD값이 10% 미만이거나 투수계수(k)값이 10^{-4} cm/sec 이상인 구간이 약 500m 정도 존재하는 것으로 측정되었다. 또한 시추조사 결과 거제구간에서 4공, 진해구간에서 6공의 지질 이상대 구조가 발견되었고, 그중 일부 구간에서는 시추공 위치와 터널 굴착부 구간이 겹쳐 있는 것을 확인하였다. 이와 같은 취약구간에서는 잠재적인 해수유입 가능성이 있으므로 터널 굴진에 유의해야 할 것으로 판단되었다.

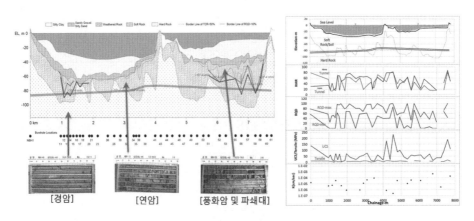

[그림 10.3] 현장 지층현황

1.3 TBM 설계

1) 굴진율 예측

극경암 및 연암을 대표지층으로 CSM(Colorado States of Mines)모델과 NTNU모델 등 주요 굴진율 예측 모델을 이용하여 굴진율을 예측하였으며 14in/15.5in의 디스크커터로 굴착하는 2가지 경우를 고려하였다. 최종 결과는 암반조건별로 보수적으로 산출된 값을 사용하였으며 이는 표 10.1~10.2에 나타나 있다.

[표 10.1] 굴진율 분석 결과

구분	모델명	최대 관입깊이 및 최대 굴진율	TBM 설계조건	
			Case 1	Case 2
			ϕ3400	ϕ3400
			15.5in	14.0in
극경암 (NBH-43)	CSM모델	커터 최대 관입깊이(mm/rev)	5	3
		1시간당 최대 굴진율(m/hr)	1.50	0.90
		1일 최대 굴진율(m/day)	10.80	6.48
		1주일 최대 굴진율(m/week)	54.00	32.40
	NTNU모델	커터 최대 관입깊이(mm/rev)	9.2	8.2
		1시간당 최대 굴진율(m/hr)	2.76	2.46
		1일 최대 굴진율(m/day)	19.84	17.74
		1주일 최대 굴진율(m/week)	99.19	88.68
연암 (NBH-23)	CSM모델	커터 최대 관입깊이(mm/rev)	13	8
		1시간당 최대 굴진율(m/hr)	3.90	2.40
		1일 최대 굴진율(m/day)	28.08	17.28
		1주일 최대 굴진율(m/week)	140.40	86.40
	NTNU모델	커터 최대 관입깊이(mm/rev)	9.2	8.2
		1시간당 최대 굴진율(m/hr)	2.75	2.46
		1일 최대 굴진율(m/day)	19.83	17.73
		1주일 최대 굴진율(m/week)	99.15	88.66

[표 10.2] 최종 산정 굴진율

구분			Disk 14"	Disk 15.5"	비고
Cycle Time 검토	극경암	관입깊이(mm)	3.0	5.0	
	연암	관입깊이(mm)	8.0	9.2	
	적용	관입깊이(mm)	5.5	7.1	평균값 적용
		굴진속도(cm/min)	2.75	3.55	5.0RPM
		1stroke 굴착시간(min)	36.36	28.17	세그먼트 폭 1.0m 가정

2) 지층 종류에 따른 커터 교환주기 및 관리방안

파쇄대 구간, 풍화암 구간 및 절리가 발달한 III등급 이하의 암구간에서는 지하수 유입으로 인한 고수압이 발생할 가능성이 있으므로 해당 지점 통과 전에 커터 교체를 선시행하여야 한다. 이를 위해서는 평상 굴진 시 장비 모니터링을 통하여 토크 수치를 수시로 확인하고 100m 마다 점검구를 통하여 마모상태를 확인하며, 지하수 유입이 많을 시에는 챔버 내 gel입자(세립질)를 채운 후 차수 작업을 시행한다. 지층에 따른 평균 커터 교환주기는 표 10.3과 같다.

[표 10.3] 지층에 따른 평균 커터 교환주기

구분	커터 교환주기(m)
풍화암	140~150
연 암	110~130
보통암	90~110
경 암	70~90

1.4 TBM 장비 선정

1) 장비 제원

앞서 살펴본 바와 같이 풍화암~경암까지 지반이 고루 분포하고 있고 최대 9bar의 고수압 지반을 굴착하기 때문에 이수식 쉴드TBM이 선정되었으며 고심도/고수압 조건에서의 원활한 굴진을 위한 주요 설계인자를 도출하여 장비 제작에 반영하였다.

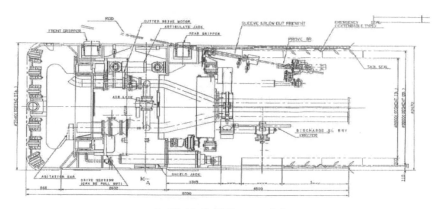

[그림 10.4] 선정 TBM 장비

❖ No. of disc cutters: 27
❖ Size: 12" – 14" – 15"
❖ Face cutter spacing: 80 mm
❖ Tip width: 19 mm

[그림 10.4] 선정 TBM 장비(계속)

[표 10.4] TBM 제원 선정

Manufacturer			Kawasaki(이수식 쉴드TBM)	
Diameter	Cutterhead	3,540mm	Torque	1,512kN··m
	Front shield	3,500mm	Cutterhead RPM	0~8RPM
	Tail shield	3,470mm	Thrust force	15,000kN
	Segment	3,200mm (t=200mm)	Articulation thrust	12,000kN
Main drive power		630kW	Chamber pressure	9bar

[표 10.5] 고심도/고수압 조건에서의 TBM 굴진을 위한 주요 설계인자

TBM 설계인자	TBM 구성요소	특징	선정결과
고수압(9bar) 저항성	구동부	수압, 석분침투에 견딜 수 있는 메인 베어링 sealing 구성	5열 sealing (석분 차단실 추가)
	테일실 브러쉬	해수 유입방지 및 그라우팅을 위한 3/4행 구성	4행 테일실 브러쉬 선정
	비상 테일실 브러쉬	해수 유입방지를 위한 1행 구성	1행 비상 테일실 브러쉬 선정
마모조건 저항성	커터헤드	커터헤드 주변부 및 주요 부위 Hard Facing	디스크커터 주변 마모 저항장치 설치
다량 암판 처리 및 분쇄능력	개구율	굴착 시 챔버에 유입되는 암파편의 최소화	개구율 15%
	암편분쇄기능		Stone Crusher 설치
커터 인터벤션을 위한 챔버 진입 시설	Air lock	고수압 조건에서 커터 인터벤션 수행	Air lock 설치

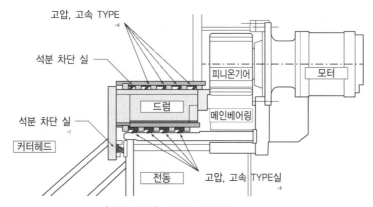

[그림 10.5] 메인베어링 5열 sealing

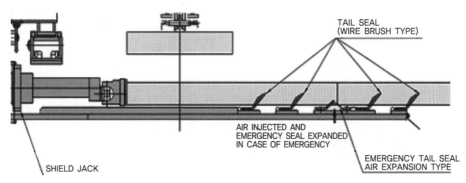

[그림 10.6] 4행 테일실 브러쉬

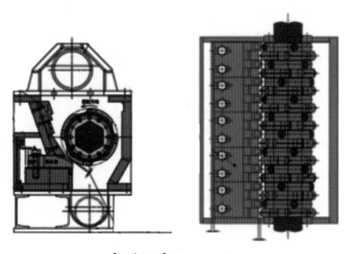

[그림 10.7] Stone crusher

Wear Protection on the cutter head

⇨ Protection for cutters
⇨ Hard facing
⇨ Protection for the periphery
➡ Grillbars to control max block size

[그림 10.8] 커터헤더 Hard facing

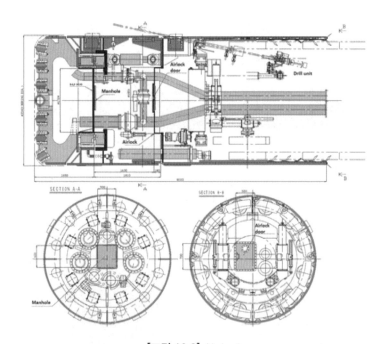

[그림 10.9] Air lock

2) 시공계획

TBM 굴진에 대한 전반적인 시공 순서는 그림 10.10과 같다.

478

(a) 수직구 굴착	(b) 지상 플랜트 설치	(c) 후방터널 시공
(d) 지상 장비 조립	(e) 인양 및 설치	(f) 초기 굴진 준비
(g) 본 굴진	(h) 세그먼트 조립	(i) 굴착 완료

[그림 10.10] 굴착 작업 순서도

(1) 추진설비 설치 및 초기 굴진

먼저 발진갱구와 레벨이 일치하도록 발진 받침대를 설치하고 지반을 보강하며, 반력벽 콘크리트 타설 및 반력대(Backtruss)를 설치한다. 반력대 및 반력벽은 터널 중심선에 직각으로 설치되어야 하며, 반력벽과 반력대 사이에 틈이 있는 경우는 하중이 균등하게 재하되도록 몰탈이나 철판 등으로 충전하여야 한다. 발진갱구공(Entrance packing)은 TBM 발진 시 지하수나 토사가 수직구 내에 유입되지 않도록 주의해서 설치하며, packing 부분에 윤활유나 구리스 등을 도포하여 마찰에 의한 파손이 없도록 한다. 후방설비의 경우 우선적으로 굴진에 필요한 송배니설비(유압 유니트, 슬러리 펌프, 에어 밸브)를 설치하며 초기 굴진 시 나머지 후속설비는 수직구 하상 또는 다른 공간을 임시로 활용한다. 초기 굴진 시에는 막장이 불안정할 수 있으므로 이수압을 1kg/cm^2 이내로 굴진하는 것을 제안하였으며, TBM 장비가 완전히 근입된 이후에는 2kg/cm^2 이내로 굴진하였다. 이후 Entrace packing부가 그라우팅이 완료되어 고결되었을 경우에는 '토압+수압+0.3kg/cm^2' 정도의 이수압으로 약 50~100m를 초기 굴진하는데, 거리 산정은 세그먼트와 흙의 마찰저항이 TBM 추력 저항을 견디는 거리와 후방 대차 설비를 터널 내에 설치할 수 있는 거리를 모두 고려하여 둘 중 큰 값을 선택하였다.

(2) 본 굴진

초기 굴진 후 반력대 등의 발진 설비를 제거하고 후방대차를 반입시키는 등 본 굴진 작업의 체계를 갖춘다. 이때 굴착면을 장시간 방치하는 일은 막장의 안전상 좋지 않기 때문에 작업 순서를 검토하여 단시간에 행할 수 있도록 한다. 그림 10.11에 본 굴진에 대한 순서도가 나타나 있다.

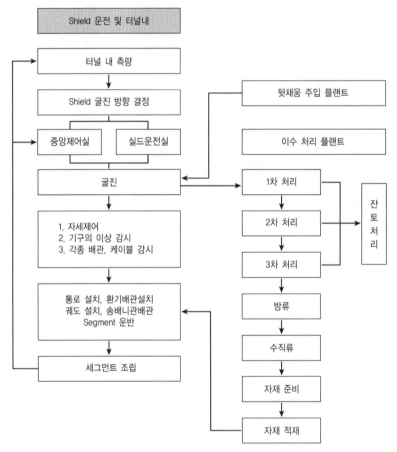

[그림 10.11] 본 굴진 순서도

1.5 TBM 시공 이슈

1) 터널굴착 심도변경

수직구 깊이의 감소를 통한 공기 단축을 위해 그림 10.12에 나타낸 바와 같이 굴진 구간에 대한 심도 변경(진해 수직구 심도변경)이 제안되었으며, 심도 변경안에 대한 장단점은 표 10.6과 같다.

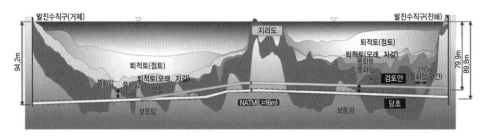

[그림 10.12] 당초 설계안 및 심도변경안 종단도

[표 10.6] 심도 변경안에 대한 장단점

구분	당초 설계 안	심도 변경 안
심도(진해 수직구 기준)	89.8m	79.9m
장점	진해측 구간 지하수 유출 저감	수직구 깊이 감소
단점	수직구 깊이 증가로 수직구 소요공기 장기간 소요	종단선형 상향에 따른 풍화구간 증가

진해 구간의 변경심도 구간을 고심도, 고수압 조건에서의 이수식 쉴드TBM 굴착 주요 고려 인자를 이용하여 분석한 결과, 변경 심도에서 발생 가능한 리스크로 고수압(9bar) 작용 가능성이 있는 암반 파쇄대 구간에서 커터 인터벤션 가능성이 예측되었다(그림 10.13 참조). 그림에서의 위험구간은 RQD, TCR이 낮고 투수계수가 높은 구간을 선정하였으며, 투수계수에 대한 기준은 10^{-4}cm/sec 이상으로 계산되었는데 그 이하의 투수계수의 경우 침투수량 산정 결과 TBM 챔버 내를 물로 채우는 시간이 커터 인터벤션에 걸리는 시간보다 길어 제외되었다.

[표 10.7] 투수계수 변화에 따른 커터 인터벤션 가능 여부

H_0(m)	H(m)	k(cm/sec)	Q(l/min)	챔버가 차는 시간(min)	커터 인터벤션
85	45	1.E-06	0.7	4803	가능
		5.E-06	3.3	961	가능
		1.E-05	6.5	480	가능
		5.E-05	32.5	96	가능
		1.E-04	65.1	48	챔버압 필요
		2.E-04	130.1	24	챔버압 필요
		5.E-04	325.3	10	챔버압 필요
		7.E-04	455.4	7	챔버압 필요
		1.E-03	650.6	5	챔버압 필요

주) TBM 길이 : 8m
  챔버 부피 : 6,250리터(챔버 전체 부피의 50% 가정)

481

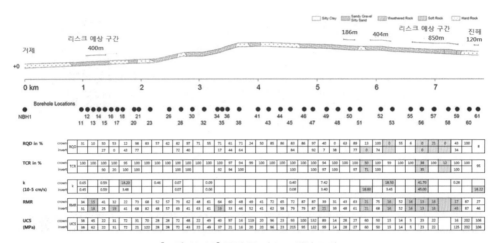

[그림 10.13] 굴진 중 리스크 예상 구간

커터 마모량은 굴착 지반의 지반 공학적 특성과 TBM 장비 인자에 따라 다르며, 이런 인자들로는 세르샤 마모지수(CAI), 일축압축강도(UCS), 커터 직경, 커터헤드 rpm 및 관입량, 커터수명지수 등이 있다. 현장 자료 중 UCS 값만 확인 가능하고, UCS 값을 제외한 커터 마모 계산을 위한 충분한 데이터를 현장 자료에서 얻기 어려운 실정이다. 따라서 현장 자료 중 UCS값과 기존 유사 데이터 및 경험식들을 활용하여 커터 마모량을 예측하고 커터 인터벤션 주기를 산정하였다.

표 10.8과 같이 CAI값은 암질 상태에 따라 다르며, 해당 현장의 지반조건을 고려하여 CAI값을 4~5로 가정하였다. UCS값으로 디스크커터의 수명을 예측할 수 있는 Farrokh(2013)의 경험식(그림 10.14 참조)에 따라 계산하면 커터 1개의 평균 굴착량은 150m³(CAI값 5로 가정)에서 400m³(CAI값 4로 가정)으로 산정되었다(그림 10.15 참조).

[표 10.8] CAI값에 따른 암반 분류

분류	CAI	암종
Not abrasive	< 0.5	young limestone
Very slightly abrasive	< 1.2	limestone
Slightly abrasive	1.2 to 2.5	young sandstone
Medium abrasive	2.5 to 3.5	weathered granite/deleite
Moderately abrasive	3.5 to 4.0	sandstone
Abrasive	4.0 to 4.2	granite/schist/pyroxenite
highly abrasive	4.2 to 4.5	amphibolite
Extremely abrasive	> 4.5	quartzite/gneiss/pegmatite

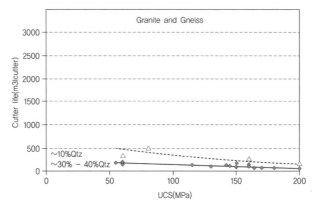

[그림 10.14] 화강암 및 편마암 조건에서의 커터 수명(Farrokh, 2013)

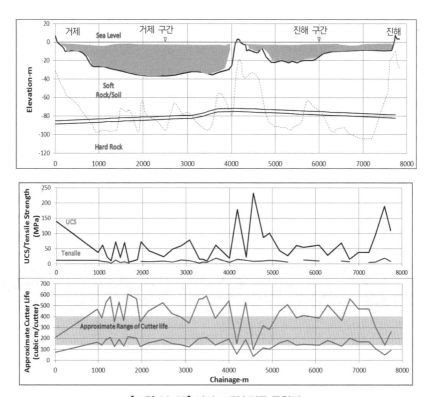

[그림 10.15] 커터 1개의 평균 굴착량

이를 통해 선정된 최종 커터 인터벤션 주기 및 이를 이용한 변경 심도의 커터 인터벤션 횟수
는 다음과 같다.

- 커터 총개수 : 27개
- 커터 1개의 평균 굴착량 : 150~400m³/cutter
- 터널 단면적 : 9.84m²
- 커터 1개의 평균적인 수명 길이 : 150~400m³/9.84m² = 15~40m/cutter
- 커터 인터벤션 주기 : 16.3%(교체율)×27개(커터개수)×15~40m/cutter = 65~175m

표 10.9에 따르면 진해 구간의 심도를 10m 상향하여 변경하게 되면 고수압 작용 가능성이 있는 암반 파쇄대 구간의 연장이 당초 설계심도보다 2배가량 증가하며, 이에 따른 최소 커터 인터벤션 횟수도 5회 이상 증가하였다. 따라서 진해 구간의 심도 변경 시 진해 구간에서 고수압이 작용하는 암반 파쇄대 구간에서의 커터 인터벤션 작업이 당초 설계심도에서의 예상 커터 인터벤션 작업 횟수보다 2배 이상 많아지며, 이로 인한 추가 보강작업 및 다운타임이 추가적으로 발생하여 터널공사의 안정성 확보 및 적기 준공이 당초 계획보다 매우 어려워질 것으로 판단되었다. 그 이유는 고수압 작용 가능성 있는 암반 파쇄대 구간에서 커터 인터벤션을 수행할 경우 보통암 구간에서보다 고수압이 작용할 가능성이 높아 막장전방 그라우팅, 해상 그라우팅 등의 추가 보강 작업에 소요되는 다운타임이 더 늘어나기 때문이다. 또한 보통암 구간에서의 커터 인터벤션 작업과 비교하였을 때, 고수압 암반 파쇄대 구간에서는 커터 인터벤션 작업 가능시간이 짧고 작업 조건 역시 더 열악하여 작업자 안정성 확보 및 터널 공사의 안정성 확보가 어려울 것으로 판단되었다.

[표 10.9] 변경 심도에 대한 커터 인터벤션 횟수(175m 교체 기준)

리스크 예상 구간 위치 (시추공 기준)	설계 심도 리스크 예상 구간		변경 심도 리스크 예상 구간		비고
	연장	최소 커터 인터벤션 횟수	연장	최소 커터 인터벤션 횟수	
NBH 12~15	400m	2회	400m	2회	
NBH 50	186m	1회	186m	1회	
NBH 52, 53	-	-	404m	2회	2회 증가
NBH 56	200m	1회	850m	4회	3회 증가
NBH 58	160m	-			
NBH 61	120m	-	120m	-	
총 합	1,066m	4회	1,996m	9회	5회 증가

따라서 이를 고려하여 지반 리스크 증대가 크지 않으면서 사업 수행 조건을 고려한 TBM심도를 결정하였고 이는 그림 10.16 및 표 10.10과 같다.

[그림 10.16] 최종 결정된 TBM굴진 심도

[표 10.10] 변경심도 최종안

	당초 설계 안	심도 변경 안	최종 안
심도 (진해 수직구 기준)	89.8m	79.9m	85m(원안 대비 약 5m 심도 조정) ※ 검토 결과 5m 이상 심도 조정 시 지반 리스크 증가

2) 해수에서의 이수 품질 평가 기술

고수압, 고투수성 지반에서 유입수량 저감 및 막장압 관리를 위해 이수 품질 관리가 중요하다. 다만 국내에서는 이수식 쉴드TBM 운영 사례가 부족하여 관련 기준이 부족한 실정이고, 싱가포르 등 해외 관리 기준을 벤치마킹하는 정도에 머물러 있다. 해외의 이수 관리 항목은 유입수량, 필터케이크 두께(막장압력 유지), 밀도, 항복점, 겔강도(관내 버력 운송, 이수 파이프 마모) 등이 있으며 자체적인 이수 품질 평가기술 확보를 위해 그림 10.17과 같이 주요 시험장비를 구축하였다.

실험장비 항목
1) Mud balance : 비중 측정
2) Marsh funnel : 점도 측정
3) Filter press : 여과수량, 필터케이크 두께
4) Rheometer : 소성 점도, 항복점
5) 겔강도 측정

[그림 10.17] 슬러리 상태평가 시험장비 구축

특히 해당 현장은 고수압 조건에 있어 TBM의 실링(sealing)만으로는 해수의 유입이 불가피하며 이수에 해수의 비율이 늘어남에 따라 점도, 항복점, 겔강도는 저하되며 침투수량은 증가하는 것을 확인할 수 있고, 해수비율이 약 20%를 초과하는 시점에서부터는 이수 관리 기준을 만족하지 못하는 것을 확인하였다(그림 10.18, 그림 10.19 참조).

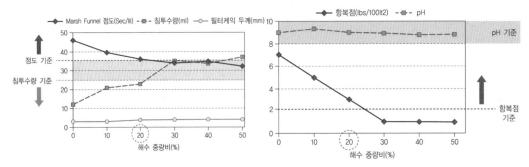

[그림 10.18] 해수 비율에 따른 점도, 침투수량 및 필터케이크 두께 변화

[그림 10.19] 해수비율에 따른 항복점, pH 변화

따라서 현장의 해수비율을 측정한 후 벤토나이트를 투입하여 염분을 감소시키며 이수 상태 평가(그림 10.20, 그림 10.21)를 실시하여 투입량에 따라 점도의 증가, 유입수량의 감소를 확인하였다(그림 10.22, 그림 10.23).

[그림 10.20] Marsh funnel 점성도 시험

[그림 10.21] 겔강도 시험

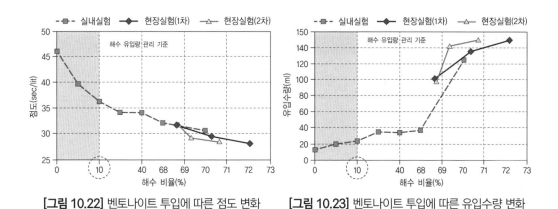

[그림 10.22] 벤토나이트 투입에 따른 점도 변화   [그림 10.23] 벤토나이트 투입에 따른 유입수량 변화

이와 같이 벤토나이트 투입에 따라 물성이 일부 회복되기는 하지만, 이수 관리 기준을 만족하기 위해서는 염분이 50% 이상으로 매우 높은 경우 내염성 폴리머, 이수 증점용 폴리머 등 추가적 첨가제를 투입하여 이수를 관리할 수 있다(그림 10.24~10.27). 또한 실험 결과에 따른 해수의 비율에 따른 각 첨가제 적정 비율은 표 10.11과 같다.

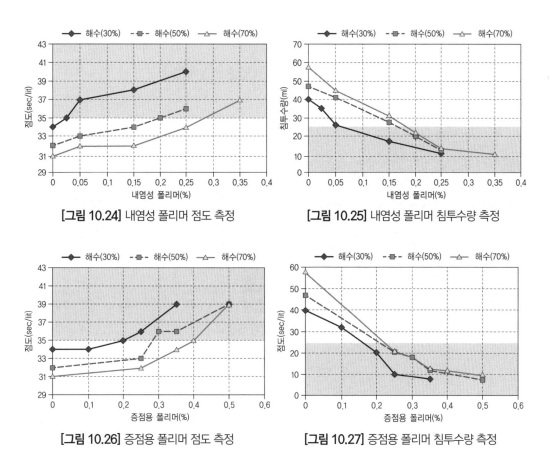

[그림 10.24] 내염성 폴리머 점도 측정   [그림 10.25] 내염성 폴리머 침투수량 측정

[그림 10.26] 증점용 폴리머 점도 측정   [그림 10.27] 증점용 폴리머 침투수량 측정

[표 10.11] 해수의 비율에 따른 첨가제 적정 투입 비율

해수 비율	30	50	70
내염성 폴리머(%)	0.05	0.2	0.3
증점용 폴리머(%)	0.2	0.3	0.4

2 OO 도수터널 건설공사

2.1 공사개요

OO 도수터널 공사는 기존 도수터널 노후화에 따라 전남권 지역의 용수공급 중단을 방지하고자 신규 도수터널을 건설하는 공사이다. 신설되는 도수터널의 총 연장은 11.23km이며, 이중 TBM 터널은 10.92km, NATM터널이 0.31km로 계획되었다. 터널형상은 수압작용에 유리한 원형터널이며 이때 터널 직경은 외경 4.0m, 내경 3.3m로 계획되었다. 터널 시공은 유입부와 유출부에 설치된 수직구를 통해 TBM을 반입하여 양방향 굴착을 하고, 터널 중앙부 관통 후에는 장비를 후방으로 반출하여 터널시공을 완료하였다. 또한 해당 터널에 적용된 Open TBM 특성상 터널 굴착 후 별도 라이닝 공사를 하여 터널을 완공하였다.

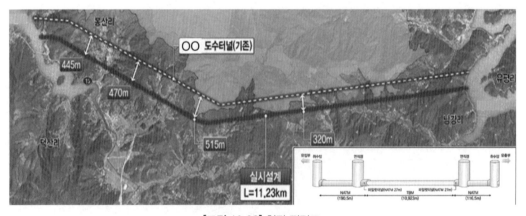

[그림 10.28] 현장 평면도

[표 10.12] 터널 현황

구분		터널 현황
터널 내경		라이닝 내경 ±3.3m(굴착경 ±4.0m)
도수터널	유입부	5,189.5m
	유출부	5,723.5m
	계	10,913m
도수관로 경사		0.045% (EL.77.93m ← EL.73.03m)
도수터널 선형		직선 + 곡선부 (R=500m : 1개소, R=1000m : 1개소)
라이닝타설		L=10,923m(TBM 10,913m, 확폭 10m)
라이닝 내수압조건		압력터널(P=0.38MPa, 수로터널)

2.2 현장지층 및 공법선정

대상 터널 심도는 100~300m이며, 최대 토피고는 620m에 이른다. 지반조사결과 터널구간 대부분 반상변정질 편마암이 분포하며, 일부 STA. 7+400~9+200구간은 화강암질 편마암이 우세한 것으로 조사되었다. 터널구간에 분포하는 불연속면의 방향 및 공학적 특성을 고려하여 통계적 기법을 이용한 지질구조를 분석하여 지질단면도 및 단층대의 특성을 평가하였다(그림 10.29). 또한 시추공에서부터 측정된 암석의 강도는 70~100MPa였으며 RMR은 20~95까지 평가되었다.

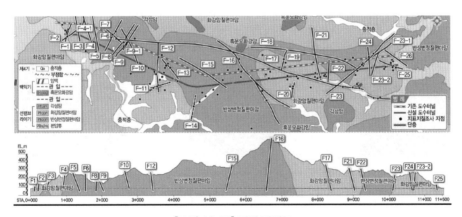

[그림 10.29] 지질 단면도

설계 지반조사 결과 사업구간의 지반조건은 양호한 암반(암반등급 I~III)비율이 약 80%로 NATM공법 및 Open TBM 적용이 모두 가능한 조건으로 조사되었다. 이들 공법 중 인접구간에 안정성이 취약한 기존도수터널이 인접한 점과 민원발생이 우려되는 마을을 통과한다는 점, 공사의 시급성을 고려해 최종적으로 Open TBM이 적용되었다. 실제 TBM 터널 굴착 중 조사된 암반등급 역시 II~III등급으로 설계에서 조사된 I등급 구간은 분포하지 않았지만 대부분 양호한 II등급 구간으로 확인되었다(그림 10.30).

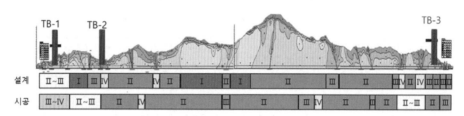

[그림 10.30] 암반등급도

2.3 TBM 설계

1) 굴진율 예측

터널굴착을 위해 적용된 TBM의 굴진속도를 정량적으로 평가하기 위해 터널 굴착구간의 암석시료를 채취하여 NTNU 시험 및 기본 물성시험을 수행하였다. NTNU 시험은 노르웨이 NTNU대학(Norwegian University of Science and Technology)에서 개발된 방법으로, 노르웨이 지반조건에 대해 수십년간 축적된 자료에 근거하여 얻어진 경험적인 설계 평가기술이다. NTNU시험은 3종으로 구성되며 각각 암석의 관입성능, 파쇄성능, 커터의 마모성능을 시험하여 NTNU에서 제시한 그래프를 이용하여 굴진속도를 추정하게 된다.

(a) SJ Tester   (b) S20 Tester   (c) AVS Tester

[그림 10.31] NTNU 실험장비

현장의 암편을 이용하여 산정된 NTNU 실험결과는 다음의 표와 같다. 이들 실험결과를 토대로 순 관입깊이를 결정하고 현장의 TBM 운전 조건과 굴진 외 다운타임에 따른 가동률을 가정하여 굴진율을 산정하게 되었다.

[표 10.13] NTNU 시험결과 요약

Sample No.	Sample No.1	Sample No.2	Sample No.3
Rock type	편마암	편마암	산성질 관입암
Brittleness Value(S20)	43.1	45.5	48.9
	Medium	Medium	Medium
Siever's J-Value(SJ)	3.02	8.60	67.5
	Very high	Medium	Very low
Abrasion Value Cutter Steel(AVS)	18.0		7.5
	Medium		Low
Drilling Rate Index(DRI)	37.0	42.0	59.0
	Low	Low	High
Cutter Life Index(CLI)	6.9	10.4	32.2
	Low	Medium	High

[표 10.14] NTNU 시험결과를 이용한 TBM 굴진속도 평가결과

TBM No.		1st TBM				2nd TBM			
시나리오		(1)	(2)	(3)	(4)	(1)	(2)	(3)	(4)
일 굴진속도	m/일	13.8	13.3	12.9	12.4	15.1	14.6	14.1	13.6
월 굴진속도	m/월	414	399	386	373	453	437	422	408
총 공사기간	일	377	391	405	419	378	392	406	420

*시나리오 (1) 작업자의 숙련 미숙에 의한 지연 미고려, 예상치 못한 연약지반 조우 미고려(지연 없음)
　　　　 (2) 작업자의 숙련 미숙에 의한 지연 고려(+2주 지연)
　　　　 (3) 예상치 못한 연약지반 조우 고려(+4주 지연)
　　　　 (4) 작업자의 숙련 미숙에 의한 지연 고려(+2주 지연), 예상치 못한 연약지반 조우 고려(+4주 지연)

　　한편, NTNU 시험방법 외에도 다양한 연구문헌과 유사조건을 가진 TBM 현장사례 등을 토대로 굴진율을 추정하였다. 특히 시공 중 발생 가능한 시공리스크를 최소화 하고 공기 준수의 확실성을 보장하기 위해 추정된 굴진율 예측 범위 안에서 최저값에 해당하는 값을 설계굴진속도로 선정하게 되었다.

[표 10.15] 굴진속도 예측 결과

구분	굴진속도(m/month)
NTNU 실험 예측모델	370
기타 경험식 모델	243~386
유사 TBM 현장 사례 분석	315~360
교차 범위	315~360
설계 속도	315

2) 장비선정

현장에는 2기의 TBM이 적용되었으며 장비는 시공업체에서 사전 가조립 후 가동테스트를 거친 후 현장에 반입되어 재조립 후 굴진에 투입되었다. 장비제원은 다음의 표와 같으며, 커터헤드 구동은 전동모터에 의해 이루어지고 그 외 동작은 유압에 의해 작동된다. 그리퍼는 4방향으로 설치되어 다소 불량암질 상태에서도 안정적으로 벽면을 지지하여 굴착할 수 있게 되었으며, 강지보재 설치를 위한 링빔 이렉터는 커터헤드 후방에서 즉시 지보 가능하도록 설치되었다. 또한 막장전방 지질 상태를 확인 및 훠폴링 시공을 할 수 있도록 커터헤드 3.5m 후방에서 프로브드릴링 장비가 탑재되었다

[표 10.16] TBM 장비제원

Major Specifications		
Type		Gripper(Open) TBM
제작사		Wirth(독일)
Diameter	Cutterhead	4,000mm
	Inner Diameter	3,300mm
Main Drive power		1,000kW
최대 토크		1,500kN·m
Cutterhead회전속도		13.1rpm
최대 추력		8,250kN
디스크커터 사이즈		17in
커터 개수		35개

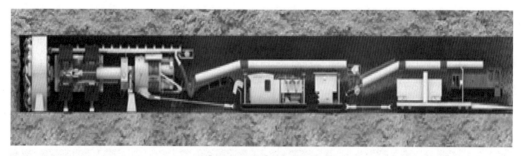

[그림 10.32] 장비전경

3) 사전 리스크 및 대책

대상 터널 구간의 지반조건과 Open TBM 적용 시에 예상되는 시공 리스크를 고려하여 대책을 수립하였다. 설계단계에서 예상되는 리스크는 크게 다음과 같다.

① 지하수 유입

- 지반조사결과 일부시추공에서 투수계수가 최대 $8.04×10^{-5}$cm/sec로 크게 나타남
- 시추조사 결과 단층 또는 파쇄대 구역의 전방탐사와 실제 시공 시 터널 내부로 유입되는 지하수량이 클 경우 차수 그라우팅이 요구됨

② 지반 붕괴

- 기존 도수터널 공사에 따르면, 기존 도수터널 총 연장 11.5km 중에서 약 0.5 km 구간에서 RMR이 20~40으로 낮음
- 기존 도수터널 시공기록에 최소 3개의 연약대가 관측되었으며, 이로 인해 작업지연이 발생한 것으로 조사됨

암반구간 Open TBM의 주요 시공리스크는 예상하지 못한 불량지반을 조우하였을 때 붕락 및 지하수 유입으로 대책은 전방지반 상태를 평가하고 사전에 대비하는 것이 중요하다. 현장에서는 전방지반 상태를 평가하기 다음의 대책 수립 및 조사방안이 검토되었다.

- 지하수 유입과 지반 상태(지반조사 결과 파쇄대 또는 단층 분포 구간 등)를 파악하기 위한 전방탐사 실시
- TBM 장비에 그라우팅 및 배수시설 구비
- TBM 시공 중 갑작스런 지하수 유입 및 지반 붕괴에 대비하여, TBM 보호 및 보조 시설 사전 구비

[표 10.17] 막장 전방탐사 대책

구분	TSP	TEPS	선진수평보링
개요도			
특징	• 원거리 탐사방법 • 탐사범위 : 200m 내외 • 측정시간 : 1~1.5hr • TBM휴지시간 내 시행 가능	• 근거리 탐사방법 • 탐사범위 : 10~30m • 측정시간 : 0.5hr • TBM휴지시간 내 시행 가능	• 전방 직접 확인방법 • 탐사범위 : 20m • 측정시간 : 2~3hr • TBM휴지시간 내 시행 가능
조사구간	2.0m < 단층파쇄대 폭	단층파쇄대 폭 < 2.0m	단층파쇄대 전구간

2.4 TBM 굴착계획

1) 파일럿(Pilot)터널 및 장비조립

TBM은 장비 발진수직구가 협소하여 장비본체와 후방장비 길이가 긴 경우가 대부분이다. 이러한 경우 터널 내부에 본체장비와 지상부에 후방장비를 임시케이블로 연결하여 굴진 중 조립을 병행하는 방식과 장비조립을 위한 터널 공간을 확보하여 완전 조립 후에 굴진하는 방식을 적용하게 된다. 해당 공사의 경우에는 다음 그림 10.33과 같이 파일럿 터널을 시공하여 터널 내부에서 조립 후에 굴진을 시작하는 방식을 채택하였다.

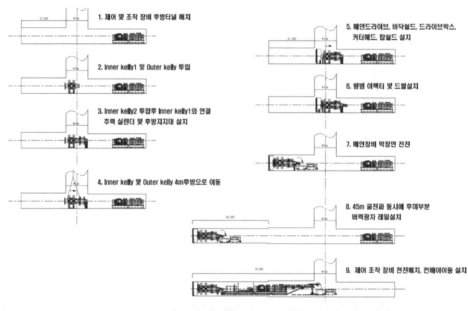

[그림 10.33] 장비조립 계획

2) 지보재 설치계획

지보재 설치는 지반상태에 따라 강지보, 숏크리트, 록볼트가 주지보재로 적용이 되었으며 필요에 따라서는 훠폴링 또는 강관다단그라우팅도 보조공법으로 계획되었다. 강지보재는 굴착 직후 설치 가능하며, 전반적으로 지반상태가 양호함에 따라 숏크리트와 록볼트는 별도의 장비 대차를 이용하여 후방에서 설치하도록 계획되었다.

[표 10.18] 표준지보패턴 설계

구분		TBM 구간(내경 Ø=3.3m)				
		PT-1	PT-2	PT-3	PT-4	PT-5
암반분류	RMR	81 이상	61~80	41~60	21~40	20 이하
	Q	48.12 이상	13.92~48.12	2.42~13.92	0.12~2.42	0.12 이하
	암반등급	I	II	III	IV	V
굴착공법		전단면	전단면	전단면	전단면	전단면
굴진장(m)		1.2	1.2	1.2	1.2	1.0
숏크리트 (mm)	종류	–	강섬유	강섬유	강섬유	강섬유(고강도)
	두께	–	50	50	80	100
록볼트 (m)	길이	2.0	2.0	2.0	2.5	2.5
	종간격	랜덤	3.0	2.0	1.2	1.0
	횡간격	랜덤	3.0(상부)	2.0(상부)	1.2	1.0
강지보재		–	–	–	–	H-100
콘크리트 라이닝(mm)	두께	350	300	300	270	250
	보강	–	–	와이어메쉬	와이어메쉬	철근
보조공법		–	훠폴링(필요시)	훠폴링(필요시)	훠폴링	훠폴링

3) 버력 처리 계획

Open TBM 터널의 버력 처리 방법은 광차와 벨트컨베이어 방식이 있으며 다음의 특징이 있다.

[표 10.19] 버력 처리 방법

구분	광차	벨트컨베이어
개요도		
특징	• 국내 시공사례 다수, 먼지비산 적음 • 광차탈선 시 버력처리 작업에 지장초래	• 연속적 굴착, 버력처리 가능 • 먼지 비산방지를 위한 덮개 필요 • 벨트 컨베이어 고장 시 수리시간 과다

현장에서는 국내 시공사례가 많은 광차 타입을 적용하였으며, 현장조건에 따라 배토속도 향상이 중요한 현장에서는 벨트 컨베이어 방식도 적용될 수 있다.

2.5 TBM 시공 이슈

TBM 굴착을 위한 수직구 시공이 완료된 후 장비조립, 터널굴착, 라이닝 시공순으로 터널시공이 진행되었다. 이 가운데 TBM 굴진 과정 중 현장에서 발생한 시공이슈에 대한 사례를 소개하고자 한다.

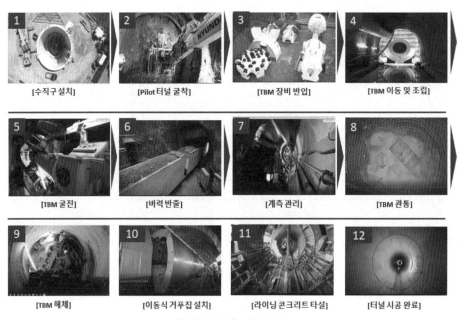

[그림 10.34] 시공 과정

1) TBM 굴진속도 분석

TBM 굴착은 1호기가 2017년 6월에 시작되었으며 굴착기간은 18개월이 소요되었다. 또한 2호기는 2017년 9월 굴착을 시작하여 굴착기간은 17개월이 소요되었다. 각 터널 연장을 적용하여 평균 굴진속도를 검토한 결과는 그림 10.35에 나타내었다. TBM 평균 굴진속도는 321m/month이며, 설계속도 315m/month와 유사한 수치를 보였다.

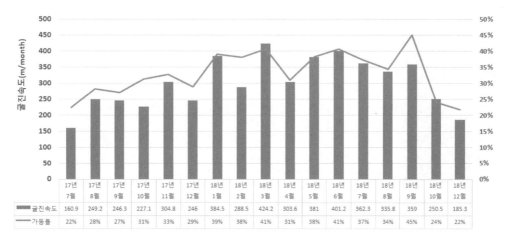

[그림 10.35] 월간 굴진속도 분석

2) 터널 굴진속도 개선

현장의 굴착초기 4달 간의 터널 굴진속도는 250m/month로 설계굴진율 315m/month보다 매우 저조한 상태였으며, 개선되지 않을 경우 약 5개월 정도의 공기지연이 예상되었다. 설계조건과 현장조건, TBM 운영 상태를 검토한 결과, 굴진속도에서 저하의 원인은 다음의 두 가지로 분석되었다.

- 지보재 설치 시간 증가에 따른 다운타임 증가
- 보수적인 장비 운전

암반등급에 따른 지보재 설치 등급은 굴착방식이 천공·발파 방식 또는 기계화 굴착방식에 따라 다르게 적용되나, 본 현장의 설계는 천공·발파 방식의 RMR이 적용되어, TBM으로 굴착할 때 사용하는 RMR_{TBM}보다 작게 산정되어 이를 수정하여 암반등급이 조금 상향되었다. 또한 보다 세분화된 등급 분류를 통하여 불필요한 지보를 최소화하는 목표를 수립하였다. 여러 전문가 의견 수렴과 안정성 검토를 통해 기존 설계보다 세분화된 설계패턴을 적용하여 불필요한 지보량은 줄이는 반면, 국부적 파쇄 및 낙반이 예상되는 구간에는 추가 보강을 하는 방식으로 현장에 적절한 지보패턴 방식을 고안하였다. 이를 통해 현장에서는 지보재 설치로 인한 다운타임은 줄이는 반면, 작업 안정성은 높여 TBM 가동률 향상을 확보하였다.

[표 10.20] 표준지보패턴 설계 개선

P-2(II등급 암반) RMR 61~80	• 무지보자립기간 최소 1년 이상 • 계측 변위는 2mm 이내 계측오차범위 정도로 미소하고 조기 수렴 → 랜덤 록볼트 랜덤 시공
P-3(III등급 암반) RMR 41~60	• 현재 TBM 굴진구간의 50% 이상 등급으로 RMR 구간 세분화 적용 • RMR 51~60 : 무지보자립기간 20일~1년, 계측 변미위 미소하고 조기수렴 → 상부 패턴 록볼트만 시스템으로 시공 • RMR 41~50 : 무지보자립기간 5~20일 → 당초대로 록볼트 및 숏크리트 타설
추가 안전성 확보 방안	• 국부적 파쇄대 및 낙반 예상구간 → C형채널 + 와이어메쉬 + 필요시 숏크리트 시공

[표 10.21] 표준지보패턴 변경 비교

구분		당초		변경			
		PT-2	PT-3	PT-2-1	PT-2-1	PT-3-1	PT-3-2
암반분류	RMR	61~80	41~60	60~80		51~60	41~50
	암반등급	II	III	II		III-1	III-2
숏크리트(mm)	종류	강섬유	강섬유	-	강섬유	-	강섬유
	두께	50	50	-	50	-	50
록볼트(m)	길이	2.0	2.0	2.0	2.0	2.0	2.0
	종간격	3.0	2.0	랜덤	20	2.0	2.0
	횡간격	3.0(상부)	2.0(상부)	랜덤	3.0	2.0	2.0
강지보재		-	-	-	-	-	-
콘크리트 라이닝(mm)	두께	300	300	350	300	350	300
	보강	-	와이어메쉬	-	와이어메쉬	와이어메쉬	와이어메쉬

한편, 초기 TBM 운전 데이터를 분석한 결과 TBM 굴진을 보수적으로 운전한 것으로 분석되었다. 따라서 TBM 속도 상향 시의 장비토크 및 파워 등을 예측하여 굴진파라미터의 상향 가능성을 검토하였다. 굴진성능 예측 모델은 회전식 암석절삭시험기(RCM)을 이용한 모델을 적용하여 현장 데이터 분석을 통해 실제 발생토크와 예측 발생토크를 비교하여 모델의 신뢰성을 검증하였다. 이를 통해 장비용량 이하로 추력 및 RPM 상향 가능성을 확인하여 굴진파라미터를 상향조정하였다.

(a) RCM 장비

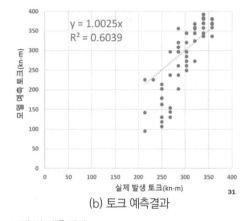
(b) 토크 예측결과

[그림 10.36] RCM 모델 및 예측결과

[표 10.22] 굴진파라미터 변경

	변경 전	변경 후	비고
암반 RMR	53	60	
추력	3852kN	4364kN	14%↑
RPM	6	11	고속 굴진
토크	290kN·m	320kN·m	10%↑
순굴진 속도	1.43m/h	1.67m/h	17%↑

앞서 설명된 바와 같이 적정량의 지보설치와 굴진파라미터 조정이 이루어진 이후 TBM 굴진 속도는 향상되었으며, 그 결과 설계 굴진속도 이상의 기록을 확인하였다. 이를 통해 당초 굴착 중 사고없이 계획된 굴착공기를 준수할 수 있었다.

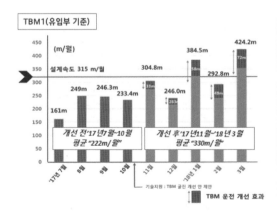

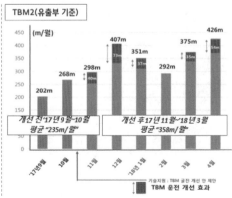

[그림 10.37] 굴진속도 개선효과

2.6 TBM 디스크커터 마모분석

TBM 커터헤드는 17inch 디스크커터로 35개가 설치되었다. TBM 굴진 중에 마모가 발생하게 되며, 이상 디스크커터와 정상 마모한계를 넘는 디스크커터는 적기에 교체하는 것이 중요하다. 현장에서 사용된 디스크커터 수는 총 858개이며, 이 중 정상교체 비율이 68%를 차지하였다. 나머지는 커터 파손 및 편마모 등의 이상마모를 보였다.

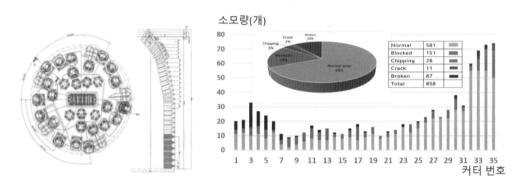

[그림 10.38] 커터 소모량 분석결과

한편 디스크커터 소모량을 사전에 평가하기 위해서 다수의 실험적 연구가 수행된바 있다. 특히 가장 유명한 커터마모 예측 시험으로 NTNU모델과 세르샤 모델이 있다. 국내에서도 간편하고 정확한 새로운 디스크커터 마모예측 시험과 모델(NAT: New Abrasion Tester model)을 개발한 사례가 있으며 해당 현장의 암석과 교체기록을 분석하여 모델을 검증하기도 하였다.

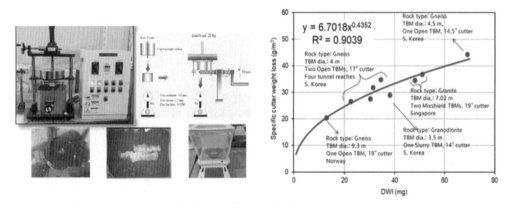

[그림 10.39] NAT시험결과 및 모델

특히 현장 굴진 중 채취한 암석 시료를 이용한 NAT 실험결과와 디스크커터 마모량을 비교 분석한 결과 기존 예측모델과 잘 일치하는 것을 확인하였다. 기존 NAT 모델을 이용하여 구간별 암석시료와 CHI 자료(커터 교체자료) 비교 분석 결과, 평균 9.8%의 오차를 확인하였다. 또한 전체 디스크커터 소모량으로 환산하여 비교한 결과, 실제소모량이 858개로 기록되었고 NAT 모델에서 분석된 예측 커터소모량은 788개로 근사한 값을 보였다. 이러한 결과를 토대로 NAT 시험 및 모델의 예측 신뢰성을 확인할 수 있었다. 이러한 기술 개발을 통해 향후 설계에서 디스크커터의 수량을 추정하고 적정 커터교체 주기(CHI)를 결정하는 데 활용될 수 있을 것으로 기대한다.

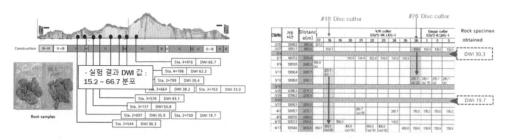

[그림 10.40] NAT시험결과 현장 DATA 비교분석

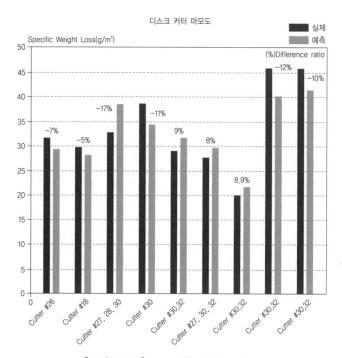

[그림 10.41] NAT예측결과 비교 검증

501

3 OO 복선전철 O공구 건설공사

3.1 현장개요

본 현장은 경의선(OO시 □□구) 및 서해선(OO시 △△구)을 연결하는 남북방향의 복선전철 신설 공사이다. 전체 사업 연장 18.4km 중 한강하저구간을 포함한 2공구는 OO시 □□구와 OO구 △△동을 연결하는 2.9km 구간으로 2.7km의 쉴드TBM 구간을 포함하고 있다. 해당 구간은 단선병렬로 이루어져 있으며, 직경 8.0m급의 토압식 쉴드TBM 2대가 투입되어 상선 및 하선 터널에 각각 적용되었다.

[그림 10.42] 현장 조감도

3.2 현장지층

터널 구간의 주 분포암종은 흑운모호상편마암(한강 하저구간 이후)과 흑운모화강암(시점-한강 하저구간)이며, 토피고는 GL(-)14~45m에 위치하고 있다. 노선을 따라 퇴적토사층부터 경암까지 다양한 지층으로 구성되어있다. 특히 최대 수심 17.3m의 한강 하저구간이 1.2km 포함되어 있고, TBM 굴진에 취약한 복합지층 구간이 전체 연장의 42%를 차지하는 등 TBM 굴진에 까다로운 지반조건을 가지고 있다. 각 지층별 특성과 공학적 특성이 그림 10.43, 표 10.23~25에 나타나 있다.

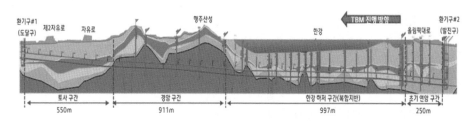

[그림 10.43] TBM 굴진 지층

[표 10.23] TBM 굴진구간 지층별 특성

구분	구간	지층 특성
초기 연암 및 한강 하저 구간	한강하저 및 둔치 하부	• 시점측은 퇴적층이 얇으나 사업종점으로 갈수록 퇴적층과 풍화대가 두꺼움 • 굴착구간에는 편마암과 화강암, 풍화토가 교호하여 나타남
경암 구간	행주산성 인근	• 굴착구간은 일부 풍화암, 연암을 제외하면 대부분 흑운모 호상편마암인 경암을 통과 • 일부 단층대를 제외하면 RQD 60% 이상의 양호한 공학적 특성을 보임
토사 구간	경작지 및 자유로 하부	• 상부 점성토(CL, ML)와 하부 모래(SM, SP)로 구성된 퇴적층, 풍화토, 풍화암의 지층분포 • 굴착구간에는 풍화토, 실트질모래, 자갈질모래가 순차적으로 분포함

[표 10.24] 토사층 및 풍화암의 공학적 특성

구분	특징	구분	특징
토질	점토질(CL, ML) / 모래질(SM, SP)	내부마찰각	$25 \sim 32°$
토피고	25m	일축압축강도	$70.3 \sim 86.8$KPa
단위중량	$17.5 \sim 20$kN/m^3	N value	$6 \sim 10$
상부하중	10kN/m^3	투수계수	$5.11 \times 10^{-6} \sim 3.53 \times 10^{-5}$m/sec

[표 10.25] 암반층의 공학적 특성

구분	특징	구분	특징
암층	흑운모 편마암 / 화강암	암반분류	RMR : $31.1 \sim 83.5$ (I~IV등급)
일축압축강도	$30 \sim 140$MPa	석영함유량	$30 \sim 40$%
RQD	60% 이상	투수계수	$8.09 \times 10^{-7} \sim 9.70 \times 10^{-8}$m/sec
절리 특성	JRC : $8 \sim 10$ 점착력 : 0.07MPa 내부마찰각 : 38°	초기응력측압계수	$1.5 \sim 2.0$

3.3 TBM 설계

1) 굴진속도 예측

지층별 본 굴진에서의 굴진속도는 다음의 표 10.26과 같이 검토하였다. 여기서 장비 가동률은 일반적인 국내 쉴드TBM의 가동률인 30~40%(굴진에 소요된 시간만 포함)를 고려하여 35%를 적용하였으며, 암석의 압축강도 시험(슈미트 해머 시험)을 실시하여 1회전당 굴착 깊이를 산정하였다. 여기서 cycle time은 1ring당 굴진 시간, 정치시간(광차교대 등), 세그먼트 조립 시간을 모두 더한 시간이고, 일진량은 하루 20시간 굴진을 기준으로 산정하였으며, 초기 굴진 및 도달 굴진 시에는 cycle time의 저하를 고려하여 선정 굴진속도의 1/2을 적용하였다.

[표 10.26] 본 굴진 굴진율 산정

구분	연장(m)	Pe (cm/rev)	RPM	Cycle time(min)	굴진율 (m/hr)	일진량 (m/day)
충적층	552.7	1.82	1.38	139.6	0.4191	8.38
풍화토/풍화암	774.9	1.82	1.38	139.6	0.4191	8.38
기반암	1374.7	0.25	3.60	254.3	0.2385	4.77
평균 굴진율(m/day)	2702.3					6.54

2) 커터 소모량 평가

예상되는 디스크커터 및 커터 비트의 소모량은 각각 830EA, 2,043EA로 산정되었으며 먼저 디스크커터의 경우 세르샤 마모시험(Cerchar Abrasive-ness Test)과 Taber 마모시험으로 마모지수와 커터의 교체속도를 예측하여 결정되었다. 커터 비트의 경우 각 비트의 회전거리를 고려한 장비 제작사의 경험식에 의하여 산출되었다. 표 10.27과 표 10.28에 디스크커터 및 커터 비트의 교환일수를 나타내었다.

[표 10.27] 디스크커터 교환일수(TBM 1기당)

평균 교환일수	커터 수	개당 교환시간	교환횟수	교환일수(일)
5.60일	56EA	2.0hr	15회	84일

[표 10.28] 커터 비트 교환일수(TBM 1기당)

평균 교환일수	비트 수	개당 교환시간	교환횟수	교환일수(일)
4.00일	120EA	0.67hr	18회	72일

3) 굴진 중 주요 리스크 요소 분석

한강을 통과하는 TBM굴진구간은 상부에 경작지, 자유로, 주거지역, 올림픽대로, 방화차량 기지 등 다수의 지장물이 존재하고 있으며 지반조사 결과 한강 하저구간에 파쇄대가 다수 존재하는 것으로 판단되었다. 따라서 상부의 구조물 등 터널 구간의 안정성을 상세히 검토하여 적정한 시공 계획을 수립하여야 하며 예상되는 주요 리스크 발생 구간은 아래와 같다.

(1) 주요 리스크 발생 예상 구간

① 한강 하저 구간

- 토층이 다소 깊게 분포되어 있으며 최소토피고는 약 18.0m
- 7개의 단층대 분포 예상
- 복합지반 통과에 따른 굴진율 저하, 토크/토압의 불규칙적 변화
- 지반붕괴로 공극발생, 터널 붕괴 및 침수 위험

② 제2자유로 및 자유로

- 제2자유로 하부 21.8m, 자유로 29.0m 하부 통과(이격거리는 충분하나 충적 연약층 하부 통과)
- 자유로 보강토 옹벽 및 제체 변위발생 우려
- 지반침하, 지하수위 저하

(2) 대책

① 한강 하저 구간

- 최소 토피고 1.5D(12.0m) 이상 확보하도록 선형계획
- 지표침하계, 지하수위계 설치, 동시 뒤채움 그라우팅 수행
- 커터교체구간 선제적 하상 그라우팅 실시(풍화암 구간)

② 제2자유로 및 자유로

- 보강토 옹벽 등 지장물에 대한 기초 준공도면 확보, 상세분석
- 지표침하계, 지하수위계 설치, 동시 뒤채움 그라우팅 수행
- 커터교체구간 선제적 지상 그라우팅 실시(토사구간)

3.4 TBM 장비 선정

TBM 형식 선정을 위해 현장 지층의 입도분포와 투수계수를 분석하였으며 입도분포 분석 결과 일부 구간의 경우 토압식 쉴드TBM과 이수식 쉴드TBM의 중간 부분에 위치하고 있으나 대부분 토압식 쉴드TBM의 적용이 가능하였으며, 투수계수 분석 결과 대부분 구간의 투수계수가 1.0×10^{-5}m/sec 이하에 위치하고 있어 역시 토압식 쉴드TBM 적용 가능한 것으로 분석되었다. 추가적으로 현장 여건상 수직구 작업장이 협소하여 STP(Slurry Treatment Plant) 등 부대시설이 상대적으로 많이 필요한 이수식 쉴드TBM보다는 토압식 쉴드TBM을 선정하였다. 선정된 토압식 쉴드TBM은 복합지반에 대한 대응이 가능하도록 설계되었으며(복합지반에 적합한 커터헤드 형상 및 개구율, double screw conveyor 등) 그림 10.44~10.47에 입도분포와 투수계수에 대한 TBM 형식 선정 기준과 현장 지반정보 적용 결과가 나타나 있고, 그림 10.48 및 표 10.29에 TBM 제원 및 제작 TBM 전경이 나타나 있다.

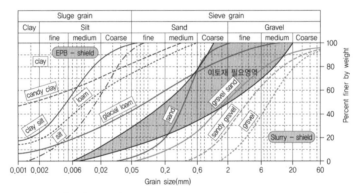

[그림 10.44] 입도분포에 따른 TBM 장비 선정 기준

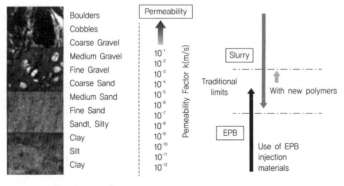

[그림 10.45] 투수계수에 따른 TBM 장비 선정 기준

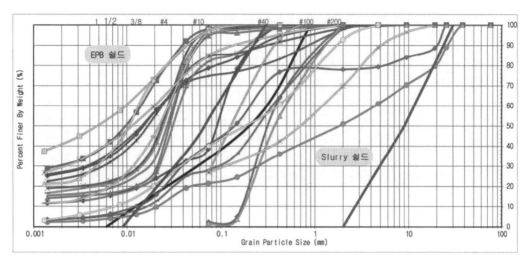

[그림 10.46] 현장 입도분포곡선 적용 결과

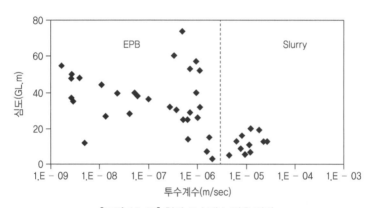

[그림 10.47] 현장 투수계수 적용 결과

[표 10.29] TBM 제원 선정

Manufacturer			Herrenknecht(EPB TBM)	
Diameter	Cutterhead	8,100mm	Torque	7,510kN·m
	Front shield	8,060mm	Cutterhead RPM	0~3.7PRM
	Tail shield	8,040mm	Thrust force	66,523kN
	Segment	7,700mm(t=350mm)	Articulation thrust	49,876kN
Main drive power		2,080kW	Chamber pressure	0~5.5bar

[그림 10.48] 제작 TBM 전경

3.5 TBM 시공 이슈

1) 커터헤드 폐색 문제 발생

(1) 발생원인

한강 하저 구간 풍화토~풍화암/연암 구간 굴진 중 커터헤드 폐색이 발생하여 장비 토크 및 챔버 내부 온도, 배토온도 등의 상승으로 인해 굴진의 중단이 발생하였다(그림 10.49 참조). 폐색 문제 발생의 원인으로는 먼저 기계적 원인으로 복합지반용 커터헤드를 사용하고 있기 때문에 커터헤드의 개구부가 부족하여 폐색 발생이 쉬운 상황이었고, 지반적 원인으로는 상부 실트질 토사 유입이 많아 폐색을 유발하였으며, 마지막으로 화학적 원인으로는 폐색을 완화시킬 수 있는 첨가제(Foam 등)의 주입에 대한 실시간 대응이 미흡했던 점이 있었다.

[그림 10.49] 커터헤드 폐색 발생

(2) 대책

커터헤드 폐색 발생에 대한 대책은 크게 물리적 방법과 화학적 방법으로 구분된다. 이중 물리적 방법은 장비의 보완을 통해 폐색을 방지하거나 해소하는 방법으로써, 먼저 커터헤드 개구부 확장을 위해 그리즐 바(Grizzle bar)를 절단하였고(중앙부 및 커터헤드 격실부), 다음으로 토사 및 연암 이하의 약한 암반층에 사용되는 팁 인서트 커터(Tip insert cutter)를 사용하게 되었다. 그 결과 배토가 원활하게 개선되었고, 디스크커터 롤링을 개선하여 굴착에도 일부 개선이 되었다. 또한 토사로 인해 첨가제 주입관이 막히게 되면 빠르게 폐색 발생이 되는 현상을 확인하게 되어 광차교대 및 세그먼트 조립 간 첨가제 주입관의 플러싱(80bar까지 청소 가능)을 실시하고 굴진이 멈췄을 때는 굴진 전후 1분 이상의 첨가제 주입을 실시하는 대책으로 원활하게 첨가제를 주입하도록 하였다.

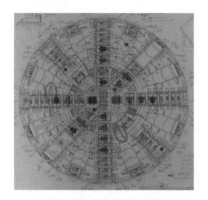 

[그림 10.50] 그리즐 바 제거　　　　　　　　[그림 10.51] 팁 인서트 커터 사용

화학적 방법은 첨가제(Foam)의 배합을 변화시키는 방법으로, 첨가제는 용액과 공기로 이루어져 있기 때문에 먼저 공기량을 낮춰 상대적으로 액이 많은 첨가제를 발생시켜 버력과 챔버 내 온도를 상승시키고, 첨가제의 용액량이나 총량 자체를 증가시키는 등의 방법을 사용할 수 있다. 또한 폐색 의심구간에서는 굴진 데이터의 실시간 분석을 철저히 하여야 하는데, 그림 10.52와 같이 굴진하면서 토크가 지속적으로 상승하고, 온도가 상승추세를 보이거나 첨가제의 주입량이 변경될 경우(주로 주입관의 막힘으로 인해 주입량이 줄거나 0이 되는 경우) 폐색이 진행되고 있다는 신호일 수 있고 폐색은 한 번 진행되면 쉽게 돌이킬 수 없기 때문에 결국 굴진이 중단되게 된다. 따라서 한시 빠른 실시간 대응이 중요하며 첨가제 배합 변경, 온도 감소 조치 등을 빠르게 실행하여야 한다.

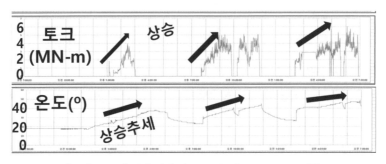

[그림 10.52] 폐색 발생 시 TBM 굴진 parameter 변화

2) 스크류컨베이어 jamming 현상 발생

(1) 발생원인

굴진 중반부에 이르러 풍화암~경암 구간 굴진 중 스크류컨베이어의 오우거(Auger)가 마모되어 버력의 이동 효율이 저하되고, 절리가 많은 풍화암/연암부를 통과하며 불균질한 암석 덩어리들이 막장면에서 탈락되어 스크류컨베이어의 Jamming 현상이 유발되었다. 마모된 오우거에 대해 보강을 실시하였으나 부분적 보강을 실시하여 보강되지 않은 부분과 보강된 부분의 경계에서 버력이 배출되지 못하고 병목현상이 발생하여 Jamming 현상이 지속적으로 발생하였다. 또한 버력이 소성상태로 충분히 유동화되지 못한 상태에서 오우거의 부분적인 마모로 인해 버력들은 배토되지 못한채 유입수만 빠져나가 Jamming 현상이 가속되었다.

[그림 10.53] 스크류컨베이어 내부(압착)

[그림 10.54] 스크류컨베이어 청소

(2) 대책

스크류컨베이어의 마모, 손상으로 인해 발생하는 문제로 정기적으로 전체적인 보강 및 교체 계획을 수립하는 것이 중요하다. 점검 시에는 1ring별 마모율을 산정하여 점검창의 위치에 따

라 버력이 처음 들어오는 부분(다른 부분보다 마모율이 큼)의 예상 마모량도 고려하여야 한다. 그림 10.55 및 표 10.30에 스크류컨베이어 마모율 측정 위치 및 마모 집계를 보이고 있다.

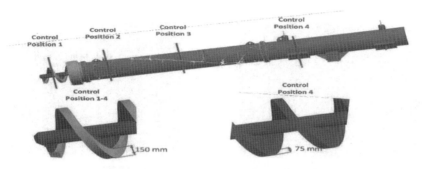

[그림 10.55] 스크류컨베이어 마모율 측정 위치

[표 10.30] Screw conveyor #1 마모량 예시(빈칸 미측정)

Position / Ring No.	0	1	1-1	2	3	4
Original(mm)	150	150	150	150	150	75
153					110	
865					120	58
1012				-40		
1032	20	0	-40	-75	-20	-15
1034				-85	-30	
1036				-87	-53	
1055				-100	-30	
1096	-120	-130	-125	-100	-50	
마모율(mm/ring)	2.19	2.03	1.33	0.74	0.68	0.74

3.6 혁신 기술 및 운영 사례

1) TADAS(TBM Advanced Driving Assitance System)

TBM은 굴착 중 막장상태를 확인하기 어려워 지반조건 변화 대응에 불리하고, 변화에 따라 TBM 운전이 제대로 이루어지지 못하면 장비 Capacity 대비 적정 성능을 구현할 수 없다. 또한 추력, RPM 등 주요 운전인자가 TBM operator의 경험에 전적으로 의존하여 결정되기 때문에 operator의 기술숙련도에 따라 TBM의 운영이 좌우된다. 이에 따라 TBM의 굴진 data(굴진속도, 토크, RPM, 추력, 챔버압)의 실시간 분석을 통해 막장면의 지반강도와 굴진속도를 예측하고 장비 제원상 허용 조건 내에서 최대 굴진속도의 구현이 가능한 운전값(Thrust force, RPM)

을 제시하는 시스템인 TADAS를 개발 및 현장 적용 완료하였다. 그림 10.56~10.57에 TADAS 화면 및 현장검증 전경이 나타나 있다.

[그림 10.56] TADAS 화면

[그림 10.57] TADAS 현장검증 전경

현장검증은 지반강도(UCS) 예측 검증과 운전 시 결과변수 예측에 대한 검증으로 나누어 실시하였으며 먼저 그림 10.58에 TADAS가 산정한 지반강도와 현장 버력을 이용하여 점하중 시험을 수행한 값을 비교하였다. 검증 결과 90% 이상의 일치도를 보였으며 굴진 구간에서의 경향성도 일치함을 확인할 수 있다.

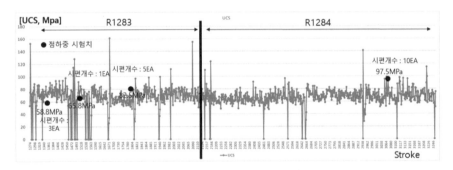

[그림 10.58] TADAS의 UCS 예측 검증 결과

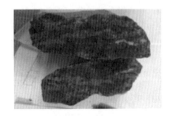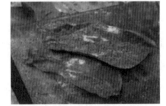

[그림 10.59] 점하중 시험 버력

다음으로 TADAS가 제안하는 운전 안대로(input: 추력) 운전 시 TADAS의 예측값과 동일한 output(굴진속도, 토크) 값을 확인할 수 있다(그림 10.60 참조)

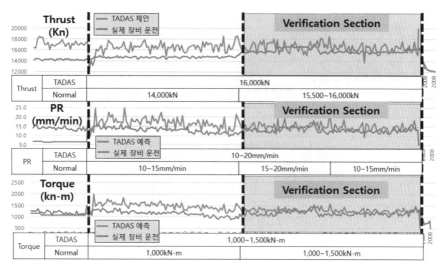

[그림 10.60] TADAS 검증 결과

이와 같이 실제 운전 중 TADAS 제안 최적값과 유사값으로 운전된 구간에서 TADAS에서 예측한 최대 굴진속도에 실제로 도달하였으며, 이때의 추력, 토크값은 예측값과 거의 일치하는 것으로 나타났다. 따라서 TADAS 검증 결과 예측 신뢰성이 매우 높은 것으로 판단되며, 장비의 capacity 내에서 최대의 굴진속도로 굴진할 수 있어 장비의 안전성과 효율성을 극대화시키고 공사기간 단축, 비용절감 등의 효과를 예측할 수 있다.

2) 토사구간 실시간 굴진 관리

토사구간은 굴착 중 상부지반의 이완이 발생하기 쉽고, 해당 현장 내 토사구간은 도로, 민가 등 주요 밀집지역을 많이 통과하기 때문에 집중적인 굴진관리가 필요한 실정이다. 이에 따라 operator가 전적으로 담당하였던 TBM 굴진을 컨트롤 타워, 벨트 컨베이어, operator로 나누어 배토 슬럼프, 배토량, 폐색 여부를 감지 및 관리하고, 침하 위험이 있는 지상부에서는 24시간 모니터링을 수행하였으며, 구간별로 굴진변수를 분석하고 피드백을 실시하였다. 이를 통해 주관적 판단보다는 종합적인 분석/판단에 의한 굴진 수행이 가능하였으며 다수의 실시간 모니터링을 통해 발생하는 문제에 대한 즉각 대응 시스템을 구축할 수 있었다.

[그림 10.61] 컨트롤 타워 운영 굴진 관리

4 고속국도 제○○○호 건설공사 ○공구

4.1 현장개요

본 현장은 수도권 제2순환도로의 일부인 ○○시~△△시를 연결하는 고속도로 현장으로 총
연장 25.36km 중 해당 공구는 6.74km이며 한강 하저구간에 폭 10.7m(2차로), 길이 2.86km
의 쉴드TBM구간이 계획되어 있다.

[그림 10.62] 현장 평면도

4.2 현장지층

터널 구간의 주 분포암종은 호상편마암, 우백질편마암이며 노선상 70%를 기반암이, 30%를 풍화암~토사 구간이 차지하고 있다. 현장 종단면도 및 위치별 지반분포 특성은 아래와 같다.

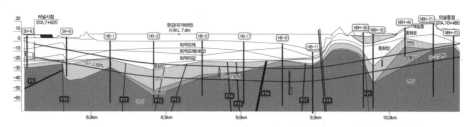

[그림 10.63] 현장 종단면도

[표 10.31] 위치별 지반분포 특성

구분	터널시점~한강하저	한강하저 구간	한강하저~터널종점
길이	390m	1,620m	850n
지층분포	연암, 터널 천단은 퇴적모래, 자갈 우세	연암~경암	연암 및 차별풍화에 의한 복합지반
단층현황	위폭 1.0m 단층 분포 (미약)	위폭 3.0~17.4m 단층 밀집	위폭 0.5m 단층 분포 (미약)
분포암종	호상편마암, 우백질편마암, 편암		
지하수위	GL(-)2.6~2.9m	수심 1.5~16.5m	GL(-)0.6~9.5m

4.3 TBM 설계

1) 굴진속도 예측

유사 사례분석, 전문기관 시험 및 이론식 검토 등 종합적 분석을 통해 한강하저구간에 대한 설계 굴진율을 산정하였다. 전문기관 시험은 통상적으로 암반용 TBM 굴진속도 예측에 널리 사용되는 NTNU 시험을 수행하였고, 이때 암석은 각각 호상편마암, 우백질 편마암, 편암질 편마암으로 구분하여 시험하였다. 표 10.32~10.33에 시험용 시료와 시험결과가 나타나 있다. 추가적으로 슬러리 TBM에 대한 기존 굴진사례 검토 결과는 표 10.34와 같다.

[표 10.32] 굴진성능 시험용 시료

구분	Sample #1			Sample #2		
	암종	시추공 번호	심도(m)	암종	시추공 번호	심도(m)
NTNU	호상편마암 (연암)	NBH-16	25.8~29.7	호상편마암 (경암)	NBH-39	31.0~41.4
건설기술 연구원	우백질 편마암 (연암)	NBH-39	29.0~28.0	우백질 편마암 (경암)	NBH-23	18.8~26.6
현대건설	편암질 편마암 (연암)	NBH-18	32.8~50.0	편암 (연암)	NBH-17	29.0~35.0

전문기관 시험 및 기존 사례검토를 종합분석한 결과, 안전측 설계를 위해 굴진율 산정 시 장비 직경이 유사한 해외 OO터널과 하저 통과구간으로 지반조건이 비교적 유사한 현장사례와 비교하여 설계 굴진속도를 결정하였다.

[표 10.33] 굴진성능시험 결과

구분		NTNU 모델	
		주간 굴진속도(m/6day)	일 굴진속도(m/day)
호상편마암		78.0	13.0
우백질편마암	연암	67.39	11.23
	경암	74.74	12.46
편암질편마암(연암)		51.6	8.6
편암(연암)		55.8	9.3
적용연장 고려 전체 평균			11.76

[표 10.34] 이수식 쉴드TBM 기존 사례 검토

구분	장비직경(mm)	현황	지층	일 굴진량(m/day)
OO지하철 O공구	7,280		모래, 경암	1.4~5.2
□□지하철 □공구	7,650	하저터널	토사~경암	3.4~4.7
OO고속도로 O공구	8,370		토사~경암	4.76~6.8
OO선 O공구	7,600		연암~경암	5.65(설계)
해외 OO터널	13,700	해저터널	복합지반	7.0

2) 한강 하저 저토피구간 안정성 확보 방안

해당 현장은 한강 진입부분 연암~퇴적층 지역(약 330m) 및 하저 종점부분 연암~경암 지역 (약 130m)에 토피고 1.5D 이하의 저토피 구간이 위치하고 있으며 저토피 구간에 터널을 굴착

할 경우 지반 붕괴, 이수 누출 및 blow out 현상 등이 우려되며 이에 대한 적절한 조치가 있어야 한다. 특히 이수 누출 및 터널 부력검토 등은 해저 또는 하저를 통과하는 TBM 설계 시 중요하다. 해당 구간 굴진 중 단계별 리스크 극복방안은 아래와 같다.

- 1단계 : 지하수위 조건을 반영한 굴진면 압력관리기준치를 선정 후 막장압 및 계측 관리를 통해 blow out, 막장압 관리기준 초과 등 이상징후 발생 시 막장압 조정을 시행한다.
- 2단계 : TBM의 막장압 관리가 어려울 경우 이수 점도 조정을 통한 굴진면 압력 관리로 굴진안정성을 확보한다.
- 3단계 : 막장압 관리가 어려울 경우 또는 실시간 막장전방탐사 등을 통한 불량지반 예측, 필요시 probe drill을 이용한 갱내 보강 그라우팅 등을 시행한다.
- 4단계 : 갱내 보강 그라우팅을 시행한 후에도 막장압 및 계측 등을 통한 이상징후 발생 시 전문가를 통한 원인분석 후 필요시 지상보강 그라우팅을 시행하여 안정성을 확보하도록 한다.
- 뒤채움 그라우팅의 경우 동시주입 방식을 기준으로 하여 잭 추진과 동시에 그라우팅이 주입되어 침하를 방지한다. 일반구간의 경우 충전성이 좋고 겔타임조정이 용이한 2액형 시멘트밀크를 사용하고, 단층파쇄대 구간의 경우 재료분리 및 지하수 영향이 적고 조기강도가 우수한 슬래그 석회계 가소성 그라우팅을 실시하며 추가적으로 필요시 후방 누수방지를 위한 추가주입을 실시한다.
- 시공 전 추가 시추조사 등을 통한 굴진면 압력관리 기준, 배토량 관리기준, 디스크커터 교체계획을 재산정하여 공사관리계획을 수립하여야 한다.

4.4 TBM 장비 선정

현장의 시추조사 결과를 반영하여 터널구간 시추공의 입도분포곡선 및 투수계수를 비교 검토한 결과 입도분포의 경우 이수식 쉴드TBM을 적용하는 구간이 다소 분포하고 있으며, 투수계수의 경우에도 5.0×10^{-6}m/sec 이상이 다수로 이수식 쉴드TBM이 유리한 것으로 분석되었다.

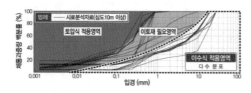

[그림 10.64] 입도분포곡선을 통한 장비 적용성 평가

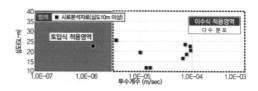

[그림 10.65] 투수계수를 통한 장비 적용성 평가

517

또한 지반조건과 시공성을 고려하였을 때도 연경암 이상이 대부분이며 세립질 함유량이 적고, 한강 하저의 고수압(5bar) 지층임을 고려하였을 때, 막장압 관리가 용이하고 지하수압에 대한 제한이 없는 이수식 쉴드TBM이 적정한 것으로 판단되었다. 아래에 선정 TBM 제원 및 장비 단면, 커터헤드 등이 나타나 있다.

[표 10.35] TBM 제원 선정

Manufacturer			Herrenknecht(Slurry TBM)	
Diameter	Cutterhead	14,010mm	Torque	24,830kN·m
	Front shield	13,960mm	Cutterhead RPM	0~4.0RPM
	Tail shield	13,900mm	Thrust force	171,003kN
	Segment	13,500mm(t=450mm)	Opening ratio	27.5%
Main drive power		5,950kW	Chamber pressure	0~6.0bar

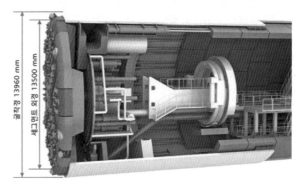

[그림 10.66] 제작 장비 단면

[그림 10.67] TBM 커터헤드

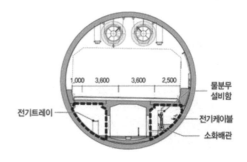

[그림 10.68] 내부 단면

518

해당 장비는 TBM 굴진 중 안정성 확보 및 공기 단축을 위한 각종 추가적인 모듈들이 추가되어 제작 중에 있으며, 이는 아래와 같다.

[표 10.36] 제작 TBM 장비 주요 모듈

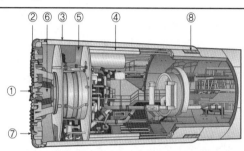

No.	장치	기대효과	그림
1	Semi-dome 면판	복합지반 대응	디스크커터 암반용 / 드래그비트 토사용
2	디스크커터 마모감지	커터교체 시기결정	마모 및 온도 측정센서 / 회전력 측정센서
3	붕락감지 시스템	막장붕괴예방	Collapse Detector / Jack Shoke Semsor
4	자동 클리어런스 측정장치	지표침하방지	스킨 플레이트 / 4열 테일씰 / 테일클리어런스 측정장치 / 세그먼트 / 이상징후 발생시 경보발생

[표 10.36] 제작 TBM 장비 주요 모듈(계속)

No.	장치	기대효과	그림
5	Mix 쉴드 (이수+압축공기)	고수압 대응성 강화	송니관 배니관
6	유압식 후방 커터교체 시스템	커터교체 간소화	커터교환 박스 설치 대기압 조건 커터교체 가능 작업자진입 유압식 후방 커터교체 시스템 디스크커터 신속교체 가능
7	실시간 전방탐사 시스템	연약지층 사전감지	360도 감지천공시스템 연약대 (돌발상황) 실시간 전방탐사
8	긴급지수장치	이상누수 방지	가압수(유압) 가압수(유압) 용수작용방향 스틸플레이트 고무씰

4.5 STP(Slurry Treatment Plant) 처리용량 결정

이수식 쉴드TBM은 토압식 쉴드TBM과 달리 벤토나이트계의 이수를 막장으로 주입하여 막장압 관리와 지하수 유입을 방지하게 된다. 또한 굴착된 토사와 사용된 벤토나이트는 송니관으로 배출하여 지상에서 처리하여야 하며, 이때 이수를 처리하고 이수를 재공급하는 처리시설(STP: Slurry Treatment Plant)가 별도로 필요하다.

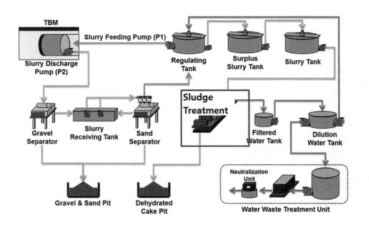

[그림 10.69] STP 모식도

이수식 쉴드TBM은 장비선정과 함께 STP 용량 결정이 중요하다. STP 용량은 이수 관리 기준 밀도, 대상 지반 및 TBM 굴진속도를 고려해 이수 관리기준을 만족할 수 있도록 결정해야 한다. 벤토나이트와 이수는 현장조건에 따라 관리 밀도는 변동될 수 있으나 통상적으로 송니 시 1.0ton/m³, 배니 시 1.3ton/m³으로 관리될 수 있다. 다음의 식을 통해 STP 전체 처리 용량을 결정할 수 있다.

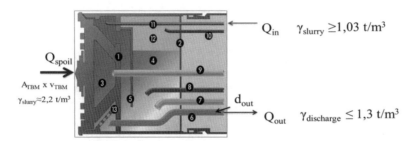

[그림 10.70] STP 용량 산정을 위한 Mass Balance 개념

해당 현장에 대해서도 현장 설계 최대 굴진속도와 지반의 단위중량, 이수 최대 관리 기준밀도 등을 고려하여 송니와 배니에 대한 최대 소요 용량을 표 10.37과 같이 결정하였다. 이러한 소요 용량에 맞추어 STP의 세부 처리 장비 및 펌프 용량 등을 결정하게 된다.

$$M_{bento} + M_{soil} = M_{slurry} \tag{10.1}$$
$$Q_{bento}\gamma_{bento} + Q_{soil}\gamma_{bento} = Q_{slurry}\gamma_{slurry}$$

[표 10.37] STP 용량 검토 결과

적용	$\gamma_{bento}(t/m^3)$		1.1
	$\gamma_{slurry}(t/m^3)$		1.35
	$\gamma_{soil}(t/m^3)$		2.7
	Max advance rate(mm/min)		50
	$Q_{soil}(m^3/h)$		452
검토결과	검토값	$Q_{inflow}(m^3/h)$	2,440
		$Q_{outflow}(m^3/h)$	2,892
	제안값	$Q_{inflow}(m^3/h)$	2,500
		$Q_{outflow}(m^3/h)$	2,900

참고문헌

1. Kang, S.W, Jang, J.H, Lee, J.W., Kim, D.Y., Shin, Y.J(2021), "Pre-grouting for CHI of EPB shield TBM in difficult grounds: a case study of Daegok-Sosa railway tunnel", Journal of Korean Tunnelling and Underground Space Association, Vol. 23, No. 5, pp. 281-302.

2. Kim, D.Y., Kang, H.B, Shin, Y.J, Jung, J.H., Lee, J.W.(2018), "Development of testing apparatus and fundamental study for performance and cutting tool wear of EPB TBM in soft ground", Journal of Korean Tunnelling and Underground Space Association, Vol. 20, No. 2, pp. 453-467.

3. Kim, D.Y., Shin, Y.J, Jung, J.H., Kang, H.B(2018), "Case study: application of NAT (New Abrasion Tester) for predicting TBM disc cutter wear and comparison with conventional methods", Journal of Korean Tunnelling and Underground Space Association, Vol. 20, No. 6, pp. 1091-1104.

4. Farrokh, E., Kim, D.Y.(2018), "A discussion on hard rock TBM cutter wear and cutterhead intervention interval length evaluation", Tunnelling and Underground Space Technology, Vol. 81, pp. 336-357.

5. Kim, D.Y., Farrokh, E., Jung, J.H., Lee, J.W., Jee, S.H.(2017), "Development of a new test method for the prediction of TBM disc cutters life", Journal of Korean Tunnelling and Underground Space Association, Vol. 19, No. 3, pp. 475-488.

6. Kim, D.Y., Lee, J.W., Jung, J.H., Kang, H.B., Jee, S.H.(2017), "A fundamental study of slurry management for slurry shield TBM by sea water influence", Journal of Korean Tunnelling and Underground Space Association, Vol. 19, No. 3, pp. 463-473.

CHAPTER

11

해외 TBM 터널
설계 및 시공사례

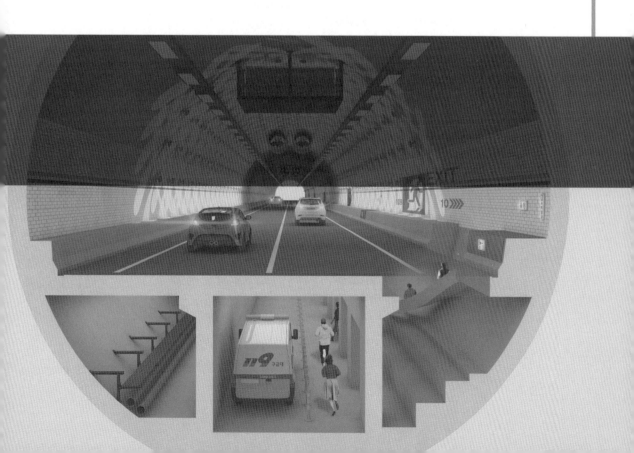

11 해외 TBM 터널 설계 및 시공사례

1 들어가기에 앞서

2018년 기준으로 ENR 발표기준 해외 건설시장 규모는 점차 늘어나고 있으나, 이에 반해 우리나라 해외건설 수주는 글로벌 시장 대비 점차 줄어들어 부진에서 벗어나지 못하고 있다. 해외 건설시장은 중국이 매출액 기준으로 2014년 이후 꾸준히 1위를 유지하는 가운데 2위와 격차가 크며, 개별 기업으로 보더라도 Top20 중 유럽기업이 13개가 포함되어, 유럽기업의 경쟁력이 높은 것으로 알려져 있다(그림 11.1).

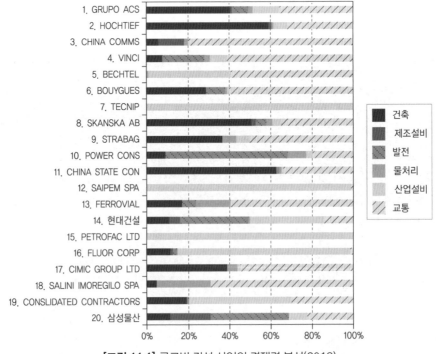

[그림 11.1] 글로벌 건설 산업의 경쟁력 분석(2018)

우리나라는 무리한 해외 수주에 따른 대규모 손실 발생 및 전반적인 수익성 악화로 해외 수주에 소극적인 추세를 면치 못하고 있다. 이를 극복하기 위해 미주 및 유럽지역으로 진출이 필요하나, 현재 경쟁력 수준에서는 단기간 내 가시적인 성과 창출이 쉽지 않아 보인다. 이를 위해서는 현재 글로벌 건설시장에서 매출 1위국인 중국의 발전전략에 대한 분석이 필요하며, 선별적인 지역 진출을 위한 전략 마련이 필요하다. 특히 우리나라가 경쟁력 강화를 위한 주력 공종을 개발할 필요가 있음은 두말할 나위가 없다. 유럽기업도 주력공종 1개 및 차주력공종 1개를 보유하고 있으며 그 기반에는 TBM 프로젝트 역량을 무시할 수가 없다. 특히 글로벌 기업의 경우 직영체제를 구축하여 경험과 기술이 회사 내부에 축적되고 있는 반면, 국내 기업은 하도급 제도로 인해 기술 축적이 어려운 구조이므로 직영 체제가 구축된 경험 축척을 통해 회사 성장과 신규 시장 진출도 가능할 것으로 예상된다.

이와 같은 시사점에서 보면 TBM 기술력은 NATM과 더불어 해외 진출을 위해 극복하고 섭렵해야 하는 분야임은 자명하다. 이러한 목적에서 본 장에서는 국내 TBM 기술발전을 위해 해외 TBM 설계와 시공 사례를 소개하고자 한다. 그런데 여기서부터 본 저자의 고민이 시작된다. 그렇다면 우리나라 기술자들을 위해 무엇을 배우게 하고 전파할 것인가? 특히 해외 TBM 프로젝트의 논문 범주가 매우 다양하고 폭이 넓은데 과연 어디까지 범주를 제공할 수 있을 것인가? 일부 논문은 발주처의 승인이 있어야 공개 가능할 텐데 어떻게 선별할 것인가?

이에 본 저자는 미약하나마 SK에코플랜트(전, SK건설)에 근무하면서 접해보았던 해외 TBM 프로젝트를 소개하고자 한다. 우선 싱가포르 프로젝트의 경우에는 공개적인 소개를 위해서는 발주처의 승인이 필요한 제약 조건이 있다. 재미있는 것은 싱가포르의 주요 발주처들은 프로젝트 관련 논문을 많이 발표하는 편이다. 따라서 발주처가 직접 발표한 싱가포르 TBM 프로젝트의 특성을 나누어볼 수 있다. 그리고 이후에는 발주처와 시공사 역할의 두 개의 모자(cap)을 쓰고 있는 PPP(Public Private Partnership) 프로젝트를 소개하고자 한다. 우선 TBM 장비 종류와 프로젝트 측면에서 보면 터키 유라시아터널 프로젝트는 이수식 쉴드TBM(혹은 Mixed Shield)를 적용한 도로 프로젝트이다. 마지막으로는 2021년 현재 기술트렌드를 보면서 TBM의 미래트렌드를 예측해보고, 새로운 기술개발을 위해 우리가 나아가야 할 방향에 대해 고민해보기로 한다.

2 싱가포르 지질, 발주처 그리고 TBM에 대한 소고

2.1 개요

싱가포르는 매우 잘 정비된 도시국가 답게 국가 건립 이후 매립 등을 통해 국토를 확장하여 2012년까지 약 22%의 국토 면적을 증대시켜왔다. 하지만 국토 확장의 한계에 부딪히면서 도시의 지속가능 개발 및 국가 경쟁력 제고를 위해 지하공간 개발 및 활용이 국가적인 화두로 정부 주도하에 진행되고 있다. 예를 들어 지하도로, 메트로와 같은 사회 인프라 교통시설, 전력구, 하수처리시스템과 같은 지원시설(utility), 그리고 공유 서비스 터널(CST, Common Services Tunnel) 등의 시설들이 순차적으로 계획되고 시공되며 모두 지하화하고 있다(그림 11.2).

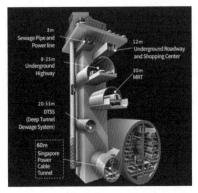

[그림 11.2] 싱가포르 지하시설물 계획심도(좌)와 전력구 터널(우)

지하화의 심도가 깊어지면서 싱가포르는 TBM 공법을 발주처 주도로 선택하여 20년이 넘게 수행되었으며, 그동안 수 많은 관련 데이터들이 축적되어왔고 참여한 설계사, 시공사는 물론 발주처까지 싱가포르의 지질 상태 및 공학적인 특성을 섭렵해왔다. 전력구 터널의 예를 든다면 싱가포르에 존재하는 다양한 지질조건들을 극복해야 하는 이슈들이 있었으며, 국내 전력구 터널의 직경이 2~4m인 반면에 싱가포르는 약 6m의 중구경 TBM을 통해 변전소 등을 연결하는 다양한 종류의 고압선과 기타 전선 등을 장기적으로 통합 설치할 수 있도록 고안되었다. 전력구는 이미 계획되거나 설치된 철도 및 도로의 지하 간섭을 회피하기 위해 전력구 터널은 대심도인 지하 60m 지점에 설치되었으며, 대심도임에도 안전을 고려하여 Open TBM이 아닌 쉴드 TBM을 발주처가 선정해준 것도 눈여겨볼 만하다. 특히 전력구 직경이 큰 것은 향후 유지보수를 위해 전기자동차를 이용할 수 있는 점을 고려했다고 알려져 있다.

2.2 싱가포르 지질과 발주처

1) 싱가포르 지질

그림 11.3은 싱가포르에 존재하는 주요 10가지 지질 층서의 분포 양상을 보여준다(Cai, 2012). 이 중에서 가장 대표적인 층은 결정질 화성암인 부킷티마 화강암(BTG: Bukit Timah Granite)층, 석회암과 사암 등 퇴적암 계열의 복합층인 주롱층(Jurong formation), 신생대 모래 및 토양의 퇴적층인 구 충적층(Old Alluvium) 그리고 주로 천부에 위치한 칼랑층 (Kallang formation)의 4가지이다.

싱가포르 중부 지역은 상대적으로 좋은 암질의 부킷티마 화강암층이 광범위하게 분포하며, 노라이트(Norite)의 경우에도 유사한 특성의 지역으로 구분할 수 있다. 부킷티마 화강암은 중생대 트라이아스기에 관입, 생성된 전형적인 화성암으로서 평균 강도는 160MPa이며 일반적으로 치밀한 불투수성의 양질의 암반이지만, 잔류토와 만나는 10~30m 부근에서는 상당히 심하게 풍화된 지역들도 다수 존재하여 여러 가지 공학적인 어려움을 일으키기도 한다. 이에 따라 BTG는 표 11.1과 같이 지질공학적으로 GI인 Fresh에서 GVI인 Residual Soil까지 6단계로 구분되어 있다. 지하수가 풍부한 화강암은 대개 절리를 따라 지하수가 이동하므로 절리에서부터 풍화가 시작되어 점차 풍화토로 변모하게 되며 특히 열대성 기후에서는 이러한 풍화작용을 가속화시키기도 한다.

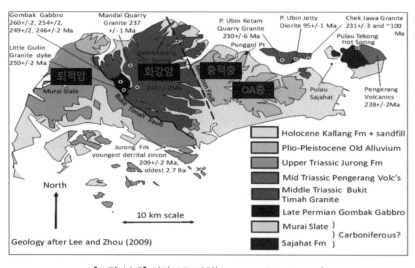

[그림 11.3] 싱가포르 지질(Lee and Zhou, 2009)

[표 11.1] 부킷티마 화강암(BTG: Bukit Timah Granite)의 지질공학적 분류

Grade	Classifier	Characteristics from LTA Civil Design Criteria (A6)	Typical Characteristics from BS5930:1999
GI	Fresh	Intact Strength, unaffected by weathering. Not easily broken by a hammer – rings when it's struck. No visible discolouration.	Unchanged from original state.
GII	Slightly Weathered	Not broken easily by hammer – rings when struck. Fresh rock colours generally retained but stained near joint surfaces.	Slight discolouration, slight weakening.
GIII	Moderately Weathered	Cannot be broken by hand. Easily broken by hammer. Makes a dull or slight ringing sound when struck by hammer. Stained throughout.	Considerably weakened, penetrative discolouration. Large pieces cannot be broken by hand.
GIV	Highly Weathered	Core can be broken by hand. Does not slake in water. Completely discoloured.	Large pieces cannot be broken by hand. Does not readily disaggregate (slake) when dry sample immersed in water.
GV	Completely Weathered	Original rock texture preserved, can be crumbled by hand. Slakes in water. Completely discoloured.	Considerably weakened. Slakes. Original texture apparent.
GVI	Residual Soil	Original rock structure completely degraded to a soil, with none of the original fabric remains. Can be crumbled by hand.	Soil derived by in situ weathering but retaining none of the original texture or fabric.

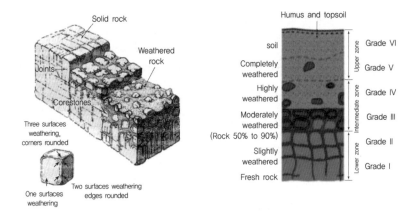

[그림 11.4] 화강암 지대의 차별 풍화의 예시

그림 11.4에서 보는 바와 같이 만일 절리 사이의 암석이 완전히 풍화되지 않고 남아있다면 여전히 강한 암석의 성질을 보이며 이를 핵석(corestone)이라고 하는데, 외곽에서 보면 마치 땅 속에 알이 박혀 있는 것처럼 보인다. 사실은 외부에서 알이 굴러와서 박힌 것이 아니라, 풍화가 진행되지 않고 그대로 잔존하는 잔류암석이 핵석인 것이다. 싱가포르의 BTG는 지하수와 기후학적인 특성과 더불어 풍화가 진행되었기 때문에 국내에 비해 핵석이 출현할 수 있는 심도가 생각보다 깊게 나타나기도 하므로 주의가 필요하다.

주롱층은 주로 서부 및 남부 지역으로 분포하며 트라이아스기 후기 및 쥐라기 초기에 기존 암석 등이 퇴적되어서 생성된 후 습곡, 단층 및 변성 등의 지각 작용을 받은 지층이다. 따라서 수 m 간격으로 석회암, 사암, 역암 및 화산 쇄설물 등의 다양한 지층이 협재하는 복잡한 구조

를 일반적으로 보인다. 주롱층의 공학적인 특성은 일반적으로 약한 강도(10~50MPa)를 보이지만 일부분은 160MPa까지 양호한 암반도 발견된다. 하지만 지각 작용으로 파쇄가 많이 되어 있어 전반적인 암반은 불량하며 습곡 등의 영향으로 암질이 위치에 따라 매우 급변하는 경우가 많다.

[표 11.2] 주롱층(Jurong formation)의 지질공학적 분류

Geo-Notation	Grade / Class	Classification	Basis for assessment
S(I)	I	fresh	intact strength unaffected by weathering
S(II)	II	slightly Weathered	slightly weakened with slight discoloration particularly along joints
S(III)	III	moderately weathered	considerably weakened & discolored; larger pieces **cannot be broken by hand** (RQD generally > 0 but RQD should not be used as the major criterion for assessment)
S(IV)	IV	highly weathered	core **can be broken by hand**; generally highly to very highly fractured but majority of sample consists of lithorelics (RQD generally is 0 but RQD should not be used as the major guide for assessment). For siltstone, shale, sandstone, quartzite, and conglomerate, the **slake test** can be used to differentiate between Grade V (slake) and Grade IV (does not slake)
S(V)	V	completely weathered	rock weathered down to soil-like material but bedding still intact; material **slakes in water**.
S(VI)	VI	residual soil	rock degraded to a soil in which none of the original bedding remains.

주로 섬의 동부에 분포하는 구 충적층(Old Alluvium)은 북서부 일부에서도 발견되며, 그림 11.5와 같이 암석이라기보다는 고화가 진행되고 있는 하상 퇴적층으로서 수십에서 200m까지의 깊이로 분포한다. 주성분은 진흙성 모래/자갈과 실트/점토 렌즈가 강하게 결합된 구조이다. 13m 이상 깊이에서는 N > 100 이상으로 고결성이 높고 조직이 치밀해 지하수 침투가 없어 터널이나 지반 굴착 시 기계식 굴착에도 상당히 안정적으로 알려져 있다.

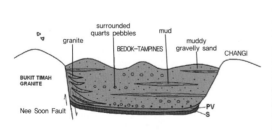

[그림 11.5] 구 충적층(Old Aluvium)의 형상 및 단면의 예

한편 싱가포르 포트캐닝 지역을 중심으로 아주 특이한 전석층이 있는데 이를 포트캐닝 볼더 베드(FCBB: Fort Canning Boulder Bed)라고 부른다(그림 11.6). 이 지층은 싱가포르 서쪽 지역의 퇴적암인 주롱층이 풍화나 단층 등의 영향으로 인해 붕적되어 형성된 지층이다. 따라서 전석층 자체까지 풍화가 진행되지 않았기 때문에 매우 단단한 사암이 조밀한 점토 퇴적물(clay matrix) 사이에 전석형태로 혼재하여 존재하는 지층이다. 특히 FCBB층 사암층 기반의 볼더의 강도는 연암에서 경암까지 다양하며, 매우 강한 암석의 경우 압축강도가 최대 200MPa까지 이른다. 게다가 석영성분도 60% 이상 높은 경우도 존재하여 마모율이 높게(very abrasive to quarzitic abrasive) 나타나기도 한다. 게다가 볼더를 감싸고 있는 점토질 지반은 매우 견고하고 조밀하여 투수 및 지하수 유출과 관련된 문제는 적은 것으로 알려져 있다.

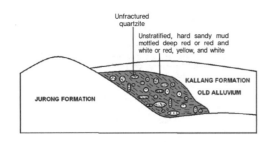 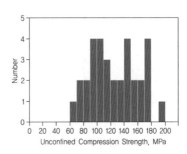

[그림 11.6] FCBB의 형상과 전석의 일축압축강도 분포의 예

마지막으로 칼랑층은 남서부 등 하상, 하상계곡, 또는 연안 해안에 약 80m까지 존재하는 매우 연약한 해성층으로서 홍적세 후기부터 현세까지 계속 퇴적이 진행되는 전형적인 연약지반으로 현재도 지속적으로 퇴적이 발생하고 있는 지층이다. 칼랑층은 최상부 충적층이지만 독립적으로 상층에 존재한다기 보다 하부 지반/암반과 직결되어 하부 암반에서 터널링 작업을 수행하더라도 마치 지반이 호흡하듯이 민감한 지층으로 알려져 있다. 따라서 공학적으로 지상 및 지하개발 시에 지반의 침하와 안정성에 막대한 영향을 줄 수 있다고 알려져 있다.

2) 싱가포르 발주처 승인과정

대표적인 싱가포르 발주처는 육상교통망을 통합 연계하고 육상교통 정책을 총괄하는 기관인 육상교통청(LTA: Land Transport Authority)이 있으며, 또한 설계 및 공사에 대한 최종 승인 기관인 싱가포르 건설청(BCA: Building & Construction Authority)이 있다. 싱가포르 자체가 밀집된 도시국가이기 때문에 도심 지하철 공사나 교통처리 계획 및 승인절차는 국내에 비해 절차가 복잡하고 까다로운 것으로 알려져 있다. 따라서 사전에 준비하지 않으면 공사를 수행함에 있어 공기 지연의 빌미가 되기도 하는데, 한 예로 최소 18주 전에는 공사 수행계획을 제출하도록 명시되어 있다.

구조물 시공의 예를 들어보면 설계시방서(AIP: Approval In-Principle)를 승인받는 과정이 설계가 착수된다고 본다. 제출된 설계시방서는 발주처인 LTA의 설계감리에 상응하는 AC(Accredited Checker) 그리고 시공감리에 해당하는 QP(S)(Qualified Person for Supervision)에 의해 검토되고 승인된다. 이후 승인된 설계시방서에 따라 본 구조물 설계가 진행된다. 구조물은 형식, 위치, 하중조건 등에 따라 세부항목으로 나뉘어 제출되며 LTA, AC, QP(S)의 승인을 받아야 한다. 특히 AC는 설계사와 별도의 독립적인 구조물의 재계산을 수행하는 Cross check를 수행한다. 이후 구조물별로 연계된 유관 기관이 있을 경우 각기 승인을 받아야 하며, 최종적으로 상급기관인 싱가포르 건설청 BCA의 승인을 득한 후에야 시공에 임할 수 있다. 이 과정에서 각 점검기관의 코멘트와 그에 따른 회신(Reply)이 서면 반복으로 진행되고 본 구조물의 설계 제출 후 최종 승인까지 평균적으로 약 4개월 정도 소요되는 것으로 알려져 있다. BCA 승인을 득한 후에도 공사에 필요한 장비, 자재, 시공도면, 시공계획서 등에 대해 발주처 및 QP(S)의 승인이 이루어져야 비로소 실제 시공에 착수할 수 있다.

싱가포르의 지상 교통처리(traffic diversion) 수행 절차는 그 승인과정이 국내에 비해 매우 까다로운 편으로 4단계로 알려져 있다. 특히 기존 차선을 점거하더라도 전체 차선을 유지하면서 차선 흐름이 끊기지 않게 여러 차례 옮겨가며 이설하는 다양한 아이디어들이 입찰 경쟁 과정에서 중요하게 작용한다.

설계는 1단계로서 도급자(Contractor)가 고용한 교통컨설턴트와 협업하여 설계기준을 만족하고 현장상황을 반영한 도면(평면, 종단, 횡단 등)과 보고서를 작성한다. 최종 성과품 제출 전에 설계 적정성, 안전 그리고 이용자 편의성에 대해 자체 Audit을 시행하고 그 결과로 점검 항목(checklist)을 작성하고 제출한다. 현장에 상주하는 발주처 조직의 허가를 받아야 2단계인 승인단계로 진행한다.

2단계는 승인단계로 설계가 완료된 도면을 LTA Traffic Manager Division과 LTA Design Development Division에 제출하여 설계 적정성에 대해 1차 승인을 받는다. 이후 IR(Independent Reviewer)에게 안전 관련 항목 중심으로 점검을 받는다. 참고로 IR은 발주처에서 별도로 계약한 도급자로서 객관적 입장에서 성과품을 점검한다. IR이 검토한 사항을 바탕으로 Safety Division에서 최종 Audit을 받는다. 이 기간은 최소 4주 이상 소요되며 이 기간동안 대부분의 잠재적인 위험요소가 수정되거나 배제되기도 한다. 이후 PSR(Project Safety Review)

Committee 수행절차로 LTA가 발주 관리하는 대규모 도로와 철도 프로젝트의 시공 전에 설계 적정성 및 안전 관련하여 최종 점검하는 회의를 개최하는 단계이다. PSR을 거쳐야 시공 진행 가능 여부가 결정된다. 교차로 구간 등 주요 도로의 경우 공사 중 교통처리계획도 이 단계를 거쳐야 하며 보통 월 1회 개최된다. 이 단계를 수행하고 지적사항에 대한 조치를 해야 LTA TM의 최종 승인을 받을 수가 있다.

3단계는 시공단계로 최종 승인된 도면을 바탕으로 단계별 계획 후에 공사를 진행할 수 있다. 시공단계에서 설계 변경이 필요한 경우, 설계 변경은 가능하나 반드시 절차에 맞춰서 사전 승인을 득해야 한다.

4단계는 Post Audit 단계로 시공 완료 후 2주 이내에 승인된 도면에 맞춰 제대로 시공이 되었는지 점검하는 단계이다. 교통컨설턴트는 자체 점검 수행 후 점검항목을 발주처에 제출해야 한다. 만일 승인 도면과 상이하여 잠재적인 위험이 있다면 별도의 조치를 취해야 한다.

이처럼 싱가포르의 교통처리 설계 및 시공은 국내나 일부 국가에서처럼 임시로 도로나 보도를 점유하거나, 차선수나 차선폭을 감소하는 설계 개념을 허락하지 않고 고객인 이용자의 안전과 편의성을 최우선으로 고려한다는 점에서 많은 시사점을 준다.

2.3 싱가포르 TBM 공법 사례 소개

1) 싱가포르 지질공학적 리스크와 TBM

싱가포르의 면적은 $740km^2$으로 서울특별시보다 조금 더 넓고 부산광역시와 비슷하며 인구는 서울의 절반정도에 해당한다. 하지만 터널링을 하는 입장에서 보면 다양한 지질층이 존재하고 있고, 안전을 최우선으로 생각하기 때문에 대부분의 터널링 공법은 TBM으로 진행해왔다. TBM 공법의 성공을 위해서는 지질, 장비, 사람이 함께 발을 맞춰야 한다. 특히 장비는 한 번 제작하면 돌이킬 수 없기 때문에 지질 및 현장 여건을 고려한 제작을 위해 TBM Specification을 제작하여 주문 발주하는 것이 매우 중요하다. 이에 싱가포르의 지질적인 특성과 TBM 제작 및 운영 시 발생할 수 있는 주요 리스크 사례에 대해 알아보고자 한다.

먼저 부킷티마 화강암(BTG)은 가장 오래된 층의 하나로 열대 풍화지역의 특성상 매우 광범위한 지질공학적 특성을 보인다. 풍화등급에 따라 6단계로 나누었으며 일축압축강도는 1MPa에서 심할 경우 300MPa에 이르기까지 한다. 암반이 매우 강한 경우에는 TBM 장비의 마모에 심각한 영향을 주기 때문에 TBM 면판을 고강도 철판(예를 들어 Hardox 등)으로 덧대거나 보강이 필요할 수 있다. 그리고 BTG는 TBM이 통과하는 심도에 따라 차별풍화가 매우 심한 구간을 지나게 되는데 이 경우 토사와 암반을 동시에 굴착해야 하는 복합지질 구간이나 핵석을 조우할 수 있다. 무엇보다 복합지질 구간을 통과할 경우, 디스크커터의 편마모가 자주 일어나므로 커터교체 횟수가 계획보다 증가할 리스크가 존재한다. 예를 들어 시추조사 단계에서 약 300m 구간에 토사/암반 경계를 2번 정도 교우할 것으로 예상했으나, 30여 번이 넘게 조우한 경우도 있었다고 전해진다(그림 11.7). 심할 경우 제작사에 따라서는 커터 하우징이 탈락하는 현상이 발생하기도 한다. 문제는 화강암 구간임에도 국내와 달리 지하수가 풍부한 열대 지역이기 때문에 커터 교체나 커터 하우징 수선 등을 위해 TBM 면판으로 접근할 경우에 과도한 지하수가 유입될 수 있다는 점이다. 이러한 현상이 발생하게 되면 도심지 지반 침하로 직결될 수 있기 때문에 커터 교체 시에는 TBM 전면에 지하수 유입 저하 및 낙반 방지를 위한 압기(compressed air)를 가해주어 굴진면압을 유지한 상태에서 교체해야 한다.

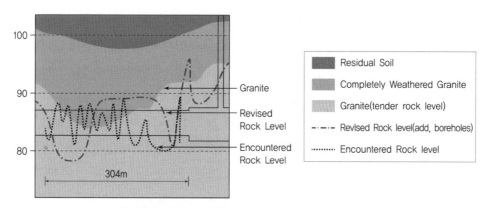

[그림 11.7] BTG 복합지질 구간의 TBM 교우 횟수 예

주롱층의 경우에는 2MPa에서 150MPa까지 다양한 퇴적암층이 존재하며 일부 습곡이나 단층구간도 존재한다. 층을 가진 구조이므로 터널링 중에는 일부 암편이 과도하게 낙반할 수 있는 리스크가 존재하며 강한 사암의 경우에는 과도한 마모가 발생할 수 있다.

FCBB층은 주롱층에서 떨어져 나간 전석층이 존재하는데 직경이 다양하며 직경이 7m에 이르는 경우도 있다. 다만 점토층이 혼재하므로 터널링 굴착 중에 지하수 유출 이슈로 인한 지반 침하 리스크에 상대적으로 높게 노출되지 않는다고 알려져 있다. 다만 전석 자체가 마모가 심한 주롱층의 사암층이고, 토사 구간을 동시에 굴착해야 하므로 토압식 쉴드TBM을 많이 선정하는데 그 배경은 다음과 같다. 우선 점토질이 미분이므로 이수식 쉴드TBM의 경우 이수처리를 위한 시설이 추가로 필요하고 전석의 이송 처리에 있어 배니관이 막히거나 마찰로 인해 파손 등을 유발할 수 있는 리스크로 다운타임 증가 가능성이 있다. 따라서 토압식 쉴드TBM이

유리한 측면이 있다. 다만 굴착 중 챔버 내로 들어오는 암석이 스크류컨베이어 날개 간격 (screw pitch)를 통과하기 위해 암석의 크기를 제한해야 하므로 전석의 크기 등을 고려한 TBM 개구율, 커터 간격, 면판의 그리즐리바(grizzly bar) 등의 설계에 유의해야 한다. 특히 전석의 마모를 고려하여 면판과 스크류컨베이어 날개의 경우에는 필요에 따라 하드 페이싱 강판(hard facing plate)을 접합해야 하고, 커터 마모를 측정할 수 있는 마모감지장치(wear detector)를 설치하며, 스크류컨베이어는 양방향 조절이 가능한 것이 좋다. TBM 운영 중에는 전석의 타격 에 의한 커터 손상을 최소화하기 위해 RPM과 굴진 속도를 낮추고, 필요에 따라 첨가제를 적절 하게 주입할 수 있도록 주입율을 30~50%까지 조절하여 커터비트 마모를 저감하고 커터 토크 를 경감시키도록 노력해야 한다.

싱가포르에서 터널 엔지니어들이 가장 선호하는 지반은 OA층이다. 지하수도 적고 자립성이 좋은 토사 지반이기 때문에 TBM 굴진 및 안정성이 상대적으로 용이하기 때문이다. 하지만 OA 층 내부에는 석영 성분이 함께 존재하여 CAI 지수가 5.0에 도달하는 경우도 있다. 만일 석영성 분이 점토와 함께 클로깅이 발생하여 배토가 제대로 되지 않으면 마치 땅콩잼에 들어있는 땅콩 가루처럼 면판 앞에서 석영층이 면판을 갉아 먹어 장비가 마모에 취약할 수 있으므로 프로젝트 에 따라 석영 성분에 대한 부분을 확인하고 클로깅에 대비할 필요가 있다.

마지막으로 칼랑층은 가장 표층인 충적층으로서 강도가 15kPa 이하로 TBM 공법으로 굴착 하기에 좋은 지반이다. 다만 지하수 저하와 침하관리가 매우 직결되어 있기 때문에 굴착보다는 안전에 세심한 관리를 가져야 한다. 지하수 저하에 따른 침하관리를 예방하기 위해 TBM이 굴 착 중인 주변 지반에 지하수를 다시 주입하는 recharge well방식이 많이 활용되고 있다.

2) 지질특성에 따른 싱가포르 TBM 사례

싱가포르 발주처는 외부에 공식적인 자료 발표를 하기 위해서는 반드시 승인을 받고 공표해 야 한다. 따라서 본 절에서는 싱가포르 발주처에서 주로 발표한 Down Town Line 논문을 대상 으로 소개한다.

그림 11.8은 DTL1의 노선 종단과 현장 그리고 지질층을 나타낸 그림이다. DTL1 터널 현장 은 앞 서 논의한 싱가포르 지질의 BTG, 주롱층, FCBB층, OA층, 칼랑층을 모두 TBM으로 시공 하였다.

Chong(2012)은 DTL1의 지질조건과 장비형식, 최대 침하, 뒤채움 그라우트 체적에 대해 분 석한 논문을 발표하였는데 대표적인 결론은 그림 11.9와 같다.

첫째, 예상대로 가장 최근 충적층 토사 지반인 칼랑층의 침하가 가장 크게 나타났으며, 오래된 충적층이지만 자립도가 좋은 OA는 침하가 20mm로 다른 암반 구간에 비해서도 작게 나타 났다.

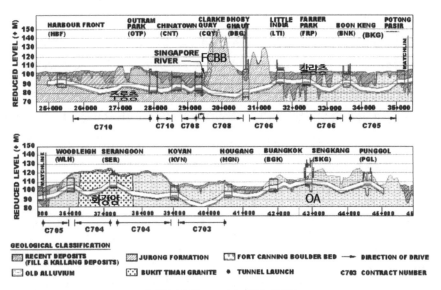

[그림 11.8] DTL1 노선과 지질층

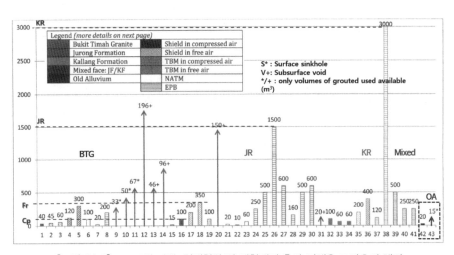

[그림 11.9] DTL1의 지질, 최대침하 및 계획대비 추가 뒤채움 그라우팅 체적

둘째, 장비측면에서 보면 주롱층, OA층에서 대부분 토압식 쉴드TBM을 적용하였으며, 이수 식 쉴드TBM의 경우 BTG(Bukit Timah Granite)와 일부 칼랑층에 적용하였다.

셋째, 침하측면에서는 주롱층에서 10~1,500mm까지 상대적으로 크게 나타났으며, 복합지질 구간에서는 250~500mm까지 침하가 발생하였다.

넷째, 계획대비 추가로 더 주입된 뒤채움 그라우팅 체적을 보면 BTG에서 가장 빈도가 높으며 일부는 196m^{3}까지 주입된 것을 확인할 수 있다. 이는 BTG가 화강암 구간임에도 차별 풍화로 인해 일부 과굴착이 발생할 수 있음을 암시한다.

다섯째, 장비 정비를 위해 멈춰있는 경우에는 대기압 상태보다 압기(Compressed air) 상태가 최대 침하량이 작음을 확인할 수 있어 압기가 침하 방지에 도움이 됨을 확인할 수 있다.

다음은 DTL2, DTL3 관련 사례를 살펴보자. 그림 11.10은 DTL2, DTL3의 지질조건과 종단, 그리고 적용된 장비 사례를 나타낸 것이다. 특히 한국 시공사가 참여한 공구는 공구명에 box를 부가하였다. DTL2, DTL3는 대부분 BTG, OA층을 통과하며 일부 주롱층, FCBB, 칼랑층을 통과하는 구간으로 되어 있다.

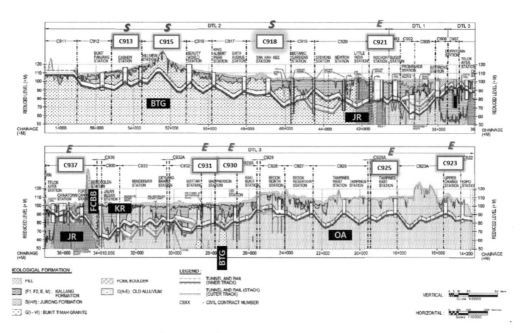

[그림 11.10] DTL2, DTL3 노선과 지질층

특이한 점은 장비선정 형식에 따라 입찰 경쟁이 차이가 날 수 있으므로, 발주처에서 TBM 형식을 지정해주었다는 점이다. 예를 들면 C915의 경우 지질종단상으로 보면 화강암 통과구간이므로 사전 지식이 없는 경우에는 토압식 쉴드TBM이나 Gripper TBM을 적용할 수 있다고 판단할 수 있다. 하지만 발주처에서는 앞선 DTL1의 침하, 피해 정도의 경험을 바탕으로 화강암 구간에 이수식 쉴드TBM을 적용하도록 입찰기준에 제시하였다. 그 밖에 OA층이나 다른 암반 구간은 토압식 쉴드TBM을 적용하였다. 그림 11.11은 각 공구별로 적용된 세그먼트 내경, TBM 커터헤드의 외경, TBM 쉴드 길이를 표시한 것이다. 그림에서 보는 바와 같이 내경은 차이가 없으며, TBM 커터헤드 외경도 큰 차이가 없다. 다만 쉴드의 길이는 도급자가 원하는 스펙을 넣거나 장비사의 설계 및 제작 방식에 따라 차이가 있음을 알 수 있다. 개구율도 지질 및 장비별로 차이가 있으나 대개 25~50% 범위를 보이고 있음을 알 수 있다.

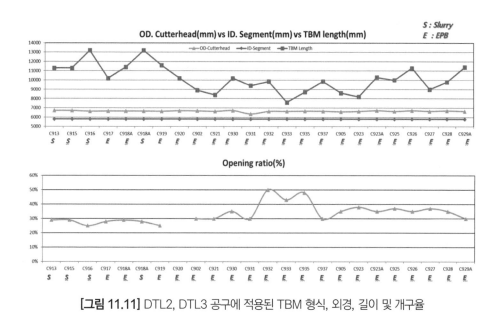

[그림 11.11] DTL2, DTL3 공구에 적용된 TBM 형식, 외경, 길이 및 개구율

한편 싱가포르는 전 세계 TBM 장비사가 자사 경쟁을 위해 각축을 벌이는 장이기도 하다. DTL2, DTL3 시행 당시만 하더라도 독일 H사, 일본 K사 및 HZ사, 중국 R사, S사가 선정되어 운영하였다. 그림 11.12는 당시 적용 장비 대수 및 주요 스펙을 비교한 것이다. 장비는 가격 경쟁력이 다소 떨어지는 독일 H사가 가장 많음을 알 수 있고, 기록된 장비사별로 스펙은 큰 차이가 없는 것으로 보인다.

하지만 BTG에 이수식 쉴드TBM 적용을 경험하면서 일본업체들은 현재(2022년 기준) 싱가포르에 진출하지 않고, 최근 중국 장비사들이 독일업체와 치열하게 경쟁하고 있는 실정이다. 따라서 TBM 엔지니어로서 각 장비사별 기술적 차이 및 특성을 이해하고 접근하는 것은 매우 중요하다.

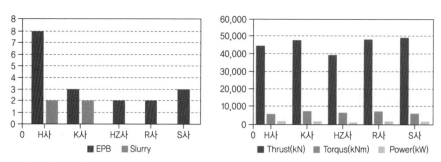

[그림 11.12] DTL2, DTL3에 적용된 TBM 장비사(좌) 및 적용된 추력, 토크, 파워(우)

다음은 DTL3 중 일부 병렬터널의 침하 관련 내용을 살펴보자. 그림 11.13에 의하면 터널링하기에 좋은 OA층에서 두 개의 병설 터널이 점차 가까워지며 수직으로 교차하는 공구의 지표침하를 나타낸 것이다.

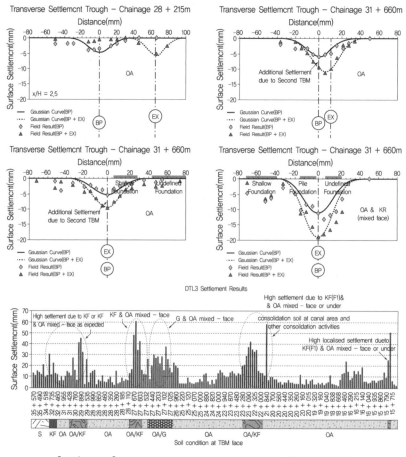

[그림 11.13] DTL3 병설터널 위치에 따른 침하와 최대침하 구간

OA층에서 두 개의 TBM 터널이 2D 이상으로 충분이 이격되있을 경우 최대 지표침하는 약 5mm 정도로 매우 작은 값을 보인다. 그러나 TBM이 가까워지게 되면 근접하는 두 번째 TBM 구간의 침하만 약 10mm 정도로 증가하는 것을 알 수가 있다. 이후 두 TBM이 수직으로 나란히 병행할 경우에는 최대 침하량 약 10mm는 변화가 없지만, 그 영향권은 넓어짐을 알 수가 있다. 만일 이와 같이 수직으로 교차하는 상황이 칼랑층과 복합된 OA층에서 발생했다면 영향권뿐만 아니라 최대 침하량은 약 20mm로 증가함을 알 수 있다. 전 구간을 놓고 보면 다음과 같은 결론을 얻었다. 첫째, OA층에서 병설 TBM으로 굴착 시 최대 약 15mm의 침하가 발생하였으며, 상부에 칼랑층이 존재하는 경우에는 OA층에서 20mm 이상의 침하가 발생하는 경향을 보인다. 둘째, 칼랑층에서는 약 30mm의 침하가 발생하였으며, OA층의 상부에 칼랑층이 존재하는 경우에는 최대 60mm까지 증가하는 경향을 보인다. 셋째, TBM 굴진면의 지반상태가 hard에서 soft구간으로 전이될 경우 국부적으로 높은 침하량을 유발하기도 하였다.

이러한 경험을 바탕으로 싱가포르 발주처 BCA에서는 2017년 Requirements on Bored Tunnelling Works를 발표하여 입찰자들에게 터널작업을 위한 리스크 매트릭스, 리스크 저감대책, 과굴착 대처 방안 등의 요구조건을 제시하였다. 표 11.3에는 기존 건물에 근접도에 대한 카테고리를 정리하였다. 예를 들어 도심지 건물 바닥기초에서 터널 직상부 수평으로 이격된 거리가 3m 이내면 Caterogy 1에 해당하며, 6m 이상은 Category 2, 3이 된다. 단 건물의 지붕이나 발코니 등은 포함시키지 않는다. 이를 바탕으로 리스크 카테고리를 지상 구조물의 상대적인 위치 여부와 터널링 구간의 지질조건으로 구분하였다. 예를 들어 OA층은 토사층임에도 불구하고 저위험군에 속한다. OA 토사층의 TBM 터널링이 저위험군으로 발주처가 제정한 것은 불확실한 지질조건상에서도 많은 경험과 기술 축적을 바탕으로 가이드를 제시할 수 있었다는 점은 주목할 만하다. 또한, Mixed Face 구간은 고위험군에 속한다는 지침도 눈에 띈다. 단, Mixed Face 구간은 핵석이나 전석이 있거나, 3등급 암반이 25~80%, 혹은 암석이 25% 미만이면서 평균 굴진속도가 50% 미만, 그리고 soft and hard soil 경계부가 해당한다.

이를 바탕으로 QPD(S)가 TBM 터널링 리스크와 저감대책을 검토하고 각자의 역할은 부록에 규정되어 책임소재가 구분되어 있다. 특히 TBM의 핵심성과지표(KPI: Key Performance Index)를 굴진면압, 굴착체적, 추력, 토크, 회전율, 관입량, 속도, 그라우팅압력, 유량, 밀도 등으로 구분하여 점검하게 되있다는 점은 지켜볼 만하다. 또한 과굴착은 각 링별 굴착 후에 측정된 체적을 바탕으로 5링 평균 10%가 넘거나 각 링별 15% 이상 과굴착이 되면 TBM을 즉시 멈추고 시공사와 QP(S)(Qualified person for Supervision)가 함께 점검하게 되어 있다.

[표 11.3] Requirements on Bored Tunnelling Works (2017)

Definition of close proximity to existing buildings

Bored tunnelling works i) underneath the buildings; or ii) located within a horizontal distance of χ m from the external edge of the building footprint are defined as in close proximity to existing buildings.

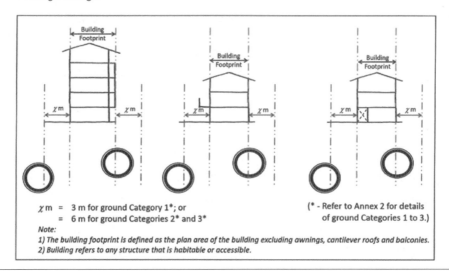

χ m = 3 m for ground Category 1*; or
= 6 m for ground Categories 2* and 3*

(* - Refer to Annex 2 for details of ground Categories 1 to 3.)

Note:
1) The building footprint is defined as the plan area of the building excluding awnings, cantilever roofs and balconies.
2) Building refers to any structure that is habitable or accessible.

Risk Categories for various tunnelling conditions			
	Category 1: Fresh to moderately weathered rock / Hard residual soil / Hard OA	Category 2: Ground other than Categories 1 and 3	Category 3: Mixed Face^
Case 1: Greenfield	Low	Low	Medium
Case 2: Building within tunnelling influence zone	Low	Medium	High
Case 3: Tunnelling directly or partially underneath buildings (Case 3a) or within a horizontal distance of χ m from the building (Case 3b)	Medium	High	High

^*Mixed face refers to the presence of:-*
    a) boulder/core-stone; or
    b) rock (grade III or less weathering) with rock content between 25% to 80%; or
    c) rock content < 25% in which the rate of advancement of TBM drops by more
       than 50% below normal average due to ground condition; or
    d) interface between soft soil and hard soil, for example between Marine Clay
       and OA.

이후 2020년에는 9m급 이상의 대구경 TBM을 도입하면서 Requirements on Bored Tunnelling Works for Large Diameter TBM을 제안하였다. 대구경 TBM의 경우에는 2017년 대비 Mixed face 리스크가 High에서 Very High로 수정되었으며 과굴착량도 각각 5%씩 낮추어 기준을 강화하였다. 또한 장비별 굴착 체적을 점검할 경우, 이수식 쉴드TBM은 dry mass consumption, total volume measurements를 측정하도록 제안하고, 토압식 쉴드TBM의 경우는 gantry crane weigher, belt weigher, belt volume scanner 등 구체적으로 방식을 제안하고 있다. 목표 굴진면압 관리도 예외는 아니어서 토압식 쉴드TBM의 경우 ±10%, 이수식 쉴드TBM의 경우 ±20%로 기준을 제시하고 있다.

3 터키 유라시아 터널 TBM 사례

3.1 개요

터키 이스탄불 도로 프로젝트(Turkey, Istanbul Strait Road Tube Crossing Project: 일명 유라시아터널 프로젝트) BOT(Build-Operate-Transfer) 사업으로서 2013년 4월에 착공하여 48개월의 공사기간을 거쳐 2017년 3월 개통 후 약 24년 3개월 동안 사업운영을 한 뒤 터키 정부에 양도하는 방식이다. 운영기간 중 터널을 통과하는 차량의 통행료 수입으로 사업자금을 상환하게 된다. 터키 교통부(DLH) 산하기관 AYGM(Altyapı Yatırımları Genel Müdürlüğü)이 발주처이며, 2009년 1월 발주처로부터 터키 이스탄불 도로 프로젝트 사업자로 선정된 당시 SK건설은 터키 현지 업체인 YM(YAPI MERKEZI)과 함께 2010년 프로젝트 회사(SPC)인 ATAS를 공식 설립하였다. 2008년 전 세계 금융위기 속에서도 까다로운 유럽 대주단(Lenders)의 실사(Due Diligence)를 성공적으로 수행하여, 터키 정부와 대주단 간의 '채무인수 보증약정(DAA, Debt Assumption Agreement)' 협상을 무사히 이끌어냄으로써 2012년 2월 대주단과 출자자(Shareholders) 간에 '금융약정'을 성공적으로 체결하였다. 총 투자 사업비 1,245 Mil. US$ 중 본 프로젝트(EPC 공사)의 공사비는 814 Mil. US$로 터키 현지 업체인 YM 52%, SK에코플랜트(구, SK건설) 48%의 지분율로 Joint Venture(YMSK JV) 형태로 운영된다. 본 프로젝트는 국내 최초 해외 도로 BOT사업으로서 터키 정부 최초의 민관협력 사업이라는데 큰 의의가 있다(그림 11.14).

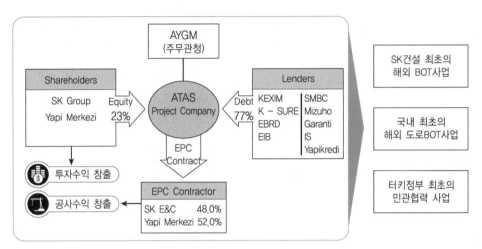

[그림 11.14] 터키 유라시아터널 프로젝트 사업구조

프로젝트의 총연장은 14.6km로서, 유럽 자동차 전용도로(5.4km), 터널 구간(5.4km), 아시아 자동차 전용도로(3.8km)로 구성되며, 연장 3.34km의 세계적인 규모의 TBM(직경 13.7m)을 사용하여 시공되는 해저터널구간과 연장 1.8km NATM 터널 구간, 2개의 Underpass와 4개의 U-turn pass 그리고 터널을 운영 관리하는 O&M(Operation & Maintenance) 빌딩이 주요 구조물이다.

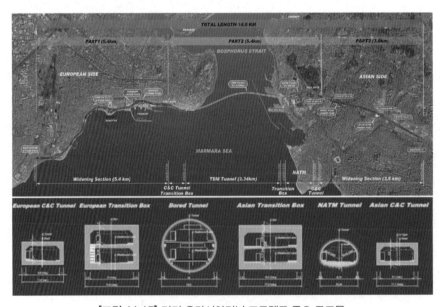

[그림 11.15] 터키 유라시아터널 프로젝트 주요 구조물

[표 11.4] Part 2 주요 터널 구조물 현황

터널 종류	위치	연장	비고
개착터널 (일반)	KM05+560~05+940 (European Side)	Westbound : L=380m Eastbound : L=310m	단선병렬, 단층터널
개착터널 (ETB)	KM05+940~06+010 (European Side)	L=70m	단선병렬 단층터널 → 복층터널
Shield TBM	KM06+010~09+351 (Europe → Asia)	L=3,341m	복층터널
개착터널 (ATB)	KM09+351~09+516 (Asian Side)	Westbound : L=164m Eastbound : L=165m	복층터널 → 단선병렬 단층터널
NATM 터널	KM09+516~10+487 (Asian Side)	Westbound : L=925m Eastbound : L=971m	단선병렬 단층터널
개착터널 (일반)	KM10+487~10+600 (Asian Side)	Westbound : L=85m Eastbound : L=113m	단선병렬 단층터널

표 11.4는 Part 2 구간, 즉 터널 구간의 주요 구조물 현황이다. 본 절에서는 이 중에서 쉴드 TBM 관련 부분에 대해서만 언급하고자 한다.

3.2 터널단면 및 TBM 형식 선정

본 프로젝트의 TBM 해저터널 구간은 암반층(기반암)과 중앙부의 토사층(연약층)의 복합지층을 통과하며, 최대수심이 61m, 최소토피고 44m 내외로서 수압은 최대 11bar의 고수압이 작용한다(그림 11.16). 또한 강진(규모 7.0 이상)이 빈번하게 발생되는 지역적인 특성을 고려해야 한다.

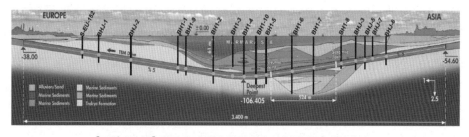

[그림 11.16] 터키 유라시아 해저터널 시추위치 및 지질종단도

본 프로젝트에서 단선 복층 도로터널을 최종 선정한 사유는 다음과 같다.

첫째, 단선 병렬터널은 고수압 연약층에 최소 200m 간격의 피난연락터널이 발생하여 특수

한 공법과 매 구간마다 지진대책이 필요하다. 복층터널은 해저 연약지반구간에 별도의 피난연락터널 등의 연결부가 없으므로 단선병렬에 비해 시공 및 운영 중 구조적 안정성 확보에 유리하다.

둘째, 그림 11.17과 같이 TBM은 원형단면 터널이다. 원형단면를 고려한 시설한계 최소폭(8.25m)과 세그먼트두께(0.55mm×2)를 고려하면 단선 병렬 터널의 경우 사공간이 많이 발생하며, 복층대비 굴착 단면적이 약 31% 증가한다.

셋째, 단선 병렬터널의 경우 TBM 2대가 투입되어야 하고 이에 따른 노동 인력, 지상 작업장 부지 등이 최소 2배로 투입되어야 하고, 세그먼트 물량도 증가되어 공정관리, 공사비 측면에서도 대단면 복층터널이 유리하다. 다만 복층터널의 경우 복층 시공을 위한 Deck Plate(URD, LRD)의 설치공사비가 별도로 추가되며, TBM 터널과 접속되는 구조물(ETB, ATB)의 크기가 다소 증가되지만 전체적인 관점에서 단선 병렬터널에 비해 공사비가 유리하다.

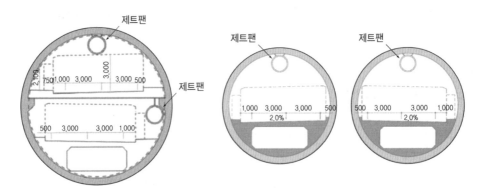

[그림 11.17] 입찰조건 쉴드TBM 터널형식의 예

해저터널 구간의 터널 시공을 위해 TBM 장비를 선정해야 한다. 장비는 주로 굴진면의 지지방식, 커터마모성, 버력처리 용이성, 안정성 등을 고려하여 검토하게 된다. 터키 유라시아터널 프로젝트에서는 최종 이수식 쉴드TBM(Mixed 쉴드TBM)을 선정하였는데 그 사유는 다음과 같다.

첫째, 11bar에 이르는 고수압조건이기 때문이다. 이수식 쉴드TBM은 이수배관으로 지상까지 밀폐회로를 형성하기 때문에 수압에 대한 대응이 확실하여 시공 중 터널 내로 해수가 들어올 가능성이 매우 적다. 반면 토압식은 수압 대응을 위해 스크류컨베이어 길이를 연장할 수 있으나, 운영측면에서는 불리하다.

둘째, 이수식 쉴드TBM은 버력을 이수와 함께 배니관으로 압송, 배출하므로 쾌적한 갱내 환경을 유지할 수 있다. 다만 송배니관의 마모에 의한 다운타임 방지를 위해 지속적인 유지관리가 필요하다.

셋째, 이수식 쉴드TBM은 챔버 내 이수의 영향으로 토압식에 비해 디스크커터 마모가 다소 적은 것으로 알려져 있다. 물론 토압식의 경우에도 쏘일컨디셔닝 등을 적용하긴하나, 해수 조건에서 이수를 일정하게 제어하는 것이 더 용이하다.

넷째, 현지에 존재하는 트카키야층은 사암, 이암 등이 교호하고 있고 중간에 다이크가 협재되어 이수식 쉴드TBM을 사용하기 위해서는 반드시 배니관을 암편 버력이 통과하기 전에 파쇄해줘야 하는 크러셔를 설치해야 한다.

다섯째, 당시만 하더라도 10bar 이상의 고수압 조건에서 대형 TBM은 '가보지 않은 길, 미개척지(unexplored terrority)'에 해당되었다. 물론 비용적인 측면에서는 토압식이 이수식에 비해 경제적이다. 하지만 프로젝트 전체 리스크 및 그 영향도를 고려하면 이수식 쉴드TBM이 가장 최선의 방법이다. 이는 그림 11.18과 같이 TBM 전문가 패널과의 토론 끝에 함께 결론을 내린 부분이기도 하다. 참고로 패널로 참석한 전문가는 George Anagnostou교수, Nuh Bilgin교수, Levent Ozdemir박사, Markus Thewes교수였음을 밝힌다.

- ➤ TBM will work in close mode for the stability of excavation face.
- ➤ To eliminate hyperbaric operations, the long standstill for repair/maintenance of TBM is needed "safe heavens" by means of ground improvements *(deep mix method from sea water surface, chemical/cementitious injections from inside of TBM, excavation of small diameter of pilot tunnel from land side, freezing, jet grouting, etc.)* can be applied.
- ➤ No example Project for ground improvement is present under very high pressure such as 11 bar *-unmanagable pressure-*
- ➤ Hyperbaric diving is a preferable solution. Hence, the hyperbaric operations with mixed gas for short term standstills *(inspection)* and saturation for long term standstills *(unplanned/planned maintenance + repair works)* were adopted in the Project.

[그림 11.18] 유라시아터널 프로젝트 전문가 패널 보고서의 예

3.3 Mixed 쉴드TBM 장비 설계

TBM 장비를 제작하기 위해서 가장 중요한 것은 프로젝트의 핵심을 파악하고 정확히 어떤 부분을 프로젝트가 원하는지 장비사에게 전달하고 그에 알맞은 장비를 제작해야 한다. 제작 관련 Specification은 발주처의 요구조건에 실려 있었다. 하지만 너무 일반적인 내용들이 많아서 프로젝트에 해당 되는 특수 항목들이 많이 부족한 상태였다. 리스크를 모르는 상황에서 자료 몇 개만 장비사에 던져주고 알아서 장비를 제작해달라고 요청하는 것은 매우 위험하다. 따

라서 본 프로젝트에서는 설계자, 시공자, TBM관련 전문가들이 함께 모여 프로젝트 리스크를 분석하고, 그에 대한 대비책을 고려하여 프로젝트를 성공으로 이끄는 TBM Specification을 별도로 제작한 후에 후보 장비사들과 함께 기술 및 가격 협상을 진행하였다. 그중에서 본 절에서는 유라시아터널에 적용된 TBM 장비의 주요 제원 및 보조 설비에 대해 서술하였다. 참고로 그림 11.19는 제작한 쉴드TBM의 주요 장비 제원이다.

1) TBM 주요 Part

① 커터헤드(Cutter head)

커터헤드는 디스크커터, 비트커터, 굴착챔버로 구성된다. 커터헤드 설계 시 중요한 점은 커터를 어느 정도의 간격으로 배치할 것인가 결정하는 것이다. 해당 암반은 이스탄불의 대표적 암종인 트라키야층(Trakya formation)으로 사암, 실트암, 이암 등이 상호 교호하며, 안산암이나 섬록암(Diorite)같은 다이크(암맥, dyke)가 중간에 관입한 형태의 복합지질로 존재한다. 따라서 TBM으로 암반을 굴착하고 다루기가 매우 까다로운 암반이다. 다양한 암편이 존재하기 때문에 트라키야층의 일축압축강도 범주는 그림 11.20과 같이 매우 넓으며 다이크의 경우에는 최대 250MPa까지 고강도에 이르기도 한다. 이러한 상황에서 커터 간격을 결정하기 위해 그동안 이스탄불공대(ITU)에서는 트라키야층에 대한 수많은 선형절삭시험(LCM: Linear Cutting Method)을 수행해왔다. 이러한 결과를 바탕으로 비에너지(specific energy)를 최소화시키는 커터 간격은 약 100mm로 결정하였고, 암종별 굴진속도를 계산하였다. 그 결과 트라키야층은

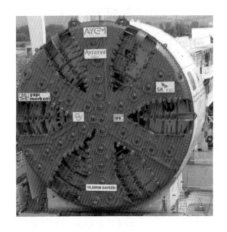

Manufacturer	Herrenknecht AG
Type	Mixshield - Slurry
Bore Diameter, D	13.7 m
Opening Ratio	31 %
Disc Cutters	35 piece 19" (twin monoblock) all atmospherically changeable
Cutting Tools (scrapers)	192 piece 25 % atmospherically changeable
Total Length, L_{TBM}	120 m
Shield Length, L_{SHIELD}	13.5 m
Weight, W_{TBM}	~3300 t
Design Face Pressure, P_f	12 bar
Total Installed Power, P_i	10,330 kW
Cutterhead Power, P_c	14 X 350 kW = 4,900 kW
Cutterhead Power per unit Exc. Area	33.3 kW/m^2
Nominal Torque, TQ_n	23,289 kNm
Overload Torque, TQ_o	34,933 kNm
Total Thrust Force, T_t	247,300 kN
Thrust Force per unit Exc. Area	1,678 kN/m^2
Thrust Cylinders	Triple cylinder arrangement 17 X 3 with 3000 mm stroke

[그림 11.19] 유라시아터널 쉴드TBM의 주요 제원

8.6m/day, 다이크는 4.3m/day, 해성퇴적층은 11.4m/day로 산정되었으며, 전체 연장 및 예상지질 연장을 고려하여 평균 6.6m/day, 한달 25일 기준 평균 약 165m/month로 산정하였다. 하지만 최종 굴진에 따른 결과는 약 200m/month에 도달하여 2주 공기를 단축하였다.

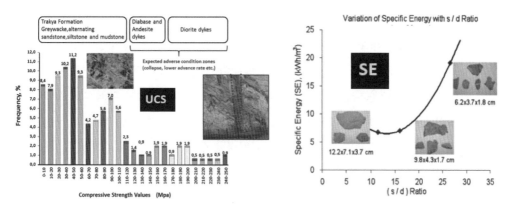

[그림 11.20] 트라키야층의 일축압축강도 분포와 LCM 시험결과

한편, 커터헤드의 마모를 최소화하기 위하여 개구율도 중요한 요소이다. 개구율이 큰 것과 굴착이 빠른 것은 지질조건에 따라 다르다. 즉, 사람도 배고프다고 한꺼번에 큰 음식을 먹다가는 체할 수 있다. 즉 과도한 버력크기는 Suction Pipe Blocking의 원인이 될 수 있다. 본 TBM의 개구율은 31%로 결정되었다.

디스크커터(Disk Cutter)의 형상, 개수, 강도는 암질에 따른 굴착속도에 직접 영향을 주는 요소이다. 특히 고수압 조건에서 디스크커터에 교체되는 다운타임을 줄이기 위해서 대기압 상태에서 커터를 교체할 수 있는 장치를 고안하였다.

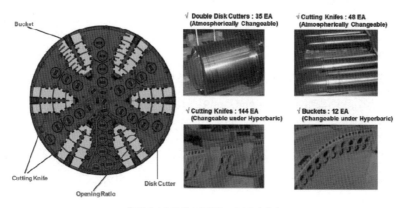

[그림 11.21] 커터헤드 주요 부분

본 현장의 TBM 커터헤드는 35개의 19인치 더블 디스크커터(대기압조건), 48개의 커터비트 (대기압조건), 144개의 커터비트(고수압조건)와 12개의 버켓(대기압조건)으로 제작되었다. 35 개의 더블 디스크 중 6개는 센터커터, 23개는 Face, 6개의 게이지 커터로 구성되었다(그림 11.21). 한편 디스크커터의 마모량을 측정하기 위해서는 특정 커터를 주기적으로 점검하는 것 이 일반적이다. 이 중 게이지 커터는 최외곽으로 동일한 동심원 회전시 이동거리가 가장 많기 때문에 정상상태에서는 마모 속도가 가장 빠를 수 밖에 없다. 만일 게이지 커터가 과도하게 마모되거나 파손되면 커터헤드 자체에 문제가 발생할 수 있으므로 회전 상태에 따른 게이지 커터의 마모량 관리는 매우 중요하다. 따라서 통상적으로 커터의 마모는 대표적인 게이지 커터 만을 선정하여 관리하는 것이 일반적이지만, 본 프로젝트에서는 프로젝트의 중요성을 감안하 여 모든 디스크커터에 원격으로 커터상태를 모니터링할 수 있는 장치를 부착하였다. 본 장치는 실시간으로 커터헤드 loading 조건, 실시간 센서에 의한 커터 온도측정 등을 수행할 수 있다. 디스크커터의 회전과 온도를 측정할 뿐아니라 정상작동할 경우에는 녹색, 한계상태에 도달하 면 노란색, 비정상 작동을 할 경우에는 붉은 색으로 표현되어, 굴진 중에 유지보수시간을 최소 화하고 디스크커터 교체 시간 예측 활용이 가능하였다.

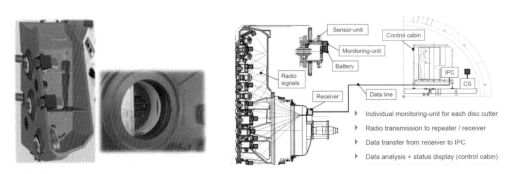

[그림 11.22] 대기압 상태에서의 커터 교체 및 커터마모 측정장치

② 이렉터(Erector)

이렉터는 TBM의 테일 쉴드 내에서 세그먼트를 조립하는 장치다. 볼트 타입과 진공(vaccum) 형식이 있으며, 본 프로젝트에는 Shear Cone이 있는 진공 타입을 선정하였다. Shear Cone은 1개나 2개 사용 가능하며 세그먼트 중량에 따라 안정성을 고려하여 현장에서 적용한다. 대개 세그먼트 제작 시 2차 뒤채움 그라우팅을 위해 1개의 그라우팅 Hole을 만드는 데 2개의 Shear Cone을 적용할 경우 세그먼트 몰드업체 선정 시 명기해야 한다.

550

③ Main Drive

Main Drive는 커터헤드를 구동시키는 장비 핵심부로서 맞춤형 제작이므로 제작 시간이 많이 소요된다. 구동 방식에 따라 전기형식과 유압형식으로 구분되는데 각각 장단점이 있다. 예를 들어 Main Drive 구동을 위해서는 현장조건의 추력 및 토크에 맞게 모터 형식 및 개수가 필요한데(본 현장은 14개 모터), 전기식의 경우 모터가 고장나더라도 지반 조건에 따라 굴착이 가능하지만, 유압식은 굴진이 불가하며, 유압펌프, 오일탱크, 환기 및 냉열시스템 등이 필요하다. 본 현장에서는 350kW의 전기식 14개 모터가 설치되었다.

④ Thrust Cylinder

TBM 공법은 Tail Shield 후미에 기 조립된 세그먼트를 반력으로 사용하여 굴진하는데 이 추력을 발휘해주고 굴진 방향을 조절해주는 것이 Thrust Cylinder이다. 추력은 심도, 수압, 토압 등 지질조건에 따른 막장압, 암반과의 마찰력, 후방장비 견인력, 안전율 등 프로젝트 특성에 맞게 계산할 수 있다. 추력을 계산하는 방법은 많이 있으나 본 프로젝트에서는 독일의 DIN Code를 활용하였다. 산정한 추력은 TBM 스펙에 명기하여 발주하며, 장비사는 그 추력에 맞게 필요한 실린더 하중 및 개수를 계산하여 제작한다.

본 프로젝트에서는 최대 추력을 247,300kN으로 산정하였으므로 unit당 3cylinder set로 구성하여 총 17unit을 설치하였다. 한편 추력의 피스톤 길이는 설계된 세그먼트 길이를 고려한 최대 스트로크를 고려하여 결정한다. 본 프로젝트에서는 세그먼트 개당 길이 2,000mm이므로 최대 스트로크는 3,000mm로 선정하였다.

⑤ Tail Skin

Tail Skin은 굴착 중 세그먼트가 조립되는 공간으로, 조립된 세그먼트와 굴착면 사이의 간극을 채워주는 뒤채움 그라우팅이 이루어지는 곳이다(그림 11.23). 굴착 중 토압과 수압으로 인한 변형을 고려하여 Tail Skin의 두께를 결정하며, 후미에는 슬러리 및 그라우트재의 침투 역류를 방지하기 위해 2~3열의 Tail Brush가 설치되고, 방수를 위해 Tail Brush 사이에는 오일 겔을 채운다. 본 프로젝트에서는 고수압을 감안하여 3열을 설치하였고, 비상시 교체를 위해 추가로 Emergency Sealing Tube와 Spring Plate를 추가로 설치하였다.

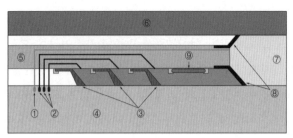

[그림 11.23] Tail skin 구성

① Grout line
② Grease line
③ Wire brush seal
④ Segment
⑤ Tail skin
⑥ Geology
⑦ Grout
⑧ Spring plate
⑨ Emergency sealing

⑥ Stone Crusher와 주요 Pipe

암반구간에서 슬러리 TBM을 적용할 경우에는 파쇄된 암편이 배니 파이프의 직경보다 작아야 한다. 그렇지 않으면 배토되지 못하고 결국 장비는 멈출 수밖에 없다. 가장 이상적인 것은 모든 굴착된 암편이 커터 간격 이내의 크기, 예를 들어 100mm 이내로 형성되는 것이다. 하지만 트라키야층의 경우에는 퇴적암층이므로 파쇄된 암편의 형상은 마치 이쑤시개와 같이 기다란 파편 형태로 나오는 것이 일반적이다. 따라서 배니 파이프 직경 500mm 내부로 배출되지 않을 가능성이 존재한다. 이러한 리스크를 회피하기 위해 최대 2m까지의 암편을 파쇄할 수 있는 Jaw Crusher를 Suction Pipe 앞에 설치하도록 스펙을 요청하였다. 그런데 장비사 입찰 과정에서 이러한 조건을 만족시키는 제작사는 독일의 H사 밖에 없었고, 당시 일본 제작사들은 충분히 설계 변경을 할 수 있음에도 장비 컨셉을 수정하지 않았다. 예를 들어 일본의 한 업체의 크러셔의 위치는 Suction Pipe 통과한 이후 후방에 위치하는데, 이럴 경우 크러셔까지 암편이 도달하기 전에 클로깅이 발생하여 다운타임을 증가시킨다.

한편 버력 압송 과정에서 암편이 파이프 내부를 이동하면서 파이프의 마모를 가속시키기도 한다. 특히 파이프가 굴곡이 있는 경우 스쳐지나갈지라도 반복적인 이동은 파이프 파손을 유발하여 다운타임을 증가시킨다. 따라서 이러한 굴곡 구간에는 두께가 두꺼운 파이프로 제작하거나 덧대어 다운타임을 저감시키는 노력이 필요하다.

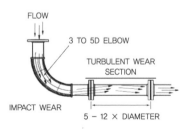

[그림 11.24] Stone crusher 구성 및 파이핑 굴곡 연결부 처리의 예

⑦ Man Lock

고수압 조건 중에 TBM 터널 굴착 중 디스크커터 교체나 굴착면판 확인 등 전면의 다양한 작업을 위해서 굴착챔버나 작업챔버로 인력이 투입되어야 한다. 이를 위해 외부와 차단되어 연결된 공간이 필요한데 이를 Man Lock이라 한다. 물론 굴진면압이 높지 않고 굴진면이 안정하다면 제작단계에서 Man Lock을 굳이 추가할 필요는 없다. 하지만 고압조건 작업을 위해 훈련된 인력들을 일정시간 대기시켜야 하고, 고압 상태에서도 잠시 쉬는 공간이 필요하고, 작업완료 후에는 감압을 하여 대기압과 같게 만들어줘야 하므로 이러한 Man Lock은 압력이 필요한 공간에서 필수적이라 할 수 있다. Man Lock은 작업자의 생명 및 안전과 직결되고, 작업의 연속성을 보장해야 하는 시설이기 때문에 본 프로젝트에서는 2개를 설치하였다. 즉 작업자의 교대로 인한 다운타임을 방지하는 것과 만일의 경우 1개가 고장났을 경우 예비 안전장치가 필요할 수도 있기 때문이다.

• 개수 : 2개
• 직경 : 2,000mm
• 작업최대 압력 : 13bar
• 챔버 내 작업인원 수 : 최대 4명

[그림 11.25] Man Lock 설비

⑧ 고압상태 작업준비 및 Shuttle

고수압 조건에서 TBM을 운영하다보면 커터헤드 구간에서 디스크커터 교체나 수리를 위한 수중 용접 등 고압조건에서 작업이 필요한 상황이 발생할 수 있다. 이 경우 작업 중 굴진면의 붕락이나 과도한 해수침투를 방지하기 위해서 TBM 전면에 압축공기로 유지시켜줘야 하며 작업자는 고압상태에서 작업해야 한다.

고압상태에서 인력이 들어가서 작업하기 위해서는 그림 11.26과 같이 주로 3가지 방법이 많이 사용된다. 첫째는 일반 압축공기를 사용하는 방식이다. 다만 압축공기를 사용할 경우에 최대 가압은 최대 4~5bar까지 가능하며, 압력에 따라 작업시간에 제한이 있다. 예를 들어 일반 압기를 사용할 경우 5bar에서 최대 작업가능시간은 50분에 지나지 않는다. 만일 작업에 수 시간이 소요된다면 작업자를 교체 투입해서 연속성을 유지해야 한다. 둘째 질소, 산소, 헬륨이

섞인 혼합기체(mixed gas)를 흡입하면 5~10bar까지 작업이 가능하다. 다만 작업시간이 50% 증가한 50분이 아닌 75분까지 작업할 수 있다. 포화잠수와 다른 점은 잠수하면서 가감압을 할 수 있다. 따라서 수리나 유지관리가 필요한 시간을 사전 테스팅하여 일반 압기를 사용할지 아니면 혼합기체를 사용할지 고민해야 한다. 셋째, 포화잠수(satuarion diving)을 사용하는 방법이다. 포화잠수란 잠수사가 호흡하는 기체를 잠수 전에 설치된 챔버에서 미리 신체의 압력을 맞춘 후 잠수하므로 포화잠수를 하면 10bar 이상의 고수압에서도 작업할 수 있으며 이론적으로는 무한대 활동이 가능하다. 하지만 잠수사의 안전을 위해 하루 작업시간은 최대 4시간, 최대 28일까지 제한하므로 수선 시 상황에 맞게 전문 잠수사를 계획해야 한다.

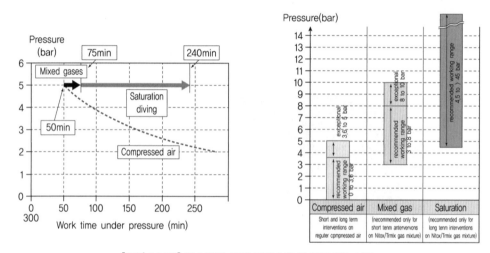

[그림 11.26] 잠수압력, 해당 기체호흡 및 작업 가능시간

포화잠수를 위해서는 사전에 외부에서 가압할 수 있는 가압실(shuttle)이 필요하고, 이를 TBM 내부로 이동하여 Man Lock과 도킹해야 한다(그림 11.27). 이는 시간을 낭비하지 않고 유연하게 고압 상태에서 작업하기 위함이다. 본 프로젝트에서는 작업의 연속성과 최악의 경우를 대비하여 2대의 shuttle을 준비하였다. 비록 주요 디스크커터를 대기압에서 교체할 수 있게 제작하였으나, 면판에 손상이 가서 대기압을 유지시키지 못하거나, 크러셔 등이 고장났을 경우 수리를 해야 하기 때문에 shuttle의 준비는 선택이 아닌 필수였다. 이러한 작업을 할 수 있는 특수 전문 잠수사는 위험수당을 고려한 전문직이다. 이들의 교육 및 훈련에 필요한 정확한 규정은 국가마다 차이가 있는데, 본 현장에서는 교육 및 훈련이 가능한 Canada Navy Regulation을 적용하였다.

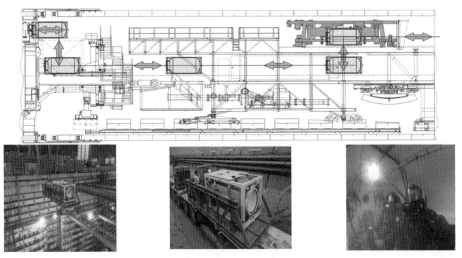

[그림 11.27] Shuttle 이동 및 도킹

⑨ 감압시설

고압에 노출되기 위해 포화잠수를 수행한 작업자는 다시 정상 생활이 가능하도록 감압(decompression)을 해줘야 한다. 따라서 현장에서는 감압시설을 반드시 배치하여야 하며, 예상 투입 작업자(Diver) 수를 고려한 감압공간을 확보하여야 한다. 감압은 하루에 약 2~3bar 정도가 적정하다고 보고되고 있으며, 10bar 이상의 고압인 경우에는 약 1주일 정도 감압실에서 지내야 한다. 따라서 감압실 내부에는 일상생활이 가능한 편의시설이 반드시 구비되어야 한다.

⑩ 플러싱 시스템

점토층을 굴착하는 경우 이수식 쉴드TBM이더라도 면판의 개구부가 막히는 클로깅이 발생할 수 있다. 클로깅은 배토를 유연하게 하지 못하고 심한 경우 디스크커터에도 부착하여 편마모를 일으켜 굴진 효율을 저감시킨다. 클로깅 방지를 위해서 토압식 쉴드TBM의 경우 첨가제 등을 활용할 수 있으나, 본 프로젝트와 같은 이수식 쉴드TBM에서는 점토를 씻어낼 수 있는 flushing system을 디스크커터 주변에 설치하였다.

⑪ 세그먼트 볼트 설치용 플랫폼

대형 TBM 세그먼트(Segment) 조립 및 체결을 위해 본 프로젝트에서는 경사볼트를 채택하였다. 대단면 TBM이므로 볼트 규격은 ϕ28.5mm, L=940mm여서 작업 시 볼트 크기와 중량으로 인해 조립하는데 어려움이 있을 수 있다. 따라서 볼트 조립을 위한 플랫폼을 함께 고려하여 제작하였다. 물론 중소구경 TBM의 경우에도 공정 지연방지를 위해 제작 시 자동으로 이동 가능한 플랫폼 설치를 하는 경우도 있고, 장소가 협소한 경우 접이식이나 이동식으로 설치하기도 한다.

⑫ Anti-Rolling System

TBM은 암반구간 굴착 중에 회전력 및 마찰에 의해 진동이 발생하는데 과굴착의 원인이 되거나, 면판의 저항이 심하게 되면 자칫 쉴드 자체가 회전할 수 있는 리스크가 존재한다. 본 프로젝트에서는 이수식 쉴드TBM이긴 하지만 암반구간 굴착이 있기 때문에 쉴드와 암반간의 마찰저항을 키우고 굴착 중 진동을 줄이기 위해 Anti-Rolling 시스템을 적용하였다(그림 11.28). Anti-Rolling 시스템은 장비의 쉴드 간의 상단 또는 하단에 일정한 형태의 피스톤(Piston)을 설치하여 터널 굴착 시 암반과 밀착시켜 굴착 장비의 진동을 억제하는 시스템이다. 물론 굴착 암반이 진동을 지지할 정도로 충분한 강도를 가지고 있지 않으면, 이 시스템을 설치해도 진동 저감 효과가 그리 크지 않을 것으로 판단된다.

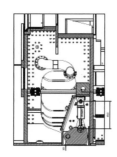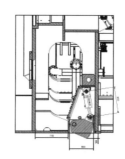

[그림 11.28] Anti-Rolling 시스템

2) 이수처리플랜트(STP: Slurry Treatment Plant) 주요 Part

① Scalping Unit

Scalping Unit은 TBM에서 배출되는 이수와 버력이 처음으로 통과하는 시설로서 쉽게 설명하면 암석을 걸러내는 장치이다(그림 11.29). 즉, 기준치 이상의 자갈크기의 암편이 스크린되며, 최소 크기는 설계 단계에서 결정한다. Scalping Unit에서의 중요한 고려사항은 최대 처리용량이다. 즉, TBM 굴진속도, 지질조건 등을 고려하여 최대 처리용량을 결정해야 하며 처리순서는 다음과 같다. TBM으로부터 배출되는 이수는 1st Scalping Unit으로 공급되어 Gravel > 40mm로 분류(Screening)된 후, 2nd Scalping Unit으로 공급되어 Sand > 7~8mm, Gravel < 40mm로 분류되었다. 그 외 기준치 이상의 자갈 및 토사층은 다음 처리 시설로 넘어가게 된다.

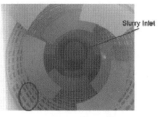

| 1차 unit | 1차 unit 내부 | 2차 unit 내부 |

[그림 11.29] Scalping 시스템

② Desanding/Desilting/Dewatering unit

Scalping Unit을 통과한 이수와 토사류는 Desanding/Desilting Unit을 거치면서 최종적으로 Dewatering Unit을 통해 Scalping Unit에서 걸러내지 못한 소립자 Soil을 분리하여 지상으로 배출한다(그림 그림 11.30). 중요한 것은 최대 처리용량(Maximum Capacity)을 결정하는 것이다. 전체 터널이 암반 구간이라면 상기 시설(Facility)에서 처리해야 할 수량이 일정하겠지만, 복합 지반이라면 굴착 위치에 따라 처리해야 할 수량이 변경된다. 또한, 암반 구간일지라도 암반층 사이에 존재할 수 있는 Mud 부분을 고려하여야 한다. 만약 이수를 제 시간에 처리하지 못하면 TBM 굴진효율에 영향을 미치므로 현장 지질 요건을 반영한 최대 처리용량과 최악의 조건에서 안전율을 고려할 필요가 있다.

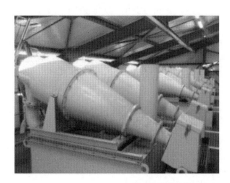

[그림 11.30] Desanding unit과 Desiliting unit

③ Filter Press

Scalping Unit을 통과한 이수와 토사류는 Desanding/Desilting Unit을 거치면서 최종적 TBM에서 배출되는 미립자로 이루어져 있다. 1차로 Scalping Unit에서 자갈과 모래를 분리하고, 2차로 Desanding/Desilting/Dewatering Unit을 거친 최종 미립자 토사는 Filter Press Facility에서 추출한다. Filter Press는 이수에 포함된 미립자 토사를 압착하여 Cake 형태로 배출하게 된다. Filter Press의 처리용량 결정 시, TBM의 굴진율 산정 후 최대 굴진율(Maximum Advance)과 평균 굴진율(Average Advance) 중 어떤 부분에 초점을 맞출 것인지에 대한 검토를 선행하여 결정한다. 만약 복합지반이라면 연약지반(sand 또는 mud) 굴착 시 처리 수량이 급격하게 증가하게 되어 TBM 굴진율(Advance)에 영향을 미치는 경우가 종종 발생하므로 유의한다.

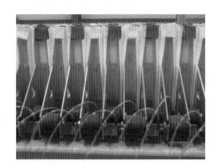

[그림 11.31] Filter Press 시설

④ Process Flow

TBM으로부터 STP로 공급된 이수는 Gravel, Sand 및 Silt, Mud Cake 형태로 배출되고, Filter Press로 처리된 물은 재사용을 위해 Recycled Tank로 보내진다. Bentonite+Water를 Regenerated Tank로 보내면 터널 굴착 시 막장압(Face Pressure)을 유지하기 적절한 Density의 이수로 만들어 최종적으로 다시 TBM으로 보내지게 된다. STP는 TBM의 크기에 따라 처리용량(Capacity)만 차이가 있을 뿐 기본적인 처리 계통(Process Flow)은 동일하며, 굴진 중에 Slurry의 처리 계통도는 다음과 같다(그림 11.32).

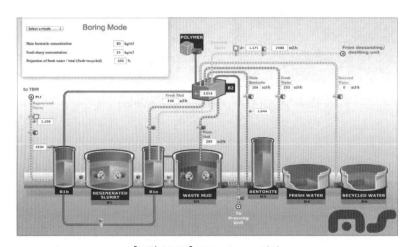

[그림 11.32] Filter Press 시설

3.4 주요 TBM 콘크리트 구조물

1) 세그먼트 라이닝

세그먼트 라이닝은 굴착과 동시에 TBM Tail Skin 안쪽에 조립되어 굴착을 위한 굴진반력 및 터널 최종형상을 형성하는 중요한 구조물이다. 세그먼트 라이닝은 링빌드(ring build) 시간과 관련 있으므로 생산출하, 보관, 운반 등 사전에 계획을 잘 세워야 한다. 세그먼트 운반 방식으로는 철로(rail)와 고무타이어(rubber tire) 방식이 있는데, TBM이 중구경까지는 레일(직경 6~8m) 방식이 주로 적용되며 그 이상인 경우에는 고무 타이어 방식도 검토할 수 있다. 본 현장에서는 고무타이어 방식인 다중 서비스차량(MSV, Multi-service vehicle)을 적용하였다.

〈세그먼트 주요 특징〉
OD : 13.2m
ID : 12.0m
세그먼트 길이 : 2m
세그먼트 두께 : 0.6m
링 배열 : 8+1 key
세그먼트 무게 : 약 15톤
링 무게 : 약 127톤
28일 압축강도설계 : 50MPa
28일 압축강도평균 : 72MPa
서비스 연한 : 100년
추정 서비스 연한 : 127년

〈주요 수치 정리〉
최종 15,048개 세그먼트
최종 1672링
27,100톤 시멘트
200톤 hyperplasticizer
4,800톤 플라이 애쉬
66톤 폴리프로필렌섬유
79,468㎥ 콘크리트
30,765개 볼트
0.3% 생산 불량률

[그림 11.33] 세그먼트 라이닝 주요 규격

본 현장에 적용한 세그먼트 라이닝의 주요 규격을 요약하면 그림 11.33과 같다. 그리고 키 세그먼트 설치 위치를 12시 방향으로 가정하면 조립 순서는 Erector에 의한 Lifting, 11 및 1시 방향에 기조립된 인접 세그먼트 아래로 pushing(허용 여유간격(Clearance) 범위 내), 인접 세그먼트 사이에 끼우기, 최종 위치까지 Pushing, Erector 탈착 전 Thrust Cylinder에 의한 Pushing 및 Bolting이다. 세그먼트 조립은 경사볼트(Inclined Bolt)를 체결하는 방식으로 ϕ 28.5mm, L=940mm를 적용하였으며 세그먼트 연결 작업 시 과도한 힘을 가할 경우 세그먼트 내부에 매립되어 있는 Bolt Connector 부분에 Crack이 발생할 가능성이 있어 연결 작업 시 주의가 필요하다.

2) 상부덱(upper deck)과 하부덱(lower deck)

유라시아 터널은 복층터널로 상부와 하부에 2개의 덱(deck)으로 구성되어, 상부덱은 아시아 방향(east bound), 하부덱은 유럽방향(west bound)으로 운영된다. 터널 내에 허용되는 차량은 일반승용차와 미니버스를 허용한다. 세그먼트에는 콘크리트 코벨(Concrete Corbel)을 부착하여 2개의 덱을 지지하게 되므로 단경간(Single Span) 콘크리트 구조물과 같은 거동을 한다. 주요 단면 치수는 그림 11.34를 참조하기 바란다. 또한 TBM 터널 내의 비상통로(Emergency Egress)는 200m 간격으로 배치되어 있으며, NFPA 502에 근거하여 통로(Egress) 크기는 폭 1.12m, 높이 2.2m를 적용하였다.

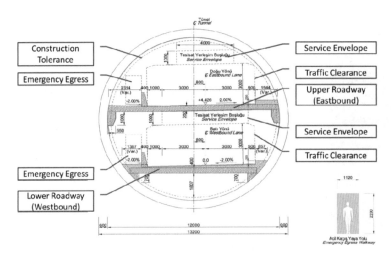

[그림 11.34] TBM 구조물 단면 치수

상부덱은 360mm 두께의 현장타설 콘크리트이며, 콘크리트 코벨에 의해 지지되는 경간장은 약 11.75m이다. 그리고 상부덱은 양단이 회전에 대하여 고정 지지되어 있지 않으므로 TBM 터널의 횡방향에 대해 코벨이 구조적으로 단순 지지되어있다고 가정할 수 있다. 또한 상부덱은 도로 편경사에 근거하여 경사면을 형성한다. 상부덱에 내진평가결과 최대 상부덱 세그먼트는 길이는 약 96m이며, 상부덱과 세그먼트 라이닝과의 최소 간극은 약 10cm, 신축이음 간극은 최소 5cm이다. 또한 상부덱의 진동평가를 통하여 진동에 대한 구조적인 안정성을 확인하였으며 구조해석 코드는 ACI 318M-11 및 AASHTO LRFD 2007을 적용하였다.

하부덱은 경간강 8.8m로 상부덱과 달리 프리캐스트 빔으로 설치된다. 하부덱과 하부덱 프리캐스트 빔 사이 간극의 연결은 현장 타설콘크리트로 채움으로서 일체화된다. 그림 11.35와 같이 프리캐스트 빔의 두께는 350mm이며, 현장타설 콘크리트부의 두께는 250mm이다. 그리고 하부덱은 양단이 회전에 대하여 고정 지지되어 있지 않기 때문에 TBM 터널의 횡방향에 대해 코벨이 구조적으로 단순 지지되어있다고 가정할 수 있다. 또한 하부덱은 토핑층(Topping Layer) 또는 중간 콘크리트층(Intermediate Concrete Layer)을 이용하여 수평 및 편경사를 반영하였으므로 하부덱의 양쪽 코벨은 수평상태로 시공되었다. 따라서 하부덱은 사하중과 보도, 포장 및 편경사층을 고려한 토핑층(Topping Layer)을 하중으로 고려하고, 콘크리트 연석(Curb) 및 비상탈출구(Emergency Passageway)의 분리벽 하중 같은 추가 부가 사하중도 고려하였다. 하부덱은 추가적으로 중량 240kN의 현장타설 믹서트럭을 고려하였다. 하부덱의 내진 평가 결과 최대 세그먼트는 길이는 96m이며, 하부덱과 세그먼트 라이닝과의 최소 간극 및 신축이음은 상부덱과 같다.

[그림 11.35] 하부덱 구조

상부덱과 하부덱 코벨은 현장타설 콘크리트로서 TBM 터널 세그먼트 라이닝과 앵커를 사용하여 그림 11.36과 같이 일체화되어 있다. 구조해석 코드는 ACI 318M-11 및 AASHTO LRFD 2007을 적용하였으며, 정적설계, 내진설계, 피로설계를 수행하여 구조적 안정성을 확인하였다.

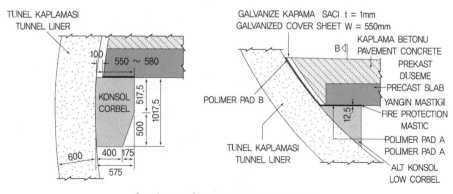

[그림 11.36] 상부덱 코벨과 하부덱 코벨

3) 비상탈출구

그림 11.37에는 유라시아 복층터널의 비상탈출로(Emergency Passageway)와 차량용 비상주차대 위치가 나와있다. 비상탈출로는 발주처 기준에 따라 200m 간격으로 배치하였다. 그리고 TBM 터널 최저 수심부의 비상탈출로 하부에는 터널 내의 배수를 위하여 펌프실을 배치하였다. 운영 중 차량 비상주차구역은 비상탈출구 배치를 따라 600m 간격으로 배치하였다.

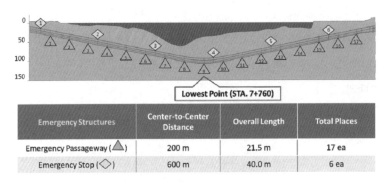

Emergency Structures	Center-to-Center Distance	Overall Length	Total Places
Emergency Passageway (△)	200 m	21.5 m	17 ea
Emergency Stop (◇)	600 m	40.0 m	6 ea

[그림 11.37] 비상탈출로 및 차량 비상주차대 위치

그리고 그림 11.38과 같이 각 상부덱과 하부덱의 비상주차 구역의 위치는 비상탈출구의 기계전기실과 근접한 위치에 배치하였다. 비상탈출로 외벽(Separation Wall)은 하부로부터 1.3m 높이까지는 현장타설 콘크리트 방호벽을 적용하였으며, 하부로부터 1.3m 높이 이상부터 외벽 최상단까지는 프리캐스트 판넬을 적용하였다.

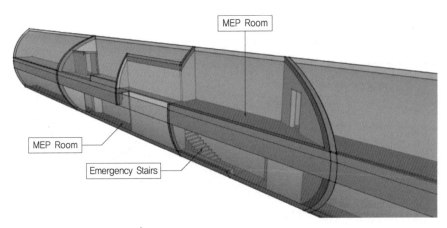

[그림 11.38] 비상탈출로 및 기전실

3.5 지진과 Seismic Joint

지금의 터키는 아나톨리안 반도로 성경에는 소아시아로 불리는 지역이다. 이 지역에는 그림 11.39와 같이 북아나톨리안 단층(North Anatolian Fault)이 있는데 이는 활성단층으로 아나톨리안 지역을 거쳐 마르마라해협도 가로질러 마르마라 단층(Marmara falut)으로 연장되어 있으며, 유라시아 터널 현장과는 약 16km 이격되어 있다. 따라서 지진활동으로 인한 터널의 시공 중, 운영 중 내진 대책을 세워 안정성을 확보하는 것이 중요하다.

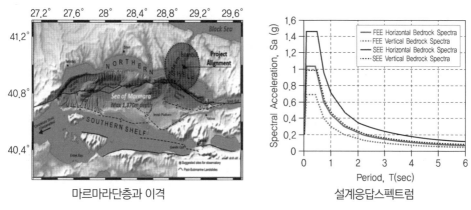

마르마라단층과 이격   설계응답스펙트럼

[그림 11.39] 마르마라단층과 설계응답스펙트럼

터널의 내진설계 기준은 규모 M_w=7.5로 제시되었으며 2가지 성능 지진에 대한 검토를 수행하였다. 기능평가지진(FEE: Functional Evaluation Earthquake)은 100년에 20%의 지진발생 확률이며, Marmara Fault로부터 규모 7.5로서 구조물 성능은 유지하면서 운영을 할 수 있는 수준으로 인명피해를 보호하는 기준이다. 안전평가지진(SEE: Safety Evaluation Earthquake)은 100년에 4%의 지진발생 확률로서 지진 후에 일정기간 보수는 가능할 정도의 피해이지만 인명피해를 보호하는 기준이다. 그림 11.39은 FEE와 SEE에 대한 TBM 터널의 설계응답스펙트럼을 나타낸 것이다.

내진해석은 종방향 Ground & Tunnel해석과 횡방향 Ground & Structural Ovaling해석을 진행하였다. 종방향해석은 파라미터 민감도 분석, Free-field 응답해석(MIDAS+PROSHAKE), 3차원 빔-스프링 구조해석(LS-DYNA)을 수행하였다. 횡방향 해석은 Free-field 응답해석(PROSHAKE), 구조(Ovaling)해석(멀티빔-스프링모델)을 수행하였다.

민감도 분석을 위해 전단파 속도(shear wave velocities)의 경우에는 ±15% 내외 상하단 경계를 설정하여 민감도 분석을 수행하였다. 또한 변위-시간이력의 6개 Group이 파동전파

(Wave Propagation) 방향 불확실성을 분석을 위해 (1) with no wave passage effects, (2) with waves travelling from European to Asian side, (3) with waves travelling from Asian to European side for lower bound와 upper bound shear wave velocity profiles를 FEE, SEE에 적용하였다. 파동 전파속도(Wave Propagation Velocity)는 2km/s와 3km/s의 Wave Passage Effects 영향을 평가하였다.

종방향 Ground & Tunnel 해석은 터널 길이와 지역적 특성, 해저 지층의 축방향 및 곡률방향 변형(Curvature Deformation)을 분석하기 위해 수행하였다. 유라시아 터널은 지반 강성이 서로 다른 트라키야 암반층과 해성퇴적층을 통과하므로 이와 같은 축방향과 곡률방향 변형을 허용할 수 있도록 분석하고 설계되었다. 이 해석은 3차원 준-정적응답변형(Quasi-static Response Deformation) 방법으로 FEE, SEE 지진하중을 고려하였다. 3차원 수치해석에서 도출된 지반스프링강성(Ground Spring Stiffness)과 Free-field 지반응답해석에서 도출된 세 방향(종/횡/연직방향) 변위-시간이력 모두 종방향 Ground & Tunnel 해석에 적용되었다. 각 해석별로 터널 중심축을 따라 20m 간격에 위치한 각 구간에서의 종방향 및 연직방향, 횡방향 최대 상대 변위가 도출되었으며 그림 11.40은 그중 한 예를 보여준다. 그림과 같이 최대 상대 변위(20m 간격)는 상단 경계의 전단파 속도가 사용될 때 더 낮은 특성을 보인다. 그리고 최대

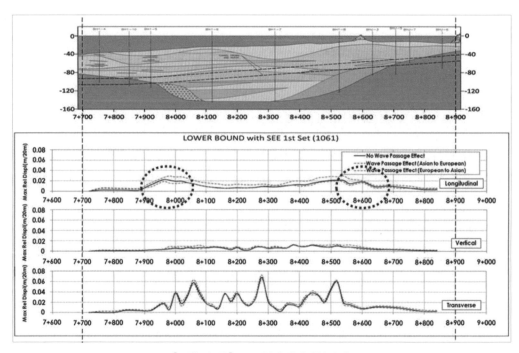

[그림 11.40] SSE 최대 상대변위의 예

상대 횡방향 변위는 최대 상대 종방향과 연직방향 변위보다 크며, Alluvial Channel의 각 끝 지점에서 발생한다. Wave Passage Effects는 횡방향과 연직방향보다 종방향 상대 변위에 더 많은 영향을 미친다. 특히 최대 상대 종방향 Free-field 변위는 Wave Passage Effects로 인해 STA.8+000과 8+530 근처에서 눈에 띄게 증가한다. 이는 이 지점 Force Demand(축력 및 전단력 등) 증가를 의미한다.

종방향 터널응답해석을 위해 3차원 유한요소 빔-스프링모델을 적용하였으며 LS-DYNA를 이용하였다. 세그먼트 라이닝 축을 따라 축력과 전단력, 휨모멘트가 평가되며 Circumferential Joint에서는 Transient Gap이 평가된다. 세그먼트 라이닝은 등가강성을 가진 선형탄성빔모델로 모델링 되는데, Ring과 Circumferential Joint를 나타내는 빔요소의 등가 휨강성이 하나의 분리된 3차원 모델을 사용하며 평가되었다. 등가 휨강성을 평가하기 위해, 좌측 Ring의 좌측 끝은 고정시키고 반면에 우측편의 우측 끝은 휨모멘트를 작용시킴으로써 회전되도록 하였다. 이로써 등가 휨강성은 회전의 각도에 의해 작용된 휨모멘트를 분리시킴으로써 산정될 수 있었다.

해석결과 SEE 수준의 Lower Bound 전단파 속도가 고려된 횡방향 전단력은 Wave Passage Effects의 여부와 상관없이 허용한계(23,500kN)보다 더 큰 것으로 나타났으며 SEE 수준의 Lower Bound 전단파 속도와 Wave Passage Effects가 모두 고려된 경우의 축력 또한 허용한계(648,000kN)를 초과하는 것으로 나타났다. 또한, Circumferential Joints에서의 평가된 최대 Transient Gap은 3~5mm(with Seismic Joint) 범위로 SEE 수준에서의 허용 Gap(9.5mm)보다 더 작은 것으로 나타났으며, 시공오차 3mm를 가정하더라도 이 또한 6~8mm의 범위로, 허용한계 이내에 있는 것으로 평가되었다. 뿐만 아니라 파동전파방향(즉, European에서 Asian Side로 또는 Asian에서 European Side로)이 터널 구조물에 작용하는 지진의 요구(특히, 축력)와 위치에 있어 그 무엇보다도 많은 악영향을 미치는 것으로 평가되었다. 이를 극복하기 위해서 해당구간에 Seismic Joint 설치 필요성을 제안하였으며, STA 7+970(European Side)과 STA 8+490(Asian Side)에 Seismic Joint가 설치될 경우, 초과한 전단력과 축력이 허용 수준 이하로 감소되는 것으로 나타났다(그림 11.41). 최종 민감도 분석에서는 하단경계 전단파 속도와 SEE 지진하중 수준을 고려한 Case가 가장 Critical한 결과를 보여주는 것으로 평가되었다.

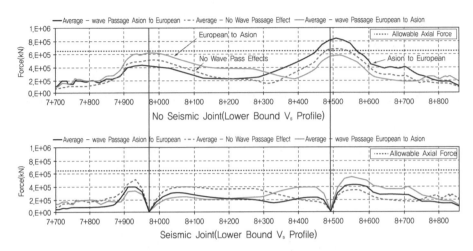

[그림 11.41] Seismic joint 설치에 따른 효과의 예

표 11.5는 3차원 유한요소 빔-스프링 구조해석(LS-DYNA) 결과로부터 해석된 변위량과 제작에 반영된 허용 변위량이다. 이에 따라 TBM 터널 현장에 설치된 Seismic Joint는 전단변형(Shear Deflection)에 대해 ±50mm, 신장(Extension)과 수축(Contraction)에 대해서는 각각 75mm의 상대변위를 수용할 수 있도록 제작되었다.

[표 11.5] 내진 해석결과 및 제작 허용변위량

지진요구 (Seismic Demand)	Seismic Joint 해석결과 변위량		제작에 반영된 허용변위량
	European Side (STA 7+970)	Asian Side (STA 8+490)	European Side (STA 7+970) 및 Asian Side (STA 8+490)
전단(Shear)	±36mm	±41mm	±50mm
신장(Extension)	49mm	68mm	75mm
수축(Contraction)	51mm	74mm	75mm

※ Governed by SEE Level Loading

Seismic Joint 1개소는 총 7개의 Ring으로 구성되며, 이 7개의 Ring은 1개의 Flexible Segment Ring(폭 1.5m)과 2개의 Steel Rings(폭 1.25m), 그리고 4개의 Transition Rings(폭 2m)으로 구성된다(그림 11.42).

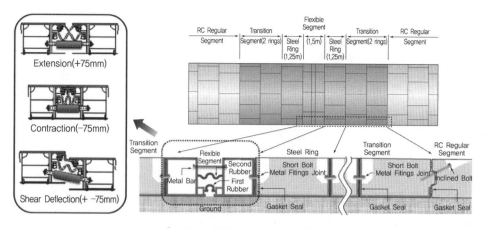

[그림 11.42] Seismic joint 개념

3.6 TBM 주요 시공현황

유라시아 해저터널 TBM 장비는 2014년 4월 25일 ATB(Asian Transition Box)에서의 초기 굴진을 시작으로 2015년 8월 22일 ETB(European Transition Box)에 도달하였다. 소요된 총 굴착시간은 476일로 당초대비 공기를 2주 단축하였다. 결론적으로 당초 일평균 6.6m였으나 7.0m을 달성하였고 특히 해상퇴적층에서는 최대 18.0m의 일굴진장을 기록하였다. TBM의 주요 굴착 파라미터를 요약하면 표 11.6과 같다.

[표 11.6] 유라시아 해저터널 TBM 주요 파라미터

유라시아 해저터널 TBM 주요 굴착 파라미터	
• 총 굴착공기 : 476일	• 평균굴진속도 : 20.7mm/min
• 총 정지기간 : 112일	• 평균 RPM : 2.2 rpm
• TBM 터널연장 : 3340m	• 평균 Torque : 6.2 MN·m
• 평균 일굴진장 : 7m/day	• Thrust범주 : 21,679~238,935kN

궁극적으로 TBM 기술을 터널링에 적용하는 이유는 '더 빠르고, 더 안전하게(The Faster, The Safer)' 터널을 완공하기 위함이다. TBM에 각종 기술들이 개발되는 방향은 다름아닌 누구에게나 똑같이 주어지는 시간을 단축하기 위함이다. TBM 시공을 위해 주어진 시간을 T라고 가정하면, 시간은 크게 T1, T2, T3로 나눌 수 있다. 그림 11.43과 같이 T1은 굴착시간, T2는 세그먼트 링설치 시간으로 여기까지가 TBM 굴진하는 데 확보한 시간이고, T3는 T1, T2를 제외한 모든 시간으로서 Downtime(대개 40% 이상), 즉 TBM 굴착과 링설치 시간을 제외한 Idle time으로 정의할 수 있다.

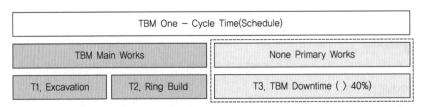

[그림 11.43] 쉴드TBM 1링 사이클타임 분해

먼저 T1에 해당되는 TBM의 굴진속도를 살펴보면 직경에 따라 그림 11.44와 같이 표현할 수 있다. 그림은 전 세계 해외사례들의 TBM 직경대비 일평균 굴진속도를 표시한 것이다. TBM의 굴진속도는 해당 지질, 그리고 인력, 장비에 영향을 많이 받는다. 현장마다 지질조건이 다르겠지만 그림에서 보는 바와 같이 TBM 일평균 굴진속도는 직경이 커질수록 감소하는 트렌드를 보인다. 유라시아해저터널 TBM의 경우에도 트라키야층, 암질전이구간, 해성퇴적층 등의 지질 조건에 따라 다양한 평균 굴진속도를 나타냈지만 이 범주 내에 들어간다고 생각할 수 있다. 이를 좀더 세분해서 시간대별 굴진속도를 보면 그림 11.44(b)와 같다.

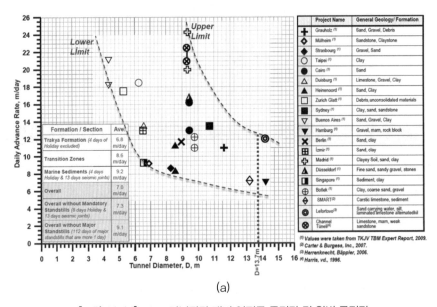

(a)

[그림 11.44] TBM 터널직경 대비 일평균 굴진장 및 월별 굴진장

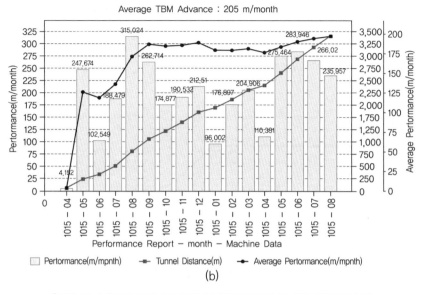

[그림 11.44] TBM 터널직경 대비 일평균 굴진장 및 월별 굴진장(계속)

한편, T2 링빌딩 시간을 살펴보자. TBM의 굴착과 세그먼트 링을 편안하게 설치하기까지는 다소 시간이 걸린다. 이는 투입된 인력들이 지질조건과 장비에 익숙해지는 데 시간이 필요하기 때문이며 이를 학습기간(Learning period)이라 한다. 이 기간동안에는 지질조건에 따른 장비 반응정도는 물론이고, 세그먼트 조립을 위한 손발을 맞추는 시간이다. 그림 11.45는 터널 연장에 따른 링빌딩 시간을 표시한 것이다. 유라시아 해저터널 TBM은 직경이 13.7m에 이르므로,

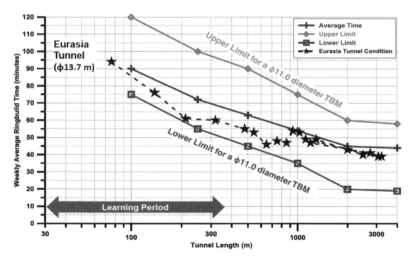

[그림 11.45] TBM 연장대비 링빌딩시간

세그먼트 최대 무게는 15톤에 이른다. 8+1key로 구성된 1링을 설치하는 데 처음에는 90분정도 소요되었으나 굴진 거리가 증가하고 익숙해짐에 따라 링설치 시간은 40분 정도까지 단축 및 안정화되고 있음을 보여준다.

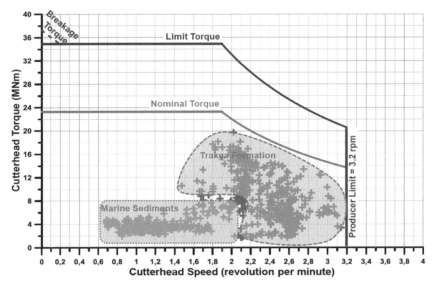

[그림 11.46] RPM 대비 커터헤드 토크

그림 11.46은 TBM이 주요 지질별로 겪은 커터헤드 스피드, 즉 RPM과 커터헤드 토크를 표현한 것이다. 커터헤드 토크는 주로 전방지질과의 접촉에 따른 장비가 받고 이겨내는 회전력이라 볼 수 있으므로 전방지질이 과굴착이 되거나, 복합지질 구간에서 강도가 차이가 많이 나는 암질을 조우하거나, 혹은 이물질 등이 커터헤드의 회전에 방해를 주는 경우 과도하게 발생할 수 있다. 일반적으로 암반을 굴착하는 경우 토크가 토사에 비해 크게 나타날 수도 있다고 생각할 수 있으나 반드시 항상 그러한 것도 아니다. 토사 구간이더라도 클로깅 등의 현상으로 커터헤드 회전이 원활하지 않을 경우 토크가 증가할 수 있고, 암반이더라도 균질한 구간에서 모든 디스크커터가 동심원을 그리며, 인장 균열의 상호 전파로 안정하게 굴착이 되는 경우에는 토크가 크지 않은 상태에서 굴진이 가능하기 때문이다.

그림 11.47(a)는 터널 링연장(ring)에 따라 커터헤드 토크를 나타낸 것이다. 우측 아시아구간에서 장비가 출발하여 유럽구간에서 관통하였으므로 링번호는 우측에서부터 시작한다. 그림에서 보는 바와 같이 초반에는 커터헤드 토크가 상대적으로 높음을 알 수 있다. 이는 장비에 익숙해지기 위한 Learning Period구간이기도 하고, 또한 트라키야층이 사암, 실트암, 이암이

교호하고 특히 강한 다이크(dyke)구간이 있기 때문에 발생할 수 있다. 이러한 영향으로 첫 토크가 급격히 증가하는 링번호 125구간에서 디스크커터를 일부 교체하였다. 이후 링번호 280구간에서 다시 토크가 증가하는 양상을 보였고, 디스크커터 55개를 전방위적으로 교체하였다. 특히 이 구간은 아시아측 트라키야층에서 해성퇴적층으로 진입하기 전이었기 때문에 매우 적절한 결정이었다고 생각한다. 이후 장비의 커터 토크는 안정화되었고, 이후 유럽구간 암반을 통과하는 구간에서 몇 번의 증가가 있었는데 대부분 디스크커터나 장비수리를 했던 구간과

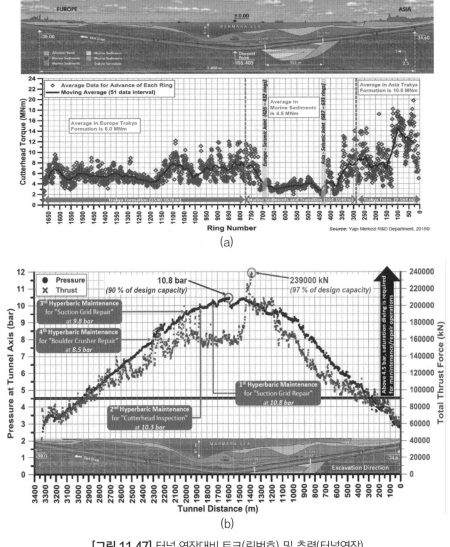

[그림 11.47] 터널 연장대비 토크(링번호) 및 추력(터널연장)

571

일치한다. 예를 들어 링번호 1100번 구간에서 토크가 급격히 증가양상을 보이는데 이 구간에서 포화잠수사를 투입하였다. 한편 그림 11.47(b)는 터널 연장(m)별로 추력을 나타낸 것이다. 추력은 TBM이 전진할 때 필요한 추진력으로서 굴진면압, 장비견인력, 마찰저항력, 커터저항력 등을 이겨내고 굴진해야 한다. 따라서 그림에서 보는 바와 같이 터널이 점점 깊어지고 수압이 증가할수록 추력이 증가함을 알 수 있다. 만일 굴착 중 예상치 못한 Mud Layer에 의한 디스크커터 전면부 Blocking, Alignment 조정을 위한 High Force, 마찰력 증가로 정상 추력보다 큰 힘이 필요할 경우에는 추력 실린더에 가하는 하중을 키워야 한다.

예를 들어 해성퇴적층 구간에서도 일부 추력이 증가하는 양상을 보이는데 일부 sticky clay가 디스크 전면에 발생한 블록킹 현상으로 판단되었다. 이러한 구간에서는 벤토나이트를 추가로 투입하지 않아도 안정적인 막장압의 유지가 가능할 수 있다. 왜냐하면 벤토나이트 투입으로 밀도가 너무 높으면 압기를 통한 안정적인 막장압의 유지가 어렵고, 지상으로 배출된 이수 재처리를 위해 STP처리 시간이 길어져 TBM을 자칫 대기상태 모드로 유지할 수밖에 없기 때문이다. 한편 1,180m와 1,370m 부근에서 추력이 급격히 증가하는 현상은 TBM의 테일 스킨이 누수되는 현상이 발생하였기 때문이다. 이를 위해 뒤채움 그라우팅 혼합비와 겔타임을 변경하였음에도 일부 누수가 지속되어 결국 경화된 tail skin brush를 교체하였다. 또한 설계상에서 사전에 계산된 추력대비 일부 구간에서는 더 큰 추력이 발생할 수도 있는데, 유라시아 해저터널의 경우 최저 심도 구간 도달하기 전에 설계하중의 97%까지 추력이 가해졌다. 그리고 이 구간을 지나고 유럽구간 암반에 진입한 이후로 suction grid를 수리하거나, 커터헤드 점검, jaw crusher 수리 등을 위해 대규모의 포화잠수가 있었다. 그 밖에는 추력은 안정적인 운영을 보여주며 3,320m 이후 급격한 감소는 도달구간을 20m 남겨두고 인위적으로 굴진속도를 감소시켰기 때문이다.

이제는 T3에 해당하는 다운타임을 살펴보자. 그림 11.48은 유라시아 해저터널 TBM 시공의 다운타임의 분포를 나타낸 것이다. 당초 계획 시에는 목표 다운타임은 62%, 이는 6.6m/day를 굴진한다는 가정하에 산정된 것이다. 하지만 실제 굴착을 완료하고 나서 TBM의 소요시간 중 굴착 T1은 26%, 링빌딩 T2는 15%, 나머지 다운타임 T3는 59%로 산정되어 약 3% 절감하였고, 그 결과 굴착공기를 약 2주 정도 단축시킬 수 있었다. 다운타임 중 가장 많은 부분을 차지하는 것은 예상대로 커터헤드 인터벤션(cutterhead intervention)으로 약 25%를 차지하는데 이는 거의 굴착에 소요된 시간과 맞먹는 크기다. 이후 operational disturbance가 10%, 시스템 아웃이 6%, 이수처리 및 그라우트 플랜트가 4%로 뒤를 잇는다. 다운타임이 감지되면 TBM 기록지에 그 원인을 기록하게 되어있다. 그림 11.48(b)를 보면, 해당 사항에 대한 표현 횟수를 분석한 그래프로서, 가장 많이 노출된 용어는 디스크커터로서 이는 커터헤드 인터벤션이 가장 높은 이유 중의 하나라고 볼 수 있겠다. 그리고 slurry line, line extended, slurry pipe, groute line 등 주로 이수 계통 및 지나가는 통로가 주요하게 나타난다. 본 현장에서는 이수처리플랜트 설비 용량을 충분히 계산 및 확보하고 이수 펌프 고장이나 누수를 최소화하기 위해 적절한 유지관리를 수행했다고 판단한다. 그럼에도 불구하고 여전히 이수 관련 계통은 다운타임의 주요한 이슈이므로 향후 유사 현장에서 주요하게 점검하고 향후 다운다임을 저감하기 위해 함께 노력해야 할 부분이라고 볼 수 있겠다.

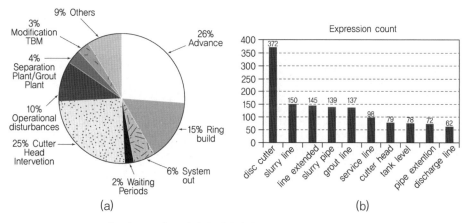

[그림 11.48] 유라시아 해저터널 TBM Downtime 분포

[표 11.7] 유라시아 해저터널 TBM의 주요 정지 기간 및 사유

	링번호	터널완공(%)	굴진면압(bar)	기간(일)	주요사유
1	126	7.5	4.2	20	압기 하에 커터헤드 수리
2	195	11.7	5.2	9	디스크커터 교체(대기압)
3	270	16.2	6.0	9	디스크커터 교체(대기압)
4	430	25.7	8.2	6	아시아측 seismic joint 설치
5	568	34.0	9.0	4	국경일 연휴
6	587	35.1	9.7	6	tail brush 교체(포화잠수)
7	690	41.3	10.1	7	유럽측 seismic joint 설치
8	875	52.4	10.8	15	suction grid 수리(포화잠수)
9	933	55.9	10.5	8	커터헤드 점검(포화잠수)
10	1003	60.1	10.1	5	suction grind 수리(포화잠수)
11	1146	68.6	8.9	19	jaw crusher 수리(포화잠수)
12	1499	89.8	4.2	4	국경일 연휴

TBM을 굴진하고 않고 정지해있던 총 기간은 112일이다. 이 중에서 주요 정지구간은 총 12회로 그 사유를 요약하면 표 11.7과 같다. 이 중에서 suction grid 수리 관련하여 간략히 소개하기로 한다.

굴착 챔버에서 유입되는 버력을 suction pipe로 압송하기 전에 이동을 원활하게 하기 위해서 암석의 경우 적절한 크기로 파쇄시켜야 한다. 본 장비에서는 suction pipe로 유입되는 암석의 크기를 제한하고자 전면에 suction grid를 설치하였으며, grid 전면에 Stone Crusher를 설치하여 최대 직경 1.2m 이하의 버력을 파쇄하여 굴착토가 유입될 수 있도록 제작되었다. 특히 지상으로 압송하기 위해 총 3대의 discharge pump를 운영하였는데 일부 펌프에서 폐색현상이 발생하였고, suction grid도 함께 있는 것을 발견하였다(그림 11.49).

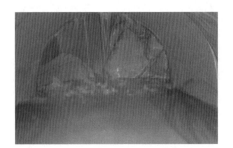 

[그림 11.49] Discharge pump에서 발견된 암편과 suction grid

이를 확인하기 위해 10.8bar의 고수압에서 포화잠수를 시행하여 4일간 점검을 수행하였다. 그 결과 고압하에서 suction grid 중 중심부가 망실되고 일부 변형된 것과 더불어 디스크커터 중 일부 steel로 걸려 있는 것을 확인할 수 있었다.

[그림 11.50] Suction grid 망실 및 변형(좌). 수리 후(우)

이를 위해 포화잠수 상태에서 약 11일간 suction grid를 교체하고, 수중용접하여 수선을 할 수 있었다. 이후 일부 굴착 진행 중 suction grid가 일부 변형되어 cover plate 두께를 증가하고 진동 저항성이 큰 grid를 설치하여 다시 굴착을 재개할 수 있었다. suction grid가 파손된 이유는 첫째, 파쇄가 심한 트라키야 중 일부 강하고 마모저항성이 큰 dyke나 사암이 빠져나가기 전에 grid를 지속적으로 조우하고 때리며 피로에 의한 손상, 둘째 일부 디스크커터의 편마모로 인해 떨어져 나간 steel 조각들이 grid로 빠져나가지 못하고 지속적인 충돌에 의한 피로 손상 등으로 추정하고 있다. 따라서 편마모에 의한 디스크커터 등이 교체 시에 발견되면 정기적인 커터헤드 인스펙션 시 이수처리 플랜트를 포함한 슬러리 circuit 내부에서 찾아서 제거할 수 있도록 노력해야 한다. 대개 이수식 쉴드TBM은 연약지반층에 많이 적용되는 것이 일반적이다. 하지만 암반층에 이수식 쉴드TBM을 적용할 경우에는 연약층과 달리 지질과 장비에 대한 면밀한 검토가 필수적이다.

4 TBM의 미래 트렌드

본 해외 설계 및 시공장에서 TBM의 미래 트렌드를 제시하는 것이 적절치 않을 수도 있다. 하지만 본인이 해외에서 Top Tier라는 TBM 관련 회사들을 만나보고 일해보면 그들은 지금 이 시간에도 글로벌 경쟁력을 강화하고 선점하기 위해 부단한 노력을 하고 있음을 느꼈다. 특히 TBM 프로젝트들이 점점 챌린징한 프로젝트들에 적용되고, 또한 안전이 법적으로 강화되는 시점에서 기술이 어떠한 방향으로 가야하는지 남보다 먼저 시도하고 진행해보는 것이 중요하다. 이에 과거 해외 설계 및 프로젝트를 소개하는 장에서 TBM의 미래 트렌드에 대해 함께 고민해보고 어떠한 기술들을 개발하고 주도할 필요가 있는지 함께 고민하고자 본 절을 작성하게 되었다. 사실 미래에 어떠한 일이 발생할 지 예측하고 맞추는 것은 불가능하다. 아무리 준비를 잘해도 예측을 맞추기 위해 준비하는 것은 무의미하다. 하지만 미래에 대한 꿈은 꿀 수 있다. 꼰대란 다름 아닌 생각이 멈춘 자이고 달리 말하면 꿈을 꾸지 않는 자다. 2021년은 팬데믹과 4차산업혁명이 함께 공존하는 시기다. 역사적으로 보면 이는 그동안 우리가 지금까지 누려왔던 문명의 판이 바뀔 수도 있다는 의미이다. 이러한 상황에서 미래 트렌드를 상상해보는 것은 군이 손해볼 것이 없는 시간이라 생각한다. 2021년 6월에 맥킨지 & 컴퍼니는 향후 10년 미래변화를 이끌 혁신 기술을 제안하였다. 산업간 연계분야 활용기술로서 1) 차세대 프로세스 자동화 및 가상화, 2) 연결의 미래, 3) 분산인프라, 4) 차세대 컴퓨팅, 5) 인공지능 응용 및 활용, 6)

프로그래밍의 미래, 7) 트러스트 아키텍쳐(trust architecture)와 고유특성 산업분야, 8) 바이오 혁명, 9) 차세대 재료, 10) 청정기술의 미래가 그것이다. 표 11.8은 이러한 10가지 미래 트렌드 기술이 헬스케어 분야, 차세대 모빌리티(mobility) 분야, 디지털 대전환, 친환경 지속가능 성장과 관련되어 어떠한 영향 정도를 미치는지 표현한 것이다. 건설과 관련된 TBM 분야는 정보, 통신과 같은 기반분야에 속한다고 가정할 수 있고, 바이오혁명 기술을 제외하고 대부분 밀접한 관련이 있다고 볼 수 있다. 따라서 TBM 관련 기술은 그룹핑하면 크게 연결/DT/AI와 청정(저탄소)에너지, 그리고 차세대 재료로 구분할 수 있다고 판단된다.

[표 11.8] 2021년에 바라본 미래 트렌드 10대 기술과 주요산업 영향정도

	헬스케어 분야		모빌리티 분야		4차 산업혁명 분야			기반 분야	
	제약	헬스	수송·물류	자율주행	첨단산업	화학	전기전자	정보	통신
1 차세대 프로세스 자동화/가상화	■	■	■	■	■	■	■	■	■
9 차세대 재료	■	■	■	■	■	■	■	■	■
5 인공지능의 응용/활용	■	■	■	■	■	■	■	■	■
10 청정기술의 미래	■	■	■	■	■	■	■	■	■
2 연결의 미래	■	■	■	■	■	■	■	■	■
8 바이오 혁명	■	■	■	■	■	■	■	■	■
4 차세대 컴퓨팅	■	■	■	■	■	■	■	■	■
7 트러스트 아키텍처	■	■	■	■	■	■	■	■	■
3 분산 인프라	■	■	■	■	■	■	■	■	■
6 프로그래밍의 미래	■	■	■	■	■	■	■	■	■

[영향 정도] ■ 높음 ■ 중간 ■ 낮음

4.1 삼위일체화(지질+장비+사람)와 교감

TBM 장비가 사람과 일체화가 되려면, 가장 먼저 장비를 의인화 하여 정체성을 불어 넣는 아이디어가 필요하다. 장비 의인화의 시작은 장비의 이름을 붙여주는 것에서부터 출발한다. 앞서 유라시아 해저터널의 Mix-shield TBM는 '일드림 바예지드'라는 명을 붙였다. 이 분은 터키의 술탄 중의 한 분으로 일드림은 '번개'라는 의미이다. 오스만제국이 아시아는 물론 북아프리카 및 유럽 일부를 정벌할 때 이 분은 번개처럼 빠르게 정벌했다고 알려진 분이다. 또 다른 예로 싱가포르 전력구 TBM의 경우에는 발주처에서 테슬라, 로렌쯔, 패러데이 등 전기공학에 기여한 과학자 이름을 붙였었다. 또 다른 해외 TBM명의 사례로는 지역에서 태어나거나 그 지역 사회에 선한 영향을 끼친 존경받는 분의 이름을 명명하기도 한다. 또 다른 해외 사례는 지역 상징물의 특성을 고려한 면판 디자인도 수행한다.

그와 반면 국내에서는 현재까지 TBM에 이름을 붙여주는 것이 관례화되어 있지 않다. 그나

마 TBM이 두 대인 현장에서는 일호기, 이호기라고 부르거나, 상선이, 하선이로 부르는게 고작이다. 아마 향후에는 국내에서도 TBM을 의인화하기 위해 이름을 붙여주어 의인화하는 것이 일상이 되기를 바란다.

한편 지질과 장비와 사람이 사전에 교감하는 방법은 무엇일까? 최근 한국건설기술연구원에서는 TBM 운전자 양성을 목적으로 TBM 시뮬레이터를 국내 최초로 개발하였다. 본 시뮬레이터에는 TBM 운전, 구동, 제어 등의 시나리오를 탑재하여 공사 중 발생 가능한 위험요소를 사전파악하여 실패 확률을 저감할 목적으로 개발하였다고 한다. 이러한 TBM 시뮬레이터는 사람과 지질과 장비가 사전교감 하기에 좋은 툴(tool)이라고 생각한다. 그렇게 본다면 시뮬레이터의 활용을 TBM 운전자에게만 국한하지 말고, TBM을 설계, 시공하는 엔지니어들도 교육하여 장비와 지질의 상호작용에 대한 이해를 증진시킬 필요가 있을 것이다.

[그림 11.51] TBM 삼위일체(지질+장비+사람)와 시뮬레이터의 예

미래의 또 다른 교감은 아마도 AR(증강현실), VR(가상현실), 디지털 트윈으로 진화할 것이라고 예측한다. 태블릿이나 특수 기계를 통해서 세상을 바라볼 때 세상 안에 헛것이 보인다면 AR, 헛것만 보인다면 VR, 가상과 현실이 일치화하는 것을 디지털 트윈으로 생각해볼 수 있다. 예를 들어 TBM 공장 검수 시에 단순히 도면 및 육안으로 대충 확인하는 것이 아니라, 태블릿을 통해서 장비를 바라본다면, 도면과 일치하게 제작되었는지, 교차되거나 충돌되는 부분은 없는지 태블릿에 바로 표현이 될 수 있을 것이다.

[그림 11.52] 증강현실(AR)과 가상현실(VR)의 예

이러한 기술들이 도입된다면 복잡한 작업환경에서 산출되는 수많은 정보들을 기술자가 빠르게 인지하고 쉽게 습득할 수 있고, 이는 현장에서 안전 및 품질사고를 예방하는 데 도움을 줄 수 있을 것이다. 또한 이 기술이 정착화된다면, 아마도 향후에는 공장검수 없이 현장에서 곧바로 TBM을 조립하고 품질검사를 진행하는 방식이 자리 잡을 수 있을 것으로 예상한다.

4.2 연결/DT/AI 활성화와 시간단축 게임체인저의 등장

TBM 시공을 하게 되면 여러 데이터들이 산출되지만 대개는 오퍼레이터에게만 집중되어 있고, 자료 분석을 위해서는 나중에 데이터를 다운로드 받아 사무실에서 처리하고 피드백해주는 것이 일상적이다. 그런데 기술이 발달하면서, TBM과 함께 작업 현장사무소는 물론 떨어진 사무실에서도 모든 활성 작업 데이터를 연결할 수 있어 스마트폰, 태블릿 또는 PC를 통해 시스템의 성능을 실시간으로 확인할 수 있다(그림 11.53). 이러한 툴의 핵심기능은 장소와 시간에 관계없이 작업현장 및 프로젝트 관리자들이 터널링과 관련된 모든 데이터를 모니터링할 수 있다는 점이다. 단순 모니터링 외에도 그래프나 보고 툴을 통해 실시간 자동분석 기능, 포괄적인 대쉬보드 및 센서 데이터를 평가할 수 있다. 이렇게 연결을 통해 TBM 운영과 관련된 데이터들이 가시화되면 생산성 향상과 더불어 의사결정이 지체되지 않고 시행될 수 있는 장점이 있다.

[그림 11.53] TBM의 연결/디지털전환/로봇커터교체

이러한 기술의 바탕에는 현재 사용되고 있는 모든 아날로그 형태의 데이터, 보고서 등의 디지털 전환(DT: Digital Transformation)이 필수적이다. 빅데이터들이 DT 기술을 통해 습득되고 일정 패턴에 따라 인공지능으로 학습되고 향후에는 로보틱스와 연결된다면 어떠한 일이 벌어질까? 아마도 터널링 현장에서의 안전은 더욱 강화되고, 고수압, 고압조건, 낙반 등 위험 공종에서 사람은 점차 빠지고 로봇이나 자동화 등이 대체될 것이다. 그렇게 되면 현재 기술로 매우 도전적이고 난해한 프로젝트들도 점차 가시화 되고 실현되는 방향으로 바뀔 것이다.

궁극적으로 이러한 기술들이 TBM 시공에 접목되는 이유는 바로 누구에게나 똑같이 주어지는 시간을 단축하기 위함이다. 따라서 TBM 시공을 함에 있어 시간을 단축하는 게임체인저(game changer)를 개발한다면 미래 트렌드로서 확실히 잡을 것이다. 시간단축 게임체인저란 주어진 24시간 내에 링빌드 시간 T2와 다운타임 T3를 줄이고 굴진에 소요되는 순환 시간을 많이 확보하는 것이라 볼 수 있다.

먼저 T1 관점에서 보면, TBM을 굴진함에 있어 불확실성을 제거하고 장비 성능을 최대한 발휘하기 위한 지침을 줄 수 있는 가칭 실시간 TBM Navigator를 생각해볼 수 있다. 현재 TBM이 운전자에게 많이 의존하는 만큼, TBM PLC(Programmable Logic Controller)로부터 기계 데이터를 추출하여 AI 클라우드에 업로드한 후, TBM 전방지질을 예측하여 최적의 운전파라미터를 운전자에게 제공하는 기술이다. 만일 이러한 기술이 축적되고 학습되고 검증되면 궁극적으로는 자율운전 TBM의 날이 올 것으로 예상한다.

이번에는 그림 11.54와 같이 T1, T2 관점에서 연속 굴착(Continuous boring) 기술을 생각해볼 수 있다. 세그먼트 형태를 나선형으로 제작하여 굴진과 세그먼트를 동시에 할 수 있는 기술이다. 단 세그먼트가 나선형이므로 추진 반력을 전달하는 TBM의 추력램(thrust ram)은 세그먼트면의 파손을 방지하기 위해 위치별로 다른 반력을 가해야 하며, 이는 인공지능 기술이 탑재되면 더욱 효율적으로 될 것으로 생각한다. 한편 T2 관점에서보면 무인세그먼트 설치 기술이 나올 수 있다. 일반적으로 7~9m급 중구경 TBM의 세그먼트 링을 설치하는데 3~4명이 40~50분, 대구경은 약 60분 소요되는데 레이더나 카메라 센서를 이용한 인공지능 기술이 탑재된 무인세그먼트가 나온다면 10분 이내로 설치할 수 있다고 생각한다. 또한 T3 다운타임 관점에서 가장 많이 소요되는 것이 '커터교체'인데 고수압이나 어려운 여건에서 로봇 등을 이용한 획기적인 TBM 커터 기술이 나온다면 안전과 속도를 동시에 만족시킬 수 있을 것이다. 이러한 기술들이 활성화되면 궁극적인 최종 목표는 TBM이라는 장비를 전적으로 지상에서 운영하면서 생산성 지표들을 최적화시키며, 공사 중 챌린징한 이벤트들에도 신속하게 대응하는 시대가 올 수도 있다. 특히 메타버스기술을 접목하면 아바타화된 TBM 작업자들의 위치의 실시간

점검은 물론이고, 외국인 노동자들에게 한국어로 작업지시를 하더라도, 외국인 노동자들은 각자 자기 언어로 이해하고 소통할 수 있게 될 수 있다.

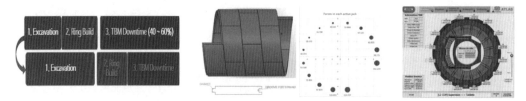

[그림 11.54] 시간단축 게임체인저의 예(연속굴착 및 무인 세그먼트설치)

4.3 탄소중립과 순환경제

국제 사회가 빠르게 기후위기 대응을 위한 전환에 돌입함에 따라 글로벌 산업 경쟁력 강화와 국제사회의 책임 있는 일원으로 기후위기에 적극 동참하는 것이 필요해짐에 따라 우리나라도 2020년 10월에 국가비전으로 2050년 탄소중립 선언을 한 바 있다. 일반적으로 탄소를 배출하는 산업 순위를 보면 철강, 석유화학, 시멘트 업종이 가장 큰 비중을 차지하며, 특히 철강과 시멘트는 건설재료의 70% 이상을 차지하여 탄소중립의 압박이 어느 때보다 높아지고 있다. 정부에서도 탄소중립 중점분야로 철강, 석유화학, 시멘트, 반도체 산업군을 선정하였으며, 공통 분야로는 자원순환을 목표로 하고 있는데 이 바탕에는 기본적으로 자원의 3R(Reduce, Reuse, Recycleing)을 추구하는 순환경제가 밑바탕이 된다. TBM 장비도 대부분 철강으로 제작되는만큼 이제는 유럽 등 선진국 발주처를 시작으로 입찰 시 새로운 TBM 제작만을 추구하는 것이 아니라, 재보수(Refurbished)나 재제작(Remanufacturing) TBM을 발주조건으로 제시하고 있다.

따라서 순환경제 및 탄소중립 차원에서 재보수나 재제작 TBM이 활성화될 것이다. 단, 제도적으로는 주요 부품의 재활용을 하는 만큼, 내구성이 강화된 재료와 TBM 품질에 대한 보증이 의무화 되어야 한다. 특히 장비를 구성하는 주요 부품이나 재료의 경우 '추적관리시스템'이 통용되는 노력은 함께 풀어나가야 할 숙제이다. 추적관리시스템이란 일종의 material passport 라고 표현할 수도 있겠다. 이러한 사회적 분위기를 지원하기 위해 국제터널지하공간학회인 ITA에서 2019년 "ITAtech Guidelines on Rebuilds of Machinery for Mechanised Tunnel Excavation"을 출간하여 메인베어링, 유압, 호수, 파이핑 등 재보수 및 재제작 지침을 제공하고 있으니 상세한 내용은 참조하기 바란다.

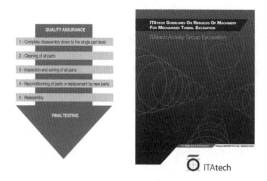

[그림 11.55] TBM 재보수/재제작 ITA 가이드라인(2019)

4.4 적층가공기술(3D프린팅)

3차원 프린팅이란 연속적인 계층의 재료를 뿌리면서 3차원 물체를 만들어내는 제조기술이다. 3차원 프린터는 밀링이나 절삭이 아닌, 기존 잉크젯 프린터와 유사한 적층 방식으로 입체물을 제작하는 장치를 말하며, 컴퓨터로 제어되기 때문에 만들 수 있는 형태가 다양하고 사용하기 쉽다. 하지만 아직까지는 제작 속도가 느리고 적층 구조로 인해 표면을 매끄럽게하는데 어려운 점이 있다. 3차원 프린터 보급이 4차산업 혁명으로 불리는 이유는 기계 절삭 및 성형 등 기존의 생산방식을 탈피하여, 일괄된 방식으로 어떠한 형태의 제품도 제작이 가능하기 때문이다. 3차원 프린터에 사용되는 재료는 폴리머, 금속, 콘크리트, 세라믹, 종이 등 매우 다양하다. 따라서 치과 등의 의료 분야는 물론이고 가정용품에서 자동차, 비행기 등에 쓰이는 기계장치의 3차원 프린터 생성이 가능하다는 의미이다. 3D 프린터 기술이 활성화되면 TBM 정비 시에 필요한 일부 부품은 미리 구매하지 않고 필요할 때 마다 미리 현장에서 출력하여 사용할 수 있을 것이다. 특히 일부 특허나 고유 기술이 필요한 주요 부품의 경우에도 제작사에서 비행기나 배로 공수할 필요 없이, 블록체인 등의 보안 기술을 활용하여 제작사에서 버튼만 누르면 각 현장에서 출력되어 사용할 수 있는 시대도 예상해볼 수 있겠다. 그리고 주요 부품의 경우에는 품질 보증과 더불어 사용연한 등의 데이터가 축적된다면, 예방적 차원의 유지관리(preventive maintenance)도 가능한 시대가 도래할 것이다.

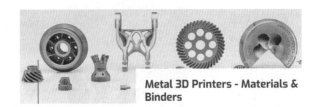

Metal 3D Printers - Materials & Binders

[그림 11.56] 3차원 프린터 및 생산품들의 예
(https://www.exone.com/en-US/3d-printing-materials-and-binders/metal-materials-binders)

5 결론

TBM 프로젝트는 대개 복잡한 상호의존적 프로세스와 종합적인 공급망을 가지는 프로젝트이다. 특히 예상치 못한 지질조건을 조우하거나 운전자의 실수라도 일으켜 장비가 운영 중 고장날 수도 있고 또한 사전에 준비하지 못한 각종 부품 등의 불충분한 공급망은 프로젝트에 금전적인 손실을 입힐 수 있는 리스크가 항상 존재한다. 성공한 국내외 TBM 프로젝트를 돌아보면 다 이유가 있었다. 그 바탕에는 모두 지질, 장비, 사람이 함께 유기적으로 잘 맞물려가는 프로젝트들이다.

사람이란 프로젝트에 참가하는 모든 사람으로 포괄적으로 얘기할 수도 있다. 싱가포르 TBM 프로젝트에서 국내 회사가 진입하여 이익을 내기 위해서는 많은 어려움이 있지만, 프로젝트가 큰 사고 없이 진행될 수 있었던 것은 그래도 지나칠 정도로(?) 발주처의 기술과 안전에 대한 관심과 실행이 있었기 때문이다.

유라시아 터널 프로젝트가 많은 어려움이 있었음에도 공기를 2주나 앞당길 수 있었던 데에는 사전에 충분한 지반조사를 통해 예상되는 리스크를 분석하고, 이를 대응하기 위한 TBM 스펙을 작성하여 장비 발주 및 제작했다는 점과 현장과 TBM 장비사와 함께 운영관리 방안의 시스템을 논의하고 활용하는 사람들이 있었기 때문이다.

하지만 시대는 변하고 있다. 시대가 느끼는 시장의 불편함은 반드시 기술 발전을 야기하여 문명의 진보를 이루려 한다. 이것은 역사적 진리다. 앞으로 TBM 현장에는 많은 사람들이 매번 문제가 발생할 때 마다 고수압이나 막장 붕락의 위험을 무릅쓰고 직접 들어가서 장비와 교감하는 상황은 많이 바뀔 것으로 예상된다. 아마 먼 미래에는 대부분의 TBM 터널 엔지니어들이 지상에서도 충분히 관리하고 운영하는 시대가 올 것으로 기대한다.

참고문헌

1. 김민석 외(2016), 싱가포르 도심 지하철 정거장 공사 중 교통처리계획(T203사례), 한국철도학회 춘계학술대회논문집.
2. 김욱영 외(2015), 싱가포르 포트캐닝 전석층에 적용된 EPBM의 설계 및 시공, 터널 및 지하공간, Vol. 25, No. 5, pp. 417-422.
3. 김택곤, 2021, 2, 해외 TBM 설계와 시공-시사점과 나아갈 길, 2021 KTA 터널기술강좌, 한국터널및지하공간학회.
4. 김택곤(2021. 12), TBM의 과거, 현재 그리고 미래 트렌드, 한국도로공사연구원 웹진 제88호.
5. 노재호 외(2012), 해외건설현장 소개 : 싱가포르 DTL2 C913, 터널기술, 제60권, 제7호, pp57-64.
6. 이희석, Zhou, Yingxin(2018), 싱가포르 지하공간 개발의 현황 및 이슈, 터널 및 지하공간, Vol. 28, No. 4 pp. 304-324.
7. 정호영 외(2018), 특수지반에서 쉴드 TBM의 시공을 위한 기술적 고찰, 터널 및 지하공간, Vol. 28, No. 1, pp. 1-24.
8. 장준양(2018), 글로벌 건설산업 현황 및 경쟁력 분석, OO은행, 제747호, pp. 65-83.
9. 최순욱 외(2020), 국내·외 TBM 시뮬레이터 개발 현황, TUNNEL & UNDERGROUND SPACE Vol. 30, No. 5, pp. 433-445.
10. 2021년 KISTEP 미래 유망기술 선정에 관한 연구(2021.9), KISTEP.
11. BCA(2017), Requirements on Bored Tunnelling Works.
12. Cai J.G.(2012), Geology of Singapore, presentation material for SRMEG Geotechnical Appreciation Course.
13. W. Chong(2012), TBM performance in Singapore's MRT system, MIT PhD. Thesis.
14. Istanbul Strait Road Crossing – Expert panel opinion on TBM type and operation report, 2019, ATAS Document.
15. T. Su, Y. Zhang(2017), Field performance of twin bored tunneling in difficult geological conditions-construction of MRT downtown line 3 in Singapore, 19th ICSGE.
16. Y. Zhang(2014), Tunnel Boring Machine(TBM) and TBM tunneling for the Downtown Line, UG.
17. Zhao, J., Gong, Q.M.(2015), TBM tunneling under adverse geological conditions – An overview, Keynote lecture, International Conference on Tunnel Boring Machines in Difficult Grounds (TBM DiGs 2015), Singapore.

CHAPTER

12

쉴드TBM 터널
사고사례

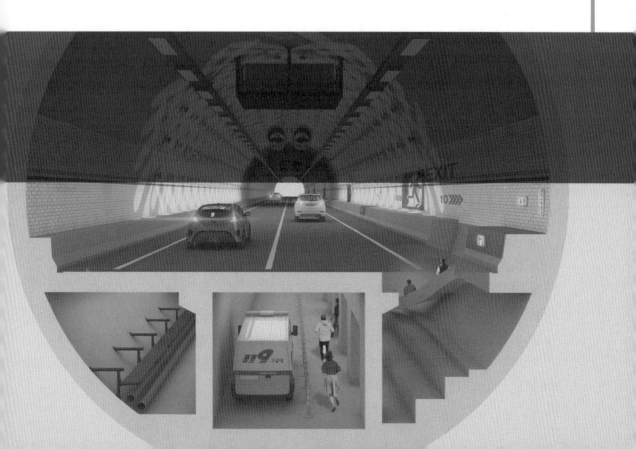

12 쉴드TBM 터널 사고사례

1 개요

기계화 시공, 특히 쉴드TBM 공법은 막장압과 면판(cutterhead), 스킨플레이트(skin plate 또는 shield skin)를 이용하여 터널굴착 중 가장 위험한 구간인 터널단부를 폐합된 상태로 유지하며 굴착하게 되므로 NATM과 비교하여 작업자의 안전 확보가 상대적으로 유리한 공법이다. 또한 쉴드TBM 내부 후방에서 즉각적으로 세그먼트로 지보하면서 따라가게 되므로 굴착으로 인해 발생하는 터널주변 지반의 소성구간을 최소화할 수 있고 결과적으로 지반의 자체 강도를 최대한 활용할 수 있는 장점을 가지고 있어 연약한 지반조건에서 매우 효과적이다. 특히 환경적인 측면에서도 쉴드TBM 공법은 소음·진동을 줄일 수 있고 비배수 터널로서 지하수위를 유지할 수 있어 도심지 터널 및 해·하저터널 공법으로 우수한 공법이다.

터널은 선상의 긴 구조물로서 수십~수백 미터 간격으로 수행되는 시추조사와 상대적으로 정확성이 떨어지는 물리탐사만으로는 터널굴착 중 조우하게 되는 지반상태를 정확히 파악하는 것은 불가능하다. NATM 터널 등 막장면이 개방된 상태로 굴착하는 터널공법은 연속적으로 지반상태를 직접 눈으로 확인할 수 있고, 막장관찰과 막장전방 물리탐사 등을 수행하여 막장전방 지질조건을 어느정도 예측이 가능하다. 반면, 쉴드TBM 공법은 터널 전 구간이 폐합된 상태로 굴착되어 기계 데이터와 굴착토사 상태평가로 막장지반을 간접적으로만 파악하게 되므로 예측하지 못한 지반 조건 조우 시 유연한 대처가 어려워 쉴드TBM 터널 굴착 중 다양한 트러블이 발생하게 된다.

트러블 현상은 크게 지질적 요인과 기계적 요인으로 구분할 수 있다. 일본에서 시행된 쉴드TBM 현장 근무자들의 경험을 토대로 수행한 설문 조사내용을 통해 쉴드TBM 적용 시 주요 트러블 요인은 86% 정도가 지질적인 요인에 의해 발생하는 것을 알 수 있다. 본 저서에는 TBM 시공 중 일반적으로 발생하는 트러블에 대한 내용은 생략하고 국내외 발생한 쉴드TBM 터널 굴착 중 사고사례에 대해서만 기술하였다. TBM 터널굴착 중 발생하는 트러블 종류와 사례는 한국터널지하공간학회가 출판한『터널 기계화시공–설계편』제2장과 본 서의 Chapter 10과 Chapter 11을 참조하기 바란다.

쉴드TBM 터널공법이 NATM에 비해 상대적으로 터널 굴착 중 안전성 및 안정성 확보는 용이하지만 많은 터널붕괴 사고와 지반함몰을 포함한 지표침하 사고가 발생하였다. 쉴드TBM 터널굴착 중 사고사례를 원인별로 구분하면 설계 및 시공오류, 예상하지 못한 지반조건의 조우, 쉴드TBM의 기계적 결함 등으로 구분할 수 있다. 하지만 많은 사고사례가 온전히 어떤 특정한 원인한 가지로 붕괴되는 경우가 드물뿐더러, 설계 및 시공오류로 분류되는 사고도 연관된 업역별(설계, 시공, 발주처)로 주장하는 의견의 차이가 커서 원인을 확정적으로 구분짓기가 매우 어렵다.

쉴드TBM 터널굴착 중 사고사례를 터널 위치별로 구분하면 터널 막장면 붕괴 및 지하수 과다유출, 횡갱(cross passage) 굴착면 붕괴 및 지하수 과다유출, 세그먼트 파괴 등으로 구분할 수 있다. 터널 막장면의 붕괴는 예상하지 못한 지질조건을 조우하여 발생하거나 막장압 관리실패로 인하여 발생한다. 특히 쉴드TBM 막장면의 붕괴는 주로 지하수 과다유출과 함께 발생하고 토사 유실 등을 유발하여 결과적으로 지표침하와 인접구조물의 파손을 발생시키게 된다.

주로 교통터널에서 피난연락갱으로 사용하기 위해 굴착하는 횡갱은 가급적이면 암반구간과 같은 자립시간이 긴 지반조건에서 굴착하도록 설계하지만 연약토사터널에서는 터널 굴착 전 횡갱설치 구간을 동결공법 또는 그라우팅 작업 등을 통해 보강 및 차수를 수행한다. 하지만 지반동결이 적절히 이루어지지 않거나 간극수압이 높은 토사구간에서 그라우팅이 밀실하게 수행되지 않아 침투경로가 형성되는 경우 높은 동수경사로 인하여 지하수 누수가 발생하고 점차 취약대가 확대되면서 세립토사가 유입되고 결과적으로 지표침하와 인접구조물의 파손을 발생시키게 된다. 특히, 지하수 과다유입으로 인한 세립토사 유실은 직접적으로 지표침하를 발생시키기도 하지만, 대심도 토사 터널의 경우 세그먼트 주변 지반의 탄성계수 저하(지반연약화 또는 공동발생)에 따른 구속압 저하 또는 세그먼트 침하로 인하여 세그먼트 붕괴로까지 이어질 수도 있다.

2 쉴드TBM 터널 막장면 붕괴 및 지하수 과다유출로 인한 사고사례

2.1 개요

터널 막장면 붕괴는 NATM 터널에서 가장 많이 발생하는 붕괴형태로서, 막장면을 지지하며 굴착하는 쉴드TBM 터널에서는 트러블이 발생한 사례는 많지만 스크류컨베이어나 배니관리 등으로 즉각적인 대응이 가능하여 대형붕괴로까지 발전된 사례는 많지 않다. 쉴드TBM 터널굴착에서 막장압의 관리실패는 굴진량과 배토량의 차이가 발생하는 것으로 막장압과 챔버압에서 불균형이 발생하여 결과적으로 지반침하나 지반융기가 발생하게 된다. 특히 도심지 터널인 경우 도로의 함몰과 상부 건물에 심각한 손상을 주기도 하므로 TBM 터널 굴진 시 막장압의 관리가 매우 중요하다.

그림 12.1에서 보는 바와 같이 터널 굴진 중 터널 막장압의 관리 실패는 토사유실과 지하수위를 저하시키고 전방 지반을 이완·교란시켜 최종적으로 지표침하 또는 지표함몰(sinkhole)을 일으킬 수 있다. 복합지반, 특히 상부 토사와 하부 암반과 같이 강도 차이가 큰 복합지반 굴착 시 지반의 침하가 발생한 사례도 있다. 굴착 중 상부 토사가 프레셔챔버 내로 보다 쉽게 유입되면서 상부 토사지반 내 공동이 발생하거나 느슨해지면서 지표침하가 발생할 수 있다. 복합지반의 경우 굴진량과 배토량의 단순 비교만으로는 상하부 복합지반의 균등한 굴착을 확인하기 어렵거나 잘못된 판단을 할 수 있으므로, 강도차이가 큰 복합지반 굴착 시 굴진속도의 관리에 특히 유의하여야 하며 굴진 중 굴착토사를 지속적으로 관찰하여야 한다.

막장면의 붕괴 또는 과다 지하수 유입은 전방지반의 예측실패로 인하여 발생하기도 한다. 상대적으로 좋은 등급의 암반굴착 시 굴진속도 향상을 위해 오픈모드로 굴착하다가 예측하지 못한 지질조건(예를 들어 파쇄대, 석회암 공동지대, 고지형 계곡부 등)을 조우할 경우 과다한 지하수 유출이나 막장면의 붕괴로 이어지기도 한다. 특히 이러한 지질구조는 직접 조우할 때까지 굴착 중 징후가 거의 나타나지 않아 갑작스럽게 발생하는 경우가 대부분이다. 본 절에서는 이러한 막장면 붕괴사례를 정리하였다.

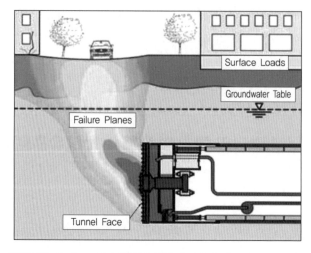

[**그림 12.1**] TBM 터널 굴진 중 막장압 관리 실패로 인한 지표함몰

2.2 사례 1-1 : 4th Elbe Highway Tunnel (독일, 1999)

1) 사고개요

기존 터널의 교통량을 분산시키기 위해 총 터널연장 3.1km 중 2.6km를 대형 화물 트럭을 수용할 수 있도록 내부 직경 12.4m, 당시 최대구경인 14.2m의 Mixshield TBM을 이용하여 건설하였다. 현장조사를 통해 커터비트의 마모가 클 것을 예상하여 막장면의 상태와는 관계없이 커터헤드 뒷면에서 대기압 조건으로 비트를 교환할 수 있는 설비와 최대 50cm 이상의 전석이 출현할 것을 예상하여 면판에 전석처리를 위한 Jaw Crusher를 장비하였다.

막장면 작업 시 4.0~4.5bar의 압력조건에서 약 80분간 작업했을 때 약 2시간을 감압장치에서 보내야 해서 공사 중 일어난 커터헤드의 마모와 손상으로 인한 피해를 복구하기 위해 7주의 긴 시간이 소요되었다. 그러나 고압을 이용하여 막장면의 안정을 장시간 유지했을 때 막장면이 건조해지면서 막장전방으로 압축공기가 침투하여 간극에 압력을 상승시켜 막장면 붕괴가 발생하였고, 지하수 유입도 크게 발생하였다.

[그림 12.2] 마모된 디스크커터 교환을 위한 Pressurized Disc Cutter Unit

2) 지질 및 지반조건

그림 12.3은 4th Elbe Highway Tunnel이 통과하는 구간의 복잡한 지질조건을 보여주고 있다. 터널은 4.2bar의 높은 수압조건과 최소 7m의 얇은 토피고를 가지고 있으며, 여러 차례의 침식으로 인해 모래, 이회토, 점토 및 최대 6m 직경의 전석을 포함하는 응집력이 있는 지반으로 구성되어 있다.

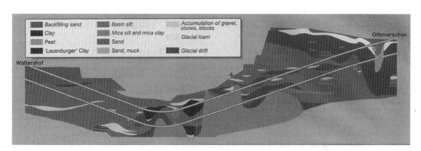

[그림 12.3] 4th Elbe Highway Tunnel이 굴착된 복잡한 지질조건

터널 시점부 500m 구간은 모래, 자갈 등으로 구성되어 있으며, 1,000m 구간은 전석을 포함하는 점토(bouldery clay)와 자갈로 이루어진 빙하토로 구성되어 있다. 마지막 1,000m는 지층 구조는 유사하지만, 오래된 건물과 주택의 12~35m 하부를 통과한다.

3) 사고원인 및 복구작업

비트 마모성이 높을 것이라 예상하고 공기압을 이용하여 막장면 안정성을 유지하며 비트교환이 가능하도록 장비를 제작하였으나, 예상하지 못하게 커터헤드 두께가 80mm에서 15mm로 감소할 만큼 커터헤드와 장비하부 배토시설의 마모가 심하게 나타났다. 막장면을 유지하기 위해 고압조건에서 작업을 진행하였으나 장시간 공기압으로 인하여 막장면이 건조해지면서 침투된 압축공기가 간극압력을 높여 막장면 붕괴가 발생하게 되었고 지하수 유입도 크게 발생하였다.

상황을 수습하기 위해 다이버들이 투입되어 장비내부의 장애물을 제거하고 배수작업을 진행하였다. 이후 붕괴발생 횟수가 잦아지면서 장비내부 Air Lock에 다이버들을 위한 산소공급장치가 설치되었고 지상으로 이동할 수 있는 가압이 가능한 이동용 셔틀까지 준비되었다.

과다하게 마모된 Cutterhead 수리를 위한 용접작업

Jaw crusher 수리

[그림 12.4] TBM 수리

2.3 사례 1-2 : 도호쿠 신칸센 오카치마치 터널(일본, 1993)

우에노에서 동경까지 약 3.5km 구간의 고속철도 터널 공사로써 12.66m의 토압식 쉴드TBM을 이용하여 굴착한 터널로써, 높은 지하수위의 연약한 지반 조건으로 굴진 중 막장면 붕괴 및 지하수 유출을 방지하기 위해 압기공법과 약액주입공법을 보조공법으로 적용했다. 하지만 1993년 1월 22일 오후 3시경 약액주입공법이 설계수량의 약 50%만 주입되는 등의 부실시공으로 인해 지하 14m에서 굴착 중이던 TBM 장비 전면으로 다량의 지하수가 유입되었고, 장비운용 기술자는 내부로 유입되는 수량을 감소시키기 위해 막장의 압기압을 상승(상시 $0.1N/mm^2$, 사고당시 $0.115N/mm^2$)시키면서 높은 압력으로 인한 지표면 붕괴가 발생하였다.

JR 오카치마치역 육교 아래에서 이 토사분출 및 도로함몰로 인해 약 12.0m(종)×10.0m(횡)×5.0m(깊이)의 공동이 발생하였고, 이 사고로 상부 도로를 통행하고 있던 차량 4대가 함몰되고, 13명의 부상자가 발생하였다.

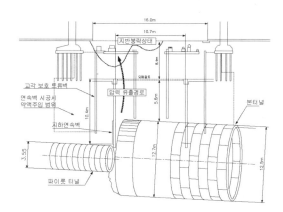 

[그림 12.5] 오카치마치 터널 시공 중 지반함몰 발생 현황도 및 현장 전경

2.4 사례 1-3 : 교토 공동구 터널(일본, 2001)

지하에 상수도관 및 가스관, 전력 케이블, 통신 케이블 등을 설치할 수 있는 공동구 터널을 건설하는 공사로써 외경 6.4m의 토압식 쉴드TBM을 이용하여 굴착하였다. 지하 25m 지점에서 굴착작업 중이던 TBM 장비의 스크류컨베이어에서 토사분출이 발생하면서 쉴드 장비 내부로 다량의 토사 및 지하수가 유입되기 시작하였으나 별다른 보강대책 없이 토출구 크기를 줄여 배토량만 줄인 상태에서 굴진을 계속 진행하다 약 2시간이 지난 뒤 지반침하가 연속적으로 발생하였으며, 이후 대책을 수립하던 중 함몰사고가 발생하였다. 2001년 5월 15일 오전 10시 30

분경 교토부 야와타시에 위치한 하천제방에서 함몰사고가 발생하면서 2.5m(종)×3.5m(횡)× 0.8m(깊이) 정도의 공동이 발생하였다.

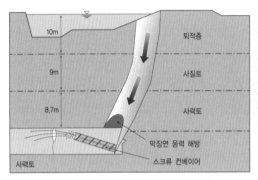

[그림 12.6] 교토 공동구 터널 시공 중 지반함몰 발생 현황도 및 현장 전경

2.5 사례 1-4 : South Bay Ocean Outfall(미국, 1998)

본 사례는 사용된 Foam재의 종류 및 배합비 문제로 인한 붕괴 및 누수 등이 발생한 사례이다. 바다에 폐기될 오염물질을 지상의 처리시설에서 수심 24m의 해저까지 이송하기 위해 건설된 총 연장 5.8km의 해저터널로써 직경 3.98m의 토압식 쉴드TBM을 이용하였다.

터널 전체 연장의 약 56%는 비교적 양호한 점토층으로 이루어져 있으나, 약 12%는 매우 높은 투수성을 가진 자갈 및 전석층(투수계수 $1\times10^{-4} \sim 3\times10^{-5}$m/sec)으로 구성되어 있었다. 양호한 점토층 구간을 굴착한 후 약 600m 연장의 자갈층(Reach-III)에 쉴드TBM 장비가 진입하자 막장면의 자립성을 높이고 굴착토의 배토를 원활히 할 수 있도록 주입되는 Foam재의 종류 및 배합비 문제로 막장면에서 토사붕괴 및 누수, Blowout 등이 발생하였다.

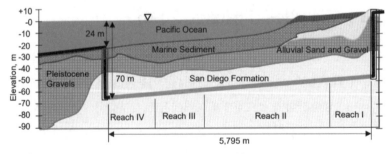

[그림 12.7] South Bay Ocean Outfall 터널 지질단면도(tunnel business magazine, 2008)

[표 12.1] South Bay Ocean Outfall 지층상태 요약

구간	길이(m)	자갈 및 전석층(%)	실트질 모래(%)	모래질 실트(%)	점토 및 점토질 실트(%)
I	927	5.3	26.4	51.4	16.9
II	2,728	5.8	4.5	13.5	76.2
III	1,112	41.3	33	16.1	9.6
IV	1,023	2.9	5.6	3.8	87
합계	5,790	12.1	13.6	18.3	56

2.6 사례 1-5 : 치바현 후나바시시 토요 고속철도 터널(일본, 1994)

직경 10.16m의 쉴드TBM 장비로 굴착을 완료하고 자정경 신설철도역사와 쉴드 터널 간의 지중접합 작업을 하던 중 지하수 유출을 시작으로 지반함몰이 발생한 사례이다.

주요 지반상태로는 충적사질토층과 홍적사질토층이 혼재된 상태의 지층상태를 보이며, 노선 주변 성문천의 영향으로 높은 지하수위 상태였다. 1994년 11월 16일 대부분의 작업자가 휴식을 취하고 있던 자정 무렵부터 토사 및 지하수 유출이 시작되어 터널 내에 있던 소수의 인부들이 처리에 몰두하는 사이 유출부의 보강은 이뤄지지 못하는 상황이 발생하였다. 터널굴착 완료 후 쉴드장비 해체작업 중 스킨플레이트와 장비도달 위치의 신설역사와의 지수마감부에서 높은 지하수위에 따른 고수압으로 인해 토사+지하수가 지수막을 뚫고 유입된 것으로 확인되었다.

미흡한 초기대응으로 인해 유출부가 확대되었고 대량의 토사가 갱내로 유입, 결국 지표면까지 영향을 미쳐 5.4m(종)×4.4m(횡) (약 40m³)의 공동이 발생하였다. 이 사고로 인해 지상에 주차되어 있던 차량 1대가 공동 내로 추락하는 상황이 발생하였다.

[그림 12.8] 토요 고속철도 터널 시공 중 지반함몰 발생 현황도 및 현장 전경

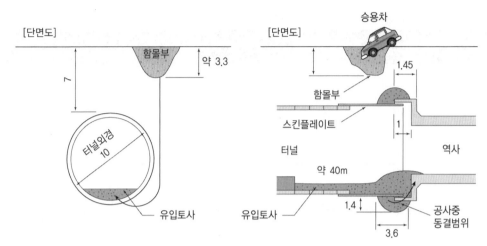

[그림 12.8] 토요 고속철도 터널 시공 중 지반함몰 발생 현황도 및 현장 전경(계속)

2.7 사례 1-6 : Storebaelt Tunnel(덴마크, 1991~1994)

총 연장 7,412m의 Storebaelt 터널은 스칸디나비아 반도와 유럽을 연결하기 위해 직경 8.75m의 토압식 쉴드TBM 장비 4대가 이용된 철도터널이다. 터널은 자갈 및 전석을 포함한 빙퇴석층과 이회토층을 통과하는 것으로 조사되었다.

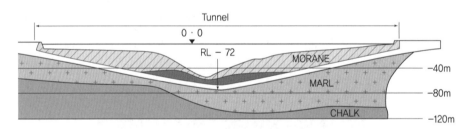

[그림 12.9] 지질 단면도(tunnel talk, 1995)

대구경의 자갈 및 전석 등이 다량 함유되어 있는 퇴적층과 최대 8bar 수준으로 예상되는 고수압조건에 대응할 수 있도록 2개의 스크류컨베이어를 설치하도록 설계하였다. 메인베어 링은 15bar, 테일실은 12bar까지 대응할 수 있도록 설계하였고 스크류컨베이어는 최대 60cm의 전석과 3bar의 고수압 조건에서도 배토가 가능하도록 하였다. Air Lock도 설치하도록 설계하였다.

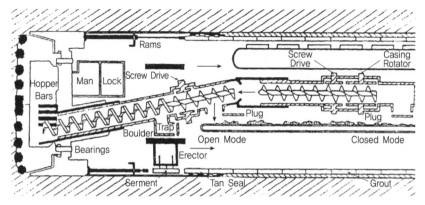

[그림 12.10] 4대의 8.75m 직경 토압식 쉴드TBM 설계 단면(tunnel talk, 1995)

하지만 투입된 장비는 Air Lock도 설치되지 않았으며 최대 3bar까지만 가압이 가능하도록 제작되어 불량한 지반에서 충분한 막장압을 가압하지 못하면서 잦은 막장면 붕괴와 대규모 지하수 유출이 발생하였다. 이러한 여러 가지 이유로 굴착 및 장비유지관리 작업 중 총 15회의 붕괴가 발생하였으며, 붕괴 발생 시 유출된 지하수 및 토사가 TBM 장비 내부와 발진구, 그리고 평행하게 굴착 중인 옆쪽 터널의 TBM 장비에까지 유입되었다.

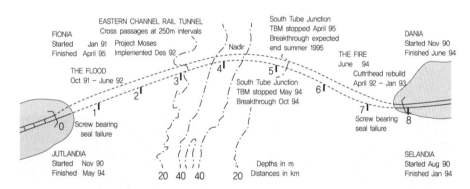

[그림 12.11] 굴착 중 발생한 주요사고 정리(tunnel talk, 1995)

2.8 사례 1-7 : OO 화력발전소 배수터널(대한민국)

본 사고사례는 직경 3.8m, 연장 1,560m의 토압식 쉴드TBM을 이용하여 단층대 통과 중 지하수+토사가 과다하게 유입되면서 굴진을 중단한 사례이다. 최대수심이 15.6m, 최소 토피고 15.0m의 해저터널이며, 전체 1,560m 중 연암이 858m(55%), 보통암이 484m(31%), 경암이 218m(14%)로 구성되었다.

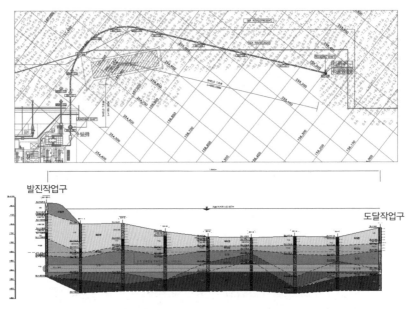

발진작업구

도달작업구

[그림 12.12] 평면 및 지층 종단면도

광양만권 연약 단층대 통과 중 챔버내부가 3.0~3.42bar의 압력으로 인해 스크류를 통해 해수가 분출하여 정상적인 배토가 불가하였다. 스크류를 통해 지하수와 함께 뻘, 모래, 자갈, 조개껍질, 양식용 나무말뚝 등이 혼재되어 분출되었으며, 용수량이 증가하여 터널 단면의 약 1/3이 침수되어 다수의 수중펌프, 고압호스를 투입하여 배수작업을 진행하였다. 또한 단층파쇄층에서 스크류컨베이어가 끼어 회전불가로 점검구를 열어 암석제거 후 재굴진을 수행하였다.

[그림 12.13] 터널 내 용출수 발생

TBM 전방 해상지질조사를 실시한 결과 약 10~15m 추가굴진을 수행하면 연약단층대를 벗어날 것으로 조사되어 스크류 분출현상을 감수하고 굴진하여 약 2개월의 공기지연이 발생하였다.

2.9 사례 1-8 : OO구 전력구 터널(대한민국)

본 사고사례는 직경 3.5m의 쉴드TBM 굴진 중 갑작스런 막장 내 유입수 증가(최대 1,785m³/일)로 굴진작업이 지연(일평균 2.2m/일)되었고 약 12m³의 1차붕락이 발생하고 4일 후 약 8m³ 규모의 2-1차 및 약 24m³ 규모의 2-2차 추가붕괴가 발생한 사례이다.

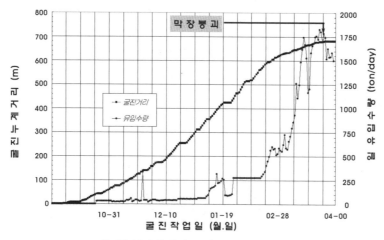

[그림 12.14] 굴진 중 지하수 유입 변화량

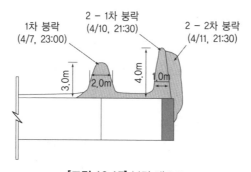

[그림 12.15] 붕락 개요도

본 지역의 과거 고지형도를 분석한 결과 터널 진행방향 우측에서 좌측으로 유입되는 비교적 큰 하상인 OO천이 위치하고 있어 OO천을 따라 상당히 두텁게 풍화대가 발달되어 있다. 설계 당시의 지반조사 및 시공 중 추가 시추조사를 통하여 본 OO천 통과구간은 풍화암층으로 조사되어 막장 붕락의 위험이 없을 것으로 판단하였으나, 추후 실시된 막장면 선진 수평시추조사에 의하면 막장면에서 15m까지는 거의 완전풍화된 풍화토가 분포하고 그 이후에도 풍화암층 중

597

간중간에 토사화된 파쇄대가 분포하고 있는 것으로 조사되었다. 따라서 터널 내 유입수는 풍화암층을 굴진하면서 풍화암층내에 발달된 절리면을 따라 심부의 지하수가 유입되는 것으로 추정되며, 유입되는 수량의 과다로 세그먼트 배면의 뒤필 주입재가 굳기 전에 지하유입수의 영향으로 뒷채움 주입재의 시멘트 성분이 유실되며 지하유입수는 세그먼트 배면 공극을 타고 막장 내로 유입되는 것으로 추정되었다. 풍화암 구간을 굴진해가면서 세그먼트 배면으로 유입되는 지하수는 계속적으로 증가되었고 상당량의 유입수는 막장 내로 유입되면서 막장면 풍화암의 절리면이나 파쇄대, 풍화토 지층을 세굴시켜 막장붕락이 발생된 것으로 판단하였다.

보강방안으로 세그먼트 주입홀을 이용하여 ARC(Acrylic Resin Chemical) 그라우팅으로 막장면 주변 보강을 먼저 실시하고, 소형천공기를 이용하여 장비 내부에서 막장 전면부 선진보강 그라우팅을 실시하였다. 또한 터널 주변부 보강을 위해 지상에서 수직 그라우팅을 실시하고, 길이 30m의 마이크로 파일 경사보강으로 터널노선을 횡단하는 지하철 O호선 교각 우물통 기초하부 보강을 실시하였다.

2.10 사례 1-9 : OO시 전력구 터널(대한민국, 2016)

1) 사고개요

본 현장은 쉴드TBM을 이용하여 전력구 터널을 개방형(Open mode)으로 굴착 중 2016년 석회암 공동구간을 조우하면서 수직구 펌핑량이 670~780ton/day 수준으로 급격하게 증가하였다. 이후 지하수 유입량이 감소하지 않고 유지되면서 지하수위가 터널굴착 전 GL-16m에서 최저 GL(-)32m로 급강하하였고 지표침하가 발생하였다. 이에 따라 현장에서는 쉴드TBM을 밀폐형(closed mode)으로 전환하고 고탄성 우레탄 주입을 통해 터널 막장면 지하수 유입을 차단하고 작업을 중지하였다. 2차 멕겔그라우팅 주입 후 수직구 지하수 펌핑량은 석회암 공동 조우 이전 수준으로 감소하였으며, 지하수위는 GL(-)17m로 원수위 수준으로 회복되었다. 그러나, 지하수위 저하로 인한 지반침하로 약 150m 떨어진 주차장 및 인접 보도에 균열이 발생하였고 인접 빌딩 지하와 옹벽 등의 구조물에서 신규 균열이 확인되었다.

[그림 12.16] 터널 굴착면 과다지하수 유입에 따른 지반침하로 인한 인접구조물의 손상

2) 지질조건 및 사고원인

　석회암 공동지대는 불연속면을 따라 좁은 폭으로 나타나는 형태나 수십~수백m 폭의 대규모 형태로 나타난다(이병주, 선우춘, 2010). 좁은 폭의 네트워크 형태는 응력에 의해 절리군이 형성된 이후 불연속면을 따라 지하수가 유입되면서 석회암이 용해되어 네트워크 형태로 발달된 구조이며, 실시설계 지반조사 및 시공 중 추가지반조사 결과로 판단할 때 본 과업구간 내 석회암 공동형태는 불연속면을 따라서 발달한 좁은 폭의 네트워크 형태인 것으로 판단되었다.

　일반적으로 석회암 지대에는 용해과정을 거치면서 지하의 공동내지 풍화대가 형성되고 지하수의 급격한 변동이 발생할 가능성이 있으며, 지하수의 급격한 변동으로 지반의 역학적 평형상태가 깨지고 지표침하가 유발된다. 이로 인해 석회암 지대에서는 불규칙한 형태를 보이는 뾰족한 형태의 암선이 발달하고 매우 복잡하고 불규칙하게 발달한 지층 구조를 형성하게 된다. 이러한 뾰족한 형태의 발달 심도차는 수 m에서부터 수십 m까지 나타나므로 지반굴착 시 문제가 발생하는 경우가 많다(이병주, 선우춘, 2010).

　석회암 공동은 실시설계 시 지반조사 시추공에서 확인되었다. 석회암 공동은 터널천단부 상부 약 5~10m에서 집중적으로 확인되었고 터널심도에서는 비교적 양질의 암반상태가 확인되었다. 실시설계 지반조사 시 석회암 공동이 터널상부 약 5~10m 정도에서만 분포되는 것으로 조사되어 터널굴착 중 석회암 공동구간의 직접적인 조우도 예상치 못했던 것으로 사료된다.

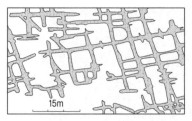
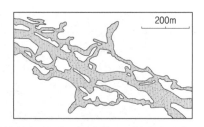

(a) 좁은 폭의 네트워크 형태의 발달구조   (b) 수십~수백m 폭의 대규모 형태의 발달구조

[그림 12.17] 석회암 공동지대 발달구조(이병주, 선우춘, 2010)

하지만 사고 발생 후 추가지반조사결과 공동의 발달수준과 깊이가 실시설계 지반조사결과와 큰 차이를 보였다. 석회암 구간은 일반적으로 암선이 상당히 불규칙하게 발달되고, 석회암 공동의 발달심도도 지하수 흐름과 절리의 발달 수준에 따라 불규칙하게 나타날 수 있지만, 실시설계시 이러한 가능성이 간과되었다.

본 과업구간의 석회암 지대는 절리를 따라 좁은 폭의 공동이 발달한 형태로 공동의 발달 수준과 발달 심도가 매우 복잡하고 불규칙한 것으로 판단된다. 석회암 공동을 최초 조우한 No. 34+04 위치에서 공동은 지름이 수cm 수준이었으나 석회암 공동네트워크가 형성되어 상당히 양의 높은 압력의 지하수가 지속적으로 유입된 것으로 사료된다.

석회암 구간의 절리는 3개 군으로 나타났으며, 경사각이 10~30°와 60~80°로 나타났다. 그림 12.18에 도해된 바와 같이 실시설계 시추조사에서는 석회암 공동이 터널천단 5~10m 상부에 분포하는 것으로 조사되었으나 일부 고각의 절리 중 깊게 용해되어 발달한 공동을 No. 34+04에서 조우한 것으로 판단되며, 이는 현장에서 제공된 시공자료에서도 확인할 수 있다. 시공 중 막장사진으로 판단하였을 때 과다출수 발생지점 전까지 막장암반의 상태는 매우 양호하였으며, 석회암 공동 조우로 인한 과다출수 발생구간에서부터 3m 추가 굴착추진만으로 다시 양질의 암반 막장이 나타났다.

[그림 12.18] 석회암 공동의 불규칙한 발달심도

③ 쉴드TBM 터널 피난연락갱 굴착 중 사고사례

3.1 개요

횡갱 또는 피난연락갱(cross passage)은 터널의 벽면에 설치된 연결통로로 화재 등 터널 재난 발생 시 터널 이용자들의 대피용 또는 차량을 포함한 소방 및 구호장비의 진입용 통로이다. 일반적으로 피난연락갱은 터널 방재기준에 따라 일정한 간격으로 설치하도록 규정하고 있어 불량한 지반조건에서도 불가피하게 설치해야 하는 경우가 많다.

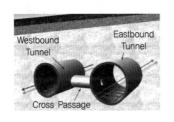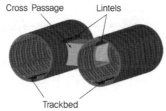

[그림 12.19] TBM 터널에서의 피난연락갱

쉴드TBM 터널에서는 터널굴착 전 지반조건에 따라 필요시 피난연락갱 계획위치를 사전보강하고 터널굴착 중 피난연락갱 계획위치에 일반적으로 제거가 용이한 강재 세그먼트로 설치한다. 본선터널 굴착의 영향범위를 충분히 벗어난 후 강재 세그먼트를 제거하고 지반조건에 따라 주변지반을 추가보강한 후 터널의 연장과 단면 특성을 고려하여 일반적으로 NATM 공법을 이용하여 피난연락갱을 굴착하게 된다.

쉴드TBM 본선터널 굴진 중 막장면 붕괴와 더불어 다수의 피난연락갱의 시공 중 사고사례들이 보고되고 있다. 특히 연약 토사층에서 피난연락갱 시공 시의 사고는 대규모 침수와 함께 지표면의 지반함몰을 동반하여 최종적으로 터널 붕락에 이르는 경우도 볼 수 있다. 피난연락갱의 굴착은 터널의 굴착이 완료되고 안정화된 세그먼트 라이닝을 뜯어내고 굴착하게 되므로, 부적절한 차수보강공법 적용에 따른 지하수 유입과 굴착 중 지반교란 등으로 인하여 본 터널의 안정성에 영향을 주거나 붕괴사고가 날 수 있는 연약지반 쉴드TBM 터널공사에서 가장 어려운 공정 중 하나라고 할 수 있다. 본 절에서는 이러한 피난연락갱 굴착 중 붕괴사례를 살펴보고 붕괴의 메커니즘과 사후 대응공법을 정리하였다.

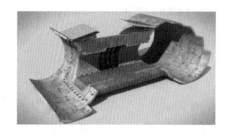
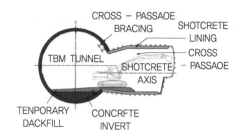

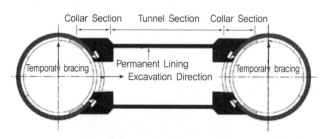
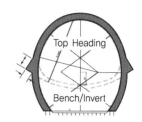

[그림 12.20] TBM 터널에서의 피난연락갱 설계 및 시공
(The Government of Western Australia Public Transport Authority, 2018)

3.2 사례 2-1 : Shanghai Metro(중국, 2003)

1) 사고개요

본 사례는 중국 상하이 메트로 펄라인(Pearl line)의 기시공된 상하행 터널(내경 5.5m, 심도 16.00~37.35m, 상하행 터널 간격 10.98m)을 연결하는 피난연락갱을 동결공법을 적용한 후 굴착하던 중 급격한 지하수와 토사 유입으로 인하여 터널붕락과 상부구조물의 대규모 붕괴가 발생한 사례이다. 본 터널은 Huang-Pu강 하부를 토압식 쉴드TBM으로 굴진하였으며, Huang-Pu 강 제방 서측 하부 피난연락갱 굴착 중 지하수+토사 유입으로 약 274m의 터널붕락이 발생하였다. 사고가 발생한지 이틀만에 지반침하로 인하여 인근건물과 Huang-Pu강 제방이 무너지고 엄청난 양의 강물이 유입되는 대형사고로 이어졌다. 그림 12.21은 당시 터널붕괴 사고로 인한 지반 침하 및 건물 붕괴를 보여주는 것으로 당시의 사고 규모를 알 수 있다.

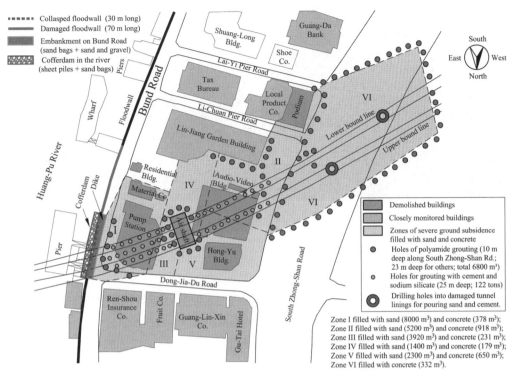

[그림 12.21] 대상구간 평면도(Tan et al., 2021)

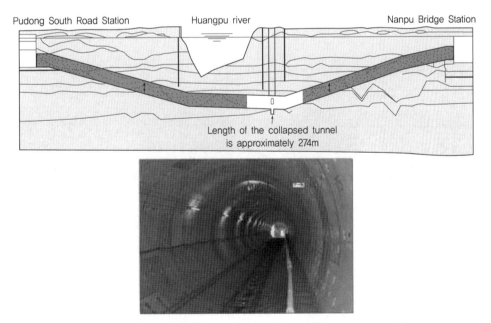

[그림 12.22] 상하이 메트로 터널(토압식 쉴드TBM)(Tan et al., 2021)

603

[그림 12.23] 터널붕괴로 인한 지반침하 및 건물 붕괴(Tan et al., 2021)

2) 지질 및 지반조건

그림 12.24는 프로젝트 구간 지층단면도이며, 그림 12.25는 피난연락갱 단면도와 지층구성을 보여주고 있다. 피난연락갱은 두꺼운 점토 불투수층 하부 모래질 실트 피압대수층에서 굴착되었다. 피압대수층은 피에조메터 수두는 GL(-)7.58m(MSL.(-)3.33m)이고 피난 연락갱의 토피고는 약 35m 정도이다.

피난연락갱이 위치한 모래질 실트층의 평균 점착력과 평균 N값은 각각 3kPa, 34로 측정되었고 투수계수는 $5.34 \sim 6.43 \times 10^{-4}$cm/sec로 측정되었다.

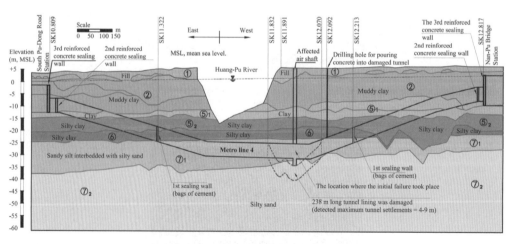

[그림 12.24] 지층단면도(Tan et al., 2021)

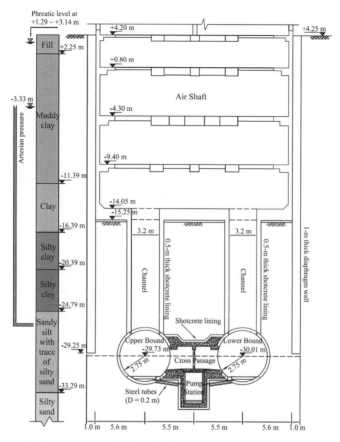

[그림 12.25] 피난연락갱 단면도 및 지층구성(Tan et al., 2021)

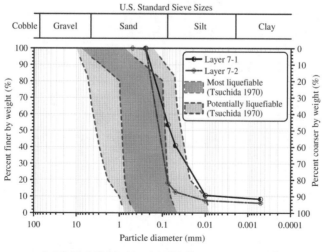

[그림 12.26] 입도분포 분석결과(Tan et al., 2021)

3) 사고원인

　피압대수층 지하수가 갑자기 피난연락갱으로 들어오기 시작한 것은 3일 전 동결공법의 냉동기 중 1기가 약 7시간반 동안 꺼진 사고로부터 시작되었다. 동결 지층의 온도는 설계온도인 -10℃보다 훨씬 높은 3℃까지 상승했으나 공사팀장이 심각성을 간과하고 굴착을 계속 진행하였다. 그로부터 11시간 후 굴착면에 작용하는 수압이 피압층 수압인 210.3kPa에 근접한 225.4kPa이었으며, 하행선 터널에 설치된 관측공으로부터 피압수가 뿜어져 나왔으나 피압을 저감하는 dewatering 작업이 수행되지 않았다.

　사고 당일 0시에 피난연락갱 굴착을 0.8m 남겨놨을 때 트레미 파이프 설치를 위해 0.2m 직경의 홀을 천공한 직후 천공홀로부터 많은 양의 피압수가 터져나오기 시작하였다. 지하수의 유입은 동결지반을 더 빨리 녹게 만들어 천공홀의 확대가 발생하였을 것으로 추정되었다. 6시간 뒤 터널 내부가 잠길 정도의 많은 양의 지하수와 토사가 뿜어져 나오고 지반침하가 일어나기 시작하였으며, 이후 상부 구조물이 기울어지거나 무너졌다. 이튿날 Huang-Pu강 제방이 침하로 인해 붕괴되면서 많은 양의 강물이 환기수직구를 통해 터널 내부로 흘러 들어갔다.

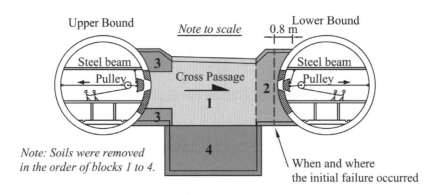

[그림 12.27] 피난연락갱 시공순서(Tan et al., 2021)

　과다 지반침하와 불균등 토압으로 인해 터널의 침하(붕괴발생 후 계측값 최대 7m 수준)가 발생하였고 콘크리트 세그먼트의 균열, 조인트 이격, 볼트파손 등으로 이어졌을 것으로 추정된다.

　결론적으로 냉동기 1기의 고장으로 동결지반이 녹으면서 피압을 견디지 못해 피난연락갱 하부에 피압수 침투로 유로가 형성되면서 대규모의 토사-물이 터널 내로 급격히 유입된 것이 붕괴의 시작이었던 것으로 추정된다. 파이핑 현상으로 터널주변 토사가 유입되고 세그먼트 이격 및 침하가 발생하면서 최종적으로 대규모의 지표침하가 발생하고 제방의 붕괴로 많은 양의 강물이 터널 내부로 유입되면서 터널이 완전히 붕괴된 것으로 추정된다. 그림 12.29에는 세그먼트 라이닝이 파손된 모습을 나타낸 것으로 상선 및 하선 모두 완전히 붕괴되었음을 알 수 있다.

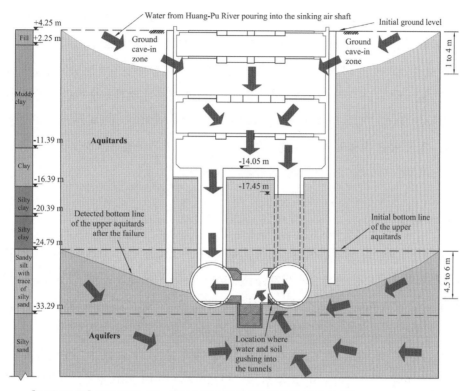

[그림 12.28] 파괴 메커니즘 - 환기수직구 주변지반 함몰 및 강물 유입(Tan et al., 2021)

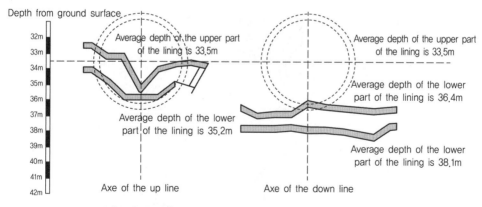

[그림 12.29] 파손된 세그먼트 라이닝(Tan et al., 2021)

공학적인 문제와는 별도로 본 붕괴사고는 QA/QC(Quality Assurance & Quality Control)가 적절히 작동하지 않은 문제가 컸다. 동결공법을 수행한 하도급사는 설계보다 훨씬 짧은 동결파이프를 사용했고 갯수도 적게 삽입했지만 설계사, 시공사 및 발주처 모두 이를 인지하지 못했다. 현장 QA/QC 책임기술자가 이를 인지하지 못했거나 묵인하여 보고가 이루어지지 않았다.

붕괴 3일전 냉동기 1기가 작동을 멈춰 동결 지층의 온도가 지속적으로 상승하였지만 적절한 대응을 하지 않았으며, 붕괴 5일 전부터 QA 책임기술자는 현장에 단 2번만 방문하였고 심지어는 터널 안에는 들어가지도 않았으며, 현장 QC 책임기술자는 이 기간동안 한번도 방문하지 않았지만 이들은 QA/QC 감독관에게 공사가 특별한 사항없이 적절히 진행되는 것으로 일일보고를 하였다. 결국 동결 지층의 온도가 설계온도보다 13도나 초과하였지만 하도급사의 공사팀장은 보고나 적절한 대응없이 무리하게 굴착을 강행하게 되었다.

4) 대책 및 복구

터널의 점진적 파괴를 막기위해 상·하행선 터널 내부 양측을 먼저 시멘트 포대로 막고 2차로 2.7m 두께의 철근보강 콘크리트 벽체를 설치하여 플러깅 (plugging)을 하였다. 플러깅 사이 구간에 물을 채워 터널외부 수압을 지지하도록 하고, 이후 지상으로부터 상하행선 터널까지 수직공을 천공하고 모래와 시멘트를 터널 내부 플러깅 사이 구간에 주입하였다.

붕괴된 터널구간에 대한 복구방안은 그림 12.30에서 보는 바와 같이 지중연속벽 공법을 적용한 개착공법을 적용하였으며, 차수성능을 확보하기 위하여 RJP 보강그라우팅이 실시되었다.

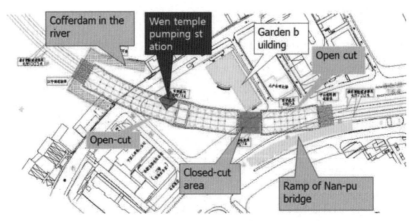

[그림 12.30] 붕괴구간 재시공 공법 - 개착공법(Tan et al., 2021)

3.3 사례 2-2 : Kaohsiung Metro LUO09터널(대만, 2005)

1) 사고개요

본 사례는 대만 카오슝에 연장 837m, 직경 6.24m의 토압식 쉴드TBM 병렬터널을 연결하는 피난연락갱 굴착 중 발생한 붕괴사례이다. 피난연락갱 굴착 완료 후 중앙 GL(-)32.6m에 직경 3.3m의 집수정을 4.95m 굴착하였을 때 바닥부에서 갑자기 누수가 발생하였고, 누수가 점점 확대되면서 진흙섞인 물이 대규모로 유입되어 세그먼트 라이닝이 파손되고 확대되어 최종적으로 지반함몰이 발생하였다.

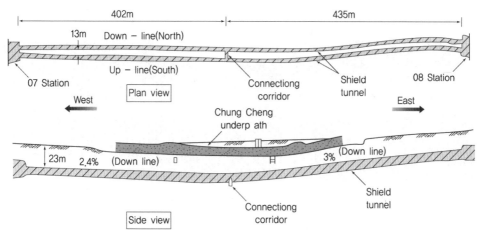

[그림 12.31] 프로젝트 평면도 및 종단면도(Lee and Ishihara, 2011)

대규모 진흙섞인 지하수 유입 발생 직후 모래주머니와 급결 시멘트를 이용하여 누수를 제어하려 했지만 소용이 없었다. 작업자들이 남측 세그먼트 조인트부에서 깨지는 소리와 함께 누수가 발생하는 것을 직접 목격하였다. 지하수는 세립분과 함께 유입되었고 이로 인하여 세그먼트 라이닝-지반 접촉이 사라지면서 지표에 종방향 침하가 발생한 것으로 추정하였다. 토사유실로 인하여 북측터널의 침하도 발생하여 터널과 피난연락갱의 접합부에서 이격이 발생하여 토사가 유입되고 결과적으로 두 번째 상부 지반함몰이 발생하였다. 계측결과 남측터널과 상부 지하차도는 각각 2.7m와 1m의 침하가 발생하였고, 북측터널은 0.16m 침하가 발생한 것으로 확인되었다.

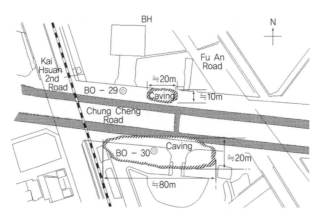

[그림 12.32] 지반함몰 발생위치(Lee and Ishihara, 2011)

[그림 12.33] 두 개의 지반함몰과 터널라이닝 이격(Cheng et al., 2019)

지반함몰 구간에 약 12,000m³의 토사 및 자갈과 급결시멘트를 채웠지만 두 개의 상수도관 파손으로 인해 18시간 동안 약 2,000m³의 지하수가 유입되었다. 터널 내 유입된 토사는 14,000m³에 이르는 것으로 추정된다. 커튼그라우팅, 터널 플러깅을 적용하여 지하수 흐름을 중단시키고, 약 2년간 동결공법과 지중연속벽 적용을 통한 개착공법으로 보수공사를 진행하였다.

2) 지질 및 지반조건

터널노선을 따라 시추조사를 수행한 결과 42m 이상의 연약점토층과 실트질 사질토층, 30m 이상의 실트질 자갈층 등이 나타났으며, 붕괴가 발생한 위치 인근 깊이별 지층구성은 그림 12.34와 같이 GL(−)40m까지 대부분 실트질 사질토로 구성되어있고 간헐적으로 점토층 (CL)이 나타났다. N치는 깊이에 따라 증가하는 경향을 나타냈으며, 집수정이 위치에서는 20~30정도로 나타났다. 지하수위는 GL(−)5~6m에 위치하였다.

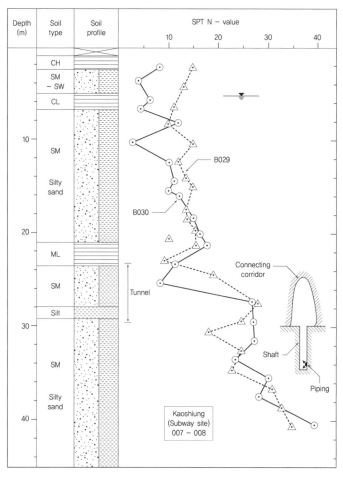

[그림 12.34] 피난연락갱 위치 지층구조(Lee and Ishihara, 2011)

3) 사고원인

피난연락갱 위치에 직경 3.2~3.5m의 제트그라우팅을 60cm 중첩으로 깊이 35m까지 적용하였으며, 피난연락갱 굴착 완료 후 직경 3.3m의 sump pit이 굴착되었다. 파이핑이 지하수 유출이 시작되는 원인이 되었으나 파이핑이 시작된 원인은 여러 가지로 추정된다. 터널상부에 있는 기존 지하차도로 인해 제트 그라우팅의 정확한 시공이 어려웠고 설계값인 60cm 중첩시공이 적절히 이루어지지 않았을 것으로 추정되었으며, 결과적 일부 지하수 침투 취약대(seepage-prone weak zone)가 형성되었을 것으로 추정되었다.

지하수위는 GL(-)5~6m이므로 누수가 발생한 GL(-)34m까지 수두차가 29m이다. 지하수 흐름이 발생하는 최단거리는 그림 12.35에서 나타난 바와 같이 2.4m이므로 동수경사, i는 12.1로 계산할 수 있다. clean-sand에서 파이핑을 일으키는 한계동수경사, i_{cr}=0.9~1.0과 비교하여 gap-graded 모래자갈층에서의 한계동수경사, i_{cr}는 0.2~0.3 수준으로 낮을 수 있으므로 12.1의 동수경사로 쉽게 토립자가 쓸려나올 수 있었을 것으로 추정하였다. 따라서 높은 동수경사와 제트 그라우팅 기둥 사이에 형성된 지하수 침투 취약대가 사고의 주요원인으로 추정할 수 있다.

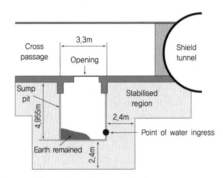

[그림 12.35] 지하수 침투 최단경로(Cheng et al., 2019)

지하수+토사 유출에 따른 지반함몰 시나리오는 그림 12.36과 같다. 제트그라우팅 기둥 사이에 형성된 취약대를 높은 동수경사의 지하수가 집수정 바닥으로 침투하면서 파이핑이 발생하고, 지반손실로 인하여 터널세그먼트 링의 이격과 터널 내부로 지하수+토사의 추가침투가 발생하면서 결과적으로 지반함몰이 일어나게 되었다. 남측 터널 상부 지반함몰 발생 이후 점차 확대(직경 80m)되면서 북측 터널의 침하가 발생하고, 두 번째 지반함몰(직경 30m)이 북측터널 상부에 발생하게 된 것으로 추정되었다.

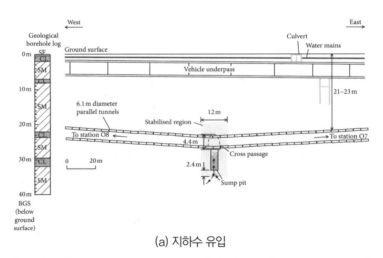

(a) 지하수 유입

[그림 12.36] 지하수 유입사고로 인한 지반함몰 시나리오(Cheng et al., 2019)

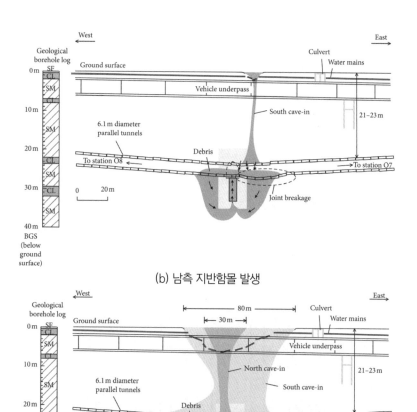

(b) 남측 지반함몰 발생

(c) 북측 지반함몰 발생 및 남측 지반함몰 확대

[그림 12.36] 지하수 유입사고로 인한 지반함몰 시나리오(Cheng et al., 2019)(계속)

4) 대책 및 복구

복구공사는 2년 동안 진행되었으며, 복구공사 순서는 다음과 같다(그림 12.37).

- 지하수 유입이 발생한 구간에서 어느정도 떨어진 터널 내부 양측에 제트그라우팅 블록
  으로 차수 플러그를 설치(그림 12.38)
- 주변지반에 지반동결공법 적용
- 개착공법 적용을 위해 GL(−)60m 깊이까지 1.5m 두께의 지중연속벽(총 100m 구간) 설치
- 굴착 바닥을 건조한 상태로 유지하기 위해 터널 하부까지 dewatering well 설치

- 개착구간 내 기존 지하차도 해체
- 신규 터널 라이닝 설치
- 지하차도 하부 경량콘크리트(Controlled low-strength materials) 백필 및 지하차도 재시공
- 지표까지 경량콘크리트 백필

지반함몰구간에 토사 및 자갈과 시멘트를 채워넣고 커튼 그라우팅을 실시하였지만 두 개의 지중상수도관까지 파손되면서 지속적으로 지하수와 토사의 유입이 발생하였다. 터널 양측에 방수 플러그를 설치한 후 터널 내부로 다시 물을 주입하여 지하수위를 회복하였다.

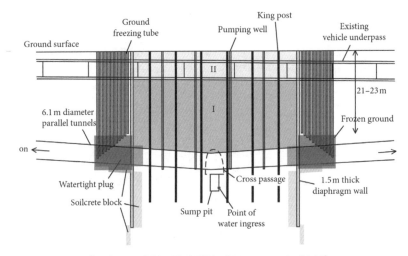

[그림 12.37] 복구공사 단면도(Cheng et al., 2019)

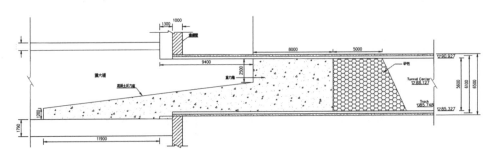

[그림 12.38] 차수 플러그(Lee and Ishihara, 2011)

3.4 사례 2-3 : Tianjin Metro Line 1(중국, 2016)

1) 사고개요

본 사례는 중국 톈진 도시철도 1호선 건설을 위한 쉴드TBM 터널(외경 6.2m) 상·하행선을 연결하는 피난연락갱 작업 중 급격한 토사 유입으로 인한 콘크리트 세그먼트 라이닝 손상 사례이다. 피난연락갱 굴착 전 우측터널 강재세그먼트로부터 시멘트 주입 파이프 설치를 위한 천공작업 중 천공홀에서 지하수와 사질토가 뿜어져 나왔다. 누수부에 대한 응급조치로 플러깅(plugging), 급결 시멘트 주입, 강재 세그먼트의 용접판 설치 등의 조치가 취해져 왔으나 효과가 없었으며, 폴리우레탄이 주입되어 6시간만에 누수를 차단하였다. 6시간동안 약 77.5m^{3}의 지하수+토사가 뿜어져나왔고 세그먼트 주변 약 31m^{3}의 모래가 유실된 것으로 추산되었다. 이 사고로 피난연락갱 주변 10개의 콘크리트 세그먼트에 균열이 발생하였다(그림 12.39). 또한 사고직후부터 누수차단 시까지 피난연락갱 직상부에 최대 119mm의 즉시침하가 발생하였다(그림 12.40).

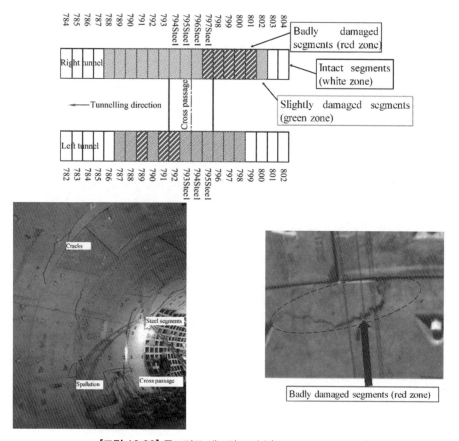

[그림 12.39] 콘크리트 세그먼트 파손(Huang et al. 2020)

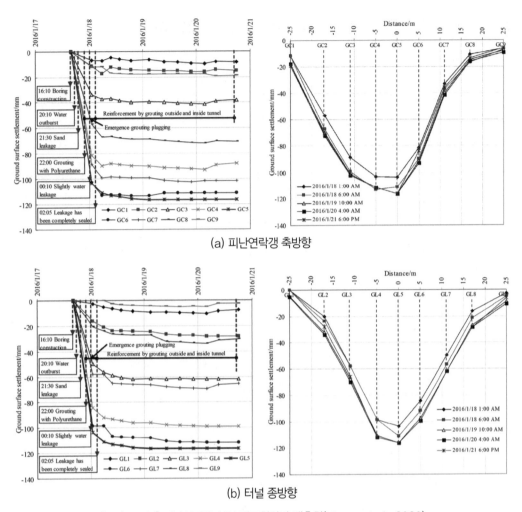

(a) 피난연락갱 축방향

(b) 터널 종방향

[그림 12.40] 피난연락갱 상부 지표침하량 계측치(Huang et al., 2020)

2) 지질 및 지반조건

그림 12.41에 피난연락갱 횡단 및 종단 지반조건을 보여주고 있다. 피난연락갱은 얇은 실트 층 하부 사질토층에 위치하며, 터널 상부에는 실트질 점토층, mud 점토층이 분포하고 있다. 피난연락갱의 토피고는 약 17m 정도이며, 지하수위는 GL(-)1.07m에 위치하고 있다.

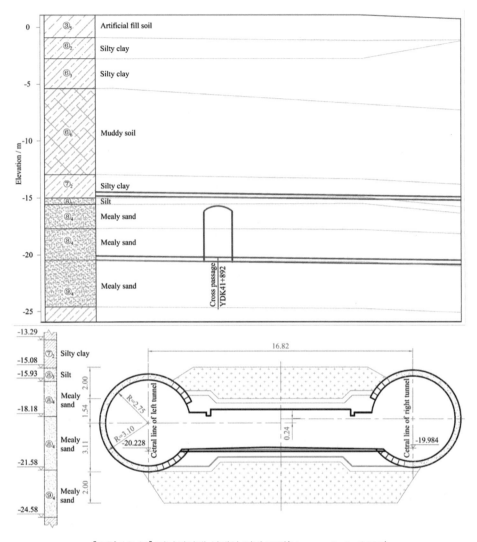

[그림 12.41] 피난연락갱 설계와 지반 조건(Huang et al., 2020)

3) 사고원인

본 사고는 피난연락갱 시공 전 터널 내 강재 세그먼트에서 그라우팅 작업을 위한 천공 작업이 누수방지가 적절히 이루어지지 않은 상태에서 수행되어 지하수+토사 유출이 되면서 시작되었다. 터널바닥에서 수두가 20.51m이고 터널 바닥에서 지하수 유출이 발생한 천공홀 위치까지 최단거리가 1.5m이므로, 동수경사, i=20.51/1.5=13.67로 파이핑을 일으키는 한계동수경사, i_{cr}(0/9~1.0 for clean sand, 0.2~0.3 for gap-graded sand gravel mixtures)보다 훨씬 크다. 이로 인하여 토사-물 슬러리가 터널 내로 급격히 유입되면서 주변 지반 이동을 유도하고,

최종적으로 피난연락갱 주변 지반 이동을 유도하여 터널 라이닝 손상과 지표침하로 이어졌다. 그림 12.42에는 침투경로가 나타나 있다.

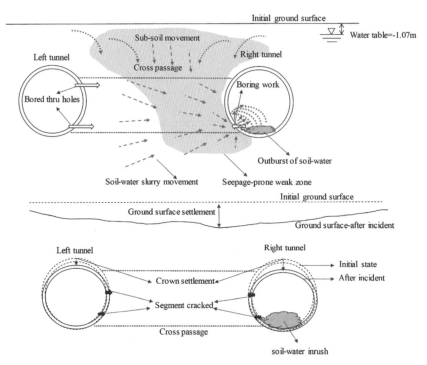

[**그림 12.42**] 지하수+토사 침투 메카니즘(Huang et al.. 2020)

4) 대책 및 복구

침투수가 발생하는 구멍을 실링한 후, 지표에서의 그라우팅과 터널내부에서의 백필 그라우팅을 포함한 안정화 방법이 적용되었다. 그림 12.43은 지상 그라우팅 계획이다.

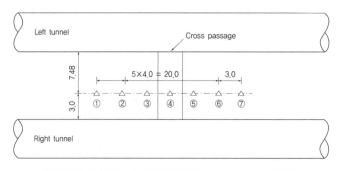

[**그림 12.43**] 지상 그라우팅 계획(Huang et al., 2020)

618

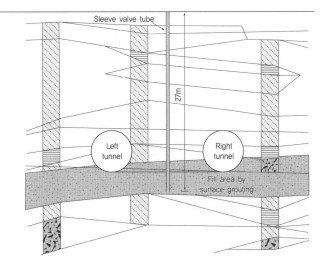

[그림 12.43] 지상 그라우팅 계획(Huang et al., 2020)(계속)

3.5 사례 2-4 : Perth Forrestfield-Airport Link 철도터널(Australia, 2018)

1) 사고개요

본 사고는 Forrestfield-Airport Link 철도터널의 첫번째 피난연락갱(Cross Passage Dundas) 굴착 중 지하수 및 실트 유입으로 인하여 터널라이닝이 국부적인 변형과 변위가 발생하여(그림 12.44) 약 26m 구간 16개 세그먼트링의 파손과 지반함몰이 발생한 사례이다(그림 12.45).

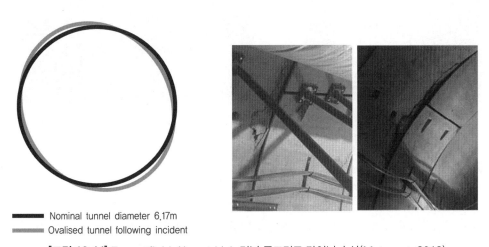

━━━ Nominal tunnel diameter 6.17m
━━━ Ovalised tunnel following incident

[그림 12.44] Forrestfield-Airport Link 터널 콘크리트 라이닝 손상(Metronet, 2018)

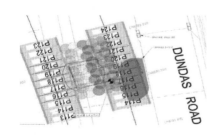

[그림 12.45] Forrestfield-Airport Link 터널굴착 중 지반함몰(8m×3m, 깊이 3.5m) (Metronet, 2018)

2018년 9월 22일 오전 11:45분경 터널 1과 Dundas 피난연락갱 코너부에서 지하수 유입이 최초 발생한 후 지하수 유입을 막기 위해 즉각적인 노력을 기울였지만, 매우 높은 수압으로 인하여 누수 구멍의 크기는 약 10mm에서 약 100mm까지 증가하였다(그림 12.46). 지하수 유입량은 약 50l/sec까지 증가하여 결과적으로 약 150m^3 이상의 모래와 실트가 터널 내로 유입되었다. 누수가 시작된 지 24시간이 채 지나지 않아 9월 23일 이른 아침, Dundas Road 인근 지표면에 지반함몰이 발생되었다. Dundas Road는 폐쇄되었고, 두 대의 쉴드TBM의 운행을 중지시켰다. 이후 인접한 세그먼트 링 인버트부에 그라우트를 주입하여 누수를 제어하였으며, 10월 3일에 누수를 완전히 차단하였다.

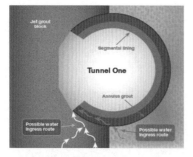

[그림 12.46] Forrestfield-Airport Link 터널 피난연락갱 누수 및 터널침수(Metronet, 2018)

2) 지질 및 지반조건

Forrestfield-Airport Link 터널의 지반 조건은 전반적으로 모래층으로 구성되어 있다. Dundas 피난연락갱 위치 약 30m 깊이까지의 지반조건은 그림 12.47에 나타난바와 같이 상부 매립층 Basendean Sand와 Guildford formation (G1, G2, G3)으로 구분되며, Dundas 피난연락갱은 G2층에 위치하고 토피고는 약 9m이다.

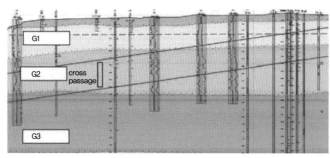

* Sub-unit G1 : 낮은 투수계수의 세립질 함유량 높은 very stiff~hard 점토질 모래
* Sub-unit G2 : 투수계수가 높은 지층과 낮은 지층이 교호하는 G1에 비해 세립질 함유량이 낮은 dense 점토질 모래
* Sub-unit G3 : 투수성의 dense~very dense 모래~실트질 모래

[그림 12.47] Forrestfield-Airport Link 터널 - 지반 조건(Metronet, 2018)

3) 설계 및 시공

피난연락갱 주변 지반의 안전성 확보를 위해 피난연락갱의 횡방향으로는 피난연락갱 주변 최소 2m 두께, 종방향으로는 두 터널 중심까지 지상에서 제트 그라우팅을 적용하여 터널 굴착 전 그라우팅 블록을 형성하였다. 지반 개량을 위한 제트 그라우팅은 지장물을 피해 경사로 시행되었다(그림 12.48). 피난연락갱 굴착 전 피난연락갱 입구 세그먼트는 반달모양의 강제 프레임으로 보강하여 피난연락갱 굴착 후 세그먼트로의 응력집중으로 인한 파손을 방지하였다.

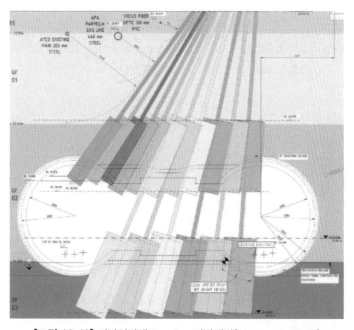

[그림 12.48] 피난연락갱 Dundas 지반개량(Metronet, 2018)

피난연락갱은 지반조건에 따라 1.2m 굴진장으로 브레이커를 이용하여 상하반 굴착을 수행하는 것으로 계획되었다. 주지보재는 격자지보와 200mm 두께의 강섬유 숏크리트를 타설하였으며, 지반조건에 따라 1차 숏크리트 타설과 격자지보 간격을 조절하였다.

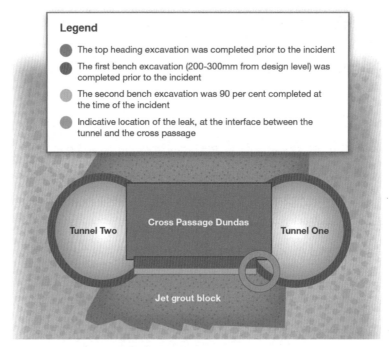

[그림 12.49] 피난연락갱 Dundas 단면(Metronet, 2018)

4) 사고원인

사고의 가능한 원인은 다음 중 하나 이상과 관련이 있을 수 있다.

- 제트 그라우팅의 시공 결함
- 세그먼트 백필 그라우트의 시공 결함
- 세그먼트 백필 그라우트와 제트 그라우트 사이 접촉부 파괴
- 세그먼트 라이닝과 백필 그라우트 인터페이스의 파괴

TBM 굴착중의 지반교란과 12개월 전에 완료된 제트 그라우팅의 깨짐, 피난연락갱 굴착 중 진동으로 인하여 국부적 취약성을 증폭시켰을 수 있다. 그림 12.51은 파이핑을 유발한 지하수 유입 가능 경로를 보여주고 있다.

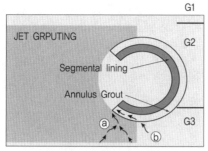

제트 그라우트(a)또는 백필 그라우트(b)
시공 결함으로 인한 누수

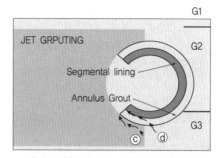

백필 그라우트와 제트 그라우트 접촉부(c)
또는 라이닝과 백필 그라우트 인터페이스를
통한 누수(d)

[그림 12.50] 지하수 유입 가능경로(Metronet, 2018)

제트 그라우팅은 약 GL(-)18.5m 수준으로 적용되었으며, 하부 3m는 매우 조밀한 모래층인 G3층에 주입되었다. 이론적으로 각각의 제트 그라우팅 기둥은 서로 충분히 교차한다고 가정하지만 실제로는 특히 하부 모래층(G3)을 통해서 우선적 침투경로가 존재할 가능성이 있다. 또한 그라우트된 지반을 통과하는 터널 굴진에 따른 응력이완으로 인해 세그먼트 라이닝 백필 그라우팅에도 불구하고 세그먼트 라이닝과 그라우트된 지반 사이의 접촉면을 따라 우선적인 (preferential) 유로가 형성될 수 있을 것으로 추정했다.

피난연락갱 하부 인버트 굴착이 밀도가 높은 G3층 상부에 이르면 침투 패턴이 상부 모래층까지 발전할 수 있을 것으로 추정했다. 터널 내 지하수 유입에 따라 토사 유입이 어떻게 지표면까지 그렇게 빠르게 이르렀고 결과적으로 지반함몰이 빨리 발생하였는지는 정확하게 밝혀내지는 못하였지만, 지층 내 지반함몰을 쉽게 발생시키는 어떤 특성이 있는 것으로만 추정하였다.

5) 대책 및 복구

사고 직후 먼저 지반함몰 구간을 콘크리트로 되메움하였고, 누수구간에는 rubber compound 그라우팅을 주입하여 지하수 유입량을 감소시킨 후 저압 시멘트그라우팅을 주입하였다. 터널 안정성을 확보하기 위하여 임시 브레이싱(temporary bracing)을 설치하였다(그림 12.51).

이후 추가 조사와 보강 대책을 통하여 터널 라이닝 손상구간은 견고한 강재 지보를 설치하였고, 광범위한 시멘트 그라우팅으로 누수부와 세그먼트 라이닝의 변위로 생긴 공극을 채웠다. 또한 지상부에서 교란된 지반을 안정화하기 위하여 석회암 부순돌과 다짐 그라우팅(compaction grouting)을 몇 단계에 걸쳐 시행하였다.

지반함몰구간 콘크리트 뒤채움

Temporary bracing

[그림 12.51] 붕괴구간 임시복구작업(Metronet, 2019)

4 세그먼트 탈락에 의한 붕괴

4.1 사례 3-1 : 일본 전력구 터널(일본, 2001)

1) 사고 개요

본 사례는 일본 전력구 쉴드TBM 터널굴착 중 세그먼트 이탈 및 대량의 토사+지하수가 유입된 사고사례이다. 토피 43m의 지점인 홍적사력층 지반 굴진을 멈추고 세그먼트 배면에 백필 주입 중 주입압력의 과도한 상승으로 인해 백필 주입에 문제가 발생하였고, 주입기구를 빼낸 후에 세그먼트 이탈 및 대량의 토사와 지하수가 갱내로 유입된 사고사례이다. 사고 발생 후 주변 모든 매설관을 복구로 8개월의 긴 시간이 소요되었다.

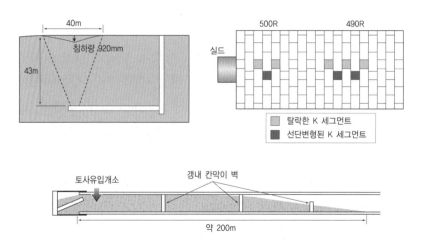

[그림 12.52] 세그먼트 붕괴 현황(Japan Electric Power Civil Engineering Association, 2001)

2) 지질 및 지반조건

이 현장의 지반조건은 자갈 79%, 모래 18%로 N치가 50 이상인 홍적사력층이 분포하였다. 지표부에 퇴적충적층은 20m 정도의 두께를 가지고 있으며 N치 0~4인 사질 지반층이다. 충적 실트질토와 홍적사력층의 사이에는 홍적점성토층 및 홍적사질토의 두께가 8~10m로 퇴적되어 있었다.

3) 사고원인

직접적인 사고원인은 백필 작업 중 주입압에 의한 세그먼트 체결볼트의 파손 및 세그먼트 탈락으로 확인되었으며, 세그먼트 이음부 간의 지수용 고무의 압축 및 변형으로 인해 마찰저항이 작아지면서 볼트에 큰 전단력이 발생하여 세그먼트 탈락을 용이하게 했던 것으로 판단하였다.

4) 대책 및 복구

사고복구를 위해 먼저 이탈 세그먼트를 중심으로 쉴드 주변지반을 고압분사 교반 그라우팅 공법으로 고결하였다. 총 200m 구간에 대해서는 3부분의 격벽설치 후, 지보공 보강과 터널 갱내 유입토사 제거 및 2차 복공 시 철근을 배근하는 보강을 진행하였다.

4.2 사례 3-2 : Mizushima Refinery Subsea Tunnel(일본, 2012)

Mizushima Refinery Subsea Tunnel은 직경 5.0m, 길이 800m의 토압식 쉴드TBM 장비를 이용하여 건설된 해저터널이다. 2012년 2월 14일에 테일실 뒤의 1~2 링의 터널 세그먼트가

[그림 12.53] 터널로 유입된 해수가 30m 깊이의 수직구를 가득채운 모습(Tunnel Talk, 2012)

붕괴되면서 터널 내로 갑작스러운 대량의 해수가 유입되는 사고가 있었다. 이 사고로 5명의 작업자가 사망하였다. 터널 라이닝 설치가 실패하였거나, 세그먼트가 지반의 거대한 공극이나 단층대로 떨어져 라이닝에서 분리되었을 것으로 추정되었다.

4.3 사례 3-3 : Cairo Metro Tunnel(이집트, 2009)

Cairo Metro Tunnel은 직경 9.15m의 터널로, 사용된 장비는 직경 9.4m의 이수식 쉴드 TBM이다. 이 건설 공사를 진행하던 중 2009년 9월 3일에 세그먼트 링 조립 과정에서 세그먼트가 탈락하면서 상부에 직경 15~20m×20m 깊이의 지반함몰이 발생한 1차 사고가 있었다. 이 사고로 인해 주변 10개의 건물에서 80가구가 대피했고, 주차되어 있던 자동차는 지반함몰 구간으로 떨어졌다. 이후 붕괴를 막기 위해 콘크리트를 타설하였지만 터널이 나일(Nile)강 유역의 투수성이 높은 모래와 점토 퇴적물로 구성된 혼합층에 굴착되어 타설된 콘크리트의 무게를 버티지 못하고 2차 붕괴가 일어나는 사고가 있었다.

[그림 12.54] Cairo Metro Tunnel 붕괴사고 현장 전경(Tunnel Talk, 2009)

4.4 사례 3-4 : OO 전력구(대한민국, 2009)

직경 4.35m의 토압식 쉴드TBM으로 총연장 약 720m의 터널을 굴진하는 과정에서 치우침으로 인한 과도한 사행, 선형 수정을 위한 토압 감소 및 방치 등의 비정상적인 시공에 의해 침하가 발생한 사례이다.

치우침은 280링에서는 설계치보다 25cm 하부로 선형이 내려갔고, 400링에서는 1.3m가, 459링에서는 계획선형보다 약 2.5m 정도 아래와 우측방향으로 치우쳐 과도한 사행이 발생하였다. 천단부 중심 축방향으로 세그먼트 크랙이 발생하면서 Piece 간의 조인트 이격이 발생하였고, 세그먼트 조립이 곤란해지면서 450링에서 457링까지의 세그먼트 사이 16~40mm의 단차가 발생하였으며, 최대 30cm의 지반침하가 발생하였다.

지반 조건상 하부는 풍화암과 전석층으로 구성되어 있으며, 상부는 세사~사질 실트층으로 구성되어 있다. 하부가 단단한 지층이고 상부가 연약한 층으로 구성된 경우 쉴드TBM은 단단한 쪽으로 치우치는 경향이 있어 면판에 디스크커터 등의 무거운 장비를 장착한 TBM의 자세 제어가 곤란하였다. 이외에도 테일실에서의 접촉에 의한 세그먼트 크랙과 쉴드 잭(Shield Jack)의 추력(Thrust Force)에 의한 세그먼트 모서리 파손 및 지반조건 등 복합적인 원인으로 조립이 곤란하였다.

4.5 사례 3-5 : 오카야마현 고난 공동구 터널(일본, 1999)

오카야마현 고난 공동구 쉴드 터널은 국도 2호선 지하에 상수도관 및 가스관, 전력 케이블, 통신 케이블 등을 설치할 수 있는 총 연장 1,869m의 공동구 터널을 직경 6.6m의 이수식 쉴드 TBM을 이용하여 건설하는 공사이다.

터널 완공 1년 후 1999년 7월 21일 오카야마 시내의 국도 2호선 노면에서 직경 약 0.85~ 1.1m 정도의 지반함몰이 발생하였다. 지반함몰이 발생한 구간의 지반은 전석을 함유한 N치 0의 초연약지반이었으며, 쉴드 터널 굴착 중 전석이 배니관에 폐색되면서 막장에 과다한 이수압이 가해져 할렬파괴가 일어났고 시간이 지나면서 이완범위가 확대되어 지표까지 붕괴가 발생한 것으로 추정하였다.

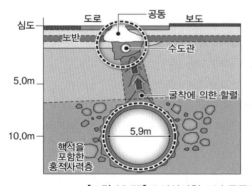

[그림 12.55] 오카야마현 고난 공동구 터널 시공 후 지반함몰 발생 현황도

참고문헌

1. 이병주, 선우춘(2010), 『(토목기술자를 위한) 한국의 암석과 지질구조』, 씨아이알, p. 332.

2. 고성일(2006), "Shield TBM 터널 공사중 사고/트러블 사례 분석", 쌍용건설 건설기술, pp. 70-77.

3. Cheng, W-C., Li, G., Zhou, A., Xu, J.(2019), Rethinking the Water Leak Incident of Tunnel LUO09 to Prepare for a Challenging Future, Advances in Civil Engineering. v. 2019, pp. 1-11.

4. Huang, L., Ma, J., Lei, M., Liu, L., Lin, Y., Zhang, Z.(2020), Soil-water inrush induced shield tunnel lining damage and its stabilization: A case study, Tunnelling and Underground Space Technology 97 (2020) 103290, pp. 1-16.

5. Japan Electric Power Civil Engineering Association(2001), "TBM工法による施工事例調査", 社團法人日本電力建設業協會.

6. Lee, S. and Moon, J.(2020), Excessive groundwater inflow during TBM tunneling in limestone formation, Tunnelling and Underground Space Technology, v. 96, pp. 1-9.

7. Lee, W.F. and Ishihara(2011), Piping Failure of a Metro Tunnel Construction, International Symposium on Backward Problems in Geotechnical Engineering, pp. 73-82.

8. Liu, D., Wang, F., Hu, Q., Huang, H., Zuo, J., Tian, C., Zhang, D.(2020), Structural responses and treatments of shield tunnel due to leakage: A case study, Tunnelling and Underground Space Technology 103 (2020) 103471, pp. 1-18.

9. Tan, Y., Lu, Y., Wang, D.(2021), Catastrophic Failure of Shanghai Metro Line 4 in July, 2003: Occurrence, Emergency Response, and Disaster Relief, J. Perform. Constr. Facil., 2021, 35(1): 04020125, pp. 1-16.

10. The Government of Western Australia Public Transport Authority(2018), Ministerial Interim Report: Cross Passage Dundas incident and rectification works, p. 32.

11. The Government of Western Australia Public Transport Authority(2019), Ministerial Report: Cross Passage Dundas rectification works, Final report, p. 10.

12. tunnel business magazine(2008), south bay ocean outfall, pp. 17-18.

13. TunnelTalk.com(2012), Possible causes of Japan's fatal tunnel failure,
https://www.tunneltalk.com/Japan-tunnel-disaster-Mar12-Bodies-found-and-causes-investigated.php

14. TunnelTalk.com(2010), Symptoms of the collapse syndrome,
https://www.tunneltalk.com/Discussion-Forum-Jul10-Collapse-syndrome.php

15. TunnelTalk.com(2000), 4th Elbe tube inspires cutting edge technology,
https://www.tunneltalk.com/Germany-Jan2000-Fourth-Elbe-Tunnel-applies-cutting-edge-slurry-TBM-technology.php

16. TunnelTalk.com(1995), Storebaelt-the final chapters,
https://www.tunneltalk.com/Denmark-May1995-Storebaelt-the-final-chapters.php

CHAPTER

13

최신 TBM 기술과 스마트 기술

1 TBM 신기술의 필요성

TBM 공법은 1800년대 초부터 개발된 터널 굴착 공법으로, 기존의 발파기반 터널 굴착공법과 달리 막장면과 맞닿는 커터헤드를 회전시켜 지반을 기계적으로 파쇄하는 공법이다. TBM을 활용한 기계식 굴착공법은 발파 공법보다 안전한 시공이 가능하며 소음, 진동, 분진의 발생이 적고 지하수 등 지중 환경에 교란이 적게 발생하므로 상대적으로 환경 친화적인 특징을 지닌다. 또한 굴진과 버력 반출, 그리고 지보작업이 연속적으로 수행되므로 시공 효율이 높고 공사기간과 비용을 절감할 수 있다. 이러한 장점으로 인해 TBM 공법은 국내뿐 아니라 전 세계적으로 적용이 확대되는 추세를 보인다.

TBM 터널은 그 용도가 다양하며, 대구경 TBM(직경 7.0m 이상)을 통한 도로 및 철도터널과 소구경 TBM(직경 5.0m 이하)을 통한 전력구, 통신구, 가스배관 등 지중설비터널 등이 있다. 국내에서는 터널의 연장이 짧고 설계 기술 및 제도상의 미비로 인해 약 80% 이상이 소구경 TBM에 해당하며, 대구경 TBM은 세계적으로 활용 빈도가 높으나 국내에서는 드문 실정이다. 그럼에도 불구하고 세계적으로 TBM 터널 단면의 확대, 터널의 장대화, 그리고 터널 심도의 증대 등을 요구하고 있으며, 국내 TBM 터널 역시 점진적으로 대구경 TBM 터널의 활용 빈도가 증가할 것으로 판단된다. 또한 TBM 시공 공정의 연속적이고 반복적인 특징은 통신 기술, 데이터 계측 및 처리 기술, 그리고 기계 제어 기술의 발전과 함께 시공 전반의 자동화, 최적화, 고도화를 용이케 하였으며, 이는 TBM 시공의 효율성을 극대화하는 동시에 작업자의 안전과 작업환경의 개선을 가능하게 하였다.

본 장에서는 미래 핵심 지하공간 창출 기술인 TBM이 앞으로 나아가야 할 방향과 현재 TBM이 지닌 한계점으로부터 대두된 새로운 TBM 기술 및 공법의 필요성을 확인하고, 현재 개발되었거나 개발 중인 최신 TBM 기술과 스마트 기술에 대해 설명하고자 한다. 우선 TBM 장비 자체가 지닌 한계를 해결하기 위한 기술들을 논하고, 대단면, 장거리, 대심도 터널에서 필연적으로 마주하게 되는 다양한 지질 조건들에 대응하는 기술들을 살펴보고자 한다. 그리고 ICT 스마트 기술의 발달과 함께 TBM 시공의 자동화, 최적화, 고도화를 위한 여러 기술들을 확인하고, 마지막으로 공사의 규모 및 빈도의 증가에 대응하여 효율적이고 친환경적인 시공 기술이 어떤 것이 있는지 알아보고자 한다.

2 최신 TBM 공법 및 기술

본 절에서는 기존 TBM의 범주 외에 새롭게 분류가 필요한 TBM 공법을 살펴보고자 한다. 새로운 TBM이 어떠한 근거와 목적으로 고안되었고, 각각은 어떠한 특징 및 장점을 가지는지 확인하고자 한다.

2.1 혼합식 TBM(Convertible TBM)

기존의 TBM은 쉴드의 유무, 지보시스템의 종류, 그리고 추진 방법에 따라서 그림 13.1과 같이 분류된다. 각 TBM 장비의 개요와 상세한 특징들에 대해서는 앞 장들에서 보다 자세히 서술하였으므로 본 장에서는 이들의 적용 대상 지반을 간단히 짚어보고자 한다.

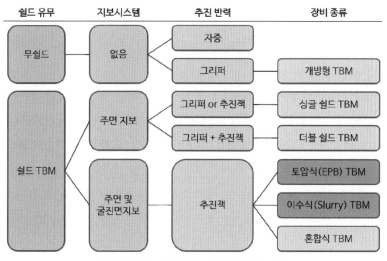

[그림 13.1] 터널 기계화 시공법 분류기준

우선 개방형(Open) TBM은 일체의 지보가 없이 그리퍼(Gripper)를 통해 추진한다는 점에서 단단하고 우수한 암반지반을 대상으로 한다. 굴진면 지보가 없는 싱글 쉴드TBM과 더블 쉴드 TBM은 마찬가지로 암반지반을 대상으로 하나, 주면 지보를 수행하며 그리퍼의 사용이 어려운 지반에서도 추진잭을 통해 나아가므로 그 적용 범위가 넓다. 토압식(EPB) 쉴드TBM과 이수식 (Slurry) 쉴드TBM은 암반뿐만 아니라 토사지반 및 복합지반에서도 적용이 가능하도록 주면지 보뿐 아니라 굴진면 지보를 병행하고 있으며, 지반공학적인 관점에서 토압식 쉴드TBM의 경우 점착력이 좋은 점토나 실트층, 지하수위가 낮거나 수압이 낮은 곳에서 적용성이 좋고 지하수위 가 높거나 점착력이 부족한 충적층에서는 이수식 쉴드TBM의 적용성이 상대적으로 우수하다. 따라서 지반의 종류와 상태에 따라 적합한 TBM을 선정하게 된다.

TBM 터널이 점차 더 큰 단면과 연장을 갖도록 요구되기 때문에 현장에서 예상치 못한 다양 한 지질 조건과 조우하게 된다. 따라서 단일 기종 TBM으로는 시공 효율성 및 안정성이 저하되 고 경제적 위험이 따를 수 있다. 여러 쉴드TBM은 기술의 발전과 함께 각각 적용 가능한 지반 의 범위를 확장시켜왔으나, 보다 효율적인 굴착을 위하여 터널 주면과 굴착면에 대하여 능동적 으로 지보시스템을 적용할 수 있는 혼합식 쉴드TBM의 개념이 제시되었다. 혼합식 쉴드TBM은 혼합된 개체의 종류에 따라 개방형과 이수식의 혼합형, 개방형과 토압식의 혼합형, 그리고 이 수식과 토압식의 혼합형의 세 가지로 분류할 수 있다.

개방형과 이수식의 혼합형 쉴드TBM은 일반적인 경우 개방형 쉴드TBM의 굴착 방법을 따르 되, 특수한 경우에 전방을 밀폐하고 이수의 압력순환을 통해 버력을 배출하고 막장면을 지지하 는 공법이다. 이를 위해서 개방형 TBM에서의 벨트 컨베이어(belt conveyor)를 통한 배토 방식 과 이수식 쉴드TBM에서의 슬러리 서킷(slurry circuit)이 모두 설치되어 있으며 다양한 현장 에서 적용된 바 있다.

개방형과 토압식의 혼합형 쉴드TBM도 마찬가지로 필요한 경우 전방을 밀폐하고 스크류컨 베이어(screw conveyor)를 통해 막장을 지지한다(그림 13.2). 개방형과 이수식의 혼합형 쉴드 TBM과 달리, 토압식 쉴드TBM의 스크류컨베이어 및 전방 챔버는 충분히 채워진 상태가 아니 면 막장면에 가압을 수행할 수 없기 때문에 상황에 맞게 토압식의 스크류컨베이어와 개방형의 벨트 컨베이어를 조절하여 모드(mode)의 전환이 용이한 장점을 갖는다. 다만, 이 경우에도 커 터헤드 후방의 버력 반출 장비가 별도로 설치되어 용도에 맞게 전환될 필요가 있다.

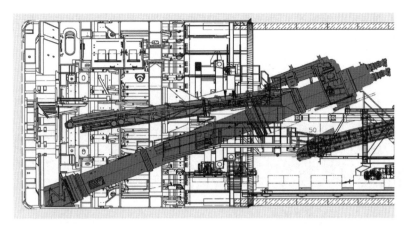

[그림 13.2] 혼합형 쉴드TBM의 예: 개방형과 토압식(출처: Herrenknecht AG)

이수식과 토압식의 혼합형 쉴드TBM은 밀폐형 챔버 후방의 막장 가압 및 버력 반출장비가 지반 조건에 따라 교체되는 시스템을 갖는다. 이를 통해 적용 가능한 지반조건 범위를 크게 확장시킬 수 있다는 장점을 지니지만, 시공 중 장비 및 시스템의 교체가 요구되므로 공기와 안정성 측면뿐 아니라 갱내 충분한 공간이 확보되어야 한다는 한계점을 지닌다. 따라서 대구경 터널 현장에서만 적용이 가능하며 공기 연장 및 소요 비용의 증가로 인해 현장에서는 혼합형 쉴드TBM을 사용하기 보다는 주로 토압식이나 이수식 쉴드TBM을 선정하고 지반 조건에 따라 부가적인 보강 공법을 적용하고 있다.

지반 적용성의 효과적인 확대를 위해서는 장비 및 구동 시스템의 교체를 단순하고 빠르게 수행할 수 있는 혼합식 쉴드TBM의 개발이 반드시 필요한 실정이다. 이에 따라 하나의 통합된 TBM 구성 요소를 통해 여러 가지 TBM을 한번에 구현할 수 있는 혼합형 쉴드TBM이 제안되었다(Multi-mode TBM; 그림 13.3). 그중에서도 VaDTBM(Variable Density TBM)은 토압식과 이수식의 혼합형으로 넓은 적용 범위로 각광받고 있다. VaDTBM은 시공 중 모드 전환을 위한 모듈(module) 교체 없이 기본적으로 커터헤드 후방에 이중 챔버를 갖는다. 토압식 쉴드TBM에 해당하는 챔버가 가장 전방에 위치하며 그 뒤를 이수식 설비가 따른다. 토압 챔버에는 스크류 컨베이어가 연결되어 있으며, 이수식 설비에 위치한 에어-록 시스템(air-lock system)에 의해 막장면의 압력을 조절할 수 있다. 모든 배토를 스크류컨베이어를 통해 수행하며, 쉴드TBM 후방 설비로 교반 챔버(mixing chamber)를 두어 지반 입자를 적정 크기로 분쇄하고 이수와 함께 지상으로 수송한다. 이와 같은 설계를 통해 다양한 밀도와 강도, 그리고 여러 수리학적 조건 하에서 별도의 장비 교체 없이 터널의 굴착이 가능할 것으로 판단된다. 본 혼합형 쉴드 TBM의 적용 확대를 위해서는 지반 물성에 따른 굴착 성능 및 안정성의 변화를 정량적으로 평가하고, TBM 전후방의 챔버에서 제시된 기준치에 부합하도록 버력의 물성을 변화시키는 방법이 연구될 필요가 있다.

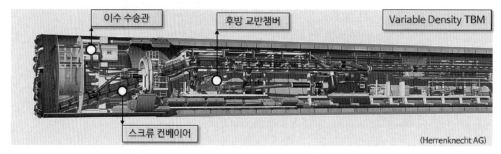

[그림 13.3] Multi-mode TBM(출처: Herrenknecht AG)

2.2 워터젯 결합 TBM(Waterjet-combined TBM)

다양한 지반 조건에서 굴착을 하는데 용이한 TBM 장비일지라도 경암 또는 극경암 지반에서 굴착을 하는 경우, 상대적으로 강도가 낮은 암반 지반에 비해 추가적으로 요구되고 고려되어야 하는 조건들이 있다. 이는 크게 두 가지로 볼 수 있는데 첫째는 암석파쇄를 위해 고강도의 커터를 사용해야 한다는 것이며, 둘째는 보다 큰 추력이 요구된다는 것이다. 추력의 증대를 위해서는 TBM 자체 자중의 증대가 요구된다. 이를 해결하기 위해서 암석파쇄 효과가 뛰어난 워터젯(waterjet)을 TBM에 부착하는 방법이 1970년대부터 미국, 일본, 한국 등지에서 제안되었다. 따라서 본 절에서는 워터젯기술이 결합된 TBM 장비에 대해 알아보고자 한다.

워터젯과 TBM의 결합은 주로 워터젯을 커터헤드 주변에 부착하여 암반파쇄를 수행하는 방향으로 연구가 진행되고 있다. TBM 전방에 워터젯을 부착하는 것이 효과적인 이유는 워터젯을 통한 암석 파괴의 주요 메커니즘인 물의 쐐기 파괴이론에 근거한다. 워터젯이 무균열의 암반 표면에 충돌할 때 암석에 압축응력이 발생하고 인장응력은 충돌영역의 경계 주변에서도 발생하게 된다. 그리고 이러한 인장응력이 암석의 인장강도를 초과하게 되면 암석 벽이 당겨져 균열이 형성되게 된다. 암반지반이 초기에 균열이 형성된 후 워터젯의 충격력으로 물이 균열 공간으로 침투하게 되며, 균열 선단의 인장응력 집중 구역이 균열을 확장하여 최종적으로 암석을 파괴하게 된다. 이러한 물 쐐기 효과는 워터젯이 암반에 가까울수록 수압과 함께 증가하며, 워터젯의 흐름이 균열이 있는 암반 지층에 충돌할 때 더 효과적으로 작용하게 된다. 물 쐐기 파괴 메커니즘은 TBM 전방의 디스크커터(disc-cutter)의 굴착과 거의 유사하게 작용하며, 서로의 장점을 극대화할 수 있을 것으로 판단된다. 이를 근거로 고압 워터젯에 의해 형성된 균열

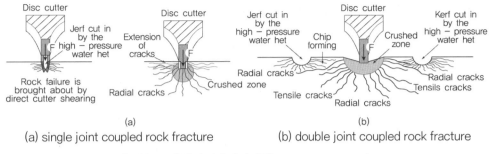

(a) single joint coupled rock fracture   (b) double joint coupled rock fracture

[그림 13.4] 암석 파쇄 메커니즘(Zhang et al., 2020)

들 사이로 TBM의 디스크커터가 암반을 파쇄할 때의 파괴 메커니즘에 관한 연구가 수행되고 있다(그림 13.4).

이러한 원리를 이용하여 워터젯 시스템을 결합한 TBM 시제품(지름 3.8m)을 제작하고 이를 활용하여 실대형 실험이 수행되었다(CREG Co. Ltd.; 그림 13.5). 그 결과, 커터헤드에 워터젯 시스템을 결합한 TBM의 경우 암석을 파쇄하는데 요구 추력과 디스크커터 마모를 30~40% 절감시키는 효과를 나타내었고, 이에 따라 굴착 속도를 높여주며 TBM의 수명까지 연장될 것으로 예상하였다. 최종적으로는 공사비를 절감하고 공사기간을 단축시킬 것으로 기대된다.

기존의 TBM 장비에 부가적인 굴착 장치의 부착은 굴착 효율의 큰 증진을 야기할 수 있다. 추후 연구를 통해 워터젯 기술의 고도화와 TBM과의 결합 시 최적화를 위한 구체적인 방안을 제시할 필요가 있다.

[그림 13.5] Waterjet-combined TBM(출처: Tunnel Business Magazine)

2.3 압입형 TBM(Pipe jacking TBM)

발파식 공법인 NATM과 같이 숏크리트(shotcrete)와 록볼트(rockbolt) 등으로 굴착 주면을 보강하는 개방형 TBM과 그리퍼를 사용하여 추진하는 일부 싱글 쉴드TBM을 제외하면, 모든 쉴드TBM은 쉴드의 굴착 외경과 세그먼트 라이닝의 외경의 차이로 인해 필연적으로 간극, 즉 테일보이드(tail void)가 발생한다. 테일보이드는 세그먼트 라이닝(segment lining)의 조립 (ring-building) 이후 몰탈(mortar) 등의 뒷채움재를 주입하여 채워지게 되는데, 이를 통해 갱내 지하수 침투와 지반 침하를 방지하는 역할을 수행한다. 하지만 테일보이드의 체적을 무시할 수 없으며 몰탈이 동시주입으로 충분히 빠르게 주입되더라도 강도 발현까지는 얼마간의 시간이 요구된다. 일반적으로 사용되는 테일보이드 주입재의 초기경화시간은 현장조건에 따라편차가 크지만 대략 12시간 정도이며, 그보다 훨씬 긴 최종 경화 시간을 요구한다(Shirlaw et al., 2004). 결과적으로 테일보이드에 의한 지반의 즉시침하거동은 사실상 제어되지 못하는 실정이다.

이러한 관점에서, 기존에 매우 작은 직경의 관거에 한해 사용되었던 관로 압입공법(Pipe jacking method)을 응용하여 쉴드TBM의 굴착 시스템에 해당하는 커터헤드 및 배토 장비를 통째로 압입하는 공법이 제안되었다(Herrenknecht AG; 그림 13.6(a)). 압입형 TBM을 통한 터널 굴착의 장점은 벽체 압입을 통해 안전하고 빠른 벽체 조립을 가능하게 하며, 테일보이드를 형성하지 않으므로 뒷채움 비용을 절감할 수 있는데 있다. 압입의 특성상 전방에서 커터헤드가 굴착을 수행한다고는 하나 직경이 큰 경우 추력을 충분히 전달하기 어려운 한계점을 갖는다. 굴착 거리가 길어지는 경우, 중계 압입모듈(intermediate jacking station)을 설치하여 연장을 1km 이상 증대시킬 수 있다[그림 13.6(b)]. 이러한 기술의 접목을 통해 최대 5m 상당의 직경을 확보할 수 있으며, 작업 공간이 협소한 소구경 터널에서 전방의 오퍼레이터(operator)를 요구하지 않으므로 인력을 최소화하고 안전을 확보할 수 있다.

압입형 TBM의 경우 장점과 한계가 명확하여 특정 용도에 한해 적용성이 매우 뛰어날 것으로 예상된다. 하지만 벽체에 관로를 거치하여 이수식 쉴드TBM의 굴착 방식을 응용함으로써 터널의 연장을 확보하기 때문에 이수처리 플랜트와 벽체를 정치할 공간이 추가로 요구되므로 지상설비의 축소방안을 연구할 필요가 있다.

(a) 압입 시스템과 관로가 거치된 벽체

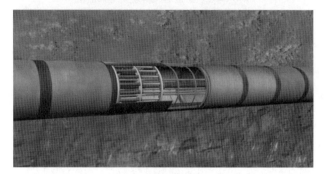

(b) 중계압입모듈

[그림 13.6] 압입형 TBM(출처: Herrenknecht AG)

압입형 TBM의 장점인 안전하고 빠른 벽체 조립을 극대화하기 위해 뮌헨 공과대학(TUM: Technical University of Munich)에서는 최후방의 압입시스템을 그림 13.7과 같이 리볼버 형태로 제안하여 소요시간을 획기적으로 절감할 수 있을 것으로 예상하였다.

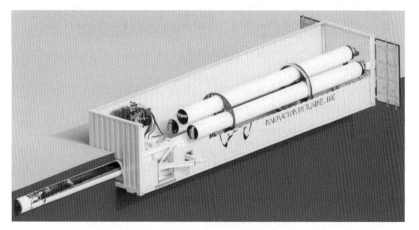

[그림 13.7] 리볼버 형태의 압입모듈(출처: TUM)

2.4 비원형 형상 TBM(Non-cirbular shape TBM)

커터헤드의 회전을 용이하게 하고 터널의 역학적 안정성을 확보하기 위하여 TBM은 기본적으로 원형 단면을 갖도록 설계되었다. 하지만 터널의 용도 중 다수를 차지하는 도로 및 철도 터널의 경우 내부의 통행을 위해 바닥면이 평탄한 형태를 요하여 필연적으로 무효 공간이 발생하고, 현재는 이들 공간을 활용하기 위하여 관리 통로나 전선, 배수로 등을 설치하는 등 다양한 접근이 수행되어왔다. 또한 지하 공동구, 단선 및 복선 철도터널, 도로터널 등이 각자 설계단면이 상이하므로 원형 굴착 단면으로는 실제 통행 및 운영에 필요한 면적을 크게 상회하는 대단면 굴착이 수행되어야 한다. 따라서 원형 단면의 한계에서 벗어나 설계단면에 부합하는 굴착 단면을 획득할 수 있는 TBM의 개발이 요구되고 있다.

말발굽 형태나 사각 형태 등의 다양한 굴착 단면을 지닌 TBM이 제시되었으며, 시제품이 제작된 바 있다(그림 13.8). 추후 비원형 형상 TBM 적용이 확대되기 위해서는 좋은 지반에서 그리퍼를 활용하여 추진하는 경우를 제외하고는 정형화되고 안전성이 확보된 세그먼트 벽체의 대량생산이 필요할 것으로 판단된다. 세그먼트 라이닝 역시 원형이 아니기 때문에 세그먼트의 조립 역시도 단면에 맞게 설계될 필요가 있다. 이에 대하여 중국의 CREG사에서는 앞서 논한 중계압입 모듈 개념을 도입하여 조립식 세그먼트 대신 일체형의 벽체를 관입하도록 제안한 바 있다.

(a) 시제품

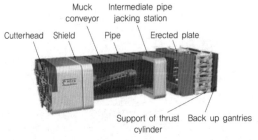

(b) 후방설비 설계

[그림 13.8] Non-circular TBM(출처: CREG Co. Ltd.)

2.5 급곡구간 시공기술

TBM 공법은 원통형의 TBM이 자체 동력 없이 반력을 통해 굴진하기 때문에 선형 경로를 유지해야 하며 곡률반경 및 경사구배에 제한을 갖는다. 하지만 지반 물성에 의해서, 혹은 지표 구조물의 제한에 의해 장거리 터널의 경우 필연적으로 급곡구간이 존재하게 된다. 특히나 교통 터널이 아닌 전력구와 같은 유틸리티 터널은 급곡구간이 매우 필수적이다. 기존의 급곡 건설기술은 반경이 크게 발생하여(R=90~150), 사유지 및 부지 점용에 대한 행정적, 기술적 문제가 발생하고, 이를 해결하기 위해 수직구를 추가로 건설해야 하는 등 경제적인 비용 증가를 야기한다. 이를 해결하기 위하여 국내 연구진에서는 토사지반뿐만 아니라 연암지반까지 굴착할 수 있는 소단면(직경 3.5m급) 급곡(R=30m) 장치(구동부, 스킨 플레이트, 중절잭, 쉴드 잭 등)를 설계하고 공급능력을 확보하였다(㈜이엠코리아; 그림 13.9). 주요 성능으로는 중절 각도 7.8°, 굴착 여굴경 3,622mm, 추력 12,000kN, 회전수 10RPM, 토크 1,380kN·m의 값을 가지며 검증을 완료하였다.

〈급곡(R30m)장치 시제품〉

[그림 13.9] 쉴드TBM 급곡장치(출처: ㈜이엠코리아, 2020)

급곡구간 굴진 시 곡률반경이 작을수록 TBM 장비의 원활한 경로 수정을 위해 측방의 여굴 형성이 요구된다. 토사지반에서 풍화암지반까지는 카피커터를 이용하여 쉽게 여굴 생성이 가능하나, 연암지반부터 경암지반까지는 여굴 생성이 매우 어려워 새로운 기술이 필요하다. 이를 극복하기 위해서 워터젯을 이용한 TBM 급곡구간 암반여굴생성기술이 개발되었다(부산대학교, 2020). 암반 절삭을 할 수 있는 워터젯 시스템을 TBM에 장착하여 카피커터와 같이 원하는 부분만을 굴착하는 시공이 가능하다(그림 13.10). 중요한 인자로는 노즐의 이송속도, 이격거리, 수압 등이 있고, 워터젯 시스템을 TBM 내부에 장착하기 위해서는 충분한 펌프 설치공간이 확보되어야한다. 도출된 워터젯 최적 설계안에 따르면, 굴진율 0.5~1.0m/hr 및 RPM 0.25~

0.5 범위에서 화강암 일축압축강도 기준 300MPa까지 최대 100mm의 연속적인 여굴 생성이 가능하다. 현장적용 시 고려사항으로 TBM 굴진율이 매우 낮은 경우는 과도한 여굴이 생성될 수 있기 때문에 굴진율 및 여굴 형성 모니터링이 필요하다.

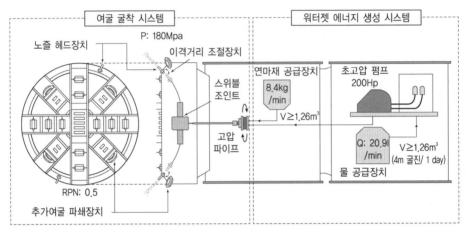

[그림 13.10] 워터젯 암반 여굴 생성 기술 설계안(출처: 부산대학교, 2020)

2.6 병렬터널 연결용 TBM(Cross-passage TBM)

병렬터널은 사용자의 안전과 유지관리의 편의를 위해 터널간 연결통로를 확보하도록 규정되어 있다. 병렬터널의 연결통로는 일반적으로 터널이 완공된 후 벽체 일부를 제거하고 별도의 갱내 굴착장비를 통해 굴착을 수행한다. 이 공법은 추가적인 장비를 요구할 뿐 아니라 특별한 안전장치가 없어 지반 조건에 매우 민감한 한계를 갖는다. 따라서 지반보강을 수행하고 통로를 굴착하는 과정에 시간과 비용이 크게 소요되어왔다. 특히, 병렬터널 사이의 지반보강은 갱내 수행이 어렵기 때문에 지표에서의 접근이 요구되며, 터널의 심도가 깊을수록 보강에 드는 비용과 시간이 크게 증가하는 실정이다.

따라서 터널 내부에서 TBM의 굴착 방법과 형태를 차용하여 보다 안전하고 지반 의존성이 작은 TBM 모듈이 제안되었다(CREG Co. Ltd.; 그림 13.11). 고안된 병렬터널 연결용 TBM이 실용화될 경우 적은 지반 의존성을 기반으로 공기와 비용을 절감할 수 있을 것으로 판단된다. 하지만 모듈의 크기가 크고 지반 의존성을 줄이기 위해 갱내 환경을 충분히 밀폐시켜야 하기 때문에 대심도의 불량한 지반을 조우하는 등의 열악한 경우에 한해 효용성이 크게 증가할 것으로 예상된다. 그리고 기존의 벽체를 커터헤드의 회전을 통해 파괴하는 것이 벽체의 안정성에 어떠한 영향을 끼칠 지에 대한 충분한 사전 검토가 필요할 것으로 사료된다.

(a) 기존 공법과 제안된 공법(출처: Florida DOT)

(b) 시제품(출처: CREG Co. Ltd.)

[그림 13.11] 병렬터널 연결용 TBM

병렬터널을 서로 연결하는 것 이외에도 갱내에서 연직방향으로 환풍구 등의 소구경 터널을
굴착하기 위해 기계식 굴착을 응용한 소구경 BBM(Boxhole Boring Machine)이 고안되었으며
(Herrenknecht AG; 그림 13.12), 반력을 적정하게 부여할 수 있다면 추후 다양한 방식의 응용
이 가능할 것으로 사료된다.

[그림 13.12] BBM: Boxhole Boring Machine(Herrenknecht AG)

2.7 수직구를 요구하지 않는 TBM(Prufrock)

일반적인 쉴드TBM의 경우 터널의 개구부에 수직구를 굴착하여 TBM을 발진시키며, 수직구 굴착이 주로 재래식으로 수행되기 때문에 상당한 기간과 비용이 요구된다. 따라서 The Boring Company에서는 수직구를 굴착하지 않고 지표에서 일정 경사를 갖고 TBM이 직접 굴진하는 기술(Prufrock)을 제안하였다(그림 13.13). 충분한 깊이에 도달하는 것이 어려우며 지표에 반력 시스템을 구현하는 것이 까다롭기 때문에 천층 지반에서의 소구경 터널을 목표로 기존의 개착식 지하공동구와 공사 기간 측면에서 경쟁할 수 있을 것으로 예상되며, 현재는 개발 중인 단계이다.

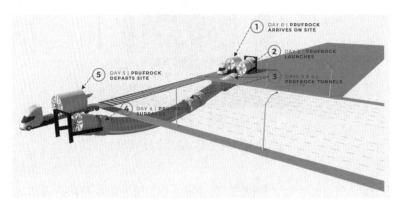

[그림 13.13] Prufrock(The Boring Company)

3 TBM 굴착성능 증대를 위한 신기술

기존 TBM의 범주 내에서도 굴착 성능 증대와 운용 최적화를 위해서 다양한 기술이 개발되었다. 굴착 성능의 증대는 굴착 자체가 원활하게 수행될 수 있도록 커터헤드를 설계하고 새로운 재료를 도입하는 방식으로도 획득할 수 있으나, 굴착 버력의 물성 조절, 그리고 원활한 배토를 통해서도 굴착 성능을 효과적으로 향상시킬 수 있다.

3.1 고수압조건 접근 가능 커터헤드

TBM은 전방의 커터헤드를 회전시켜 암반을 파쇄하거나 토사지반을 굴착하게 된다. 이 과정에서 굴착을 위해 부착된 디스크커터와 커터비트는 지반과의 마찰로 인해 마모되어 점진적으로 요구 성능을 발현하지 못하게 된다. 이에 따라 장거리 터널의 경우 시공 중 커터의 교체는 필연적으로 발생하게 되며, 공기의 지연 및 비용의 증가가 뒤따른다. 또한 커터의 교체를 위해서는 작업자가 커터헤드 뒤에 직접 도달해야 하기 때문에 전방 챔버를 비우거나 막장의 응력균형을 유지하지 못하는 등 예상치 못한 사고의 발생 가능성을 증가시킨다. 지연시간(downtime)을 최소화하고 비용을 절감하기 위하여 체계적이고 신속한 커터 교체 기술들이 지속적으로 개발되어왔으며, 현장에서도 정해진 매뉴얼(manual)에 따라 대처하고 있다.

커터의 보수 및 교체 작업으로 인한 사고 발생 가능성이 가장 큰 경우는 포화 상태의 불균질한 지반의 고수압 조건 하에서 작업이 요구될 때이다. 이 경우 작업 환경이 불량할 뿐만 아니라 외부의 압력이 높고 막장면에서 응력 균형을 유지하지 못하는 경우 유체의 흐름으로 인해 대처를 위한 시간 확보가 매우 어렵게 된다. 이러한 문제를 해결하기 위하여, 고수압 조건에서도 접근 가능한 커터헤드 기술이 제안되었다(Herrenknecht AG; 그림 13.14). 커터헤드 후방에 속이 비어있는 박스 형태의 공간(Hollow cutter head arms)을 설치하여 커터의 교체가 필요한 경우 별도의 가압 없이도 거치대 내부에서 대기압 수준의 작업이 가능하다. 이 기술의 경우 고압에 대응하기 위해 매우 엄밀한 제작 공정이 요구되며, 중앙의 공간을 많이 점유하기 때문에 배토 성능 저하의 우려가 있다. 특히 소구경 TBM과 고강도 암반지반의 경우 장치의 소형화가 필요할 것으로 판단된다(Duhme and Tatzki, 2015).

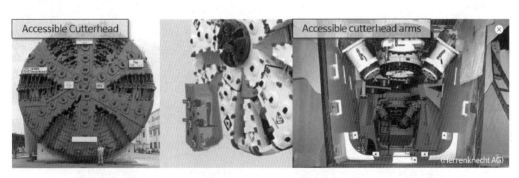

[그림 13.14] 고수압 조건에서의 접근 가능한 커터헤드(출처: Herrenknecht AG)

3.2 특수지반용 고성능 디스크커터

TBM 굴착 성능 향상을 위해서는 지반과 바로 맞닿아있는 디스크커터의 역할 역시 매우 중요하다. 일반적인 암반에 사용되는 디스크커터의 경우 다양한 기술과 제품이 소개되어 왔다. 하지만 특수지반(파쇄대, 복합지반, 호박돌층, 고수압 등)을 통과할 때 공사지연시간의 발생률이 약 86% 수준에 달하며, 이를 해결하기 위한 대책 마련이 요구된다. 이에 따라 ㈜진성티이씨에서는 인장시험, 충격시험, 마모시험 등을 수행하여 7가지 신재료의 성능을 검증하였고, 고인성, 고내마모성을 겸비한 특수지반에 적합한 최적의 신재료를 개발하였다. 해당 재료는 기존 디스크커터 대비 경도가 증가하였고, 내마모성과 인성이 10% 가량 더 우수한 것으로 나타났다. 해당 디스크커터 시제품은 자갈과 암석에 대한 세르샤 마모시험 결과 약 30% 이상의 성능 향상을 확보한 것으로 확인되었으며, 실제 커터를 통한 현장 적용을 수행한 결과 기존 제품군과 굴착 효율 면에서 차이가 없으나 내부 구조와 소재의 차이로 인해 내마모성이 20% 이상 향상된 것을 확인하였다(그림 13.15).

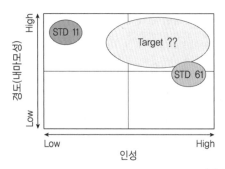

(a) 시제품 제작

(b) 시제품 성능평가

[그림 13.15] 특수지반용 고성능 디스크커터 개발(출처: ㈜진성티이씨)

3.3 배토효율 향상을 위한 워터 노즐

이수식 쉴드TBM에서는 버력의 배토가 송배니관을 통해 수행되기 때문에 원활한 배토가 수행되지 않으면 관로의 클로깅(clogging)이 발생하여 막장 압력 균형을 유지할 수 없게 된다.

마찬가지로 토압식 쉴드TBM에서는 전방의 챔버로부터 버력을 배토하여 챔버 내 응력 균형을 직접적으로 조절하기 때문에 연속적인 배토의 수행이 매우 중요하다. 다양한 쉴드TBM 모두 챔버 내에 분쇄기가 있어 배토에 적절한 크기로 지반을 분쇄하게 되는데, 이 과정에서 배니관 및 스크류컨베이어의 클로깅을 방지하기 위하여 챔버 내에 물을 분사하여 원활한 굴착과 배토를 가능하게 할 수 있다(그림 13.16). 지반의 종류와 배토 특성에 따라 워터 노즐의 가압 위치를 조절하여 배토성능의 최적화를 획득할 수 있다.

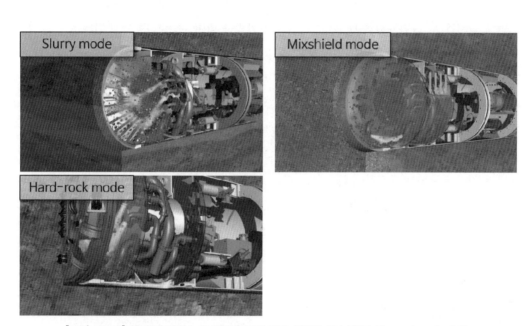

[그림 13.16] 챔버 내 워터 노즐 적용을 통한 배토 최적화 기술(출처: Herrenknecht AG)

우선, 슬러리 모드에서는 폐색의 방지와 동시에 막장압을 재하하기 위하여 챔버 내부 전방에 물을 분사하게 된다. 또한 Mix-shield 모드는 복합지반을 고려하여 제안되었으며, 복합지반의 경우 폐색이 많지 않으므로 분쇄 직후 유체와 함께 원활한 배토가 수행될 수 있도록 챔버 하단에 물 분사를 집중한다. 마지막으로 암반 모드에서는 쉴드 외곽에 물을 분사함으로써 세립자의 폐색을 막고 여굴(over-excavation)을 유지시켜 마찰을 줄이고 굴진성능을 증진시킬 수 있다. 이와 같이 지반 조건에 따른 최적화 기술은 전방 지반의 계측 및 예측이 선행되어야 하므로 전방물리탐사기법에 대한 충분한 연구가 수행될 필요가 있다.

3.4 연속 굴착 기술

일반적인 쉴드TBM은 추력에 의한 굴진과 세그먼트 링 조립을 개별적으로 번갈아가며 수행함으로써 굴진에 요구되는 충분한 반력을 얻게 된다. 이러한 굴진방법은 세그먼트 링 조립에 요구되는 시간만큼 공기가 연장됨을 의미한다. 따라서 영국의 HS2(High Speed 2) TBM의 경우 연속 굴착 기술을 접목하여 공기를 단축하고 그에 따른 비용을 절감하고자 하였다. 연속 굴착 기술이란, 세그먼트를 조립할 때 링의 방사방향의 연결(radial coupling)을 강화하여 세그먼트 링이 일부 조립되었을 때 해당 지점에서 반력을 받아 나머지 링이 조립되는 동안 추가로 굴진할 수 있도록 하는 것을 의미한다. 해당 현장에서 링 하나의 너비(ring span)는 약 2m였으며, 하나의 링을 구성하는 일곱 개의 세그먼트 부속 중 세 개만이 조립되어도 이러한 굴진이 가능하다고 밝힌 바 있다. 이 과정에서 세그먼트의 재료가 적절하게 선정되어야 할 뿐 아니라 세그먼트의 두께 및 너비 등을 경제성을 고려하여 충분한 휨 강성을 확보하여야 한다. 또한 조향이 적절하게 유지될 수 있도록 조립 순서를 적합하게 설정하여야 하며, 쉴드 후방의 유압 실린더 역시 요구되는 굴진장에 해당하는 만큼 충분한 추력을 발생할 수 있도록 기계적 관점에서 성능 향상이 요구된다. 이처럼 세그먼트 링 조립과정과 상관없이 TBM 연속 굴착을 가능하게 하는 다양한 방법들을 고안하고 개발할 필요성이 크게 대두되고 있다.

4 TBM 전방지반 탐사기법

터널 공학자들은 터널 시공에 앞서 일반적으로 시추조사, 지표지질조사, 지구물리탐사 등의 지반조사를 통해 지반의 상태를 평가한다. 기존 터널 공사에서는 대부분 설계 단계에서 이루어지는 지반조사를 통해서 광범위한 지역에 대한 개략적인 지반의 물성 및 이상대를 포함한 지하구조, 지하수위 등을 추정하였다. 그러나 이러한 방식의 조사는 터널 노선과 인접한 지반 상태를 정확하게 예측하기 어려우며 이는 터널 시공 중 예측하지 못한 이상대의 발견 등으로 인한 터널 안정성 저하, 공기지연, 공사비 증가 등의 시간적, 경제적 손실을 유발할 수 있는 위험성을 가지고 있다. 그러므로 터널 공학자들은 터널 막장면 전방을 예측하여 위험요소를 최소화시키는 것은 물론이고 사전에 위험요소에 대한 대처 계획들을 수립하여 사고를 방지하는 역할을 추가적으로 수행하고 있다.

TBM 공법의 경우 장비의 특성에 따라 면판 후면에 챔버, 컨베이어, 실린더 등의 각종 설비들이 위치하고 있기 때문에 막장면 전방 예측을 위한 탐사장비를 설치하는 공간이 부족하다는 문제점이 있다. 따라서 터널 공학자들은 터널의 굴착 공정에 영향을 주지 않는 막장면 전방 예측 기법에 대해 지속적으로 고민하고 개발하고 있으며, 이러한 예측 기법은 크게 전자기파를 사용하는 전자기 탐사기법과 탄성파 탐사기법으로 나뉘게 된다. 전자기 탐사기법에는 전기 비저항 탐사 시스템(TEPS: Tunnel Electrical resistivity Prospecting System)와 BEAM(Bore-tunneling Electrical Ahead Monitoring) 시스템, 레이더 탐사 등이 있으며 탄성파 탐사기법에는 TSP (Tunnel Seismic Prediction), SSP(Sonic Soft Ground Probing), VIBSIST(Vibration Swept Impact Seismic Technique), 초음파 탐사, 레일리파 탐사 등이 있다. 이외에도 TBM 기계데이터와 별도의 천공을 통해 얻은 데이터로부터 계산된 천공 에너지 효율, 슈미트 해머로 얻은 일축압축강도의 통계학적 분석을 통해 막장면 전방의 지반 상태를 추정하는 간접 탐사 방법들도 제시되고 있다.

TBM에 적용할 수 있는 막장면 전방 탐사기법의 종류에 따라서 적용할 수 있는 지반 조건 및 탐사심도가 다르기 때문에 각 탐사기법의 특징들을 이해하고 적절하게 적용해야 경제성과 안정성을 모두 확보할 수 있는 최적의 시공을 수행할 수 있다. TBM 공법으로 터널을 시공하는 과정에서 막장면 전방 지반의 상태 예측을 통해 시공의 신속함을 증진시키고 상황 대처에 도움이 되기 위해서는 막장면 전방으로 적어도 10~20m를 예측할 수 있어야 하며, 이상대(파쇄대) 및 복합지반을 탐지할 수 있어야 한다는 조건이 요구되는 것으로 알려져 있다(이강현, 2014). 본 항에서는 전방지반 탐사 및 예측기법에 대한 최신 기술을 알아보고자 한다.

4.1 TEPS(Tunnel Electrical resistivity Prospecting System) 기법

TEPS기법은 카이스트(KAIST)에서 세계최초로 개발한 것으로 전기비저항 탐사기법처럼 전극을 통해 전기저항을 측정하는 것은 유사하나, 측정한 지반의 전기비저항 값을 이론적, 확률론적으로 역해석하여 터널 주변(터널 직경의 4~5배의 영역)에 존재하는 이상대(단층파쇄대, 구형연약대, 핵석 등)의 크기, 위치, 상태 등을 정밀하게 탐사할 수 있다는 게 차별화된 기술이다(그림 13.17). 4개 이상의 센서가 필요하고, 측정시간은 1분이면 충분하나 역해석하여 결과를 도출하는 데 대략 30분가량 소요된다. 또한 TBM 굴진 중에 측정은 가능하나 노이즈가 예상되어 세그먼트 조립 등 커터헤드의 회전이 정지하였을 때 측정을 실시하는 것이 효과적이다.

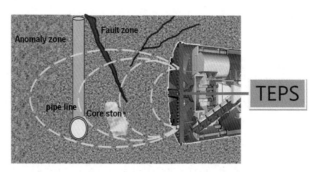

[그림 13.17] TBM-TEPS 터널전방예측기법(출처: 카이스트)

TEPS기법은 이미 NATM 공법 등 막장면이 노출되어 접근할 수 있는 터널현장에서 검증이 충분히 완료된 기술이며, 지반이 안 좋을수록 지하수가 존재할수록 측정이 잘되고 거의 모든 토질에 적용이 가능하며 비교적 넓은 범위를 정밀하게 탐사할 수 있어 주목받는 탐사기법으로 꼽힌다. 특히, TEPS기법의 또 다른 장점은 현지반과 이상대의 상태를 단순한 측정값(예, 전기비저항)이 아닌 RMR값과 같이 공학적 등급으로 표현할 수 있어서 이용자나 실무자에게 의미 있는 결과를 제시할 수 있다(그림 13.18).

$$\rho^{RMR}_{rm} = W_{RMR} \times RUSC \times PRQD \times RSoD \times RCoD$$

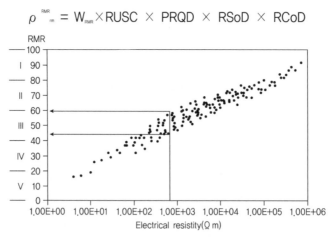

[그림 13.18] RMR과 전기비저항의 관계 예시(출처: 카이스트)

반면, TEPS를 TBM에 활용하기 위해서는 센서를 커터헤드에 부착하는 방법과 센서와 TEPS를 연결하는 것을 고민해야 한다. 센서를 TBM에 부착하는 방식은 여러 가지가 있으나 대표적으로 돌출된 디스크커터를 전극으로 활용하거나(그림 13.19), 센서가 자라목처럼 나왔다 들어갔다 할 수 있는 압출식 센서시스템을 제작하여 커터헤드에 내장하면 된다(그림 13.20). 회전하는 커터헤드에 내장되어 있는 센서와 TEPS의 본체를 연결시키기 위해서는 슬립링(로터리 조인트)을 활용하면 된다.

최근에 한국전력공사에서 발주한 신청주분기 전력구 공사에 CREG Co. Ltd.에서 납품한 쉴 드TBM(직경 5.3m)에는 TEPS를 장착하고 있어서 터널현장 전구간에 대한 지속적인 전방예측이 가능하여 안정적인 시공 및 품질관리에 큰 도움이 될 것이다. 더욱이, 연속적인 터널전방예측 지반자료와 기계데이터(추력, 토크, RPM 등)를 연계하여 분석하면 TBM 오퍼레이터의 시공 노하우 축적과 교육에 좋은 자료가 될 것으로 기대된다.

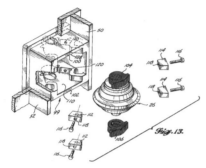
(a) 디스크커터 절연의 개념
(출처: U.S. Patent 4.193.637)

(b) 절연 처리된 디스크커터
(출처: 특허 10-1394332-0000)

[그림 13.19] 디스크커터를 전극으로 활용하는 방법

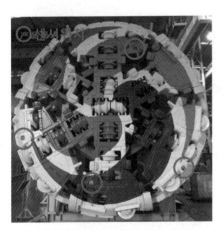
(a) 커터헤드 내 장착된 센서 위치

(b) 측정 시 압출되는 센서시스템(고안: ㈜코템/카이스트)

[그림 13.20] 커터헤드에 내장된 압출식 센서시스템(출처: CREG Co. Ltd.)

4.2 전자기 탐사기법

전자기 탐사기법에는 TEPS기법 외에도, GET(Geo Exploration Tech.)사에서 개발된 BEAM (Bore-tunneling Electrical Ahead Monitoring) 시스템, 레이더 탐사 등이 있다.

• BEAM (Bore-tunnelling Electrical Ahead Monitoring) 시스템

독일의 Herrenknecht AG사에서 판매하는 막장면 전방 예측 기술 중 GET(Geo Exploration Technologies)사에서 개발된 BEAM 시스템은 TBM 면판 및 본체 옆 부분에 설치된 전극으로부터 전기저항을 측정하고 유도분극 현상을 이용하여 해석하는 기법이다(그림 13.21). 굴착 중 연속적인 계측이 가능하며, 예측결과를 실시간으로 보여주는 장점을 가지고 있으나 면판 전면에 전극이 위치하여 전극을 주기적으로 교체해야 하며 가격이 고가라는 단점이 존재한다. 그럼에도 모든 토질에 적용이 가능하며 15~20m의 탐사심도를 가지고 있어 적용성이 좋다고 평가할 수 있다.

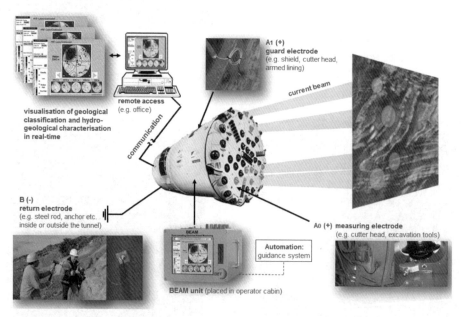

[그림 13.21] BEAM 시스템의 구성요소(Kaus and Boening, 2008)

또한 BEAM 시스템은 서로 다른 주파수에서의 전기비저항을 측정하여 PFE(주파수 차이에 의한 겉보기 비저항의 오차율)를 통해 분석하며(그림 13.22), 전극의 설정에 따라 1D 및 3D 분석이 가능하다는 특징을 가지고 있다.

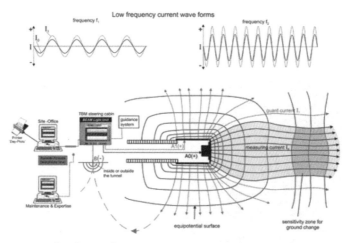

[그림 13.22] BEAM 시스템의 작동원리(출처: GET)

• 레이더 탐사기법

레이더 탐사의 경우 짧게는 1.5m의 탐사심도를 가지며 적용 지반조건도 상대적으로 까다롭지만 높은 해상도를 보여주는 장점을 가지고 있다. 가와사키 중공업, IHI, 미츠비시 중공업, 마츠이 건설 등 일본의 기업들에서는 각각 레이더 탐사기법을 개발하였는데, 이들은 공통적으로 TBM 면판에 설치한 안테나(약 30cm~60cm)에서 전자파를 막장면 전방 지반에 방사하여 돌아오는 반사파를 분석하는 기법이다. 안테나의 크기로 인해 커터헤드의 별도 설계가 요구되며 함수비가 높은 지반의 경우 유전율이 높아 전자기파를 흡수하므로 적용이 어렵다는 단점을 가지고 있다. 전자기파의 주파수가 낮아질수록 탐사심도가 깊어지지만, 안테나의 크기가 커지고 해상도가 낮아지므로 적정 수준에서의 적용이 요구된다. 저주파수의 안테나를 사용하면 탐사심도가 깊어지고 고주파수의 안테나를 사용하면 해상도가 높아지는 특성을 지니므로 적용을 위한 사전의 면밀한 검토가 요구된다.

레이더 탐사기법을 개발한 기업들 중 마츠이 건설은 일반적인 지중레이더의 주파수 대역보다 낮은 주파수대역을 가지는 전자파를 활용하여 막장면 전방으로 2~5m까지 탐사를 하였으며, TBM의 기계데이터를 기록하여 파형신호, 동기신호, 회전신호를 연속적으로 모니터링하여 데이터베이스를 구축하기도 하였다.

• 시추공을 통한 레이더 토모그래피

독일의 Bo-Ra-Tec사는 공동이 많은 카르스트 지형 구조를 가진 Katzenberg TBM 터널 현장에 시추공 탐사 장비를 설치하고 시추공 레이더 탐사를 수행한 바 있다(그림 13.23). 천공홀

651

1~2개를 이용하여 반사파를 측정하고, 천공홀 2개를 이용하여 Crosshole 측정하는 방법을 제안하였다.

<table>
<tr><td>(a) 현장시험 전경</td><td>(b) 시추공 탐사 위치</td></tr>
</table>

[그림 13.23] 독일 Bo-Ra-Tec사의 시추공 레이더 탐사(Richter, 2011)

4.3 탄성파 탐사기법

탄성파 탐사기법에는 TSP(Tunnel Seismic Prediction), SSP(Sonic Soft Ground Probing), VIBSIST(Vibration Swept Impact Seismic Technique), 초음파 탐사, 레일리파 탐사 등이 있다. 기존 NATM 공법에서는 발파를 에너지원으로 약 100~200m 거리의 탄성파 탐사를 수행하였다. 그러나 TBM 내 발파의 위험성과 방대한 데이터 및 처리 시간으로 인해 지속적인 개선이 요구되고 있으므로, 본 항에서는 TBM에 적용가능한 안전하고 신속한 탄성파 탐사기법을 살펴보고자 한다.

• TSP (Tunnel Seismic Prediction) 탐사

TSP 탐사는 과거 석유 등의 지하자원 개발을 목적으로 사용하던 탄성파 수직탐사법(VSP: Vertical Seismic Profiling)을 터널 막장면 전방 예측에 응용한 것이다. 그림 13.24(a)의 좌측과 같이 VSP 탐사는 시추공 부근 지표의 한 지점에서 탄성파를 송신하고 시추공 내 다양한 심도에서 수신하여 지층 구조를 밝히는 방법이다. 이를 그림 13.24(b)와 같이 역으로 활용하는 것을 역수직 탐사법(RVSP: Reversed VSP)이라 하며, TSP 탐사는 이러한 RVSP 탐사법을 터

널 내에 적용한 것으로 볼 수 있다.

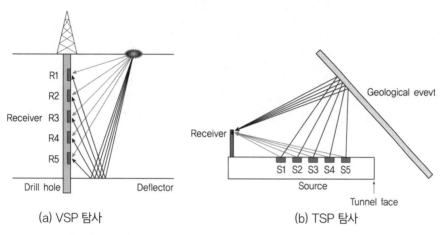

(a) VSP 탐사   (b) TSP 탐사

[그림 13.24] VSP탐사와 TSP탐사 모식도(출처: Amberg Tech.)

TSP 탐사는 기본적으로 반사법을 이용하여 터널 굴착 및 지보에 큰 영향을 주는 주요 지질 구조대나 용수대의 위치와 규모를 파악하는데 도움을 준다. 기존에는 공간 협소의 문제로 인해 TBM에 TSP 탐사 장비를 설치하지 못하였으나 스위스 AMT(Amberg Measuring Technique) 사에서 TBM에 적용할 수 있는 TSP 탐사 방법으로 TSP203을 개발하여 국내에서도 도입 및 적용이 이루어지고 있다.

• SSP(Sonic Soft ground Probing) 탐사

AMT사는 독일의 Herrenknecht사, Philipp Holzmann사, Zublin사와 함께 쉴드TBM 면판에 탑재가 가능한 SSP(Sonic Soft ground Probing) 시스템을 개발하였다(그림 13.25). SSP 시스템은 그림 13.25의 좌측에서부터 볼 수 있는 1개의 음향소스, 3개의 수신기, 면판의 회전 각도 감지 센서로 구성되어 3차원적 막장면 전방 예측이 가능하다는 특징을 가지고 있다. 음향 소스로부터 수 kHz 대역의 P파를 막장면 전방으로 방사하여 되돌아오는 반사파를 가속도계에 의해 기록하여 파쇄대, 거대전석, 공극 등을 감지할 수 있다. 신호 감쇠 정도에 따라서 탐사심 도가 달라지지만 소스, 리시버, 면판 회전 각도를 감지하여 3차원적으로 전방 약 30m까지 탐사가 가능하다.

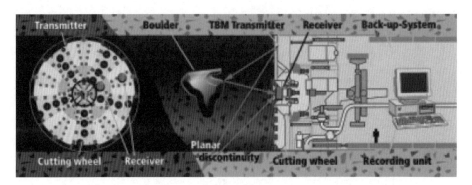

[그림 13.25] SSP 시스템 개념도(Dowden and Robinson, 2001)

• VIBSIST(Vibration Swept Impact Seismic Technique) 탐사

핀란드의 Terraplus사에서는 Swept Impact Seismic Technique(SIST)에 기초를 두고 VIBSIST-20을 개발하였다. SIST를 활용하게 되면 바이브로사이즈 기술과 Mini-Sosie 기술의 장점만을 조합하여 보다 작은 임팩트 수로 잡음의 영향을 최소화하여 고해상도의 결과를 얻을 수 있다.

• 초음파 탐사(Sonar)

히타치 조센(Hitachi Zosen)에서는 잠수함에 주로 사용되는 수중음파탐지장치(sonar)의 원리를 이용한 막장 전방 예측 기법을 개발하였다. 막장면 전방에 수 kHz 대역의 음파를 방사하여 음향임피던스가 다른 몇, 즉 이상대에서 반사되는 음파를 수신기로 획득하여 장애물, 지층경계부의 위치 및 형상을 파악한다. 이 방법은 모든 지반조건에 적용가능하다는 장점을 가지고 있으나, 탐사구간이 지하수위면 아래에 있어 지하수가 존재하는 경우에만 이용 가능한 단점이 있다. 탐사심도는 20m 정도로 알려져 있어 최적의 탐사심도 기준을 충족한다. 미츠비시 중공업 또한 물을 분사하여 그 물기둥 내부에 초음파를 발산시켜 탐사를 진행하는 초음파 탐사기법을 개발하였다. 이 또한 지하수가 존재해야한다는 단점을 가지고 있어 초음파 탐사의 한계를 극복하지는 못하였다.

• 레일리파 탐사(Rayleigh wave)

일본의 가와사키 중공업에서는 표면파의 일종인 레일리파를 이용하는 전방 예측 기법을 개발하였다. 이는 기본적으로 지표면을 따라 전파하는 표면파인 S파의 분산 특성에 기초하여 매질의 전단 속도 분포로부터 지반의 지지력을 추정하여 지반 상태를 해석하는 탐사기법이다.

레일리파 탐사기법은 모든 지반조건에 적용이 가능하다는 장점을 가지고 있으나 함수비가 높은 지반에는 적용이 어렵다는 단점이 있다. 탐사심도는 약 10m 정도로 알려져 있어 천부 지질의 지반 안정성을 평가하는 데 적합할 것으로 기대된다.

5 TBM 스마트 기술

정보통신기술(ICT: Information and Communication Technology)과 센서 기술의 발달로 인해 데이터의 정교한 계측이 가능해짐과 동시에 후처리를 위한 연산의 규모가 크게 증가할 수 있었다. 이에 따라 방대한 데이터를 기반으로 TBM의 다양한 세부 사항의 계측과 고도화된 시공, 그리고 최적화된 시공 및 유지관리가 가능하게 되었다. 본 절에서는 TBM 터널 시공에 활용되는 계측 및 상태평가 기술, 데이터 기반 예측 및 최적화 기술, 그리고 원활한 TBM 운용을 위한 시뮬레이션 기술 등을 소개하고자 한다.

5.1 TBM 상태평가 및 데이터 기반 최적화 기술

TBM 시공은 굴착과 지보가 연속적으로 수행되기 때문에 모니터링 및 상태평가에 요구되는 데이터 역시 연속적으로 계측되며 그 양이 상당히 방대하다(그림 13.26). 그리고 TBM 상태평가에 요구되는 데이터는 측정 위치가 다양하고 데이터가 계측되는 시점이 각기 다르게 나타난다.

시간을 기준으로 데이터의 계측을 설명할 때, 우선 설계 단계에서 터널의 단면과 깊이를 설정함과 동시에 지반조사를 수행한다. 현장시험을 통해 지층의 구성과 지하수위 및 응력조건을 확인하고 샘플을 채취하여 실내 실험을 통해 세부적인 물성치를 획득한다. 시공 중에도 굴진 중에는 배토량과 막장압과 같은 지반 안정과 직결되는 변수들을 측정하며, 또한 추력, 토크, 굴진율 등의 기계데이터를 지속적으로 계측하여 굴진 성능을 평가하고 디스크커터와 커터비트 등의 마모 모니터링을 수행한다. 후방 뒷채움이 동시주입으로 수행되는 경우 주입 관리 역시 굴진 중에 수행된다. 이후 지보 및 세그먼트 시공 단계에서는 세그먼트의 정확한 조립을 위한 모니터링과 후방 뒷채움 관리를 위한 주입압 계측 등이 수행된다.

TBM 시공 중에는 계측된 데이터를 기반으로 막장 안정성, 배토 효율, 굴착 성능, 지반침하, 지하수 유입 등의 위험사건을 다양하게 평가 및 예측하며, 이를 기반으로 설계의 변경 및 시공 반영이 수행된다. 장기적으로 센서를 통한 주기적인 계측을 통해 벽체의 안정성 및 균열, 누수 등의 건전성이 평가되며 장기 침하 역시 계측 및 평가의 대상이 된다.

공간을 기준으로는 막장 전방에서는 전방물리탐사를 통한 전방예측이 수행되고, 다양한 기계데이터와 설계치를 기반으로 굴착 성능을 평가하고 과도한 굴착을 예방한다. 전방 챔버에서는 막장압 제어를 위한 배토 관리가 수행되며, 이를 위해 체적 배토량 및 중량 배토량이 측정 및 관리된다. TBM 후방에서는 세그먼트 설치 및 뒷채움 관리가 수행되며 백필 주입압, 주입 시점 등이 기록된다.

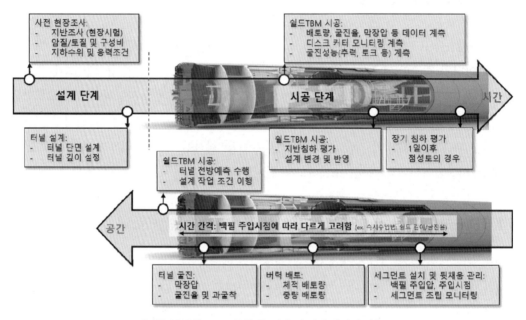

[그림 13.26] TBM 굴착 중 지반 및 기계 데이터 계측

TBM 시공의 고도화 및 최적화를 위한 다양한 스마트 기술이 개발되었으며 그중 많은 것들이 새롭게 적용되고 있다. 몇 가지 그 효용이 큰 스마트 기술들을 중심으로 보다 상세히 알아보고자 한다.

• 데이터 기반 디스크커터 교체주기 자동화 및 최적화 기술 개발

굴착 성능에 직결되는 변수로 디스크커터의 마모와 교체, 그로 인한 다운타임 발생 등이 있다. 교체시기에 도달한 디스크커터는 굴진효율의 저하와 과도한 토크 증가의 원인이 되어 TBM 굴착 성능의 저하를 야기하며, 공사 기간과 비용의 증가에 직접적인 영향을 끼친다. 특히 디스크커터의 마모, 파손, 탈락은 암반 굴착 능력의 저하를 야기하여 연쇄적으로 주변 디스크커터를 훼손하는 결과를 발생시킨다. 따라서 디스크커터의 마모와 교체시점을 정확하게 예측

함으로써 주어진 현장조건에 적합한 교체를 가능하게 하고 굴착 성능의 최적화가 가능할 것으로 예상된다.

보편적인 디스크커터 마모도 예측 모델은 미국의 CSM 모델, 노르웨이의 NTNU 모델, Gehring 모델 등이 있으며, 이들은 세르샤 시험, NTNU 시험 결과로부터 도출된 마모지수와 수명지수를 활용한다. 보편적으로 사용되는 세르샤 시험은 일방향 마모를 발생시키므로 이방성에 따른 결과 차이가 크게 발생하며, NTNU 시험은 시료 성형을 위한 사전작업으로 인해 2~3일의 기간이 소요되는 실정이다. 최근 국내에서 개발된 디스크커터 수명 예측 시험인 NAT 시험은 금속 디스크의 회전과 직교되는 방향으로 이동하여 양방향 마모를 발생시키고, 시료의 성형이 필요하지 않아 소요시간을 1~2시간으로 단축시켰다(김대영 등, 2017; 그림 13.27).

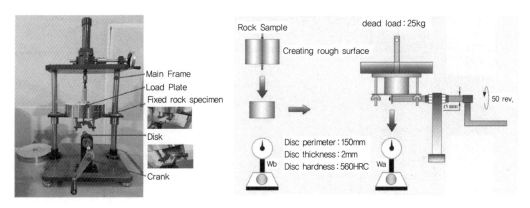

[그림 13.27] 디스크커터 수명 예측시험 NAT(김대영 등, 2017)

실내 시험에서 더 나아가 다양한 머신러닝 기법(SVM, KNN, DT)을 활용하여 디스크커터의 교체시기를 예측하는 연구들이 수행된 바 있다(나유성 등, 2019; 김정주 등, 2020). 최근 국내 연구에서는 지반 조건을 풍화암 혼합층, 풍화층, 연암 혼합층, 퇴적층으로 나누고, TBM의 기계 데이터 중 총 추력, 토크, 회전속도를 입력변수로 설정하여 상기한 머신러닝 기법들을 활용한 예측 모델을 형성하였다. 성능평가를 수행한 결과 지반 조건별로 최적의 알고리즘이 다르게 나타났지만 효용성의 큰 차이는 발생하지 않았고, 알고리즘 자체보다는 입력 변수의 건전성과 포괄성이 더 직접적인 영향을 끼치는 것이 확인되었다. 이러한 최적화 기법은 단일 암석에 국한되지 않을뿐더러 균질한 암석에 대한 절삭시험 결과를 바탕으로 교체주기를 예측하는 기존 기술과 비교하여 높은 적용성을 보일 수 있을 것으로 예상된다.

• 디스크커터 모니터링 시스템

　디스크 터 수명의 예측을 위한 실내 실험, 그리고 머신러닝 기법 등을 통한 다양한 예측 모델의 구축과 별개로, 실제 굴착 중 디스크커터의 상태를 모니터링 하는 기법이 제안되었다. 최근 국외 기업체에서는 커터헤드 안에 5개의 DCLM(Disc Cutter Load Monitoring) 시스템을 구축하여 디스크커터에 작용하는 절단 하중을 측정하고 막장면 상태를 모니터링하여 터널링 변수를 최적화하였다(Herrenknecht AG; 그림 13.28). 또한 DCRM(Disc Cutter Rotation Monitoring) 시스템을 다른 5개의 디스크커터에 구축하여 디스크커터의 회전과 온도를 모니터링하여 유지보수 간격을 최적화하였다(Duhme and Tatzki, 2015). 이에 추가로, 카메라를 설치하여 막장면의 상황을 실시간으로 관제실로 전달하여 지속적인 모니터링을 가능하게 하였다.

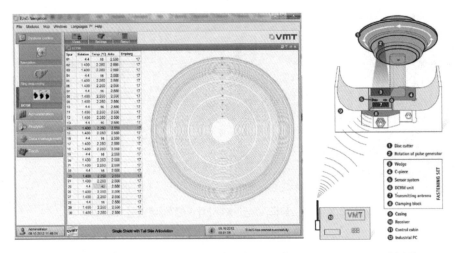

[그림 13.28] 디스크커터 모니터링 시스템 DCRM(Duhme and Tatzki, 2015)

• TBM 굴진성능 및 실굴진율 예측기법

　TBM의 굴진율은 TBM 굴진 시간당 굴진 거리로 정의되며 TBM의 성능 수치에 속한다. 반면 TBM의 실굴진율은 굴진율에 가동률을 고려한 값으로, 가동률은 굴진시간을 전체 TBM 가동시간으로 나눈 값(%)에 해당한다. 따라서 실굴진율은 TBM과 현장의 지반상태에 따라 달라지는 값으로 설계단계에서 공사비와 공사기간을 예측하는 데 사용되는 중요한 인자이다(이항로 등, 2016). 실굴진율 예측을 통한 최적성능 획득을 위해서는 국내 지반의 물성을 반영하여 정확하게 예측하는 것이 요구되며, 국내 연구진에서는 굴진율의 영향인자를 그림 13.29와 같이 정리하였다(한국전력연구원, 2020).

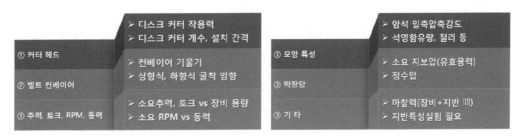

[그림 13.29] 굴진율 영향인자(출처: 한국전력연구원)

이후 소단면 TBM 통계 분석을 기반으로 일축압축강도, 추력, 압입깊이의 상관관계 모델을 개발하고, 장비 성능곡선(동력, RPM, 토크)을 개발하여 최적 운전 조건을 도출하였다. 이를 위해 15개 현장에서 굴진 관련 지반 및 기계 데이터의 DB를 구축하였으며, DB 내에서 현장 지반 특성과 TBM 기계데이터 간의 상관관계 자동화 분석을 수행하고, 장비 이력관리 및 운전 현황 분석을 수행할 수 있도록 하였다(그림 13.30).

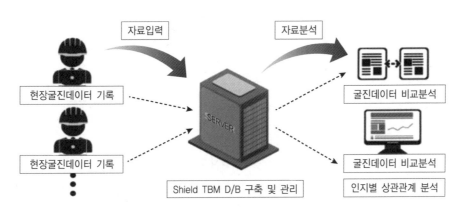

[그림 13.30] 굴진 DB 관리시스템(출처: 한국전력연구원)

획득된 DB를 기반으로 지반조건(풍화암, 연암, 경암)에 따른 순굴진율 특성(압입깊이, 토크)을 분석하고, 소단면 쉴드TBM 순굴진율 모델을 제시하였다(그림 13.31). 해당 모델은 커터당 연직력과 압입깊이, 연직력과 회전력의 상관관계를 제시하고 장비 성능곡선을 통해 최적 운전 조건을 시각화하여 제공하였다.

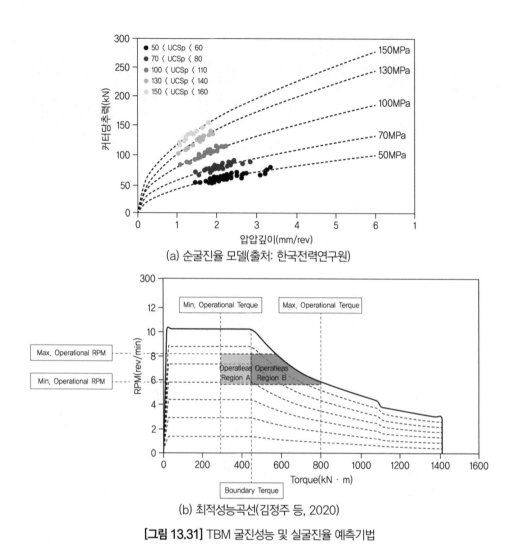

(a) 순굴진율 모델(출처: 한국전력연구원)

(b) 최적성능곡선(김정주 등, 2020)

[그림 13.31] TBM 굴진성능 및 실굴진율 예측기법

　이 외에도 보다 고도화된 데이터 처리 기법을 활용한 굴진율 예측 알고리즘이 제안되었다. 퍼지 기반 최적화 기법인 ANFIS(Adaptive Neuro Fuzzy Inference System)를 활용하여 순굴 진율 예측 알고리즘이 개발된 바 있으며 시추공 사이 지반 물성 획득 기술을 개발하여 세계 최초로 전기비저항과 암반강도특성(일축압축강도, RQD)을 연계하였다(인하대학교, 2020; 그림 13.32). 또한 머신러닝(GBRT: Gradient Boosted Regression Tree) 기반의 알고리즘을 구축하여 프로그램을 개발하였고, 이를 통해 실시간 순굴진율 예측이 가능하다(인하대학교, 한국 전력연구원, 2020; 그림 13.33).

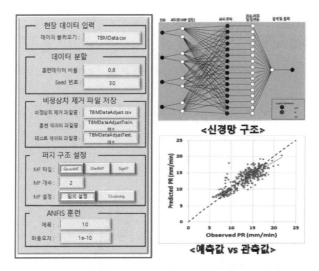

[그림 13.32] 굴진율 예측 알고리즘 ANFIS(출처: 인하대학교)

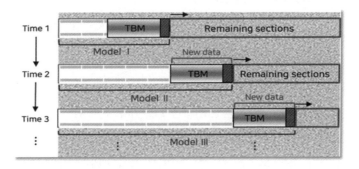

[그림 13.33] 굴진율 예측 알고리즘 GBRT(출처: 인하대학교, 한국전력연구원)

• TBM 굴착 위험도 평가기법

TBM 굴착 위험도 평가기법은 발생 가능한 위험사건의 메커니즘이 완벽하게 규명되지 않았고 관련 영향 변수 역시 방대하며 모두 계측할 수 없다는 한계를 갖는다. 또한 작업자에 의한 인재의 경우 사건 발생 확률을 단정할 수 없다. 따라서 현재까지 위험도 평가기법은 현장 작업자와 전문가들의 자문을 바탕으로 위험사건의 원인과 결과를 규명하고, 확률론적 접근을 바탕으로 각 사건 발생에 의한 비용 및 공기의 증가를 기준으로 평가가 수행되어왔다. 따라서 위험사건의 인과를 명확하게 규정하는 것이 가장 중요하다고 할 수 있다. 시초가 되는 사건(initiating event)의 영향을 받는 ETA(Event Tree Analysis) 기법을 이용하여 EPB 쉴드TBM을 이용한 터널 굴착 위험 확률을 분석하여 정량적인 위험도 평가가 수행된 바 있다(그림 13.34). Initiating event로는 연약지반, 고압의 지하수, 집중 호우 등이 설정되었으며, 시공 이전과 진행 중일 때를 safety function으로 설정하였다(Hong et al., 2009). 한편, FTA(Fault

Tree Analysis) 기법을 이용하여 쉴드TBM을 이용한 터널 굴착 시 발생 가능한 위험사건 (undesirable event)에 대하여 위험도 분석 역시 수행된 바 있다. 발생 가능한 위험사건의 범주는 커터 관련 오작동, 기계 결함, 배토 및 막장 불균형, 그리고 세그먼트 결함으로 분류되었다(Hyun et al., 2015).

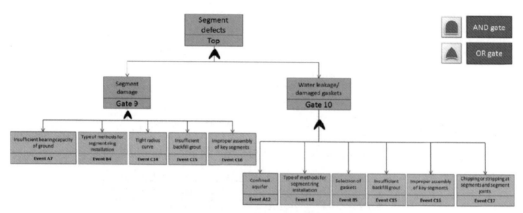

[그림 13.34] FTA 기법을 통한 위험도 평가 예시(Hyun et al., 2015)

변수 간의 인과관계에 대한 확률론적인 접근은 기술의 발전과 함께 보다 고도화되었다. 변수 간의 종속성을 인코딩하고 인과관계를 학습하는 기법인 Bayesian network를 이용하여 지질 예측 모델과 건설 전략 결정 모델을 결합하고, 이를 통해 EPB 쉴드TBM 굴착 시 발생할 수 있는 위험을 체계적으로 평가하고 관리할 수 있다고 알려져 있으며(Sousa and Einstein, 2012), 이와 같은 Bayesian network를 기반으로 국내에서 개발된 STRAM(Shield TBM Risk Analysis Model)은 TBM 타입(토압식 개방형, 토압식 밀폐형, 이수식)에 따라 터널 건설 중 발생 가능한 잠재적 위험 사건을 체계적으로 식별할 수 있다(Chung et al., 2019; 그림 13.35).

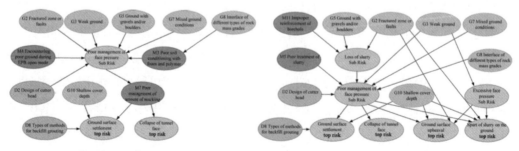

[그림 13.35] Bayesian network 기반 위험도 평가 예시(Chung et al., 2019)

• TBM 굴착 중 지반침하 예측시스템(TBM-GSP)

지중 터널을 굴착하게 되면 기존의 응력 평형상태를 상실하므로 지보재와 터널 벽체 시공 이전까지 지반 침하가 발생할 수 있다. 지반침하가 발생하는 경우 상부 구조물과 지중 배관시설 등의 손상을 초래할 수 있으므로 시공자의 주의가 요구된다. 따라서 지반의 변형을 최소화하고 적용성을 증진시키기 위해 굴착과 동시에 주면 및 굴진면에 대한 지보가 가능한 쉴드TBM이 활용되고 있다. 하지만 쉴드TBM은 운용 중 이상적인 지보를 통해 굴진을 수행하더라도 터널 벽체(세그먼트 라이닝)의 조립이 쉴드 내부에서 작업되기 때문에 외경 차이에 의한 간극(tail void)은 필연적으로 지반의 일부 변형을 유발한다. 그뿐 아니라 쉴드TBM 굴착 중 막장/챔버압 불균형, 과도한 굴착 및 배토, 테일보이드 뒷채움 지연 및 불량, 쉴드와 벽체의 배열 불량 등에 의해 지반침하가 발생할 수 있다.

최근 국내 연구진에서는 쉴드TBM에 의한 지반침하의 발생 메커니즘을 기반으로 주요 영향인자를 분류하고, 각각의 인자들을 반영할 수 있는 굴착 중 지반침하 예측 시스템을 개발하였다(카이스트; 한국전력연구원). 알고리즘 개발을 위해 우선 굴착 중 발생 가능한 터널 인접지반의 갱내측 변위를 막장면 불균형에 의한 변위, 과도한 굴착에 의한 변위, 후방 테일보이드 뒷채움에 의한 변위, 그리고 지하수 침투에 의한 변위로 각각 분류하고 이들을 해석적인 수식으로 도출하였다. 또한 지표에서 침하는 가우시안 커브를 따르는 것으로 간주하여 지표 최대 침하량과 터널 인접 변위들의 합을 같게 하도록 보정계수를 도입하였다. 이후 지반물성치와

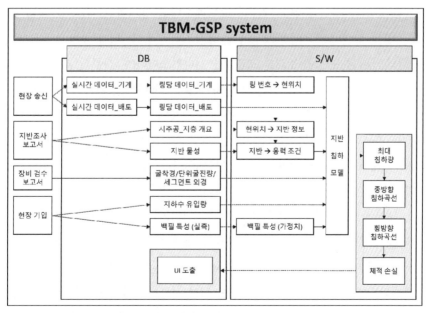

[그림 13.36] TBM 굴착 중 지반침하예측시스템 개요도(출처: 카이스트, 한국전력연구원)

터널의 직경 및 깊이 등 설계 요소들에 따른 보정계수들의 값을 수치해석을 통한 매개변수 해석을 수행하여 각각 도출하였고, 이를 기반으로 설계 조건 및 TBM 시공 조건에 의한 지반침하 예측시스템(Ground Settlement Prediction system)을 개발하였다(TBM-GSP; 그림 13.36).

TBM 굴착에 의해 추후 발생할 것으로 예상되는 지표침하를 예측하여 종방향, 횡방향 침하 트라프를 도출하고, 예상되는 체적손실을 획득할 수 있다. 또한 침하 예측 프로그램을 통해 상부 구조물의 기초 안전성의 관점에서 예상되는 침하량이 유의미한 수준인지 시공 중 판단이 가능하며, 유의가 필요한 수준에서 침하가 예측되는 경우 사용자 및 TBM 오퍼레이터의 즉각적인 대처가 가능하다. 이를 위해 TBM 침하 예측 알고리즘을 구동하는 시점은 매 스트로크 1회 종료 시에 해당하며, 현재 굴착 지점에 대한 침하 예측을 수행하기 위해 후방 테일보이드의 뒷채움 주입 특성은 사전에 입력하거나 일반적인 범위에서 가정치가 반영되도록 설계되었다. 이러한 TBM 시공 중 지반침하 예측시스템(TBM-GSP)을 활용함으로써 보다 안전한 TBM 시공이 가능할 것으로 예상되며, TBM 운용에 대해 데이터에 기반하여 정량적인 평가가 수행될 수 있다.

5.2 TBM 운전/제어 시뮬레이터

TBM은 장비의 가격이 비싸고 현장 투입 이후에는 장비 전체의 교체나 후진이 불가능하여 시공 성능이 작업자의 능력에 따라 크게 좌우된다. 하지만 TBM 오퍼레이터(operator)는 현장의 경험과 실무를 통해서만 양성되고 투입되는 도제식을 따르고 있는 실정이다. 따라서 보다 체계적으로 TBM 시공 경험을 쌓고 우수한 오퍼레이터를 양성할 수 있도록 TBM 분야에서도 시뮬레이터 기반의 훈련과 교육의 필요성이 점차 강조되고 있다. 이를 통해 TBM의 현장도입 전 설계단계에서 파악된 주요 시공 트러블 조건들을 시나리오화하여, 사무실 환경에서 사전에 훈련이 가능할 것으로 예상된다. 해외에서는 기업 차원에서 시뮬레이션 혹은 매뉴얼이 개발 및 적용되어 왔으며, 국내에서는 최근 커터헤드 운전제어 시스템을 개발, 국산화하는 데 성공하였다.

한국건설기술연구원에서 개발한 운전제어 시스템은 시뮬레이터 소프트웨어 및 LMS (Learning Management System)과 하드웨어로 각각 개발되었다(그림 13.37). 소프트웨어의 경우 교육 및 훈련이력 관리뿐 아니라 사용자가 직접 시나리오 입력이 가능하도록 서버 내 플랫폼 형태로 개발되었다. 내부적으로 시공 트러블 대응 10건을 포함하여 총 37건의 시나리오가 탑재되어 있으며, 커터헤드 구동, 스크류 및 토압의 조정에 대해 흐름도 형태로 시나리오를 작성하도록 구축되었다. 하드웨어의 경우 직경 8m급 TBM 내부의 실제 오퍼레이팅 룸의 화면과 동일한 사용자 인터페이스를 반영하여, 실제와 동일한 실물 시뮬레이터와 활용성 증대를 위해 터치스크린 방식을 도입한 커맨드 체어 형식의 시뮬레이터를 각각 개발하였다.

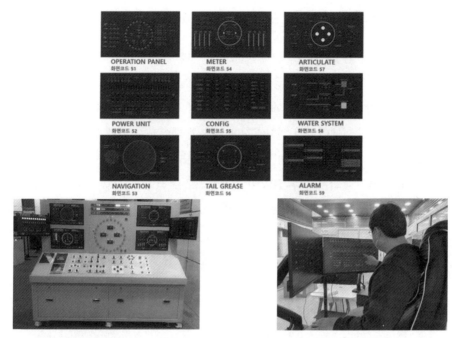

[그림 13.37] 국산 TBM 운전제어 시뮬레이터(출처: 한국건설기술연구원)

전방 굴착제어뿐만 아니라 세그먼트 조립 역시 많은 작업시간이 요구되므로 세그먼트를 조립하는 이렉터(erector) 작업자의 정밀한 작업이 필요하다. 이에 따라 해외에서는 작업자의 훈련을 통해 작업시간과 이에 따른 비용을 절감하고자 세그먼트 조립 시뮬레이터를 개발하였고, 실제 TBM 현장에 맞춘 시뮬레이터 환경을 바탕으로 런던 Crossrail 프로젝트에서 이미 활용된 바 있다(Herrenknecht AG; 그림 13.38).

[그림 13.38] Ring Building Simulator(출처: Herrenknecht AG)

665

5.3 TBM 자동화 운영시스템(TBM automatic operation system)

TBM을 통한 터널 굴착이 대심도화, 대단면화, 장대화됨에 따라 굴착 성능을 증진시킬 수 있는 여러 기술이 접목됨과 동시에 적용 대상 지반을 확장시킬 수 있는 새로운 형태의 TBM이 개발되었다. 또한 전방지반의 정밀한 예측과 TBM 굴착 상태평가 및 최적화 등을 기반으로 굴착 과정에서 요구되는 오퍼레이터의 의사결정에 필요한 데이터가 점차 고도화되고 다양화되었다. 그리고 TBM 운전 및 제어 시뮬레이터의 개발은 갱내 작업자의 비율을 줄이고 원격 제어가 가능함을 시사하고 있다. 따라서 추후 TBM이 자율적으로 굴착 및 지보를 수행할 수 있도록 시스템을 개발하는 것이 궁극적인 목표라고 할 수 있다. 이러한 제언은 말레이시아의 MMC Gamuda 사에서 Innovation in Tunnel Excavation Award를 수상하면서 본격적으로 대두되었으며(그림 13.39), Herrenknecht AG, Robbins Co. 등의 TBM 제조회사들의 적극적인 개발이 뒤따르고 있다.

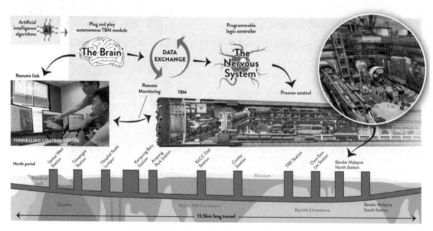

[그림 13.39] 자동화 TBM(MMC Gamuda)

6 기타 TBM 관련 기술

본 장에서는 대단면화, 장대화, 대심도화되고 있는 TBM 굴착 터널의 경향에 따라 보다 효과적이고 고도화된 TBM 시공을 구현하고자 새로운 개념의 TBM을 소개하고 굴착 및 유지관리 측면에서 성능을 향상시킬 수 있는 최신 기술들을 살펴보았다. 이어서 본 절에서는 TBM의 굴착과 직접적인 연관은 적지만 TBM을 통한 터널 시공에 있어 중요한 역할을 수행하는 친환경 굴착기술과 TBM 장비 검수기준을 알아보고자 한다.

6.1 친환경 굴착 기술

본 항에서는 TBM을 통한 친환경 굴착 기술에 대해 살펴보고자 한다. 에너지 고갈과 환경오염의 확산은 전 세계적으로 중요한 이슈에 속하며, 토목공학은 그 규모가 크고 환경 조건을 직접적으로 개간하기 때문에 환경 문제에 책임을 함께할 필요가 있다. TBM에 있어 환경을 위해 어떤 관점의 시공이 가능할 지에 대해 함께 논의하고자 한다.

• 슬러리 서킷 셧다운(Slurry Circuit Shut-down)

이수식 쉴드TBM, Mixshield TBM 등 슬러리를 운용하여 막장압을 유지하는 방식의 TBM을 활용한 굴착 시공 시에는 슬러리 서킷을 상시 구동한다. 시공의 유지 측면에서 슬러리 서킷 구동에서 가장 큰 에너지 소모가 발생한다. 터널 세그먼트 조립 시 막장면과 서킷을 분리하고 슬러리의 순환을 막아 지속가능성을 증진시킬 수 있다.

• 갱내 LED 사용

갱내 조명장비로서 기존의 백열전구, 할로겐 전구, 그리고 형광등은 전력 소비량이 크고 사후 처리가 쉽지 않다는 단점을 가진다. LED는 에너지 효율이 높아 친환경적이며 다양한 형태의 조명으로 변형이 가능하여 갱내에 적용되기에 적합하다. 정부 차원에서 저탄소 생활 기반 구축 방안의 일환으로 LED 조명의 활성화에 앞장서고 있는 상황에서 갱내 LED 사용으로 전력 절감 및 이산화탄소 발생 감축 효과를 기대할 수 있다.

• TBM 부품 재활용

터널 시공은 목표 현장의 입지적 조건, 지반 특성, 건설하고자 하는 터널의 특성 등을 고려하여 설계되며, 매 시공마다 시공성과 안정성을 고려한 터널 굴착 장비의 선정과 굴착 전략에 대한 설계를 수행하여야 한다. 동일 현장의 굴착 시에도 복합지반의 출현, 지하수위의 변화, 인접구조물 등의 영향으로 다양한 공법 및 장비를 이용한 터널 굴착이 필요한 경우도 존재한다. 모든 공사에서 TBM 장비를 새로 제작하는 것은 천문학적인 비용이 필요하기 때문에 기존 시공에서 사용되었던 장비의 부품을 재활용하는 것이 경제적이다. 일반적인 TBM 장비의 경우 새 제품 제작비 부품 재활용 시 온실가스 배출 약 65%, 소비전력 약 80%, 필요 재료 약 99%를 각각 절감시킬 수 있다(Herrenknecht AG).

6.2 TBM 장비 검수기준

TBM 장비는 현재 성능평가 기준이 부실하며 주요 부품인 메인베어링, 구동부 실(seal), 배토시스템 등의 성능 확인이 어려운 실정이다. 이에 따라 TBM 장비의 현장 적합성을 판단하는 기준 역시 모호하다. 특히 TBM 터널의 대단면화, 대심도화, 장대화가 진행됨에 따라 위험사건

조립 완성 검사 증명서(공장 조립 완료 검사)				
발주처				
사업관리 용역사				
시공사				
협력사				
Project 계획				
Type 유형				
최종 검수자 서명란				검사일
제작사	협력사	시공사	건설사업관리단	
검사항목			검사결과	
			판정	비고
성적서 검사				
1. 커터헤드 재료 성적서				
2. 메인 베어링 잔존 수명 성적서				
3. 커터헤드 베어링실 재료 성적서				
4. 디스크커터 재료 성적서				
5. 커터비트 재료 성적서				
6. 송배니펌프 성적서				
7. 강판 성적서				
8. 유압장치 성적서				
9. 절연 검사서				
10. 면판 적정서				
외관 및 성능 검사				
1. 커터헤드				
2. 메인베어링				
3. 베어링실				
4. TBM 본체				
5. 쉴드잭				
6. 방향수정잭				
7. 배토시스템				
8. 이렉터				
9. 테일실				
10. 백필				
11. 그리퍼				
12. 프로브 드릴				
13. 감지장치				
14. 건설관리시스템				

[그림 13.40] 쉴드TBM 검수기준 예시 - 전체 검수시트(한국터널지하공간학회, 2021)

에 정확히 대처하는 것뿐만 아니라 미연에 장비 이상을 방지하는 것이 중요하다. 따라서 한국전력연구원은 한국터널지하공간학회를 통하여 안전하고 효과적인 시공을 가능케 하고자 국내외 TBM 검수 기준서 및 기술자료를 분석하여 국내 TBM 장비 검수기준을 정립하였다(그림 13.40).

우선 디스크커터 재료 성적서, 송배니관 및 펌프 성적서, 유압장치 성적서, 커터비트 재료 성적서 등을 포함한 10개의 필수 성적서 항목을 제시하고, 각 성적서 내에 필수로 포함되어야 할 항목들을 제시하였다. 그리고 커터헤드, TBM 본체, 쉴드잭, 스크류컨베이어, 이렉터, 테일실, 백필 펌프, 그리퍼 등 각각의 TBM 구성 요소들에 대한 저항 값을 측정하고, 20개 이상의 세부 항목에 대한 측정 전압별 적합 판정 기준을 제시하여 절연 검사를 수행하도록 하였다. 또한 40개 이상의 TBM 세부 구성요소들에 대하여 부하를 가하지 않고 외관 이상 여부와 치수의 적합성을 검사한다. 그리고 16개의 주요 검수항목에 대하여 설계 제원과 실제 작동 시 성능을 비교, 검증할 수 있는 검사 기준을 제시하였다. 주요 검수항목에는 커터헤드, TBM 본체, 쉴드잭, 배토 시스템, 이렉터, 테일실, 백필, 그리퍼, 메인 베어링, 베어링실, 프로브 드릴, 세그먼트 이동장치, 감지 장치, 맨락(man lock) 장치, 회전 분쇄기 등이 있다. 검수는 단순 작동여부와 설계값 대비 오차범위, 성능 및 내구성에 대한 평가 등으로 구성된다. 자세한 내용은 한국터널지하공간학회 한터학보고서 305를 참고하면 된다.

7 결언

앞으로는 도심지뿐만 아니라 전 지역의 지하공간 창출이 요구될 것으로 전망되며, 이에 따라 터널의 대단면화, 장대화, 대심도화가 요구되어지고 있다. TBM 기술은 기계적으로 연속적인 굴착과 지보를 수행하기 때문에 안정성, 효율성, 그리고 친환경성을 확보할 수 있으며, 대규모의 터널 굴착에 있어 TBM 기술은 경제적으로도 매우 뛰어난 선택이라고 할 수 있다.

현재 ICT 스마트 기술의 발전으로 인해 전 세계적으로 TBM의 무인화, 고도화, 최적화 시공이 가속되고 있다. 하지만 현재 국내 TBM 제조기술은 세계 수준에 비해 상대적으로 미흡한 것이 사실이다. 결론적으로 세계 TBM 기술의 선도를 위해서는 최신 TBM 관련 기술을 적극적으로 도입하여 활용해야 하며, 스마트기술 연구개발 및 인력 양성에 터널인들의 지대한 관심과 노력이 절실히 필요하다.

참고문헌

1. 김대영, 정재훈, 이재원, 지성현(2017), "TBM 디스크 커터의 수명 예측 방법 개발", 한국터널지하공간학회 논문집, Vol. 19, No. 3, pp. 475-488.

2. 김정주, 류희환, 김경열, 홍성연, 정주환 & 배두산(2020), "터널식 전력구를 위한 순굴진율 모델 개발 및 이를 활용한 쉴드 TBM 최적운전 조건 제안", 한국터널지하공간학회 논문집, Vol. 22, No. 6, pp. 623-641.

3. 나유성, 김명인, 김범주(2019), "SVM 기법을 이용한 쉴드 TBM 디스크 커터 교환 주기 예측", 한국터널지하공간학회 논문집, Vol. 21, No. 5, pp. 641-656.

4. 부산대학교(2020), 급곡구간 암반 여굴 생성을 위한 워터젯 시스템 설계 매뉴얼, 공동구연구단, pp. 26-30.

5. 서울대학교, ㈜수성엔지니어링, ㈜동아지질, & ㈜진성티이씨 (2020), 공동구 쉴드 TBM 특수지반 급속시공매뉴얼, 공동구연구단, pp. 42-59.

6. 이강현, 박진호, 박지호, 이인모. (2018), "TBM 현장에서 전기비저항 탐사의 적용성에 관한 연구", 한국지반환경공학회 논문집, Vol. 19, No. 3, pp. 35-45.

7. 이항로, 송기일, 조계춘(2016), "TBM 굴진성능 예측모델 분석: 리뷰", 한국터널지하공간학회 논문집, Vol. 18, No. 2, pp. 245-256.

8. 인하대학교(2020), 소단면 쉴드 TBM 복합지반(토사/암반지반) 실굴진율 예측모델 및 프로그램 개발, 공동구연구단.

9. 한국전력연구원(2020), 쉴드TBM 현장굴진자료 DATA 분석을 통한 굴진성능 예측 및 산정기법 제시, 공동구연구단.

10. 한국터널지하공간학회(2021), 쉴드 TBM 검수기준 수립, 한터학보고서 305.

11. 이엠코리아㈜(2020), 공동구(직경 3.5m급) 급곡(R30)시공을 위한 급곡장치 개발 매뉴얼, 공동구연구단.

12. Chung, H., Lee, I. M., Jung, J. H., & Park, J. (2019), "Bayesian networks-based shield TBM risk management system: methodology development and application", KSCE Journal of Civil Engineering, Vol. 23, No.1, pp. 452-465.

13. Dowden, P. B., & Robinson, R. A. (2001), "Coping with boulders in soft ground TBM tunneling", In 2001 Rapid Excavation and Tunneling Conference, pp. 961-977.

14. Duhme, R., & Tatzki, T. (2015), "Designing TBMs for subsea tunnels", Journal of Korean Tunnelling and Underground Space Association, Vol. 17, No. 6, pp. 587-596.

15. Hong, E. S., Lee, I. M., Shin, H. S., Nam, S. W., & Kong, J. S. (2009), "Quantitative risk evaluation based on event tree analysis technique: Application to the design of shield TBM", Tunnelling and Underground Space Technology, Vol. 24, No. 3, pp. 269-277.

16. Hyun, K. C., Min, S., Choi, H., Park, J., & Lee, I. M. (2015), "Risk analysis using fault-tree analysis (FTA) and analytic hierarchy process (AHP) applicable to shield TBM tunnels", Tunnelling and Underground Space Technology, Vol. 49, pp. 121-129.

17. Kaus, A., & Boening, W. (2008), "BEAM-Geoelectrical Ahead Monitoring for TBM-Drives", Geomechanik und Tunnelbau: Geomechanik und Tunnelbau, Vol. 1, No. 5, pp. 442-449.

18. Richter, T. (2011), "Innovative geophysical investigation technology in karstified and fractured rock formations", In 1st Scientific Congress on Tunnels and Underground Structures in South-East Europe, Dubrovnik, Croatia, pp. 20-21.

19. Shirlaw, J. N., Richards, D. P., Ramond, P., & Longchamp, P. (2004), "Recent experience in automatic tail void grouting with soft ground tunnel boring machines", In Proceedings of the ITA-AITES World Tunnel Congress, Singapore, pp. 22-27.

20. Sousa, R. L., & Einstein, H. H. (2012), "Risk analysis during tunnel construction using Bayesian Networks: Porto Metro case study", Tunnelling and Underground Space Technology, Vol. 27, No. 1, pp. 86-100.

21. Zhang, J., Li, Y., Zhang, Y., Yang, F., Liang, C., & Tan, S. (2020), "Using a high-pressure water jet-assisted tunnel boring machine to break rock", Advances in Mechanical Engineering, Vol. 12, No. 10, pp. 1-16.

CHAPTER

14

TBM 터널 유지관리

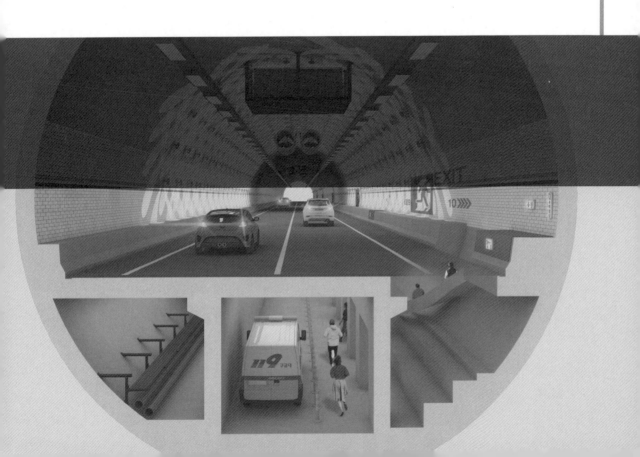

1 개요

TBM 터널의 내구성과 공용성을 유지하기 위해서는 세그먼트 라이닝에 대한 합리적인 유지관리를 실시하여야 한다. 세그먼트 라이닝 유지관리는 변상을 신속하게 발견하고 원인을 분석하여 적절한 조치를 취하는 과정으로 안전점검 및 정밀안전진단 등을 수행하면서 변상들을 조사하게 된다. 이러한 변상들은 터널의 안전성에 영향을 미치는지 여부에 따라 구조적인 변상과 비구조적인 변상으로 구분되고, 변상 종류는 ① 균열, ② 누수, ③ 파손 및 손상, ④ 재질 열화, ⑤ 단차, ⑥ 볼트 손상, ⑦ 볼트 체결 불량, ⑧ 지수재 손상 등이 있다.

이러한 변상에 대한 원인을 살펴보면, 세그먼트 라이닝 균열은, '설계오류에 의한 균열', '공장제작과정 중 균열', '적치과정 중 균열', '운반 중 균열', '불량한 지반조건에 의한 균열', '세그먼트 설치 중 균열', 'TBM 잭 추력에 의한 균열', '세그먼트 시공 후 균열' 등 다양한 단계에서 발생할 수 있다. 세그먼트 라이닝 누수는 그림 14.1과 같이 세그먼트 배면 암반측에 위치하는 뒤채움 주입공에서 기인하는 누수, 세그먼트 연결부에서 발생하는 누수, 세그먼트를 연결하는 볼트홀에서 발생하는 누수가 있다.

(a) 시공오차(Gap)

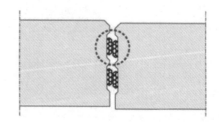
(b) 시공오차(offset)

[**그림 14.1**] 세그먼트 라이닝 누수 원인(터널의 이론과 실무, 2002)

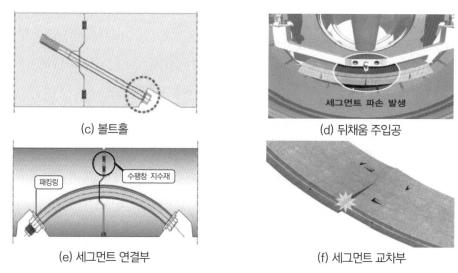

(c) 볼트홀 (d) 뒤채움 주입공

(e) 세그먼트 연결부 (f) 세그먼트 교차부

[그림 14.1] 세그먼트 라이닝 누수 원인(터널의 이론과 실무, 2002)(계속)

세그먼트 라이닝 파손 및 손상은 조립, 구조 및 형상, TBM 장비의 추력에 의한 파손이 있고 안전성 측면에서 세그먼트와 세그먼트, 링과 링 간에 집중응력이 발생하여 파손되는 경우에는 세부적인 구조안전성 검토가 필요하다. 세그먼트 라이닝 재질열화는 '박리 및 박락', '백태', '부식 및 열화', '탄산화', '염화물' 등이 있다. 세그먼트 라이닝 단차는 시공 시 소켓 파손 및 부정확한 체결, 시공 시 작업자의 숙련도에 따라 발생하게 되고 이러한 단차로 인해 세그먼트의 완전방수가 이루어지지 않고 세그먼트 라이닝 사이의 볼트 조립이 어려워진다. 세그먼트 라이닝 볼트손상은 변색 및 부식 등으로 손상되는 화학적 손상과 세그먼트 설치 부주의나 볼트의 허용하중을 넘는 응력이 발생하여 파손되는 물리적 손상 등이 있다.

1.1 재래식터널 및 NATM 터널, TBM 터널 현황

최근 우리나라뿐만 아니라 해외에서도 터널건설이 급증하고 있고 터널단면과 연장 측면에서 장대화 추세이다. 특히, 대륙과 대륙을 연결하는 해저터널등 과거와는 비교할 수 없는 장대터널 건설이 활발하게 진행되고 있다. 이러한 터널건설의 급증은 우리나라도 마찬가지로 향후에도 지속될 것이다. 특히 터널의 경우, 지하에 설치되는 구조물로서 신뢰성 있는 유지관리가 매우 중요하다. 우리나라에서 터널유지관리 업무수행 시 활용되는 터널에 대한 시설물의 안전 및 유지관리 실시 세부지침(안전점검 · 진단 편, 2022)에서는 시공방법에 따라 그림 14.2와 같이 재래식터널, NATM 터널, TBM 터널, 개착터널로 구분하고 있다.

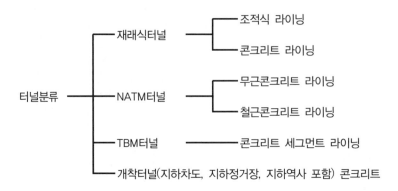

[그림 14.2] 터널 라이닝 시공방법에 따른 터널 분류(KALIS, 2022)

재래식터널은 일제강점기 전후에 방수체계 없이 목재 및 강재지보를 사용한 터널을 일컫는다. 장비 및 기술의 제약으로 시공과정에 측벽 및 천장에 종방향 시공이음을 두게 되며 라이닝 재료도 콘크리트 이외에 조적, 석축을 사용한 특징을 보인다. 1980년 이후로 발파에 의한 터널 굴착과정에서 천단변위, 지보재 응력 등을 계측하며 지반 자체강도를 최대한 이용할 수 있는 지반적응성이 높은 방법으로 NATM터널이 주로 채택되었다. NATM 터널의 특징으로는 1차지보재와 콘크리트라이닝 사이에 방수막이 있으며, 지반상태에 따른 철근배근, 인버트, 보조공법 등이 다양하게 적용 가능하다. TBM 터널은 소규모 굴착 장비나 발파 방법에 의하지 않고, 굴착에서 버럭처리, 세그먼트 라이닝 설치까지 기계화·시스템화되어 있는 대규모 굴착기계를 사용하는 방법으로 굴착효율과 안전성 증대, 소음과 진동을 최소화한다는 측면에서 장점이 많아 전 세계적으로 적용사례가 급증하고 있으며 국내에서도 증가하고 있다.

2022년 기준으로 시설물통합정보관리시스템(FMS: Facility Management System)에 등록된 1,2종 터널은 4,085개소이며, 지하차도를 제외한 재래식터널은 1.3%, NATM터널은 78.7%, 개착터널은 12%, TBM 터널은 0.4%이다.

1.2 TBM 터널의 고려사항

현장 타설되는 기존 터널 라이닝과 달리 TBM 터널 세그먼트 라이닝은 공장 제작과정, 현장 운송과정, 시공 중 이동 및 조립과정의 모든 과정에 대한 세그먼트 라이닝의 품질관리가 고려되어야 한다. ITA(2019), JSCE(2016), DAUB(2013)에서는 세그먼트 라이닝 유지관리에 대해 다음과 같은 특징적인 항목을 언급하고 있다.

1) ITA(국제터널학회)

이탈리아터널학회에서 초안을 작성하여 ITA WG2에서 발전시킨 세그먼트 라이닝 유지관리 내용은 그림 14.3과 같이 품질관리, 결함별 원인 분석과 보수방법, 적용 가능한 시험 및 조사방법 등을 제시하고 있다.

4장	품질관리
5장	타입, 원인, 결함진행, 가능한 보수공법
7장	초기 및 준공단계에서의 적용 가능한 조사 및 시험방법

[그림 14.3] ITA-AITES Working Group 2, Damages of segmental lining(Jon, 2019)

2) JSCE(일본토목학회)

일본토목학회에서는 조사, 계획, 설계, 시공의 과정이 기록되어야 하며 세그먼트의 야적기록, 조립에 대한 기록, 보수사항에 대한 기록, 정기점검에 대한 기록 등의 반복적인 유지관리 기록을 그림 14.4와 같이 관리하도록 하고 있다.

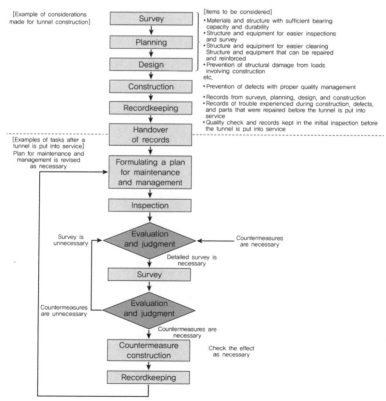

[그림 14.4] 보편적인 시공에서 유지관리의 절차(JSCE, 2016)

3) DAUB(독일지하공간학회, 2013)

세그먼트 라이닝에 대한 설계, 제작, 조립에 대한 권고사항을 부록에 제시하고 있다.

2 TBM 터널의 유지관리

기존 터널 콘크리트 라이닝 설치방법은 주로 터널현장에서 현장타설방법을 적용하지만 TBM 터널은 TBM 장비 사용 이외에 공장제작 프리캐스트 세그먼트 라이닝 사용, 운송 및 이송, 조립의 시공 중 및 운용 중에 조사되는 결함, 이를 확인할 수 있는 조사방법에 주안점을 두고 유지관리를 실시하여야 한다.

2.1 품질관리

현장에서 조립되는 세그먼트 라이닝은 공장제작에서 조립까지의 과정 중에 그림 14.5와 같은 다양한 요인들로 인해 결함이 발생될 수 있다. 프리캐스트 세그먼트 라이닝 제작과정에서는 골재 및 배합오류, 보강재 위치의 오류 등을 관리해야 하며, 야적장에 적재하는 경우에 자중으로 인한 편심이 발생되지 않도록 배열해야 한다. TBM을 굴진하며 곡선으로 인한 선형관리 오류, 유압잭의 관리오류, 그라우트 압력관리 오류 등을 검토하게 된다. 세그먼트 조립에서는 링 변형으로 인한 세그먼트 단차, Key세그먼트의 압입, 개스킷의 변형 등으로 인한 결함이 야기될 수 있다.

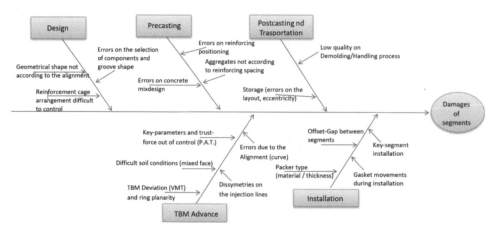

[그림 14.5] 세그먼트 결함에 영향을 줄 수 있는 설계에서 조립까지의 과정(Jon, 2019)

세그먼트의 재료, 치수, 양생, 임시조립 등은 공장에서 확인되어야 하며 그림 14.6과 같이 각 공정별 재료의 상태, 일축압축강도, 철근배근 상태, 외형 및 형상에 대한 검수과정을 거치게 된다.

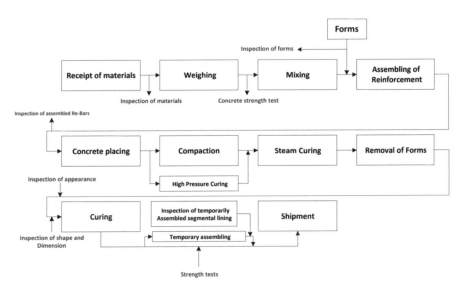

[그림 14.6] 세그먼트 제작과정 예시(Shayanfar, 2017)

세그먼트의 품질은 조립조건에서 설계 내구성능이 확보되어야 하며 이를 위한 공장제작, 야적 및 운반, 굴착부로 이송까지의 이력관리가 최근에는 그림 14.7과 같이 한 개의 링에 조립되는 세그먼트들에 바코드를 이용하여 관리되고 있다.

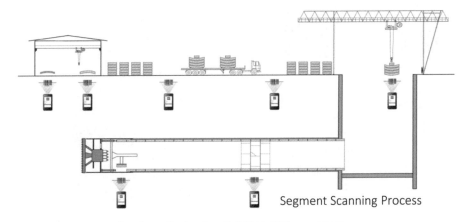

[그림 14.7] 세그먼트 상태 확인 절차(Jon, 2019)

현장조립 이전에 발생 가능한 결함의 원인은 그림 14.9와 같이 제작과정과 운반과정으로 구분할 수 있으며, 공장제작에서 발생될 수 있는 결함의 원인으로는 재료적 요인과 작업자의 정밀시공 미흡으로 구분할 수 있다.

제작 및 야적과정에서 발생될 수 있는 결함은 그림 14.8과 같다.

(a) 작업자 실수로 인한 균열   (b) 건조수축에 의한 균열

(c) 파손 및 박락   (d) 다웰너트의 잘못된 설치

(e) 표면마감 불량   (f) 철근가공 미흡에 따른 노출

(g) 소켓 인발   (h) 재료분리

[그림 14.8] 세그먼트 제작과정의 결함 예시(Shayanfar, 2017)

2.2 결함별 원인분석과 보수방법

Jodl and Kolic(2004)는 경미한 결함단계에서 접속부 누수를 중대한 결함으로 판단하는 내용으로 그림 14.9와 같다. JSCE에서는 기존 TBM 터널 50개에 대한 자료를 분석하여 설계 및 시공에 따른 결함 원인을 분석하였으며 시공에 따른 결함원인을 간략하게 표 14.2 및 표 14.3과 같이 구분하였다.

TBM 터널 세그먼트 라이닝 결함으로는 콘크리트, 연결재, 보강재와 관련된 균열, 누수, 박락 및 파손, 철근부식, 재질열화 등과 같은 결함과 세그먼트 조립 선형 및 변형과 연관된 결함으로 구분할 수 있다. 결함은 ITA WG2에서 발표된 자료, JSCE, 그 외 많은 연구자의 특징적인 분석을 참고하였으며, 국내 TBM 터널의 운용단계에서의 결함들을 형태별로 기술하였다.

Stage the damage occurs	Nature of damage	Reason	Preventing
Damages at production facility	Damage due to improper concrete — Bleeding	Unsuitable mix design and concreting conditions	Using fine grain cement. Using cements of high alkaline, or adding calcium chloride. Reducing amount of water when mixing the concrete.
	Honey combing	Excess slump of concrete, low amount of cement in concrete, substantial difference in characteristics of aggregates, decreased amounts of fine components, excessive usage of lubricants, not using bubble creating materials, unfit vibrator, wrong moulds, non-acceptable concreting.	Mix design and concreting should be done in a manner to recover the measures mentioned in the column which describes damages.
	Crack	Strains due to shrinkage , carbonation and delayed eteringite formation	Mix design and curing circumstances must be in a manner to produce the least amount shrinkage strain. Curing temperature when using steam shouldn't exceed 75 c.
	Crack	Inadequate cooling of segments when demolding. Wrong placement of shims in between segments in permanent warehouse.	Leaving the segment indoor for at least a day and also blanketing them especially in cold seasons. Placing shims aligned, or at least with minimum deviation from the straight line
	Damage due to operator's errors — Improper dowel nut insertion	Operator's error	Promoting the Operator's trainings
	Chipping	Operator's error	Being cautious while transporting segments from moulding area to temporary and then permanent storages. Careful lubrication of moulds. Using frictional lifters.
	Imperfect geometry of steel cage	Fault in steel cage's template. Excess tolerance in moulds.	Promoting the Operator's trainings
	Imperfect finishing	Operator's error	Promoting the Operator's trainings
	Missing of hanging socket	Operator's error	Promoting the Operator's trainings
Damage at the transportation stage	Chipping and crack	Operator's error	Promoting the Operator's training and employing standard machineries to carry concrete segments.

[그림 14.9] 세그먼트 발생 가능한 결함과 원인 및 대책(Shayanfar, 2017)

[표 14.1] 세그먼트 결함별 보수방안 예시(Jodl and Kolic, 2004)

결함 등급	결함별 특성
1	건조수축, 온도 등으로 인한 미세균열
2	보강재 없는 표면 피해
3	보강재 포함 표면 피해
4	외적인 충격으로 인한 관통 및 open 균열
5	세그먼트 접속부 누수

일반적인 결함 및 기준	보수 방안
공극 표면의 공극의 크기 빈도로 판단	보수 불필요
균열 0.2mm 미만의 미세균열, 구조균열(damage-crack)	미세균열은 보수가 필요 없으나 구조균열은 저점성의 에폭시 레진 주입
박락 폭 20mm, 깊이 5mm 기준으로 평가	30mm 이상의 박락은 에폭시 레진의 단면 복원
파손 접속부, 이렉터 콘, 볼트부에 발생	깊이(5~8mm), 폭(50~80mm)의 보수, 5mm 이하는 보수필요 없음
접속부 조인트의 이격을 제한	조인트부 확대 및 채움

[표 14.2] 단계별 세그먼트 결함 예시(JSCE, 2005)

No.	Shield segment damage	그림	No.	Shield segment damage	그림
1	Crack in axal dir.		8	Stripping at outer surface	
2	Crack in circumferential dir.		9	Hair crack at inner surface	
3	Chipping at segment corner		10	Appearance of non-visible crack	
4	Stripping around segment joint		11	Buckling of longitudinal rib(steel segment)	
5	Stripping around ring joint		12	Deformation of rib (steel segment)	
6	Crack/Stripping aroun ring joint box		13	Break of joint bolt	
7	Crack/Stripping around segment joint box		14	Other	

[표 14.3] 단계별 세그먼트 결함 예시(JSCE, 2005)

Stage	Category	Cause	Refer
Design	Ground	A. Stiff ground B. Soft ground C. High hydraulic pressure	
	Tunnel alignment	D. Sharp curve E. Sudden slope transition	
	TBM	F. Insufficient G. No articulated mechanism	
	Segment	H. Thinner segment I. Wider segment J. Division pattern of segment K. Characteristics of joint L. Characteristics of sealing material	
Construction	Shield jack	a. Excess jack thrust b. Eccentric c. Inclination of jack against segment d. Eccentric total jack thrust acting on segment ring	Fig. 5 b. Fig. 5 c. Fig. 5 d.
	Shield tail	e. Contack between tail and segment	Fig. 5 e.
	Segment installation	f. Non-flat joint g. Open joint h. Accuracy of segment intallation	Fig. 5 f. Fig. 5 g. Fig. 5 h.
	Others	i. Eccentric grease pressure j. Eccentric grouting pressure k. Improper tightening force of joint i. Insufficient grouting	Fig. 5 i. Fig. 5 j.

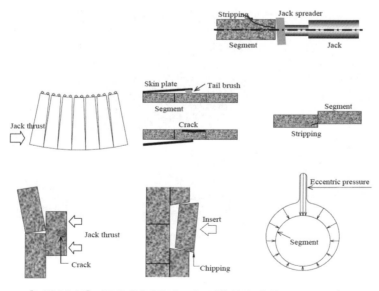

[그림 14.10] 시공단계에서의 세그먼트결함 원인 예시(JSCE, 2005)

683

1) 균열

재래식터널, NATM터널 및 개착식터널과 다르게 TBM 터널의 시공여건에 따른 국내 지하철 현장조사 내용 및 국외 자료를 함께 분석하여 다음의 7가지 형태로 구분하였다.

Type1은 추진잭압 집중으로 발생되는 균열, Type2는 Key 세그먼트 압입에서 발생되는 균열, Type3은 횡방향 세그먼트 단차로 인한 균열, Type4는 볼트 체결 관련 균열, Type5는 배면 그라우팅 뒤채움 부족의 원인으로 발생되는 균열, Type6은 양생, 공장제작 및 운송과정에서 발생되는 균열, Type7은 불균등한 세그먼트 조립면으로 발생되는 균열 순으로 기술하였다.

(1) 추진잭압 집중에 따른 균열(Type1)

국내 적용된 TBM의 추진력은 세그먼트 두께로 형성되는 원주에 24~28개의 유압잭 힘에 대한 반력으로 굴진하게 된다. 커터헤드를 상하, 좌우로 조정하거나 굴진되는 면의 지반 변형계수 차이로 굴착량이 달라짐에 따라 동일한 유압에도 상이한 반력이 세그먼트에 작용하게 된다. 이러한 설계기준 이상의 불균형력의 추진잭 받침패드 폭(0.5~0.6m) 주변으로 그림 14.11(b), (c)와 같이 종방향균열 형태로 발생된다. 균열폭에 따라 표면처리 및 주입에 의한 보수가 일반적으로 시행된다. 발생 초기 미세균열에 대한 내구성 보수를 실시하지 않는 경우 일반콘크리트와 비교하여 프리캐스트 내부 철근부식으로 박락 가능성이 증가할 수 있다.

(a) 유압 추진잭 예시(TunnelTech, 2020)

[그림 14.11] 유압추진잭 압력 집중으로 인한 균열(Type1)

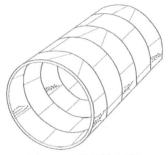

(b) Type1의 균열 모식도 　　　　　 (c) Type1 균열 현장 사진

[그림 14.11] 유압추진잭 압력 집중으로 인한 균열(Type1) (계속)

(2) Key세그먼트 압입에 따른 균열(Type2)

국내 지하철에 시공된 TBM 터널에서는 하나의 링(Ring)은 4개 표준세그먼트, 2개 조절세그먼트, 1개 Key세그먼트로 시공되었다. Key세그먼트를 마지막에 끼워 넣는 방식으로 접합부 모서리가 파손되기 쉽고, 설치된 이전 링의 불균등한 원주면은 Key세그먼트 압입으로 응력이 집중되기도 한다. Key세그먼트 압입으로 맞닿는 면에 이전 링에 Key세그먼트 폭만큼의 종방향균열이 발생되기도 한다. 또한, Key세그먼트 폭보다 작은 조절세그먼트 사이 공간(그림 14.12의 (a)에서의 counter key segment 부분 참조)에 압입하는 경우 조절세그먼트의 파손과 더불어 세그먼트 조립방향인 원주방향으로 압축력에 의한 횡방향균열 또는 삽입방향의 압축력이 작용하여 종방향균열(그림 14.12 (c) 참조)이 발생하게 된다. 대부분의 균열폭이 0.3mm 이상으로 팩커를 이용한 주입보수를 실시하나 균열이 많고 보수재가 열화되면 주입재와 콘크리트 사이에 이질층이 형성되어 부분적인 박락이 발생되기도 한다.

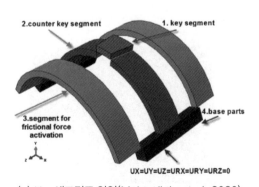

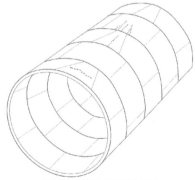

(a) Key세그먼트 압입(Mohtadinia et al, 2020) 　　 (b) Type2의 균열 모식도

[그림 14.12] Key세그먼트 압입에 의한 균열(Type2)

685

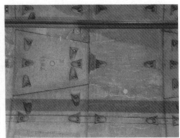

(c) Key세그먼트 압입에 의한 종방향균열

[그림 14.12] Key세그먼트 압입에 의한 균열(Type2) (계속)

(3) 횡방향 세그먼트 단차에 따른 균열(Type3)

세그먼트 조립시 횡방향 단면변화는 압축력의 편심(세그먼트 단차로 인한 차이) 및 링 형상 변형(Ovalization)으로 인해 세그먼트간 이음부 주변으로 종방향균열 발생과 균열진행으로 인한 박락이 조사된다. Wang et al.(2019)은 모의시험 및 수치해석으로 세그먼트 단차에 의해 불균형 응력이 증가하여 종방향균열이 발생하는 것으로 분석하였다. 볼트이음의 영향을 검토하기 위해서는 세그먼트 단차 및 링 형상변형을 함께 분석하여야 한다. 균열이 진행되어 박락으로 확대되는 경우가 많아 링 형상변형의 허용기준을 검토하여 볼트제거 등을 검토할 수 있다.

ⓐ type I: G-radial dislocation　　ⓑ type II: E-radial dislocation　　ⓒ type III: combined G and E radial dislocation

(a) 횡방향 세그먼트 단차 형태(Wang et al., 2019)

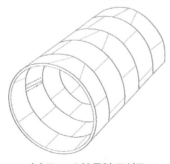

(b) Type3의 균열 모식도　　　　　　　　　(c) Type3 균열 현장 사진

[그림 14.13] 횡방향 세그먼트 단차에 따른 균열(Type3)

(4) 볼트체결 관련 균열(Type4)

입출구부, 연결통로와 같은 변형에 상대적으로 취약한 곳을 제외하고는 임시적인 볼트 역할은 지수와 형상유지를 위해 설계 및 시공된다(Bernhard et al, 2012). 공용단계의 볼트부식, 체결 및 변형에 따른 과도한 집중응력(그림 14.14(a)에서 F2+F3 참조)으로 볼트홀 주변에 불규칙한 균열이 발생될 수 있으며 Type3의 불균등한 하중으로 균열이 세그먼트 폭 전체로 발생하는 경우도 확인되었다. 정밀안전진단에서 거동이 예상되는 구간 이외에서 부식팽창이 확인되는 경우(그림 14.14(d) 참조) 단면복원 시 볼트교체 및 제거를 검토하는 것이 바람직하다.

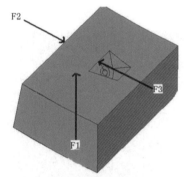

(a) 수치해석으로 볼트홀 주변 응력검토
(Chen and Mo, 2009)

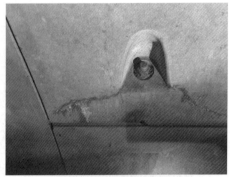

(b) Type4 균열 현장 사진
(균열부 백태)

(c) Type4 균열진행에 따른 박락

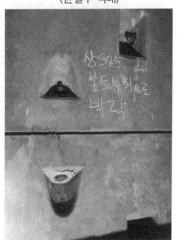

(d) 볼트 부식으로 균열 및 박락

[그림 14.14] 볼트체결 관련 균열(Type4)

(5) 배면 그라우팅 채움불량에 따른 균열(Type5)

세그먼트 라이닝 외측에서 굴착면 사이 공간은 그라우트로 채워지게 되나 채움부족 및 불균형한 채움으로 응력집중 및 불균형으로 인해 제어되지 않는 균열이 발생되기도 한다. Iasiello et al.(2018)는 채움부족으로 균열폭 0.35mm 이상의 연속균열(그림 14.15(a)에서 균열 참조) 그룹을 분석하였으며 진행성은 없는 것으로 계측하였다. 국내 현장에서는 해당결함은 확인되지 않았다. 기존 터널의 라이닝두께 및 배면상태는 GPR탐사가 보편적으로 사용(Choo et al, 2019c)되나 세그먼트 라이닝 복철근의 신호교란으로 적용 한계가 있어 Aggelis (2008)와 같은 비파괴 시험방법의 현장 적용성에 대한 연구가 필요한 실정이다.

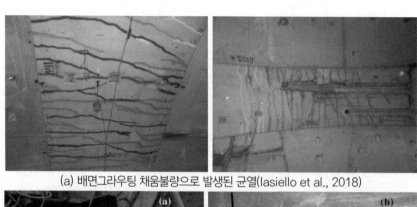

(a) 배면그라우팅 채움불량으로 발생된 균열(Iasiello et al., 2018)

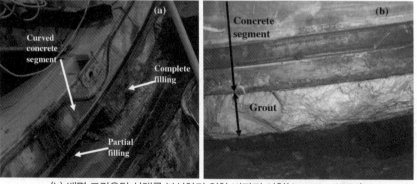

(b) 배면 그라우팅 상태를 분석하기 위한 비파괴 시험(Aggelis, 2008)

[그림 14.15] 배면 그라우팅 채움불량에 따른 균열(Type5)

(6) 공장제작 및 운송관련 균열(Type6)

시공 중 발생되는 균열원인 이외에 제작 및 운반과정 중에 발생하는 균열은 거의 모든 문헌에 보고되고 있는바 국내 현장에서도 발생되었을 것으로 추정할 수 있다. 다만, 시공 시의 유지관리 이력이 상세히 관리되고 있지 않아 이를 판단하는 것은 어렵다. 따라서 공장제작부터 조립단계까지의 세그먼트 외관 품질상태, 링 조립직후와 준공시점에서의 결함조사를 실시하여 외관조사망도를 작성하여 유지관리 시 발생원인을 규명함에 보다 상세한 분석이 가능할 것이다.

(a) 적재 시 하중집중에 의한 균열

(b) 건조수축 균열

[그림 14.16] 공장제작 및 운송관련 균열(Type6)

(7) 접촉면의 불균형력으로 인한 균열(Type7)

한 개의 링은 볼트 및 맞물림 홈으로 매우 정교하게 조립되나 선형변화, 곡선, 조립품질 정도에 따라 평탄하지 못한 링간의 접촉면을 발생시킨다. 이러한 공간은 지점조건의 변화와 불균형한 응력을 초래하여 변위가 큰 인접영역에서 인장균열(그림 14.17(b) 참조)이 발생된다. 시공초기에 발견될 수 있는 사항이며 운용단계에는 링 조립상태를 평가하여 발생원인을 분석할 수 있을 것으로 판단된다.

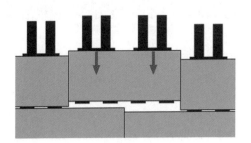

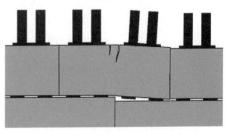

(a) Uneven contact surface

(b) Crack due to unbalanced force

[그림 14.17] 접촉면 불균형으로 인한 균열(Type7, Cavalaro et al., 2011)

2) 누수

비배수터널로 설계·시공되는 TBM 터널의 누수는 유지관리에 주요한 결함항목으로 평가되어야 한다. 터널 내 누수와 관련된 유형을 7가지로 구분하여 기술하였다. Type1은 세그먼트 횡방향 접합부 누수, Type2는 종방향의 링 접합부 누수, Type3는 Type1과 Type2가 교차하는 영역의 누수, Type4는 균열 및 모서리 파손의 결함부 누수, Type5는 연결통로 세그먼트 접속부 누수, Type6는 볼트 및 그라우트홀의 누수, Type7은 하부 도상 및 배수체계와 관련된 누수를 기존 문헌과 현장조사 내용으로 기술하였다.

(1) 세그먼트 횡방향 접합부 누수(Type1)

쉴드본체 내 링 조립과정에서 key세그먼트 조립 이전 오차가 발생하는 경우와 테일보이드를 지나 불균등한 주변 지반하중이 세그먼트에 작용하는 경우에 대해 링 형상변형이 야기될 수 있다. 변형 정도에 따라 이음열림(opening)이 동반되거나 지수재 위치 이탈 및 훼손으로 누수가 발생될 수 있다. 그라우트홀을 이용하는 2차채움 이전에 접합부 누수가 일반적으로 조사되는 점을 감안하여 초기점검에서 단계별 유지관리 이력을 상세히 작성되도록 해야 한다.

 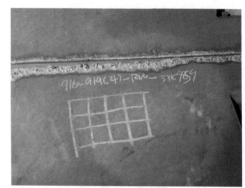

<table>
<tr><td>(a) 접합부 누수 건습에 의한 열화</td><td>(b) 횡방향 접합부 백태</td></tr>
</table>

[그림 14.18] 세그먼트 횡방향 접합부 누수(Type1)

(2) 종방향의 링 접합부 누수(Type2)

배면 그라우트는 채움방식에 따라 3~4개의 링조립 후 하부, 측벽, 천단의 순으로 양생시간을 두고 세그먼트 배면에 그라우팅을 주입하거나, 테일보이드를 벗어나는 시점에서 원주를 따라 4개의 주입관에서 동시에 주입하기도 한다. 하지만 세그먼트 굴착 지반특성(단층 및 유로 등) 및 그라우팅의 효과에 따라 배면그라우팅 채움이 불균등하게 되며 이로 인한 링간 이격이 발생 될 수 있다. 곡선구간 및 경사조정에 따른 세그먼트로 구성되는 링축과 TBM의 지반 굴착방향인 쉴드축의 관리기준(보통 5도 이내)을 넘어서는 경우에 링간 접합부에 누수가 발생하기도 한다(Yang et al, 2017).

690

(3) 횡방향 세그먼트 이음과 종방향 링 이음 접속부의 누수(Type3)

Type1~2의 원인으로 링 및 세그먼트 접합부에서 누수가 발생되는 것으로 구분할 수 있으며 발생 원인이 동시 또는 개별적이기도 하다.

(a) 링 사이 누수 및 백태

(b) 링 사이 백태

[그림 14.19] 종방향의 링 접합부 누수(Type 2)

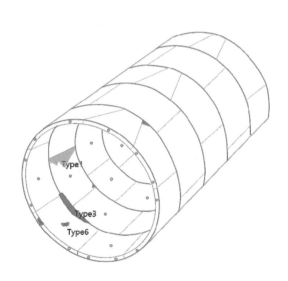
(a) Type3의 누수 모식도

(b) Type3 누수 현장 사진(준공 이전)

[그림 14.20] 횡방향 세그먼트 이음과 종방향 링 이음 접속부의 누수(Type3)

(4) 균열 및 모서리 파손 등의 결함부 누수(Type4)

Type1~3의 누수와 달리, Type4의 누수는 제작, 시공, 운용단계에서 발생될 수 있는 결함에서 야기되어 배면으로부터의 침투수 이동이 가능한 균열, 차수성이 결여되는 세그먼트 모서리 박락 및 파손 위치에서 조사된다. 이러한 결함은 초기점검에서 확인될 수 있으며, 준공 전에 대부분의 결함이 우레탄 주입보수를 시행하고 있는 것으로 확인되었으나 보수효과가 길지 않아 정밀안전진단 및 점검의 시점에서는 누수가 재발생하였다.

(a) 종방향 균열 누수 및 백태   (b) 모서리 박락부 누수

[그림 14.21] 균열 및 모서리 파손 등의 결함부 누수(Type4)

(5) 연결통로 세그먼트 접속부 누수(Type5)

단선병렬의 상행선 및 하행선의 지하철은 대피 및 유지관리를 위해 연결통로를 설계, 시공한다. 하지만 비배수 TBM 터널의 연결통로는 유지관리 관점에서 누수에 취약한 지점이며 건설 중 리스크도 높은 부대시설이다. 강재 세그먼트를 설계위치에 설치한 이후에 연결통로 부위만을 제거한 후 지반을 미진동 굴착으로 연결하게 된다. 세그먼트 라이닝은 하나의 라이닝으로 하중지지, 차수역할도 가능하나 연결통로 관통구간의 차수성능 감소와 차수공법이 적용된 보강지반의 열화로 누수가 발생된다. 일부 현장에서는 유입수량이 많아 연결통로 하부에 집수정을 설치하여 별도배관으로 배수하고 있어 보조펌프 관리 등이 주요한 유지관리 항목이 되어야 한다.

(a) 연결통로 누수 및 백태

(b) 연결통로 유도배수판 설치

[그림 14.22] 연결통로 세그먼트 접속부 누수(Type5)

경미한 누수의 경우 팩커를 삽입하여 우레탄 보수를 하자만료 전에 일반적으로 시행하나 보수효과가 길지 못하여 정밀안전진단 시점에서 재누수가 되는 경우가 빈번히 확인된다. 누수량이 다소 큰 경우에 일본의 TACSS 공법을 적용하였으나 10년 이내에 재누수 되어 현재는 지수가 아닌 유도배수처리 하여 유지관리하고 있다. 누수가 상당히 있는 국내 전력구에서 터보실을 적용하여 차수한 사례가 확인되고 있으며 공법에 대한 유효기간 등을 추가적으로 검증할 필요가 있다.

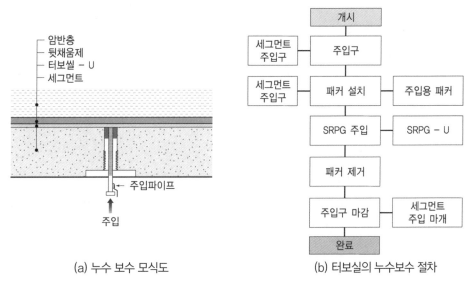

(a) 누수 보수 모식도

(b) 터보실의 누수보수 절차

[그림 14.23] 누수보수 사례 예시((주)리뉴시스템 제공)

(6) 볼트 및 그라우트 홀 누수(Type6)

세그먼트 접속부에는 볼트홀로 배출되는 경우(그림 14.24(b) 참조)와 2차 채움이후 그라우트 홀의 지수가 효과적이지 못한 경우(그림 14.24(a) 참조)의 누수는 사용시기 전반에 발생되기도 한다. 그라우트 홀의 잔여두께는 대략 25mm 정도로 2차 채움과정은 세그먼트를 뚫고 주입재를 채우게 되나 유지관리 시에는 누수경로가 되어 2차 채움 결정에 유효한 비파괴시험 등의 우선적인 검토 후 결정하는 것이 바람직할 것으로 판단된다.

(a) 그라우트 홀 누수 및 백태

(b) 볼트홀 누수 및 백태

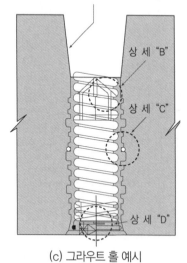

(c) 그라우트 홀 예시

(d) (c)의 상세 B

[그림 14.24] 볼트 및 그라우트 홀 누수(Type6)

(7) 인버트 세그먼트 라이닝 누수에 따른 바닥콘크리트 접합부 체수(Type7)

세그먼트 위에 무근 또는 구조체를 위한 최소철근배근으로 시공되는 인버트 바닥부는 누수 및 열차진동에 의해 세그먼트 라이닝과 접속부에 누수흔적의 형태(그림 14.25(a) 참조)로 조사된다. 세그먼트와 달리 인버트의 세그먼트 이음에서 유입된 누수가 도상으로 체수되는 경우(그림 14.25(a) 참조) 및 유량이 많은 곳에 설치되었을 것으로 추정되는 구간에는 부분적으로 수압감소를 위한 배수관을 설치하여 운용되고 있는 것으로 확인되었다(그림 14.25(a) 참조). 비배수터널의 특수성을 고려하여 누수가 심한 경우 그라우트 홀을 활용한 2차 채움과 같은 적극적인 차수대책으로 공용년수를 확보할 수 있을 것으로 판단된다.

(a) 바닥부 누수흔적　　　(b) 누수의 도상 체수　　　(c) 배수관 설치

[그림 14.25] 인버트 세그먼트 라이닝 누수에 따른 바닥콘크리트 접합부 체수(Type7)

3) 파손 및 손상

시설물안전법 세부지침의 파손 및 손상은 현장타설 라이닝 두께에 관한 내용으로 공장제작되어 일정한 두께를 확보하는 세그먼트 라이닝은 다른 관점으로 검토되어야 한다. 즉, 세그먼트 라이닝의 제작, 운반, 설치, 공용 중의 재질열화로 인한 박락/파손(쪼개짐)으로 검토하는 것이 바람직 할 것으로 판단된다. 세그먼트 라이닝의 두께는 Iasiello et al.(2018)이 제안한 바와 같이 지수재의 위치와 훼손 여부를 확인해야 하며, 축력 전달을 위한 유효두께가 적정한지를 검토하는 것이 바람직할 것이다. 기존 문헌과 현장조사 결과를 반영하여 Type1은 추진잭압 패드부 박락, Type2는 모서리 박락, Type3은 불균등한 세그먼트 조립면이 원인이 되는 파손 및 손상을 설명하였다.

(1) 추진잭압 패드부 박락(Type1)

커터헤드 진행방향 반대로 지지되는 추진잭의 받침패드(약 15° 간격, 길이 0.5~0.6 m)에서
일정한 위치 및 간격으로 박락이 발생되며 박락 깊이를 고려한 단면복원방안을 검토해야 한다.
편심이 작용한 추진잭 위치에서 발생되는 경우가 일반적이며, 시공 시에는 편심을 상쇄시킬
수 있는 받침패드의 개선 및 굴진시 유압잭에 편향되거나 기준이상의 압력이 가해지지 않도록
관리방안을 강구해야 한다.

(a) 추진잭 위치의 박락   (b) 추진잭 위치의 반복된 박락

[그림 14.26] 추진잭압 패드부 박락(Type1)

(2) 모서리 박락(Type2)

고강도콘크리트의 특성은 압축강도는 높지만 충격에 취약하며 모서리 부분이 쉽게 쪼개져
박락이 발생될 수 있다. 이러한 박락은 단일층의 세그먼트 차수성과 압축력을 전달하는 부재
단면을 감소시켜 구조적인 불안전성을 높일 수 있어 Iasiello et al.(2018)이 제안한 것과 같이
박락 깊이(그림 14.27(a)의 L2 참조)에 대한 평가가 중요하며 이를 정밀안전점검 및 진단에 평
가인자로 반영하여 평가하여야 한다. 또한, 박락의 범위가 큰 경우에는 주철근의 노출과 더불
어 방수체계를 동시에 고려한 보수방법을 적용하는 것이 바람직하다.

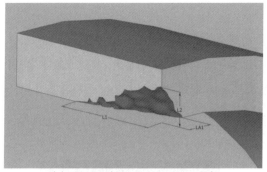
(a) 박락분석(lasiello et al., 2018)

(b) 모서리 박락

[그림 14.27] 모서리 박락(Type2)

(3) 접촉면의 불균형력으로 인한 박락(Type3)

추진잭 압의 영향거리는 굴착지반 상태에 따라 10~20링으로 Type7의 균열이 지속적으로 불균형한 하중을 받는 일정하지 않은 단면과 맞닿는 경우 박락이 발생될 수 있다. 운용단계에서는 그 원인을 파악하기 곤란하나 시공단계의 링별 시공이력 관리로 원인분석이 가능할 것으로 유지관리 대책에 포함되어야 한다.

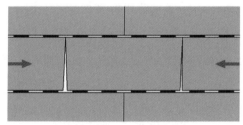
(a) 횡방향 조립면의 불균등

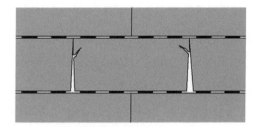
(b) 접합부 불균형으로 인한 박락

[그림 14.28] 접촉면의 불균형력으로 인한 박락(Type3, Cavalaro et al., 2011)

4) 부식

세그먼트 라이닝의 부식은 공장제작 시 피복두께 품질미흡, 이동 및 설치 시 미세균열로 인한 열화가속에 따른 부식, 해수 및 제설제 등의 염해로 인한 부식, 미세균열부 누수의 동결 융해로 인한 부식 등을 검토할 수 있다. 기존 문헌과 현장조사 결과를 반영하여 Type1은 공장제작 피복 품질관리 미흡에 따른 부식, Type2는 연결재의 부식, Type3은 도상 및 엔트란스 패킹의 기타시설에 대한 부식을 설명하였다.

(1) 피복부족에 따른 부식(Type1)

공장제작된 세그먼트 라이닝의 품질이 모두 설계기준에 부합될 것으로 여겨질 수 있으나, 초기 국내 TBM 터널에 설치된 세그먼트의 스터럽철근의 피복관리 미흡이 상당수 조사되었다. 향후 세그먼트 품질검수 단계에서 철근배근 및 피복을 비파괴시험장비로 쉽게 검증할 수 있는 바 적극적인 관리기준 적용이 요구된다.

(a) 압축력 발생영역의 박락 (b) 철근부식에 의한 박락

[그림 14.29] 피복부족에 따른 부식(Type1)

(2) 연결재의 부식(Type2)

세그먼트를 연결하는 볼트는 아연도금되어 제작되나 터널 환경에 따라 부식상태가 취약할 수 있으며 볼트부식으로 인한 균열 Type3, 4의 결함이 조사되기도 한다. 초기 TBM 터널의 경우 곡볼트가 M22 L=350mm를 주로 사용하였으나, 최근에는 M24로 볼트홀도 확대되어 결함의 특수성을 지닐 수 있으며, 부속철물 부식에 따른 유효단면적의 평가기준과 유지관리시 링 형상변형으로 인한 Type4 균열이 확대되는 경우 볼트 제거 등의 유지관리를 검토하여야 한다.

(a) 곡볼트 부식 (b) 곡볼트 부식(pitting corrosion)

[그림 14.30] 연결재의 부식(Type2)

(3) 기타시설 부식(Type3)

세그먼트 라이닝 이외에 TBM 터널에 부식이 확인된 부위는 도상콘크리트와 굴진 시종점부에 설치한 엔트란스 패킹시설이다. 구조체에 직접적인 영향은 없으나 열차 운행의 사용성 문제가 될 수 있어 부식정도에 따른 제거 및 내구성능 향상의 보수를 계획하여야 한다.

(a) 도상콘크리트 부식 및 박락   (b) 시 · 종점부 엔트란스 패킹의 부식

[그림 14.31] 기타시설 부식(Type3)

철근콘크리트와 유사하나 프리캐스트의 세그먼트에 발생된 부식은 단면복원을 해도 내부의 부식환경을 제어하기가 쉽지 않다. 기존 단면복원 보수가 보강재의 발청을 제거하고 방청작업을 시행하지 못하여 보수재와 원세그먼트 라이닝 사이 분리면이 발생하여 재박락이 발생되곤 한다. 기존의 단면복원 방법이외에 그림 14.32와 같은 절차로 희생양극방식을 기술하고자 한다.

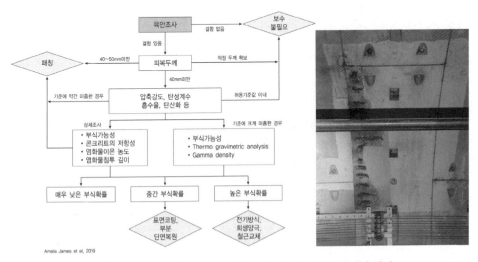

[그림 14.32] 부식에 대한 보수 판정 절차 및 부식에 의한 박락 예시

철근에 희생양극을 연결하는 방식으로 최근 유럽을 중심으로 제안되고 있는 공법으로 철근의 음전하 방출보다 쉬운 아연을 사용하여 대신 전자를 잃게(희생)하도록 하는 방식이다. 이러한 방식은 외부 전원없이 부식저항성을 높이고 있으며 영국(BS EN 15257) 및 EU(EN ISO 12696)에서 기준을 채택하고 있는 실정이나 국내에는 아직 적용사례는 없다. 대표적인 희생양극방법의 예시는 그림 14.33과 같다.

아연판 희생양극법   아연롤러 희생양극법   아연팩 희생양극법

[그림 14.33] 아연을 이용한 희생양극의 예시((주)한솔이피씨 제공)

5) 형상관련 결함

국내에서는 기존 유지관리체계에 형상관련 결함은 고려되지 않고 있는 실정이나 국외 사례에서는 안전성 검토에 주요한 영향인자로 평가되고 있다. 중국 및 유럽의 사례를 통해 TBM 터널 유지관리방향을 고려하고자 한다. 그림 14.34와 14.35는 시공과정별 결함에 대해 원인을 분석한 사례로 공장 제작과정, 현장 운송과정, 시공 중 이동 및 조립과정의 TBM 터널 전반적인 유지관리 기록이 있어 가능한 내용이다.

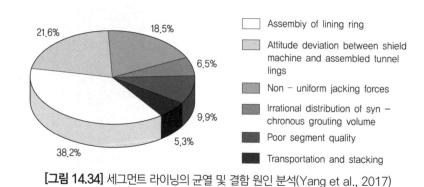

[그림 14.34] 세그먼트 라이닝의 균열 및 결함 원인 분석(Yang et al., 2017)

Yang et al.(2017)은 그림 14.34와 같이 쉴드본체 축과 조립된 세그먼트 축의 노선상의 오차는 21.6%, 조립오차는 38.2%, 유압잭압력 불균형으로 18.5%, 그라우트의 불균등함으로

6.5%의 결함이 발생하고 있음을 분석하였다.

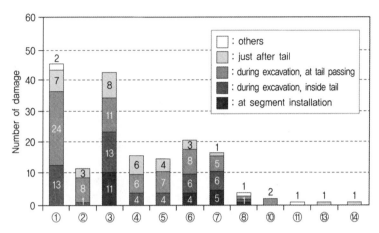

[그림 14.35] 설치시기에 따른 결함발생 분석(Sugimoto, 2006; JSCE, 2005)

Sugimoto(2006)는 그림 14.35과 같이 균열, 파손 및 박락이 세그먼트 조립, 굴진을 위한 추진압력 작용 시, 조립된 링이 테일보이드를 벗어나는 전후로 발생되는 것으로 분석하였다. 두 가지 분석 사례 모두 운용단계에서의 결함은 검토되지 않았다.

전술한 균열, 누수, 파손 및 박락, 부식의 결함 이외에 형상 관련 결함은 TBM 터널 안전성 및 발생 결함과 연관성을 나타내는 주요한 지표인 링 형상변형과 종방향 세그먼트의 단차에 대해 Yang et al.(2017)의 양쯔강 횡단 터널 사례로 기술하고자 한다.

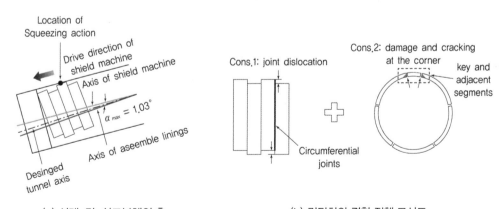

(a) 설계, 링, 쉴드본체의 축   (b) 링단차와 결함 진행 모식도

[그림 14.36] 종방향 링 단차, 횡방향 세그먼트 단차 모식도(Yang et al., 2017)

조립된 세그먼트가 테일보이드를 나오며 불균등한 그라우트 주입상태 및 불균등한 지반 하중조건으로 그림 14.37(a)와 같이 링 형상이 변화될 것이다. 링 형상변형(Ovalization, O_R)으로 정의하며 식 14.1과 같다.

$$O_R = \frac{R_{max}}{R_{min}} \tag{14.1}$$

이때, R_{max}, R_{min}는 최대 및 최소 반지름이며, 도로터널은 $\pm 0.8\% D_{outer}$, 지하철은 $\pm 0.6\%$ D_{outer}로 중국 베이징기준(GB 50446, 2008)에 따라 관리하고 있다.

그림 14.37(c)와 같이 II, III영역의 링 형상변형은 1.010 기준선 이하이나 IV 및 V영역의 링 형상변형이 기준을 초과한 경우 세그먼트에 조사된 결함도 증가한 것을 확인 할 수 있다.

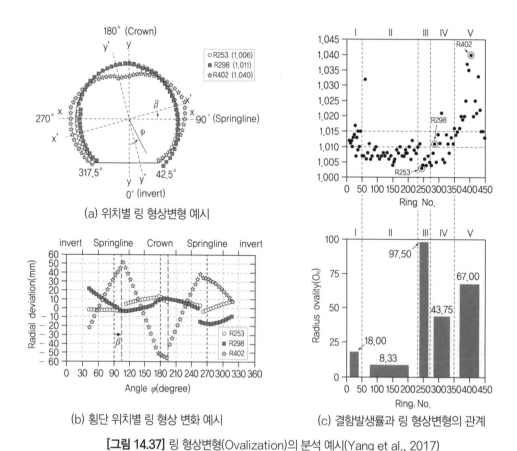

(a) 위치별 링 형상변형 예시

(b) 횡단 위치별 링 형상 변화 예시

(c) 결함발생률과 링 형상변형의 관계

[그림 14.37] 링 형상변형(Ovalization)의 분석 예시(Yang et al., 2017)

하지만 III영역의 경우 결함 정도는 97.5%로 높지만 형상변형이 허용기준과 부합되는 것으로 평가되었으나, 개별적인 세그먼트의 단차가 그림 14.38(a)와 같이 허용기준(10mm)을 초과한 것으로 분석된 영역임을 알 수 있다. 따라서 세그먼트 라이닝 결함의 발생빈도는 횡방향세그먼트 단차 및 링 단차의 허용기준을 초과한 영역과 함께 그림 14.37(c)의 횡방향 링 형상변형에서 기준을 초과하는 영역도 평가하여 우선순위를 판단하는 유지관리를 할 수 있을 것이다.

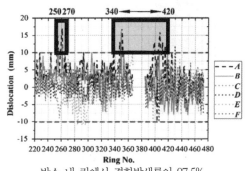

박스 내 링에서 결함발생률이 97.5%
(a) 횡방향 세그먼트 단차의 시공오차 검토, 기준(10mm)

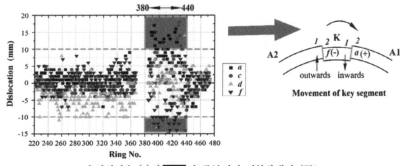

음영영역은 (a)의 ▬ 과 중복되며 결함발생이 67%
(b) 링 단차의 시공오차 검토, 기준(10mm)

[그림 14.38] 단차와 결함의 상관성 분석 예시(Yang et al., 2017)

링 형상변형이 상재하중의 함수로 가정하는데 Arnau(2012)는 천층에 시공하는 경우 충분한 상재하중이 작용되지 못하여 발생되는 것으로 측정하였으며, Cividini(2012)는 경암에서 파쇄대와 같은 불량한 지반과 연관된 분석을 하였다. 하지만 Iasiello et al.(2018)은 링 형상변형은 그림 14.39와 같이 터널의 토피고 또는 굴착지반의 영향을 받는 것이 아니고 세그먼트의 조립과정 및 초기단계의 배면 그라우팅 부족으로 인해 발생하는 것으로 분석하고 있다.

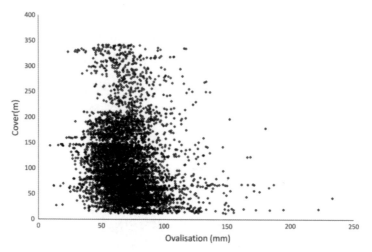

[그림 14.39] 터널 토피고에 따른 링 형상변형과의 관계(Iasiello et al., 2018)

종방향 링단차 및 횡방향 세그먼트 단차, 링 형상변형을 분석하기 위해서는 복잡한 세그먼트를 쉽고 빠르게 측정할 수 있어야 하며, 이를 위해 3D Laser scanner를 사용하기도 한다. 그림 14.40과 같이 실제 레이저스캐너의 정밀도는 기존 토탈스테이션 정도면 충분하나 수많은 3차원 좌표를 조사자의 분석의도에 부합되게 자료를 획득하는 별도의 테크닉이 요구된다(Iasiello et al., 2018).

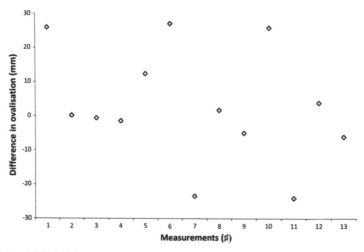

[그림 14.40] 형상변형이 심한 링에 대한 Laser scanner와 토탈스테이션 측정값 비교 결과

참고문헌

1. Aggelis, A., Shiotani, B., Kasai, K.(2008), "Evaluation of grouting in tunnel lining using impact-echo", Tunnelling and Underground Space Technology, No. 23, pp. 629-637.

2. Bernhard, M., Martin, H., Ulrich, M., Gerhard, W.(2012), "Mechanized Shield Tunnelling", Wilhelm Ernst & Sohn.

3. Chen, J. S., Mo, H.H.(2009), "Numerical study on crack problems in segments of shield tunnel using finite element method", Tunnelling and Underground Space Technology, Vol. 24, pp.9 1-102.

4. Choo, J. H., Lee, I. M.(2019a), "Analysis and cause of defects in reinforced cement concrete lining on NATM tunnel based on the Precise Inspection for Safety and Diagnosis-Part I", Journal of Korean Tunnelling and Underground Space Association, Vol. 21, No. 1, pp. 1-29.

5. Choo, J. H., Yoo, C. K., Oh, Y., C., Lee, I. M.(2019b), "A re-appraisal of scoring in state assessment of NATM tunnel considering influencing factors causing longitudinal cracks", Journal of Korean Tunnelling and Underground Space Association, Vol. 21, No. 4, pp. 479-499.

6. Choo, J. H., Yoo, C. K., Oh, Y., C., Lee, I. M.(2019c), "Assessment of NATM tunnel lining thickness and its behind state utilizing GPR survey", Journal of Korean Tunnelling and Underground Space Association, Vol. 21, No. 5, pp. 717-733.

7. DAUB(2013), "Recommendations for the design, production and installation of segmental rings".

8. Davis, A., Lim, M. K., Petersen, C. G.(2005), "Rapid and economical evaluation of concrete tunnel linings with impulse response and impulse radar non-destructive methods", NDT & E International 38, pp. 181-186.

9. Iasiello, C., Caldentey, A. P., Torralbo, C., G., Luis, M-T, Molina, R. R.(2018), "Critique of TBM lining design defects: Origin, Characterization, Measurement, and the role of the installation phase", J. Perform. Constr. Facil, Vol. 32, nor, pp. 1-15.

10. JSCE(2001), "Japanese standard for shield tunneling, English.

11. KALIS(2021), "The precise inspection for safety and diagnosis of tunnel", Korean.

12. Kolic, D., Mayerhofer, A.(2009), "Segmental lining tolerances and imperfections", ITA WTC 2009 Symposium, Budapest, May, pp. 8-15.

13. Kravitz, B.(2018), "Non-destructive evaluation of two-component backfill grouting behind segmental tunnel linings", Master, Colorado School of Mines.

14. Lie, J.L, Omar, H., K.Sian, D.V., Liu, J.Q.(2018), "Repairing a shield tunnel damaged by secondary grouting", Tunnelling and Underground Space Technology, Vol. 80, pp. 313-321.

15. Lorenzo, S. G.(2020), "The role of temporary spear blots in gasketed longitudinal joints of concrete segmental linings", Tunnelling and Underground Space Technology, No. 105, pp. 1-23.

16. Mohtadinia, M., Ahmadi, M. H., Fasaghandis, M. M., Dibavar, B. H., Davarpanah, S. M.(2020), "Statistical and numerical study of chipping and cracking in segmental lining", Periodica Polytechnica Civil Engineering, 64(3), pp. 869-886.

17. Shayanfar, M.A., Mahyar, P., Jafari, A., Mohtadinia, M.(2017), "Classification of precast concrete

segments damages during production and transportation in mechanized shield tunnels of Iran", Civil Engineering Journal, Vol. 3, No. 6, June, pp. 412-426.

18. Sugimoto, M.(2006), "Causes of shield segment damages during construction", International symposium on underground excavation and tunneling, Bangkok, Thailand, pp. 67-74.

19. Wang, M., Dong, Y., Fang, L., Wang, X., Liu, D.(2019), "Experimental and numerical researches of precast segment under radial dislocation conditions", Tunnelling and Underground Space Technology, No. 92, pp. 1-16.

20. Wu, H. N., Shen, S. L., Chen, R. P., Zhou, A.(2020), "Three-dimensional numerical modeling on localized leakage in segmental lining of shield tunnels", Computers and Geotechnics, No. 122, pp. 1-12.

21. Yang, Y., Zhou, B.,, Xie, X., Liu, C.(2017), "Characteristics and causes of cracking and damage of shield tunnel segmental lining in construction stage-a case study in Shanghai soft soil", European Journal of Environmental and Civil Engineering, pp. 1-15.

22. Zhao, Y., Chu, C., Yi, Y.(2016), "Study on an engineering measure to improve internal explosion resistance capacity of segmental tunnel structures", Journal of vibroengineering, Vol.18, Issue 5, pp. 2997-3008.

APPENDIX

숫자와 그림으로 보는 TBM 터널

숫자와 그림으로 보는 TBM 터널

1825년 영국에서 쉴드 장비가 개발된 이후 약 200년이 시간이 흘렀다. 그동안 TBM 터널 기술은 놀라운 발전을 거듭해 왔으며 단순히 연약 토사층에서 적용하는 터널공법이라는 한계를 극복하고 모든 지반에 적용 가능한 터널공법으로 자리하게 되었으며, 이제는 TBM 터널이 도심지 초고속 교통인프라 개발사업과 대심도 지하공간구축의 핵심 솔루션이 되었다.

현재 현재 세계적으로 50km 이상의 초장대 터널이 건설되고 있고, 국가와 국가를 연결하는 초장대 해저터널(Undersea Tunnel)이 계획되고 있다. 또한 직경 14m 이상의 메가 TBM 적용이 일반화되고, 세계 최대 직경 17.6m TBM 터널이 준공되었으며, 국내에서도 14m급 대단면 TBM 터널(한강터널)이 설계되고 현재 시공 중에 있다.

시대가 흘러감에 따라 모든 것은 변화 발전한다. TBM 터널기술도 놀라운 속도로 발전하고 있으며, 이것이 바로 터널기술의 역사라 할 수 있다. 본 장에서는 TBM 터널기술의 변화와 발전을 터널기술자들이 알기 쉽게 숫자와 그림으로 표현해 보고자 하였다. TBM 터널의 단면크기, 길이, 굴진속도, 굴착심도 및 최신기술 트렌드 등을 비교하여 정리하였다.

국내 최대/최초 대단면 TBM 터널 - 한강터널 (현대건설 제공)

　　최근 기계 공학 및 전자 기술의 급격한 발전과 스마트 건설로의 전환과 함께 TBM 터널 기술
도 혁신적인 변화를 가져오고 있다. 이와 같은 TBM 터널의 기술 발전과 트렌드를 [표 A-1]에
정리하였다. 주요 키워드로서 기존의 기술의 영역을 초월하는 새로운 기술의 영역을 Hyper(超
/초)와 하이테크 기술을 응용하는 High(高/고)로 구분하였다. 표에서 보는 바와 같이 [Hyper]
는 크게 초단면화, 초장대화, 초굴진화, 대심도화 및 초근접화로 구분하고, [High]는 복합화,
기계화, 스마트화, 안전화 및 아트화로 정리할 수 있다.

[표 A-1] TBM 터널의 기술 발전과 트렌드

Key Word			As-is	To-Be
5-Hyper 超(초)	초단면화	더 크게	직경 10m급 내외	직경 15m급 이상
	초장대화	더 길게	연장 수km 내외	연장 수십km 이상
	초굴진화	더 빠르게	굴진율 수m/일	굴진율 수십m/일
	대심도화	더 깊게	지하심도 30m 내외	지하심도 50m 이상
	초근접화	더 가깝게	이격거리 1.0D 이상	이격거리 수m 이내
5-High 高(고)	복합화	복합 다기능	Single-Function	Multi-Function
	기계화	고성능 기술	기계 장비 위주	첨단 기술 적용
	스마트화	디지털 기술	Monitoring Data	BIM 기술 응용
	안전화	시스템 관리	정성적 안전 관리	정량적 리스크 관리
	아트화	미적 디자인	단순한 굴착기계	상징화된 의미

[표 A-2] 5-Hyper TBM Tunnel Technology and Trend

■ Hyper(超) 초단면화	The Larger

- 직경 14~15m급 Mega TBM 적용 확대
- 세계 최대 TBM 단면 17.6m
  - 홍콩 TMCLK 터널(도로)
- 국내 최대 TBM 단면 13.98m
  - 김포파주 고속도로 한강터널(도로)

■ Hyper(超) 초장대화	The Longer

- 연장 50km이상의 초장대 터널 건설 증가
- 세계 최장대 TBM 터널 57.5km(직경 11m)
  - 스위스 Gotthard Base 터널(철도)
- 국내 최장대 TBM 터널 22.3km(직경 3.3m)
  - 영천 도수로 터널(수로)

■ Hyper(超) 초굴진화	The Faster

- 직경 14~15m급 Mega TBM 적용 확대
- 세계 최대 월굴진율 1,482m (직경 10.8m)
  - 미국 시카고 TARP 터널 (수로)
- 세계 최대 일굴진율 106m (직경 9.6m)
  - 스페인 La Cabrera 터널 (철도)

■ Hyper(超) 대심도화	The Deeper

- 도심지 터널의 대심도화(지하 50m이하)
- 세계 최대 심도 터널 /지하 2300m
  - 스위스 Gotthard Base 터널(철도)
- 도심지 대심도 터널 / 지하 80m
  - 싱가포르 케이블 터널(유틸리티)

■ Hyper(超) 초근접화	The Closer

- 도심지 구간에서 초근접 시공 증가(수m 이내)
- 도심지 터널 초근접 이격거리 1m
  - 미국 맨해튼 East Side Access터널(지하철)
- 도심지 터널 이격거리 2.7m
  - 중국 베이징 Metro Line 10(지하철)

[표 A-3] 5-High TBM Technology and Trend

■ High(高) 복합화 — More Complex

- 도로와 철도 기능의 복합화(Combined)
- 도심지 복합터널 / 복층구조
  - 호주 브리즈번(도로+메트로)
- 대단면 복합터널 / 복층구조 직경 15.2m
  - 중국 Sanyang 하저터널(고속도로+철도)

■ High(高) 기계화 — More Mechanized

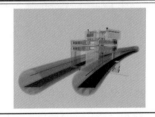

- TBM 장비의 첨단 자동화
- TBM Robot 기술
  - 프랑스 Chiltern 터널(철도)
- 고수압 대응 기술
  - TBM Hyperbaric Chamber/Intervention

■ High(高) 스마트화 — The Smarter

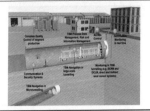

- 대형 터널프로젝트에 BIM 기술 적용
- 통합 4D-BIM 운영
  - 공정관리 및 설계에서부터 유지관리까지
- 싱가포르 지하공사
  - Integrated Digital Delivery(IDD) 적용

■ High(高) 안전화 — The Safer

- 지하공사에서의 안전 리스크 관리 강화
- 싱가포르 LTA
  - Total Safety Management System
- 국제터널협회(ITA) 및 영국 CDM
  - 정량적 Risk Management System(RMS)

■ High(高) 아트화 — Art Design

- TBM 장비의 예술적 디자인(상징성 부여)
- 국가적 상징 - 국기를 형상화
  - 인도, 스페인, 터키, 이탈리아, 캐나다 등
- 발주기관 및 SPC 상징
  - 프로젝트 형상화
  - 호주 West Gate Tunnel 프로젝트

1 초단면화 - The Larger

TBM 장비 제작기술이 발전함에 따라 TBM 터널 직경은 점점 커지고 있다. 지하철 터널이 직경 7m~8m급, 철도 터널이 직경 12m~14m급, 도로터널이 직경 14m~15m급이며, [그림 A-1]에는 TBM 직경크기 비교가 나타나 있다.

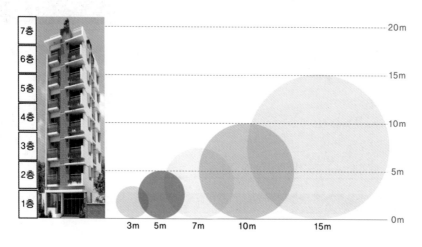

[그림 A-1] TBM 터널 직경 크기 비교

1985년이후부터 최근까지 적용된 TBM 터널 직경이 [그림 A-2]에 나타나 있다. 그림에서 보는 바와 같이 TBM 직경이 점차적으로 커지고 있음을 확인할 수 있으며, 국내 최대 TBM 터널인 한강터널의 TBM 직경을 표시하였다.

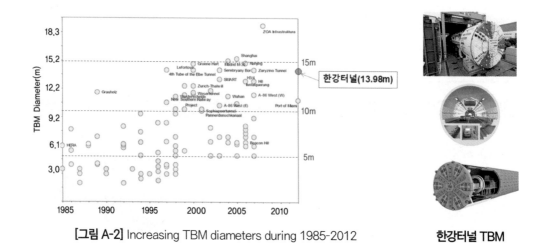

[그림 A-2] Increasing TBM diameters during 1985-2012

한강터널 TBM

독일 TBM 장비제작사인 Herrenknecht에서 제시한 TBM 직경에 대한 크기 비교는 [그림 A-3~그림 A-5]에 나타난 바와 같다. 토압식 쉴드TBM 최대직경은 15.20m(마드리드, 2006), 이수식 쉴드TBM(Mix 쉴드) 최대 직경은 17.6m(홍콩, 2013)으로 나타났다.

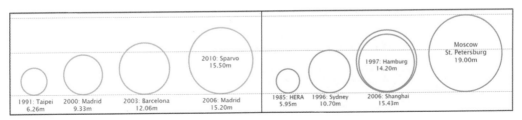

[그림 A-3] 토압식 쉴드TBM과 이수식 쉴드TBM(Mix 쉴드) 직경 크기 비교

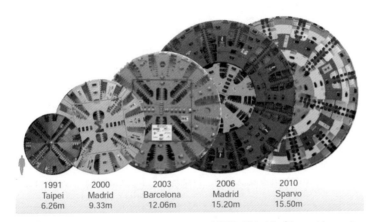

[그림 A-4] Development of TBM Diameter / EPB Shields (From Herrenknecht)

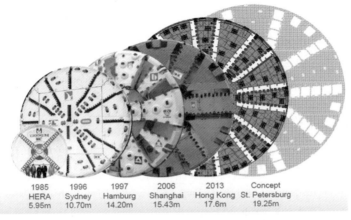

[그림 A-5] Development of TBM Diameter / Mix Shields (From Herrenknecht)

[표 A-4] TBMs of more than 14m in diameter used and currently operating or on order for projects around the world

Date	Country	Project	TBM manufacturer	Diameter
2022	Korea	Hangang Tunnel (Hangang crossing), Kimpo-Paju Expressway	1 Herrenknecht TBM	13.98m (국내최대)
2020	China	Zhenzho undersea highway crossing, Shenzhen	2 TBMs	15.03m
2020	China	Mawan undersea highway crossing, Shenzhen	2 slurry TBMs one a STEC machine	14.90m
2020	China	Genshan East highway crossing under Qiantang River, Hanzhou	1 CRCHI slurry TBM	15.01m
2020	Australia	Melbourne West Gate Highway	2 Herrenknecht EPBMs	15.60m
2018	China	Nanjing MeiZiZhou Tunnel	1 Herrenknecht Mixshield Ex-Nanjing Machine	15.43m
2018	China	Shanghai Zhou Jia Zui Road River Crossing Motorway	1 Herrenknecht Mixshield	14.90m
2017	China	Suai highway tunnel, Shantou	1 CREG slurry TBM	15.30m
2017	China	Shantou Su'Ai Sub-sea Tunnel East	1 Herrenknecht Mixshield	14.96m
2017	China	Shenzhen highway tunnel	1 CREG slurry TBM	15.80m
2017	Japan	Tokyo Outer Ring Road Kan-etsu to Tomei	4 machines 1 Kawaski, 3 JIM	16.10m
2017	China	Shanghai Zhuguang Road Tunnel	1 Herrenknecht EPBM Ex Auckland Waterview TBM	14.41m
2016	China	Shanghai Yanjiang A30 Motorway	2 Herrenknecht Mixshields Ex Shanghai Changjiang under river project	15.43m
2016	China	Shanghai Bei Heng Motorway	1 Herrenknecht Mixshield	15.53m
2016	China	Zhuhai Hengqin Tunnel	1 Herrenknecht Mixshield Ex Shanghai Hongmei Road Tunnel TBM	14.90m
2016	Italy	Santa Lucia Highway Tunnel, A1 near Firenze	1 Herrenknecht EPBM	15.87m
2015	Hong Kong	Lung Shan Tunnel on Liantang Highway Project	1 NFM TBM	14.10m
2015	Hong Kong	Tuen Mun-Chek Lap Kok subsea highway link	2 Herrenknecht Mixshields / 1 Herrenknecht Mixshields	17.60m (세계최대) 14.00m
2015	China	Wuhan Metro Line 7 Sanyang Road river crossing (Metro + 3 Lane road)	2 Herrenknecht Mixshields	15.76m
2013	China	Shouxhiou Lake Highway Tunnel	1 Herrenknecht Mixshield Ex-Nanjing Machine	14.93m
2013	Italy	Caltanissetta highway tunnel, Sicily	1 NFM Technologies EPBM	15.08m
2013	New Zealand	Waterview highway connection, Auckland	1 Herrenknecht EPBM	14.41m

[표 A-4] TBMs of more than 14m in diameter used and currently operating or on order for projects around the world (Continue)

Date	Country	Project	TBM manufacturer	Diameter
2011	China	Shanghai West Changjiang Yangtze River Road Tunnel	1 Herrenknecht Mixshield Ex-Shanghai Changjiang highway	15.43m
2011	USA	Alaskan Way highway replacement tunnel	1 Hitachi Zosen EPBM	17.48m
2011	China	Weisan Road Tunnel, Nanjing	2 IHI/Mitsubishi / CCCC slurry TBMs	14.93m
2012	China	Shanghai Hongmei Road	1 Herrenknecht Mixshield	14.93m
2011	Italy	A1 Sparvo highway tunnel	1 Herrenknecht EPBM	15.55m
2010	Spain	Seville SE-40 Highway Tunnels	2 NFM Technologies EPBMs	14.00m
2010	China	Hangzhou Qianjiang Under River Tunnel	1 Herrenknecht Mixshield Ex-Shanghai Changjiang highway	15.43m
2009	China	Yingbinsan Road Tunnel, Shanghai	1 Mitsubishi EPBM Ex-Bund Tunnel machine	14.27m
2008	China	Nanjing Yangtze River Tunnel	2 Herrenknecht Mixshields	14.93m
2007	China	Bund Tunnel, Shanghai	1 Mitsubishi EPBM	14.27m
2006	China	Jungong Road Subaqueous Tunnel, Shanghai	1 NFM slurry shield Ex-Groenehart machine	14.87m
2006	China	Shanghai Changjiang under river highway tunnel	2 Herrenknecht Mixshields	15.43m
2006	Canada	Niagara Water Diversion Tunnel	1 Robbins Gripper TBM Rebuilt Manapouri machine	14.40m
2005	Spain	Madrid Calle 30 Highway Tunnels	2 machines / 1 Herrenknecht, 1 Mitsubishi	15.20m
2004	Russia	Moscow Silberwald Highway Tunnel	1 Herrenknecht Mixshield Ex-Elbe project machine	14.20m
2004	China	Shangzhong Road Subacqueous Tunnel, Shanghai	1 NFM Technologies Ex-Groenehart machine	14.87m
2004	Japan	Tokyo Metro	1 IHI EPBM	14.18m
2001	Russia	Moscow Lefortovo Highway Tunnel	1 Herrenknecht Mixshield Ex-Elbe project machine	14.20m
2000	Netherlands	Groenehart double-track rail tunnel	1 NFM Technologies	14.87m
1997	Germany	Hamburg 4th Elbe River Highway Tunnel	1 Herrenknecht Mixshield	14.20m
1994	Japan	Trans Tokyo Bay Highway Tunnel	8 machines / 3 Kawasaki, 3 Mitsubishi, 1 Hitachi, 1 IHI	14.14m

[그림 A-6]은 세계적으로 운영 중이거나 준공된 TBM 터널에서의 최대 TBM 직경을 나타낸 것이다. 그림에서 보는 바와 같이 TBM 직경 최대 17m급이 미국과 홍콩에서 적용된 바 있음을 확인할 수 있다.

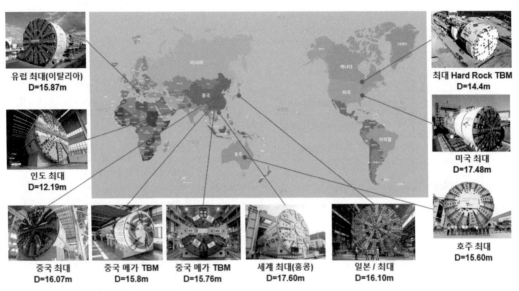

[그림 A-6] Mega TBMs in the World

[그림 A-7]에는 국내 최대 TBM 직경과 세계 최대 TBM 직경을 비교하여 나타낸 것이다. 그림에서 보는 바와 같이 현재 계획중인 최대 TBM 직경은 러시아에서 구상중인 19.2m, 준공된 최대 TBM 직경 홍콩에서의 17.6m, 국내 최대 TBM 직경은 13.98m로 조사되었다.

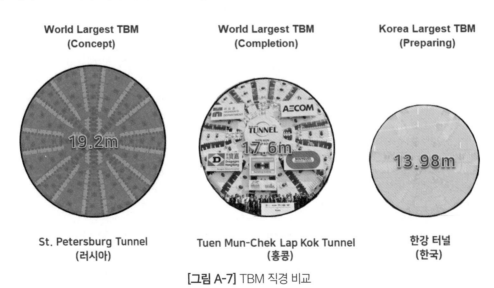

[그림 A-7] TBM 직경 비교

2 초장대화 - The Longer

TBM 장비 제작 기술과 굴진 기술이 발전함에 따라 TBM 터널의 연장은 점점 길어지고 있다. [그림 A-8]은 세계적인 초장대 터널을 나타낸 것으로 산악을 통과하거나, 해저를 통과하는 철도터널은 초장대화되고 있으며, 세계 최장대 터널은 57.5km의 스위스 고타드 베이스 터널이다.

[그림 A-8] 7 Longest Tunnels in the World(NATM and TBM)

[그림 A-9]에서 보는 바와 같이 국내 최장대 터널은 NATM 공법으로 굴착된 연장 50.3km의 율현 터널이며, TBM 공법으로 굴진된 경우는 연장 33km의 영천댐 도수로 터널이다. 현재 시공 중인 국내 최장대 TBM 터널은 한강하저를 통과하는 한강터널로 연장 2.86km이다.

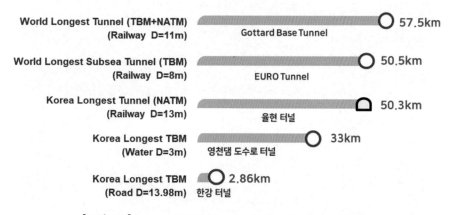

[그림 A-9] Longest TBM Tunnels in the World and Korea

[그림 A-10]에는 세계적으로 운영 중이거나 준공된 TBM 터널에서의 초장대 TBM 터널을 나타내었다. 그림에서 보는 바와 같이 세계 최대 장대터널은 연장 137km의 미국의 Delaware Aqueduct로 조사되었다.

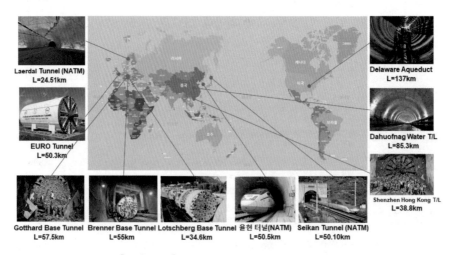

[그림 A-10] Longest Tunnels in the World

국내의 경우 해저를 통과하는 해저터널(undersea tunnel)이 초장대 터널로 계획 중에 있다. [그림 A-11]에서 보는 바와 같이 남해여수 해저터널, 목포제주 해저터널, 한일 해저터널 및 한중 해저터널 등이 TBM 공법으로 계획 또는 구상 중에 있다.

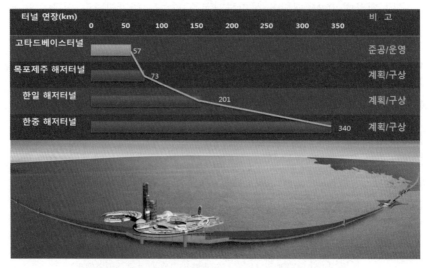

[그림 A-11] 국내에서 계획 또는 구상 중인 초장대 해저터널

3 초굴진화 – The Faster

TBM 터널은 NATM 공법에 비하여 굴진속도가 빠르기 때문에 장대터널 건설에 유리하다 할 수 있다. [그림 A-12]는 발파를 이용하는 NATM 공법, TBM 공법 및 로드헤더(Roadheader) 굴착공법에서의 굴진속도를 비교한 것으로 그림에서 나타난 바와 같이 빠른 굴진속도가 TBM 공법의 장점임을 볼 수 있다.

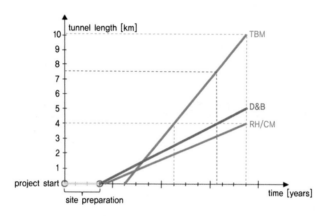

[그림 A-12] Generalized Graph for Advance Rates (From Robbins)

TBM 굴진속도(굴진율)는 TBM 직경에 따라 좌우되며, [그림 A-13]에서 보는 바와 같이 TBM 직경이 클수록 TBM 굴진율이 감소함을 알 수 있다. 그림에서 보는 바와 같이 직경 4m급에서 주최대 700m, 월평균 1000m 이상, 직경 10m급에서 일최대 100m, 월평균 600m 이상을 기록함을 볼 수 있다. [표 A-5]에는 TBM 굴진율에 대한 실제기록을 정리하였다.

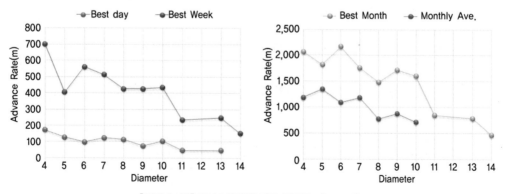

[그림 A-13] TBM 직경에 따른 굴진율 비교 그래프

[표 A-5] TBM Performance World Record - TBM Advance rate

3-4m Diameter

	Best Day	Best Week	Best Month	Monthly Ave.
Record	172.4m	703m	2066m	1189
Make	Robbins	Robbins	Robbins	Robbins
Model#	Mk 12C	Mk 12C	MB 104-121A	Mk 12C
Project	**Katoomba Carrier**	**Katoomba Carrier**	Oso Tunnel	**Katoomba Carrier**
Tunnel	Australia	Australia	USA	Australia

4-5m Diameter

	Best Day	Best Week	Best Month	Monthly Ave.
Record	128.0m	477.0m	1822m	1352
Make	Robbins	Robbins	Robbins	Robbins
Model#	MB 146-193-2	MB 146-193-2	DS 1617-290	DS 155-274
Project	SSC No.4 Texas	SSC No.4 Texas	**Yellow River Tunnel**	**Yellow River Tunnel**
Tunnel	USA	USA	China	China

5-6m Diameter

	Best Day	Best Week	Best Month	Monthly Ave.
Record	99.1m	562m	2163m	1095
Make	Robbins	Robbins	Robbins	Robbins
Model#	MB 1410-251-2	MB 1410-251-2	MB 1410-251-2	DS 1811-256
Project	**Little Calumet, Chicago**	**Little Calumet, Chicago**	**Little Calumet, Chicago**	Yindaruqin
Tunnel	USA	USA	USA	China

6-7m Diameter

	Best Day	Best Week	Best Month	Monthly Ave.
Record	124.7m	515.1m	1754m	1187
Make	Robbins	Robbins	Robbins	Robbins
Model#	MB 203-205-4	MB 203-205-4	MB 203-205-4	MB 222-183-2
Project	**Indianapolis DRT**	**Indianapolis DRT**	**Indianapolis DRT**	Dallas Metro
Tunnel	USA	USA	USA	USA

7-8m Diameter

	Best Day	Best Week	Best Month	Monthly Ave.
Record	115.7m	428.0m	1472m	770
Make	Robbins	Robbins	Robbins	Robbins
Model#	MB 236-308	MB 236-308	MB 321-200	MB 321-200
Project	Karahnjukar Hydroelectric	Karahnjukar Hydroelectric	**TARP, Chicago**	**TARP, Chicago**
Tunnel	Iceland	Iceland	USA	USA

8-9m Diameter

	Best Day	Best Week	Best Month	Monthly Ave.
Record	75.5m	428m	1719m	873
Make	Robbins	Robbins	Robbins	Robbins
Model#	271-244	271-244	271-244	271-244
Project	**Channel Tunnel**	**Channel Tunnel**	**Channel Tunnel**	**Channel Tunnel**
Tunnel	U.K.	U.K.	U.K.	U.K.

4 대심도화 – The Deeper

도심지 터널에서의 터널 건설은 점점 대심도화하고 있다. 이는 기존 지하철 심도보다 깊은 대심도 구간은 [그림 A-14]에서 나타난 바와 같이 대심도화 할수록 암반이 양호하며 터널굴착에 매우 양호한 조건임을 볼 수 있다.

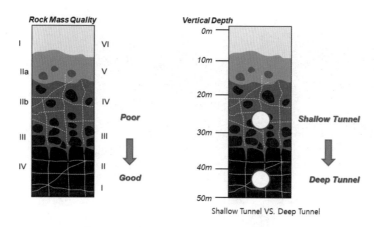

[그림 A-14] 대심도화에 따른 암반 특성

싱가포르의 경우 대심도 지하개발(Deep Underground Development)에 대한 계획을 수립하고 [그림 A-15]에 나타난 바와 같이 지하 심도별로 주요 지하구조물계획을 수립하고 운영하고 있음을 확인할 수 있다.

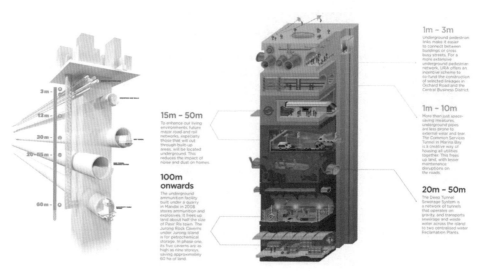

[그림 A-15] Vertical Planning of Underground in Singapore

또한 런던과 시드니와 같은 메가 시티에서는 도심지 터널링이 점점 지하화하고 있음을 볼 수 있으며, 런던의 경우 메트로가 지하 70~80m로, 시드니의 경우 지하도로가 최대 90m로 계획되고 시공되고 있음을 확인할 수 있다.

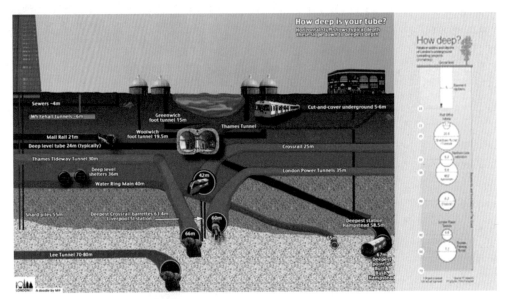

[그림 A-16] Deeper Tunnelling in London

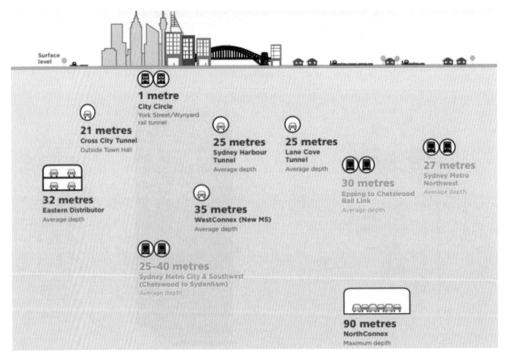

[그림 A-17] Deeper Tunnelling in Sydney

5 복합화 - More Complex

TBM 터널기술이 발달하고 TBM 터널단면이 증가함에 따라 큰 단면을 한번에 굴착하고 다양한 기능을 포함할 수 있는 복합 터널(Combined Tunnel)로서 복층 구조 또는 3층 구조의 TBM 터널이 만들어지고 있다. [그림 A-18]과 [그림 A-19]에는 대표적인 복합 터널의 모습이 나타나 있다. 그림에서 보는 바와 같이 상부에는 도로터널로, 하부에는 철도터널로 운용되도록 하고, 3층 구조인 경우 중간층에 철도가 상층과 하층에는 도로로 계획됨을 볼 수 있다.

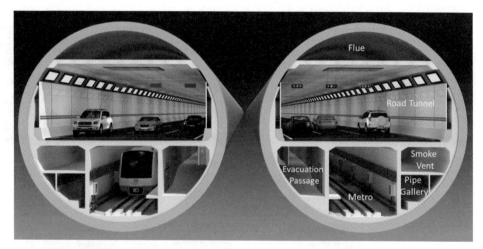

[그림 A-18] Combined highway and railway - Sanyang Road Cross-river Tunnel

[그림 A-19] Tripple deck Road and Metro TBM Tunnel for Crossing Bosphorus Strait

[그림 A-20]~[그림 A-22]에는 현재 계획 중이나 운영 중인 복합 터널의 예로서 도심지 터널이나 해저 터널에서의 대안으로 제시되고 있다.

723

[그림 A-20] Double deck Road and Rail Tunnels in Brisbane

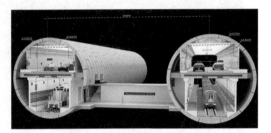

[그림 A-21] Kerch Tunnel for Road and Railway for Crossing the Kerch Strait

T
B
M

터
널

침
매
터
널
ㅣ
선
정

[그림 A-22] The Longest Immersed Road and Rail Tunnel - The Fehmarnbelt Tunnel

6 TBM 터널의 미학 - Art Design of TBM Tunnel

TBM 장비는 고가의 대형 건설장비로서 프로젝트의 특징과 발주처의 특성에 따라서 다양한 형태의 디자인을 적용하고 있음을 볼 수 있다. [그림 A-23]에는 세계 각국에서 만들어진 TBM 장비 디자인의 예를 나타난 것이다. 또한 [그림 A-24]는 독일 국화인 카모마일꽃을 형상화한 TBM 장비를 보여주고 있다.

[그림 A-23] 국가, 지역 및 발주처 특성을 반영한 TBM 디자인

[그림 A-24] Albvorland TBM Tunnel - Chamomile 꽃을 형상화

[그림 A-25]에는 세계 각국의 국기를 상징하는 TBM 장비 디자인 예가 나타나 있다. 또한 대형 터널 프로젝트를 주관하는 발주처 심볼을 상징화하거나 지역 특징을 표현하는 TBM 장비를 보여주고 있다.

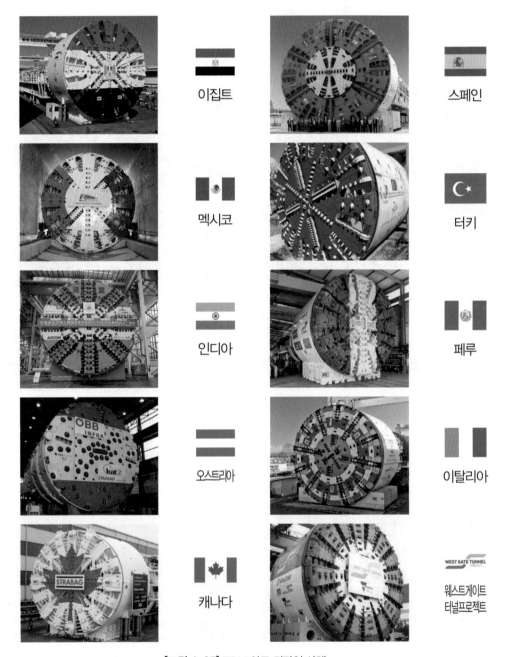

[그림 A-25] TBM 아트 디자인 사례

7 TBM 장비의 Naming

TBM 장비는 터널공사의 상징적인 의미를 갖는 대형 장비로서 프로젝트의 특징과 공사 지역의 특성에 따라서 다양한 종류의 이름이 주어진다. [그림 A-26]~[그림 A-28]에는 세계 각국에서 진행된 TBM 장비의 작명을 위한 컨테스트와 네이밍의 예를 나타난 것이다.

[그림 A-26] The Chesapeake Bay Bridge Tunnel(CBBT, USA)) - TBM Naming / Chessie

[그림 A-27] Purple Line Extention(LA Metro) - TBM Naming Contest

[그림 A-28] City Rail Link(CRL, New Zealand) - TBM Naming / Jeffie

[표 A-6] TBM 터널의 기술 발전과 트렌드 - 요약 Summary

	Key Word		특징	비고
5-Hyper 超(초)	초단면화	더 크게 The Larger	• 직경 14-15m급 증가 • TBM 장비기술 발달 • 세계 최대 직경 17.6m	
	초장대화	더 길게 The Longer	• 수십 km 초장대 터널 • 초고속 인프라 구축 • 세계 최장대 57.5km	
	초굴진화	더 빠르게 The Faster	• 급속굴진 기술 발달 • 직경 4m급 주최대 700m 굴진 • 직경 10m급 일최대 100m 굴진	
	대심도화	더 깊게 The Deeper	• 도심지 터널 대심도화 • 지하 50m 이상 • 세계최대 지하 2,400m	
	초근접화	더 가깝게 The Closer	• 도심지 근접시공 증가 • 병설터널 초근접화 • 이격거리 수m 이하	
5-High 高(고)	복합화	복합 기능 More Complex	• 도로+철도 복합기능 • 도로+유틸리티 복합 • 복층/3층 구조	
	기계화	고성능 기술 More Mechanized	• 첨단 자동화 기술 • TBM robot 기술 • 고수압 대응기술	
	스마트화	디지털 관리 The Smarter	• 4D-BIM 적용 • 통합 관리 • Digital Delivery	
	안전화	리스크 관리 The Safer	• 정량적 리스크 관리 • 토탈 안전관리시스템 • Zero Accident	
	아트화	미적 디자인 Art Design	• 국가적 상징성 부여 • 다양한 TBM 디자인 • 예술적 디자인	

TBM Tunnel Trend : 5-Hyper and 5-High Technology

색 인

ㄱ

가동률	118, 119
가소성	75
가스켓	88
강도 감소 방법	276
강섬유보강 세그먼트	80
강지보재	333, 341
개구율	78
개방형 TBM	57
개방형 쉴드TBM	31
개방형(open) TBM	319
개착터널	676
갱구부 지반보강	366
건축한계	49
경사볼트	86
계면활성재	184
계측계획 수립	305
계측기기 선정	305
계측빈도 선정	306
계측항목	301
고수압조건 접근 가능 커터헤드	642
고화처리 설비	449
곡볼트	86
관리상하한치	191
관입깊이	104, 115, 116
광차(Muck car)	174
굴진면 안정성	256
굴진율	115, 118, 119
굴착 시스템	323
굴착관리	378
굴착주기(boring cycle)	320
궤도방식	174

균열	684
그라우트 믹서	174
그리퍼 쉴드	321
극한한계상태개념(Ultimate Limit State Approach)	259
기포제	186

ㄴ

내공변위제어법(CCM)	352
누수	690

ㄷ

단선 선로	413
더블 쉴드TBM	321
동력	112
동시주입구	388
뒤채움 주입 설비	432
뒤채움 주입관리	389
디샌더	379
디스크커터 모니터링 시스템	658
디스크커터 개수	112, 113
디스크커터 배열설계	131~138
디스크커터	97, 98

ㄹ

레이저 스캐너	382
레일 교행로(Switching point)	415
레일(Rail) 계획	412

로코모티브(Locomotive) 174
록볼트 332, 340
루프 쉴드(roof shield) 319, 331
링 단차(circumferential joint, longitudinal dislocation) 702
링 형상변형(Ovalization) 703

ㅁ

막장 지지 메커니즘 259
막장 지지 재료 262
막장 안정 계산법 266
막장압 254, 255, 256, 257, 258, 259, 261, 266, 267, 268, 273, 276, 277, 278, 279, 288, 289, 290, 291, 292, 294, 295, 296, 297, 378
맨라이더 174
무지보길이(active span) 336
문형크레인(Gantry Crane) 424
밀도계 381
밀폐형 쉴드TBM 31

ㅂ

반력대 371
발진 받침대 369
배관 설비(급·배수 설비) 457
배니관(Discharge Line) 46
배토량 관리 189
배토량 69
버력 처리장(Muck Pit) 429
버력대차 382
벨트 스케일 382
변위 제어 방법 276
병렬터널 연결용 TBM(Cross-passage TBM) 640
복선 선로 414
복합지반 48
볼트박스 86
볼트홀 694

부력 45
부식 698
비원형 형상 TBM(Non-cirbular shape TBM) 638

ㅅ

사용성한계상태 개념(Serviceability Limit State Approach) 259
사행(蛇行)오차 49
선형관리 377
세그먼트 80
세그먼트 단차(radial joint, transverse dislocation) 702
세그먼트카 174
소성유동성 162
소성유동화 66
소요 막장압 계산 방법 268
송니관(Feed Line) 46
숏크리트 332, 340
수동상태 255
수질원격감시체계(TMS) 441
수치해석법 289
수팽창 지수재 88
순관입속도 115
순굴진시간 118
쉴드TBM 계측 298
쉴드TBM 계측 관련 최신 발전동향 307
쉴드TBM 특성을 고려한 계측 중점 고려사항 302
스크류컨베이어 68, 169
스트로크(stroke) 320
스포크 146
슬럼프시험 189
승강 설비 467
시공여유 49
싱글 쉴드TBM 320

ㅇ

안전 통로 467

안정계수 산정법 273
안정계수 270, 274
안정계수를 이용한 방법 286
암반용 TBM 312
압기 설비 464
압입형 TBM(Pipe jacking TBM) 636
엔트런스 패킹 372
엔트런스 372
연속 굴착 기술 646
연속 벨트 컨베이어 175
오버커터(over cutter) 325
오퍼레이터 191
오·폐수 처리 설비 438
워터젯 결합 TBM(Waterjet-combined TBM) 634
원심모형 시험 274
원심모형시험 276
유량계 381
이동대차 393
이막 46
이수 46
이수관리 379
이수분출 46, 257
이수식 쉴드TBM 45, 254
이토 183
인터벤션(intervention) 261
임계안정계수(Critical Stability Ratio) 286

ㅈ

자동측량시스템 377
작업 대차 422
작업구 364
작업장 364
재래식터널 676
재보수 55
재제작 55
전방지반 탐사기법 646
전자기 탐사기법 650
조정조 379
주동상태 256

주입량 76
주입률(FIR: Foam Injection Ratio) 184
지반 융기 방지 257
지반반응곡선(GRC) 350
지보재특성곡선(SCC) 351

ㅊ

챔버압 68
철망(wire mesh) 341
철망 332
첨가제 사용(Soil conditioning) 266
첨가제(foam) 70, 261
초기굴진 56
최대 굴진율 121~124
최소 굴진율 125~129
추력 105, 106, 107, 108
측벽지지 시스템(clamping system) 319
친환경 굴착 기술 667
침투존 260

ㅋ

커터 작용력 102, 103, 104, 105, 113, 114
커터비트 배열설계 147~154
커터비트 100, 101
커터헤드 개구부 95
커터헤드 개구율 95, 145, 146
커터헤드 균형 검토 154~157
커터헤드 회전속도 103, 112
커터헤드 94
케이블 설비(전력선·조명·통신 설비) 460
클램핑 압력 326

ㅌ

탄성파 탐사기법 652
터널 막장 지지 메커니즘 259
테일보이드 74

텔레스코픽(telescopic) 실린더   321
토사피트   382
토압식 쉴드TBM   162, 254
토크   108, 109, 110, 111
토피고   43
특수지반용 고성능 디스크 커터   643

ㅍ

파손 및 손상   696
팽창률(FER: Foam Expansion Ratio)   184
펌프 압송방식   176
평균 굴진율   129, 130
평형상태   255
폴리머   185
표준지보패턴   341
프론트(front) 쉴드   321
플랫카   174
피난연결통로부   383
핀방식   86
필터케이크(filter cake)   260

ㅎ

하중 감소 방법   276
한계상태 방법   269
한계평형방법   278
해상 도달작업구   395
호퍼(Hopper)   429
혼합식 TBM(Convertible TBM)   631

혼합현실(MR: Mixed Reality)   309
확인조사   368
환기 설비   462
후방대차   375
후속설비(backup system)   323, 334

기타

AFC(Active Face Support Pressure Control) 시스템   178
AR/VR(Augmented Reality/Virtual Reality)   309
BIM 기술   309
CSM모델   104
Down Time   57
KICT모델   117
L1   331
L2   331
L3   331
NATM터널   676
NTNU모델   116, 117
Open Path Pressure   258
Path Pressure   47
soil conditioning   260
TBM 굴진성능 및 실굴진율 예측기법   658
TBM 굴착 위험도 평가기법   661
TBM 굴착 중 지반침하 예측시스템(TBM-GSP)   663
TBM 운전/제어 시뮬레이터   664
TBM 자동화 운영시스템(TBM automatic operation system)   666
TBM 장비 검수기준   668

집필진, 검토위원 및 발간위원회

구분		성함	소속 및 직급
집필진	1장	최항석	고려대학교 교수 (공학박사/PE)
	2장	고성일	서하기술단 대표이사 (공학박사/기술사)
	3장	장수호	한국건설기술연구원 선임연구위원 (공학박사)
	4장	김재영	코템 대표이사 (공학박사)
		오주영	삼성물산 프로 (공학박사)
	5장	박진수	호반산업 수석 (공학박사)
	6장	박준경	대림대학교 교수 (공학박사/PE)
	7장	고태영	강원대학교 교수 (공학박사)
		김기환	삼보기술단 이사 (공학박사)
	8장	신민식	동아지질 본부장 (기술사)
		김태효	동아지질 부장 (기술사)
	9장	문준배	강릉건설 본부장 (기술사)
	10장	김대영	현대건설 책임연구원 (공학박사/기술사)
		정재훈	현대건설 책임연구원 (공학석사)
	11장	김택곤	SK에코플랜트 팀장 (공학박사)
	12장	문준식	경북대학교 교수 (공학박사/PE)
		문훈기	다산컨설턴트 부사장 (공학박사/기술사)
	13장	조계춘	KAIST 교수 (공학박사)
	14장	추진호	국토안전관리원 부장 (공학박사/기술사)
		김낙영	도로교통연구원 선임연구위원 (공학박사)
		이강현	한국도로공사 수석연구원 (공학박사)
	부록	김영근	건화 부사장 (공학박사/기술사)
		전기찬	모든디자인E&C 대표 (공학박사)
검토위원		이석원	건국대학교 교수 (공학박사)
		김동규	한국건설기술연구원 선임연구위원 (공학박사)
		박치면	에스코컨설턴트 대표이사 (공학박사/기술사)
발간위원회	위원장	김영근	건화 부사장 (공학박사/기술사)
	위원	문준식	경북대학교 교수 (공학박사/PE)
		박준경	대림대학교 교수 (공학박사/PE)
		전기찬	모든디자인E&C 대표 (공학박사)
		김기환	삼보기술단 이사 (공학박사)

733

대표 저자 소개

최 항 석

CHAPTER 1_ TBM 터널 개요

- 고려대학교 건축사회환경공학부 교수 / 공학박사 / PE
- 한국터널지하공간학회 부회장
- 국제터널지하공간학회(ITA) 이사
- 중앙건설기술심의위원

고 성 일

CHAPTER 2_ TBM 터널 계획 및 설계

- ㈜서하기술단 대표이사 / 공학박사 / 기술사
- 한국터널지하공간학회 사회문화 위원회 위원장
- 한국철도학회 평의원 및 궤도토목 분과위원
- 한국도로공사 설계자문위원

장 수 호

CHAPTER 3_ TBM 장비 및 굴진성능

- 한국건설기술연구원 선임연구위원 / 공학박사
- 한국건설기술연구원 건설산업진흥본부장
- 과학기술연합대학원대학교(UST) 교수
- 한국터널지하공간학회 전담이사
- 한국지반공학회 전담이사 / 한국암반공학회 이사

김 재 영

CHAPTER 4_ 토압식 쉴드TBM

- (주)코템 대표이사 / 공학박사
- 한국도로공사 기술자문위원
- 한국전력공사 전력토목분야 기술자문 및 심의위원

박 진 수

CHAPTER 5_ 이수식 쉴드TBM

- (주)호반산업 수석 / 공학박사
- 한국터널지하공간학회 기계화시공위원회 간사
- 대한토목학회 학회지 편집위원
- 김포–파주고속도로 2공구 한강터널(Slurry) 수석

박 준 경

CHAPTER 6_ 쉴드TBM 막장 안정성

- 대림대학교 토목환경과 교수 / 공학박사 / PE
- 한국터널지하공간학회 논문집 전담이사
- 한국지반신소재학회 대외협력 전담이사

고 태 영

CHAPTER 7_ 암반용 TBM

- 강원대학교 에너지자원공학전공 교수 / 공학박사
- 한국터널지하공간학회 기계화시공위원회 간사
- 한국암반공학회 이사

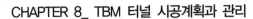

신 민 식

CHAPTER 8_ TBM 터널 시공계획과 관리

• ㈜동아지질 ENG사업본부 본부장 전무 / 기술사

문 준 배

CHAPTER 9_ TBM 터널 시공설비

• 강릉건설(주) 본부장 / 기술사
• 前 아주지오텍(주) 본부장
• 前 ㈜동아지질 터널사업부/기술견적팀 팀장

김 대 영

CHAPTER 10_ 국내 TBM 터널 설계 및 시공사례

• 현대건설 책임연구원 / 공학박사 / 기술사
• 한국터널공학회 기계화시공위원회 위원장
• 국토교통과학기술진흥원 건설신기술 심의위원
• 과학기술정보통신부 국가연구개발사업 평가위원

김 택 곤

CHAPTER 11_ 해외 TBM 터널 설계 및 시공사례

• SK에코플랜트 팀장 / 공학박사
• 한국터널지하공간학회 이사
• 한국암반공학회 이사

문 준 식

CHAPTER 12_ 쉴드TBM 터널 사고사례

- 경북대학교 토목공학과 교수 / 공학박사 / PE
- 경북대학교 방재연구소 소장
- 한국터널지하공간학회 전담이사
- 중앙건설기술심의위원

조 계 춘

CHAPTER 13_ 최신 TBM 기술과 스마트 기술

- KAIST 건설 및 환경공학과 교수 / 공학박사
- 공동구연구센터장
- 분산공유형지오센트리퓨지실험센터 소장
- 한국과학기술한림원 정회원
- 중앙건설기술심의위원

추 진 호

CHAPTER 14_ TBM 터널 유지관리

- 국토안전관리원 터널실 부장 / 공학박사 / 기술사
- 중앙건설기술심의위원

김 영 근

APPENDIX_ 숫자와 그림으로 보는 TBM 터널

- (주)건화 지반터널부 부사장 / 공학박사 / 기술사
- 한국터널지하공간학회 부회장
- 한국지반공학회 부회장
- 중앙건설기술심의위원
- 국토교통부 중앙품질안전관리단 / 건설사고조사위원단

터널공학시리즈 **4**

TBM 터널 이론과 실무

Advanced TBM Tunnelling · Theory and Practice

초판인쇄 2022년 4월 6일
초판발행 2022년 4월 14일

저   자 KTA터널공학시리즈 발간위원회
펴 낸 이 김성배
펴 낸 곳 도서출판 씨아이알

책임편집 최장미
디 자 인 윤지환, 박진아
제작책임 김문갑

등록번호 제2-3285호
등 록 일 2001년 3월 19일
주   소 (04626) 서울특별시 중구 필동로8길 43(예장동 1-151)
전화번호 02-2275-8603(대표)
팩스번호 02-2265-9394
홈페이지 www.circom.co.kr

I S B N 979-11-6856-056-7 93530
정   가 46,000원